第四届中国石油化工消防科技创新和发展论坛论文集

中国消防协会石油化工防火专业委员会
中国石油学会石油储运专业委员会　编

中国石化出版社

图书在版编目(CIP)数据

第四届中国石油化工消防科技创新和发展论坛论文集／中国消防协会石油化工防火专业委员会/中国石油学会石油储运专业委员会编. —北京：中国石化出版社，2021.9

ISBN 978-7-5114-5651-9

Ⅰ.①第… Ⅱ.①中… Ⅲ.①液化天然气-学术会议-文集 Ⅳ.①TE626.7-53

中国版本图书馆 CIP 数据核字(2021)第179790号

中国石化出版社出版发行

地址：北京市东城区安定门外大街58号

邮编：100011　电话：(010)57512500

发行部电话：(010)57512575

http://www.sinopec-press.com

E-mail:press@sinopec.com

北京富泰印刷有限责任公司印刷

全国各地新华书店经销

*

880×1230毫米 16开本 26印张 776千字

2021年9月第1版　2021年9月第1次印刷

定价：280.00元

前　言

石油化工行业作为易发生危化品火灾、爆炸爆炸的高危险行业，是消防安全事故的“重灾区”，其因危险性高、危害性大、影响力强而引起了社会的广泛关注。据统计，从2017年至2020年上半年全国发生的石化行业事故超过600起，造成数百人员伤亡，直接经济损失高达上百亿元。目前，在消防产业链中，我国消防技术主要集中在消防产品和消防工程环节，其中消防产品占比在50%~60%之间，基本实现国产化。为突破国外消防技术壁垒，近年来，我国围绕人工智能、大数据应用、特种消防车辆、先进功能服装、数据中心储能安全、输变电设施火灾扑救等方面，加速消防核心产品的国产化、智慧化进程。智慧消防在石油化工行业的应用，也将朝着更纵深的方向发展。

中国石油化工消防科技创新和发展论坛是中国消防协会石油化工防火专业委员会、中国石油学会石油储运专业委员会、中国石油、中国石化、中国海油、国家管网、中国中化等数十家公司、团体等联合组织的产业大会。大会迄今召开三届，已成为我国石油化工消防领域展示创新成果、深化交流合作、共谋发展的重要平台。2021年9月，第四届中国石油化工消防科技创新和发展论在成都召开，本届大会以“坚持底线思维着力防范化解重大风险，依靠科技创新水平、推进应急管理体系高质量发展，提高石油化工企业应对突发事件应急准备能力”为主题，全面总结了上届会议以来我国石油化工消防与应急产业取得的新成果及新进展，深度解读最新政策与标准，围绕石油化工企业消防应急救援技术、国家危险化学品和油气管道应急救援基地建设、化工园区消防应急管理与技术等方面展开交流，推广展示了国内外互联网+智慧消防及新技术、新装备、新产品，助力产业规模化及推广应用进程，讨论分析了国产化技术和装备的国际竞争力以及面临的形势和存在的差距、规划未来的科技研究方向，为“十四五”及我国石油化工行业消防应急产业的高质量发展，提供决策参考。

本次大会得到了石油化工行业企事业单位、国内外科研单位和技术支撑单位相关技术人员的踊跃投稿，共征集150余篇学术论文，组委会优选高质量论文92篇公开出版论文集。主要涉及的方面有：石油化工应急科技与信息化、大型储罐及输油管道领域的事故案例分析、应急救援信息化、仿生装备与处置现场个人防护方面等。论文整体上反映了我国及全球石油化工行业消防应急救援最新成果和发展水平，具有较高的学术和实用价值。

论文集编委会

2021年9月

目　录

下水道爆炸事故应急处置关键技术研究

刘立文

（中国人民警察大学救援指挥学院）

摘　要　本文在分析国内外发生的下水道爆炸事故的基础之上，分析了下水道爆炸事故的原因，总结了下水道爆炸事故的特点，研究了下水道爆炸事故应急处置中的可燃气体检测、危险范围确定、火源控制、可燃物处理等关键应急技术。研究成果对救援队伍处置下水道可燃物泄漏事故提供借鉴。

关键词　下水道；爆炸；救援；应急处置

城市下水管道是用于收集和输送区域降雨、居民产生的生活污水以及工业生产的废水。城市下水管道内环境阴暗、潮湿，空气流通不畅，极易产生大量有毒有害、易燃易爆的气体，如甲烷（CH_4）、硫化氢（H_2S）、二氧化碳（CO_2）、一氧化碳（CO）、二氧化硫（SO_2）等。这些气体充斥在城市下水管道内，加之废弃化工燃料的倾倒和流入，以及附近输油输气管道泄漏等原因，城市下水管道爆炸事故时有发生，极易造成重大的人员伤亡和财产损失。此类爆炸事故是特殊的灾害类型，其应急处置方法与一般爆炸事故有明显的不同，急需深入研究。

1　下水道爆炸事故的原因

1.1　人为排放可燃性物质

城市下水道管网分布复杂，下水道口更是遍布城市的每一个角落，不管是工业排污还是居民使用，非法向下水道排放、倾倒可燃性物质的行为屡见不鲜。1985 年 6 月 27 日，重庆市市中区大溪沟罗家院一带的下水道突然发生爆炸，炸垮居民住房 136 户、商店和街道工厂 12 家，附近 200 多户居民住房也受到不同程度的损坏，受震地表达 $8600m^2$。这起特大的恶性爆炸事故，共死亡 26 人，伤 200 余人。事故的原因是由于重庆市服务局车队油库漏油，大量的汽油排入下水道，适逢嘉陵江水上涨，封住了下水道出口，使下水道内油类漂浮物和积存的沼气不能外泄，易燃易爆气体浓度增大，与空气混合，遇火后引起爆炸。2020 年 7 月 11 日，辽宁阜新一污水处理厂排污管道发生爆炸，此次爆炸与多家化工企业排放未符合行业标准的含可燃性物质废液有关。此类事故是由于人为排放了含有可燃性物质的污水和废气，在相对密闭的下水管道内形成了易燃易爆性气体聚集现象，遇点火源即发生了爆炸。

1.2　沼气大量产生和聚集

由于下水道排放的污水中往往含有人畜粪便、动植物遗体、工农业废渣废液等有机物质，其在一定的温度、湿度、酸性和缺氧条件下，经过厌气微生物的长时间发酵，会形成主要成分为甲烷的沼气，由于甲烷的密度小于空气，导致沼气往往集中在下水管道的上部甚至会通过下水道口溢出地面，在一定浓度下，遇明火便会发生爆炸。2006 年发生在云南省的“7·31”易门县城杨柳街爆炸事故，就是由于下水管道年代久远，长期未清理导致大量沼气聚集，最终发生了爆炸事故。

1.3　地下油气输送管道泄漏

在城市地下的输油输气管道由于长期处于地下，易老化腐蚀、且部分运送介质具有腐蚀性，再加上地面不均匀沉降、施工、地震等因素等带来的不确定性，导致油气输送管道一旦发生泄漏，大量可燃性油气会蔓延扩散到下水道。与人为排放和沼气形成两类爆炸不同，油气输送管道的泄漏，往往泄漏压力高、泄漏量大。“11·22”青岛输油管道泄漏导致爆炸事故、瓜达拉哈拉煤气大爆炸事故、“7·31”台湾高雄气爆事故都是由于地下输油输气管道泄漏导致的。

2　下水道爆炸事故的点

2.1　初期隐蔽性强

一般的泄漏事故主要发生在地面以上，从视觉和嗅觉上能及时察觉到泄漏的发生，能够及时发现，并快速处置；而下水道可燃气体泄漏事故由于发生在地下，很难及时发现，从泄漏发生至爆炸往往超过数小时、数十小时，甚至更长。因此，下水道爆炸事故由于事故前期往往不能被及时发现而具有先期隐蔽性。

2.2 事故破坏范围大

由于城市下水道的分布错综复杂，且管道内的可燃性气体在污水流动的同时具有了流动性，导致了可燃性气体随下水管道同时具有了分布错综和危险范围广泛的特点，所以一旦发生爆炸事故，将会是沿管线的长距离、广范围连环爆炸，所以一旦发生，往往导致大范围爆炸。

2.3 现场处置难度高

区别于一般爆炸事故，下水道爆炸事故的处置过程相对更为复杂，主要表现为：现场侦检范围广，需要人手多，对检测设备要求较高；不管是前期泄漏还是后期爆炸，在处置过程中都需要市政部门、城建部门、救援部门等相关单位的协同处置；由于下水道为受限空间，在处置过程中，人员的配备、装备的选择和战术的运用需要采取特殊遴选。

与此同时，下水管道内的污废水成分复杂，除生产生活废水外还有可能包含动植物尸体、工业化学污水、及大量微生物，在转输和处理的过程中，会发生成分转化，进一步发酵产生诸如硫化氢在内的多种毒害气体。所以现场处置不仅仅需要做好防爆措施，还必须充分做好救援人员防毒害工作。

3 下水道爆炸事故应急处置中的关键技术

3.1 下水道内可燃气体检测技术

下水道发生爆炸的直接原因是下水道内的可燃气体浓度达到了爆炸极限并遇到明火导致的。对下水道内的可燃气体浓度检测是此类事故应急处置的关键，是确定危险范围、确定人员疏散区域、火源控制等应急处置措施的依据。

在敞开空间内通常利用催化燃烧式可燃气体检测仪直接检测可燃气体浓度。下水道属于受限空间，在受限空间内进行可燃气体检测的方法不同于敞开空间的可燃气体检测，有其特殊方法和要求：在使用催化燃烧式可燃气体检测仪之前，必须首先检测受限空间内的氧气浓度，且在氧气浓度必须大于 10%时，否则检测结果比实际浓度偏低，会导致严重后果。在 2014 年的台湾高雄煤气管道爆炸事故中，救援人员在现场救援时第一时间测定了泄漏气体丙烯的最高浓度 1.352%，低于丙烯爆炸下限 2%，应处于安全浓度范围内，可是随后就发生了大规模的爆炸，造成重大人员伤亡和财产损失。

3.2 现场危险范围的确定

在一般爆炸事故中，由泄漏点向四周扩散呈椭圆形，通常以可燃气体爆炸下限的 20% 为边界浓度划定危险范围，危险范围区域内为可能燃爆的区域，严格控制人员、车辆出入，严格控制各类火源，防止爆炸。

对于下水道爆炸事故不能根据通常做法划定危险范围，下水道内的可燃气体沿着下水道管线扩散，因此，此类事故首先确定泄漏源或危险源位置，然后查明泄漏点周围下水管道的分布，然后检测泄漏点四周下水道管路中的氧气浓度和可燃气体浓度，只要可燃气体浓度大于可燃气体爆炸下限的 20% 的管段均可能发生爆炸，这些管段沿线径向 50 米范围均为危险区域。

3.3 火源控制措施

泄漏气体已经达到爆炸极限的事故现场，严格控制各类火源是防止事态恶化的关键。具有措施有：

（1）对现场实施远程断电，切断警戒区所有电源；

（2）使用防爆对讲机、防爆照明灯具；

（3）不能穿化纤类服装和带铁钉的鞋进入危险区；

（4）使用无火花抢险器材进行抢险作业；

（5）利用喷雾水枪驱散、稀释沉积漂浮的气体。

3.4 泄漏可燃物的处理

只有对下水道内泄漏的液体和气态可燃物彻底清除干净才能最终消除危险，液体和气态可燃物的处理方法有所不同。

3.4.1 清理可燃性液体

当下水道爆炸事故的危险源为可燃性液体时，抽吸转移可燃性液体是最为普遍的方法。抽吸装备主要有自吸式排污泵、手动隔膜抽吸泵，考虑到现场存在一定的爆炸危险性，应当优先选择手动隔膜抽吸泵。

在现场操作时，在窨井口利用下水道阻流袋进行封堵，阻止可燃性液体继续向下游方向流淌。放置下水道阻流袋后，将靠近阻流袋的下水道口作为液体转输口，利用手动隔膜抽吸泵或者自吸式排污泵转输至污水袋，并及时转移，同时在转输口应当设置喷雾水稀释保护。

对于少量的可燃液体可以采用吸附法法处理，可供选择的吸附剂主要分为无机吸附剂、天然吸附剂和有机吸附剂三大类，无机吸油材料包括二氧化硅凝胶、二氧化硅粒子等；天然有机材料包括甘蔗渣、胡杨种子纤维等；合成有机吸油材料包括PP纤维、橡胶纳米复合材料等。根据实际救援现场条件合理选择具体吸附剂。

3.4.2 可燃性气体的处理

下水道内的可燃气体可以采用正压送风驱散法、氮气置换法、中高倍数泡沫注入法进行处理。

（1）正压送风驱散法

对于危险性较小、下水管道距离较短或者下水管道管径较小的事故现场，为了迅速排除险情，可以利用排烟机配合伸缩式风管正压送风的方法，迅速驱散下水管道内的可燃性气体。

（2）氮气置换法

在下水道爆炸事故的可燃性气体处置中，可以氮气置换排除下水道中的可燃气体。置换常用的惰性气体有二氧化碳、氮气和水蒸气，在下水管道的气体置换中我们优先选取氮气。当氮气气源不足或者现场实时监测力量不足时，可采用隔段置换方式，同样可使用下水道阻流袋进行隔断。

（3）中高倍数泡沫注入法

在地下建筑火灾排烟方法中，利用中高倍数泡沫注入式排烟已是很常见的方法，中高倍数泡沫发泡倍数分别为21～200倍和201～1000倍，发泡倍数高、覆盖能力强、成本适中，在下水道的可燃性气体处理中也可以采用该方法，利用泡沫消防车产生中高倍数泡沫从一端窨井口注入，另一端的窨井口向地面排出可燃性气体，中间段窨井口可利用湿棉布等进行封堵，排出的可燃性气体在窨井口处运用水驱动排烟机、喷雾水枪等进行驱散、防护。

4 结束语

近年来下水道爆炸事故时有发生，但是并未引起足够重视，从类似事故（如“11·22”青岛输油管道泄漏导致爆炸事故）的救援过程来看，反映出救援人员在此类事故处置中仍缺乏风险意识和处置经验，对下水道爆炸事故处置方法系统性研究的不够。本文在应急部门对此类事故处置办法研究较少的情况下，进行了相对系统的研究，得出了初步的研究成果，但仍需进一步深入研究。

参 考 文 献

[1] 张远，吕淑然，杨凯，张司邈．城市污水管道甲烷爆炸防控对策研究现状及展望[J]．安全与环境工程，2015，22(05)：134-138.

[2] http：//www.gov.cn/xxgk/pub/govpublic/mrlm/201209/t20120921_65569.html.

[3] Gladys E. Ibanez，Chad A. Buck，Nadya Khatchikian，Fran H. Norris. Qualitative analysis of coping strategies among mexican disaster survivors[J]. Anxiety，Stress & Coping，2004，17(1).

[4] 李代明．城市下水道爆炸的原因及处置措施[J]．消防技术与产品信息，2007(04)：35-36.

[5] 郑震宇，邓佳佳，谭金元，卢金树，薛大文．限制空间氮气置换过程分析与优化[J]．造船技术，2019(05)：14-19+30.

空冷器类设备灭火救援风险防范

姚剑飞

（中国石油大连石化公司）

摘　要　通过分析空气冷却器的设备结构与工艺条件，对不同工况下空气冷却器的风险进行识别，并针对风险的危害与影响制定了早期的工艺处置方案和消防安全措施。同时根据空气冷却器的设备结构特点和工艺状况制定了消防救援安全规范，进一步规范了停车距离、救援时限和救援人员服装的要求。

关键词　空气冷却器；风险识别；消防措施；救援安全规范

1　空冷器设备简介

空气冷却器是以环境空气作为冷却介质，横掠翅片管外，使管内高温工艺流体得到冷却或冷凝的设备，简称“空冷器”。在炼油厂和石油化工厂的冷换设备中，空气冷却器成为不可或缺的一类设备。其应用范围包含了塔顶油气冷凝到汽油、柴油冷却等各种不同工况。在化学工业、电力、冶金等行业，空气冷却器有着广泛的应用。

1.1　空冷器材质

一般来说，翅片管的基管和翅片可采用各种金属材料进行组合，但在具体选用时既要考虑被冷介质的性质，操作条件，也要考虑材料本身的工艺性能、价格等因素。管子的材料一般用碳钢、不锈钢、铜、铝、钛、镍、铜合金、蒙乃尔合金以及碳钢-不锈钢双金属管，也有在碳钢管内衬一层搪瓷。表 1 列出了几种常用材料和使用条件。

表 1　翅片管基管的常用材料及其应用条件

管子材料	适用管内介质
碳钢　10	一般油品(汽油、煤油、柴油……)和溶剂
铬钼钢 Cr5Mo、15CrMo、15CrMo	含 H_2S、H_2 的介质
不锈钢 1Cr18Ni19Ti	酸性腐蚀介质
铝　L4	碳酸介质(含 CO、CO_2 的水溶液等)

应用最多的是无缝钢管。在工作压力和温度较低而对防腐要求又不高的空冷器中，可采用高频焊接的有缝碳钢管，以降低造价。铝和铝合金管子只在低于 0.2 MPa 和 150℃条件下使用。

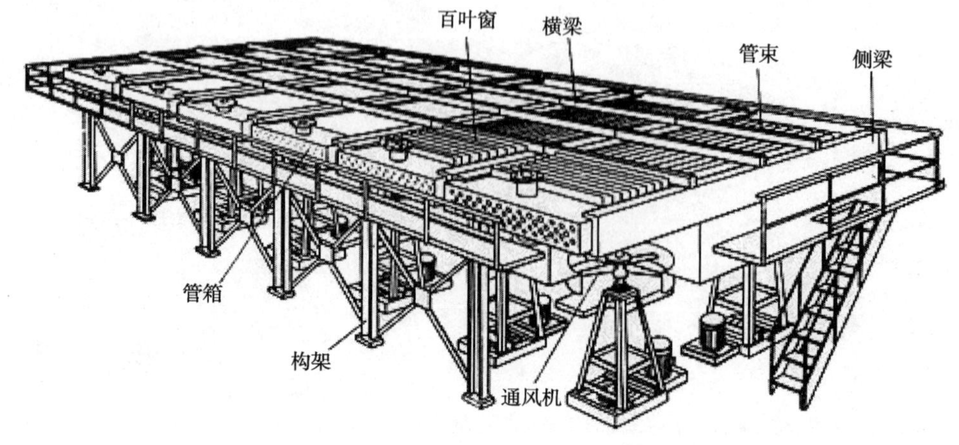

图 1　空气冷却器结构示意图

1.2 空冷器结构

1.2.1 管束：由管箱、翅片管和框架的组合件组成。需要冷却或冷凝的流体在管内通过，空气在管外横掠流过翅片管束，对热流体进行冷却或冷凝换热；

1.2.2 轴流风机：一个或几个为一组，驱使空气的流动；

1.2.3 构架：空气冷却器管束及风机的支撑部件；

1.2.4 附件：有百叶窗、蒸汽盘管、梯子、平台等。

1.3 空冷器分类

1.3.1 按空冷器管束布置型式分类：

(1) 水平式空冷器；

(2) 斜顶式空冷器；

(3) 立式空冷器；

(4) 圆环式空冷器。

1.3.2 按空冷器通风方式分类：

(1) 自然通风式空冷器；

(2) 鼓风式空冷器；

(3) 引风式空冷器。

1.3.3 按空冷器冷却方式分类：

(1) 干式空冷器；

(2) 湿式空冷器；

(3) 干-湿联合空冷器；

(4) 两侧喷淋联合空冷器。

1.3.4 冷器风量控制方式分类：

(1) 百叶窗调节式空冷器；

(2) 可变角调节式空冷器；

(3) 电机调速式空冷器。

1.4 性能

以环境空气作为冷却介质，使高温工艺流体得到冷却或冷凝。

1.5 工作原理

利用动力带动叶轮转动，产生的涡流不断将空气吸入，冷空气与热管道接触后传递热量，将管道内的热物质冷却。

2 空冷器风险识别

炼油化工企业常采用多层的框架结构布置设备。通常情况下，空冷器位于装置框架结构的最上层。

2.1 应用

2.1.1 分布

催化、蒸馏、渣油加氢、硫磺回收等装置。

2.1.2 材质

碳钢、不锈钢、镍合金。

2.1.3 主要介质和工艺参数：

(1) 催化装置空冷器主要含有的介质：氨气、硫化氢、水等。工艺参数：温度：80~150℃ 压力：0.45~0.63MPa。

(2) 蒸馏装置空冷器主要含有的介质：轻石脑油、重石脑油、柴油、硫化氢非主要介质、水等。工艺参数：温度：53~222℃ 压力：0.06~4MPa。

(3) 渣油加氢装置空冷主要含有的介质：柴油、氢气、硫化氢、渣油、水等。工艺参数：温度：90~371℃ 压力：0.14~17.6MPa。

(4) 硫磺回收装置空冷主要含有的介质：硫化氢、酸性气、硫磺、胺液、水。工艺参数：温度：78~123℃；压力：0.05~1.3MPa。

2.2 风险评估

2.2.1 易发生火灾部位

空冷器发生火灾爆炸的危险主要来自设备故障和运行中产生的泄漏，空冷器易泄漏部位有如下几处：翅片管介质入口处、翅片管向下弯曲变形部位的内壁、湿式空冷器翅片管靠近管箱部位无翅片的外壁、带衬管的翅片管在衬管末端的内壁、有可能产生介质涡流的部位等。干式空冷、联合空冷的管束内壁冷的管束内壁；湿式空冷翅片管外无翅片部位等湿式空冷翅片管外无翅片部位等。管箱丝堵、管箱法兰、管线焊口、阀门等。造成泄漏的原因有以下几点：

(1) 焊接质量原因：空冷器管线存在焊接缺陷，当空冷器发生压力波动时，这些裂纹源逐步扩展，波动达到一定程度发生介质大量泄漏。此外，热胀冷缩同样会造成管束变形，焊口开焊，导致介质泄漏。

(2) 腐蚀：在石油炼制过程中，对设备产生腐蚀的物质主要有：硫的化合物、无机盐类、环烷酸烷酸、氮的化合物等 氮的化合物等。这些杂质虽然含量很少，但危害却极大。此外在原油加工过程中加入的溶剂及酸碱化学剂也会形成腐蚀介质，加速设备的腐蚀。对于空冷器来说最典型的腐蚀类型就是常减压装置初、常顶冷凝冷却系统及加氢装置分馏塔顶系统的低温（$t<120℃$）

$HCl-H_2S-H_2O$ 形腐蚀。

（3）管束材质缺陷、选择不当：随著原油性质的不断劣化，近年来原油中的硫含量越来越高，从而也导致了设备的腐蚀不断加剧，因此设备的选材也变得越来越重要，材质选择不当将会导致设备的使用寿命大大降低。

（4）管束使用时间较长。

2.2.2　火灾时易损部位

空冷翅片及翅片管与管板的胀接处。

2.2.3　可能发生风险

（1）当物料发生大量泄漏时，遇点火源或高温设备会形成立体火灾，如果冷却保护措施不当或不及时空冷器下方框架会出现变形倒塌，对相邻设备和参战人员造成灾难性事故。

（2）由于操作失误造成空冷器内介质温度、压力急剧升高，导致焊口或法兰泄漏，或因空冷器法兰垫片材质不合格压力过大时，造成空冷器内物料的大量泄漏，遇点火源或高温设备形成火灾，使相邻设备受到火势威胁。

（3）泄漏到地面的物料形成流淌火，对扑救人员和车辆构成威胁，如果泄漏的物料进入下水系统会对其他生产装置和污水处理厂带来火灾爆炸的危险。

（4）管束内、外压差过大，造成空冷器破损高温热油与空气引发火灾。

空冷泄漏后，内部介质外泄漏流淌至下层高温管排，遇热发生火灾。

2.2.4　危害和影响程度

（1）空冷器泄漏着火时如果得不到及时封堵扑灭会使泄漏介质流入地沟、下水系统，导致下水井起火，当泄漏部位逐渐增大，火势会越来越大，给操作人员造成伤害，烧伤，甚至引发灾难性后果，对周边设备及框架造成损坏。

（2）空冷器泄漏着火无法控制时，导致上游装置进行紧急转阀、倒罐，给装置恢复生产带来麻烦，火炬还需排放多余的物质，造成环境污染。会造成装置停工导致下游装置波动大，也有可能相继停工。

（3）空冷器设备外接管线设置的阀门大多为手动切断阀门，发生火灾事故时，无法通过远程控制迅速关断，且空气冷却器占地面积大，设备内管束较多，即使已关闭空冷器的出入口阀门，仍然会有大量的物料沿破口流出。

（4）空冷器设备处于框架最上层，发生立体火灾后，消防力量很难在较短时间到达泄漏着火点，所以初期消防应急处置的效果不好，一旦火灾扑救不及时，受火灾热辐射导致框架失稳，可能会造成整个框架结构的坍塌，导致发生失控型火灾。

2.3　可采取的安全措施

2.3.1　现场措施

（1）事故单位立即启动本单位应急预案，成立车间现场指挥部。

（2）第一时间通知公司相关处室，报警通知消防队，并安排人员对救援车辆、人员进行引导（引导员应穿引导员服装，夜间手持引导应急灯）。

（3）对周边道路进行警戒，疏散事故区内的无关人员，禁止无关人员进入事故区域，组织清点人数，确认是否有人员失联，如有人员失联，立即向车间现场总指挥报告，组织查找救援。

（4）组织熟悉本岗位情况的人员进行应急处理，并使用现场消防设施进行初期火灾扑救，控制火势发展。应急处理时应尽可能远离危险区域，首先考虑利用控制阀或远端阀门切断事故发生部位。

（5）进行应急救援时，救援人员应按规定穿戴好应急服装（高温防护服、防酸碱服），佩戴好正压式空气呼吸器、便携式可燃气体报警器、便携式硫化氢报警器、对讲机、防爆工具等，确保人身安全。

（6）若经判断，事故危险性不大，不会危及人员安全时，现场指挥可以指令本装置其他岗位人员进入现场抢险。若经判断事故故障无法克服或即将发生严重的火灾爆炸事故，现场指挥可直接下令紧急停工，抢险人员立即撤出危险区域。

（7）启动三级防控系统，关闭雨水、下水系统，将泄漏物料和消防处置产生的污水引入污水系统。

2.3.2　工艺措施

（1）泄漏未发生火情时

a. 将泄漏空冷停运，采用防爆工具关闭空冷出入口阀门。

b. 关注空冷后温度变化，如温度上升可以增开其他空冷风机。

c. 用消防蒸汽对泄漏部位进行掩护，用铁槽盛接并引至下水系统。

d. 封闭周围雨水沟闸板，通往污水系统闸板处于打开状态，防止污染物进入雨水系统。

e. 开启现场的蒸汽防静电胶管，引蒸汽驱散降低现场泄漏油气的浓度。

（2）现场发生火情时，人员无法靠近时，需关闭上下游整个单元物料进出口阀门，并对装置周围带有压力储罐内的物料及时周转到相应的罐区内，同时启动紧急停工预案。

2.3.3　消防措施

着火处置：

（1）扑救空冷器火灾时首先要明确战术，采取“上下合击，四面包围”的战术。应充分利用固定、半固定消防设施，发挥举高类消防车及大功率泡沫消防车，同时结合工艺处置进行灭火。

（2）到达现场后要立即成立侦检小组，对现场进行火情侦察，确定有无人员被困和伤亡，确定需要保护的重点装置和部位，要查明泄漏部位、物料储量情况，制定恰当合理的关阀、断源、隔离措施。警戒小组对各道路口进行警戒、疏散无关人员、车辆禁止非抢险人员、车辆进入现场。

（3）必须保证冷却的有效性。迅速开启空冷器及相邻装置的固定消防设施。固定设施损坏时，要通过移动灭火力量加强冷却。

（4）消防队要利用周边固定水炮、移动炮、遥控炮、举高车臂架炮对空冷器、框架等薄弱部位和相邻设备及周边的设施实施冷却保护，冷却要均匀，不留空白点，防止发生次生灾害。

（5）位于空冷器框架上部发生火灾易形成立体式火灾，可利用举高车臂架炮对着火部位和邻近设备实施冷却保护。利用半固定消防竖管出泡沫枪加强冷却保护或灭火。

（6）位于空冷器框架中部发生火灾易形成立体式火灾，可充分利用固定、半固定消防设施和举高消防车及大功率泡沫消防车进行灭火，火灾扑救中应注意加强对火点上部的冷却保护，对形成的流淌火进行堵截消灭，防止火势蔓延，造成火势扩大。

（7）位于空冷器框架底部发生火灾易形成流淌火，具有火势蔓延速度快，工艺处置困难的特点。使用干粉和泡沫联用的方法为最有效的灭火方法，可采取堵截包围、逐片消灭的战术措施，车辆和水枪阵地应形成四面包围，不能留有空白点。同时要防止火势向上蔓延加强火点上部的冷却保护。

（8）设置观察哨，携带测温仪不间断检测空冷器温度变化情况、作战助理时时与车间工艺人员沟通工艺处置及压力变化情况，并及时向指挥员报告，以便及时调整战斗部署。

（9）火灾扑救时应注意对下水系统的封堵。

泄漏处置：

（1）扑救液化烃空冷器泄漏时首先要明确战术，采取“堵截包围”的战术。应充分利用固定、半固定消防设施，同时结合工艺处置。

（2）到达现场后要立即成立侦检小组，对现场进行侦察检测，确定有无人员被困和伤亡，确定需要保护的重点装置和部位，要查明泄漏部位、物料储量情况，制定恰当合理的关阀、断源、隔离措施。警戒小组对各道路口进行警戒、疏散无关人员、车辆禁止非抢险人员、车辆进入现场。

（3）液化烃空冷器泄漏可采取蒸汽进行封堵驱散。利用周边固定水炮、水幕发生器、移动炮出开花、雾状射流（严禁利用直流水柱喷射，防止直流水柱冲击产生静电引爆可燃气体）对泄漏现场进行驱散封堵，降低浓度，控制泄漏范围；控制泄漏可燃气体向加热炉、配电室、操作室等存在火源部位扩散，同时对抢险人员进行掩护。

（4）切断事故区域内的强弱电源，熄灭火源，停止高热设备，落实防静电措施。进入警戒区人员严禁携带、使用移动电话和非防爆通信、照明设备，严禁穿戴化纤类服装和带金属物件的鞋，严禁携带、使用非防爆工具。

（5）对泄漏到低洼处的可燃气体利用水枪进行驱散，降低泄漏区的可燃气体浓度。

（6）对泄漏的可燃液体要采取泡沫覆盖、筑堤导流的方法，控制泄漏范围，减少挥发，防止遇火源发生着火。

（7）对泄漏区内的下水井采取泡沫覆盖、海草席封堵的方法，防止可燃液体沿下水系统扩散。

（8）侦检人员利用检测仪不间断检测泄漏可燃气体浓度及范围并及时调整警戒区域、作战助理时时与车间工艺人员沟通工艺处置及压力变化情况，并及时向指挥员报告，以便及时调整战斗部署。

（9）泄漏时应加强对下水系统的封堵，利用海草席或向下水系统喷射泡沫的方法进行封堵。

2.3.4 冷却保护的重点

空冷器管束、进出口法兰、法兰垫片连接处、风机的支撑部件、框架。

发生火灾时，空冷器管束、进出口法兰、法兰垫片连接处、风机的支撑部件及框架作为消防处置过程中重点保护的部位，如果没有得到有效的冷却保护，会造成空冷器和框架变形、报废甚至倒塌等灾难性事故。

3 空冷器灭火救援安全防范

3.1 停车距离建议

停车的安全距离取决于许多变化因素，无法精确判断，以下建议，仅供参考。

3.1.1 火灾情况

(1) 初期火灾情况下，根据靠近火点快速灭火的原则，应选择距离火点较近的位置停车。

(2) 已经形成稳定燃烧阶段，参考 GB 50160—2008《石油化工企业设计防火规范》条文说明中对 4.2.12 条制定防火间距的原则和依据的说明："防止或减少火灾的发生及发生火灾时工艺装置或设施间的相互影响。参考国外有关火灾爆炸危险范围的规定，将可燃液体敞口设备的危险范围定位 22.5m，密闭设备定为 15m。"，又因设备能够安全地承受比对人体高得多的热辐射强度，建议根据装置消防道路情况选择上风方向，地势较高处，距中心火点约 50 至 60 米范围，便于紧急避险的位置停靠。

3.1.2 泄漏情况

泄漏情况下，应首先确定泄漏范围，划定警戒区，根据现场风向、消防道路情况和泄漏介质的特性选择安全的停车距离，并时时对泄漏情况进行监控，调整警戒区，调整车辆位置。

参考 GB5 0160—2008《石油化工企业设计防火规范》条文说明中第 5.2 条第 4 款的内容："可燃气体扩散范围：(1) 正常操作时，甲、乙$_A$类工艺设备周围 3m 左右；(2) 液化烃泄漏后，可燃气体的扩散范围一般为 10~30m；(3) 甲$_B$、乙$_A$类液体泄漏后，可燃气体的扩散范围为 10~15m；(4) 操作温度等于或高于其闪点的乙$_B$、丙类液体泄漏后，可燃气体的扩散范围一般不超过 10m；(5) 氢气的水平扩散距离一般不超过 4.5m。(6)《英国石油工业防火规范的报告》：汽油风洞试验，油气向下风侧的扩散距离为 12m。)"综合考虑可能的泄漏量、泄漏压力、现场风向、可燃气体突然发生爆炸的后果，建议停车距离如下：

液化烃、可燃气体泄漏，建议车辆停在上风或侧上风方向警戒区 500m 外。

可燃液体泄漏，建议消防车停在上风或侧上风方向警戒区 100m 外。

有毒气体泄漏，建议消防车停在上风或侧上风方向警戒区 200m 外。

3.2 可施救的时限

可施救的时限取决于火灾事故装置发生二次灾害的时间，二次灾害的种类较多，其中装置和设备的承重钢构架、油品储罐发生倒塌和容器类设备爆炸对于救援人员和车辆器材的安全影响最大。

3.2.1 装置和设备的承重钢构架

参考 GB 50160—2008(2018 版)《石油化工企业设计防火标准》条文说明中 5.6.1 条和 5.6.2 条的内容，可知石油化工企业的火灾绝大多数是烃类火灾，其装置承重钢结构均采取耐火保护措施，其耐火层的耐火极限不低于 1.5h。而无耐火保护的钢柱，其构件的耐火极限只有 0.25h 左右，在火灾中很容易丧失强度而坍塌。因此，装置发生火灾，可参考 0.25h(无耐火层钢柱耐火极限)和 1.5h(有耐火层承重钢结构耐火极限)两个时限。

3.2.2 容器类设备

容器类设备从接触火焰与发生爆炸之间的时间。因为它取决于许多变化因素，诸如火灾的规模和特性以及容器本身，所以时间各不相同无法统计归类。位于地面上的未保温的容器在没有水冷却的情况下可能发爆炸，若为小容器则时间间隔仅为极少的几分钟，对于极大容器可达若干小时。采用保温措施和喷水冷却的容器可明显延迟爆炸的时间。

3.3 救援人员防护要求

3.3.1 禁止事项

(1) 严禁在有可能下"火雨"或被地面、平台火焰包围的区域设置灭火阵地。

(2) 严禁物料没有切断就灭火，防止复燃、复爆。

(3) 严禁冷却水进入着火介质为禁水物质的换热器内。

(4) 严禁消防人员走入被泡沫层覆盖的燃料溢出区域，以防复燃伤人。

（5）严禁水枪手站在无保护措施的高空位置上射水，以防坠落伤人。

3.3.2 注意事项

（1）消防车选择上风或侧上风、地势较高、上无管廊、下无窨井管沟的位置停放，车头朝向便于紧急撤离的方向，保持应急避险道路畅通。撤离后以中队为单位清点人数，并及时向指挥部汇报，撤离信号为电台、高音喇叭通知辅以鸣汽笛“两短一长”。再次进攻必须经侦查检测安全后由指挥部统一下令进攻。

（2）被流淌液体火焰包围的无保温的中间罐、回流罐及常温、常压容器要优先考虑冷却。

（3）参战人员做好个人防护，所有进入安全警戒区内人员必须着隔热服、正压式空气呼吸器。

（4）工艺措施应由事故发生单位提出并实施。需进入火场进行处置时，应由生产操作人员和消防人员共同实施，进入前必须进行登记，佩戴避火服、佩戴 α 智能空呼、通讯设施，并做好掩护。

（5）防止闪燃、闪爆，要利用移动炮灭火设施，水枪手要尽量寻找坚实掩体实施灭火，防止扑救过程中二次爆炸伤人。

（6）扑救空冷器火灾时，由于物料内含有硫化氢，救护人员必须做好个人防护，佩戴好空气呼吸器。

（7）参战人员要时刻注意头上脚下，防止高空落物和跌落下水井中，避免造成伤害。

4 增加空冷器保护措施的建议

4.1 空冷器内存介质主要为轻质油品及液态烃类介质，一旦发生泄漏就会迅速扩散，遇到火源立即形成立体火灾，而其支撑架为无耐火保护的钢结构框架，其构件的耐火极限只有 0.25h 左右，在火灾中很容易丧失强度而坍塌，从而引发灾难性事故，因此建议根据 GB 50160—2008（2018 版）中 5.6.2.4 规定，将上部设有空气冷却器的构架的全部梁、柱及承重斜撑，并覆盖耐火层，覆盖耐火层的钢构件，其耐火极限不应低于 2h。且由于空气冷却器处于装置内的最高层，装置内固定消防水炮不能有效的进行保护，建议依据 GB 50160—2008（2018 版）中 8.6.3 中的规定，对工艺装置内固定水炮不能有效保护的特殊危险设备及场所宜设水喷淋或水喷雾系统，生产异常时可以作为降温的辅助手段，火灾情况下可以保证快速、有效实施冷却。

4.2 空冷器泄漏后内部介质通常不会发生自燃，通常第一着火点为空冷器下方泄漏流淌介质遇高温管线发生自燃，根据 GB 50160—2008（2018 版）中 5.2.21 中的要求，空气冷却器不宜布置在操作温度等于或高于自燃点的可燃液体设备上方；若布置在其上方，应用不燃烧材料的封闭式楼板隔离保护。因此建议在空冷器下方增设有效的隔离保护措施。

参考文献

[1] GB 50160—2008（2018 年版）石油化工企业防火设计标准[S].

[2] 陈晓环．空气冷却器的研究与应用[J]．科技创新与应用．2013（17）59-59.

[3] 郭俊峰．湿式空气冷却器[J]．石油化工设备，2019（1）52-60.

[4] 王震．空气冷却器浅谈[J]．科技视界．2014（20）120-121.

[5] 康青春．灭火救援指挥[M]．河北：中国人民武装警察部队学院．2006：137-138.

[6] 黎忠文．石化灭火中爆炸的预防[J]．石油化工安全环保技术．1996（6）31-33.

[7] 杨鹤，吴景泰．石化企业的消防安全及策略研究[J]．长春理工大学学报：高教版．2010（2）179-180.

[8] 刘维刚．石化企业消防安全问题及防火对策研究[J]．中国科技纵横．2013（23）268-268.

[9] 范冰．加氢裂化装置高压空冷泄漏原因分析及整改措施[J]．中国化工贸易．2013（8）168-168.

[10] 褚亚丽．浅谈危化品泄漏事故处置[J]．邢台学院学报．2011（2）191-192.

[11] 李岩．危险化学品泄漏事故应急处置关键技术分析[J]．居舍．2017（24）136-136.

实战化训练环境对应急救援队伍灭火及应急救援能力的提升探讨

王庆银　朱福敏　郭　庆

（中国石化中原油田公司应急救援中心）

摘　要　近些年来，我国的经济正在以中高速的形势发展，中国成为全球第一制造大国、危化品生产第一大国、全球建筑物崛起数量最多的国家。经济的快速发展，使应急救援队伍也面临着系统性安全风险的严峻挑战，在应急消防体制改革中，充实的“新生力量”的应急处突能力带来极大考验，因此，应急救援队伍需要加强日常的实战化消防作战训练，进一步提升应急救援队伍的整体实战能力和应急救援水平。

关键词　应急救援；实战化；训练能力；提升

2021年上半年以来全国各类火灾爆炸事故多发，造成严重人员伤亡和经济损失，4名消防员在事故救援过程中牺牲，灾害性事件呈现的多样性、复杂性的趋势，为国家的应急救援队伍提出了更高的抢险救援要求，为了应对现有的情况，应急救援队伍的应急作战能力亟待提高，这也是经济发展过程中带来的应急救援队伍必修课题，在提升应急作战能力的过程中，最直观的方法便是进行实战化演练。所谓实战化演练，更强调实战性，即尽可能模拟事故现场的真实环境，使用现有的应急救援装备，对各类事故灾害进行现场抢险救援行动，经过实战化演练可以更快的总结演练中出现的问题，锤炼救援队员心理素质，为真实抢险救援情况积累经验，以便在实际的应急处突行动中可以更快的制定出救援方案。

1　开展实战化训练的实际意义

1.1　实战化训练是应急救援队伍适应现代社会发展的需要

现阶段，人们的居住环境、生产环境及工作条件都在与之同时提升，日益趋向工业化、城市化、现代化的方向发展，而在此情况下，高层建筑和地下建筑空间也在大量发展，为了满足人们的休闲娱乐要求，公共聚集场所的数量也日益增多，而为了满足交通运输力的发展，石油化工企业也在大力发展，在这个阶段，越来越多的新材料、新工艺和新技术都开始投入使用。城市化阶段高速发展的同时，带来的问题也十分明显，近年来安全事故频发，各类灾害性事件层出不穷，也是城市化进程过快推进的一种表现，然而城市化进程是必然的趋势，无法倒退，这就要求消防部队提升应急抢险能力，时刻都是一种考验，也对应急救援队伍的体能极限是一种考验，在应急救援的过程中如何保证事故的平息及自身的安全都是现阶段必须进行深入研究的课题。首要的研究关键便是如何通过实战化演练提升应急救援队伍的实战能力，在现有的抢险救援配备之下，完成高难度的应急救援工作，需要对实战化演练进行整体规划，包括制定科学的演练计划，以此摸索出更为科学的演练方式，从根本上提高队伍的作战能力。新时期带来的应急救援问题，需要我国的应急救援队伍积极的进行应对，建设一支听党指挥、能打胜仗、作风优良的“铁军”。

1.2　实战化训练有助于解决目前战训不一致的问题

现阶段，应急救援队伍的日常训练有两种形式，一种是营内训练，一种是营外训练。营内训练和营外训练的区别在于，营内训练时，队伍整体的训练范围仅限于单位内，即应急救援队伍驻扎营区，营外训练时，队伍的训练范围扩大到所辖区域，包括道路、水源及重点单位等地区，主要是对所辖地区进行情况的熟悉，重点进行应急演练的区域在消防重点单位。综合两种训练方式来说，营内训练是日常的基础性训练，而营外训练注重的是所辖区域的熟悉，都无法对消防部队的实际应急作战能力进行本质上的提升，无法在实际的实战演练中提升队员个人的灭火救援技能。因此，实战化训练就显得尤为重要，应该贯彻训战一致的演练原则，为应急救援作战人员模拟各种灾难性事件的环境，尽可能贴近实际的事故险情情况，以此促进应急救援队伍在遇到真实险情时能够冷静对待，发挥最大效力。

1.3 实战化训练有利于提高应急救援队伍适应灾害现场的能力

事物的发展都有一定的过程和规律，应急抢险的过程如果通过实际的灾害性事故进行过程摸索和规律探寻，造成的损失将会无法预估，因此，应急救援队伍只能通过实战化演练掌握可能出现的应急抢险情况，防止在真实的消防抢险过程中错失救援的良机，避免出现重大的人员伤亡或其他损失。因此，可以为应急救援队伍配备相应的实战化训练场地，建设实训演练的专业场地、场地，使得应急救援队伍可以在遇到真实灾情时更加冷静，依靠平时的应对经验采取相应的措施，更快适应实际的各类复杂情况，也是对心理素质和生理素质的训练。

2 应急救援能力的现状

2.1 缺乏实践经验指挥不当

在实际的灾情面前，应急救援员最容易犯的一个错误便是急于进行抢险救援，面对应急处突的复杂性，应急救援员可能会忽略对整体环境的考量，一味想要进行抢险救援，这实际上是最不利于控制灾情的一种做法。若对于灾害现场疏于排查，而直接下达指挥命令，容易产生决策失误的情况，此时应急救援员的人身安全无法保障，不仅可能无法顺利进行救援，挽回现场的损失，反而可能会危及到更多人的生命安全。

2.2 相关专业训练不足

应急救援员的日常训练是作为应急救援队伍的基本训练任务，训练对于时间和空间的要求更为严格，而且需要高精尖的应急技术指导。应急处突的事故种类多种多样，因此，针对于不同的灾情进行训练是必不可少的，尤其是新入职的应急救援员，由于还未真正经历过救援任务的磨练，在突发的灾害事故状况中可能会出现不知所措的情况，这对于应急抢险是十分不利的，不仅无法在灾情面前发挥作战人员应有的作用，反而可能会对整个作战团队带来不利的影响。对于入职较长时间的队员，仍然需要加强这方面的训练，不断提升作战能力，并且可以实现以老带新的模范作用，对于新入职的队员给予更大的心理安慰及积极引导作用，尽快的适应极难险重任务。

2.3 基础工作待提升

城市化进程的加快，工业化进程的推进，各种新形势为新事故类型埋下了一定的隐患。虽然，现在的应急救援队伍已经配备有较为先进的装备器材，但是，灾情的多样化、复杂化，仍然显露出基础装备器材配备不全、供应不上的情况，为应急救援抢险的现场展开带来弊端，直接影响到应急救援工作，此时，更加考验应急救援队伍的应急能力，若处理不好，则会出现更严重的损失。

3 实战训练环境对应急救援能力的提升

3.1 应对心理素质的提升

往往灾情发生是一瞬间的事情，可预知性较低，可能会在不经意的瞬间发生灾情或事故的蔓延或扩大，因此，此种情况要求应急救援人员拥有较强的心理承受能力。第一，要求有足够的耐心，在应对较为复杂的火灾现场环境时，应急救援人员可能会受到现场环境的影响，做出不够理性的抢险应急处理措施，无法有效的控制灾情或事故的蔓延，在实战化演练的过程中是对应急救援人员心理素质的极大考验，也是最直接的锻炼心理承受能力和耐心的方式，减少因为不理智而做出的错误预判。第二，要求必须足够的专心，只有平时进行高强度的实战化演练，才能在真正遇到火情时保持冷静，面对不同的突发情况专心进行思考，避免因现场的混乱而扰乱应急救援人员的内心思考。第三，要求必须足够的沉着，通过大量的实战化训练可以为应急救援人员积累更加全面的应急抢险作战经验，在遇到各种火情状况下，能够按照训练有素的应急方式，沉着冷静的应对现场情况。

3.2 应急救援综合素质的加强

灾害事故现场的情况不可控性大，通常无法人为进行良好的控制，而且危害性极强，这就要求应急救援人员能够根据现场的实际情况，快速制定科学合理的救援计划，为了达到这一水平要求每个队员都必须有极高的综合素质。而实战化训练能够极大程度上提升队员的综合素质，在理论学习和实战化训练的结合中增强自身的专业素养，理论联系实际，相辅相成，在应急救援队伍的转型升级过程中形成综合化的应急能力。与此同时，也有利于从各个方面提升应急救援员自身的能力，包括心理承受能力、实操能力、经验积累等方面，在不断的试错过程中摸索正确的火情处理方式，才能在应急处突过程中及时进行对应的措施处理，对不同类型的灾情事故及时制定对应的应急处置方案。

3.3 救援现场协作精神的培养

通过理论学习的过程，往往可以掌握很多书面上的战术战法，然而，在实际的应急救援现场，无法完全适应理论情况下的条件，因为无法直接使用已有的战术，需根据现场的情况进行合理的调整，而这个调整的过程需要通过实战化演练进行经验的积累。现场进行应急抢险过程中，往往参与的人员很多，因此，对应急救援队伍的团队协作能力也提出了一定的要求。一支能打胜仗的队伍需要具备几点特质，一是队伍内部拥有明确的分工，二是队伍内部的人员拥有合作默契。队伍分工可以直接进行划分，而队伍的默契需要长时间进行培养，这也就体现了实战化演练的必要性，为应急救援队伍提供了更长久的磨合时间。实战化演练的过程中磨合各个队员的性格，促进对各个人的了解也有助于提升在火灾抢险过程中的配合默契程度，更好的发挥各作战单元的应急处理能力和作用。

4 提升实战训练效果的措施

4.1 以信息化为基础，营造实战化的应急救援训练环境

实战化演练随着计算机技术的发展也在不断进行升级和改革，计算机网络和信息技术可以为实战化演练提供逼真的模拟化环境，在进行实战化演练的过程中更加贴近真实环境下的救援抢险操作，包括指挥操作和实战操作，可以极大程度上提高应急救援指挥员的现场应急救援能力。

对于不同的灾情险情场景可以通过虚拟现实技术，进行场景的虚拟仿真模拟，再通过人工智能技术和网络技术，形成沉浸式的事故现场环境，充分集视听触觉为一体，保障人员更加真实的火灾应急反应。信息技术的融入的好处主要包括两方面，一方面对于应急救援员起到了很好的引导作用，可以通过信息化数据平台进行数据共享，可以最快速的掌握险情，包括灾情险情位置、危险源及周边救援力量的分配，从而制定最佳的应急预案，针对于特殊的险情现场能够及时进行分析研判，并约束特殊险情的处理流程，提高应急救援人员对于现场的认知能力和掌握能力。另一方面对于训练对象也起到了良好的引导作用，可以通过信息技术进行远程的现场处理调度，实现即时的现场通讯，更为真实的进行应急救援力量的部署调动和统筹规划。通过计算机仿真模拟技术，将训练细分为四部分，即技能训练、技术训练、战术训练和心理适应性训练，从而形成科学合理的训练体系，保证遇到真实灾情险情的状况下，能够临危不乱，从容应对。

4.2 按岗施训，开展专业集训工作

应急救援队伍的应急救援行动随着涌现出的新领域、新情况和新问题也呈现多样化的趋势，因此，在日常工作过程中需要针对不同岗位、不同层次的人员进行科学合理的集中培训。针对岗位需求制定科学的训练内容和训练方案，使得应急救援人员在各自的岗位上具有更专业的理论知识能力，从而成为实战过程中的理论指导。首先，在进行集训之前需要制定专业合理的战训干部集训方案，根据应急救援指挥员的受教育水平进行一定的区分，形成专业化、层次化的培训，无论如何，岗前培训是必不可少的，对于学历水平较低的指挥员应该要求更高，进行系统化、详细化的理论学习，掌握基础的理论知识，能够指导后期的工作，对于已经在岗的指挥员要进行系统化培训，掌握详细的装备使用方式，以及各项性能参数，若出现问题可以及时进行修正。随着信息化技术的融入，可以将一些训练进行虚拟仿真，进行线上的人员调配和统筹，提高指挥员的应急处理能力和统筹兼顾能力。其次，应急救援人员的职务不同，应该进行与其职务相对应的集训，新入职的队员应该重点锻炼体力、耐力等这一系列的身体素质，还有抢险特勤器材等基础性技能。对于班组，应该开展集体性训练，在不同环境下考验班组的实际应对能力和队员之间的配合能力和默契程度。但是，由于基层应急救援队伍还有自身的执勤任务，因此，集训模式可以进行拆分，制定细化的训练计划，达到集训想要达到的效果。

4.3 切合实际，创新实战化训练内容

应急救援队伍一直都有一套固有的训练方式，在融入了实战化演练的过程中进行不断的创新和改革，在传统的训练模式基础上进行优化升级，最终的目的还是希望拥有更高的实际作战能

力。首先，不同的应急救援队伍需要因地制宜，根据所在辖区的具体情况制定合理的训练计划，在保障传统的训练内容的基础上，增加拓展性的训练项目，比如野外生存、山地救援等。其次，要进行高强度的综合化演练，尤其是与相关的联动单位进行合作训练，比方卫生局、地震局、电力抢修队伍等。日常训练过程中，各联动机构可以进行实时的沟通，建立一体化的训练机制，也是对各个机构之间的协调与磨合，更加贴近灾情险情真正发生时的情况。最后，所在辖区的重点单位需要定期进行应急设施的实用性训练，当前，高层建筑越来越密集，应急救援人员如果对建筑内部不熟悉就无法进行现场救援，因此，需要进行针对于人员密集场所进行实地的演练，定期检查清点所在辖区的重点单位的应急、消防设备是否完好，是否可以正常使用，以保证在真正出现灾情险情时能够第一时间发挥应急救援效力。创新性的训练方式是一种与时俱进的形式，也是对应急救援队伍的更高标准的要求。

5 结语

必要的实战化演练对于应急救援队伍的整体综合实战能力会有极大的提升，尤其在现今时代，信息化技术的发展，为实战化演练提供了更加便利的条件，虽然经济的发展创造出了“新型”的灾情险情类型，但是，只要能够保障良好的实战化演练效果，在实战化演练过程中积累经验，锻炼应急救援人员的耐受力，就可以保障应急救援队伍在遭遇灾情险情时能够及时进行应急抢险救援。

参考文献

[1] 何兴伟．小议实战化训练环境对消防部队灭火救援能力的提升[J]．科教文汇(中旬刊)，2016，(09)：191-192.

[2] 丁耀斌．探析如何提升支队级消防部队实战化训练效果[J]．消防界(电子版)，2016，(03)：28-29.

[3] 杜冬冬．消防部队火灾实战化训练探讨及数字化技术应用[J]．建筑工程技术与设计，2014，(34)：896.

关于长庆石化公司消保一体化管理体系建设的探索实践

张志平

(中国石油长庆石化公司)

摘 要 新形势下，化工企业内、外部消防、保卫安全情况异常复杂，各种不安全因素趋于增多，如何做好安保、消防管理工作，为企业构建安全稳定的发展环境显得尤为重要，本文就如何实现消防保卫一体化管理谈一些浅显的见解。

关键词 一体化；保卫；消防

1 实行消保一体化管理的重要意义

近几年，随着社会经济飞速发展和企业改革不断深入，多年来积累的一些深层次矛盾逐步表面化，伴随而来的维稳安保问题也日益突出。

1.1 为公司创造良好的内外部环境

企业消防与安保管理内容不同，但相互影响、属性一致，创新管理模式实行消保一体化管理，可以充分发挥消防保卫在公司深化改革中的作用，从而促进安全消防保卫工作互相融合，为企业安全、稳定、有效运行提供保障。

1.2 为公司安全稳健发展提供必要保障

实现消保一体化管理机制，打造新常态下一支消保铁军队伍，可以有效提升消防、安保队伍业务水平和应急能力，对突发事件快速响应、高效处置，有效控制事态发展，维护公司安全生产、财产不受侵害，从而为企业创造更多的经济效益。

2 企业保卫、消防管理工作存在的问题

2.1 应急能力与当前外部形势需求还有一定差距

随着城市化进程的加快，长庆石化公司厂区已经被城市所包围，变成了“城中厂”、“河边厂”、“景观厂”，成为典型的城市型炼厂。周边不稳定因素增多、安保防恐任务重、安全环保要求越来越高，这些都给敏感地带的公司发展带来了新压力、新挑战，而治安保卫大队、消防大队由于工作性质、时间、任务、人员构成等不同，大多“各自为战”，难以形成应急处置合力，不利于为公司提供坚强保障。

2.2 部分人员素质与公司示范型城市炼厂建设不相适应

公司治安保卫大队人员年龄构成偏大，普遍理论素质不高，而消防大队新组建成立三年，从管理人员到指战员普遍经验不足，凝聚力不强，工作流动性大，整体表现在对新形势、新问题思考研究不够、主动谋划不足，与公司示范型城市炼厂建设进程中对安保、消防工作管理要求不相匹配。

3 建立健全消保一体化管理工作机制的几点探索

3.1 强化制度融合是实现消保一体化的根本保证

要逐步建立健全消保一体化工作制度、岗位责任制度、安全巡查制度、隐患查纠制度、培训教育制度、消防器材管理维护制度等各项管理制度。通过参与各项重大活动的安保工作和应急救援演练工作，结合实际总结一整套“消保一体化联防联治”工作思路和措施。

制定具体且利于操作的工作流程和考核细则，是消防保卫工作得以顺利实施的根本保证。在消防大队和治安保卫大队各项管理制度和考核细则基本保持不变的基础上，需要相互增添消防、治安有关管理制度，共同学习《内部治安管理规定》和应急救援等相关法律法规，明确体、技能训练标准，优化联合应急演练流程，不断健全完善各项制度措施，为消保一体化管理提供有力支撑。

将安保队员发现扑救初起火灾、消防队员发现安保隐患问题纳入目标考核细则，安保队员发现火情，要及时报警，协助扑救、协助调查、维护秩序，消防队员在巡查中发现安保隐患问题要及时上报，坚持严格考核、奖优罚劣、奖惩兑现。根据工作实际，对工作中表现突出的集体、个人进行宣传表彰，增强安保消防责任意识，注意发现隐患，消除危险。

3.2 抓好协调机制融合是实现消保一体化的首要前提

实行消保一体化运行，要注重理论与实践相结合，政策层面与工作实际相结合。公司内部消防保卫工作是公司安全管理的重要组成部分，集防火、防盗、外来人员管理、交通管理、应急救援处置、安保防恐、维稳信访、综合治理、案件查处诸多工作于一体，必定需要通盘协调。通过统一部署和安排，做到有计划、有安排、有措施，确保现场一出现异常，立即发现，一发生事故，责任人立即到现场，一产生问题，信息就能有效沟通，可以最大限度发挥工作合力，合力调配人员、器械资源，从而实现安保和消防工作双赢。

完善突发事件标准处置程序和应急预案，遇到公司重大节日和举办活动时，都能根据预案要求，提前开展有针对性的演练和检查，提高突发性事件处置能力。成立联合指挥（作战）中心，规范管理视频网络监控系统，设置综合监控中心室，将生产要害部位、周界道路、治安防范监控系统三网合一，纳入110联动报警、消防报警装置，统一指挥管理，构建立体化监测网络。实行24小时值班制度，开展消防保卫实时监控，通过监控不但能够预防危险事件，而且在发生紧急事件后，集中指挥调度、高效处置、调查取证发挥巨大作用。

3.3 加大应急处置融合是实现消保一体化的有效途径

应急处置是消保一体化管理成效的生动实践，既要做好重大活动基础风险管控，更要“做一万、想万一”。要开展贴近实际的联合应急演练，捋顺处置流程，磨合相关单位、部门应急响应过程。

按照职能划分，明确适用范围，相互积极主动配合，在火灾事故现场应急救援演练中要以消防为主，安保人员负责外围警戒、人员疏散等；在处置突发群体性事件演练中要以安保为主，消防人员现场增援、战备执勤，以防事态进一步扩大，从而实现人员互相联动、协同作战，相互提供保障。

3.4 开展人员培训融合是实现消保一体化的内在动力

按照消保一体化职业转换模式要求，扎实做好岗位练兵，消防大队和治安保卫大队人员进行岗位交流，着力打造精干、高效、业务能力强、素质高的消防安保铁军。两个大队要积极探索管理干部“一专多能”技能人才成长模式，轮岗学习提升业务技能，夯实一专多能复合型人才培养基础。消防员和安保员组织双向培训，共同学习安保防恐、消防救援理论知识，安保队员熟练使用两盘水带连接及灭火救援器材，达到初级消防员战斗水平，消防员进行联合群体性事件演练，实现重大活动期间一体化执勤战备。

消防大队和治安保卫大队要认真学习有关法律法规，以提高理论素养和法制水平，力求作风上能谦，工作上能实，知识上能深。不断提高业务水平，开展重点联合专项整治，着眼于找弱点、防事故，解难点、保平安，勤管理、促稳定，防火安保隐患排查经常化、制度化，问题整改不到位绝不放过，提高防火、防盗、防外力破坏能力，严控重点部位、重点人员安全。

逐步打通消防员、安保员职业化转化通道，安保员通过考核，表现优异者可进入消防大队转为消防员，消防员通过工作表现和考核情况确定职业发展方向，优秀者转化为市场化员工，继续从事消防保运工作，也可根据需要安排至生产装置从事炼化生产和辅助生产岗位工作，表现平庸者安排至治安保卫大队从事安保工作。

3.5 搞好联勤联动融合是实现消保一体化的有力举措

做好与辖区派出所、公安消防等部门的警力衔接，有效保障公司重大节日和重大活动顺利举行。要注重相关单位、部门及地方政府部门的参与配合，要成立现场联合保障组，以安保、消防、公安、交通、宣传等相关部门形成联动体系，打破部门界限，统一目标、统一要求、统一指挥、统一纪律，坚决做到快速反应、联动到位、保障有力，为公司人、财、物提供坚强保障。

3.6 促进文化融合是实现消保一体化的重要支撑

打造一支政治上可靠、业务上精湛、作风上顽强的消防安保铁军队伍，要从提高全体队员的思想文化素养着手，营造领导有正气、团队有士气、员工有朝气的工作环境。不断加深学习企业文化、安全文化、诚信文化内容，将文化建设有机融入岗位练兵、管理与服务、思想与行为等各个方面，转化为自觉践行的价值理念与行为准则，并在实践中不断改进、完善，打造富有军营特色的文化体系。充分体现以人为本的管理理念，着力营造关心人、尊重人、理解人、培养人的文化氛围，不断提高人员综合素质。

4 结论

总之，深入开展消保一体化管理，健全一岗双责、一警多能的人防、物防、技防体系机制建设，可以提高企业全员安全意识和总体安全管理水平，有效控制和降低生产安全风险和不稳定因素，防范和杜绝消防安全、安保防恐、维稳信访、综合治理等不安全事件，是夯实化工企业安全管理的基础性、创新性工作，也是实现长治久安的治标治本之策。

参考文献

[1] 赵建堂. 安全消防保卫一体化管理[J]. 科技与企业，2012，(05)

[2] 李真. 如何建立企业维稳信访工作的长效机制[J]. 办公室业务，2014，(09)

[3] 崔磊；武荣科. 新疆油田维稳信访安保防恐工作探索[J]. 现代企业文化杂志，2017，(14)

[4] 曹新华. 对新形势下做好信访稳定工作的思考[J]. 胜利油田党校学报，2011，(03)

大型原油储罐火灾扑救对策

邹鲜刚

（中国石油锦州石化公司消防支队）

摘　要　随着石油工业的发展及国家石油储备的需要，大型外浮顶储罐越来越多，外浮顶储罐的消防安全显得尤为重要。本文通过对储罐消防设施和报警系统的分析结合实际的火灾案例探讨不同情况下的外浮顶储罐的火灾如何更加有效的扑救，以及在扑救过程中应该注意的事项。

关键词　外浮顶罐；泡沫系统；密封圈

随着我国经济的高速发展及工业技术的快速提升，大型原油储罐的数量明显增加，单体100000m^3 的储罐已经普及，最大的地上外浮顶储罐已达到 150000m^3。大型外浮顶储罐的出现为保障我国的原油储存，推动经济的持续发展提供了有力的支持，但由于原油是低闪点、易挥发、宽沸点、高热能、易燃易爆的危险品，单体储罐储量达到如此大的程度，一旦着火不能及时有效的扑救，后果将不堪设想。本文将结合大型储罐现有的消防设施探讨如何有效进行消防灭火工作。

1　储罐火灾报警及灭火系统

1.1　火灾报警系统

火灾扑救的原则是救小救早，所以储罐的报警系统尤为重要。外浮顶罐火灾的特点是火灾初期一般都发生在密封圈附近，为了尽早发现火情，普遍的做法是在储罐密封圈上方设置感温光纤光栅，如果发生火灾后温度升高，超过光纤的报警温度，就会报警，能够及早的发现火情，但在使用过程中也发现由于环境的影响易发生误报，为了解决这个问题，罐区都在罐顶设置了视频监控系统，配合感温光栅系统共同分析报警的情况，大大提高了报警的可信度。

1.2　消防水灭火系统

消防水灭火系统一般由稳压水泵、消防水泵以及必要的联锁控制设备、供水管网、阀门、消防设施和管网辅助设施等组成。消防水泵应采用两用或多用一备，根据管网的压力来启动消防水泵，同时可降低启动电负荷，备用泵和工作泵应尽量采用同型号泵，电源采用双电源，或采用内燃机作为备用动力源。在大型储罐的灭火中消防水主要起到冷却罐体和周围其他临近储罐的作用。

1.3　泡沫灭火系统

大型储罐主要依靠泡沫灭火系统进行灭火。泡沫灭火系统分为固定式和半固定式两种，大型外浮顶储罐一般都用固定式泡沫系统，且在储罐区附近都建有泡沫站，通过消防水和泡沫在比例混合器内混合后注入泡沫管线打到浮顶浮船密封处，起到灭火的作用。现在的泡沫系统自动化水平比较高，都具有一键启动功能，当确认火灾发生后可以在操作间内一键启动，直接将泡沫打到发生火灾的储罐。

2　油品燃烧特性及风险分析

由于外浮顶油罐储存的介质大多为原油，因明火、静电、自燃或雷电均可引发火灾。外浮顶油罐火灾的基本类型可分为：只燃烧不爆炸、先爆炸后燃烧、先燃烧后爆炸、沸溢喷溅性燃烧等。外浮顶油罐火灾燃烧形式分为：密封圈局部燃烧、密封圈燃烧、浮盘倾斜燃烧、浮盘下沉敞开式燃烧、油品外溢流散形燃烧、立体型燃烧等，在火灾初期一般都是密封圈局部燃烧，如果发生爆炸浮船损坏火势就会向浮船中心蔓延，如果浮船倾覆整个罐体内就会燃烧(图 1，图 2)。

2.1　油品燃烧特性

（1）燃烧温度：油罐发生火灾，温度可达到 1050~1400℃，油罐罐壁温度可达到 1000℃；

（2）热辐射：受气流影响，辐射线强度呈梨形指向下风方向，在等距离范围内下风方向温度最高，约为上风方向的 2~3 倍以上；沸溢导致燃烧火焰的直径和高度明显增大，沸溢时火焰平均热辐射强度是沸溢前的2.5~3倍；

（3）沸溢喷溅现象：重质油品(如原油、渣油、蜡油、沥青、润滑油等)在燃烧中低沸点组分首先蒸发并燃烧，由于油品的热波特性，温度不断下传，加热的液层越来越厚；油品含有水份或灭火时向罐内喷射了水(混合液)，水被加热到沸点汽化，体积扩大1720倍，以高压向外冲击，形成沸溢喷溅现象。在一次油罐火灾扑救中，沸溢现象可能会重复发生多次。一般燃烧1个小时后，油罐就会出现沸溢现象。

2.2 风险分析

外浮顶储罐最大的风险就是火灾发现或处置不及时，导致火灾燃烧时间过长，会对罐体及附属设施造成破坏，从而使介质外溢形成流淌火，同时燃烧时间过长会造成重质油发生突沸，使燃烧的油品飞溅到罐区或造成罐区其它储罐着火。

图1 外浮顶罐沸溢图

图2 外浮顶储罐密封着火图

3 外浮顶油罐火灾灭火方法

3.1 初期火灾灭火：利用固定设施，灭早灭小

（1）根据外浮顶储罐密封圈处的感温光纤光栅报警结合罐顶的电视监控系统对罐顶情况进行确认，第一时间发现火灾同时报火警。

（2）确认火灾发生，在最短时间内一键启动泡沫系统，对发生火灾的储罐注入泡沫，同时利用电视监控系统观察灭火情况。

（3）如果泡沫围堰没有破坏，那么通过固定泡沫系统可以直接进行灭火，消防人员到位后登罐进行检查，确认无明火后灭火结束。

外浮顶火灾扑救案例：2007年5月24日下午，15时16分，某国储公司油库47#油罐由雷击造成长度为3.6m、4.4m两处开裂口起火，二次密封烧毁长度为12.2m，开裂最大宽度为22cm，一次密封烧毁长度为18m，整个着火面积为15.3m^2。15时18分，消防队接到报警后，15时25分30秒火势被扑灭。这次火灾扑救，采用的是典型的“以固为主”的战术，整个灭火过程只有8分15秒。

3.2 初期火灾没控制住：以固为主，固移结合

（1）进行火情侦察，准确掌握火场全面情况，拟定灭火方案，是掌握火场主动，歼灭火灾的一项关键工作；

（2）坚持固定设施优先，移动力量配合，根据实际情况，采取必要的工艺措施；

（3）当灭火力量不能满足灭火需要且邻近油罐受到火势威胁时，应先把主要兵力投入到冷却保护邻近油罐上，对邻罐及地面区域进行泡沫覆盖保护，预防火势蔓延；

（4）在保证火势不再蔓延的情况下，油罐呈敞开式燃烧且燃烧猛烈情况下，不满足发动总攻的条件，应该控制其燃烧。

（5）保证火场不间断供水和备足灭火药剂，合理分配水源，优化用水方案，确保总攻灭火时间的持续性。

（6）当各种资源准备充足，时机成熟时，四面合围，采用远射程车载炮、移动炮、高喷车向整个燃油表面用泡沫进行喷射，发起总攻，一举将火灾扑灭。

（7）消灭残火，预防复燃。油罐火灾扑灭后，应继续向罐内喷洒一定数量的泡沫，以彻底清除隐藏在各个死角的残火、暗火，不留火险隐

患，以致于引起复燃为止。不仅应在罐内液面上保持泡沫覆盖层，还需对油罐继续冷却降温，直至罐壁温度降到低于油品的自燃点，达到常温以预防油品复燃。

3.3 注意事项

（1）消防车应尽量停在上风或侧风方向，并与油罐至少保持 40m 以上的距离，要以能迅速撤离为前提，指定一名素质好、经验丰富的同志负责观察油罐燃烧现象，一旦发现沸溢喷溅征兆时，立即发出撤离通知，立即停水，卸下水带，携带枪炮、分水器等，开车撤离现场；同时在车辆站位时一定要留出空间，避免出现现场交通混乱，撤退不出去的情况；

（2）一些石油产品，燃烧时会分解出硫化氢等有毒有害物质，消防队员在扑救中，特别是在下风方向灭火的，必须穿戴相应的防毒装备；

（3）注意消防水的回收，避免环境污染。

油气管道应急救援系统的建设初探

李计川

（中国石油管道局工程有限公司）

摘　要　近年来，油气管道应急救援愈来愈被重视，但油气管道应急救援系统的建设尚未完全成熟。本文分析了油气管道应急救援队伍建立的重要意义，从队伍布局、能力训练、应急技术等几个方面探索队伍体系建设的发展趋势。

关键词　油气管道；应急队伍；网络式体系；平战结合；技术创新

随着中国的油气管网高速发展，长输油气管道已逾17万公里。另外，还有超70万公里的城镇油气管道。油气管道星云密布，覆盖城镇、野外、海底等，输送易燃易爆物质且一般埋在地下，发生泄漏后不易被发现，并且目前油气管道被占压、穿越人口密集区、安全距离不足等现象较多，一旦发生事故危害性极大。在油气管道专项检查中，已排查出各类隐患三万多处，被占压11972处，安全距离不足9171处，交叉穿越8293处；平均每10公里有2.5处隐患。当前中国油气管道进入事故易发期，事故率平均为3次/1000公里·年，远高于美国的0.5次/1000公里·年和欧洲的0.25次/1000公里·年，地震、山体滑坡、泥石流、洪水等自然灾害，第三方破坏、战争、打孔盗油等人为因素都会引发管道事故，造成爆炸、火灾、人员伤亡、环境污染等多种破坏。管道隐患庞大、管道类别繁多、管道抢险复杂是当前管道救援面临的三大难题。

与发达国家相比，我国管道安全基础薄弱，事故率较高。据统计，我国油气管道事故率是美国的6倍、欧洲的12倍，近年来接连发生青岛“11·22”输油管道泄漏爆炸、大连“6·30”油管道泄输油管道泄漏等重特大事故，安全形势严峻。油气管道安全保障的现状暴露出监管体系、法规标准、安全保障、应急处置、隐患整治、安全文化等多方面的问题和不足，也反映出油气管道安全纳入总体国家安全的统一管理迫在眉睫。

在科技部“十三五”期间支持开展的国家重点研发计划——“公共安全风险防控与应急技术装备”重点专项中，有5个项目直接与管道相关，并给予1.475亿元的科研经费支持，占到该重点专项2016年度项目科研经费总额的13%。为进一步强化油气输送管道安全保护工作，2014年10月30日，国务院成立了油气输送管道安全隐患整改工作领导小组，打响了油气输送管道隐患整治攻坚战，将油气管道安全保障工作提升到了新的高度。

2016年，原国家安监总局批复3家国家油气管道应急救援基地，分别是中国石油的国家油气管道应急救援华北（廊坊）基地、中国海油的国家油气管道应急救援南海（珠海）基地和中石化管道储运公司抢维修中心华东（徐州）基地。三大应急基地将为日后陆上、海上油气管道安全运行提供更有力的保障。

2018年，国家应急管理部安全生产应急救援中心统一安排工作部署，任命6家国家油气管道应急救援队，分别是国家油气管道应急救援乌鲁木齐队（依托单位中国石油西部管道分公司乌鲁木齐输油气分公司）、国家油气管道应急救援昆明队（依托单位中国石油西南管道分公司昆明维抢修分公司）、国家油气管道应急救援廊坊队（依托中国石油管道局工程有限公司维抢修分公司）、国家油气管道应急救援沈阳队（中国石油管道局工程有限公司东北石油管道有限公司）、国家油气管道应急救援徐州队（中国石化管道储运公司抢维修中心）、国家油气管道应急救援深圳队（深圳海油工程水工技术有限公司）。负责国内重特大类管道事故灾害的应急救援工作，形成全国区域的国家级油气管道应急救援网络。

相较于消防、矿山、危化品等专业，油气管道应急救援领域有其独特性、唯一性和商业性。对于油气管道的靠前防范，如管道投产保驾、运营维护保驾、管道应急演练、维抢修技术培训等，都有着巨大的开拓空间，且当前并未形成非常成熟的管道应急救援体系。2020 年 9 月 30 日，国家管网集团全面接管原分属于三大石油公司的相关油气管道基础设施资产(业务)及人员，正式并网运营。川气东送、西气东输、西南管道、广东管网等国内长输主干线管道全部并入国家管网，这对油气管道应急救援结构也是一次巨大的重组和更新，油气管道应急救援将开启新的纪元，面对疫情常态化、油气管道产业重组、应急救援现代化要求等挑战，油气管道应急救援队伍的体系建设应当战略谋划、全面发力，打造适合油气管道特色的应急救援队伍。

1 发挥油气管道企业特色，推广救援服务，构建油气管道网络式作战体系

当前的大多数应急救援机构仍然是政府和企业的传统投入机制，应急救援产业宏观政策导向性强、市场化水平低。但应急产业是一个新兴产业，在一些发达国家已经发展成为支柱性产业，是服务业中的主力军，发展应急救援服务产业是必然趋势。

油气管道应急救援具有线长面广、管道口径庞杂、技术难度大等特殊性，队伍需要充分考虑两方面因素，一是自身技术的适用性。管道完整性管理是管道应急救援领域的关键部分：利用管道内检测、外检测技术进行数据采集、高后果区识别、完整性评价；利用在役管道抢险修复技术进行管道风险预控、安全运行管理、维护抢修。二是应急响应的有效性。管道事故发生后，第一时间及时锁定抢险资源，迅速调动应急力量，才能确保救援的有效性，因此，油气管道应急救援的区域的覆盖半径不宜超过 300km。

国家油气管道应急救援廊坊队是国内最早的油气管道应急抢险专业化公司，早在 1999 年就开始进行网络化布局的规划，目前共设置华南、华中、华东、川渝、山东、新疆和乌鲁木齐七个基地，为 28 个省、直辖市的管线运行保驾护航，面对多段地型、多类介质、多种口径的管道，编制有针对性的应急保驾方案：踏勘巡护、高后果风险区的应急预案、安全评估报告和管道完整性管理等，初步构建了全国油气管道网络作战体系，形成了“快速反应、上下呼应、左右互动”的 18 小时应急响应圈。在应急管理模式上，也进行了大胆的创新型研究，如 N+1 管道保驾俱乐部模式、区域联合体模式、战略合作模式等。

2 平时“以战代练”，战时“能打硬仗”，走“平战结合”的发展思路

科学救援是当前应急救援队伍的发展模式，不能盲目的、不计成本地开发专业性系统、专业性产品。纯应急性的人员、装备和物资配备是不经济、不可持续的。应当让高端的应急装备和先进的应急技术在“平时”就能发挥作用，才能在“战时”(应急时)发挥更大的作用。习近平在中央政治局第十九次集体学习中关于应急管理体系和能力建设重要讲话时强调：要坚持少而精的原则，打造尖刀和拳头力量。油气管道队伍应结合自身情况，以工程项目为基础做好人员练兵、装备改良，以应急救援为推手拓宽管道维抢修市场。

当下，“管线占压”成为管道面临问题的流行词，随着城镇化高速发展，大量已建管道逐渐被新建的城市建筑占压，成为穿越人口密集区的管道。高铁、机场、公路等建筑物对管道的占压同样带来巨大的隐患。管道迁移改造势在必行。通过特殊的不停输改造手段，可以解决油气管道停输迁改对用户造成巨大的损失的难题，更能够不断锤炼队伍的管道维抢修战斗力。通过管道计划性改造、管道缺陷修复、管道抢险、储罐维修等不同类型的抢险维修项目提升队伍综合应急能力。

在面对重特大灾难时，有着丰富经验的顶尖管道抢险力量，可完成各类综合应急抢险任务。2008 年汶川大地震期间，震区山体滑坡、飞石乱砸、雨季路险及三百多次余震，油气管道命脉岌岌可危。2015 年天津 8·12 爆炸事故，现场散落 40 多种易燃易爆物和剧毒物，使得救援工作堪称“世界级难题”。在这些事故中，油气管道抢险队伍通过发挥专业优势，保证管道安全环境，解决罐体破拆难题，确保后续救援工作能够在更安全的环境下进行。

通过“平战结合”，可以打造出一支抢险经验极为丰富、能打硬仗的救援队伍。

3 自主创新研发，攻关领域前沿，掌握应急救援先进技术和装备

油气管道应急技术与装备主要包括开孔封堵技术装备、卡具堵漏技术装备、管道切割技术装

备、管道焊接技术装备以及海底管道应急抢修技术装备等5大类，经过多年发展，国内外均已形成了油气长输管道应急技术体系，但国外救援技术装备水平总体高于国内。国外先进应急救援技术装备主要由美国 TDW、States Group 等油气技术公司掌握，除常规的开孔封堵和带压堵漏先进技术装备之外，还拥有领先的智能封堵和球形封堵等技术装备。

国内的第一代管道抢险、维修和改造装备基本都来源于欧美国家，面对当前复杂多变的政治形势和全球疫情的不可控因素，应急技术和装备国产化迫在眉睫。各队伍应通过国内多年的技术研发和装备应用，在进口设备的基础上，不断的优化改良，自主研发关键应急技术和装备。

在科研层面，队伍应重点关注高压力、高钢级、大口径在役管道上的自动焊接难题。在应用层面，队伍应充分开发装备的适用性，如海底管道的“干式环境修复技术”，水陆两栖环境管道开孔装备等。

2019年12月，中国和俄罗斯两国元首分别在北京和索契下达指令，共同见证中俄东线天然气管道投产通气。中俄东线管道是世界上最大口径的油气运行管道，也是高寒地段的特殊管道，如何保障中俄管道的平稳运行和抢险修复，将是未来不容忽视的问题。

无论是城市管网的中低压应急技术装备，还是长输管道的大口径管道修复技术装备，都需要投入较大的技术力量，实现应急技术和装备的全面国产化。

此外，队伍在建立自身应急体系时，还应充分考虑将油气管道应急救援体系纳入政府应急机制中去，确保与政府、其他救援队伍和涉及的其他单位的应急预案良好衔接。历史证明，在较大的综合性事故面前，我们单一依靠某一部门的救援力量是很难完成救援工作的，需要跨部门、跨职能的多方面救援力量协调联动、共同救援，通过政府统一调动，多个作战单元配合，将会快速完成综合救援，打造“全灾种、大应急”作战体系。

浅谈石化企业管网气体泄漏处置对策

王建军

（中国石化上海高桥石化消防支队）

摘　要　近年来石油化工行业飞速发展，从炼油到重型化工再到精细化工，这种“一体化”间的联系是建立在管网输送基础上的，通过管网输送，节约了生产储存成本，提高了生产效率。如果把石化生产比喻成人的一个整体机能，那么许许多多的输送管网就是人身上的一条条血管。正是有了许许多多管网才使各个装置连成一个整体，才能够使各自生产连续下去，如果有一根管网发生泄漏，势必影响企业的安全生产，由其可知管网的安全是多么重要。

关键词　管网；泄漏；危险性；易燃易爆气体；有毒有害气体；应急处置

1　管网的分类、特点和用途

1.1　根据管网所架设的位置分类

1.1.1　地下管网

地下管网多为给排水管网，常温常压，管径大，火灾危险性不高，但也有像西气东输的天然气项目采用地下铺设方式埋设管道，大型输送原油采用地下铺设方式。

1.1.2　地上架空管网

石化企业所有的物料输送和气体输送，大多采用地上架空管网铺设方式，这样可以方便检修和维护。这类管网所输送的物料绝大多数为高温高压、易燃易爆、有毒有害的石化原料和产品，是我们研究的重点。

1.2　根据管网管径的大小分类

1.2.1　大管径管网

这类管网管径都在300mm以上，主要用来输送常温常压的废水、蒸汽等一般物料，在管廊上一般架设在最底层。

1.2.2　中管径管网

这类管网管径在100～300mm之间，大量用来输送液体石化原料，在管廊上一般架设在中层，管道外层根据输送物料的特性，都有不同的保温层保护。

1.2.3　小管径管网

这类管网管径小于100mm，最小不小于25mm，对于输送石化原料的这类管网，全部为无缝钢管焊接，耐压强度高，安全系数大，在管廊中全部放在最上层，主要输送高压气体和液化后输送的气体。

1.3　管网的标别方法

根据GB 7231—2003，为了便于工业管道内的物质识别，管道上原来的七种基本识别色增加到八种颜色（表1）。

表1　八种基本识别色和色样及颜色标准编号

物质种类	基本识别色	颜色标准编号
水	艳绿	G03
水蒸气	大红	R03
空气	淡灰	B03
气体	中黄	Y03
酸或碱	紫	P02
可燃液体	棕	YR05
其他液体	黑	
氧	淡蓝	PB06

1.4　管网的保温层

管网保温层是根据传输物质的不同特质采用不同的保温措施。低于常温的物质在管道中输送需要保温，例如低温乙烯在管道中输送时，因管道从外界吸收热量，使内部气体温度升高，造成压力增大发生爆管的危险，所以在输送时必须外加良好的保温层。必须在液态下输转的物质需要保温层和加热层，比如苯酚在常温下为固态存在，要实现在管道中传送，就必须对苯酚不断加热，工艺上到大多采取硅酸铝加石棉内着电阻加热丝的保温方法。

2 管网火灾危险性分析

2.1 管网在新投入使用时，因施工质量不高，检查检验不到位等都会造成泄漏事故。

2.2 一边使用一边施工。管廊施工周期一般较长，为了便于生产，不可避免地就会让先投产的装置先使用，后建的装置还在施工，施工场地的明火作业和管理，都是产生火险的重要因素。

2.3 管道年久失修，造成老化锈蚀。这方面国有企业中存在的问题较多，目前都已远远超过设计使用年限，但为了节约成本，提高市场竞争力，都还在使用。

2.4 意外事故。管道的存在因为无任何外防护物体，很容易发生意外事故，比如超高货车拉断管道，高空重物坠落砸伤，施工安全防范不严等都会造成事故。

2.5 恐怖分子破坏。世界范围内恐怖袭击事件层出不穷，如果危险分子对到处都是的石化管网实施破坏，将会出现防不胜防的局面。

3 管网发生泄漏后的处置对策

3.1 易燃易爆气体泄漏处置

石化企业管网中的输送介质，易燃易爆气体最多。如氨气、煤气、乙烯、丁烷、丙烷、丙烯、液化石油气等。

3.1.1 泄漏特点

易燃易爆气体泄漏后有以下六个方面的特点：

(1) 扩散范围广，且难以控制。

易燃易爆气体出现泄漏后，如不及时堵漏，可燃气体往往会随风飘散，大面积扩散流动。比空气轻的气体向上扩散，比空气重的气体则会积聚在地面或低洼处、地沟、旮旯等处，短时间内即可扩散至较大范围，很难以有效的方法加以控制。

(2) 易发生爆燃

由于易燃易爆气体均可与空气形成爆炸性混合物，只要达到爆炸浓度极限，一旦遇到火源即刻发生爆炸或爆燃，造成严重后果。

(3) 易燃易爆气体泄漏易产生白雾

易燃易爆气体压缩储存在压力容器内呈液态的气体，常见的有液氨、液氯、液化天然气、液化石油气等。由于易燃易爆气体具有蒸发潜热大的特性，所以大量气体从裂口喷出时，把空气里的水分凝结成雾滴，使雾状气体沿地面流动扩散，温度极低，不易飘散，且会导致堵漏人员冻伤和现场能见度下降。

(4) 易产生静电，并因静电而引起爆燃

压缩气体或液化气体如氢气、乙烯、天然气、液化石油气等从管口或破损处高速喷出时，因气体中含有固体或气体杂质，在压力下高速喷出时与喷嘴产生强烈摩擦而产生静电。据试验，气体所含杂质越多，或喷出的流速越快，则产生的静电电荷就越多。如液化石油气喷出时产生的静电压可达9000伏，其放电火花足以引燃气体。

(5) 易造成人员中毒

多数易燃易爆气体具有爆燃特性外，还具有毒害性。所以在气体扩散区范围内的人员，如不能及时疏散，则可能造成人员中毒。

(6) 易形成大面积火灾

处置易燃易爆气体泄漏事故，必须周密组织，科学指挥，采取最快、最有效的措施和方法，划定警戒范围，实施严格警戒，及时堵漏，控制火源，排除险情，严防爆燃。

3.1.2 易燃易爆气体泄漏处置方法

3.1.2.1 划定警戒范围，实施严格警戒

当出现易燃易爆气体泄漏时，应迅速划定警戒范围，防止人员误入发生爆炸和伤害事故。使用检测仪进行范围划定，利用气体检测设备确定泄漏扩散范围，实施严格警戒，必要时及时和交巡警联系请求增援警戒力量。

指挥员应根据当时的泄漏量来判定：少量泄漏，一般情况下下风方向100m，上风方向30m大体上是可行的；大量泄漏第一时间下风方向300m，上风方向50m来警戒，但明显可视范围已超过300m不可应循守旧还是按300m来确定，必须留有足够的距离来实行警戒。

根据化学品泄漏速查手册确定警戒范围：详见(化学品速查手册)之警戒范围篇。

3.1.2.2 当发生易燃易爆气体大范围泄漏时，应急人员到场后应迅速向周围各单位、居民区告知发生险情情况，要求他们熄灭一切明火，切断电源，并迅速撤离。

3.1.2.3 杜绝一切火源

(1) 在采取警戒的同时，必须消除气体扩散区内的各种火源，应当迅速扑灭可能扩散到达的范围内的各种明火，要有专人责令区域各企业和

单位停止焊接、气割等明火作业。

（2）抢险人员在进入扩散区内，必须更换抢险服装，内穿防止静电火花的全棉内衣，外穿防化服，佩戴空气呼吸器，必要情况下现淋湿内衣增加安全系数，各抢险参战人员必须使用防爆抢险工具，并不得穿带钉子的鞋，防止撞击打火，无关人员不得进入警戒区。

（3）警戒区禁止过往车辆通行防止排气管火星和吸烟明火，应急车辆和事故处理车也应当采取从上风方向的通道驶入。

（4）切断气体扩散区电源，（防爆的除外）防止电火花，但必须是再无人进入的情况下先期切断电源，因为一些不防爆的电器在切断电源的情况下也会发生电火花，引燃可燃气体。

（5）停止在气体扩散区内使用电话、手机、BP 机等通讯工具，因为许多气体最小点火能量非常低，如液化气最小点火点能量为 0.26mJ，极易被点燃。

3.1.2.4　雾状水流稀释驱散

易燃易爆气体泄漏，若遇大风天气，泄漏气体会随风迅速向下风方向扩散；若遇小风或无风天气，则会积聚某一空间，此时，应视情况采用雾状水在上、下、中、高设置雾状水防线，可有效阻止气体蔓延，稀释可燃气体浓度，增大现场水蒸气浓度，降低爆炸极限，使之尽快排除险情。

（1）使用屏风水枪和水幕水带设置第一道底层防线。石化企业多为高压消防栓，这种消防栓压力可达 7 公斤以上，完全可替代消防车出水，即可实现快速出水，也不需要驾驶人员，提高人员的安全性，需要特别注意的是再设置过程中器材必须要轻拿轻放，防止铁质器材撞击水泥地面，碰撞火花引起爆炸。

（2）使用喷雾水枪设置上层防线。因为屏封水枪和水幕水带射流高度最大在 3～5m 左右，上部成了空白点，而水枪射高达可 10m 以上，我们可以利用这一点，先到场车辆应当停靠上风方向的水源，在侧风方向设置分水阵地，并排间隔 2m 站立向上方向喷射雾状射流组成一层水幕墙，阻止气体通过上层想下风方向蔓延。

（3）使用移动炮架设于事故现场中心地带，吸收混合可燃气体。趋动的风力可达三级，可改变周围的气体流动，实际校验中现场地面水流会产生漩涡，因为在炮口部位高流水雾带动其体产生负压，在喷射过程中吸入大量可燃气体和喷出的水雾混合，使气体溶解与水中，对于可溶性气体来说这种方法最科学，也是最有效的方法。

（4）可使用云梯、曲臂、高喷车在高处出水，或利用车载炮，移动炮向天空射水，在高层形成密集水幕，形成人工雨幕，全面阻止气体蔓延和吸收沉降可燃物，一是有利于在扩散范围内处人员的安全，二是有利于增加区域内的水蒸气浓度，三是更均匀地吸收气体，沉降可燃物。

3.1.2.5　迅速堵漏

易燃易爆气体一旦发生泄漏事故，首先必须想尽一切办法尽快堵漏，防止大量泄漏和大面积扩散，堵漏时应区分泄漏气体的物理特性及泄漏部位，视具体情况采用以下相应堵漏措施：

（1）当管道发生泄漏时必须采取工艺措施，降低管道内的压力，在高压状态下，人工堵漏是不现实的操作。这就需要在发生泄漏时应先停止输送气体或关闭泄漏点相邻部位阀门，切断泄漏源，减小管内压力。

（2）对于管道泄漏，应使用专用的管道夹具进行堵漏，这种堵漏工具是专为管道泄漏设计的，对于管道泄漏首选应该用管道夹具。别处用内封式、外封式、捆绑式充气堵漏工具进行迅速堵漏，或用金属螺丝加粘合剂旋拧，或利用木楔，硬质橡胶封堵都是可采方法，这要看当时实际情况而定。

（3）法兰泄漏时，对因螺栓松动引起的泄漏，应使用无火花工具紧固螺栓，制止泄漏。若因法兰垫圈老化导致带压泄漏，可利用专用法兰夹具、夹卡法兰，并在螺栓间钻孔高压注射密封胶堵漏。少量泄漏可用胶泥、石棉等封堵或用湿棉被缠裹泄漏阀门、管道泄漏处，并用橡胶带、绳索或铁丝等箍紧，也可用抱箍夹紧。

（4）管道断裂泄漏时，由于泄漏处喷射压力大、流速快、泄漏量大，应迅速利用专用的捆绑紧固和空心橡胶塞加压充气器具进行塞堵。同时可利用依然液化气体蒸发潜热特性，用水枪向泄漏处喷水，降低泄漏处压力，并使泄漏处结冰，减少泄漏量，进而堵漏。

（5）对于受外力破坏管道严重变型的泄漏，管道压力大，是决不会堵漏成功的，必须通过导流、放空、燃尽的方法使压力下降到一定程度才可采取这样的措施。

表 2　气体类化学危险品泄漏事故防护参考等级

危险区 / 毒性	重度危险区	中度危险区	轻度危险区
剧毒	一级	一级	二级
高毒	一级	一级	二级
中毒	一级	二级	二级
低毒	二级	三级	三级
微毒	二级	三级	三级

表 3　气体类化学危险品泄漏事故防护参考标准

级别	形式	防化服	防护服	防护面具
一级	全身	内置式重型防化服	全棉防静电内外衣	正压式空气呼吸器或全防型滤毒罐
二级	全身	封闭式防化服	全棉防静电内外衣	正压式空气呼吸器或全防型滤毒罐
三级	呼吸	简易防化服	战斗服	简易滤毒罐、面罩或口罩、毛巾等防护器材

3.1.2.6　引火点燃

在无法有效实施堵漏，不点燃必定会带来严重的灾难后果，而点燃则导致稳定燃烧且危害程度减小的情况下，后实施主动点燃措施。采用点燃的措施，应具备各安全条件和严密的防护措施，必须有周全的考虑，谨慎进行，这一点大多数人员非常清楚，不再详细介绍。

3.2　有毒有害气体泄漏处置

石化管网内也存在大量的有毒有害气体，有毒有害气体的腐蚀性强，因具有毒害性，相对危险程度较高，其中最普遍的是氯气和氨气等。

3.2.1　有毒有害气体泄漏的特点

有毒有害气体泄漏的主要危害是人员中毒，危及生命。有毒有害气体泄漏应根据其泄漏所在的位置、泄漏总量及当时气候风向，决定其危害范围。有毒有害气体对事故现场的群众和参加抢险救援的警察、应急救援人员和医疗救护人员造成了双重威胁，现场群众在事故发生后能跑则跑，缓慢者难免遭殃。

3.2.1.1　扩散范围广

有毒有害气体由液相变气相体积扩大约 400 倍，是液化气的 1.6 倍。至死浓度较小，相同数量的氯气和液化气泄漏，拿它们的至死浓度和爆炸极限相比较，在理想状态下，按摩尔浓度计算法将会得出氯气是液化气危害范围的 100 倍。

3.2.1.2　不燃性

氯气为强氧化剂，可与大多有机物质作用，甚至发生爆炸。淡绿其本身不燃，氯气的爆炸一般是贮罐在一定作用下产生的物理性爆炸。因此在氯气泄漏现场，对电器的使用、禁火范围、车辆通行的控制都没有特别要求，只要有防毒的保障就行。

3.2.2　有毒有害气体泄漏处置方法

3.2.2.1　平时要加强常见化学品相关知识的学习

应急人员应在平时学习积累化学品有关知识，做到知己知彼，百战不殆。当化学危险品发生泄漏时，根据所属物品性质的差异，表现出来的特征是不同的。比如氯气是草绿色烟雾，氨气有刺鼻的氨味，硫化氢有臭鸡蛋气味等。另外根据包装物上的颜色也可判定泄漏气体的种类，指挥员到场后必须先侦检或询问，搞清泄漏物的种类不可盲目展开救援行动。

3.2.2.2　加强个人防护保证人身安全。

有毒有害气体是高毒性，按照防护要求应当为一级防护，穿着重型防化服(表 2，表 3)。

3.2.2.3　疏散人员和相互反应的物品

由于有毒有害气体的高毒性，疏散范围的扩大性，疏散人员和遇其反应的物资非常紧迫。按照救人第一的原则，首先到场的应急人员必须在自身安全的情况下，疏散染毒区域内的所有人员和家畜。此处因群众对有毒有害气体认识不足可能会出现大量的围观群众，这就要求应急人员要有较强的群众思想工作经验，必须迅速劝其离开。

3.2.2.4　迅速出水稀释降毒和中和消毒

有些有毒有害气体能够溶解于水，利用这一

点，当发生泄漏时，迅速组织出水，吸收溶解有毒有害气体，阻止有毒有害气体向下方向蔓延，方法等同与易燃易爆气体的处置。有毒有害气体溶于水后，一定要通知各相关部门关闭通往自然河流、沟渠的阀门或筑堤堵漏，防止受污染的水源流入江、河、湖、海和地下井，造成次生灾害。

3.2.2.5 有毒有害气体管道的堵漏工作

有毒有害气体管道发生泄漏后，如大面积发生泄漏后果不可想象，所以到场后一定要尽一切办法进行有效堵漏，一时无法完全堵住也要使其尽量减小泄漏口，减轻泄漏强度。具体堵漏方法见表 4。

表 4

部位	形势	方法
管道	砂眼	使用螺丝钉加黏合剂旋进堵漏。
	缝隙	使用外封式堵漏袋、金属封堵套管、电磁式堵漏工具、潮温绷带冷凝或堵漏夹具堵漏。
	孔洞	使用各种木楔、堵漏夹具堵漏、黏贴式堵漏密封胶(适用于高压)堵漏。
	裂口	使用外封式堵漏袋、电磁式堵漏工具组、黏贴式堵漏封密胶堵漏
阀门		使用阀门堵漏工具组、注入式堵漏胶、堵漏夹具堵漏。
法兰		使用专门法兰夹具、注入式堵漏胶堵漏。

3.2.2.6 慎重移交和撤离

堵漏完成后，应和厂家联系，进行彻底检测和冲洗消毒，所产生的污水必须进行无公害处理后排放，所有参战人员和器材必须进行洗消处理，防止污染中毒。在确定无危害的情况下向厂方移交，并要求跟踪检查，注意安全。

4 结束语

近几年我国进入了危险化学品泄漏事故的多发期，有的已经造成了严重的危害，随着我国经济建设的日益发展，石化行业运行的固有规律及人民生活提高相适应的需要，危险化学品的泄漏事故还将持续发生。因此加强对石化企业管网的调查研究，改进应急处置方法就显得尤为必要。

新时代我国应急管理体系构建与思考
——以危险化学品风险事故防范为例

唐朝纲

（中国消防救援学院）

摘　要　以习近平总书记"总体国家安全观"为思想引领，结合我国目前应急管理体系建设面临的形势和任务，用唯物辩证法的观点诠释了应急管理体系构建的社会发展客观要求，阐述了构建应急管理体系的基本概念、关系原理、框架设计、发展趋势、建设目标等内容，体现了新时代主题。

关键词　新时代；应急管理；体系建设；风险事故

2018 年 3 月 21 日，全国人大十三届一中全会通过了《党和国家深化机构改革方案》，决定成立中华人民共和国应急管理部，组建国家综合性消防救援队伍，这标志着我国的应急管理事业迈进了新时代，开启了新征程。

构建我国新时代应急管理体系，是党中央的重大举措，是一次伟大的社会实践，它需要科学的理论为指导，需要严密的体系管理，还要先进的装备技术为支撑。下面就我国应急管理体系构建方面的理论与管理两方面的问题，作一些研究探讨。

1　对应急管理体系的认识

1.1　什么是应急管理

应急管理是一门以突发事件为对象，探询事件发生、发展规律并系统防范和应对的科学。

应急管理，其内涵是一门管理科学；其外延是系统地防范和应对突发事件；应急管理的根本任务是应对和处置突发事件，保障人民的生命和财产安全，维护社会稳定。

突发事件包括自然灾害（地震、洪灾、冰灾、风灾等）、事故灾难（火灾、爆炸、车辆事故等）、公共卫生事件（传染疾病、食物中毒等）、社会安全事件（暴恐活动等）四种类型。

按事件的后果及性质，突发事件分为四个等级：Ⅰ级（特别重大，红色预警）、Ⅱ级（重大，橙色预警）、Ⅲ级（较大，黄色预警）、Ⅳ级（一般，蓝色预警）。

灾害的本质是什么呢？研究发现，形式多样的灾害事故，地震、海啸、泥石流、火灾、危化品泄漏、污染、核泄漏……其实质是物质运动，且运动一定伴随着能量的释放过程。由此可见，灾害的本质是物质运动，各种灾害是物质运动形式的体现，包括物理运动、化学运动、生物运动、社会运动。物质运动是永恒的，因此，从哲学意义上看，突发事件的发展将与人类社会共生、共存、共发展。

从世界范围来看，突发事件的特点是：（1）重大自然灾害多发、频发，经济损失巨大；（2）工业化、现代化和城市化快速发展，技术灾难日益突出；（3）突发公共卫生事件日益增多，并呈跨地域传播扩散的特点。下面我们来进一步分析其规律。

1.2　应急管理与社会发展的关系

1.2.1　应急管理是任何政治制度事务管理的重要范畴

马克思辩证历史唯物主义原理揭示，在社会进程中，政治制度的作用一是为了稳固统治阶级的政权，二是为了公共事务管理，使生产生活安全、秩序正常，人民安居乐业。

例如，历史记载表明，我国历朝历代（秦、汉、唐、宋、元、明、清、民国）的政治制度都对火灾、洪灾等灾害有管理、处置和应对；新中国成立以来，我国灾害管理实施党政统一领导，部门分工负责，灾害分级管理机制，在众多重特大灾害事故应急管理中，取得了巨大成就，积累了许多成功的经验，充分体现了我国政治组织和社会主义制度优势。由此证明，应急管理事务自古有之，应急管理不会因历史朝代的更替而消亡，应急管理会随着社会经济的发展而赋予新的内容和形式。

1.2.2 突发事件发生规律客观上要求构建应急管理体系

从原理上分析，突发事件是事物自在过程和自为过程的体现。突发事件的发生规律决定于其物质特性与社会属性两类内部主要矛盾的发展。就物质特性而言，例如性质相抵触的危险化学品氧化剂与还原剂相混，就会因发生氧化还原反应，引发火灾爆炸事故；从社会属性方面看，突发事件的发生、发展、救援、恢复等系列过程，无不与人类社会实践有密切的关系。这是因为：生产力要素与公共安全之间有密切的关系；突发事件损失与诸多要素有关；突发事件具有灾害链特征；突发事件应急管理体系是一个封闭的管理系统。

首先，生产力要素与公共安全之间有密切的关系。生产力要素，包括劳动者（人）：劳动者技能、素质等；生产资料（机、物）：土地、矿产、工具、资本等；劳动对象：生产方式、生产关系等。其中公共安全管理（社会服务）要素，是生产方式和生产关系的重要内容，它的作用是为了保护生命、财产、环境安全。

为便于阐述此观点，把决定社会发展的重要因素：人（x_1）、机（x_2）、物（x_3）、技术（x_4）、管理（x_5）、环境（x_6）、其它（$\binom{x}{n}$）设为某种函数关系的自变量（x_i），并依据统计数据，用4个拟合关系方程加以说明：

（1）生产力与社会发展之间的关系

社会生产力与社会发展指之标之间，存在某种函数关系f，则

$$f(x)=f(x_1, x_2, x_3, x_4, x_5 \cdots\cdots x_n) \qquad (1)$$

社会实践的统计数据表明，关系式（1）总体呈增函数关系。说明生产力越发展，社会越发展进步。其拟合关系变化趋势，如图1所示。

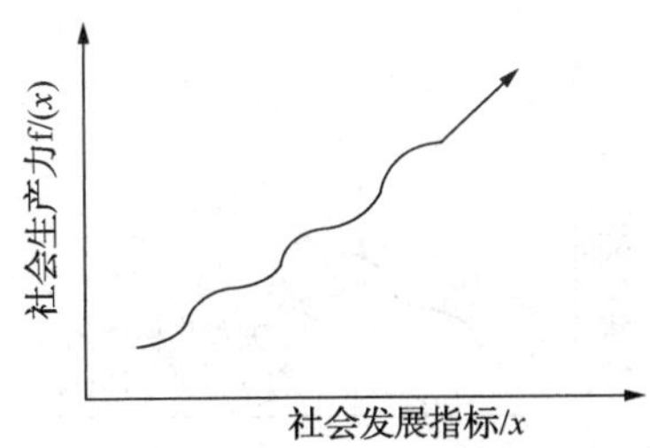

图1　社会生产力$f(x)$与社会发展指标x的关系

（2）灾害指标与社会生产力间的关系

类似地，灾害指标与社会生产力之间也存在着一定函数关系，用D表示，则

$$D[f]=D[f(x)]=D[f(x_1, x_2, x_3, x_4, x_5 \cdots\cdots x_n)] \qquad (2)$$

同样地，大数据表明，关系式（2）总体呈增函数关系。揭示出社会生产力程度越高，灾害指标（次数、类型、伤亡、损失等）越大。其拟合关系变化趋势，如图2所示。

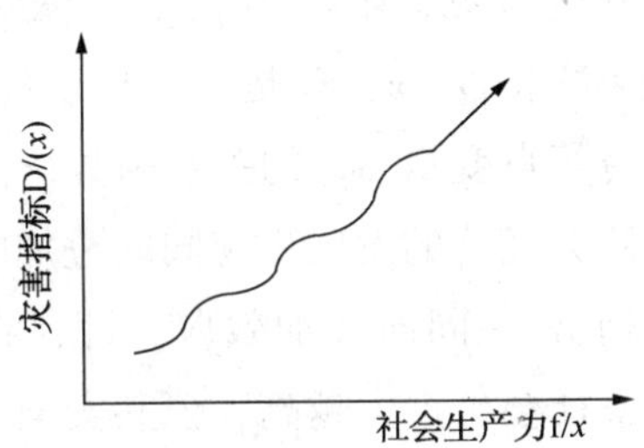

图2　$D(x)$与$f(x)$的关系

（3）公共安全需求与社会发展间的关系

类似地，公共安全需求与社会生产力之间也存在着一定增函数关系的，用ϕ表示，则

$$\phi[f]=\phi[f(x)]=\phi[f(x_1, x_2, x_3, x_4, x_5 \cdots\cdots x_n)] \qquad (3)$$

同样，大数据表明，社会发展程度越高，公共安全需求也越高。其拟合关系变化趋势，如图3所示。

（4）公共安全与灾害指标和生产力之间的关系

以联系与发展的辩证思维来看，$\phi(x)$、$D(x)$、$f(x)$三者之间，具有叠加的增函数关系，即：

$$\phi\{x\}=\phi\{D[f(x)]\}$$
$$=\phi\{D[f(x_1, x_2, x_3, x_4, x_5 \cdots\cdots x_n)]\} \qquad (4)$$

其揭示：社会生产力越发展，灾害指标越严重，但公共安全需求却越高，其拟合关系变化趋势，如图4所示。

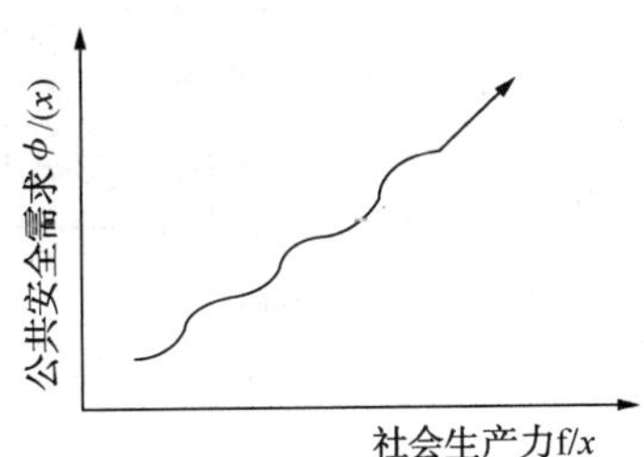

图3　$\phi(x)$与$f(x)$的关系

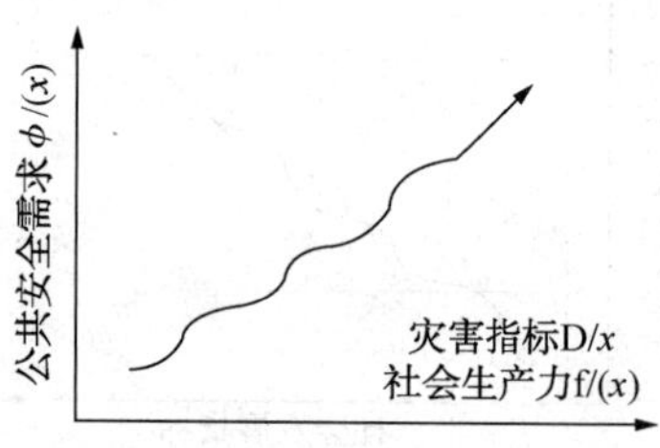

图4 $\phi(x)$与$D(x)$、$f(x)$的关系

通过分析可见，生产力$f(x)$、灾害指标$D(x)$、社会需求$\phi(x)$都是人、机、物、技术、管理、环境等自变量(x_i)的关系函数；并且三者之间随着社会经济的发展呈现同向叠加的增函数关系变化趋势--同向叠加效应，即：在社会发展进程中，社会生产力越高，公共安全需求度越高，但事故风险度却越大。

由此启示到：社会越发展，客观上要求安全保障体系要越完善，才能适应社会发展的需要。

其次，突发事件损失与诸多要素有关。灾害损失可用下列公式表示：

$$D = \frac{HVC}{R} \tag{5}$$

D-灾害损失、*H*-灾害强度、*V*-脆弱性、*C*-集中度、*R*-应急能力（预案、体制、机制、法制）。

公式(5)显示，灾害损失与灾害强度、受灾对象的脆弱性、人员财物的集中度成正比，而与应急管理能力R成反比。所以，在同样的灾害状况下，提高应急管理能力是减少灾害损失的关键。

再次，突发事件具有灾害链特征。实践表明，灾害事件不是独立事件，具有链锁反应，造成次生灾害的特征，因此，必须加强灾害事件全过程管控，截断“灾害链条”发展，才能有效降低灾害风险度，减少灾害损失。如地震灾害可引发洪水、火灾、垮塌、传染病、化学灾害等一系列次生灾害。

最后，突发事件应急管理体系是一个封闭的管理系统。研究表明，应急管理的机制包括预备与预防，监测与预警，处置与救援，恢复与重建等四个重要过程，每一个过程之间，环环相扣，相互联系，互相作用，形成一个封闭的管理系统。因此，必须遵守管理学揭示的“封闭原理”，建设应急管理体系，才能保证应急管理系统高效运行，化解突发事件风险，减少灾害损失。

客观上必须构建现代应急管理体系的原理，可用大量危险化学品灾害事故案例数据加以证明。表现在：危化品事故发生与危化品生产、储存、运输、使用、经营、废物处置等社会实践活动有关；危险化品事故有很明显的灾害链特点；随着社会经济的快速发展，危化品事故隐患因素越多，事故越频发，后果越严重；同时，人们的关切重视程度也在增加；因此，只有加强应急管理体系建设，才能防范化解危险化学品事故风险，减少灾害损失！这是历史的必然要求。相关大数据如图5、图6、图7所示。

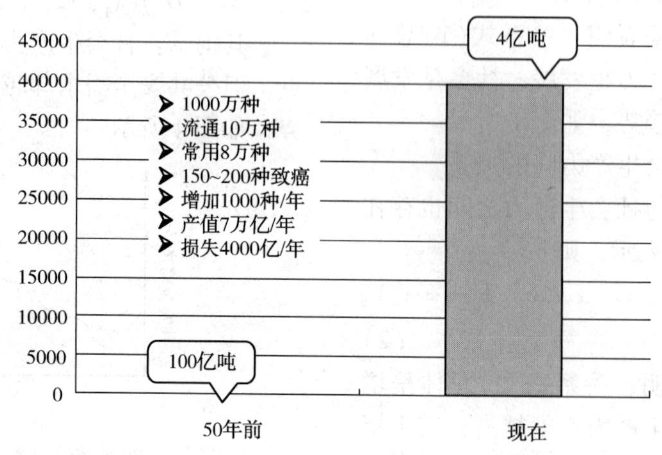

图5 世界范围危险化学品状况

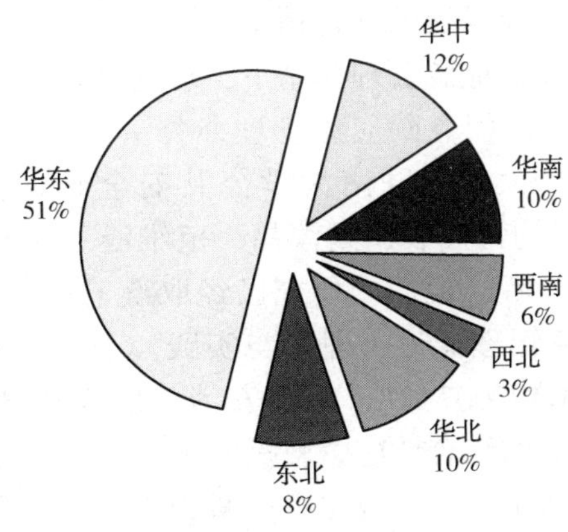

图6　我国危险化学品分布状况

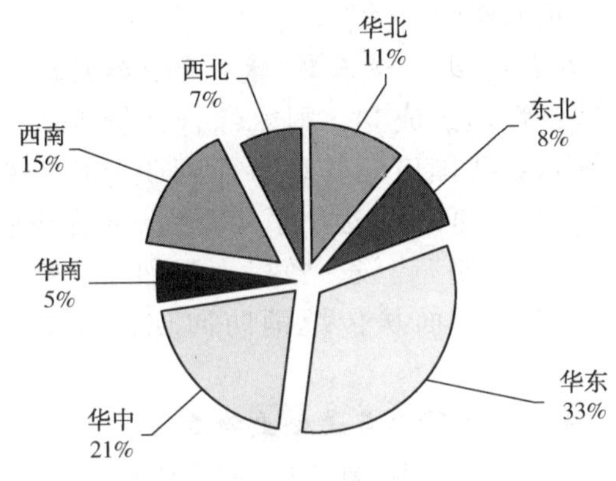

图7　我国危险化学品事故比例

2　新时代我国应急管理模式的转型升级

2.1　新时代我国应急管理工作的形势分析

新时代是一个历史范畴的概念。当代中国，可以指改革开放以来，也特指党的"十八大"、"十九大"以来。新时代的主题仍然是发展、开放、全面深化改革等等，目标是实现富强、民主、民族伟大复兴的中国梦，让人民过上幸福安康生活。但是，目前我国处在社会主义初级阶段，发展不充分、不平衡矛盾突出，面对的问题很多，机遇与挑战并存。

就突发事件发展态势而言，面临着"灰犀牛"事件、"黑天鹅"事件频发、复杂、严重；"一案三制"建设：预案、体制、法制、机制不完善、不健全；管理模式落后、资源分散、效率低，不能很好地适应新时代条件下的生产力发展需要。例如，就过去的现役制消防救援体制、以及公安、民政、水利、农业、林业、矿山等部门"多头分段"参与灾害应急管理等体制机制上弊端，就有许多不适应的问题存在，诸如信息封闭、力量分散、指挥不顺、人员流动快、人才难保留、权利寻租、职业化、专业化水平较低等。所以，国家必须进行深化改革，探索新路子，构建新时代的应急救援管理体系，以适应时代发展需要。

归纳起来，我国公共安全在应急管理中的主要问题，表现在六个方面：一是思想认识不足，责任制不落实；二是基础工作薄弱，城市脆弱性凸显；三是安全与应急管理体制机制不够健全；四是监测预警和应急处置能力有待提高；五是全民忧患意识和自救互救能力较差；六是法制还不够完善。

2.2　习近平新时代中国特色社会主义思想，为我国应急管理事业发展指明了方向

针对以上问题短板，以习近平为首的党中央，审时度势，对我国应急管理体系建设，进行了认真研究，形成了新时代中国特色社会主义思想，为我国应急管理事业发展指明了方向。

习总书记明确地指出："重特大突发事件，不论是自然灾害还是责任事故，其中都不同程度存在主体责任不落实，隐患排查治理不彻底，法规标准不健全，安全监管执法不严格，监管体制不完善，安全基础薄弱，应急救援能力不强等问题。"他强调："公共安全，人命关天，发展绝不能以牺牲人的生命为代价，这必须作为一条不可逾越的红线；要树立安全发展理念，弘扬生命至上、安全第一的思想，健全公共安全全系，完善安全生产责任制，坚决遏制重特大事故，提升防灾减灾救灾能力。"他要求：" 领导干部要增强责任意识，落实安全生产责任制，落实行业主管部门直接监管安全，监管部门综合监管，地方政府属地监管，坚持管行业必须管安全，管业务必须管安全，管生产经营必须管安全，而且要党政同责一岗双责，齐抓共管。"

以上精辟论述，包含了习近平新时代中国特色社会主义思想的精神实质，充分体现习总书记的"总体国家安全战略"、"人民中心论"、"民生为本论"、"安全发展论"、"科技强国论"、"底线思维论"治国智慧和科学安全观，为今后我国应急管理体系的建设发展指明了方向。

2.3　应急管理模式改革是实现新时代生产力发展需要的主动战略调整

马克思辩证唯物主义原理揭示，社会发展的内动力来自于两个矛盾：社会生产力与生产关系

之间的矛盾；经济基础与上层建筑之间的矛盾。它们的辩证关系是：生产力决定生产关系，生产关系反作用于生产力；经济基础决定上层建筑，上层建筑反作用于经济基础，其规律是若二者相适应，就促进生产力发展和社会进步；若不适应，则阻碍生产力发展和社会进步。

通过以上分析，知道应急管理的体制、机制、法制是生产关系的重要组成部分，也是上层建筑的形式体现，并且是生产力发展的重要保障要素之一。应急管理模式的转型实质是上层建筑的深化改革，是实现新时代条件下我国生产关系适应生产力发展需要的主动战略调整。党中央决定组建应急管理部，成立国家综合性消防救援队伍等一系列重大举措，旨在“加强优化统筹国家应急能力建设，构建统一领导、权责一致、权威高效的国家应急能力体系，以提高保障生产安全，维护公共安全，减灾防灾救灾等方面能力，确保人民生命财产安全和社会稳定。”也标志着我国应急管理事业进入了新的历史发展时期。

3 对我国应急管理事业的展望

3.1 贯彻落实习总书记的科学安全观的理念会更加明确

应急管理部成立后，法律上赋予了“防范化解重特大安全风险”、“健全公共安全体系”、“整合优化应急力量和资源”、“ 推动形成中国特色应急管理体制”四项职能。体现出坚持源头治理、动态监管、过程管理、应急处置、关口前移、居安思危 、思则有备、有备无患的理念，有利于把我国的应急管理事业推向前进。

总的说来，主要体现在6个方面：(1)坚持“总体国家安全战略”、“人民中心论”、“民生为本论”、“安全发展论”、“科技强国论”、“底线思维论”的安全发展观；(2)树立新时代应急安全管理的理念会更加坚定；(3)应急管理资源整合会更加合理，立体化公共安全管理网络会更加牢固；(4)依法治国，应急管理体制机制法制建设会更加健全和完善；(5)干部教育管理会更加严格，应对危机与抗风险能力会得到提高；(6)经费投入会加大，应急管理科技运用能力会进一步提升。

3.2 应急管理理论研究会更加深入

“三个代表”重要思想、科学发展观、习近平新时代中国特色社会主义思想等是指导我国应急管理事业发展的理论精华。

在新的应急管理体制下，理论研究会更加深入活跃。以国务院应急管理办公室、大专院校，如：清华大学、暨南大学公共安全研究院(中心)等机构为代表，闪淳昌、范维澄、薛澜、钟开斌等学者，他们的研究已经取得了一些成果。如《应急管理概论—理论与实践》教材，国务院课题—GYJ2007A18《把公安消防队伍建设成为各级政府的综合性应急救援队伍—进一步发挥公安消防队伍在应急救援中的骨干作用》(闪淳昌、范维澄)；论文：《防范化解重大风险提高危机管理能力》(闪淳昌)等，在应急管理事业中已发挥了重要作用。

3.3 应急管理“一案三制”建设会更加完善

应急管理部成立，国家综合性管理队伍组建，标志着我国应急管理事业朝职业化、专业化、集约化方向发展迈出了实质性一步。今后将会在“一案三制”建设、救援力量加强、管理模式上革新等方面从传统消防向现代消防进行转变。

3.4 应急管理事业前景会更加美好

2018 年 4 月 16 日，应急管理部组建以来，已取得了新成效。体现在体系架构已初步建立，事故预防“防火墙”更加牢固，应急救援更加有序、有力、有效等方面。

在机构建设方面：成立了应急管理部和 31 个应急管理厅，组建国家综合性管理队伍，有 20 万人转制，组建了 27 支专业救援队、7 支国际救援队，整合资源：11 个部门 13 项职责，其中有 5 项中央职能作了调整。

在构筑事故“防火墙”方面：开展了行业专项整治工作，推动了煤矿安全 、重点建筑、危化品、民航、建筑施工、道路交通、水上交通、渔业船舶、尾矿库等行业安全管理进程。

在应急救援方面：仅以 2018 年为例，在应急管理部的统一指挥下，成功应急处置了强台风“玛利亚”、“山竹”、内蒙古汗马森林火灾、山东寿光洪涝灾害等重大灾害事故，使灾害指标呈下降势力。2018 年安全形势呈现出“三个下降”：一是死亡失踪人口、倒塌房屋数量、直接经济损失比近 5 年平均值分别下降 60%、78%和 34%；二是 生产安全事故总量、较大事故、重特大事故与上年相比均下降”；三是重特大事故起数和死亡人数分别下降 24%和 33.6%。

在短短时间里，取得以上成绩，十分不容易，同时也充分说明了大胆实施机构改革，构建新时代应急管理救援体系的决策是正确的，是符合国情和时代需要的。

4 结语

应急管理是国家治理体系的重要组成部分，其核心任务是高效应对各类突发事件，保障人民的生命和财产安全，维护社会稳定；突发事件的本质是物质运动，具有自然和社会两方面的属性特征；应急管理事业作为社会治理体系的重要内容，只有主动构建与“生产力和生产关系、经济基础和上层建筑”相适应的应急管理体系，才能须顺应社会发展趋势，满足时代需求；我国应急管理事业已迈进了新时代，开启了新征程，我们应当坚信，在习近平新时代中国特色社会主义光辉思想的指引下，在党中央的正确坚强领导下，经过一代又一代人的不懈努力和奋斗，中国特色的应急管理事业一定会迎来更加美好的明天。

参考文献

[1] 人民日报评论部．习近平用典[M]．北京：人民日报出版社，2016.5.

[2] 人民日报评论部．习近平用典[M]．北京：人民日报出版社，2017.10.

[3] 闪淳昌，薛澜：应急管理概论——理论与实践[M]．北京：高等教育出版社，2018.5.

[4] 中华人民共和国突发事件应对法，2007.11.

[5] 李秀林，王于，李淮春．辩证唯物主义和历史唯物主义原理[M]．北京：中国人民大学出版社，2001.6.

[6] 李采芹等．中国消防通史(上、下)[M]．北京：群众出版社，2002.1.

[7] 闪淳昌．《防范化解重大风险提高危机管理能力》[J]，北京：中国党政干部论坛，2019.1.

[8] 闪淳昌，范维澄．国务院课题--GYJ2007A18《把公安消防队伍建设成为各级政府的综合性应急救援队伍——进一步发挥公安消防队伍在应急救援中的骨干作用》[J]．北京：中国应急管理，2008.3.

[9] 宋英华，申世飞，文学国，庄越．应急管理蓝皮书-中国应急管理报告(2018)[M]．北京：社会科学文献出版社，2018.11.

[10] 唐朝纲．危险化学品安全管理基础[M]．北京：机械工业出版社，2018.8.

储油罐泄漏处置措施风险预防

张清波　梁　峻　忽俊杰

（中国石油消防应急救援吐哈油田支队）

摘　要　储罐油品泄漏是石油石化企业生产过程中最常见的事故之一，储罐油品泄漏的原因主要有罐体腐蚀穿孔、管线断裂、阀门失效等情况，一旦发生油品泄漏事故必须立即启动应急抢险预案，开展抢险作业。在抢险过程中，由于油品的易燃易爆、有毒有害等特性，使抢险作业危机四伏。认识油品泄漏后的风险和预防措施，掌握油品储运工艺流程和设备设施性能，在采取关阀断料、堵漏作业、处置流散液体等环节中精准防控，科学实施，预防火灾爆炸、中毒窒息等事故的发生至关重要。本文简述了油品储输的简要流程，分析了油品泄漏的风险和危害，提出了泄漏事故处置环节的主要风险防控措施，对油品储罐泄漏事故抢险作业有一定的指导意义。

关键词　储罐；油品泄漏；处置措施；风险预防

1　前言

石油石化企业在油品生产储运过程中发生储油罐油品泄漏风险高、危害大，一旦处置不当，极易发生重大火灾爆炸事故，造成严重后果，危及企业的生存和发展。总结分析储罐油品泄漏的原因和处置措施，探索和实践新技术、新方法、新设备、新工艺，及时、高效处置储罐油品泄漏事故，积极预防和避免处置过程中发生次生灾害，对于石油化工企业安全生产非常必要。如：2010 年 1 月 7 日，某公司 316 号罐区储罐发生泄漏，现场人员发现险情后，立即采取抢险措施，由于应急处置不当，未能及时控制风险，发生爆炸事故，造成 6 人死亡，6 人受伤的重大火灾爆炸事故；2018 年 11 月 27 日，江苏某化工公司发生导热油泄漏事故，应急过程中发生爆炸，造成 8 人死亡，5 人受伤。

2　储油罐油品泄漏分析

2.1　储运简易流程和主要设施

储输简易流程如图 1 所示。

石油企业油井生产的原油经计量站计量，输送至集输站或单井站，经汽车运输或管输至联合站进行脱水、除硫、气液相分离等措施，通过外输泵输送至油库；油库装卸油系统卸油，经输油泵输送至储油罐。

图 1　油品储输简易流程示意图

石化企业接受的油品在装卸系统卸油，经输油泵输送至阀组间分流，再输送至储油设施储存。

油品储运设施主要有：装卸油设施、管网、输油泵和储油设施，如油罐、油池、油槽等，装卸系统可分为火车装卸、汽车装卸或管线输送，其中管网输油是最主要的输送油品方式，管网输油又可分为单管网系统或双管网系统，一般双管网系统有进油管线和出油管线，使用方便，安全性高。

储油设备设施：目前，我国油气生产储运使用的储油罐主要为钢制储油罐，容量一般为 5000m^3 至 100000m^3。其中 50000m^3 以下多为拱顶罐或内浮顶罐，50000m^3 及以上为外浮顶罐，钢制外浮顶罐的结构主要有：底板、罐壁、浮盘和相关附件构成，基本结构如图 2 所示。

油罐附件主要有：人孔、呼吸阀、量油口、排水管、进出油管、消防水管线、消防泡沫管线、罐外爬梯、灌顶浮梯等部件。

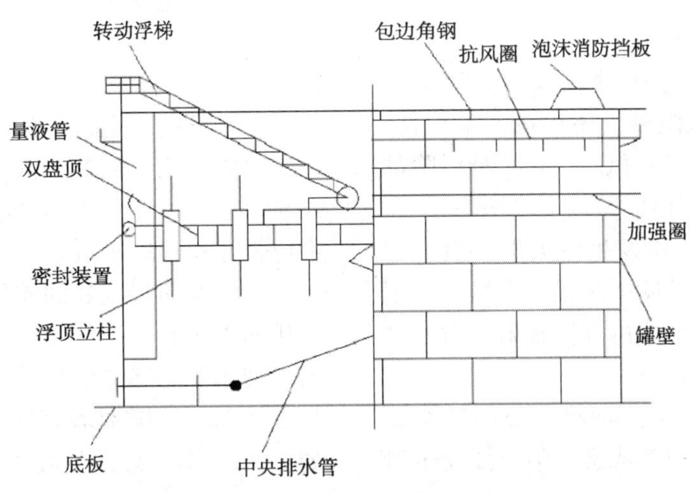

图 2　外浮顶储罐结构示意图

2.2　储油罐泄漏原因分析

2.2.1　主要泄漏部位

主要有进、出油管线及阀门处泄漏和储罐本体泄漏，大多数情况下，油品储罐泄漏均出现在进出油管线和阀门处。

储油罐本体发生泄漏的情况根据位置高低可分为顶部、中部、底部，顶部主要指外浮顶罐浮盘泄漏，包括浮盘上的附件泄漏、浮盘破损泄漏，中部指储罐外壁开裂泄漏，底部泄漏指储油罐地板泄漏和进出油管线接口等部位泄漏。

2.2.2　泄漏主要原因

腐蚀穿孔是储油罐发生泄漏的主要原因，尤其是不稳定油品储罐，由于油品中含有大量的水分、硫化物等腐蚀性物质，与罐体和管线等金属构件发生氧化反应，造成金属件氧化，强度变低，厚度变薄，在罐内油品内压作用下破裂漏油。

油品储罐底板外腐蚀主要是氧浓差腐蚀，主要表现在罐底板与基础接触不良，基础沉降，结合不严，引起氧浓差电池，中心部位成为阳极而被腐蚀。

管线破裂，主要有外力原因造成进出油管线破裂或在油品冲刷作用下造成管线管壁变薄，主要发生在管线弯头处。

溢罐冒顶是在进油作业中操作不当，造成液位过高，油品从呼吸阀、量油口或其他开口部位漏出，外浮顶罐浮顶密封失效漏油等情况。

3　泄漏造成的主要危害

3.1　油品流散：易燃易爆物质四处飘散，形成大面积的易燃易爆危险区域，大型油罐泄漏的油品充满防火堤，增加抢险困难。

3.2　火灾爆炸风险：油品泄漏后，肆意挥发、飘散，遇到明火、炽热表面或静电打火会造成大面积火灾爆炸事故。

3.3　环境污染：油品泄漏后从排污系统流出，对外部水域、土地、草场等环境造成污染。

4　泄漏处置过程中的风险

4.1　显著风险

4.1.1　爆炸着火是油品泄漏的最大风险，也是油品泄漏处置过程中最显著风险。

主要表现在：(1)环境不可控明火、高温物体、炙热表面等存在，油气飘散造成爆炸着火；(2)人员抢险过程中操作不当，发生碰撞火花，引发爆炸；(3)泄漏的高速油气造成静电堆积放电打火，引发爆炸；(4)油气泄漏区域电器设备未断电，或暴露在油气泄漏爆炸危险区域的非防爆电器动作，引发爆炸或着火。

4.1.2　中毒窒息是油品泄漏处置过程中显著风险。

油品泄漏后，大量油气挥发，造成油气区域氧气不足，油品中含有硫化氢等毒性物质，抢险人员在抢险过程中吸入过量，造成人员窒息或中毒。

4.2 潜在风险

在油品泄漏处置过程中，除了显著的爆炸着火、中毒窒息等显著风险外，还存在高温灼伤、高空坠落、物体打击等潜在风险，每一种风险都可能造成抢险人员的意外伤亡。

4.2.1 高温灼伤，指发生着火爆炸后，在油罐区形成高温火焰，抢险人员接近火焰时发生灼伤事故，或油罐火灾形成的高温辐射热对抢险人员造成灼伤。

4.2.2 高空坠落，大型油罐一般高度均在18m以上，如果在油罐顶部或罐壁中上部发生泄漏，抢险人员需登高作业，紧急情况下作业环境变差，安全防护措施简化，高空坠落风险增大。

4.2.3 物体打击，泄漏处置过程中采取关阀断料、停输等措施，造成管线超压蹦断，或消防喷淋系统超压等情况造成物体打击。

4.3 风险原因分析

4.3.1 危险源

油品主要有原油、成品油(包括汽油、柴油等)、溶剂油等。

原油(crude oil)指油井采出的以烃类为主的液态混合物。主要成分是碳和氢两种元素，分别占83%~87%和11%~14%；还有少量的硫、氧、氮和微量的 磷、砷、钾等元素。油品经脱水、除硫、气液分离等工艺处理后为成品油品，油品性质基本稳定，含水量极少，相对密度一般在0.75~0.95之间。

未经脱水、除气等措施处理的原油含硫、含水、含蜡、多气、多杂质，发生泄漏着火或爆炸着火等情况，在处理过程中极易发生爆炸、沸溢、喷溅等现象，严重影响灭火救援行动的顺利开展。

原油、成品油均易燃易爆，闪点较低，如汽油闪点-50~-20℃，原油闪点一般在-6.7~32.2℃之间，汽油是一种有机溶剂，对神经系统具有较高的亲和力和毒害作用，人体经呼吸道长期吸入一定浓度的汽油后，可引起慢性中毒。柴油毒性类似煤油，主要有麻醉和刺激作用。原油含硫，易产生硫化氢等强毒性气体，储输过程中应严格管理。

4.3.2 风险行为

(1) 油品流体静电打火。虽然油品自身没有静电存在，但是油品在管道内流动时，与接触面摩擦，形成电荷聚集，当油品泄漏时高速流动的加速了电荷聚集，在一些尖锐部位形成放电，造成火灾事故。

(2) 非防爆电器。油品大面积泄漏后，可燃蒸汽会随着空气四处飘散，大量油气飘散至油气站场办公区、生活区等部位，遇到非防爆电器，在电器正负极间形成短路打火，引发爆炸起火。

(3) 非防爆工具的使用。油气泄漏抢险时应使用防爆工具，严禁使用铁制、钢制等非防爆工具，使用非防爆的榔头、铁锹、扳手等工具进行打卡堵漏、筑堤围堰等活动时会产生明显火花，如：2007年，某油气场站处理分离器泄漏在沙土地上的油品时发生了火灾事故，原因就是工人使用非防爆的铁锹铲沙土，铁锹和石子摩擦产生火花，造成泄漏的油品起火。

(4) 人体静电放电。油品泄漏后，泄漏区域弥漫着大量油气，使抢险作业区形成最为危险的爆炸风险0区，抢险作业人员进入必须着防静电服，一般油气作业区工作人员工作服均为防静电工作服，根据GB 12014—89《防静电工作服》的要求，防静电工作服指用防静电织物为面料而缝制的工作服，要求带电电荷小于0.6uC，员工着装基本能做到工装外套为防静电服，工鞋防静电，但是对内衣裤没有严格要求，在应急抢险情况下，人员高速运动，内衣裤与人体摩擦，静电大幅增加，放电风险随之增大，因此，应避免抢险人员在爆炸危险0区高速运动。其次，目前国内大部分消防战斗服没有防静电要求，即使使用了抗静电材料，但是基本没有经过权威机构检测，消防员又是油气抢险的主要力量，处在最危险的部位，提高消防员抢险救援服装抗静电能力十分必要。

(5) 意外明火。主要指大风天气下的飞火和雷击等意外情况，造成油品爆炸起火。

5 风险控制的措施

关阀断料：油品储罐发生泄漏后应立即切断进油管线，根据泄漏位置采取倒罐作业，把罐内油品液位控制在泄漏点以下。当无法实施倒罐作业时，可采取注水作业，升高可燃液体液位，使液位高于泄漏点，达到漏水不漏液的目的，便于采取进一步的措施。

切断非应急电源：储罐泄漏后，应迅速切断储罐区一切非应急电源，确保泄漏区域不发生电气事故和应急抢险时的用电安全。

稀释泄漏的气体：油品泄漏后，流散的油气会弥漫储罐区，形成危险的爆炸性混合气体，气体在罐区聚集，一旦遇到火花等燃烧条件即会发生爆炸着火，因此，发生油品泄漏后应及时采用喷雾水进行油气稀释，尤其在进行抢险作业时喷雾水既能稀释油气浓度，又可以对抢险人员进行保护。

堵漏作业：堵漏作业是油品储罐泄漏处置的关键措施，直接关乎险情处置是否成功。堵漏作业根据泄漏位置可采取打卡作业、木楔入孔、堵漏垫、夹具注胶等措施，对于进出油管线泄漏，可以根据管线大小，预制卡具，在泄漏点垫胶皮等密封材料，夹紧卡具，进行堵漏；储罐本体和浮盘发生小孔型漏点，可以采取木楔如孔的方法，暂时堵漏，便于后期采取进一步措施；罐底漏油可采取注水升液面的方法配合倒罐作业，防止油品流散；对于进出油管线第一阀门法兰泄漏，可采用不同型号的法兰卡具，并注射密封胶的方法或使用专用的阀门堵漏工具实施堵漏。

处置流散液体：科学处理油品泄漏后的流散油品是保证抢险作业顺利进行的重要环节，储罐泄漏流散的油品会在泄漏点处大面积扩散，既影响抢险人员的操作又易发生爆炸着火，必须及时进行处理。对于少量的流散油品可采取导流收集或黄土掩埋措施等措施，实施时需使用防爆工具，严防火花或静电打火；对于大面积流散的油品，应采取泡沫覆盖、导流收集等措施，防止油品流散和挥发。

6 结束语

储罐油品泄漏是石油石化生产过程中最常见事故之一，发生油品泄漏，不论泄漏事故大小，均应正确处理，科学处置，防止事故由小变大，由简单变复杂。

参 考 文 献

[1] 姜鹏．钢制油品储罐底板腐蚀机理及防护技术[J]．中国石油和化工标准与质量期刊，2020(07)，49.

[2] 石油天然气工程设计防火规范.

[3] 余青原．原油泄漏爆炸事故的处置[J]．生产管理，2012(8)，74.

[4] 叶鑫锐．油品储罐的安全分析及预防策略探讨[J]．设备管理与维修，2019(2)，41.

化工装置中加热炉火灾事故危险性分析与处置技术

张庆利

（中国人民警察大学救援指挥学院）

摘　要　本文介绍了化工装置中常见加热炉的结构情况、运行原理，总结了加热炉出现火灾事故的原因，分析了加热炉的火灾危险特性，并针对性提出事故处置对策和相关处置技术，为消防队提供一定参考。

关键词　化工装置；加热炉；危险性分析；事故处置

石油化工是国民经济四大支柱产业之一，属易燃易爆、火灾多发行业，而加热炉造成火灾爆炸的事故率高居化工事故首位。2018 年 1 月 29 日清晨 6 点 40 分左右，台湾桃园一炼油厂在检修完毕之后，重新开炉进料时加热炉突然发生爆炸，顿时火光烈焰冲天，方圆 5km 内住户都被巨大爆炸声响震醒。火灾扑救过程，共出动 93 名消防队员、42 台消防车，事故未造成人员伤亡。

近年来，一些化工工作者对于加热炉事故进行了相关研究。2010 年，郭跃武通过对管式炉爆炸事故的分析，总结预防类似事故发生的应对措施。2013 年，雷延等人通过对常规板坯加热炉煤气回火事故进行分析，提出了煤气管网系统的改造方案，解决了煤气回火爆炸问题，提高了常规板坯加热炉生产操作的安全性。2016 年，李艳志通过对管式加热炉闪爆事故进行分析了，总结了类似事故的预防措施，在一定程度上对于消除加热炉可能发生闪爆起到了促进作用。2020 年，姚稷天等人从设计角度，查找炼厂管式加热炉火灾爆炸隐患，从加热炉管排、炉管、炉体系统、炉用配件等角度详细介绍了因设计不佳造成的管式炉火险隐患实例。

在已完成的研究工作中，对于加热炉事故原因、安全设计和安全运行进行了较为深入的分析也总结，但是对于事故发生后的危险性分析和事故处置技术的研究相对较少。本文立足于前人的研究成果，分析加热炉事故原因、火灾危险性以及事故处置技术。

1　加热炉结构与事故原因

1.1　加热炉与管排

加热炉是石油化工、煤化工、焦油夹攻等工业生产中的关键设备，管式加热炉一般由辐射室、对流室、余热回收系统、燃烧器以及通风系统组成，如图 1 所示。加热炉炉管内介质和燃料气均为易燃易爆介质，炉膛温度高，工艺介质波动或者燃料气压力波动很容易导致故障熄火发生闪爆。

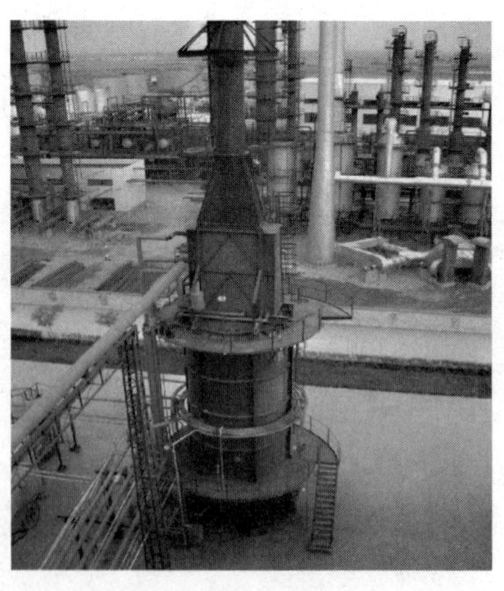

图 1　加热炉

某项目为充分利用加热炉炉膛空间，在圆筒炉内用多边形状排管（图 2）。炉管为单排双面辐射，受炉管与燃烧器距离不等的影响，炉管极易产生局部过热，影响出力与烧坏炉管。设计横管立式炉时，对流炉管与立式炉侧面同长，因烟气总是就近排出，对流管两端受热不足，除了出现加热死角与盲区，因20多米长的对流炉管有的中间有接口，该焊口不合格时，会引起漏油着火，无法检查缺陷部位，更换炉管很困难。小负荷管式炉热效率不高，产生的烟气量不多，不宜设余热回收设备，否则回收投资年限很长，得不偿失，还增加炉区系统火灾事故隐患。

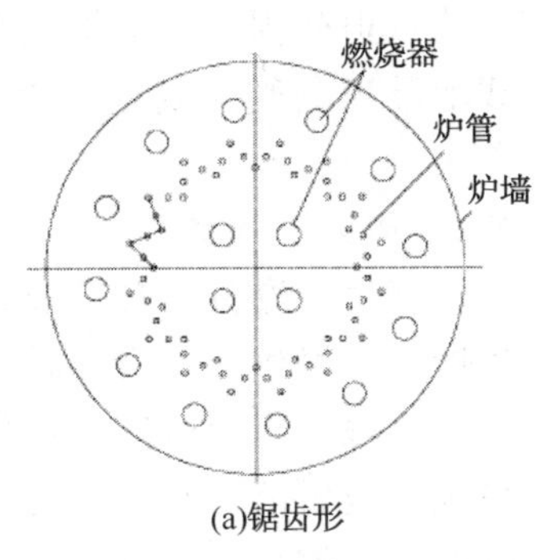

(a)锯齿形

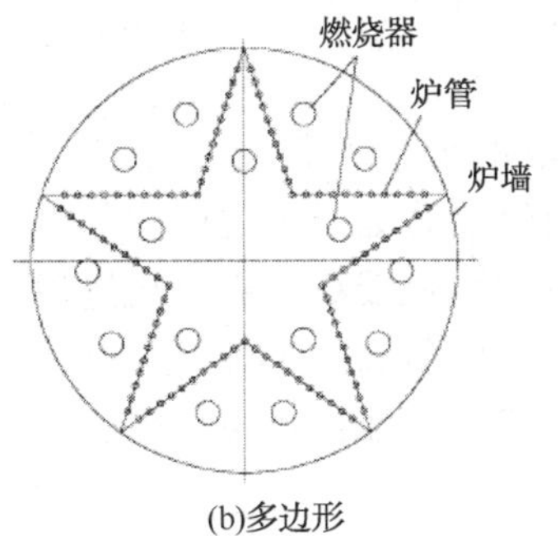

(b)多边形

图2　加热炉多边形排管示意图

1.2　炉管

管式炉管内高温加热的介质（油或气）是不能与空气接触的，一旦泄漏，遇到空气立刻燃烧，甚至爆炸，所以炉管是引发火情的重要频发场所，具体表现在以下几个方面。

1.2.1　炉管局部过热

各炉管与燃烧器距离不等，提高远离燃烧器的炉管热强度时，近距燃烧器的炉管会局部过热，因炉管圆周长度方向与燃烧器距离是不相等的，故要按平均/最大热强度比找出最佳比值，努力提高平均热强度。

立管炉炉管膨胀时被炉底导向管积灰阻塞，炉管向不同方向弯曲变形过大，易烧坏炉管；减压炉扩径段流型不好，炉管产生局部过热，出现裂纹。

1.2.2　炉管结焦

某厂减压炉为立管，油品气化后易在下行管内发生气液两相分离，两相区流动状态恶化，导致局部过热而结焦；焦化炉冷油流速偏低，油品在炉内停留时间长，出现结焦（图3）。

图3

1.2.3　炉管腐蚀

在高温状态下，因H2+H2S的腐蚀以及炉管选材等级偏低，壁厚减薄，造成失火。在抗腐蚀方面，主要是提高炉管材质等级，而不是增加壁厚。壁厚腐蚀余量不要取得过大，一般不锈钢腐蚀余量为0~0.8 mm，碳钢和低合金钢腐蚀含量≤3.2 mm。壁厚若小于计算允许值时，炉管应报废。

1.2.4　炉管介质偏流

偏流主要发生在双管程和多管程中，当流量减少时发生偏流，流量少的一路易结焦，使炉管干烧，损坏炉管。对称布置的炉管，管程数尽量减少，一程不要立即分为四程，每次分为两程，梯次增加，分支前应保证有足够的直管长度，至少为20倍管径。

1.2.5　炉管泄漏

对流室有许多炉外弯头焊接时最后对接的弯头固定口因常处于边角区，无法探伤检查，靠焊工技术水平作业，当焊接质量不合格时出现漏油。有的厂将减压炉卧管炉型的连接弯头全部放在炉内加热，在检修或换管时，由于管墙距太小，焊接与检测困难，容易产生泄漏。

设计文件对回弯头胀接要求不全，导致胀口面不平、不紧、管壁端面翻边量不够。有的回弯头、堵头材质不好，形成沙眼或出现炉管胀口处的胀大值超过规定值，产生泄漏。

1.3　炉体系统

1.3.1　低温露点腐蚀

对流尾部炉管壁由于低温露点结露而形成硫酸腐蚀，露点温度随烟气组分的变化而变化，没有一个准确数值，烟气中SO_2增多，露点腐蚀温度也增高，所以单纯提高排烟温度还不能绝对保证避免发生露点腐蚀。现在为节能提高热效率，油入口与排烟之间温差减为 30～80 ℃，如无较好的防腐措施，会引发炉管严重腐蚀、泄漏。

1.3.2　烟道发生爆炸

如管式炉因空气量不足，燃料不完全燃烧时，燃烧产物中含有可燃气。如与烟道中空气混合达到一定浓度时，发生燃烧爆炸。鼓风机进风口安放位置与装置内设置的管桥（管网）较近时，管网外泄的可燃气等被吸入鼓风机进风口管，发生爆炸。

1.3.3　加热炉闪爆

如加热炉长明灯因炉膛压力波动熄火，此时鼓风机停运，打开风门后，瞬间燃料气入炉发生闪爆，所以要增加长明灯抗干扰能力，切断阀要联锁关闭，防止燃料气入炉囤积后闪爆，或安装紫外线火焰监测仪，监测火焰。排凝系统瓦斯罐未装视窗，不能直观积液情况，罐中凝液未脱净，发生回火与闪爆。

1.3.4　高温烟气泄出炉外

燃烧器到烟囱出口的阻力通过烟囱抽力来解决，一般说烟囱抽力超过 30 mmH_2O 时要设引风机，否则炉膛变正压，烟气外泄，造成事故。

1.3.5　炉顶管孔漏烟蹿火

立管炉型炉管常从辐射炉顶穿出，因炉顶管孔结构设计不当，开口处因炉管膨胀，将管孔处炉衬损坏，造成炉衬减薄或部分脱落。高温烟气外泄的实例很多，过去采用耐火砖炉衬，因所用耐火砖型多，结构复杂，膨胀使砖挤断、脱落，有的炉顶板温度高达 120 ℃。

1.3.6　热冲击爆炸

因误操作，引风机停运十分钟，炉膛憋压造成热冲击，炉管弯曲，防爆门的门框爆弯，原因是备用风机与在用风机未联锁，不能自动切换，只能等操作工人工切换。故可以增设事故旁路烟道或事故停电排烟设施，与此同时应增加燃料气—事故烟道—电源之间的联锁保护设施。

2　加热炉危险性分析

2.1　泄漏起火

加热炉炉管损坏，管内物料漏入炉膛发生火灾。炉管破裂的原因有：管壁烧穿，管材腐蚀和磨损，炉管压力高于规定压力等。管式加热炉的回弯头也是容易发生泄漏，管子和弯头连接不严密，回弯头受到损坏，塞在回弯头壳体的塞子贴得不严密，塞子脱落等。

燃料管线由于法兰接头、开关、阀门出现故障或管道受损，造成加热介质流淌出来，燃料管线泄漏出的气体或蒸气会被燃烧器的火焰引燃而着火。

2.2　回火、爆炸

燃气、燃油的加热设备，其炉膛空间可能发生爆炸。发生爆炸有两种情况：一是发生在点火开工阶段，点火时违反操作规程，可燃物料漏进炉膛，也可能形成爆炸性混合物；二是燃烧器或喷嘴的火焰由于中断供料等原因突然熄灭，熄火后，进入炉膛的燃料蒸发，其蒸气和空气可形成爆炸性混合物。

加热炉操作温度较高，有的物料黏度较大，如果物料在炉管中流量较低，停留时间过长，炉管壁温过高，极易在炉管内结焦。结焦一方面使炉管导热不良，引起局部过热，管壁温度升高，严重时导致炉管烧穿，介质大量泄漏，引起燃烧爆炸事故。

2.3　炉体倒塌

如果加热炉发生了泄漏、燃烧或者爆炸，高大炉体出现破损，炉体重心和承重能力发生变化均会导致炉体发生倒塌。

3　加热炉事故处置战术措施

本节依据加热炉事故特点，明确加热炉事故处置的重点战术措施。

3.1　灭火战术原则

3.1.1　先控制、后消灭

如果火势较大，初期处置力量不足，应该以控制火势位置，阻截火势的蔓延扩大；待火势稳定、力量重组后，再实施火灾扑救。

3.1.2　集中兵力、准确迅速

（1）集中调集兵力

在调集处置力量时，应根据加热炉火势大小，适时调集充足的力量，不但满足灭火力量的数量需求，还要满足灭火力量的种类需求，并且能够确保火灾扑救过程的供水不间断。

（2）集中使用兵力

在进行力量部署时，应该科学评估现场情况，不应该在兵力不充足时分散兵力，应采取选择性放弃的方式，将有限力量集中保护重点部位，集中使用兵力。

3.1.3　以固定为主，固移结合

在扑救加热炉火灾中必须坚持以固为主，固移结合的战术原则，优先使用、合理使用固定消防设施，实现固定消防设施与移动消防装备的有机结合。

3.2　紧急停炉

紧急停炉要切断加热炉除烟道挡板以外所有电源。加热炉的紧急停炉按钮一般有现场或远控，该按钮可以迅速停炉，停止燃料的供应和加热炉的自动启运。

3.3　切断原油的供给

加热炉发生火灾后，原油成为可燃物，必须尽快截断原油流程。

关闭加热炉进出炉阀门，切断原油的持续供给，将加热炉与其它设备隔离开。一般加热炉是一台或多台并联于主干线上。关进出炉阀之前，先打开主干线上的冷热油混合阀，要防止出现憋压的事故。

如果火势较大，危及操作人员安全，可以通过工艺流程的操作来截断燃油，比如停输、热越、全越流程，再依次关闭相邻的阀。

3.4　关闭烟道挡板，投用氮气灭火系统

加热炉属于密闭空间，其火灾扑救采用窒息法比较合适。氮气是无色、无味、不导电的气体，它不参与燃烧反应，也不与其他物质反应，且氮气价格便宜，取用方便。具体操作如下。

3.4.1　关闭烟道挡板

由于氮气的密度为 1.17kg/m^3，比空气轻（空气密度为 1.2kg/m^3），在投用氮气的同时，要关闭烟道挡板，避免氮气从烟道挡板逸出。如果氮气中添加了二氧化碳、氩气等组成混合气体时，可以不考虑关闭烟道挡板。

3.4.2　氮气的用量

对于大多数可燃物而言，只要空气中氧的体积浓度降到 10%～14%以下时，燃烧就会终止。通过将氮气注入加热炉，使氮气体积浓度达到 35%～50%时，就实现炉内空气的惰化，从而达到灭火的目的。

3.4.3　氮气灭火系统的构成

最常用的是钢瓶贮气式固定灭火系统，氮气以高压的形式存储在气体钢瓶里；用阀门和管线与加热炉相连。现在开始使用制氮机代替钢瓶贮气，并通过自动控制系统使制氮机与火灾探测系统相连接，当火灾探测器发现火情后，通过自动控制系统启动制氮机，可直接从空气中将氮气分离出来，通过管网输送到喷嘴处，实现灭火的目的。这种氮气灭火系统避免了高压贮瓶的使用，消除了使用高压贮瓶所引起的事故隐患，在一次灭火后无需填充灭火剂。

3.5　加热炉内的原油排放

将加热炉炉管内的原油排放出来，减少可燃物，防止事故扩大。容量较大的加热炉一般都装有紧急排放池，它通过管线与加热炉出口管线的放空阀相连，排放池的大小不得小于加热炉进出口阀间炉管内的原油数量。放空阀的控制方式有现场控制和远程控制，主要是从火情和人员位置来考虑。对于排放操作，应从工艺的角度考虑其操作时间。如先炉后泵工艺，在炉的进出口阀未关闭前，就进行排放，可能造成泵入口压力低，跳泵，致使加热炉的压力升高，事故扩大。

3.6　地面流淌火的扑救战术

加热炉发生事故，形成大面积流淌火灾时，为堵截液体的流散，阻止火势无限度地蔓延，可利用有利的地形地物，采取不同的方法，筑堤拦坝，阻止漫流，把流散的燃烧液体，局限在一定的范围内，为灭火创造条件。

3.6.1　导向引流

当油品发生沸溢漫过防护堤燃烧时，可在防火堤外建立油品导向沟，将燃烧油品疏导至安全地点，并集聚，控制燃烧范围。

3.6.2　筑坝堵截

未设防火堤的油罐发生火灾，油品已经流散或有可能流散时，要根据火场地形条件、流散油品的数量，溢流规模大小等情况，迅速组织人力、物力，在适当距离上建立一道或数道坝形土堤，堵截油品的流散，阻止火势蔓延。

3.6.3　水流阻击

对于少量已流散燃烧的原油、重油、沥青和闪点较高的石油产品，可采用强有力的水流，阻挡燃烧油品的流散，并消灭火灾。

3.7　爆炸事故的预防与应对

3.7.1　爆炸事故的预防

加热炉发生爆炸事故的主要原因为密闭空间的化学爆炸，因此，应在处置过程中关注异常征兆。

3.7.2　爆炸发生征兆

（1）火焰变白发亮；

（2）加热炉等设施发生颤动；

（3）现场有啸叫等异常声响。

3.7.3　爆炸事故的应对

（1）提前制定撤离路线、明确撤离信号；

（2）撤离时应向地势较高处逃离，并适时寻找掩体；

（3）爆炸瞬间应采取卧倒姿势，躲避冲击波、爆炸碎片的伤害。

4　结束语

本文介绍了化工装置中常见加热炉的结构情况，主要包括加热炉与管排、炉管和炉体系统，在不同部位会由于多种原因，导致泄漏、燃烧、爆炸等多个灾害形式。在危险性分析方面，包括泄漏燃烧、回火爆炸和炉体的倒塌。上述危险发生在加热炉的不同部位，发生在火灾发展的不同阶段。另外，本文还介绍了加热炉事故处置的灭火战术原则，以及紧急停炉、切断物料、注氮置换、工艺排油、阻击流淌火等灭火技术和方法，这可为消防队处置炉体事故时参考。

参　考　文　献

[1] 张炜．两起加热炉闪爆事故原因分析及防范措施[J]．安全环境与健康，2015.3.

[2] 莫坚强，杨安林，任立新．加热炉煤气烧嘴回火的原因与预防措施[J]．攀钢技术，2001，24(3)：32-34.

“以制高点控制制高点”打造立体灭火战术——石化装置高位生产设备火灾扑救探讨

罗胜华

（中石化荆门石化分公司消防保卫中心）

摘 要 本文针对炼油企业生产装置设备都比较高大、布局密集；高位火灾扑救难的问题进行了探讨。

关键词 石化装置；高位设备；火灾扑救；制高点

近年来，随着荆门石化生产规模和加工能力不断扩大，新改扩建生产装置比较多，生产装置根据生产工艺的要求，设备都比较高大、布局密集，根据生产的需要，大部分设备在露天框架上分层布置。根据近年来火灾统计，石化装置火灾的起火点由地面设备、低空设备向高位设备发展，同时受厂区地形、地势的影响，消防高喷车等车辆不能有效的快速展开灭火战斗，这就给扑救装置高位火灾提出了新的课题，本文以初步的经验谈谈“以制高点控制制高点”在扑救石化装置高位火灾中的应用。

1 “以制高点控制制高点”灭火战术能在扑救石化装置高位设备火灾中发挥重要作用

荆门石化近年来为提高原油加工能力新建了55万吨气分装置、70万吨汽油加氢装置以及60万吨连续重整装置等生产装置，这些新建装置普遍具有设备高大、密集等特点，其中气分装置塔高70m，连续重整装置平台高75.6m。在预案演练中暴露出消防车车载炮因仰角不能有效覆盖着火设备，高喷车展开不方便等影响灭火救援的问题。针对这些灭火救援难题，荆门石化消防中心经多次调查研究，提出了“以制高点控制制高点，形成立体灭火战术”的想法，经测试得到了青岛安工院消防应急专家们的好评与肯定，该灭火战术的落实，填补了国内石油化工企业消防部门在合理有效扑救石化装置高位火灾技术手段上的空白，可解决现有车载消防水炮因工作压力和仰角的原因无法有效控制装置高处火灾的问题，弥补因装置高度导致灭火力量不足和灭火范围被局限的缺陷。在充分发挥灭火效力的同时，避免消防人员被火场辐射热伤害。也体现了发挥消防队伍现有的消防装备优势，采取灵活有效的战术，扬长避短，力争主动，及时控制，减少损失的现代化灭火战术特点。

1.1 战术原理

“以制高点控制制高点”战术原理就是利用装置固定消防竖管的顶部安装自动遥控消防炮，以现有的消防车泵加压供水或泡沫对装置事故点进行灭火、稀释、冷却，以达到快速、有效的控制事故事态发展的目的。

1.2 可快速有效控制初期火灾

生产装置框架中的高位生产设备发生火灾后，由于在一定压力作用下，物料从破坏处喷出，速度快、数量大，这样的火势在初期阶段就猛烈燃烧，随着燃烧时间的延长，设备的破坏程度加重或邻近设备发生爆炸，火势会更加猛烈。装置框架平台上安装的自动遥控消防水炮等固定消防设施具有启动快、操作方便、威力大、保护面积广等特点，如果我们使用得当，可及时控制初起火灾，防止受火势威胁的设备发生爆炸，防止火势蔓延扩大。

1.3 能更好对事故点及相邻点发挥稀释、冷却降温作用

生产装置框架中的高位生产设备发生火灾时响声大，烟气携带着酸臭刺激性气体，熏得人无法喘气，呛得人无法睁眼。消防车及消防员不易接近火灾核心区域，此时消防员可以遥控指挥装置框架平台上安装的自动遥控消防水炮对燃烧区内及周围重要设备和框架构建、平台进行稀释、冷却降温，以防长时间的高温热辐射发生设备爆炸和框架构建变形坍塌。

1.4 能有力保护消防战斗员安全

石化生产装置一般都有高温、高压、易燃易爆、低温、低压等特点，有的还有剧毒的化学剂。所以，起火原因很复杂，火灾危险性大，一旦爆炸，很可能造成人身伤亡。因此在情况不明或事态没有得到有效控制的情况下使用装置框架平台上安装的自动遥控消防水炮进行初期的火灾扑救可以有效掩护消防战斗员顺楼梯而上向消防战斗员喷射水和泡沫．从而保护消防战斗人员的生命安全。

1.5 能弥补高喷车受地形、空间限制无法展开，充分发挥“无限制”战斗力的作用

生产装置受山区地形和地势影响，装置设备高大、密集，空间狭小。部分区域发生火灾高喷车无法正常展开，影响灭火救援战斗力。利用装置平台安装的自动遥控消防水炮可以代替高喷车展开战斗，自动遥控消防水炮可以 360℃、全方位对事故点进行攻击。如着火装置在不同制高点安装了三台自动遥控消防水炮，这就相当于在该装置同时有三台高喷车“无限制”进行灭火救援战斗，大大提升了灭火救援战斗力。

1.6 能交叉战斗、与地面围歼力量互补，在救援中形成“立体”灭火作战体系

石化装置高位生产设备发生火灾，由于起火部位高，从设备破坏处泄漏出的大量液体、气体物料在压力或风力作用下，液体物料顺着装置框架、管线、塔式设备自上而下流淌，火势也随着物料流淌方向蔓延，气体物料横向纵向扩散，使起火部位的装置框架处在火海之中，管线、塔式设备成火柱或火龙，形成立体式燃烧。此时我们可以利用装置制高点安装的自动遥控消防水炮对着火部位上、中、下进行扑救也可对相邻设备实施冷却保护或重点对地面灭火力量照顾不到的区域进行攻击，紧密配合地面灭火救援力量，以品质形安装自动遥控炮与之形成交叉和互补，使整个灭火救援战斗从空中、地面展开，形成“立体”灭火作战体系，确保快速、有效的控制火灾蔓延，成功将其扑灭。

2 荆门石化 60 万吨连续重整装置制高点安装消防遥控水炮配置、测试、实用的基本情况

2.1 水炮配置情况

2011 年 12 月份 60 万吨/年连续重整装置开工前，在该装置的分馏区顶层平台、R8101 炉反区顶层平台和反再区 17 层平台各安装了一台 PSD50 型固定消防水炮，每台固定消防水炮的流量为 50L/s，额定工作压力为 0.8MPa，射程≥65 米，最大喷雾角 110°，俯仰角 -30°～+70°，水平回转角 360°。具体技术指标见表 1。

表 1 PSKD50 型防爆电动遥控消防炮性能参数

序号	项　目	技术参数、规格型号说明
1	工作温度和介质	0～80℃、淡水
2	配套流量	50L/s
3	工作压力	额定工作压力 0.8MPa，工作压力范围：0.5～1.4MPa
4	俯仰角	-70°～+70°（带自锁功能）
5	水平回转角	±180°（带自锁功能）
6	水炮喷嘴	直流/喷雾（喷雾角度≥120 度）
7	直流射程（0.8MPa，30°仰角，水） 直流射程（0.5MPa，30°仰角，水） 直流射程（0.5MPa，50°仰角，水） 直流射程（0.5MPa，70°仰角，水） 直流射高（0.5MPa，70°仰角，水）	≥70m ≥55m ≥45m ≥18m ≥28m

2.2 连续重整装置制高点选择分布

在预加氢炉反区框架的四层平台上，于消防竖管顶配置消防水炮①，距地面高度 16.3m；

在泵区框架的二层平台上，于消防竖管顶配置消防水炮②，距地面高度 18.1m；

在反再区框架的十七层平台上，于消防竖管配置消防水炮③，距地面高度 75m。详细情况见图 1、图 2。

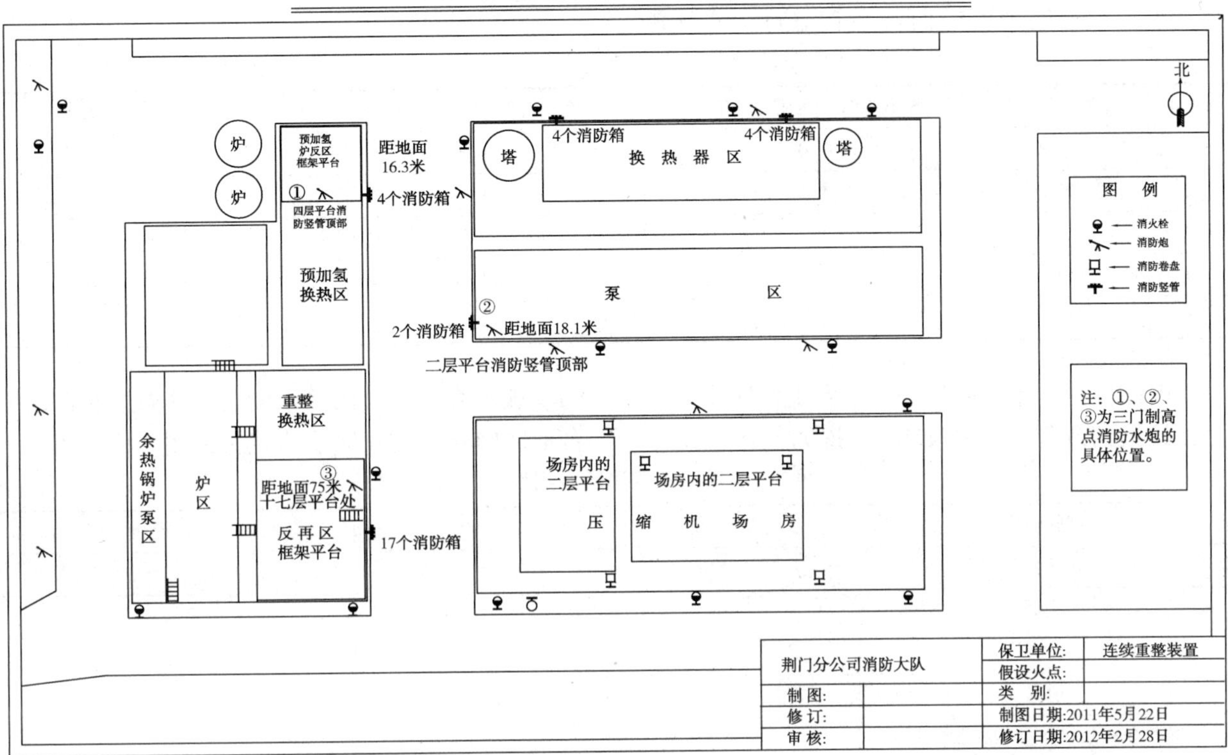

图 1　连续重整装置制高点消防水炮分布位置平面图

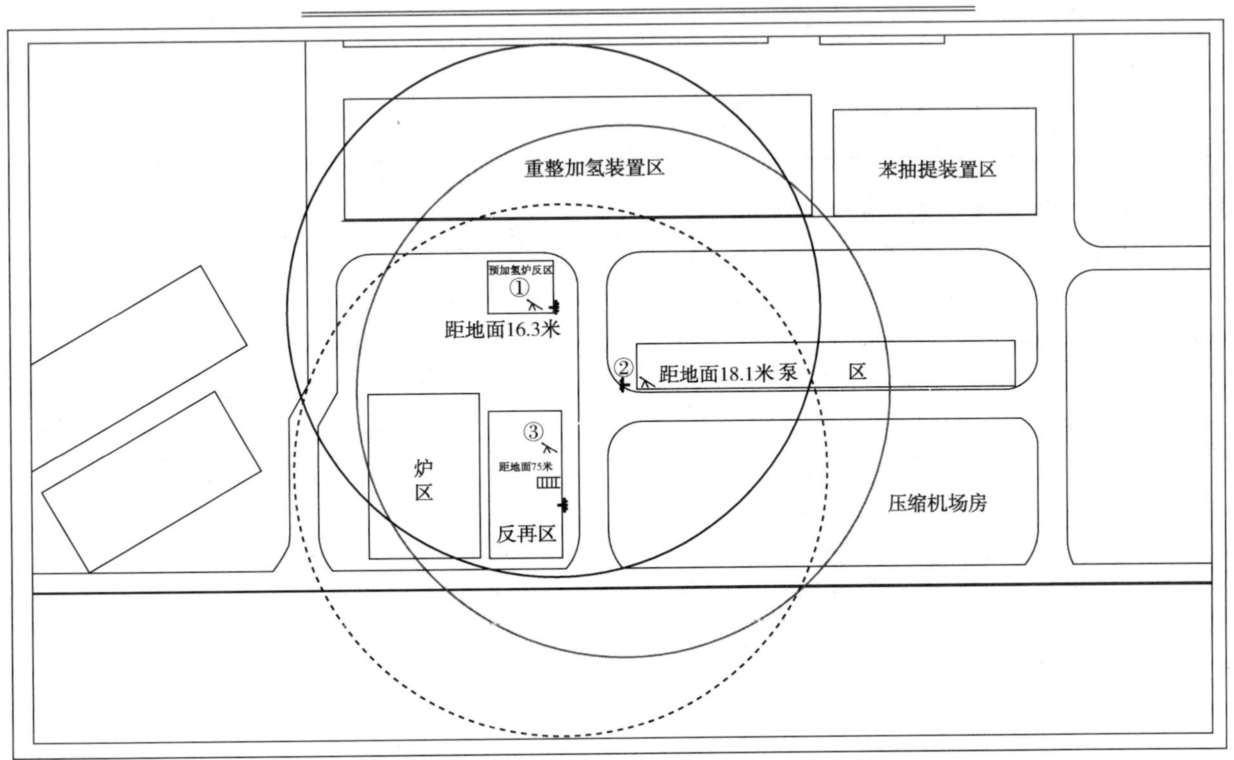

图 2　连续重整装置制高点消防水炮射程有效覆盖范围平面图

2.3 制高点水炮测试数据

2011年11月24日，使用消防车的车载水泵供水，对高层平台的消防竖管进行了水压测试。测试部位(区域)：60万吨/年连续重整反再区框架平台的消防竖管。测试数据见表2。

表2

序号	所在平台/层	车载水泵加压压力/MPa	所在层竖管箱压力/MPa	平台高度/m	备注
1	17	1.0	0.4	75	
2	17	1.1	0.45	75	
3	17	1.2	0.55	75	
4	14	1.0	0.5		
5	14	1.1	0.62		

由此可见，十七层的高层平台上消防水的压力已经达到或超过了0.4MPa。说明使用消防车的车载水泵供水，消防水的压力能够满足高层平台消防竖管上的消防水炮正常使用。

表3　制高点遥控消防水炮性能对照表

试验角度	仰角30度	仰角50度	仰角70度
压力	0.5MPa		
流量	48.9L/s		
射程	45m	30m	20m
射高	14m	24m	35m
预加氢炉反区框架四层平台上(距地面高度16.3m)消防水炮射高	30.3m	40.3m	51.3m
泵区框架二层平台上(距地面高度18.1m)消防水炮射高	32.1m	42.1m	53.1m
反再区框架十七层平台上(距地面高度75m)消防水炮射高	8m		

2.4 合理选择制高点，充分发挥制高点优势

通过对60万吨连续重整装置的侦查，我们选择架设的三台固定自动遥控消防水炮分布位置合理，根据现场地形地势按品字形分布，一旦高层平台发生火灾，可相互支援、协同作战，达到一方有难两方支援，形成交叉灭火能力、与地面围歼形成立体全方位的装置高处火灾扑救体系，起到有效控制初级火灾、降温、稀释和掩护消防战斗人员的重要作用，达到迅速有效的控制和扑灭装置高处火灾的目的能有效弥补车辆装备不足，提升消防灭火救援能力。

3 结束语

“以制高点控制制高点”的灭火战术只是我单位依据实际情况应对石化装置高位设备火灾时总结出的一点经验，该战术还有待完善和提升；总之，石化装置高位生产设备火灾是比较难扑救的火灾，但它有其发展蔓延的规律，只要我们不断的总结经验，把每一次火灾当作火灾实验来研究，一定能总结出扑救石化高位生产装置火灾的有效对策。

LNG 储罐泄漏事故后果模拟及风险分析

张　帝　龚美玲　任建行

（中国人民警察大学）

摘　要　以 LNG 储罐为研究对象，使用数学模型量化 LNG 储罐泄漏后可能发生的喷射火、蒸汽云爆炸等伤害现象对人员造成的伤害，并依据伤害等级划分事故死亡半径、重伤半径以及轻伤半径，结合 Google Earth 软件和 GIS 技术对事故场景进行分析。分析结果基本能够客观的反映出 LNG 储罐泄漏后喷射火热辐射及蒸汽云爆炸冲击波的影响范围和区域，能够反映事故区域风险大小，能够为事故救援及安全区域划分提供依据和参考。

关键词　LNG；LNG 储罐；事故后果；风险分析

LNG 作为一种清洁能源，正在快速地开发并利用。随着 LNG 使用范围的扩大及 LNG 消耗量的不断增加，为了实现 LNG 的快速运输，许多地区在城市周边建立了大规模 LNG 存储站。LNG 一般通过大型的低温储罐储存，我国目前投入运行的主要储罐类型是全容罐。这种大型的低温储罐一旦发生泄漏事故，将会造成严重的后果。因此，研究 LNG 储罐泄漏后果模拟以及风险分析具有重要的意义。

已有学者对 LNG 这种危险化学品泄漏进行了相关性研究。如唐海齐等以低温液体集装箱为例，采用 EFFECTS 软件模拟事故背景，预测事故的后果的严重程度，提出针对性措施；张贝等以液化石油气、煤油等五种危险化学品储罐车为研究载体，运用 Thomas 经验公式，分析事故发生后的死亡半径、重伤半径和轻伤半径；孙浩等运用 ALOHA 软件对苯罐车泄漏进行事故模拟，分析扩散范围和毒性区域；本文使用数学模型，建立 LNG 储罐泄漏事故伤害模型；结合 Google Earth 软件和 GIS 技术对事故场景进行泄漏后果模拟和风险分析。

1　LNG 储罐泄漏事故后果模拟

1.1　事故后果分析

LNG 储罐内物质主要为液态甲烷，甲烷具有火焰传播快、火焰温度高、燃烧热辐射强、不易扑灭等火灾特点。LNG 储罐发生泄漏后，甲烷气体与空气混合后会存在多种事故场景见图 1。

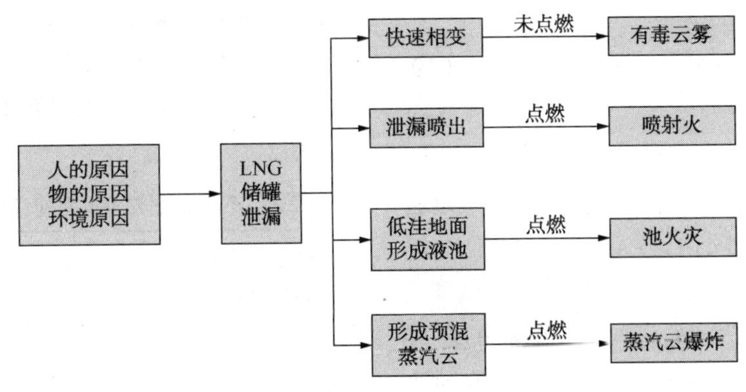

图 1　LNG 储罐泄漏事故演变图

LNG 储罐属于压力容器，正常情况下储罐内压力在 0.3～0.5MPa 之间。LNG 储罐在不同泄漏场景下会有不同的事故后果类型（表 1）。

表 1 LNG 储罐在不同泄漏场景下的事故后果类型

序号	事故场景	事故后果类型
场景 1	储罐内全部液体瞬时释放	液池蒸发、气体扩散、池火、火球、蒸汽云爆炸
场景 2	储罐内液体在 10min 内以固定速率释放	液池蒸发、气体扩散、池火、火球、喷射火
场景 3	从当量直径 10mm 的开孔连续释放	气体扩散、火球、喷射火

1.2 事故后果定量分析

1.2.1 蒸汽云爆炸冲击波超压伤害计算

LNG 储罐发生泄漏后，可燃液体蒸发，在事故区域上方形成爆炸性气团，若事故区域环境风速较小气团未及时扩散，遇火则会形成蒸汽云爆炸，对人员及建筑造成巨大伤害。蒸汽云爆炸 TNT 当量计算方法见公式(1)~式(2)。

$$E = \alpha \cdot W_f \cdot Q_f \tag{1}$$

$$W_{TNT} = E/Q_{TNT} \tag{2}$$

式中，α 为甲烷蒸汽云 TNT 当量系数，取 4%；W_{TNT}为蒸汽云爆炸 TNT 当量，kg；W_f为参与爆炸的甲烷质量，kg；Q_f为甲烷的燃烧热，kJ/kg；E 为爆炸总能量，kJ；Q_{TNT}为 TNT 热爆，kJ/kg。

依据爆炸对事故区域内人员的伤害等级，将爆炸区域划分为死亡区、重伤区以及轻伤区。

死亡区：以爆炸点为圆心，半径为 $R_{0.5}$的区域为死亡区，此区域内受爆炸冲击波影响导致肺出血死亡的概率为 0.5。

$$R_{0.5} = 13.6 \times (W_{TNT}/1000)^{0.37} \tag{3}$$

重伤区：以半径为 $R_{0.5}$、$Rd_{0.5}$围城的环形区域为重伤区，此区域内受爆炸冲击波影响导致耳膜破裂的概率为 0.5。

$$\Delta P = 0.137Z^{-3} + 0.119Z^{-2} + 0.269Z^{-1} - 0.019 \tag{4}$$

$$Z = Rd_{0.5}/(E/P_0)^{1/2} \tag{5}$$

式中，E 为蒸汽云爆炸总能量，J；ΔP 为造成人员伤害的冲击波阈值，Pa；P_0为标准大气压，Pa。

轻伤区：以半径为 $Rd_{0.5}$、$Rd_{0.01}$围城的环形区域为轻伤区，此区域内受爆炸冲击波影响导致耳膜破裂的概率为 0.01。

1.2.2 热辐射伤害计算

喷射火的热辐射影响范围受火焰几何特性影响，泄漏孔直径与泄漏物质质量流量决定了火焰的几何特性。Thornton 模型假设喷射火为圆锥体，能够较好的预测喷射火热辐射伤害范围。因此选用 Thornton 模型对喷射火火热辐射伤害范围进行计算，计算公式见公式(6)~式(7)。

$$I(r') = F_v \frac{\eta Q H_c T_j}{A} \tag{6}$$

$$r = r' + \frac{24}{5}Q^{1/2} = \sqrt{\frac{\eta Q H_c T_j}{4\pi I(r')}} + \frac{24}{5}Q^{1/2} \tag{7}$$

式中，$I(r')$为 r'处热辐射强度，kW/m²；F_v为视角系数；η 为火焰表面热辐射比例；Q 为泄漏物质质量流量，kg/s；r'为目标与泄漏孔间的距离，m；T_j为大气透射系数，取 1；H_c为可燃气体燃烧热，kJ/kg，LNG 取 5.56×10^4 kJ/kg；A 为火焰表面积，m²；F_v，η，A 的计算方法见参考文献。

在计算池火火源热辐射时，选用点源模型具有原理简单、计算方便的优点，可以较好的模拟池火热辐射对人体产生的伤害[8]。

$$q'' = \chi_R \frac{(\pi/4) D^2 m'' \Delta H_c \tau(s)}{4\pi s^2} \tag{8}$$

式中，q''为某点热辐射强度，kW/m²；ΔH_c为甲烷燃烧热，kJ/kg；D 为池火直径，m；m''为甲烷质量燃烧速率，kg(m²·s)；χ_R为辐射能比率；τ 为大气透射率；s 为下风向距离，m。

不同入射热辐射强度对人员造成的伤害情况见表 2。

表 2 不同入射热辐射强度对人员造成的伤害情况

入射热辐射强度/(kW·m⁻²)	对人员伤害
37.5	100%死亡/min(死亡)
25	1 度烧伤/min(重伤)
4	20s 以上感觉疼痛(轻伤)
1.6	长期辐射，无不适感(安全)

2 LNG 储罐泄漏事故风险分析

某 LNG 储罐站所在区域地形平坦，泄漏事故发生时环境温度为 21℃，大气稳定度 D（中度），气压 101.3kPa，环境风速 2.0m/s。发生泄漏的 LNG 储罐内存有 16000kg 物料。现分别计算不同泄漏场景下的事故伤害范围，具体事故详情见表 3。

表 3　LNG 储罐泄漏场景

序号	事故场景	有较大影响的事故类型
场景 1	储罐内液体瞬时泄漏，在事故区域上方形成蒸汽云并向四周扩散，遇到点火源后发生蒸汽云爆炸。	蒸汽云爆炸
场景 2	储罐内物质在 10min 内以固定释放速率连续进行释放，泄漏物遇点火源发生气液两相喷射火。	喷射火
场景 3	储罐内物质通过当量直径为 10mm 的孔泄漏，泄漏物遇点火源发生气液两相喷射火。	喷射火

根据第一章介绍的内容对不同场景的事故后果进行计算，LNG 储罐在不同泄漏场景下对人员的伤害情况见表 4。

表 4　不同泄漏场景下 LNG 储罐火灾爆炸事故热辐射及冲击波伤害范围

事故场景	有较大影响的事故类型	不同热辐射及冲击波最大影响范围/m		
		死亡区	重伤区	轻伤区
场景 1	蒸汽云爆炸	186	209	377
场景 2	喷射火	21	26	61
场景 3	喷射火	3	14	10

结合地理信息系统（GIS），将模拟结果分别应用到 Google Earth 中，得到不同泄漏场景下的人员伤害范围，见图 2、图 3。

图 2　泄漏场景 1 爆炸冲击波伤害范围

图 3　泄漏场景 2 喷射火热辐射伤害范围

3 结语

本文使用成熟的数学模型，建立了 LNG 储罐泄漏扩散事故伤害模型。通过简单的公式计算，对 LNG 储罐泄漏后可能发生的蒸汽云爆炸、喷射火等灾害现象进行事故伤害分析。结合 Google Earth 软件和 GIS 技术对事故场景进行分析。分析结果基本能够客观的反映出 LNG 储罐泄漏后喷射火热辐射及蒸汽云爆炸冲击波的影响范围和区域，能够反映事故区域风险大小，能够为事故救援及安全区域划分提供依据和参考。本文三种场景及相关模型的建立均未考虑事故区域地形地貌、建筑阻挡等实际因素的影响，故风险区域的细致划分还需进一步研究。

参考文献

[1] 唐海齐，郭健，夏庆，陈枳君. LNG 罐式集装箱事故后果模拟与定量风险评估[J/OL]. 油气储运，{3}，{4}{5}：1-10[2021-07-19].

[2] 张贝，徐克，赵云胜，梁天瑞，宋思雨. 危险化学品罐车泄漏事故伤害后果研究[J]. 安全与环境工程，2019，26(06)：128-136.

[3] 孙浩，王小金，苏艳贞，董婉婉. 苯槽罐车泄漏场景模拟及风险分析[J]. 黄河水利职业技术学院学报，2021，33(02)：34-38.

[4] 周怀发，申永亮，张兴，刘铭刚. 基于层次分析与集对分析法的 LNG 槽车区风险评价[J]. 油气储运，2019，38(03)：279-284.

[5] 胡文娜，张攀云. 氢气爆炸超压冲击波的工程估算方法简述[J]. 广东化工，2013，40(12)：87+84.

[6] 张媛媛，黄有波，吕淑然. 矩形泄漏孔水平喷射火热辐射研究[J]. 中国安全科学学报，2017，27(06)：73-78.

[7] 陈国华，周志航，黄庭枫. FLUENT 软件预测大尺寸喷射火特性的实用性[J]. 天然气工业，2014，34(08)：134-140.

[8] 孙标，郭开华. LNG 池火热辐射模型及安全距离影响因素研究[J]. 中国安全科学学报，2010，20(09)：51-55.

浅谈危险化学品应急救援实训演练基地的建设与应用

贾 威

（国家危险化学品应急救援实训演练大庆基地）

摘 要 国家危险化学品应急救援实训演练大庆基地，以“建设一流危化实训基地，培养优秀应急救援人才”为总体目标，培训业务覆盖危险化学品生产、经营、存储、运输、使用各环节，具备危险化学品应急救援实训演练、教育培训、技能鉴定、竞赛比武、业务研讨、技术研发与装备检测六大主体功能。重点建设真火实训、VR仿真培训和十二个实训室，涵盖了安全应急救援实训的体验、培训、实训、救援、灭火、救护等相关的各个方面活动。

关键词 真火实训；VR仿真；应急实训；实训演练；危险化学品

1 建设背景

石油生产及石油化工是国民经济发展的基础工业和支柱产业，同时也是危险性极大的产业，其原料、中间产品和最终产品大多数是易燃、易爆、有毒有害的危险化学品，其生产工艺过程复杂，存在高温、高压、深冷等不安全因素，极易发生事故。近年来，国内危化品火灾爆炸事故频发，尤其是2015年“8.12天津港特重大火灾爆炸事故”、2017年“江苏连云港聚鑫生物科技公司12.9重大爆炸事故”、2018年“河北盛华化工有限公司11.28重大爆燃事故”、2019年“江苏响水天嘉宜公司3.21特重大爆炸事故”等多起重特大事故的发生，事故涉及了国内包括石油、石化、化工等在内的对国民经济有着重大影响和作用的多个行业和部门，以及从事危化品生产、运输和储存等环节工作的多家企业和单位。安全形势不容乐观的同时，也暴露出我国在危化品领域的基础设施建设、装备建设，以及安全知识、技能培训和科教工作的薄弱。

危化品应急管理日益得到政府和企业的高度重视。由于缺乏专业的实训基地以及师资力量，指战员的应急救援技术、现场作业技能、装备器材操作维护、专业知识结构已不适应危化品应急救援队伍的发展，不适应我国危化品事故高发的应急救援形势。

随着国家对应急管理及从业人员能力要求的不断提高，目前这种状态已不能满足企业应急队伍技能提升的需要。因此，开展国家危险化学品应急救援实训演练基地建设，是提升安全生产保障能力的重要举措，是健全完善危险化学品应急救援体系的重点工程，对于保障和促进全国安全生产形势根本好转具有重大意义。

本文依据国家危险化学品应急救援实训演练大庆基地的实际建设情况，简单阐述危化救援实训大庆基地功能模块建设以及应急救援实训应用。

2 建设内容

国家危险化学品应急救援实训演练大庆基地，贯彻国家应急救援“关口前移”的要求，从“被动应对”向“主动防范”转变，结合石油石化企业主要风险，以“建设一流危化实训基地，培养优秀应急救援人才”为总体目标，培训业务覆盖危险化学品生产、经营、存储、运输、使用各环节，面向应急救援人员、应急管理人员、危险化学品从业人员和社会公众，开设标准化操作、风险点源识别、事故初期处置、事故应急救援等课程，具备危险化学品应急救援实训演练、教育培训、技能鉴定、竞赛比武、业务研讨、技术研发与装备检测六大主体功能。

2.1 实训设施

具备技能竞赛设施、危化实训设施、虚拟仿真VR培训设施、危化品展教及消防实训设施四类实训设施，可以开展标准化操作、风险点源识别、事故初期应急处置以及事故应急救援等实训项目。

2.1.1 技能竞赛设施

为满足全国危险化学品应急救援技术竞赛要

求，重点建设了个人综合体能竞赛、单兵破拆救人竞赛、带压快速堵漏竞赛、大流量移动炮储罐火灾扑救竞赛、危险化学品工艺管线带压堵漏竞赛、危险化学品运输槽车泄漏处置竞赛、化工装置初期火灾处置竞赛共7个科目，可开展体能、救助技术、战术课题、危化处置、基础应用技术、准备操作技术的训练和竞赛。

2.1.2 危化实训设施

结合石油石化企业各类主要生产设施，还原现场工艺流程，划分为8个危化实训模块，配备真火模拟训练设施，模拟泄漏以及着火场景，捕捉事故征兆、力求及时预警，重点开展泄漏处置、流程切换、事故初期处置以及事故救援等内容的实训。

（1）危险化学品储存及事故处置模块

通过原油浮顶罐、卧式储罐、球罐模拟火灾泄漏事故场景，现场设置9个真火点，可进行事故状态下切换流程的标准化操作、事故初期处置以及事故应急救援的实训。

（2）危险化学品管道泄漏火灾及环境污染事故处置模块

现场设置原油管道、轻烃管道各1条，配套真火点1个，模拟原油管道泄漏着火以及轻烃管道泄漏，可进行事故的警戒、灭火、堵漏等科目以及事故衍生环境污染处置等内容的实训。

（3）危险化学品槽车着火泄漏处置模块

设置2辆运输槽车，配套真火点1个，模拟槽车泄漏着火，进行泄漏处置、灭火救援等内容的实训。

（4）油气集输站场事故处置模块

依据油气集输系统工艺特点，设置真火点3个，模拟加热炉喷射火以及电脱水器流淌火，进行切换流程的标准化操作、事故初期处置以及事故救援等内容的实训及演练。

（5）油气田生产作业事故处置模块

现场设置一口100米深的井，配套真火点3个，使用水和空气作为介质模拟井喷，可进行油井喷着火以及气井井喷的应急处置实训及演练。

（6）消防综合训练模块

建设3层消防实训楼一座，设置仓库火训练室、居室火训练室、公共场所火灾训练室3间真火训练室，设置真火点10个，可实现常规消防系统训练、烟热训练以及燃烧训练。

（7）加油加气站事故处置模块

设置真火点4个，模拟加油站油罐区、加油机、加气机地面流淌火以及喷射火，可进行加油加气站的泄漏、着火的应急处置及灭火实训。

（8）危险化学品加工装置事故处置模块

利用原油稳定塔、换热器等设备，设置真火点3个，模拟法兰泄漏着火以及地面流淌火，可进行泄漏处置、切换流程的标准化操作、事故初期处置以及事故救援等内容的实训及演练。

2.1.3 虚拟仿真VR培训设施

虚拟仿真培训系统，对于工艺复杂、介质剧毒、高危险、无法进行现场实景搭建的设备设施，运用三维虚拟现实技术，构建油气初加工装置、钻井平台、联合站、铁路罐车等场景，编写仿真演练课件脚本进行仿真训练，模拟故障、泄漏、火灾事故的发生、发展及演变过程，引导各类人员进行研判及事故处置训练。

针对常见的应急抢险处置流程，预设31种任务模块、15种灾害类型，可以任意设定环境、事故、物资、人员等元素的参数，通过随意拖拽任务模块，搭建应急处置流程(图1)。

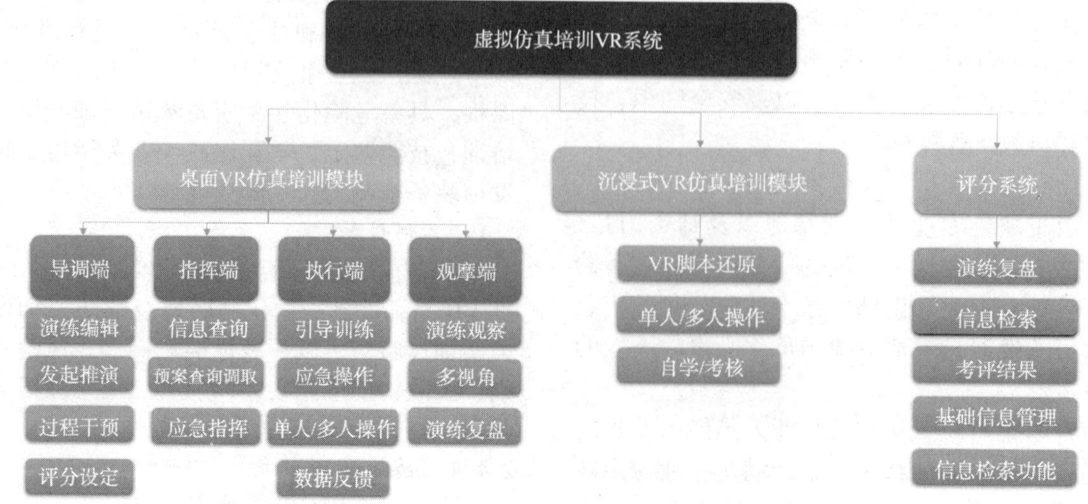

图1

(1) 桌面式 VR 仿真培训模块

针对不同培训对象，设置导调端、指挥端、执行端。应急管理人员、培训教师可利用导调端进行应急处置元素设置，实现预案推演并进行实时干预，通过指挥端可以对整个演练过程进行指挥决策，岗位员工可利用执行端进行事故模拟处置。建设桌面式 VR 教室，利用预设的脚本在 PC 端培训，教师可通过导调端，指挥学员进行综合救援演练。侧重应急还可以临时添加突发事件进行双盲演练处置流程化演练与事故救援推演。

(2) 沉浸式 VR 仿真培训模块

主要建设全景式 VR 教室及沉浸式 VR 教室，全景式 VR 教室主要功能侧重讲解、学习和观摩，借助全景交互式 VR 大屏，教师可以将 3D 化的场景多角度地呈现出来。教室还配备有穿戴式 VR 设备，用于学员体验和展示；沉浸式 VR 教室，为学员提供以头戴式 VR 设备为主要互动方式的多人协同演练和培训。利用高性能计算机、头戴式 VR 设备以及手柄，使学员有身临其境之感。侧重事故场景下协同应急处置的体验式培训。

(3) 评分系统

观摩端、后台管理端可用于智能化考核评分及多维度能力分析；应急指挥人员可利用观摩端进行现场指挥，后台管理端可以生成多维度能力分析表，分析每一名参训人员的能力(图 2)。

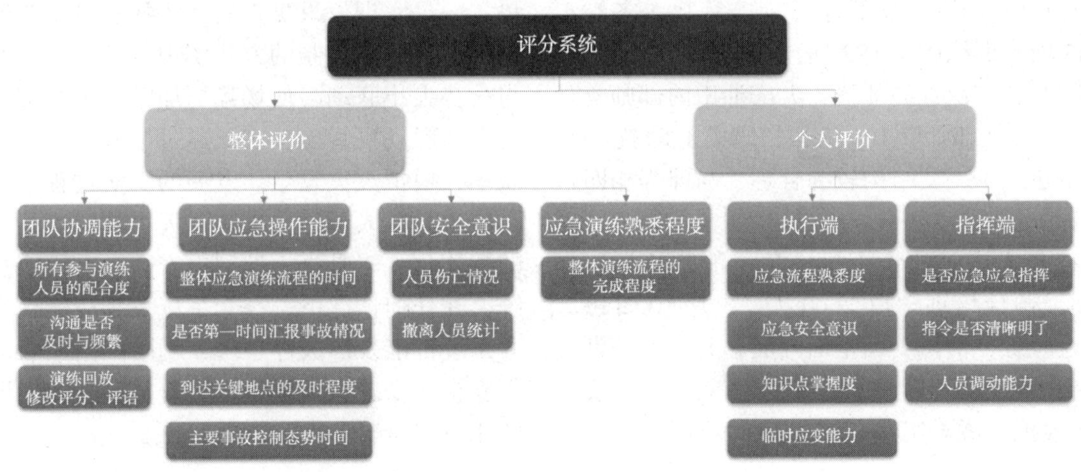

图 2

2.1.4 危化品展教及消防实训设施

基地共拥有“危化品、安全、消防”为培训方向的 12 间实训室，配套系统的教学资源，可满足危化品“两重点一重大”(安监部门重点监管的危险化学工艺、重点监管的危险化学品和重大危险源)的培训需求，具备完善的危化品安全与消防培训体系，采用“展教、体验、练兵”的培训形式，以达到知识展教、意识培养以及技能练兵的目的。

(1) 安全实训展教 2 厅 4 室

针对政府监管人员、企业管理人员、企业一线操作员工、承包商、在校大学生以及社会公众等，从安全意识培养、安全知识教育出发，开展危化品、危化品生产典型设备、危化品生产工艺展示教学、各类伤害体验教学、应急自救互救训练等多层次多方位的培训。

(2) 消防展教实训室 6 间

针对专职消防员、建(构)筑物消防员、救援队、企事业单位消防员、社区群众等群体，以消防实体装备为基础，利用模拟仿真技术、控制技术，配套教学与考核软件，在无物料和真实物料相结合的情况下，实现消防设备设施可实操、可演练、可体验、可考核的训练，达到综合练兵的目的。

2.2 保障设施

2.2.1 教学楼

设置 50 人多媒体教室 6 间、180 人报告厅 1 间、50 人微机室 3 间、90 人微机室 2 间、VR 仿真培训教室 3 间、危化品展教实训室 6 间等功能房间，满足 300 人室内理论教学、仿真培训及考试需求。

2.2.2 实训楼

设置中央控制室1间、真火训练室3间、消防实训室6间、烟热训练室1间，实现常规消防系统训练、烟热逃生及救援训练、多种仓库火灾、居室火灾以及公共场所火灾等消防救援实训。

2.2.3 辅助楼

餐厅包含一层餐厅以及二层餐厅，可供360人就餐；设置标准间55间、可满足110人的午休。

3 基地应用情况

以危化品生产操作、过程安全、事故预防、应急处置、事故救援为核心，设置基础理论、真火实训、VR仿真、体验教学、消防练兵等各类课程385项、训练脚本182项，初步形成了课程体系。同时，广泛选拔师资，大庆油田内部师资221人、油田外部师资100人，招聘内部助教49人，初步建立了一支结构较为合理、与课程相匹配的师资队伍。

2021年大庆基地将承接应急、消防培训班约45期，预计培训学员2600人。5月10日以来，基地应急、消防实训全面开展，共举办培训班13期，累计培训学员656人次。突出真火实战、VR模拟、展教实操三大特色模块课程，高端先进的教学设施和新颖实用的培训方式，得到了受训人员的充分认可。

4 结论

通过对大庆基地建设情况的分析与论证，确定了真火模拟训练系统、虚拟仿真VR培训系统以及危化品展教及消防实训设施建设的必要性，并具备以下特点：

4.1 真火模拟训练系统特点

大庆基地将真实的生产设备设施与真火模拟训练系统相融合，具备灾情场景模拟真实、动态火焰分级联动、控制系统先进独立、智能平板取代机械遥控等特点在实训效果、火点联动、安全控制方面，相比国内其他实训基地具有明显优势。一是实训效果更真实。依托实景工艺流程模拟，通过联锁控制的方式实现流程切换、泄漏量与火势大小联动，使场景更加贴近生产实际；二是火点联动更智能。火点通过导调系统可以实现联动，模拟火灾发生、发展的真实过程，实现针对应急救援人员战术推演、灭火救援、技能考评的智能化；三是真火控制更安全。采用双控制系统，在任何情况下，一套系统发生故障，另外一套系统都能发出关停系统、切断阀门、启动通风等安全指令，将现场恢复到安全状态，保证训练的相对安全(图3)。

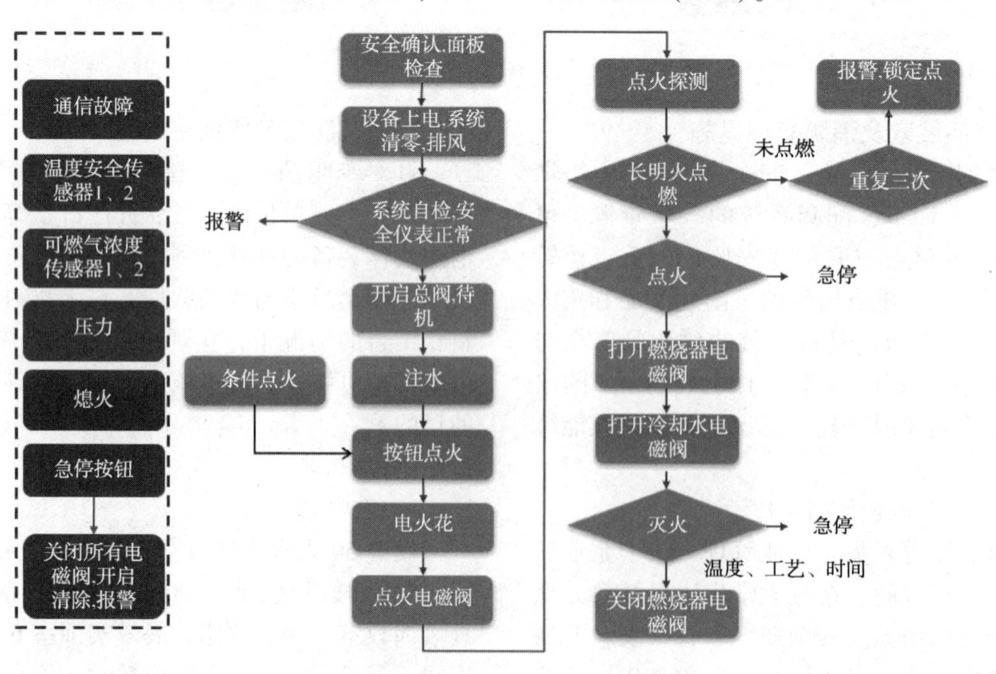

图3

4.2 虚拟仿真VR培训系统特点

虚拟仿真VR培训系统，参照钻井平台、联合站、化工装置、铁路罐车栈桥、天然气加工、油气田开采、原油长输管线等油田典型生产场景1：1开发了20个虚拟场景，制作了64个应急处置预案脚本，涵盖134个不同工况，与油田岗位一案一卡内容相契合，并具备以下三个特点：一是事故体验更逼真。学员可以借助三间VR教室中的工作站、3D立体弧形大屏幕、VR头戴设备进入场景，身临其境体验事故灾害；二是场景组态更灵活。针对常见的应急抢险处置流程，预设36种任务模块、15种灾害类型，可以任意设定环境、事故、物资、人员等元素的参数，通过随意拖拽任务模块，搭建应急处置流程；三是功能应用更专业。系统设置导调端、指挥端、执行端、观摩端和后台管理5个应用端口，适配不同的培训对象。应急管理人员、培训教师可利用导调端进行应急处置元素设置，实现预案推演、实时干预和课程开发；岗位员工可利用执行端进行事故模拟处置；应急指挥人员可利用指挥端、观摩端、评估端进行现场指挥和复盘。

4.3 危化品展教及消防实训设施特点

危化品展教及消防实训设施具备四个特点，一是实训体系完整化。涵盖了18种重点监管的危化品生产工艺、9大类60多种重点监管的危化品相关知识的培训，以及各类电气、机械伤害的体验，各类消防设备设施的操作实训等，形成了较为完整的以危化、安全、救援为主要内容的实训体系；二是实训课程标准化。以强化教学为导向，按照“展教–体验–训练–考核”的实训主线，设置内容丰富、时长合理、模式多样的标准培训课程166套、考试试题3145道，实现菜单定制式实训，且满足专业技能考试的相关要求；三是实训环境情景化。应用仿真技术、虚拟现实技术，将各类危化品、安全、消防实训内容进行实景搭建，借助各类道具及隐患、故障、事故模拟装置以及VR场景，营造较为逼真的危化品、伤害体验、消防实训环境，使学员实训更加贴近实际；四是实训手段多样化。实训功能划分为工艺仿真区、设备展示区、模拟操作区、作业风险体验区四大功能模块，通过伤害体验、VR体验、体感互动、视频动画模拟、隐患事故和消防装备仿真、二维码考试等多种手段开展实训。

建设国家一流应急救援实训基地是落实习总书记指示精神的重要举措，是任务，更是责任，危化救援实训大庆基地建设紧密结合危险化学品企业应急管理工作的要求和专职消防队伍应急救援的需要，积极探索先进的职业教育培训模式和运营方式，全力打造集实战化、专业化、信息化于一体的国家级危险化学品应急救援实训演练基地。

参考文献

[1] 成其华，危险化学品应急救援基地–模拟化工实训场建设方案，广东化工，2015，42(21)；–146.

[2] 张丹，徐小伟，孔德印．危险化学品应急救援实训演练基地建设方案[J]．工程技术研究，2020，v.5；No.59(03)：11–12.

罐冒顶事故分析与启示
——以某油气田采油厂某联合站为例

周俊池　崔　醒

（大庆油田有限责任公司）

摘　要　为提高现场安全意识，借鉴某油气田采油厂某联合站罐冒顶事故教训。以某油气田采油厂某联合站为例，开展罐冒顶事故分析。阐述了事件的经过，分析了4个方面的主要原因，得到了6个方面的启示。验证了《某联合站现场处置预案》中生产事故救援预想处理程序的编制符合实际，对突发生产事故能够有效控制，保护人员、保护财产、保护环境，达到应急救援的目的。

关键词　罐冒顶；启示；联合站；应急

管道发生油气泄漏爆炸事故会造成重大人员伤亡和经济损失。2009年12月某成品油管道渭南支线发生泄漏，约1 500 m^3柴油流入黄河造成了严重污染。2013年11月中石化输油管道泄漏，原油进入市政排水暗渠，在暗渠密闭空间内油气聚集遇火花发生爆炸，造成62人死亡、136人受伤，直接经济损失7.5亿元。定期对管道进行维护和维修，可减少管道事故发生概率。本文以某油气田采油厂某联合站为例，开展罐冒顶事故分析。阐述了事件的经过，分析了4个方面的主要原因，得到了6个方面的启示。

1　事件经过

2012年1月16日21：18污水岗员工进行阀门开关的操作，污水收油罐内收油完毕，并汇报给小队值班干部。值班干部电话通知沉降岗员工进行切换流程，关闭污水岗收油连通阀，打开供水岗收油控制阀。当晚23：20沉降岗员工通知供水岗员工供水收油阀已打开，供水岗员工随后马上去泵房关闭收油连通阀，仍能听到阀门内有走液声，但是岗位员工没有用扳手进行校验关闭，最终导致游离水总来液进入2#事故罐。2#事故罐液位表当时处于不准的状态，岗位员工没有发现事故罐持续进液，本能认为仪表上显示的数字是假液位，直到1月17日凌晨4：00岗位员工巡检时发现2#事故罐冒顶造成原油泄漏。此次冒罐事故共泄漏原油＊＊＊吨，罐区污染面积达到＊＊＊m^2，清理现场动用一台挖沟机，两台吊车，两台蒸汽热洗车，全矿出动人工500多人次，次日凌晨2点现场清理完毕。此次事件主要原因是某联合站污水岗收污油进2#事故罐（非正常生产流程），如图1、图2所示。

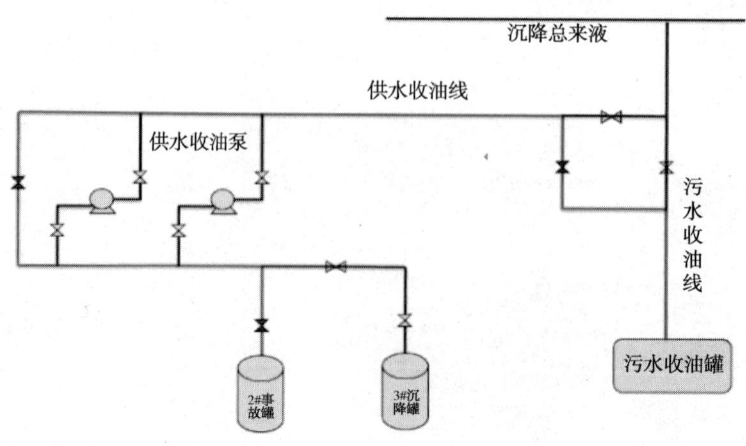

图1　管道示意图

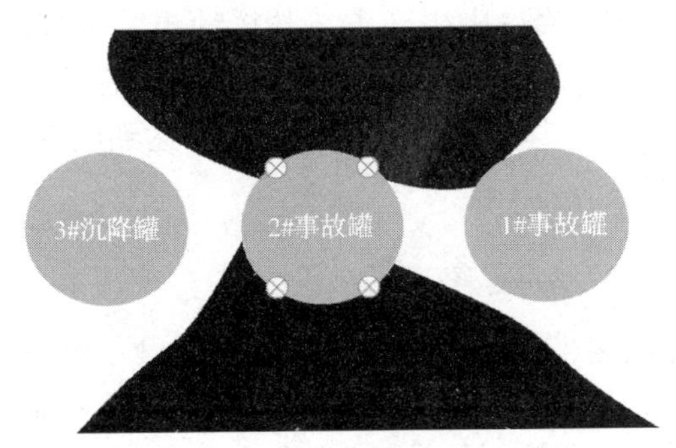

图 2　事故罐位置图

2　原因分析

2.1　非常规流程管理制度不完善

小队干部和岗位员工对非常规流程标准掌握不清楚。小队值班干部对工艺流程、生产管理一知半解，不了解当天的实际生产情况并且未亲自到现场进行指挥。岗位员工切换关联岗位流程操作时，沟通不到位，产生了衔接错误、造成了阀门开关顺序颠倒，最终导致此次事故的发生。

2.2　干部责任心不强

小队主管干部远程电话指挥，不清楚现场动态参数，指挥操作造成了错误的产生。值班干部未到现场对切换流程操作进行二次确认，并且当晚脱水岗的外输油量较低，异常的现象也没引起值班干部的高度重视，对岗位进行检查时应付了事，没有发现生产方面的问题。

2.3　隐患解决速度慢措施不到位

2#事故罐液位表长期处于损坏待维修状态，仪表的损坏未引起干部和员工的重视，如图 3，为安全生产埋下了隐患。事故罐盲目进液后没有监控的手段，当晚液位表数字上涨至 7.8m 后停顿，然后液位持续上涨，岗位员工误认为仪表故障，没有第一时间汇报，同时也没有上罐进行检尺，错过了纠正流程错误的机会，造成了 2#事故罐的冒顶。

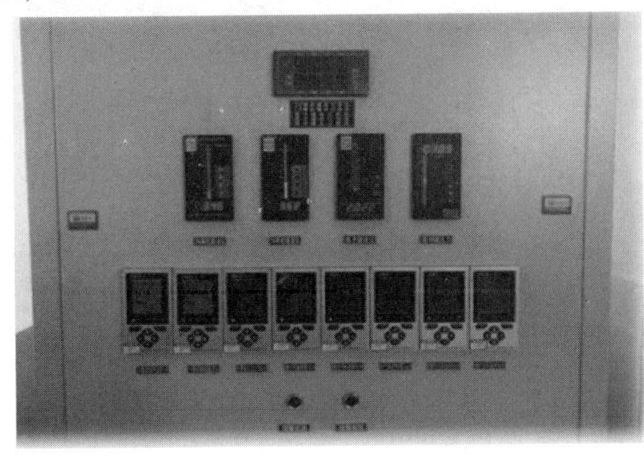

图 3　控制示意图

2.4　员工综合分析能力不到位

1 月 16 日夜间 22：00、24：00、2：00 原油外输量和系统压力持续较低的情况下，油系统各个岗位员工没有任何自查流程的意识，没有分析什么原因造成产量波动，也没有第一时间对队里干部和矿调度进行汇报，管理上存在着缺失。

3　事故启示

3.1　制定关联岗位操作规程

根据标准的操作流程，收油这项工作需要相关联操作共计 6 项，制定关联操作工作流程图，明确职责，确保关联操作准确规范，特别是夜间切换流程，一定要反复检查，保证安全高效操作，如图 3。

3.2　提升干部员工业务基本功

联合站的干部和员工要熟知流程、参数、设备、应急处置等各类情况，并且找专家绘制出全站工艺流程图，了解掌握各岗位关联操作。员工熟知应知应会、操作规程、应急预案等岗位技能。定期组织相关联岗位的应急演练，参加的演练人员按照各自分工不同，分工明确、责任落实。在演练前将演习内容进行培训，并熟知本岗位的应急预案和逃生路线，一旦发生事故时，能够迅速准确地处理，确保在实践中能准确操作

3.3　加强干部安全生产意识

主管干部要把当天存在的风险点交代给值班干部，夜间值班干部要仔细查岗，与员工一同落实好平稳生产职责，发挥好值班干部的主体作用。遇到特殊情况，主管干部需到现场确认。需要定期开展应急演练，提升遇到突发情况的指挥能力。由于联合站是易燃易爆要害生产岗位，如果发生事故时，处理不当易造成重大伤亡事故和财产损失及环保污染事故。本着“保护员工的人身安全”，坚持“抢险而不冒险”和“人身伤害是最大的损失”的原则。在实际操作的同时并口述，通过此演练，使干部在安全生产的同时并加强了环保意识，并熟知关联岗位的生产流程、应急预案和逃生路线，一旦发生事故时，能够迅速准确地进行指挥处理。

3.4　确定主控岗的夜间管理职责

确定脱水一名主控岗，生产波动大时协调各

岗位之间的配合，应急操作时监督各岗的操作情况，干部下达生产指令根据生产情况进行执行，保证夜间平稳生产。定期开展相关联的应急培训，进一步提升主岗的操作和应急综合能力。脱水岗员工发现外输管线压力和液量突然降低，立即向本站值班干部汇报。值班干部应立即安排相关联岗位进行巡查，并亲自到现场进行指挥排查，并通知通信组向上级部门调度进行汇报。确保外输岗位管压和液量和关联岗位流程正常的情况，才可放心安排下一步工作，保证安全生产。

3.5 加强员工培训，提升应急能力

每年 3 月和 11 月进行员工能力提升培训，以技师和骨干为小组对员工进行一对一的实战辅导，队干部和班长对员工逐个进行考评，从而提升员工的标准操作能力、岗位复合能力、解决问题能力。例如对外输管线穿孔应急演练处理，岗位员工发现外输管线压力突然降低，立即向本站值班干部汇报，干部马上安排巡检员进行巡线，发现某联合站外输管线在距离增压站 50 米处穿孔，并造成原油泄漏，通信组应向上级有关部门汇报，后勤保障组将应急装备及时运送到现场，并协助抢险，值班干部立即组织抢险组人员进入事故现场，倒通事故流程，事故罐液位超高时，请示矿领导协调做停井处理，抢险小组负责打围堰，进行抢修处理，同时需要控制污油四溢，保证环保和便于回收。事故得到有效控制后，组织人员用进行回收泄漏的原油及油泥，将用密闭罐车回收的原油和用防渗编织袋装的油泥袋运送到污油点处理。

3.6 加强隐患整治力度

岗位隐患要第一时间进行处置，特别是设备、仪表等严重影响安全生产的问题，如果暂时不能处理的要结合岗位情况制定应对的措施。

4 结论

通过此次应急救援演练，验证了《某联合站现场处置预案》中生产事故救援预想处理程序的编制符合实际，对突发生产事故能够有效控制，保护人员、保护财产、保护环境，达到应急救援的目的。

参 考 文 献

[1] 郭春雷，杨丽，武国栋，蔡亮，马伟平．美国长输管道安全应急管理体系保障实践做法[J]. 石油石化节能，2021，11(07)：39-42+5-6.

[2] 李玉忠，谢楠，武国栋，白晓航，马伟平．长输管道应急抢修技术现状和发展趋势探讨[J]. 石油工程建设，2021，47(03)：1-5.

[3] 齐健龙，徐葱葱，刘少柱，等．无人机在油气管道应急场景中的应用[J]. 天然气与石油，2021，39(03)：130-134.

[4] 蔡亮．长输管道应急抢修技术现状探讨[J]. 全面腐蚀控制，2021，35(04)：27-29.

[5] 肖建仁，杨光，韩胜．浅谈天然气长输管道应急管理[J]. 中国石油和化工标准与质量，2021，41(07)：69-70.

[6] 张希祥，贾韶辉，杨玉锋，等．油气长输管道应急救援国家基地应急管理体系浅析[J]. 中国石油和化工标准与质量，2021，41(06)：1-3.

[7] 王耀辉，王文和，朱正祥，等．基于多级可拓方法的长输油气管道突发事故应急管理能力评估[J]. 安全与环境工程，2021，28(02)：22-29.

[8] 刘鹏．油气管道维抢修队伍应急抢修区域化管理[J]. 化工管理，2021，{4}(02)：189-190.

[9] 高玥，于林，汪洋，等．集输气管道无人机应急集成的标准应用实践[J]. 化工管理，2020，{4}(35)：95-96.

[10] 郝新伟．构建不同应急服务模式保障管道安全[N]. 中国石油报，2020-12-02(004).

浅析油气储运安全消防技术

张　勇

（中石化荆门石化分公司消防保卫中心）

摘　要　油气储运安全消防技术主要从制定QHSE消防管理体系、设备故障与维护、防静电、动火作业、执行操作规程等几个方面引起的爆炸和火灾进行分析。提出了以做好消防预案、设备维护保养、防静电处理、动火作业须知等方面进行综合防控，消除油气储运过程中引起的爆炸和火灾，以实现安全生产。

关键词　QHSE消防管理体系；油气储运；火灾；安全措施

随着石化行业可持续发展战略的制定实施，油气储运在石化行业中占据了越来越重要的地位，油气储运已分布到全国各个地区。中国石化荆门分公司有多种储运工具：各类储罐396台（常压储罐及球罐），瓦斯气柜3台，各类管线630多条以及火车运输槽罐等。存储的介质主要有瓦斯、氢气、石脑油、汽油、柴油、蜡油、各类润滑油、渣油、沥青、油浆、抽出油、各类轻重污油等几十个品种。油气储运是一个很复杂的过程，由于石油及其产品主要成分是烃类碳氢化合物，具有易燃、易爆、易聚集静电、易中毒等特性，而油气储运过程中是在特定的条件下进行，特别是输油管道，加热加压是管道运输的特点，故具有极大的火灾及爆炸危险性。一旦发生事故，可能造成巨大的经济损失和人员伤亡，并带来恶劣的社会影响。因此，剖析油气储运存在的火灾危险性因素，从安全消防技术方面，制定相应的预防措施，控制火灾爆炸事故的发生，为安全生产创造一个良好的环境。

1　消防管理纳入QHSE管理体系

（1）根据实际情况编制《火灾事故应急准备与响应控制程序》、《分公司二级事故应急预案》、《储运车间三级事故应急预案》，建立应急指挥系统、应急信息系统、应急抢险原则、应急行动程序，掌握责任区重点灭火对象、分析可能发生的原因及蔓延规律，采取疏散措施，并对假象预案进行分析，控制和减少火灾事故的发生。火灾事故预案内容包括本单位消防力量配备情况及可借用的消防力量，可能引起火灾事故的物质的火灾特性，火灾发生的蔓延趋势，扑救火灾组织的指导思想和原则，扑救火灾的具体措施，地理位置和紧急情况下人员疏散方案，制定火灾预案对象的基本情况，可能导致火灾的因素，火场假设，明确灭火组、抢救组、通信联络组、火场警卫组以及后勤组的主要任务。

编制火灾事故报告程序，对因主管领导失职造成重大损失的，按照《消防法》有关条款对直接主管负责人和其他直接负责人给予处分。协助当地消防公安部门对事故进行调查处理，有完整的调查记录。认真填写《防火档案》、《分公司消防器材检查卡》。

编制《消防安全评估程序》。消防安全评估程序主要内容包括：是否建立安全管理体系，安全管理机构是否健全，安全专业技术人员配备情况，安全生产责任制是否健全，安全操作规程是否完善有效，危险作业审批程序是否完善，特殊作业人员持证上岗情况，消防知识培训与演练情况，合同中安全生产项目是否合法，是否按规定进行了建设项目的安全预评价，是否对设计方案安全专篇进行审查，投产前是否进行安全验收，特种设备设施档案是否齐全，是否建立安全检查与隐患整改制度，安全出口是否符合国家标准，防护设施是否符合国家或行业标准，危险档案是否齐全，危险源监控措施是否到位，是否有重大隐患识别机构，重大隐患整改落实情况，应急预案制定和演练情况，事故是否控制在安全指标范围内，是否按计划进行内审，是否制定持续改进计划等。

（2）编制并下发消防管理相应的受控作业文件

受控作业文件主要包括《安全生产管理规

定》、《原油管道安全生产检查规范》、《分公司动火管理规范》、《消防岗位值班管理规定》、《压力容器安全管理规程》、《储运设施有限空间作业管理规程》、《固定式泡沫灭火系统和固定式冷却水喷淋系统运行与维护规程》等，对于所有的受控作业文件根据实际需要可以持续改进。

2 加强消防设施的维护保养

2.1 活动式消防设备的检查与更换

中转输油泵区及其他易燃易爆场所应配备手提式或推车式灭火机 消防设备的配备标准参照GB J140，低倍数泡沫灭火系统参照 GB 50151。由各输油泵区安全员每月定期对活动式消防设备的压力表指示、外观、灭火剂保质期等进行检查，不合格的要进行更换。

2.2 固定式消防水系统和泡沫灭火系统的维护保养

固定式消防设施主要包括消防高位水池、电动机驱动消防水泵、柴油机驱动消防水泵、稳压泵、水管网、冷却水喷淋系统、泡沫液罐、泡沫泵、泡沫管网、泡沫液、比例混合器、泡沫产生器、固定消防炮。地面储油罐采用冷却水喷淋系统和泡沫灭火系统。储运车间的安全员、消防员应熟练掌握所有固定式消防设备的性能、灭火流程、灭火作战方案，并定期进行演练。消防高位水池为灭火专用设施，应经常保持最高水位，水池的水质应保持清洁。

消防水泵的维护保养内容包括检查轴承、调整轴向间隙，检查机组同心度，更换润滑油(脂)，清洗过滤器，检查紧固件，检查消防泵机组就地控制盘是否完好。消防水泵每周开泵排水循环一次，每次运行不少于 30min，并有记录。对消防管网、电动蝶阀、手动蝶阀、止回阀、闸阀、过滤器、消防栓箱每 3 个月检查一次，发现损坏、破裂、渗漏、腐蚀时要及时维修。

定期检查比例混合器、泡沫产生器、喷头有无腐蚀损坏及堵塞，压力表每年校检一次。冬季要注意管网保温，防止冻管。泡沫液禁止露天放置，其中植物性蛋白泡沫液储存温度为0~40℃，动物性蛋白泡沫液和氟蛋白泡沫液储存温度为-5~40℃。泡沫液储存量应能满足一次灭火所需的泡沫液量与充满管道的泡沫混合液中所含泡沫液量之和，泡沫液应每月检查一次发泡情况，每年进行一次全面检查，不合格的要及时更换。

定期检查储油罐上装设的固定或半固定灭火装置、油罐的安全附件(包括呼吸阀、安全阀、阻火器、透光孔、抗震软连接、中央排水管等)是否完好，罐区防火堤、下水道是否完好，消防道路是否畅通。储油罐发生变形、腐蚀、渗漏时要及时大修。每年的 5、6 月份对油罐消防水系统试喷淋一次，2~3 年试运行泡沫灭火系统一次。冷却油罐的水应连续不断地喷射在罐壁的上部，均匀冷却罐壁，防止罐壁冷却不匀而变形损坏，冷却水不能射入油罐内。油罐下的三通排污阀每年排污一次，消防水泵和泡沫水泵应能随时启动。接到油罐火灾报警后，应迅速倒换流程，在 3min 内启动冷却水泵和泡沫泵。消防泵启泵后，冷却水应立即输送到着火油罐和需要冷却的邻近油罐。泡沫混合液在启泵后 5min 之内要输送到着火罐。接到报警后，消防车应在 5min 内到达火灾现场。根据罐位，估算可能喷溅和沸溢的时间，采取安全措施，防止伤亡事故发生。油罐火灾扑灭后应继续不间断地对罐壁进行冷却，直到把油罐温度降低到着火前的温度为止；继续供应泡沫液，以增加泡沫覆盖厚度，防止再次引起燃烧。

2.3 建立固定式气体自动灭火系统，并做好维护保养

建立气体灭火系统，该系统的主要保护区域为通信机房、控制室、UPS 间、发电机房等。系统的主要设施包括储气瓶、单向阀、减压孔板、电磁阀、区域分配阀、喷头、配管、感烟探测器、控制盘、警铃警灯等。气体是由氮气、氩气、二氧化碳组成的混合气体，灭火速度快，污染小。定期检查储气瓶上的压力表指示是否正常，所有连接软管和区域分配阀有无渗漏现象。

2.4 火焰探测及报警系统检测

中转输油泵区、装车泵房及储油罐顶等区域可以安装固定式可燃气体探测仪、火焰探测器、感温电缆等设施，并要定期测试检查，确保报警系统完好。

3 油气储运的火灾危险性分析

3.1 设备故障带来的危害

设备故障与日常检修及介质特性有直接关系。油气储运设备设计的不合理、工艺缺陷、密封管线的腐蚀、操作压力的波动、机械振动引起

的设备疲劳性损坏以及高温高压等压力容器的破损，易引起泄漏及爆炸。如采用塑料管、橡胶管输送气态物料时，会因意外撞击、热胀冷缩、振动疲劳、自然老化等因素造成大量气体外泄。垫圈老化、损坏，也会发生泄漏。如果是可燃气体泄漏，遇到点火源就会发生火灾、爆炸；如果是有毒气体泄漏，就可能造成大量人员伤亡。

3.2 不防爆设备及电器带来的危害

工艺设备及电器线路如果未按规定选用防爆型或未经防爆处理，泄漏的可燃液体、气体遇机械摩擦火花或电气火花极易发生火灾爆炸事故。

3.3 防静电措施不到位

油气储运过程中，防静电措施容易被忽视。油气在管道和设备内流动会因摩擦而产生静电，如果静电不能及时导除造成电荷积累，导致火花放电，就会引起火灾爆炸事故。

3.4 违章动火作业

在易燃易爆的储运设备及装置区域内进行设备检修，往往需要进行焊接与切割作业，以及使用喷灯、电钻、砂轮等可能产生火焰、火花和赤热表面的临时性作业。所以违章动火主要体现在以下四个方面：第一，违章指挥，动火审批不严。为了抓生产、抢进度，一些领导不顾或忽视安全规定，在不具备动火的条件下贸然审批动火。第二，盲目动火。有的职工不熟悉动火管理规定，或存在侥幸心理，不办理动火手续，有的职工本身不具备动火资格，忽视动火管理规定，贸然动火酿成火灾。第三，现场监护不力。作为现场监护的监护员没有完全履行自己的职责，仅仅流于形式。第四，扑救措施不力。在不配备相应的灭火器、无人现场监护的情况下动火，导致小火未能及时扑灭，终酿成大火。

3.5 执行操作规程不严格

(1) 执行操作规程不严格，操作人员误操作。误操作表现为错开(闭)阀门，或未关严阀门；该置换的容器及管道未置换或置换不彻底；未采取优先措施拆卸设备等，都易造成超压、超温、油气泄漏，最终导致火灾。

(2) 职工对于工艺操作系统缺乏全面的了解，特别是国外引进设备，仅仅局限于使用说明上的介绍，没有认真细致地研究过系统的操作要求、物理化学特性、工艺流程。将国内外相类似的设备、系统一概而论，生搬硬套。

(3) 随意删改安全操作规程。设备、工艺系统的安全操作规程是经验教训的积累，但是由于操作的繁琐，致使操作人员删改规程，减低了安全性。也许类似操作了几次没有发生事故，造成操作人员思想麻痹，久而久之长期违反操作规程就形成了习惯性违章。

(4) 缺乏严格的岗位培训。没有对上岗职工进行针对性的岗位操作培训，没有明确操作的规范性，致使在岗职工麻痹大意。

(5) 监管机制不力。对于操作岗位的习惯性违章警惕性不高，没有充分认识到习惯性违章的严重危害性，没有制定相应的管理机制，形成一种明明是习惯性违章，却听之任之不予纠正的怪圈。

4 防火、防雷、防静电安全措施

4.1 规范动火管理程序

动火施工单位应严格按照《分公司动火管理规范》和《分公司动火方案编制导则》技术要求，充分考虑施工过程中的安全措施、风险预防措施、应急预案等内容，负责编制动火施工方案。安全监察科和生产科负责一、二级动火施工方案的审查和施工期间的现场监护。储运车间负责动火设施的生产操作与动火期间的现场监护及三级动火施工方案的审批工作。

动火方案审查人员应提前勘察现场或由动火施工单位以多媒体材料的形式汇报(包括现场地形地貌、主要机具、工作量、施工组织、工序安排、流程操作等内容)。动火现场监护人员负责检查的内容包括动火人员具备相应的资质等级、接受安全教育情况；动火前的安全措施到位情况；动火设备按照要求摆放情况；工作人员熟悉预案，掌握应急处理方法；动火施工现场设置明显标志范围；动火施工现场符合《分公司动火管理规范》要求；按照动火票上签署的任务、地点、时间进行作业。监护人必须具有生产实践经验、了解生产工艺过程和动火方案实施过程。熟悉应急措施，能正确处理异常情况和熟练使用消防器材及其他救护工具。监护人员要佩戴明显的标志，并配备专用安全检测仪器。动火作业完工后，监护人员应对现场进行检查，确认无火险隐患后方可撤离。

特殊情况下的抢修动火，由生产副经理组织生产科或管道保卫科、安全监察科及有关技术人员视现场情况而定，并及时以电话形式向上级汇报。施工结束后，记录动火情况并及时上报。

4.2 动火作业的安全要求

在运行的输油干线管道上动火，焊接处管内压力小于此段管道允许工作压力的0.5倍。对油气管道进行切割时，不应采用明火，且切割管段处的管内压力应降为零或微正压。动火票是动火依据，不得涂改、代签，要妥善保管，一张动火票只限一处使用。无动火票、无监护人、动火安全措施不落实、与工业动火票内容不符的不准动火作业。需动火的容器及管道，要采取必要的措施，确认符合动火条件。对与动火部位相连的存有油气等易燃物的容器和管道，要进行可靠的隔离、封堵或拆卸处理。需动火施工的容器、管段及室内、沟坑内的可燃气体浓度应低于爆炸下限的25%。确保动火施工现场周围5m内无易燃物、无积水、无障碍物，以便紧急情况下施工人员迅速撤离。动火施工现场设明显的标志，并设定范围，与动火施工无关的人员不准进入现场，非施工车辆应远离现场。动火作业现场应按照动火方案规定的数量、地点及型号，配备消防车和消防器材。遇有5级(含5级)以上大风禁止实施动火作业，特殊情况必须动火时要进行围隔并控制火花飞溅。动火作业前，必须按方案要求做好所有施工设备、机具的检查以及阀门、短节等试压工作。动火现场的电器设施应符合防火防爆要求。无漏电现象，做好安全接地后方可启动。高空作业必须符合高空作业安全要求。罐内动火作业必须在进行空气置换和与系统可靠的隔离，施工人员配备安全防护器具后方可进罐作业。罐内动火作业至少同时安排两人执行，一人进罐施工，一人罐外监护。采用电焊动火施工的油罐、容器及管道的接地电阻应小于10Ω。

4.3 加强防雷放静电设施的测试和检修

油罐防雷设施参照GB J74，防静电接地参照SY/T 0060。油罐的防雷放静电设施(包括避雷针、消雷器、防雷静电接地、浮船和挡油板的防静电软连接)每季度测试一次。防雷防静电接地电阻小于10Ω。储油罐宜保持规定的温度，油罐顶部应保持无积雪、积水和油污。呼吸阀冬季每月至少检查两次，阻火器每季度至少检查一次。油罐盘梯照明设施应达到防爆等级要求。量油尺的重锤采用铜金属，检尺看口设有色金属衬套。为防止油罐溢流和抽瘪，应按规定的安全高度控制液面。一次上罐人数不得超过5人，上罐人员必须穿防静电工服，禁止穿带钉子的鞋，遇有雷雨或5级以上大风时禁止上罐，夜间上罐应使用防爆电筒。

铁路装车栈桥每根道轨连接处和鹤管法兰处用金属跨越连接，每200m处设接地点一个。装卸油鹤管采用内有铜丝的专用胶管，以便导出静电。防静电设施参照SY/T 0060。接地点的接地电阻每季度测定一次，电阻值小于10Ω。栈桥所有电气设备应符合防爆等级规定。电气设备维修以及更换灯泡等不应带电作业，在栈桥和槽车上应使用防爆电筒，

总之，油气储运作业环境复杂，易燃易爆源多，只有严格遵守操作规程，做好细致的防范措施，才能在生产中最大限度地减少火灾爆炸事故的发生，确保安全生产顺利进行。

提高危险化学品事故应急处置能力的思考

张兴铭

（中国石油玉门油田公司消防支队）

摘　要　危险化学品事故应急处置技术，是危险化学品应急救援的重要课题，也是当前提升应急救援队伍应急处置能力，最大限度降低其危害和损失的必然要求。

关键词　危险化学品；事故；应急处置能力

随着我国社会经济的快速发展，化工行业也迅猛发展，中石油、中石化，以及从事危险化学品生产、储存、运输、销售、使用的各类企业越来越多。近年来，由于东部化工产业的转移，甘肃省玉门老市区工业园的招商引资项目如雨后春笋般快速发展起来，玉门市老市区管理委会编制的《玉门经济开发区老市区化工园区总体规划（2019-2035）》，将老市区工业园调整为以石油化工、精细化工、煤化工等化工产业为主导的化工园区，规划范围由原来的15.9平方公里扩展到42平方公里，已入驻玉门老市区、玉门东镇并已建成投产的企业40余家。各类油气长输管道、中转站、化工装置建成投运，危险化学品泄漏、着火、爆炸等灾害事故发生频率随之增大。玉门油田分公司消防支队作为常驻玉门老市区的一支中石油企业专职消防队伍，不仅担负油田内部防火灭火和应急抢险救援任务，同时作为甘肃省应急救援队伍之一，也担负着玉门老市区及周边厂矿企业、居民的消防安全任务。因此，研究处置危险化学品事故，提高队伍应急处置能力，实现"指挥扁平化、处置程序化、队伍专业化"目标，更好地履行《消防法》赋予的职责和中石油"政治、经济、社会"三大责任，科学处置危险化学品事故，最大限度防止人员伤亡和减少财产损失。

为有效提升危险化学品事故应急救援能力，确保危险化学品应急救援队伍关键时刻快速响应、果断决策、科学指挥、高效处置，提高危险化学品应急救援队伍应急处置能力势在必行。

1　危险化学品应急救援队伍现状

2018年10月，根据中共中央《深化党和国家机构改革方案》，公安消防部队（武警消防部队）、武警森林部队退出现役，成建制划归中华人民共和国应急管理部，组建国家综合性消防救援队伍。随着消防科学技术不断进步，国家、集团公司在综合性消防应急救援队伍建设的资金投入上逐年增加，从人、财、物三个方面持续推进消防基础设施建设，国家已在中石油、中石化投资建设危险化学品应急救援基地39个，甘肃省已投资建成18个省级安全生产应急救援基地，消防应急救援设备设施有了质的飞跃。

中国石油企业专职消防队作为消防队伍的重要组成部分，除承担本单位消防安全工作的同时，承担着本单位以外的社会火灾扑救和应急救援工作。随着油田企业经济发展及改革的不断深入，受企业发展规模、经济效益等影响，各油田在专职消防队伍建设方面的关注度和投入不同，企业专职消防队伍建设发展也极不平衡。企业专职消防队伍建设在经费保障、人员结构、法律保障、队伍管理、薪酬待遇等方面与国家综合性消防救援队伍存在较大差距。

1.1　经费保障

国家综合性消防救援队伍消防员薪酬待遇全部纳入财政保障。中石油企业专职消防队伍在内部相较于生产单位地位要低，属于后勤保障单位，专职消防行政费用、专职队员的工资及福利、执勤器材装备建设与配备等，直接受企业经济效益的制约，装备更新、营房建设、训练设施、人员补充等方面较滞后。2008以来，中石油集团公司出于安全工作需要，通过集中采购、统一配备等方式，给所属各地区公司专职消防队配备了大量消防车辆和特种装备，一时间装备水平上甚至超过了公安消防队伍。经济效益比较好的地区公司，专职消防队在营房建设、训练设施建设、装备器材配备、软件实力等方面都有了明显加强。但是近年来，随着国家经济发展和对消防工作的重视，在综合性消防救援队伍建设资金投入方面早已超过了企业专职消防队。而中石油企业专职消防队由于受2019年以来的新冠肺炎疫情、企业转型、扭亏脱困等因素影响，消防经费被大幅压缩，资金投入受限，消防车辆和器材更新缓慢，在提升队伍专业化、实战化应急救援能力建设等方面的软硬件设备设施还远未达到需要的水平，甚至存在超期服役等现象。

1.2 人员结构

国家综合性消防救援队伍各级指战员主要来源于消防专业院校分配、新兵招募，人员素质高、专业技能强，人员更新速度快。而中石油企业专职消防队各级指战员大都来自社会招工、普通大专院校、转业军人等，指战员文化层次普遍较低、年龄偏大。一是表现在学历和能力不匹配上。从表面看学历层次不低，但绝大多数通过函授或电大等业余培训取得学历文凭，缺乏专业院校人才和系统的学习培训，学历和能力不对等。二是表现在年龄结构不合理上。如：玉门油田分公司消防支队截止2021年5月，油田消防支队在册在岗指战员192人，平均年龄41.4岁，35岁及以下仅61人，占指战员总数31.8%；50岁及以上指战员37人，占指战员总数19.3%。人员老化，基层指挥员、战斗员和消防车驾驶员出现了断档，执勤训练水平趁逐年下降趋势。人员虽然相对稳定，但是更新缓慢，专业技能弱，结构性缺员矛盾突出。

1.3 法律保障

国家综合性消防救援队伍沿袭了《消防法》明确的责任和义务，在消防安全监督检查、灭火救援、整治火患、人员抚恤、晋升转业、薪酬待遇等都有明确规定。中石油企业专职消防队没有消防执法权，按照中石油集团公司及所在地区公司相关规定开展工作。

1.4 队伍管理

国家综合性消防救援队伍实行军事化管理，具有浓厚的军队特色。而企业专职消防队虽然属于企业编制，但是也实行军事化管理，坚持了队伍建设正规化、专业化、职业化方向，坚持按照“政治过硬、本领高强、作风优良、纪律严明”的队伍建设总要求，着眼“全灾种”“大应急”任务需要，着力从救援理念、职能、能力、装备、方式、机制等方面推动队伍建设，具有鲜明的企业特色。

1.5 薪酬待遇

国家综合性消防救援队伍各级指战员按规定参加机关事业单位养老保险、属地基本医疗保险，享受国家机关工作人员伤亡抚恤待遇，并根据消防救援工作特点建立伤亡附加保险制度；符合条件的，同等条件下优先享受地方住房保障政策；按规定享受疗养、探亲休假、救济慰问等待遇；在家属随调、子女入学、交通出行、看病就医等方面按规定享受优待政策。地方政府为入职2年以内的消防员家庭发放优待金或给予其他优待。在消防救援战斗和各项工作中建立功绩的，按规定予以记功表彰并享受相应待遇。而企业专职消防队指战员在薪酬待遇上执行企业员工标准，与国家综合性消防救援队伍差距较大。在专职消防队员待遇整体偏低的形势下，有些绩效考核制度不仅没有起到激励约束作用，反而引起大多数指战员的反感，而产生消极抵触情绪，人为造成队伍不稳定，更不利于队伍的团结和团队精神的培养，也是吸引不到消防专业人才的因素之一。

2 危险化学品事故造成人员伤亡情况

近年来，化工事故造成了重大人员伤亡和财产损失。

2018年，全国共发生化工事故176起、死亡223人，涉及危险化学品的事故为78起、死亡144人，分别占化工事故的44.3%和64.6%。中毒和窒息事故32起、39人，分别占18.2%和17.5%；爆炸事故28起、死亡82人，分别占15.9%和36.8%，其中化学爆炸为26起、死亡78人，分别占爆炸事故的92.9%和95.1%，物理爆炸只有2起、4人，分别占7.1%和4.9%。如：2018年7月12日18时42分33秒，位于四川省宜宾市江安县阳春工业园区内的宜宾恒达科技公司发生重大爆炸着火事故，造成19人死亡、12人受伤，直接经济损失4142余万元。事故直接原因是：宜宾恒达科技公司在生产咪草烟(除草剂)的过程中，操作人员将无包装标识的氯酸钠当作原料2-氨基-2，3-二甲基丁酰胺，补充投入到釜中进行脱水操作(溶剂为甲苯)。在搅拌状态下，丁酰胺-氯酸钠混合物在蒸汽加热条件下发生化学爆炸，冲出的高温甲苯蒸气迅速与外部空气混合并发生二次爆炸，同时引起现场存放的氯酸钠、甲苯与甲醇等物料殉爆殉燃和相邻车间着火燃烧；2018 年 11 月 28 日零时 40 分 55 秒，位于河北张家口望山循环经济示范园区的中国化工集团河北盛华化工公司氯乙烯泄漏扩散至厂外区域，遇火源发生爆燃，造成 24 人死亡、21 人受伤。事故直接原因是：盛华化工公司聚氯乙烯车间的 1#氯乙烯气柜长期未按规定检修，事发前氯乙烯气柜卡顿、倾斜，开始泄漏，压缩机入口压力降低，操作人员没有及时发现气柜卡顿，仍然按照常规操作方式调大压缩机回流，进入气柜的气量加大，加之调大过快，氯乙烯冲破环形水封泄漏，向厂区外扩散，遇火源发生爆燃。

2019 年，全国共发生化工事故 164 起、死亡 274 人，同比（176 起、223 人）事故起数减少 12 起、下降 6.8%，死亡人数增加 51 人，上升 22.9%。涉及危险化学品的事故为 77 起、死亡 194 人，分别占化工事故的 47%和 70.8%。中毒和窒息事故 24 起、47 人，分别占 14.6% 和 17.1%；爆炸事故 31 起、死亡 127 人，分别占 18.9%和 46.2%。如：2019 年 3 月 21 日，江苏省盐城市响水县生态化工园区的天嘉宜化工有限公司发生特别重大爆炸事故，造成 78 人死亡、76 人重伤，640 人住院治疗，直接经济损失 19.86 亿元。事故直接原因是：天嘉宜公司旧固废库内长期违法贮存的硝化废料持续积热升温自然，燃烧引发硝化废料爆炸；2019 年 4 月 15 日 15 时 10 分左右，位于济南市历城区董家镇的齐鲁天和惠世制药有限公司四车间地下室，在冷媒系统管道改造过程中，发生重大着火中毒事故，造成 10 人死亡、12 人受伤、直接经济损失 1867 万元。事故直接原因是：天和公司四车间地下室管道改造作业过程中，违规进行动火作业，电焊或切割产生的焊渣或火花引燃现场堆放的冷媒增效剂（主要成份为氧化剂亚硝酸钠，有机物苯丙三氮唑、苯甲酸钠），瞬间产生爆燃，放出大量氮氧化物等有毒气体，造成现场施工和监护人员中毒窒息死亡。2019 年 7 月 19 日 17 时 43 分，三门峡市河南省煤气（集团）有限责任公司义马气化厂空分装置发生重大爆炸事故，造成 15 人死亡、16 人重伤、175 人轻伤，直接经济损失 8170 万元。事故直接原因是：空分装置冷箱内发生泄漏，直至冷箱板出现裂纹，事故企业未及时处置，富氧液体泄漏至珠光砂中，使碳钢材质的冷箱构件在低温和压力增高的共同作用下裂纹扩大，直至冷箱失稳坍塌，砸裂东侧 500m^3 液氧贮槽，贮槽内大量液氧迅速外泄气化，高纯氧遇可燃物发生爆炸，并引发冷箱中的履职填料（厚度 0.15mm）等殉爆。

2020 年，全国共发生化工事故 148 起、死亡 180 人，事故起数与死亡人数分别下降 9.8%和 34.3%。中毒和窒息事故 3 起、死亡 10 人；爆炸事故 6 起、死亡 27 人。如：2020 年 2 月 11 日 19 时 50 分，位于辽宁葫芦岛经济开发区的辽宁先达农业科学有限公司烯草酮车间发生爆炸事故，造成 5 人死亡、10 人受伤，直接经济损失 1200 万元。事故直接原因是：烯草酮工段操作人员未对物料进行复核确认，错误地将丙酰三酮加入到氯化铵储罐内，导致丙酰三酮和氯化铵在储罐内发生反应，放热并积聚热量，物料温度逐渐升高，最终导致物料分解、爆炸；2020 年 11 月 17 日 7 时 21 分，位于江西省吉安市井冈山经济开发区富滩产业园海州医药化工有限公司发生爆炸事故，造成 3 人死亡、5 人受伤。事故原因是：303 釜处理的对甲苯磺酰脲废液中含有溶剂氯化苯，操作工使用真空泵转料至 302 釜中，因 302 釜刚蒸馏完前一批次物料尚未冷却降温，废液中的氯化苯受热形成爆炸性气体，转料过程中产生静电引起爆炸；2020 年 8 月 3 日 17 时 39 分左右，湖北省仙桃市蓝化有机硅有限公司甲基三丁酮肟基硅烷车间发生爆炸事故，造成 6 人死亡、4 人受伤。事故原因是：操作工在清理分层塔内积液时，没有彻底将分层塔底部丁酮肟盐酸盐排放至萃取工序，导致大量丁酮肟盐酸盐随上层清液进入产品中和工序，进入 1#静置槽继续反应，反应热量在静置槽中累积，静置槽没有温度监测及降温措施，丁酮肟盐酸盐发生分解爆炸。

2021 年 4 月 7 日 10 时许，上海龙净环保公司在滁州市定远县华塑热电厂脱硫制浆罐顶进行焊接堵漏作业时发生闪爆，造成 6 名作业人员死亡。2021 年 4 月 17 日 8 时 36 分，山西省太原市兴安化工厂一工房发生爆炸事故，致 2 人死亡，3 人失联。2021 年 7 月 4 日 14 时 38 分许，位于清远英德市东华镇清远华侨工业园的广东依柯化工有限公司（以下简称“依柯公司”）发生反应釜爆炸事故，造成1人死亡，4人受伤，现场建筑物及设备设施损毁严重。

从所列举的2018年以来化工事故中死亡人数看，爆炸事故死亡人数最多，其次是中毒和窒息。

3 危险化学品事故原因分析

从化工事故中导致人员伤亡的事故案例中，涉及较多的还是危险化学品泄漏、爆炸等事故。2018年以来，各地区、各企业深入贯彻习近平总书记关于安全生产的重要批示指示精神，将管控危险化学品重大风险，防范遏制重特大事故作为重中之重，化工行业事故总数和较大事故数均有较大幅度下降。但是，化工事故总量仍然较大，安全生产形势依然严峻。纠其原因，危险化学品灾害事故发生频次高、危害程度大的阶段为生产、储运和破坏，不但造成现场人员伤亡，且因其应急抢险救援专业和技术性强、危险性高，也极易造成参加应急抢险救援时消防人员的伤亡。据2020年统计，新中国成立以来，先后有636名消防队员在挽救人民群众生命财产安全的过程中壮烈牺牲。近十年间，全国共接报亡人火灾案件10815起，有15193人在火灾中遇难。其中，较大和重特大火灾有677起，死亡3626人，造成财产损失高达81.7亿元人民币。仅1989年"8·12"黄岛油库爆炸事故处置、1998年西安"3·5"爆炸事故处置、2003年衡阳"11·3"火灾扑救、2015年天津港"8·12"特大爆炸事故处置4次灭火救援，就有125名消防员献出了年轻的生命。危险化学品灾害事故应急救援时，造成消防人员伤亡最直接的原因是泄漏、爆炸、中毒。爆炸发生的突发性强、产生的冲击波大，有毒有害气体泄漏快、面积大，建筑结构、工艺特征、地理和环境等因素复杂，造成消防人员伤害仅次于爆炸造成的伤亡。因此在危险化学品灾害事故应急抢险救援时消防人员伤亡的概率比灭火救援时高得多，主要是因为：一是各类复杂，未知和一时难以分析、判断的情况难以预料、准确把握。二是应急救援过程中爆炸、中毒、轰燃、喷溅、沸溢、灼伤等危险因素多，且发生的概率大，控制难度大。三是消防人员个人防护装备的功能有限。四处置化工事故的专业知识、能力不足等。应急救援队伍必须高度重视，认真研究，科学处置，确保安全。

4 危险化学品事故处置

4.1 危险化学品事故的特点

《危险化学品手册》(2018版)中列出危险化学品达2828多种之多，每一种危险化学品都有其鲜明的特点。

4.1.1 突发性强，不易控制。危险化学品事故发生的原因多且复杂，如操作不当、设备故障、交通事故等，都有可能导致事故突然发生。往往事先无明显征兆，若不能得到及时控制，极易造成灾难性事故。

4.1.2 后果严重，损失巨大。危险化学品事故如不能得到及时控制，极易造成重大人员伤亡和巨大财产损失。特别是有毒、爆炸性气体大量外泄，易造成大量人员中毒事件或爆炸性事故。

4.1.3 具有延时性。有的危险化学品中毒，在几个小时甚至几天以后症状才会显现，甚至危及生命。

4.1.4 污染环境，破坏严重，具有长期性。危险化学品在造成人员灼伤、中毒等伤害的同时，会污染大气、土壤、水体、建筑物、设备等生态环境，且洗消困难。

4.1.5 救援难度大，专业性强。因为存在高温、高压、有毒、剧毒、爆炸等危险，救援现场情况复杂，同时受气象条件、环境等因素影响，侦察、救人、灭火、堵漏、洗消作业难度、风险大。

4.2 危险化学品事故泄漏、扩散规律

引发危险化学品泄漏的原因是多方面的，如：自然灾害(地震、海啸、火山喷发、飓风、洪水、山体滑坡、泥石流、雷击，以及受大气环境等特殊影响造成停水、停电，使危险化学品失去控制)，勘测、设计方面存在缺陷，设备、技术方面存在问题，违反操作规程，交通运输事故，人为破坏和战争等。

危险化学品发生泄漏或爆炸后的扩散形式是多样的，既有瞬时的、又有连续的；既有泄压阀或各种管路损坏的泄漏和爆炸，又有容器、罐体、管道等破裂形成的不规则裂纹泄漏和爆炸；既有静风条件下开阔地形成的扩散，又有一定状态下的复杂地形扩散。有以下几个特征：

4.2.1 当设备、容器爆炸、破裂瞬间，气体能形成一定半径和高度气云团的泄漏一般为瞬

间泄漏，这样的泄漏方式具有短时大量泄放特点。瞬间泄漏（爆炸）引起的危害后果相对最大，则连续泄漏（存在不确定瞬间爆炸危险大量存在）更具有代表性。随着时间的推移单位时间内泄漏量逐步减少，当容器、设备管道破裂时内部压力与大气压力相等时，整个泄漏总量将很大，造成危害也较大。

4.2.2 受风向、风速、湿度、气温、光照等因素影响较为明显。风向决定泄漏气云扩散的主要方向，风速影响泄漏气云的扩散速度和被空气稀释的速度。风速越大，大气湍流越强，空气的稀释作用越强，风的输送作用也越强。当风向稳定，风速由小到大，气态泄漏物质扩散范围依次呈现圆形、椭圆形和扇形分布。在静风条件下，有毒气体以理想的条件扩散呈半球状在地面分布，其边缘可能达到高的浓度，但危险区域较小。在有一定风速时，有毒物质迁移到下风方向，并且不断地卷吸空气，使危险区域扩大。当风向紊乱时，危险化学品呈无规则扩散，此时需要控制风向来改变其扩散方向，必须采取切实可行的防范措施，以保证施救现场的人员安全。湿度对危险化学品扩散有明显的影响。湿度越大泄漏的物质云雾团吸附大量的水气，自身重量加大，扩散速度最小。气温或太阳辐射强弱对危险化学品泄漏扩散，主要是通过垂直对流运动对泄漏气体的扩散产生影响，太阳辐射有利于危险化学品泄漏扩散和分解。

4.2.3 受地形条件影响。危险化学品泄漏时，重气云团扩散表现出与非重气云团扩散明显不同的特点。如重气云团在扩散时遇到障碍物时可以从侧面绕过而不是从顶部越过障碍物。重气云团扩散规律对于消防指战员在现场划定危险区域设定人员疏散路线实施抢险救援具有一定的指导作用。

4.3 危险化学品事故处置原则

消防救援队伍作为全国、地方应急救援的主力军，承担着全国、地方防范化解重大安全风险、应对处置各类灾害事故的重要职责。长期以来，全国及各地区消防队救援队伍作为同老百姓贴得最近、联系最紧的队伍，有警必出、闻警即动，奋战在人民群众最需要的地方，特别是在重大灾害事故面前，不畏艰险、冲锋在前，作出了突出贡献。随着我国经济社会的不断发展，消防救援队伍面临的灾害事故类型日趋复杂，规模不断增大，这就对灭火救援现场的协同作战提出更高要求。中石油各地区公司及企业专职消防队结合所在地区实际，研究制定了突发事件总体应急预案、专项预案和灭火抢险救援预案。这就要求专职消防队各级指挥员，从现实与现状、近期与长远、责任区与责任区外安全快速处置，加强消防应急队伍建设，提升综合应战能力，在科学、准确、快速、安全、有效上抓预案、抓演练、抓培训、抓教育、抓落实、抓提高。加强与有关部门、单位的联防、联演、交流学习，建立协同作战的良好作战体系。危险化学品抢险救援必须做到统一领导、统一指挥、分级响应、侦察灾情、收集信息、研判灾情、协同作战、快速反应、救人为主、科学施救、规范有序的原则。

4.4 危险化学品事故危害源的预测

根据当地的地理、气象、人口、防护、救援水平等，建立完善的各项数据库的基础上制定出应对处置各类危险化学品灾害事故的应急、防护措施和应急指挥预案，开展经常性的演练、作好风险评估和辨识、开展危险化学品知识专题培训灯。突发危险化学品事故后，针对有毒有害气体在不同时刻和不同条件下不同泄漏情况，估算出其下风向危害纵深、危害高度和危害区面积，并根据各种毒物对人体伤害的剂量，估算出各个危害区内无防护人员不同程度受到伤害的人数，为现场指挥员及时、准确、安全、快速调动应急处置力量进行处置，打有准备之仗。

5 提高危险化学品事故处置能力

危险化学品灾害事故处置对人员、装备、技能要求的专业性极强，到达现场后需要经过现场询问、侦察检测、设立警戒、有效防护、疏散人员、转移与之反应的危险化学品、稀释降毒、关阀断源、倒灌转移、化学中和、浸泡水解、器具堵漏、洗消处理等程序，稍有不慎就有可能产生无法预料的后果。

5.1 制订危险化学品事故处置预案

危险化学品事故处置预案要明确：组织机构及其组成、职责、权利；应急救援各种组织的组成，职责、任务分工、联络方式、行动要求；事故源的位置、性质、强度、危害方向和等级，应急等级，危害区域划分；处置基本程序；抢险救援的各种技术装备、器材和各类应急物资的配备情况；各种救援力量的分布；执行任务能力；责任区内、外重点生产和公共突发事件时的分布，人员、道路、建筑特点、道路、水源、气象的基本情况等重点内容。同时，还应满足以下基本要求：一是要切合实际，做到险情设定与实际可能出现的情况一致，任务分工与其行动能力相一致，确定的救援目标与总体能力相一致；二是要周密灵活，险情设定要针对多种情况、多种等级、多种规模，做到一种情况多种对策，措施具体、细致、周全；三是装备、器材的数量、种类要从宽考虑、储备充足；四是符合相关法规、技术标准，组织行业、部门等方面的专家进行论证、修订，综合各方面的意见后进行现场演练，以检验、调整各救援组织或各战斗段协同作战，保证操作性、实用性、安全性。

5.2 提高指挥员的专业化能力

不断优化指挥员知识与能力结构，加强专职消防队三支队伍建设，即：培养一支具备现代灭火抢险救援知识、熟悉指挥程序的指挥员队伍；培养一支具有创新精神，技能全面、灭火抢险救援基本功扎实的参谋队伍；培养一支熟练使用和维护新装备、新器材、精通计算机专业技术和战斗员队伍。

5.2.1 学习基础理论知识

针对目前专职消防队指战员化学危险品灾害事故救援的基础理论知识比较薄弱的实际，扎实组织广大指战员学习、掌握有关化学知识、燃烧知识和化学危险品知识，尤其对生产装置、储运等涉及到化学危险品的危险特性，燃烧、爆炸、泄漏、中毒特点要熟悉掌握。

5.2.2 开展针对性教育培训

针对化学危险品事故的一些特点、特性，拟订多个处置、防护等方面的重点课目，以提高队伍对抢险救援实战的适应能力和综合处置能力。要突出队伍个人防护、救生、被救人员的防护等方面的训练。强化特勤队伍的综合处置能力建设，达到战术、技术措施有效；人与器材、装备的有效发挥；防护与处置高效结合；自身安全与抢险救绝对安全；工艺处置与进攻撤离的结合；掌握消毒、洗消与急救训练的结合。

5.2.3 发挥科技和装备优势

近年来，在中石油集团公司、甘肃省应急厅和地区公司的高度重视下，无人机侦察、多功能检测仪器等先进产品和技术投入实战，使消防装备、质量、种类大增，装备能力大大提高，队伍战斗力大大加强，综合应对处置能力上了新的水平，为承担应急救援任务奠定了坚实的基础。因此，管好、用好装备是我们的重要任务，又是完成各类抢险救援工作的根本保证，所以必须强化各级人员装备的学习训练，真正达到“四懂、三会、六熟悉”，达到人人出手过硬，个个都是精兵的要求。

5.2.4 培育暗强战斗作风

中石油专职消防队过去一直以责任区灭火为中心。多年的工作实践中，参与了各种责任区和大量的社会灾害事故的应急抢险救援工作，认真履行了“三大”责任。随着队伍建设发展任务目标的转变，专职消防队也应实现“四个转变”即：由装备单一型向综合效能型转变，由处置常规火灾训练向扑救现代火灾转变，由偏重技能训练向技术、战术综合应用转变，由偏重操场训练向基地化、模拟化实战训练转变。坚持以对党忠诚、纪律严明、赴汤蹈火、竭诚为民为根本遵循，坚定不移铸队魂、抓战备、练指挥、励斗志，以昂扬的精神和扎实的作风，传承好石油精神、铁人精神，为服务油田、地方经济发展，维护人民生命财产安全贡献力量。

浅谈硫化氢泄漏的应急逃生及防范措施

任 斌

（中国石油玉门油田分公司应急与综治中心）

摘 要 由于硫化氢气体的剧毒性，决定了应急抢险救援工作的残酷性，应急抢险救援工作一旦失败，则意味着含硫化氢的气体将会危害到人的生命。当硫化氢气体泄漏时，逃生时间是极其短暂的，事故现场及周边的所有人员，只有保持冷静和理智，想方设法的尽快逃离现场，才是最正确的选择。

不同浓度的硫化氢对人体健康的危害

硫化氢浓度（mg/m^3）	接触时间	毒性反应
0.035		嗅觉阈，开始闻到臭味
0.4		臭味明显
4~7		感到中等强度难闻的臭味
30~40		刺鼻的臭鸡蛋味，是引起症状的阈浓度
70~150	1~2h	2~15min 后嗅觉疲劳，不在闻到臭味
300	1h	6~8min 出现眼部急性刺激，长期接触引起肺水肿
760	15~60min	肺水肿、头痛、头昏、步态不稳、恶心、呕吐、排尿困难
1000	数秒	急性中毒、呼吸加快、麻痹而死亡
1400	立即	呼吸麻痹而致死

国家规定的卫生标准为：≤10mg/m^3。

人的嗅觉阈为：0.012~0.03mg/m^3，远低于引起危害的最低浓度。高浓度时易出现嗅觉疲劳或麻痹，因此不得依靠其臭味强烈与否来判断有无危害。

关键词 突发事件；快速逃生；抢救原则；防范措施

1 炼油化工企业常伴有含硫化氢的气体产生，当硫化氢中毒事故或泄漏事故发生时，污染区内的人员应迅速撤离至上风方向，立即上报并做好个人防护，等待救援，绝不能贸然处理

生产作业场所发生突发事件，如果应急抢险救援工作来不及展开或失败，事故现场及周边的作业人员，必须选择快速逃生。然而决定逃生效果的关键因素并非完全取决于逃生速度和硫化氢扩散速度的大小，它还取决于逃生方向和逃生路线等多种因素。逃生方向正确是逃生成功的前提，只有选择了正确的逃生方向，才能取得事半功倍的效果，否则逃生所做的一切努力，都将是徒劳无益的。正确的逃生路径是逃生成功的关键，相对一个泄漏点来讲，逃生路径通常不只一条，但总有一条是最为便捷且路线最短的路径，逃生者应尽可能选择直线撤离，如此才能提高逃生的几率。

在发生硫化氢气体泄漏事故时我们应该如何正确选择逃生方向和逃生路线呢？

（1）逃生者在确定逃生方向时，应遵循的原则：一是突发事件出现时，如果逃生者恰好位于泄漏点位置，那么最佳的逃生方向就是逆风奔跑，此时，无论风力和风速如何变化，只要逃生时间和速度足够，一般都能使逃生者安全逃离现场，而且风力愈大，逃生效果愈佳。二是突发事件出现时，位于泄漏点周边区域的人员，选择逃生方向的基本原则就是朝着背离事故现场的方向逃离。但是综合考虑一下风向因素，选择逃生的方向则会复杂许多。三是当突发事件出现时，逃生者所在位置相对于风力的方向，无疑有上风方向、下风方向和侧风方向等情况。因此，可以看出根据所在位置决定逃生方向的原则最适用于无

风天气和位于上风方向的逃生者，也可以运用于处于侧风方向的逃生者。但假如逃生者所在的位置恰恰是风力的下风方向时，那么最好的逃生方向应该是风向的垂直方向。

（2）逃生方向确定后，还要在多个逃生路线上做出正确的选择。确定逃生路线的原则主要有两个：一是逃生者走的每一步，都要朝着远离泄漏点的方向，而且在逃生的过程中，应尽可能的选择路径最短、路况最好、障碍物最少的路线。二是由于硫化氢气体的密度大于空气，在不考虑气象、风力等外来因素的作用时，硫化氢气体一般是贴近于地表呈水平方向扩散的。既然是“毒往低处漂”，那么逃生者就应该选择“人往高处走”，如此才能最大限度地规避风险。

2　延长可用逃生时间也可以增加逃生几率

一般在高含硫的作业区域内都会囤放一定数量的应急逃生器具，可供作业人员使用，一旦泄漏事件发生，作业人员应在条件允许的情况下，尽可能的佩戴逃生器具撤离现场，这样可以极大限度的为作业人员争取到宝贵的逃生时间。通常，一具应急逃生器具的有效使用时间为10~30min，逃生者如果佩戴及时，等于从“死神”手里争取到了10~30min的逃生时间。如果泄漏量不算太大的话啊，一具应急逃生器具完全可以帮助作业人员脱离危险区了。

3　现场抢险原则

（1）抢救别人，保护自己

救援人员在进入毒区前，必须佩戴好供给式防毒面具或空气呼吸器和穿全封闭式防护服。如中毒者是在罐中或槽中需戴好长管式空气呼吸气，穿好全封闭式防护服，系好安全带，然后进入受限空间进行救援。

（2）切断有毒有害气体来源

防止有毒有害气体继续外泄，对于已经扩散出来的有毒气体或蒸汽，应该采取喷雾化水或中和等措施。

（3）采取有效措施防止毒物继续侵入人体。

（4）迅速将中毒者转移至新鲜空气处，松开患者胸襟部纽扣和腰带，摘下假牙和清除空口腔异物，以保持呼吸畅通，同时要注意保暖和保持安静，严密注意患者的神志、呼吸状态及循环功能。

（5）在搬运过程中，切勿强拖硬拽，以防造成外伤，致使病情加重，如已有骨折或外伤者，要注意包扎和固定。

4　防范措施

（1）每年要开展一次专题教育，针对硫化氢的防治进行安全培训，提高安全人员、从业人员对硫化氢危害的辨识。

（2）从业人员应知作业场所和工作岗位存在的危害因素、防范措施及事故应急措施，现场负责人在作业前要进行安全风险辨识，指导从业人员正确使用安全防护装备。

（3）必须为从业人员配备有毒有害气体检测仪器、呼吸器、防护服等安全装备；气体检测仪器、报警仪、医疗救护设备药品和防毒器具，要定期检查维护保养，确保整洁完好。

（4）凡进入坑、池、沟以及井下管道等存在硫化氢气体聚集场所作业的，应制定施工方案及防护措施，明确作业负责人、作业人员及监护人员职责，并执行安全作业许可管理制度。

（5）作业负责人应确认作业者监护人员是否具备上岗条件，确认作业环境、作业程序和防范措施是否符合进入要求；在作业完成后，要确认作业者及所携带的设备和工器具均洗消后方可离开。

（6）遵守作业安全操作规程，正确使用密闭空间作业安全设施及个体防护用品，应与监护人员进行有效的安全报警和撤离等双向信息沟通。

（7）在作业人员作业期间，监护人员应在发生紧急情况时，及时向作业人员发出撤离警告，并立即上报，必要时报警求援。

（8）建立健全硫化氢中毒事故的应急救援预案，坚持按章作业，应积极制定并严格实施作业许可程序和安全作业规程，各级管理人员和作业人员应认真学习，熟记与作业相关的规定并认真执行，要强化安全意识，克服麻痹思想，杜绝违章作业，违章指挥的现象，防止硫化氢中毒事故的发生。

（9）加强现场管理，要在高危场所设置警示标识，并有专人监护，禁止在未采取任何防护措施的情况下私自清理管道设备。当有发生硫化氢中毒突发事件时，救援人员应佩戴专业防护装具实施救援，制止不具备条件的盲目施救，避免出现更多的伤亡，并及时报警，寻求专业救护。

5 结语

硫化氢危害极大，需要从各个环节切实加强防范，广泛普及预防知识，努力提高操作人员自我保护意识，杜绝违规违章操作，才能有效的预防和减少硫化氢中毒，避免硫化氢中毒事故的发生。安全生产是企业发展的重要保障，是企业文化建设的重要组成部分。“安全第一”是一个永恒的主题，我们在生产经营中必须贯彻一个重要理念，“安全是我们最重要、最基本的需求，只有安全的发展才是健康的发展、和谐的发展”。

浅析炼化装置火灾事故的战术训练方法与灭火措施

杨志强

(中国石油大庆石化分公司消防支队)

摘　要　大型石油化工企业在生产过程中具有较大的火灾危险性，易出现立体、大面积、多火点燃烧和复燃、复爆现象，灭火难度相当大。本文总结了炼化装置及其发生火灾的特点，对炼化装置的火灾扑救战术训练进行了分析，探讨了灭火救援的措施及注意事项，为炼化装置火灾爆炸事故的灭火救援工作提供参考。

关键词　石油化工企业；炼化装置；战术训练；灭火措施

1　引言

随着我国国民经济建设改革的不断深入，炼化企业迅猛发展，百万吨乙烯、千万吨炼油企业相继建成投产，给社会带来了财富、给民众衣食住行带来了实惠方便。但是，由于炼化企业生产装置密集、工艺复杂、物料易燃易爆、有毒有害腐蚀性强，一旦发生火灾事故，给火灾扑救带来了很大困难。因此，炼化装置火灾的扑救是我们消防队伍面临不断变化的课题。为了消防队伍能够顺利成功处置炼化装置的灾害事故，笔者就如何开展炼化装置火灾扑救的战术训练和灭火措施进一步探讨。

2　炼化装置的特点

炼油化工行业是运用裂解、蒸馏、分馏、分离及相应的化学方法进行产品生产，以石油炼制为基础，生产化肥、基本化工原料、有机原料、合成原料、农药、染料、涂料、感光材料、国防化工、橡胶制品、助剂、试剂、催化剂等两万多种产品。石油化工生产具有易燃、易爆、高温、高压、临氢、剧毒、腐蚀等危险，有很大的危险性和复杂性。炼油化工具有四个特点：

(1) 生产使用的原料、半成品和成品种类繁多，绝大部分是易燃、易爆、有毒害、有腐蚀的化学危险品，在储存和运输中有着特殊的要求。

(2) 生产工艺复杂、装置密集、设备高大、种类繁多、工艺连贯、管线互通。炼化装置多在高温、高压(低温、真空)等情况下运行，生产的原料、中间体和产品多是可燃气体和易燃液体，生产过程中极易着火和爆炸。

(3) 炼油化工为高度自动化、连续化生产，生产设备密闭并与建(构)筑物密切相关，生产装置露天多，操作平台多，独立泵(机)房多。

(4) 炼化装置的消防设施齐全、功能完善，设有报警系统、灭火系统、消火栓给水系统，基本可以满足预防和扑救火灾的实际需要。

3　炼化装置的火灾特点

一般来说，炼化装置在生产过程中，因生产设备老化等自然因素和一些人为因素都可能酿成事故发生火灾。发生火灾后，燃烧猛烈，蔓延迅速，易引起生产装置爆炸，出现立体、大面积、多火点、复燃、复爆等多种燃烧形式，使得火情复杂，往往会造成人员伤亡和巨大的财产损失。了解和掌握炼化装置的火灾特点，是成功扑救炼化装置火灾的前提。

3.1　装置着火与爆炸并存

炼化装置爆炸会引起着火，着火又会引起爆炸，着火和爆炸常常交替发生，如果不能得到有效控制可能还会发生连续爆炸。

3.2　事故现场危险多变，易造成人员伤亡

装置在生产过程中，高温介质发生泄漏，挥发出大量的有害蒸气，不仅会造成现场人员中毒，还会发生着火甚至爆炸，造成现场人员伤亡。在火灾扑救中，存在高温、热辐射、辐射、爆炸、倒塌、中毒等危险，对处置人员构成威胁。生产工艺及生产装置的复杂性，使火灾扑救

的难度增大，灭火技术要求高，安全防护措施重，灭火作战时间长。

3.3 燃烧速度快，易发生次生灾害

炼化装置的原料和产品大都是易燃易爆的气体、液体。这些物料着火后，会迅速燃烧，燃烧产生高温和强烈的辐射热，加速燃烧的猛烈程度，加快火势的发展蔓延，能在短时间内形成大面积燃烧，并发生连锁反应，可能造成次生事故的发生。

3.4 形成立体式燃烧

生产装置高大，无论是装置的上部着火，还是下部着火，都会在很短的时间内形成立体火灾。连接各生产工序的管线，架在空中，当管线泄漏着火时，易燃液体向下流淌也会形成立体燃烧。

3.5 扑救难度大，参战力量多

炼化装置一旦发生火灾，采取工艺控制是必要的手段，但其工艺控制水平要求较高。如果初期火灾得不到控制，则会酿成大的灾害事故。因此，调集较多的消防灭火力量，控制火势也是必要的。火灾现场毒性物质的扩散和腐蚀性物质的喷溅流淌，严重影响着灭火战斗行动，给火灾扑救带来很大的困难，从而降低了灭火的时效性。

3.6 火灾损失大，社会影响强烈

据火灾统计资料表明，石化企业每次火灾的平均经济损失较其他生产企业要高五倍以上，而且经常出现损失高达百万的火灾，在所有火灾中，炼化装置火灾所造成的经济损失位居榜首。火灾事故之后，其停工的时间和恢复生产所需的费用完全由火灾造成的破坏情况决定，尤其是对于生产化工原料、中间体原料的化工装置，因火灾造成的停产，往往会影响相关企业的停工待料，特别是某些社会急需产品的停产。

4 炼化装置的火灾扑救战术训练

灭火战术训练是指单兵至战斗兵团为了掌握一定的战术原则和方法所进行的训练，在人员范围上可分为由单兵到合成战术训练等多种形式，它分体现了“活”、“实”、“变”的特点，就是灵活、实用、多变，并且不同于有明显规范性的技能训练，每一个动作要点及环节都有明确的规定和要求。通常，消防队伍灭火战术训练是结合设定合理的火灾场景，根据火场实战需要，组织实施战术的训练。训练的目的是提高指挥员部署、组织指挥灭火战斗的能力，使战斗员熟悉灭火战斗行动，增强消防队伍整体的灭火作战能力。战术训练介于实战和理论之间，是结合理论和实践，趋近于火场实践的练兵活动。

4.1 立足自救，发挥义务队的作用

炼化装置的生产车间都成立了义务消防灭火组织，制订了重点部位事故的应急处置预案，并进行相应的灭火演习。义务队熟悉装置的生产工艺、物料性质和现场的消防设施。在发生火灾时，他们是第一现场施救者，实施有效的工艺措施，采取正确的控制方法，防止灾害的蔓延扩大，为消防队的灭火争取宝贵的时间，对于控制火势的发展和消灭火灾至关重要，所以要加强义务队的灭火培训和演练，使其在火灾的初期发挥重要作用。

4.2 制定炼化装置灭火救援预案，实施现场熟悉及实战演练

炼油化工装置工艺复杂，高温高压，物料介质有毒有害，发生灾害事故突发性强。消防队要对重点装置、重点部位制定相应的灭火救援预案，了解装置的相关信息和处置对策及注意事项，通过对预案的演练和熟悉，才能达到知彼知己百战不殆。因此，预案的制定和演练对于扑救炼化装置火灾的至关重要。

4.3 针对炼化装置的火灾特点，开展想定作业和战术训练

炼油化工装置的火灾是多样化的，虽有一定的特性可循，但其偶发性和连锁性还是给火灾扑救带来了困难，开展不同情况下的想定作业和战术训练，多方思考火灾发生的可能性和处置方法，研讨作业的可行性，能有效的提高指战员在火灾扑救中的应变能力和战术经验。

4.4 善于战评总结，促进各部门之间交流

每处置一次灾害事故都要有针对性地进行总结讲评，这对提高消防指战员灭火作战能力有着重要的促进作用。但在开展总结战评时要注意好两个方面：一是要从灭火的组织指挥到后勤保障情况、从战斗员的单兵作战到相互配合协同、从具体战术措施到火场纪律全面地进行总结；二是要坚持实事求是的原则，既要摆出成绩，又要找准问题。任何一起火灾，即使是十分成功的战例，也会存在不足，即使是失败的战例也存在着一些可取的地方。只有客观地、实事求是地把这两方面都总结出来，才能扬长避短，不断提高消防

队伍的战斗力。

5 炼化装置火灾的扑救措施

炼化装置火灾，火场情况复杂多变。指战员在灭火战斗过程中，必须根据其火灾特点、规律，以及灭火执勤力量和装备情况抓住有利战机，激动灵活地运用战术，实施科学指挥施救。而炼化装置的火灾特点决定了其灭火对策和战术运用上的独到之处，因此，在组织指挥扑救火灾时，必须贯彻执行先控制、后消灭的原则，并根据不同的燃烧物质和火势情况，采取相应的工艺控制措施，做到迅速而有效地扑灭火灾。

5.1 加强第一出动力量，迅速调集增援

能否在火灾发生初期和发展阶段控制局面是扑救炼化装置火灾成败的关键，在坚持“一次性调足力量，快速救人，冷却、控制灭火”原则的基础上，启动炼化装置灭火救援预案和辅助指挥决策系统，根据火灾现场情况，有针对性的调集灭火救援装备，集中优势灭火力量，以快制快，控制火势发展，赢得灭火战斗的主动权，把握火场的主要方面和主攻方面。

5.2 迅速查明火情，准确了解掌握火场信息

通过外部观察、询问知情人和运用仪器检测等侦查方法，准确掌握生产装置着火、爆炸情况；燃烧的部位、介质和数量；有无被困人员；有无受火势威胁的重点设备；有无再次爆炸和装置倒塌的危险等，为灭火战斗行动提供准确信息和行动依据，采取有效的灭火措施提供保障。

5.3 确保重点，兼顾一般，有计划、有步骤地扑灭火灾

在灭火力量不足或泄露危险源没有得到有效控制的时候，应坚持确保重点、兼顾一般的原则，迅速扑救威胁严重的火势，保护重点设备的安全。同时，加强冷却保护重点，采取措施防止爆炸。并发挥固移结合集中灭火的思想，固定灭火设施具有启动快、操作方便、威力大等特点，它们在没有遭到破坏的情况下，是扑救初期火灾的主要措施和手段。

5.4 积极采取工艺措施，实施工艺灭火

“化工企业常被认为是坐在火山口上的买卖”，炼化装置在发生火灾或爆炸时，在其生产设备和管线中会存有大量的物料，这些物料有的在泄露流淌着火，有的在受火势威胁随时有发生爆炸的危险，采取关阀断料、开阀导流、断绝热源、放散火炬点燃等有效的工艺措施，可以快速有效的减少事故现场的危险物料，降低危害，快速灭火。

5.5 做好协同作战，多方配合，优势互补

扑救炼化装置重大火灾的一般规律是地企联动，协同作战，发挥区域联防的作用。大型炼化企业的专职消防队，距离火场近，熟悉生产装置，实战经验丰富。通过与义务队、公安队、检维修等单位密切配合，在统一指挥下，灵活组合，互相保护，互补空缺，发挥优势，协同作战，速战速决。协同作战在整个灭火战斗过程中是不能间断的，即使短时间的间断，也会引起局部协调动作的破坏，这不仅会降低灭火力量的局部作战能力，而且有可能引起整个火场局势的变化，导致灭火战斗失败。

5.6 做好火场供水，科学组织，确保火场供水不间断

扑救炼化装置火灾需用大量的水实施冷却和灭火，如出现断水，会造成火势急速扩张，给一线灭火人员带来危险。尤其是现在的消防装备都是大功率，大流量，扑救大面积火灾时，往往一条取水管网上要停放 5 辆以上流量超过 60 升/秒的消防装备，现在的低压管网和稳高压管网的供水能力是 240-300 升/秒之间，不合理的使用水源和浪费水源，就会给火场造成断水现象。合理使用消防装备，提升给水系统压力，采用多元化供水形式，科学合理地组织好火场供水，是灭火成功的关键。

6 炼化装置火灾的灭火行动要求及注意事项

6.1 问清情况、途中观察

根据报警掌握的相关信息和在赶赴现场途中观察到的火光和烟雾状况，判断出燃烧的大致位置和风向，选择正确的路线进入，占据有利位置，防止不利因素和无序盲目展开。

6.2 合理停车、确保安全

消防车停放要根据现场情况，停在上风向或侧上风向，并要保持有安全的距离，车头要向着便于撤退的方向，不能停在地沟、覆工板上面和架空管线下面，防止发生爆炸造成人员伤亡和车辆损毁。

6.3 设置警戒区域

禁止非灭火和抢险人员、车辆进入，并根据

可能发生的危险，疏散事故区内的人员车辆。炼化灾害事故发生的时间、地点具有不确定性和偶然性，在短时间内可导致大量有毒有害物质外泄，受气候、地理环境等多种因素影响，易造成大面积扩散和污染，因此，指挥员要根据灾情现场的实际情况设置合理的警戒区域，通常可将警戒区域划分为：重危区、轻危区、安全区。

6.4 加强防护措施，避免伤亡

进入着火区域的人员应做好安全防护措施，根据现场情况着防火隔热服、避火服、防化服、空气呼吸器等特种防护装具，减少皮肤外露，防止灼伤和中毒；尽可能地使用移动炮或固定消防设施，实施远距离射水灭火，在确认无爆炸危险时，可以实施登高或近距离灭火；现场还应设置安全员和观察哨，发现有爆炸和倒塌的危险，及时发出警报，告知现场人员采取紧急避险。

6.5 加强冷却防爆，控制发展

明确主攻方向，均匀布控冷却，不能出现空白点，要充分发挥固定消防设施的冷却和灭火作用，防止爆炸混合气体因温度过高发生爆燃。同时，合理排污，防止污染。加强对灭火流淌水的回收和处理，封闭外排，防止造成水体和环境污染。

6.6 积极发挥专家、技术人员的作用

在处置化学灾害事故时，消防队伍是现场的第一战斗力量，但绝不是唯一力量。对于危险性很大、工艺设备非常复杂的火灾事故现场，消防指战员必须积极主动听取工程技术人员的意见，因地制宜地采取相应的灭火防护措施，以增强灭火救援的科学性，减少盲目性。

7 结论

对于炼化装置，消防部门要做到了解和熟悉，制定相应的灭火作战预案并经常进行预案演练，既能训练指挥员的指挥战斗能力，又能锻炼消防战斗人员单兵作战及协同作战能力；在炼化装置的灭火救援行动中，掌握炼化装置的特点，明确引发火灾的原因，辨别火灾事故的类型，再抓住时机，坚决果断，快速控制火势。同时对着火设备及其相邻设备的充分冷却保护是防止火情恶化的关键，它贯穿于整个灭火战斗。在冷却控制的前提下，采取适当的灭火战术，加之积极采取工艺措施，最终才能够成功有效地扑灭火灾。

参 考 文 献

[1] 伍和员. 灭火战术与训练改革[M]. 上海科学技术出版社，1999.

[2] 郭轶男等. 中国消防手册[M]. 上海科学技术出版社，2007.

[3] 李建华. 灭火战术[M]. 北京：群众出版社，2004.

[4] 郭伟、李秋玲、王勇. 谈大型石油化工企业火灾灭火指挥要则[J]. 武警学院学报，2003.

[5] 张广智等. 石油石化消防指战员培训教程[M]. 石油工业出版社，2010.

浅谈炼油厂常减压装置火灾风险识别与防控措施

于福浈

（中国石油大庆石化公司消防支队）

摘　要　常减压装置是炼油生产的第一道工序，生产工艺复杂、装置密集、设备高大、种类繁多、工艺连贯、管线互通，装置多在高温、减压等情况下运行，生产的原料、中间体和产品都是易燃液体，生产过程中极易着火和爆炸。全面识别生产中和全面积火灾时的薄弱环节，了解其防控措施，是控制火灾中的发生风险和消灭火灾的关键。

关键词　常减压装置；工艺特点；火灾特点；风险识别；处置措施；风险防控

1　引言

常减压装置是炼油化工生产中的第一道工艺，基本属物理过程。原油在蒸馏塔里按蒸发能力分成沸点范围不同的油品，个别的作为产品，相当大的部分是后继加工的原料。其生产过程包括三个工序：原油的脱盐、脱水；常压蒸馏；减压蒸馏。

2　生产工艺特点

原油经过换热，温度达到80～120℃左右脱盐、脱水，在经过换热至210~250℃，较轻的组分气化，气液混合物一同进入初馏塔，从塔顶分出轻汽油馏分，塔底为拨头原油。拨头原油经过换热，经常压炉加热至360～370℃，油气混合物一同进入常压塔进行蒸馏，从塔顶分出汽油馏分或重整馏分，从侧线引出煤油、轻柴油和重柴油馏分，塔底是沸点高于350℃的常压渣油。常压渣油经过减压炉加热至390～400℃后进入减压塔，塔顶压力一般为1～5kPa。减压塔顶一般不出产品或者出少量产品（减顶油），各减压馏分油从侧线抽出，塔底是沸点高于500℃的减压渣油，集中了原油中绝大部分的胶质和沥青质。

3　火灾特点

3.1　装置爆炸与着火并存

高温油品泄漏就会发生着火，因受辐射热、热传导或火焰的直接作用，装有易燃液体的容器发生爆炸；易燃液体蒸气发生泄漏后，与空气混合形成爆炸性混合气体，遇火源发生爆炸着火；在发生爆炸和着火的情况下，如不能及时控制，会引起连锁反应，爆炸与着火交替出现，发生次生灾害。

3.2　易造成人员伤亡

在生产过程中，装置中的高温油品泄漏，挥发出大量的油品蒸气，不仅会造成现场人员中毒，而且一旦着火或爆炸会造成现场人员伤亡；消防人员在火灾扑救中，始终存在着高温、热辐射、爆炸、倒塌和中毒的危险，如果扑救不力、防护不当，都可造成人员伤亡。

3.3　火势蔓延快，易形成大面积火灾

常减压装置的原料和产品大都是易燃液体，物料着火后会迅速燃烧，燃烧产生的高温和强烈的热辐射会加速燃烧的猛烈程度，扩大火势的发展蔓延，能在较短的时间内形成大面积火灾，并发生连锁反应。

3.4　形成立体火灾

常减压装置内有初馏塔、常压塔、减压塔，最高的塔达70多米，无论是塔上部着火还是塔下部着火，都会在极短的时间内形成立体火灾；换热区的六层平台采用钢筋混凝土框架，铁网格平台，发生泄漏着火，易燃液体向下流淌燃烧，也会形成立体火灾。

3.5　火灾扑救困难

火灾发生后出现的高温、强热辐射、爆炸、毒气等，使消防人员很难接近着火区域，特别是次生灾害的发生，直接威胁着消防人员的人身安全；灭火技术要求高，扑救火灾必须根据生产原

料、生产工艺设备特点和固定消防设施情况，采取科学合理的灭火方法。

4 风险识别与处置措施

结合常减压装置的工艺流程和火灾案例，将整套装置分成电脱盐、常压蒸馏、加热炉、减压蒸馏、热油泵房五个单元进行识别。

4.1 电脱盐单元

事故原因：

（1）若高压电引入棒发生击穿，原油将从高压软连接装置内喷出，造成生产事故。

（2）原油中所含的氯盐水解后，长时间会引起设备腐蚀，使原油输送泵、换热器、炉管及其他管线结垢，影响转热效果，增加系统阻力，严重时还会堵塞管线。

（3）调节阀 FIC4002、FIC4004 是控制电脱盐注水量。注水过小，达不到洗涤和增加水聚结力作用，但注水量过大，容易形成导电桥，造成事故。

处置措施：

（1）生产装置或管道发生爆炸或泄漏，阀门尚未破坏时，可协助技术人员或在技术人员指导下，使用喷雾水枪掩护，关闭原油输入、输出阀门，制止泄漏。

（2）遇到着火或爆炸的紧急情况时，应立即停原油输送泵，切断 DCS 画面的三路电脱盐去换热流程阀门，停止电脱盐变压器送电，停止注水、破乳剂。

4.2 常压蒸馏装置单元

事故原因：

（1）初馏塔是原油进行气化闪蒸，塔内是油气混合状态，塔顶油气中还包括氨、注缓蚀剂、水，其闪点低，挥发性强，一旦发生泄漏，易引起爆炸着火。

（2）汽提塔分为三段进行气提，常一线、常二线、常三线分别 15 层、31 层、42 层进入汽提塔再沸器继续加热，塔中以气相为主，在长时间的运行或生产突发事故过程中，高温使仪器、控制阀不稳定，极易发生泄漏，当达到一定浓度时，发生爆炸。

（3）常压塔在分馏过程中，塔内温度 367℃、压力 0.10MPa，塔顶、塔内的负荷大，塔中是油气混合状态，一旦塔顶汽油罐液面失控，汽油溢出，遇着火源燃烧，引起爆炸。

（4）常底油流程上的管线或法兰等密封点发生泄漏，因温度高，达到自燃点，引起火灾爆炸。

处置措施：

（1）常压塔立即停原油泵，塔底泵及各侧线泵，手动关闭所有机泵进出口阀门。

（2）加热炉熄火，必要时塔底吹蒸汽。常底油抽出阀在 DCS 进行切断，停泵，关出入口阀或关减压炉八路进料阀门，进行切除。

（3）常压塔或初馏塔顶部汽油溢出，通入氮气灭火，开启常顶泵，将汽油导出输送至罐区。

（4）关从常压塔溜出的阀门，关汽提塔底的抽出阀门，塔内通蒸汽灭火。

4.3 加热炉单元

事故原因：

（1）加热炉进料温度在 350~365℃，入料管与出料管易泄露，从而引发火灾。

（2）高温的油料喷出与氧气混合极易使炉膛内温度急剧上升，发生爆炸。

（3）开工加热炉点火过程中，如果加热炉内瓦斯气聚集过多，引起爆炸。

（4）事故状态下，瓦斯中断，突然恢复，易引起爆炸。

处置措施：

（1）立即关闭燃料油控制温度，切断燃料气火嘴手阀和管网瓦斯进装置各道阀门，注入蒸气灭火。

（2）适当关小烟道挡板，减少炉内空气量，但不能关得太小，以防炉膛爆炸。

（3）如果减压炉着火，则立即着手恢复减压系统为常压，装置自产低压瓦斯改火炬放空。

（4）如果炉管泄漏着火，立即停原料泵。

4.4 减压塔单元

事故原因：

（1）减压塔（T-201）减二、三、四线下方集油箱出入减压汽提塔（T-202），气相经汽提后返回减压塔（T-201），液相经换热、冷却送出装置，汽提塔塔中以气相为主，在长时间的运行过程中，高温高压使仪器、控制阀不稳定，极易发生泄漏，当达到一定浓度时，发生爆炸。

（2）减压塔顶油水分液罐里的主要介质是含硫油气，温度过高或物料腐蚀泄漏，会引起爆炸及中毒的危险。

（3）减压塔进料在 392℃左右，进入减压塔(T-201)进行分馏。塔内是油气混合状态，且温度较高，一旦泄露会起火，引起爆炸。

处置措施：

(1) 减压塔停抽真空系统，通入蒸汽恢复到常压，恢复常压时E148AB放空阀要关闭。严防空气倒入减压塔。

(2) 停渣油泵，关闭DCS画面减压塔底抽出快切阀，关闭换热系统入口阀，对着火点进行切除。

(3) 减压炉熄火，关闭减压炉出口阀门，减压塔恢复正压，防止爆炸。

4.5 热油泵房单元

事故原因：

热油泵房内泵、管路出口温度370℃、高压2.0MPa，波动频繁，长时间设备腐蚀，造成法兰、阀门、泵体密封点泄露，引起火灾。

处置措施：发生着火时，要查明着火部位，关闭与着火点相关连的泵、管线、设备的所有阀门，切断火源。

5 全面积火灾时的薄弱环节和处置措施

(1) 装置在全面积火灾时输油管线、法兰盘、阀门和受火势威胁的毗邻装置容易发生泄漏、着火。

措施：加强对易发生泄漏点的冷却；注意对易泄漏点的观察，发现泄漏，对泄漏点进行关阀断料，对易发生爆炸的设备冷却。

(2) 输送到加热炉油料的管线，因火灾被破坏，会导致进料流量低或突然中断，致使炉内结焦，烧穿炉管，造成爆炸。

措施：关闭加热炉进料阀门，加热炉熄火，炉膛通入蒸汽。

(3) 常压、减压装置发生泄漏火灾时，喷溅的油品、物料极易蔓延，产生流淌火，形成立体火灾，威胁框架平台上的换热器、冷凝器。

措施：关闭进料阀门，导出物料，对易发生爆炸设备冷却。

(4) 外部空气进入减压塔内，与高温油气形成爆炸混合物，发生爆炸火灾；高温渣油在塔底停留时间过长，结焦堵塞出口管，造成冲塔着火事故。

措施：在控制室观察塔内各层温度，确定着火部位，注入蒸汽灭火。

(5) 换热区发生火灾时，四层两个汽油罐(常处于半罐状态)因火焰烘烤，易发生爆炸。

措施：加强对罐体和罐顶安全阀的冷却；保持罐内物料流动，防止温度升高；在控制室观察罐内温度、压力等情况。

6 作战行动中的风险防控

6.1 合理停车，确保安全

消防车停靠要与着火部位有一定的安全距离，车头要向着便于撤离的方向；消防车不能停在地沟、覆工板上面，架空管线下面。

6.2 划定区域、设置警戒

以发生爆炸不会发生危险的距离为安全半径划定警戒区域，疏散警戒区域内的人员车辆，严禁非灭火救援的人员车辆进入。

6.3 重视防护、避免伤亡

进入着火区域的人员要着防火隔热服；进入有毒区域人员要佩戴空气呼吸器；扑救电脱盐装置火灾时，要切断电源，防止漏电击伤；当现场出现爆炸、倒塌等征兆时，要采取紧急避险。

6.4 冷却抑爆、控制危害

均匀冷却设备，不能出现空白点；及时启动固定消防设施，加强受火势威胁设备的冷却；火灾扑灭后，要继续充分冷却，防止高温复燃或爆炸。

7 结语

“水无常态、兵无常势”，炼油装置火灾也是千变万化的，不同的设备，不同的物料，不同的工艺，火灾的处置工艺措施和灭火措施也会有很大的区别，只有熟悉了解设备的结构，工艺特点，薄弱环节，物料特性，分析风险，制订防控措施，才能更有效的控制火势发展消灭火灾。

数字化灭火救援预案系统及应用

杨启旺

（中国石油大庆石化公司消防支队）

摘　要　预案在灭火救援中具有重要作用，平时提供技术学习，战时提供技术决策，是指战员手中的矛和盾；随着时代的快速进步，预案数字化、系统化、网络化、数据化是预案发展的必然趋势。

关键词　数字化；灭火救援预案；系统特点；系统应用

1　引言

火灾是发生最频繁的灾害事故之一，随着我国经济建设的迅速发展，城市、工业、商业、化工等建设进程不断加快，建筑立体化、工业集中化、生产自动化、储运广泛化等，使火灾事故的发生与灭火救援任务都发生了质的变化，火灾的突发性、危险性、破坏性、连续性与日俱增，灭火救援的难度也逐渐加大。在火灾事故发生时，应急消防队伍快速反应，科学救援，是避免灾害事故扩大，提高救援效率，减少人员伤亡和财产损失的关键。那么要想做到快速反应和科学救灾，数据的支撑和行动的准则是重点，相对应的灭火救援预案更是不可或缺，也是至关重要的。

2　灭火救援预案的现状

预案在灭火救援中具有重要作用，最初的传统预案是文本预案，手工填写和绘制，纸质保存，不便于修订、携带和长期保存。随着计算机的普及，预案也从手工绘制的纸质预案发展到计算机绘制的电子预案。电子信息技术的快速发展，又给预案带来了新的发展，消防工作者经过不断的探索、实践和总结改进，由单一的重点部位预案逐渐转化为数字化预案系统，包括预案管理、预案制作、预案展示，信息标注、信息查询等常规功能，目前还实现了三维仿真预案的动态推演、模拟考核、信息数据分析等辅助功能，使灭火救援预案从常规辅助业务走向决策支撑的核心业务。

灭火救援预案的本质要平时提供技术学习，战时提供技术决策，是指战员手中的矛和盾。预案数字化、系统化、网络化、数据化是预案发展的必然趋势，多元化的预案系统可以培训指战员的技战术等能力，提高矛的锋利，还可以安全防护提示和大数据等支持，加强盾的防护，让预案系统更好的为指战员提供技术服务和技术决策是预案建设的重点。

3　数字化灭火救援预案系统的特点

（1）可在系统地图中定位重点单位位置，查看周边水源、道路及毗邻情况、在三维动态仿真场景中多种视角进行浏览和查询定位，指挥员可详细了解预案的重点单位的详细情况。

（2）利用三维动态模拟现实技术，通过对建筑结构、消防设施的三维再现，立体的展现了重点单位的建筑结构、周边设施、消防设施、道路环境、气象信息、灾情信息等真实场景；系统还提供了各类消防设施信息及消防力量部署、进攻疏散路线、灾情分析、采取措施、注意事项、辅助决策等相关信息，为灭火救援现场提供信息支持和决策参考。

（3）可在三维动态场景中进行重点单位预案制定和修改。利用仿真模拟场景编制重点单位灾情设定、消防车辆部署、灭火阵地布置、进攻和疏散路线设定等预案环节，再加入文档、图片、视频等功能辅助预案描述。

（4）将预案保存预案库，可进行预案评定、搜索、备注、删除、更新等功能。

（5）实现线上桌面推演，以三维动态场景为基础，设定演练场景，部署战斗任务，同事可利用预案系统的培训功能及终端硬件，开展多人、多队伍、多终端协同灭火救援模拟演练和总结评定。

4 数字化灭火救援预案系统的应用

以数字化灭火救援预案2.0系统为例，它具有以下几个主要应用：

4.1 消防作战指挥演练

通过虚拟现实技术与专业业务知识体系相结合，运用全新仿真可视化、交互式的训练模式进行突发事件应急处置整个流程的培训与模拟演练，可以满足面向各级指战员针对性的培训需求，使其明确自身职责和任务、掌握事件处置流程、处置事件处置中的沟通与协同关系、事件处置采取的技战术措施等，以基础三维GIS地图数据库、业务应用数据库和演练培训数据库为数据支撑，实现基于三维场景智能化演练与培训。

经过与各领域专家共同进行深入分析、总结，秉承“训战一致”的原则，紧贴实际作战任务、对象和环境，以实战化训练为主线，形成了科学、健全的战术训练体系和全新的训练模式，针对典型突发性灾害事故，有计划的组织复杂情况下的灭火救援技战术专业训练和模拟演练，增强应急救援队伍对突发事故现场的临场处置能力，同时达到提高消防部队灭火救援能力的实战化训练目标。依据灭火救援业务训练考核大纲，利用先进的三维仿真及虚拟现实技术，按照训练对象划分，分为针对指挥员、消防员，设计研发全新模式的面向指挥员的战术训练系统和面向消防员的技能训练系统。

前者侧重于训练指挥员的指挥决策、战术部署等能力。

后者侧重于训练消防员的操作技能、作战命令实施等能力。

系统提供了诸如高层建筑火灾、石油化工、地下空间以及大型综合体等在内的各种复杂突发事故处置训练场景，强调对事故现场的侦察、指挥、实施、以及协作等能力的训练。基于虚拟场景的模拟训练，不仅可以实现灭火救援场景设置的多样性、逼真性、实时性和可重复性，同时可实现全过程记录、保存、评价训练过程，而且训练成本低，安全性好，不受时空环境的限制，非常适用于指挥战术和技能的训练培养。

模拟灭火救援行动中不同层次岗位的指挥员和战斗员，实时同步共享一个虚拟灾害场景，借助互动式操作，行使相应指挥职责，协同工作，与虚拟环境中的各类对象进行交互。系统提供的灾害救援场景逼真度高，沉浸感强，既可用于指挥员的指挥决策训练，又可用于消防员的操作技能培训。

通过灾情设定可能发生的灾害类型和危险性评估结果为依据，设置多种类、多区域的不同灾情，再根据每一种灾情发展的不同阶段，细化灾害设定和作战部署，提高数字化预案作战部署的针对性和可操作性。

在3D数字化灾害模拟仿真基础上，根据石油石化典型装置及典型储罐在实际工作中遇到的真实案例进行分析，再通过模拟仿真，模拟典型灾害模型包括但不限于泄漏、火灾、烟气、爆炸、沸溢、喷溅等典型事故形态的灾害模型：

（1）泄漏灾害模型

系统支持液体泄露及气体泄露的特效模型构建。在三维场景中，可根据仿真推演的任务需求，进行石油石化泄漏事故场景设置，也可通过不同事故类型的叠加和组合，设置复杂的泄漏现场环境，如图1、图2所示。

图1

图2

（2）火灾灾害模型

系统支持提供环形火、立体火、喷射火、流淌火等火焰形态特效模型构建。在三维场景中，可根据仿真推演的任务需求，进行单一类型的火灾场景设置，也可通过不同事故类型的叠加和组合，设置复杂的火灾现场环境。为仿真推演提供多样性丰富性的事故场景设置。火灾类型设置参考效果，如图3~图6所示。

图 3

图 4

图 5

图 6

(3) 烟气灾害模型

系统支持火灾、爆炸、沸溢、喷溅等事故灾害发生后烟气模型的构建，在三维场景中，可实现根据事故介质、事故类型的不同，进行不同类型烟气模型的构建。同时，事故场景中的烟气效果可实现与系统中的气象环境相联动，即改变三维场景中的气象环境设置，如风向、风级等气象条件发生变化后，三维场景中的烟气扩散方向、速率也会发生相应调整与变化，如图 7 所示。

图 7

(4) 爆炸灾害模型

系统支持爆炸灾害模型构建。在三维场景中，可根据仿真推演的任务需求，进行石油石化爆炸事故场景设置，可根据仿真推演过程及目的的实际需求，通过人为干预或内在逻辑的自主设置，实现从初起火灾到爆炸事故的全过程仿真模拟。演示样本如图 8 所示。

图 8

(5) 沸溢喷溅模型

系统支持沸溢灾害模型构建，在三维场景中，可根据仿真推演的任务需求，进行石油石化储罐介质沸溢灾害模型的构建，可通过人为干预或自动设置的方式，设置沸溢发生的位置、时间等参数，如图 9 所示。

图 9

(6) 喷溅灾害模型

系统支持喷溅灾害模型构建，在三维场景中，可根据仿真推演的任务需求，进行石油石化储罐介质喷溅灾害模型的构建，可通过人为干预或自动设置的方式，设置喷溅发生的位置、时间等参数，如图 10 所示。

图 10

在 3DGIS 地图上结合与实际匹配的真实装备资源进行作战部署。应针对灾情设定细分不同阶段进行战斗力量部署：在三维模型或二维图上标注参战车辆、装备和关键人员的具体位置、名称、重要参数和具体作战任务，标明行车路线、供水线路、进攻撤退路线、疏散路线、举高车作业面和现场指挥部位置等。通过人机交互操作的训练方式进行火场侦察、阵地选择、破拆、供水、救人、排烟等作战指挥训练，从而提升其综合指挥决策能力。

在三维模型库的基础上，本系统为指挥员提供了海量的作战部署所需的模型数据支持，指挥员可在最大限度接近实战的任务环境下进行资源的调配、现场勘查、战术规划、车辆及装备的排兵布阵等(图 11)。

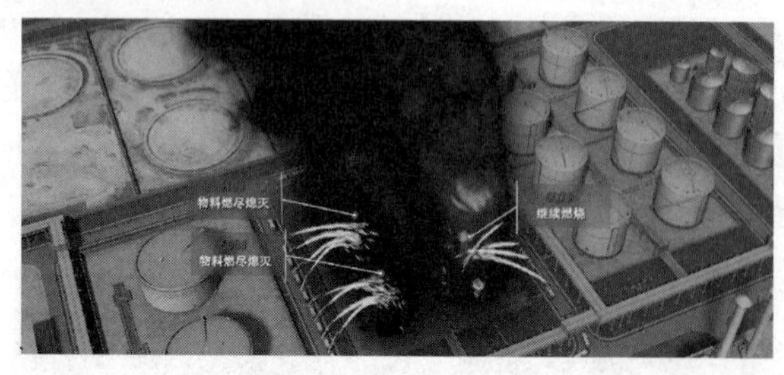

图 11

4.2 数字化预案编制与应用管理

通过建立三维 GIS 大数据地图展示、应用与维护平台，集成道路、水源、专家、应急救援机构位置、救援力量以及重点单位数据。在三维 GIS 地图上建立重点危化品单位装置/罐区的 3D 数字仿真模型，以及各应急救援机构车辆与装备 3D 模型，最终在三维 GIS 大数据地图基础上实现进行演练、考核等功能应用。

3D 仿真装置类信息主要包括装置名称、使用性质、建筑结构、地上高度、装置组成、物料信息、工艺流程、关键阀组位置及说明等；

3D 储罐类信息主要包括储罐区域名称、储罐编号、存储介质、罐体信息(罐型、容量、直径、高度、周长、罐顶面积、浮盘形式)、工作压力、存储温度、实际储量、液位高度、管线信息等。

3D 消防设施图层信息。主要包括安全疏散设施、消防水系统、消防控制室、报警系统、防排烟系统、防火分区及其附属设施、消防用电设施、泡沫灭火系统、

同时基于 3D 仿真模型及厂区环境可进行危险性分析。从单位发生各类灾害的危险性和灾害特征进行分析，确定重点部位，在三维模型上进行标注(图 12、图 13)。

图 12

图 13

数字化预案是依托于 3D 电子沙盘，模拟仿真辖区可能发生的灾害事故，结合灾情分析评估和现有执勤力量，在计算机中利用文字、语音、视频、图片、动画等多样化的手段，将灭火救援预案的全过程，按照事故发生开始至救援结束的“时间轴”，以三维、动态、可视化的形式生动、形象的复盘演示(图 14)。

图 14　三维动态数字预案示例图

车辆及装备资源调度

通过植入消防队车辆真实数据以及周边消防队资源等数据，指挥员可根据现场环境、事故态势及灾害评估结果进行资源的调配，此外，在救援过程中可根据火势及现场判定进行支援力量的调配(图 15)。

图 15

现场固定消防设施的应用

依据“先固后移”的战术原则，本系统提供现场固定消防设施操作的功能应用，在场景中提供的固定设施，根据战术需要能够进行操作及效果反馈呈现(图 16)。

(a)现场固定消防炮的操作

(b)喷淋及半固定泡沫发生器的操作

图 16

现场勘察辅助工具

多样化的现场勘查及指挥辅助模型，例如现场指挥部、疏散区域、警戒线、进攻及疏散路线、测量工具以及漫游工具等(图 17、图 18)。

图 17

车辆及装备的排兵布阵

真实的消防车辆及装备资源(其中车辆及装备性能与现实中一致，包括消防车辆的高度、压力、车载炮的射程及高度等)，指挥员可根据作战方案进行车辆及装备的可视化排兵布阵、作战指挥等。

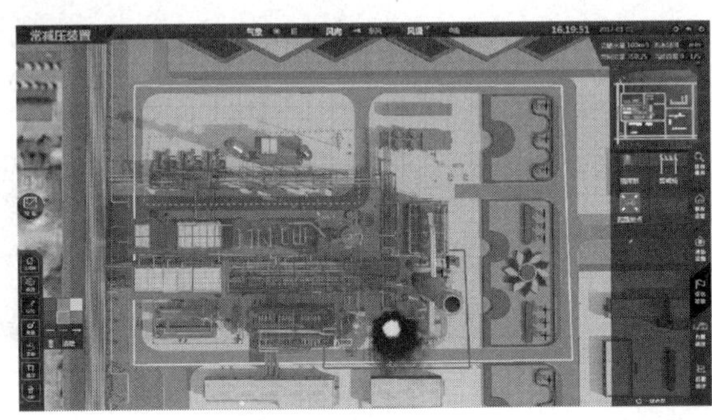

图 18

(1) 车辆排兵布阵：主要包括进场路线、水带连接、作战操作、射流方向调节射流形态调节(开花/直流)、压力调节、自摆调节、自保及智能分析(图 19、图 20)。

(2) 人员及装备排兵布阵：主要包括车载装备选择、防护装备选择、水带连接、作战操作、射流方向调节射流形态调节(开花/直流)、压力调节、自摆调节(图 21、图 22、图 23)。

(a)车辆进场书路线

(b)水带连接方案

(c)车辆作战操作

(d)车辆自保系统

图 19

图 20

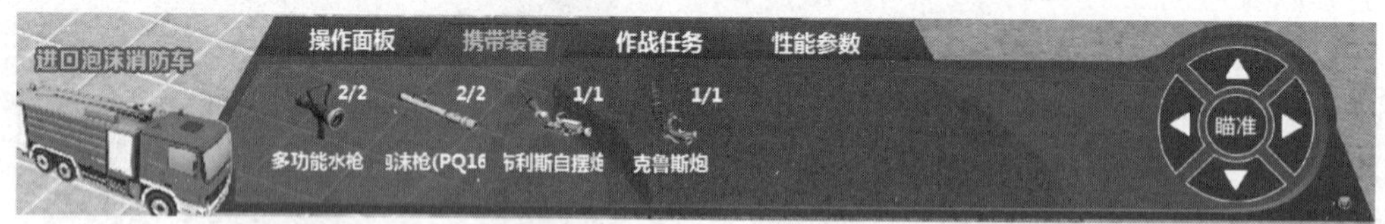

图 21

(a)车辆装备选择

(b)防护装备选择

图 22

(c)装备作战操作

(d)射流形态及自摆操作

图 22(续)

图 23

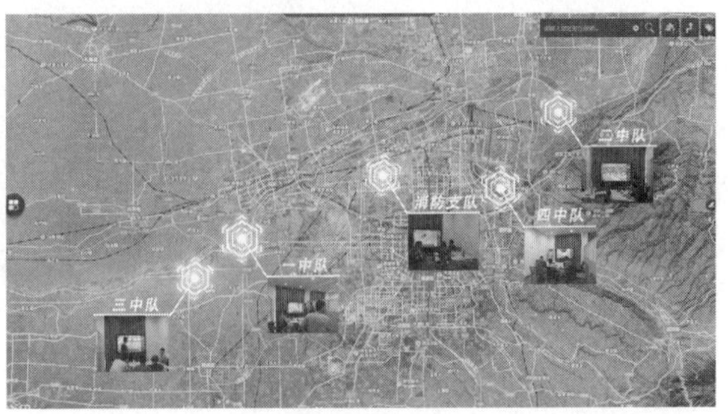

图 24

预案评估与保存

最终提供三种作战推演、预案形式的保存模式，专家根据记录的操作过程按照指定的评估信息表进行分析和打分。

模式一：保存录像，支持推演全过程录像保存；

模式二：保存截图，支持过程中任意截图保存；

模式三：保存三维数字格式，支持推演过程数字化、流程化保存。

4.3 战时协同作战指挥

系统能够将各应急机构更加紧密的关联起来，以提升协同作战能力”为目标，提供一个不受时间、地点制约并且接近真实指挥战斗的网络虚拟仿真指挥平台，在通信网络环境下，各级指挥人员可以在同一灾情场景下，动态模拟事故的发生全过程、依据救援的流程，实现多方协同作战指挥、“作战”指令下达上传、互标互绘、战术制定、力量部署等多端信息同步功能，从而提升指挥员临场指挥能力和各级部队间的协同作战能力(图 24、图 25)。

图 25

5 数字化灭火救援预案系统未来的发展方向

随着 5G、体感设备、AR 增强现实、物联网、人工智能等前沿技术的逐渐成熟，将其充分结合在数字化预案系统中是未来必然的趋势。如大数据的快速分析与精准指导、远程联动灾害现场的应急处置、身临其境的模拟培训和应急演练等。

体感设备在 5G 的基础网络下，虚拟体感设备多人协同训练也会更加成熟，比起桌面级的演练更为身临其境，加之温度、重力、风力、甚至真实痛感传感器，能够在消防领域实现电影《头号玩家》一样的灭火救援训练，将训练更加贴近实战。

将AR增强现实技术与基地实训设施相结合，将虚拟仿真知识体系、仿真特效与实体实施进行紧密关联，会大大降低实训成本，比如通过虚拟仿真特效模拟各类灾害事故火灾、泄漏、甚至地震等等，同时结合实体设施会将训练更加真实。

人工智能人工智能将赋予消防模拟仿真演练系统灵魂，不再是单纯的以人为主的交互模式，而是人机互动双向的交互训练，受训人员每一个决策、每个动作，系统都会告知反馈结果、建议，同时人工智能会给予最大程度的辅助分析决策。

6 结语

应急救援工作是国民经济和社会发展的重要组成部分，是发展社会主义市场经济不可缺少的保障条件，消防应急救援能力更是直接关系人民生命财产的安全和社会的稳定。只有提高应急救援队伍实训经验、演练能力、技术水平，才能有效的提升实战能力，才能更好的保障安全生产和人民生命财产安全，才能持续的推动社会有效和谐发展。

浅析科技创新背景下的危化品应急救援指挥

侯静池

（中国石油大庆石化公司消防支队）

摘　要　伴随着工业经济的快速发展，危化品事故发生的概率也在进一步不断增大。危险化学品事故一般都会具备有发生突然性、发展迅速性、后果严重性等一系列的特点。由此，我们的每一步骤的操作都必须做到准确、及时、科学。事故应急救援是否能够成功落实，是降低损失的决定因素。事故的救援是消防作战的每一个部门比肩作战、调度统一的一个过程。那么显而易见应急救援的指挥就在其中起到了关键性作用。如果指挥过程中能做到及时、迅速、专业，就能最大可能性地减少人员以及财产损失。反之，如果指挥系统存在问题、指挥专业知识或实战缺乏经验，都很可能造成事故扩大。因此，我们当今科技创新的背景下对危险化学品应急救援指挥的研究就势在必行。

关键词　危化品；救援；策略；指挥

1　术语与定义

1.1　危险化学品的定义

危险化学品是指具有毒害、腐蚀、爆炸、燃烧、助燃等性质，且对人体、设施、环境具有危害的剧毒化学品和其他化学品。危险化学品依据（GB 13690—2009）《化学品分类和危险性公示通则》，按物理、健康或环境危险的性质共分为理化危险、健康危险、环境危险三大类。

1.2　应急救援的定义

应急救援一般是指针对突发、具有破坏力的紧急事件采取预防、预备、响应和恢复的活动与计划。根据紧急事件的不同类型，分为卫生应急、交通应急、消防应急、地震应急、厂矿应急、家庭应急等领域的应急救援。

1.3　指挥的作用与地位

在当今不断进步的消防救援的热潮之中，消防作战中消防指挥在促进全面消防工作以及建设队伍里发起到了非常重要的作用。统一的调度指挥、数网化监控、极其强大的数据进行支撑、有力的消防体系数据整合等等，将接到报警、进行指挥、进行调度、进行处置、最后反馈等各个环节协调有序地进行了对接。

事故应急救援是否能够成功落实，是降低损失的决定因素。事故的救援是消防战士们每一个部门比肩作战、调度统一的过程。那么应急救援的指挥就在其中起到了关键性作用。如果指挥过程中能做到及时、迅速、专业，就能最大可能性地减少人员以及财产损失。反之，如果指挥系统存在问题、指挥专业知识或实战缺乏经验，都很可能造成事故扩大。

2　危化品应急救援指挥的原则

在危化品应急救援指挥中，为了使救援有序、高效地开展，应坚持化繁为简原则、精准性原则以及按级指挥原则、权威性与机动性相结合原则。

2.1　化繁为简原则

危化品的应急救援从指挥系统上看层次上不应该过繁，系统也不应过大。一般情况下，救援指挥系统不应超过三个层级，二到三级最为适宜。常分为总体指挥、每个救援队伍的指挥人员、参加战斗的人员三层。作战系统也不应该太大，系统太大可能会导致发布时间发生延迟，命令出现偏差等问题。即便是大型应急事故的救援，指挥系统也应该以简捷高效为宜。

2.2　精准性原则

危化品应急救援现场指挥所发出的指挥命令应该具备准确、简短、明了等特点。切不可发出使消防人员可能会产生理解误差的命令，以免错误指令影响事故的救援。危险化学品事故一般有发生突然性、发展迅速性、后果严重性等特点。由此，我们的每一步骤的操作都必须做到准确、及时、科学。

2.3　按级指挥原则

应急救援事故的现场通常都较为嘈杂，因此，每一个救援队伍应该遵循按级指挥，分组指挥的原则。每一个救援队伍中的指挥人员不可以指挥其他队伍的消防员。指挥不可越级指挥。以免发生混乱。每个救援团队的消防人员只归属本队伍的消防指挥人员负责。各个队伍的指挥由总指挥负责。

2.4 权威性与机动性结合原则

权威性指的是应急救援事故的现场指挥发出的命令是具备权威性的，作战人员应该严格服从命令并执行命令；机动性指的是应急救援事故现场出现突发情况的时候作战人员应该具备敏锐的察觉能力、灵活的思考能力，可以临时应对、改变救援措施的能力。

伴随现阶段工业经济的发展，危化品事故发生的可能性也在增大着。危险化学品事故一般有发生突发性、发展迅速性、后果严重且恶劣等一些列特点。应急救援的事故现场也是可变性极强，一般的小事故也存在变成大面积着火甚至爆炸的可能，这就危机着进行救援的人员的人身安危，因此抢险救援人员在进入到现场之后，应该适当地根据现场情况的变化，适当调整救援战术。以保证救援最大程度的降低损失。如果遇到和最高级总指挥发出的命令存在偏颇，在应急调整后必须立刻向总指挥报备真实情况以及调整后的结果，对进一步的进行接下来的救援工作提供方便。

但需要注意的是，在危化品救援的事故现场，原则上应最大程度的服从命令的权威性，不应该随意改动。遇到特别的紧急状况才可适当采取机动措施，并及时报备。以免影响指挥下一步救援的推进以及准确的判断。

3 危化品应急救援指挥者应具备的素质

指挥者是事故现场救援的灵魂。事故应急救援是否能够成功落实，是降低损失的决定因素。如果指挥过程中能做到及时、迅速、专业，就能最大可能性地减少人员以及财产损失。反之，如果指挥系统存在问题、指挥专业知识或实战缺乏经验，都很可能造成事故扩大。指挥者的的个人素质很大程度的可能影响甚至会决定事故的救援效果。作为事故救援的指挥者应该具备丰富的理论与实践经验、较强的指挥能力、判断准确机智处理的能力，这样才能在救援的过程中发挥重要的作用。

3.1 丰富的理论与实践经验

丰富、扎实的理论基础和实践经验在救援指挥下达出正确的命令中有着十分重要的作用。对于一名专业的应急救援指挥来讲，多不断地进行相关理论知识的学习，用丰富的理论知识做基奠，再结合平时救援演练，学习消防救援各方面的理论知识。每一次的事故救援结束后，应该及时反思，及时总结救援过程中存在的问题，在日常训练、演练中不断地调整和完善。

3.2 较强的指挥能力

现场专业救援队伍的指挥人员，应该能够根据总指挥所下达的命令以及现场的情况，组织并协调好自身力量，积极开展事故救援。

应急救援的总指挥还应该从全局出发去指挥整场救援行动，因此应指挥应该具备全局观，有大局意识。使救援行动有序、有效进行。

3.3 判断准确、机智处理

在救援事故现场，作为指挥者应该始终保持头脑的清醒，认真思考并研究事故发展情况和专家人员的建议，下达作战命令要及时，要保证最大可能人员财产安全的及时采取应对措施，控制事态的进一步发展，避免混乱场面，使救援有序进行。

4 危化品应急救援指挥需要注意的问题

4.1 命令下达准确、及时

如果预测现场情况发生重大的扩大或变化时，总指挥应该果断下达撤退命令，给救援人员足够的时间，将损失最大程度的降低。

4.2 指挥人员应多储备能量提高指挥能力

对于一名专业的应急救援指挥来讲，多不断地进行相关理论知识的学习，用丰富的理论知识丰富头脑，及时总结，经常反思。发现问题及时调整和完善。以提高救援效率，最大程度的减少损失。专业指挥人员应积极参加理论学习，提高指挥作战能力，提高救援效果。

参考文献

[1] 胡建国. 火灾调查[J]. 群众出版社，2007(10).

[2] 高锦田. 消防行政执法概论[M]. 人民公安大学出版社，2009：161-266.

[3] 屈立军. 防火安全[M]. 公安大学出版社，2006(12).

[4] 杨明春. 消防宣传与执法[M]. 西南交通大学出版社，2010.

[5] 曾建辉. 浅析消防宣传工作中存在的问题[J]. 人民教育出版社，2010.

大流量液氮泡沫灭火装备在储罐灭火的应用

郎需庆　牟小冬　牟善军

（中国石油化工股份有限公司青岛安全工程研究院化学品安全控制国家重点实验室）

摘　要　介绍了液氮泡沫灭火技术原理，多尺度的油罐灭火实验验证了液氮泡沫的灭火能力。结果表明：液氮泡沫的气泡直径在20~50μm，泡沫层稳定性高；泡沫与液氮在专用的发泡装置内混合发泡，液氮泡沫层可稳定存在十多个小时。液氮泡沫较压缩空气泡沫的灭火能力提升1.5倍以上，较吸气式泡沫的灭火能力提升2倍以上，可在短时间内快速完成储罐灭火。该大流量液氮泡沫灭火系统在扑救大型储罐火灾、地面池火、流淌火及大型生产装置立体火灾等方面具有良好的工程应用前景。

关键词　液氮泡沫；压缩空气泡沫；负压式泡沫；灭火性能

随着国民经济的快速发展，我国化学品储罐向大型化、集群化方向发展，全国规模以上的化工园区数量达上千个，原油储罐以10万立居多，单个商业储备库库容已超过300万立方米，内浮顶储罐和拱顶罐最大罐容已分别达5万立和2万立以上，储存介质包括原油、石脑油、燃料油、醇类、正戊烷等易燃液体。为了减少储罐VOCs排放，很多储罐形成了气相联通的罐群，一旦某储罐气相空间爆炸，事故蔓延至其他储罐的风险较高，可能引发群罐火灾事故。另外，受台风、暴雨、雷电、暴雪等极端天气影响，国内储罐火灾风险居高不下。

近些年国内储罐火灾多发，易复燃，扑救难度大，灭火时间长，吸气式泡沫灭火装备难以有效覆盖油面，储罐灭火往往采用车海战术、人海战术与持久战，一些储罐灭火还是以储罐燃尽结束的。如，2010年大连“7.16”罐区火灾扑救共调动27个消防队、220辆消防车，消耗泡沫液1000多吨，经过15多个小时完成灭火；漳州古雷群罐火灾事故共调动269台消防车和1169名消防官兵，消耗1467吨泡沫液，着火罐复燃三次，灭火耗时56小时，用水量超过140000吨；2010年高桥石化一台5000立储存石脑油的内浮顶储罐发生火灾，共调集62台消防车及400多名消防员，耗时3个多小时完成灭火。印尼、美国、泰国等国家近几年也发生了多起群罐火灾事故，储罐发生火灾时，固定式消防系统时常会被破坏，多数情况依靠移动式消防装备灭火，储罐火灾扑救是全世界面临的风险挑战。

在应对大型浮顶储罐全面积火灾方面，欧洲、美国和中东地区均按全面积火灾扑救配置消防装备，多数采用大流量远射程泡沫炮，其最大流量超过40，000L/min/台，而国内大型浮顶储罐仅按照密封圈火灾处置配置消防系统，并未配置可应对全面积火灾的移动式大流量消防装备。国内储罐灭火往往采用多台消防车环绕着火罐灭火，单台消防车泡沫流量往往不足10000L/min，射程近，灭火力量相对分散，整体战斗力偏弱。与生产装置火灾相比，储罐燃料储存量大、燃烧时间长、热辐射高、对周围热辐射影响范围大，且燃烧过程罐体完整性会失效，极易造成燃料流散，造成罐区火灾事故蔓延。尤其在化工园区，化学品生产装置密集，企业之间还共用一些管道，储罐火灾容易引发多米诺骨牌效应，形成区域性火灾。因此，开发快速扑救储罐火灾的高效灭火技术与装备是当前我国石化行业消防的当务之急。

在泡沫灭火技术领域，压缩气体泡沫灭火技术因改变了发泡方式、提升了灭火性能，是先进的泡沫灭火技术，其产生的泡沫均匀细腻、稳定性好，灭火时间短、抗复燃能力强。张宪忠、包志明等研究了压缩空气泡沫灭火技术对水溶性易燃介质和非水溶性易燃介质的灭火能力，王勇凯、林全生、葛晓霞等研究了压缩气体泡沫在管道内的流型及输送情况，陈涛、郎需庆、谈龙妹等研究了压缩气体泡沫灭火技术在储罐、浮盘密封圈等方面的应用，程婧园、高阳、傅学成等研究了压缩气体泡沫的各类性能及灭火机理，王管建、赵森林等结合隧道灭火、变压器灭火等场景研究了压缩气体泡沫灭火装备，欧洲LASTFIRE

近几年在探讨压缩气体泡沫灭火装置扑救储罐火灾的工程应用。当前，压缩气体泡沫灭火技术是国内消防领域的研究热点，现有的研究成果表明该技术在国内工业领域火灾扑救中具有广泛的应用空间。

目前，压缩气体泡沫灭火技术主要在建筑类火灾扑救中应用，而在工业火灾扑救领域应用较少，主要原因是当前的压缩气体泡沫消防车流量偏低，其采用空压机供气，无法满足大流量要求，泡沫混合液最大流量仅为40~50L/s，空压机的产气能力限制了压缩空气泡沫系统在大型储罐火灾扑救中的应用，如何提供大流量的压缩气体是将压缩气体泡沫灭火技术应用于石化领域重大火灾扑救的关键。

针对压缩气体泡沫灭火技术在石化领域的应用需求，本文研究了液氮泡沫产生技术及其工程应用，旨在解决大型储罐快速灭火问题。

1 液氮泡沫产生原理

鉴于液氮气化后体积膨胀约700倍，且氮气属于惰性气体，研究液氮原位气化参与发泡的灭火技术。研究了多相混合、快速换热及原位发泡技术，开发了液氮泡沫发泡装置，将液氮按一定比例在一定流量和压力下注入泡沫混合液，液氮经过充分换热、气化及强制混合，在泡沫混合液内剧烈发泡，形成了致密稳定的泡沫簇。由此，在获得相同量气体的情况下，液氮供气的方式可大大减少气体源的体积，为实现大流量供气提供了技术条件(图1)。

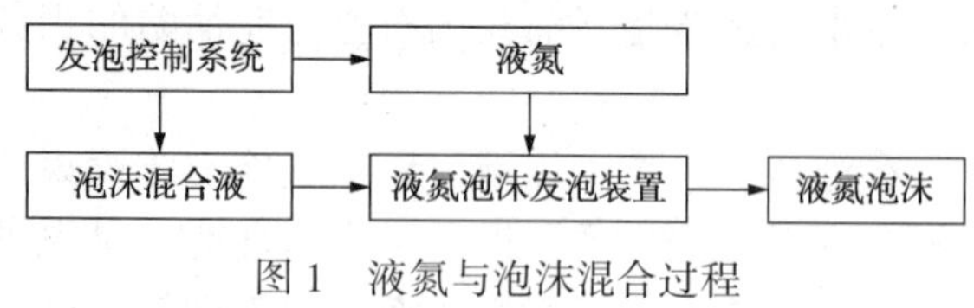

图1 液氮与泡沫混合过程

2 液氮泡沫性能研究

2.1 微观状态

采用电子显微镜观察负压式泡沫与液氮泡沫，泡沫图像如图2、图3所示。负压泡沫大小不一，虚泡较多，负压式泡沫微观状态平均直径200~400μm，液氮泡沫微观状态平均直径20~50μm，液氮泡沫的气泡直径小、气泡均匀，气泡层更加稳定。

气体与泡沫混合液混合方式改变了气泡层的结构。负压式泡沫是泡沫混合液射流形成的负压区吸入周围的空气，空气从外向内与泡沫混合液掺混，空气进入泡沫混合液的压力较低，空气进入混合液后动能消失，缺少气液两相充分混合接触的条件，空气与泡沫混合液初始接触的区域发泡相对充分，而气体混入泡沫混合液内部后因接触不够充分，发泡不均匀，导致所产生的泡沫层气泡直径分布范围大，泡沫层稳定性差。而液氮泡沫是液氮在泡沫混合液内由内而外的发泡过程，液氮进入泡沫混合液内后立即吸热气化，剧烈膨胀，气体膨胀过程是气体与液体充分混合的过程，同时也是原位发泡的过程，气体膨胀时具有较强的动能，促使气液两相充分混合，同时，给液氮泡沫赋予较大的喷射动能。

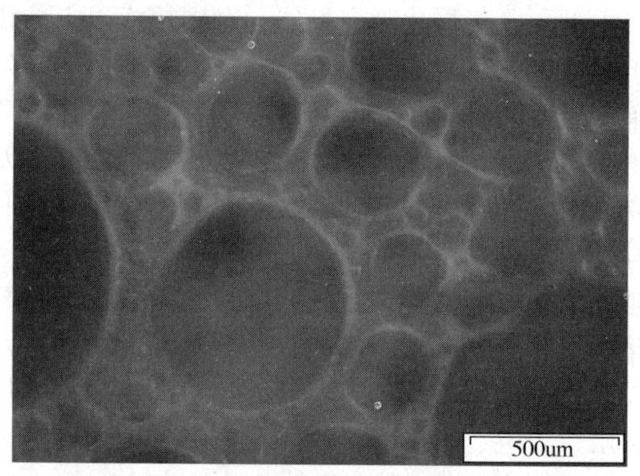

图2 负压泡沫状态

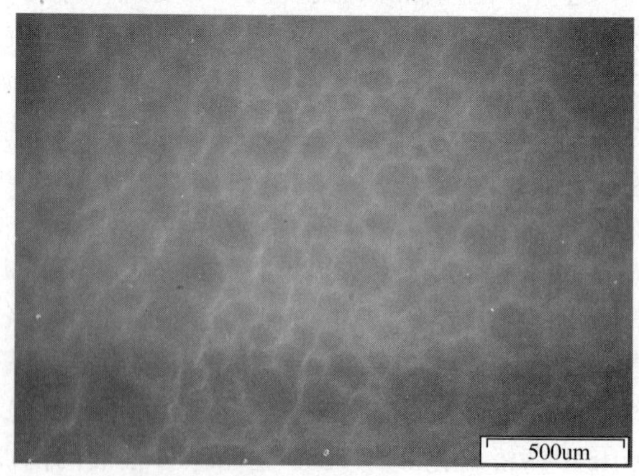

图3 液氮泡沫状态

2.2 泡沫喷射性能

在泡沫发泡倍数方面，控制液氮的注入量及混合压力，可调节液氮泡沫的发泡倍数。从实验结果看，采用水成膜、氟蛋白等泡沫产生的液氮泡沫，采用《泡沫灭火剂》(GB 15308—2006)的方法测量发泡倍数，其最大发泡倍数在12左右，即使增大液氮的注入量也无法呈线性增加发泡倍数，反而增大液氮注入量后，发泡倍数将降低，这是因为液氮量增大后，气体产生量增加，剧烈气化的液氮破坏了已产生的泡沫，导致泡沫层反复破碎，降低了发泡倍数，使得多余的氮气从气泡间逸出。

在25%析液时间方面，采用相同的泡沫灭火剂，液氮泡沫的析液时间较负压式泡沫长，一般可达3~5min，甚至更长，喷出的液氮泡沫层在无风情况下能坚持十多个小时。主要原因是液氮泡沫的气泡小，且气泡均匀，从气泡的热力学稳定角度分析，气泡间的夹角约120度，相邻气泡层的边界受力相对均衡。

2.3 泡沫灭火性能

搭建了实验测试平台，开展了多尺度油罐的氮气泡沫灭火实验与对比测试。分别在直径1200mm、3600mm及26m的储罐上开展了泡沫灭火测试(图4)，实验结果如表1所示。

图4 直径3600mm与直径26m油盘液氮泡沫系统灭火实验

表1 泡沫灭火实验结果

序号	储罐直径/mm	泡沫供给强度/(L/min·m²)	泡沫灭火剂	燃料	泡沫类型	灭火时间/s	泡沫混合液消耗量/L
1	1200	2	AFFF	车用柴油	压缩空气泡沫	123	4.1
2	1200	2	AFFF	车用柴油	液氮泡沫	83	2.7
3	1200	3	AFFF	车用柴油	液氮泡沫	43	2.2
4	1200	3	AFFF	车用柴油	压缩空气泡沫	72	3.6
5	3600	3.1	AFFF	车用柴油	液氮泡沫	153	78
6	3600	3.1	AFFF	车用柴油	压缩空气泡沫	234	119
7	26000	8.6	AFFF	车用柴油	液氮泡沫	61	4636
8	26000	5.7	AFFF	车用柴油	吸气式空气泡沫	215	10750

从实验结果看，液氮泡沫的灭火能力较压缩空气泡沫的灭火能力高，在相同喷射流量的条件下，液氮泡沫灭火装置的灭火剂消耗量仅为压缩空气泡沫灭火装置的60%~66%，而液氮泡沫比负压式吸气泡沫具有更强的灭火能力，其灭火剂消耗量仅为负压式泡沫的40%。对于相同的燃烧面积，采用液氮泡沫火火装置将具有明显的火火优势，这对于大型储罐全面积火灾扑救提供了先进的技术装备。

通过大尺度油盘的灭火对比测试，以液氮气化发泡为核心技术的大流量液氮泡沫灭火装置，与国内外油罐现有泡沫灭火装置相比，具有如下优势：

(1) 液氮泡沫层稳定性高，抗复燃能力强。

液氮泡沫的发泡倍数控制在6~8，液氮泡沫层的稳定时间可达240min以上。在大尺度油盘的灭火实验中，液氮泡沫覆盖的着火区域未发生复燃；而吸气式泡沫覆盖的区域因其周边持续燃烧，造成泡沫层破裂，发生了局部油面复燃，主要原因是液氮泡沫因气泡小且均匀，耐热膨胀能力高，不易被高温破坏。

(2) 氮气窒息与泡沫双重灭火作用

液氮泡沫喷入着火油面后，泡沫落入的区域燃烧抑制明显，火势明显变小，主要原因是液氮泡沫破裂后释放出氮气，随着液氮泡沫的持续喷入，释放的氮气在火焰内形成了局部阻燃区。而负压式泡沫喷入燃烧油面后，火焰瞬间明显增强，燃烧加剧，该现象归因于泡沫层破裂后释放出空气，在火焰内起到助燃作用。

（3）液氮泡沫温度低，冷却效果好

液氮在泡沫混合液内气化发泡时会大量吸热，使得泡沫液温度降低1~2℃，泡沫层的吸热效果增强，提升了灭火作用。而吸气式泡沫设备吸收灭火现场的高温空气后发泡，泡沫层的温度远高于常温泡沫，所形成的泡沫层冷却效果相对偏低。

（4）液氮泡沫流量大

因液氮气化比高达700，少量的液氮气化即可产生大量的氮气。该技术以较低的液氮流量即可实现压缩气体泡沫系统的大流量高压持续供气，从而使得压缩气体泡沫系统可进行大流量喷射，该技术可应用于大型储罐灭火。

（5）供气设备成本低，操作简单

目前，液氮采用液氮罐储存与输出，技术成熟，无动设备，系统的故障率很低，相对于欧美压缩气体泡沫灭火设备制造商采用的大型空压机供气方式，采用液氮气化供气方式可大大降低供气设备的成本与操作难度，提高设备运行的可靠性，可实现供气设备的长时间运行。

2.4 液氮泡沫远程输送性能

在液氮泡沫的输送方面，以消防泵供给消防水，搭建1000m的环形消防水带，测试液氮泡沫的输送能力。液氮泡沫装置的出口压力为0.9MPa，消防水带管径为DN80，消防带末端完全开放，泡沫混合液的输送流量在8.2L/s。

在消防带末端测试泡沫性能，泡沫倍数7~8，25%析液时间在3~4min，与液氮泡沫装置出口的泡沫状态相同。每隔100m设置了透明玻璃管段，观察泡沫流动状态。从喷射情况看，输送过程中泡沫未发生中途析液问题，未出现泡沫分层(图5)。

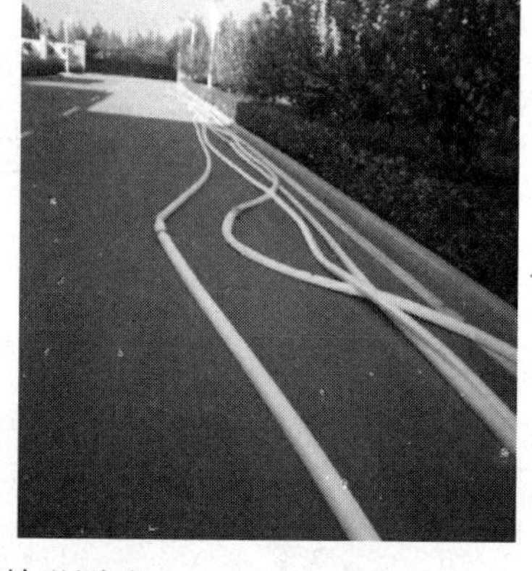

图5 液氮泡沫的长距离输送测试

实验结果证明液氮泡沫能够进行长距离的输送，在罐区灭火场景下，液氮泡沫消防车可放置在距离着火储罐较远的位置，通过消防带将液氮泡沫输送至储罐附近喷射灭火。

3 工程应用

以扑救10万立方米储罐全面积火灾为例，见表2，对比分析了负压式泡沫、由液氮供气的压缩气体泡沫及由压缩机组供气的压缩气体泡沫的配置情况。

对于负压式泡沫灭火系统，基于国外的储罐灭火案例以及API、LASTFIRE等国际组织的推荐值，10万立方米储罐全面积火灾的扑救泡沫混合液供给强度至少9L/min·m^2，泡沫混合液流量至少需45216L/min，灭火时间至少需60min，泡沫混合液的消耗量是2712m^3。

对于压缩机供气的压缩气体泡沫灭火系统，按NFPA11的推荐值，一般认为压缩气体泡沫灭火系统所需泡沫供给强度为负压式泡沫灭火系统的1/4，但由于10万立方米储罐全面积火灾的灭火面积较大，根据大尺度油盘灭火实验数据，其泡沫供给强度宜取5.4L/min·m^2，则泡沫混合液流量是27130L/min。以发泡倍数7为目标，其供气量应至少是190m^3/min，考虑损失量，供气量将不低于200m^3/min。按照目前大型空压机组单台供气能力(20~28m^3/min)，则需要配置7~10台大型空压机并联供气，每台空压机的占地面积约5~6m^2，则仅空压机组的总占地面积已达35~70m^2，加上空压机之间的供气管线，灭火系统的占地面积将更大。以灭火时间为

60min 计算，则泡沫混合液的消耗量是 $1627m^3$。

对于液氮供气的压缩气体泡沫灭火系统，泡沫供给强度也取 5.4L/min·m^2，泡沫混合液流量是 27130L/min。以发泡倍数 7 为目标，其供气量应至少是 $190m^3$/min，考虑损失量，供气量不低于 $200m^3$/min。60min 内供气量是 $12000m^3$，所需液氮量是 $17m^3$。实际灭火时间为 60min，泡沫混合液的消耗量是 $1627m^3$。一台液氮罐车槽的容积一般是 $25m^3$，占地面积约是 $10m^2$。该液氮罐车满载液氮后，持续供给时间是 88min。

表 2 十万立储罐灭火方式对比表

供气方式	供给时间	泡沫混合液消耗量/m^3	供气设备数量	供气设备占地面积/m^2	现场布置难易程度
吸气式发泡	60min	2712	无	无	泡沫原液运输车和远程供水装置与泡沫炮连接，占地面积较小
压缩机供气	60min	1627	7~10 台	35~70	1. 现场一般无法布置如此多的空压机，且输气管路复杂；2. 输气管也占用灭火现场的场地面积，7~10 根高压输气管线将严重影响其他消防车辆和人员的通行。因此理论上可行，现场应用价值极小
液氮供气	60min	1627	1 台	10	1. 现场方便布置，仅一台液氮罐车，仅一根液氮管线。2. 实际可供给时间是 88min。3. 采用氮气发泡，泡沫破裂后析出的氮气也有助于灭火，属于双重灭火作用，优于压缩空气泡沫系统

大流量液氮泡沫灭火系统的最终目标是解决传统压缩空气泡沫灭火系统流量低的难题，实现大流量正压泡沫的喷射，替代负压式吸气泡沫喷射，减少灭火的用水量，提高灭火效率。该液氮泡沫消防车可由消防栓、远程供水系统等供水，通过移动式泡沫炮、高喷车、消防机器人、泡沫枪等进行喷射，由多个消防设备组成一个灭火编组。

4 小结

储罐火灾风险因其储存量大、储罐数量多而固有存在，人类同储罐火灾的博弈已持续几十年。然后，时至今日，储罐火灾依然是人们经常面对的难题。对于储罐火灾最安全的处置方式就是快速灭火，以免后患。尤其是原油储罐，长时间燃烧还会发生沸溢，后果不堪设想。

大流量液氮泡沫灭火技术从改善泡沫发泡方式、提高正压泡沫喷射流量、引入惰性气体、灭火机理等方面全面提高了泡沫灭火能力，经全尺度油罐灭火实验证明，其灭火能力是常规泡沫的 2 倍以上。大流量液氮泡沫灭火技术不仅可采用消防车、撬装模块等移动式消防装备，还可采用固定管网式灭火系统，取代现有的固定式泡沫灭火系统。

该技术的应用是对诞生于上世纪的压缩空气泡沫灭火技术的升级换代，其将正压式泡沫灭火技术推广至石化行业，为处置各类储罐火灾提供了高效的消防装备，该技术将来在森林、高层建筑、超大型场馆等领域也具有良好的应用前景。

参考文献

[1] 赵森林，熊慕文，文沛，等. 固定式压缩空气泡沫系统单喷头喷洒特性及灭火效能[J]. 消防科学与技术，2020，39(8)：1130-1135.

[2] 张宪忠，包志明，靖立帅，等. 抗溶型压缩空气泡沫灭火剂灭火试验研究[J]. 消防科学与技术，2020，39(9)：1271-1274.

[3] 王管建，石祥建，韩焦，等. 某换流变压器压缩空气泡沫灭火系统管网输送特性研究[J]. 消防科学与技术，2020，39(5)：655-659.

[4] 谈龙妹，吴京峰，尚祖政等. 储能式压缩气体泡沫灭火装置的研究[J]. 消防科学与技术，2015(8)：1050-1053.

[5] 陈涛，胡成，包志明，等. 不同气源压缩气体泡沫灭 B 类火灾性能比较[J]. 消防科学与技术，2020，39(5)：645-649.

[6] NFPA11(2010 版). Standard for Low-, Medium-, and High-Expansion Foam[S].

[7] 陈涛，胡成，包志明，等. 公路隧道压缩空气泡沫系统灭油池火实验研究[J]. 中国安全生产科学技术，2017，13(7)：30-34.

[8] 程婧园，张玉斌. SK 标准静态混合器应用于压缩空气泡沫系统的可行性研究[J]. 火灾科学，2018，27(1)：38-41.

[9] 王勇凯，高红，宋波，等. 压缩空气A类泡沫水平管路压降实验及数值模拟[J]. 化工学报，2018，69(10)：4184-4188.

[10] 林全生，张猛，宋波，等. 压缩空气A类泡沫在水平管道内流动研究[J]. 消防科学与技术，2017，36(9)：1265-1269.

[11] 葛晓霞，高健，赵昊. 压缩空气泡沫管内流动特性分析[J]. 消防科学与技术，2016，35(10)：1408-1412.

[12] 郎需庆，牟小冬，尚祖政，等. 压缩空气泡沫灭火系统在罐区的应用探讨[J]. 消防科学与技术，2016，35(6)：815-819.

[13] 高阳. 压缩空气泡沫灭火性能及机理研究[J]. 消防科学与技术，2016，35(4)：532-537.

国家危险化学品
应急救援真火实训的实践与探索

张进松

（中国石化中原油田公司应急救援中心）

摘　要　消防救援队伍担负着各类灾难事故的应急救援抢险任务，如何能保证救援任务过程中的安全性、时效性、有效性，是我们长期探索解决的问题；尤其是在各类火灾事故灭火救援中，现场火灾突发多变，充满了不确定性和偶然性。本文通过长期的调查与研究，结合真火实景仿真训练的优缺点，摸索出了一套行之有效的危险化学品真火实景的训练方法。通过仿真技术，再现火灾发生场景，坚持真火、真训、真战，实现了训战一体化、组训标准化和考评实战化，有效提升了危险化学品火灾事故处置的理论水平、战术水平和指挥能力。

关键词　应急救援；真火；实训；运用

1　现状分析

近年来，随着我国经济发展和城市化建设速度的加快，以及石油石化行业战略调整，新能源、新材料、新产品的大量涌现，石油化工火灾、化学品爆炸、地铁火灾等，特殊环境下的火灾频频发生。特别是“8·12天津港爆炸”、“临沂金誉石化6·5重大爆炸着火事故”和“7·19义马气化厂爆炸”等各类化工火灾事故频发。应急救援队伍作为一只担负火灾及其他突发性灾害事故处置任务的专门力量，面临着如何做好应急救援工作的社会性难题。

以国家危险化学品应急救援实训演练濮阳基地的实景仿真训练为平台，以培养具有中、高级灭火救援专业技术资格的专家骨干人才为己任，倡导学、练、演、考、赛、站一体化，大力推荐模拟教学、现场教学、案例教学、研讨式教学、参观见学等方式，形成火场和训练场互动，理论和实践结合、课堂和课外互补的实景训练模式紧贴实际、聚集实战，最大限度地拉近训练与实战的距离，为实景化、实战战化训练开展服务，也为灭火救援战斗服务，建立实战经验和专业知识水平均较高的灭火救援队伍。

从而提高了消防人员对各类灾害事故特点的掌握，规律的熟悉，以确保在未来的实战中能够战有其法、战有所依和敢于创新。实战化训练本身就是对消防部队训练方法的改革和创新，在具体实施过程中也应把改革创新精神融入始终。

通过真火模拟仿真训练系统，来模拟各种真实火灾事故场景的现场，作为培训消防队员和各种应急救援队员的有效方法。提供模拟了炼化、储存、运输、密闭空间、地下、高层、爆炸、灾难现场障碍等各类真实的火灾场灾难场景，以训练和提升救援人员火情侦查、人员搜救、堵漏灭火、水枪阵地、抢险破拆、内功灭火等战斗能力。同时，还会根据灭火方式、灭火时间、灭火效果、战术动作、火场应变等进行量化评判，这将有助于提高救援人员的训练水平。通过真实烟火训练，队员了解火灾的发生、发展的原理和过程，让队员理解和体验火灾烟雾现场的实际情况，对培养消防及应急救援人员的真实火场心理、现场指挥、装备使用和技战术的运用等能力，解决人才队伍知识结构（如石化行业专业知识）、实际经验与装备硬件建设质和量的逐年加强之间不匹配的矛盾，使得人与装备能达到最佳的结合，不仅提高了装备的使用效果，更重要的是提高了整个队伍战斗力。

2　基本概况

国家危险化学品应急救援实训演练濮阳基地是国家应急管理部依托中原油田应急救援中心建立的一个集危化品救援培训、研讨、技能考核、实战演练、技术竞赛为一体的综合性培训基地。投资规模为3.96亿元，占地面积288亩，可同时容纳300人食宿，融合了美国农工大学Texas事故仿真训练系统、肯尼迪机场防恐应急训练系统和德国真火训练系统的技术标准，共有91个着火点，30个爆炸点，2000个隐患识别点，200个泄漏侦检堵漏点。建成具有世界先进水平的烟热训练室、真火燃烧体验室、万方油罐火灾模拟处置设施、球罐火灾模拟处置装置、化工装置堵漏及火灾处置装置、受限空间救援、涉硫培训、灭火救援预案编制、消防装备防护、拓展训练、火灾隐患识别、安全培训等训练系统。

可模拟开展石油化工、地震、高层建筑、水上救援等14类141余项抢险救援科目的训练，是目前国内门类最齐全、功能最强大、最贴近实战的应急救援培训基地。

近年来，致力于消防安全和应急救援的研究、探索与实践，先后与北京、上海、天津、河南、山东、四川等省市(区)的石油石化企业建立了良好的合作关系，并成功举办中原地区“五地十方”消防技术交流论坛等重大教研活动，形成了较为完善的消防职业教育培训体系，填补了中国石油化工行业消防和应急救援技能培训与考核鉴定的空白。它将引领中国石油化工消防工作理念，是打造中国石油化工行业复合型消防指挥人才、专业型消防技术人才，骨干型消防操作人才的基地和摇篮。

3 主要特色

3.1 安全性

油品安全是实训基地的生命线。实训基地的燃料有丙烷，汽油，柴油，原油，甲醇等易燃易爆危险品，有登高、破土、用电、射水等直接作业环节的风险，保证操作人员和参训人员的安全是第一位的。涉及到易燃易爆的所有部位都严格按照GB 50160标准安装可燃气体检测仪，电气线路按照防爆和防水双重要求安装，控制系统安装温感、烟感、可燃气体检测超标报警自锁系统。最好是通过一套PLC控制系统控制安全指令的发出(比如关闭火点系统、启动排风、照明灯)，另外一套通过计算机软件编程的PCB控制系统可以进行不安全指令的控制(比如开启火点燃烧、打开烟雾、泄漏等)，这两套系统同时并行，互为备份，一旦有任何一个系统出现错误或故障，另外一个系统可以自动运行。

3.2 环保性

真火实训基地燃烧的介质最好选择是环保产品。利用烷烃、酒精代替油品，可以采取加压、浸没等工艺手段弥补这些介质火焰小，感观效果差的缺陷。烟雾可以采用舞台环保效果烟雾，利用控制设备的逻辑关系在火灾发生初期、中期、后期用不同浓度、不同颜色的烟雾发射出来，以增加真实性。爆炸效果模拟，最好使用压缩氮气、烷烃燃烧和舞台效果烟雾结合起来，或者使用音响效果和舞台效果烟雾结合。必须使用实物燃烧，烟雾比较大的真火可以考虑放在室内进行，室内增加烟雾处理设施，确保排放达标。

3.3 真实性

真实是真火实训基地的灵魂。首先，场景道具真实。基地危化品厂区的塔、釜、罐、管、阀、仪表和变压器、配电柜、油罐车等都是生产现场真实的设施设备，且安全阀、阻火器、单向阀、高低液位报警器配套完善、灵活好用。其次，火灾、爆炸、烟雾逼真，符合热动力学原理，具有强烈的现场感和震撼力。

3.4 可重复使用

可每天多次重复使用。点火、加注的燃烧介质都是自动化、连续化的工艺流程，在重复点火和爆炸的关键点都有加固和冷却设备支撑，安全、可靠，连续使用时间较长。

3.5 全程可控

整个真火实训基地不论有多少个着火点、爆炸点、燃烧爆炸的强度、范围、顺序都在主控室看到，并能够控制。火焰烟雾的大小形状、持续时间、熄灭的顺序、方式，复燃的时间主控室均可由程序控制和人工随机控制。

3.6 可录像录音回放

通过录音录像监控，既可以了解现场设备运行情况，也可以让参加培训的人员了解的灭火战斗中自己的指挥口令、战术动作。特别是在组织战评总结时，可以回放录像，找出问题，总结经验。

3.7 可自动评判

灭火实训中成功失败评判如果靠裁判员人工评判，往往受很多不确定因素的干扰。特别是有比赛性质的评判，更容易产生矛盾。通过软件编程，把握几个关键的要素，自动打分，这样比较公平公正。也可以根据扑救情况，随机增加难度，额外出现复燃、泄漏、爆炸等难题，提高受训人员应变能力。

4 主要优势

4.1 具有一流的实训条件

基地秉承“百闻不如一见、百见不如一练、百练不如一战”的教学理念，建有世界先进的石油化工装置真火燃烧、电子信息对抗、心理素质拓展、水上救援、建筑消防设施等应急救援训练系统，具有较为完善的教学、住宿、餐饮等设施，地已成功承办国家危险化学品救援高级指挥员培训班，及中石化、中石油、中储粮、河南省、四川省等应急救援指挥、管理及操作人员培训班，共计142期14000余人次。

4.2 具有良好的合作伙伴

基地先后与国内高校、科研院所建立教、科、研“一体化”基地；与部分科技开发公司建立应急救援产业技术创新战略联盟；与国内26家消防企业建立了新产品展示和功能试验区。可根据企业需求，提供消防、气防、培训管理、预案制作、应急救援产品和技术研发等各类服务。

4.3 具有完备的教学资质

具备开设中高级消防指挥员、消防战斗员、防火检查员、企事业单位消防安全管理人员和易燃易爆重点岗位员工等相关专业培训。可颁发国家安全生产应急救援培训、中国石油化工集团公司专业培训、消防应急管理人员资质取证培训等证书，可依托国家职业技能中原油田鉴定站开展消防战斗员、灭火救援员、消防检查员等技能等级鉴定，是国内目前可颁发消防救援职业认证资格最多、最全的培训机构。

4.4 具有雄厚的师资力量

聘任国家安全生产应急救援专家、公安部灭火救援专家、武警学院等高校教授、中国安全生产科学研究院、青岛安全工程研究院等专家为主讲教授。

4.5 具有一定的实战优势

基地所在的中原油田应急救援中心已组建40多年，每年都参与数百起的灭火救援，曾成功处置卫146井、濮3-347井、清溪1井等特大井喷火灾，参加过四川汶川、云南彝良、四川雅安等特大抗震救灾，也是全国首支开展应急救援有偿服务的专职应急救援队伍，已拓展20个国内外部消防救援技术服务市场，年创收达突破1.8亿元，10余次在全国、河南省、四川省等消防技术比武中摘金夺银，培养和历练了一批救援理论和实战经验比较丰富的指战员，可结合行业特点和工作实际，量身定制培训课程，最大限度拉近训练与实战的距离。

5 发展前景

5.1 从国家的政策支持层面看

《中华人民共和国突发事件应对法》《中共中央关于制定国民经济和社会发展第十三个五年规划的建议》《国家中长期科技发展规划纲要》《国务院办公厅关于加快应急产业发展的意见》等政策、法律、法规，以及各地方省市级陆续出台的“‘十四五’应急体系建设规划”等相关文件，均对消防救援从业人员提出了明确要求。公安部在2006年就下发了真火实训的标准，但是由于各地经济发展的不平衡，全国真火实训建设举步维艰，五花八门。建成以后的真火实训基地，由于后期维护保养不善，大部分也都是摆设，仅仅供参观使用，没有开展针对性的训练。中原油田既建有国内一流的实训基地，还设有国家职业技能鉴定站，具备消防战斗员、灭火救援员、消防检查员、建(构)筑物消防员等10余种培训认证资质，已初具规模，取得良好声誉和效益，必将优先赢得市场。

5.2 从应急领域专业人才需求层面看

全国各类应急救援指战员总人数大概有20余万人。训练的科目主要是业务和政治理论、体能、战术与战法，时间比例是4：3：3。大量的时间和精力耗费在教室与操场，真火实训的科目非常少，造成消防员不会灭火，指挥员不会指挥，甚至造成次生灾害、衍生灾害和战斗员无辜死亡。灭火救援是一项操作性、经验性非常强的工作，没有烟熏火烤，没有现场感悟，没有实战经验的积累是不可能成为一个合格的指战员的。可以说，中国消防缺匠不缺将，缺战士不缺硕士博士。我们将致力于将濮阳基地打造成中国消防救援的“蓝翔技校”，打造成中国消防救援的“朱日和”。

5.3 从应急产品和技术的生产研发层面看

濮阳基地经过3年多的精心谋划、苦心经营、细心呵护，已声名鹊起，吸引了部分高等院校、科研机构、消防企业入驻基地。河南理工大学、华北水利水电大学、青岛安全工程研究院、

SEI消防设计中心已将燃烧实验室、新产品、新材料科学实验室落户基地。沈阳捷通、明光浩森、北京威业源等26家国内消防企业已入驻基地进行产品展示和新产品功能性试验。近期，我们将以承办国家危化品应急救援高级指挥员培训班为契机，组织美国威廉姆斯公司、中国兵器装备集团公司等60余家世界一流的消防车、救援器材、灭火药剂生产厂家举办应急救援产品推荐会，进一步搭建技术交流、产品展示、贸易洽谈、国际合作的桥梁和纽带。

6　努力方向

6.1　力争建设成国家级危险化学品应急救援仿真实训基地

按照国家一期投资计划和可研性报告，于2018年8月完成基地信息化、智能化升级改造，达到国内一流、世界领先的建设水准。

6.2　力争建设成国家级危险化学品应急救援技术竞赛基地

按照国家二期投资计划和可研性报告，在原仿真实训基地东部扩建体能训练区、多功能教学楼、运动场、看台、综合实训楼等设施。于2018年10月底，达到举办全国和国际性危险化学品救援竞赛的条件，有望成为全国乃至世界重要的危险化学品救援技术竞赛基地。

6.3　力争建设成国家级危险化学品应急救援骨干救援基地

依照国家有关部门规划，对中原油田消防支队应急救援九大队进行营房扩建、设施改造、装备升级和人员补充，于2019年底建立“立足濮阳、服务华中、辐射全国”的国家危险化学品应急救援骨干队，达到第一出动辐射油田周边500公里，第二出动辐射油田周边1000公里，以及一次扑救10万方储罐和大型石化装置火灾的应急救援保障能力。

6.4　力争建设成国家危险化学品应急救援对外交流基地

加强与美国农工大学、威廉姆斯公司、德国应急救援培训学院等世界著名救援机构，西安科技大学、重庆科技学院、河南理工大学等高校合作，力争成为国家危险化学品应急救援对外交流的一个重要窗口和平台。

6.5　力争建设成国家危险化学品应急救援物资储备基地

按应急管理部要求，充分利用现有的资源和优势，有效整合消防特勤、危险化学品、地震等专业救援队伍，提高独立和增援处置重特大灾害事故的能力，于2020年前建成华中地区国家应急救援物资储备基地，为国家处置重特大灾害事故提供支撑和保障。

7　结论

危险化学品应急救援真火处置实训新模式涵盖了各类火灾扑救科目，打破了传统消防人员的普通训练模式，与国内石油石化行业的生产装置、工艺流程的实际相结合，达到了“学、练、用”三者结合，确保了消防队伍及企事业单位安全技术人员具备应有的消防救援和灭火处置的基本功，提高了组训水平和灭火救援技战术水平，为培养新一代消防工作人员和安全管理人员打下坚实基础。

参 考 文 献

[1] 丁耀斌. 探析如何提升支队级消防部队实战化训练效果[J]. 消防界(电子版), 2016(03).

[2] 郭华芳, 李智文. 消防模拟训练系统初探[J]. 消防科学与技术, 2007(01).

[3] 许晓磊. 提升消防部队灭火救援实战化建设的路径研究[J]. 中国建材科技, 2017, 26(06).

[4] 吕垚. 对提升消防部队实战化训练水平的几点思考[J]. 武警学院学报, 2015, 31(08).

外浮顶原油储罐火灾扑救方法

庄昊海

（中国石油消防应急救援辽河油田支队）

摘　要　外浮顶原油储罐多用于石油化工企业储存具有挥发性和热波等特性的原油，因此外浮顶原油储罐具有一定的火灾危险性，且火灾扑救难度较大。通过分析外浮顶储罐结构、原油的性质和外浮顶储罐火灾的特点，对扑救外浮顶原油储罐火灾的战术战法和注意事项提出几点可供借鉴的看法。

关键词　外浮顶罐；原油；火灾

随着国家经济的高速发展，我国原油的进口量逐年增加，外浮顶罐是当前国内外大型油罐中储存原油最为常见的一种结构形式。然而，外浮顶罐因雷击、静电或硫化亚铁自燃而引发的火灾事故屡见不鲜，给消防部门出了一些难题。外浮顶储罐火灾起火部位一般是围堰的密封圈处，尽管扑救难度不大，只要战术合理，很容易把火灾消灭在初起阶段，但是一旦处置不当，造成浮船倾斜、下沉，导致全面积敞口燃烧，使火情扩大、蔓延，容易发生沸溢，产生的强热辐射容易将相邻储罐引燃，造成恶性事故，给救援工作带来极大的困难。因此针对外浮顶储罐消防灭火技术的分析，对提高消防队伍灭火作战能力，有效控制和扑救外浮顶原油储罐火灾具有重要意义。

1　外浮顶原油储罐的基本结构

外浮顶原油储罐一般由以下部分组成：罐壁、泡沫产生器、量油管、罐顶平台、二分水及泡沫混合液竖管、罐外盘梯、固定泡沫装置混合液竖管、固定消防冷却喷淋、抗风圈、加强圈、罐底、进出油管道、泡沫管路以及喷淋水管路罐前分配阀、半固定接口等(图1)。

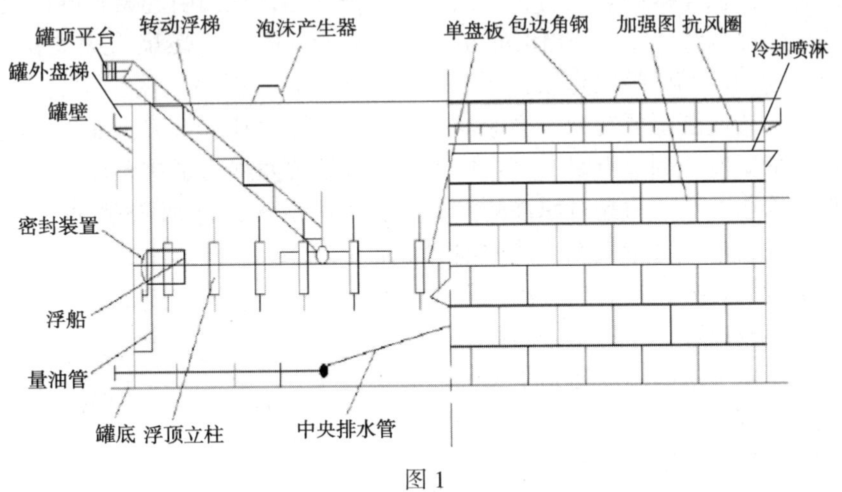

图1

外浮顶原油储罐为常压储罐，正常储存原油时，原油紧贴浮船，浮船随储罐内原油的输入输出而上下浮动，罐壁与浮船之间约有250mm的环形空间用于浮船上下运行，密封装置安装在此间空间使罐内原油在浮船上下浮动时与大气隔绝，从而减少原油在储存过程中的蒸发损耗，然而密封装置并不是绝对密封，仍会有少量油蒸汽挥发出去，当遇到点火源可能会引发燃烧。因此密封装置处最易发生火灾的部位。

外浮顶原油储罐都会配备固定喷淋冷却系统和固定泡沫灭火系统。固定喷淋冷却系统可以均匀的对罐壁进行喷淋水冷却，保护罐壁不变形、不坍塌，同时减少辐射热对泡沫液的破坏，为泡沫覆盖灭火提供必要的条件。固定泡沫灭火系统分为壁挂式固定泡沫灭火系统和升降式固定泡沫灭火系统，壁挂式固定泡沫灭火系统的泡沫发生器挂在罐顶，由于罐顶的泡沫发生器与燃烧液面的距离影响泡沫的灭火效果，因此壁挂式固定泡沫灭火系统对高液位原油储罐火灾灭火效率较好，而对低液位原油储罐火灾灭火效率最差；升降式固定泡沫灭火系统的泡沫发生器搭建在浮船上，随着浮船上下移动，灭火效率不受液面高低的影响，但一旦发生浮船倾斜或浮船下沉，升降式固定泡沫灭火系统就会损坏。

2 原油燃烧特性

原油是未经加工的石油，是一种黑褐色，不溶于水，具有特殊气味的粘稠性液体，比水轻，比重0.78~0.97，原油是一种易燃液体，自燃点350~380℃，闪点-6.67~32.22℃，爆炸极限1.1~6.4%。

原油燃烧的温度高。当油罐发生火灾时，温度可达到1050~1400℃，油罐罐壁温度可达到1000℃，对油罐罐壁造成严重威胁。原油燃烧时的火焰具有很强辐射热，会对邻近储罐，尤其是下风方向的储罐造成威胁，在处置燃烧罐的同时，加强对下风方向邻近罐的冷却保护，对参战人员的安全造成威胁，给阵地设置造成极大困难。

原油具有热波特性，在储罐中燃烧时，热波速率为24~26cm/h，燃烧直线速度为9~18cm/h，随着原油温度升高，原油的黏度随之降低，同时加快了油品中的水分向罐底沉降的速度。当原油中的乳化水和自由水的温度达到沸点时，水会气化变成水蒸气，体积膨胀，当压力超过原油的液压时，水蒸气会向上涌，形成大量气泡，使原油的体积膨胀，超出储罐的容积，向罐外溢出，形成沸溢；在热辐射和热波特性的作用下，温度不断向罐底传播，当罐底水垫层的温度达到水的沸点时，水会迅速气化成水蒸汽，体积瞬间扩大约1720倍左右，以高压向外冲击，形成沸溢、喷溅。沸溢、喷溅可使火焰增高，扩大火势，增强热辐射，给灭火救援带来极大困难。

原油罐发生喷溅的时间，与罐内原油的液面高度有关，液面越高，发生喷溅的时间越晚。同时还与原油中的含水量和原油传热速度及燃烧速度有关，原油中含水量大、黏度大，发生喷溅就特别剧烈；燃烧速度快，热层扩展速度快，发生喷溅的时间就早。

原油储罐在燃烧过程中，发生喷溅的时间可通过计算得知。

$$T=[(H-h)/(V_0+V_1)]-K\cdot H$$

式中，T 为预计发生喷溅的时间，h；H 为储罐中液面的高度，m；h 为储罐中水垫层的高度，m；V_0 为油品燃烧的线速度，m/h；V_1 为油品的热波传播速度，m/h；K 为提前常数(储油温度低于燃点取0，温度高于燃点取0.1h/m)。

在火灾扑救的过程中，通过计算可得出原油可能发生喷溅的时间，以便及早采取各种消防技战术措施，或者工艺倒罐等措施，尽量防止油火喷溅的发生，避免喷溅造成的火势扩大和对车辆、人员所带来的威胁。

3 外浮顶原油储罐火灾特点

外浮顶原油储罐火灾的点火源一般为雷击、静电或硫化亚铁自燃，发生火灾的部位一般在外浮顶储罐浮船与罐壁之间的密封处。最初的燃烧形式是密封圈点式或带式燃烧，如果处置不当会造成浮船倾斜形成半液面燃烧，或者浮船下沉形成全液面燃烧，最终发生沸溢和喷溅。

3.1 密封圈点式或带式燃烧

由于浮船与罐壁之间密封处有少量油蒸汽逸散，逸散出的油蒸汽遇到雷击或静电等点火源就会被点燃，从而引起密封圈橡胶燃烧。一般外浮顶罐密封圈点式燃烧为火灾初期，燃烧面积小，温度不高，火势较弱，发现及时且处置方法正确，会迅速扑灭火灾。如果没能及时发现，会由点式燃烧发展为带式燃烧，相对于点式燃烧，燃烧面积增大，同时扑救难度和灭火剂用量增加(图2)。

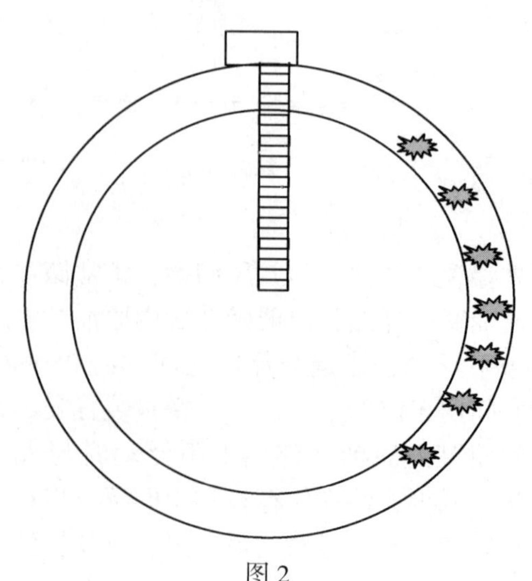

图2

3.2 浮船倾斜燃烧

浮船倾斜俗称卡船，是由于火灾处置不当或罐壁冷却保护不到位，造成罐体变形，燃烧液面下降，导致浮船倾斜单边卡船。此时浮船一半在液面下，一半在液面上，形成半液面燃烧，其中一部分燃烧液面被浮船挡住，油罐会出现外浮顶式和拱顶罐式空间燃烧，无法将泡沫有效喷射进行覆盖灭火，造成火灾经常复燃，增大灭火处置难度。一般发生浮船倾斜燃烧的储罐多为半液位原油储罐(图3)。

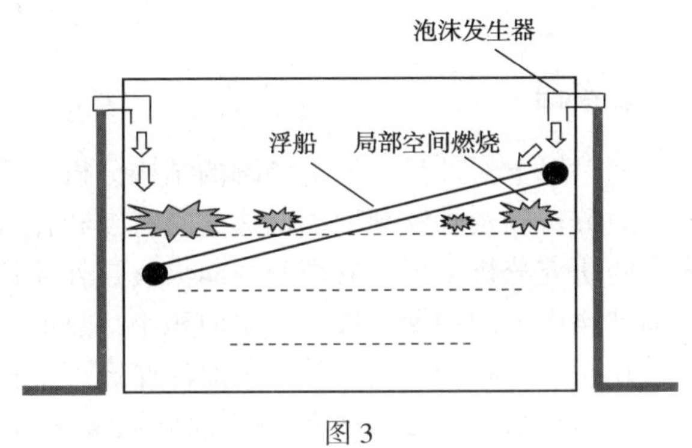

图3

3.3 浮船下沉燃烧

浮船下沉俗称沉船，是由于火灾处置不当或者其他原因导致沉船，此时由密封圈局部燃烧扩大为全液面燃烧，形成原油储罐敞开式燃烧。由于外浮顶原油储罐一般直径较大，当发生全液面燃烧时，对消防救援队伍是否精干、消防装备是否精良、后勤保障是否有力是一个很大的考验(图4)。

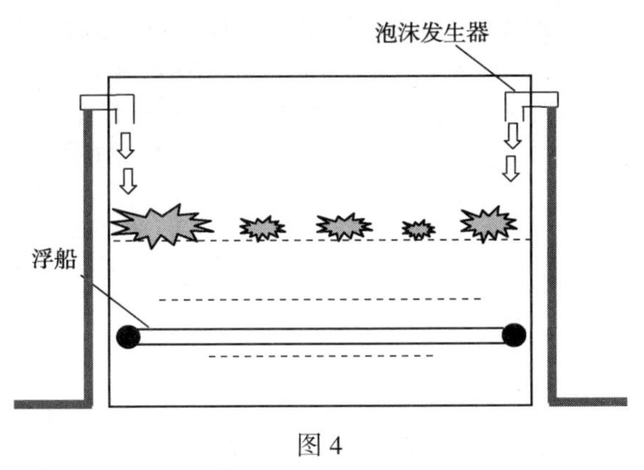

图4

4 外浮顶原油储罐火灾扑救方法

外浮顶原油储罐发生火灾时按照先控制，后消灭，固移结合，准确迅速，集中兵力打歼灭战的战术原则，采取“先冷却，后灭火”和“边冷却，边灭火”的战术措施进行扑救。

4.1 外浮顶原油罐发生密封圈点式或带式燃烧的火灾

（1）当固定消防设施完好的情况下，启动燃烧罐和邻近罐的固定喷淋系统，对燃烧罐和邻近罐进行冷却保护，同时启动固定泡沫灭火系统或利用消防车连接半固定泡沫灭火系统直供泡沫液实施覆盖灭火。当固定或半固定泡沫灭火系统灭火效果不佳时，应立即组织2名攻坚人员穿好个人防护装备，携带水带和泡沫枪在冷却掩护下通过罐外盘梯登至罐顶，连接罐顶平台处的泡沫竖管三分水铺设双干线泡沫枪阵地，在顶风处选择进攻点，形成泡沫覆盖层后逐步向两边推进，推进过程需要注意风向变化，适时调整左右推进速度，接近泡沫覆盖闭合点，推进速度须放慢，防止高温回火引起油气复燃。泡沫覆盖完成后，攻坚人员应迅速撤离罐顶。加强储罐外部罐壁的冷却，防止密封圈油气高温复燃(图5)。

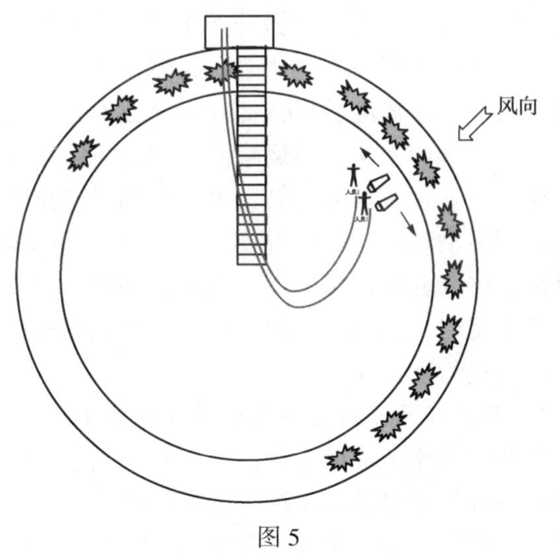

图5

（2）当固定消防设施损坏的情况下，利用移动水炮加大对燃烧罐的冷却强度，同时组织8~10名攻坚人员穿好个人防护装备，每人携带2个干粉灭火器在冷却掩护下，通过罐外盘梯登至罐顶浮船，两人一组同时接近火源，同时喷射粉剂，从火带两边向中间推进，粉剂喷射完毕迅速撤离，最后一组彻底扑灭明火后迅速撤离，对罐壁的冷却继续实施；或者组织2名攻坚人员穿好个人防护装备，在罐顶平台采用垂直铺设水带的方法设置泡沫枪阵地，利用消防车直接供泡沫液，通过泡沫覆盖的方法进行灭火(图6)。

4.2 外浮顶原油罐发生浮船倾斜燃烧的火灾

当外浮顶原油罐发生浮船倾斜燃烧时，固定泡沫灭火系统已经失去作用，利用固定喷淋冷却

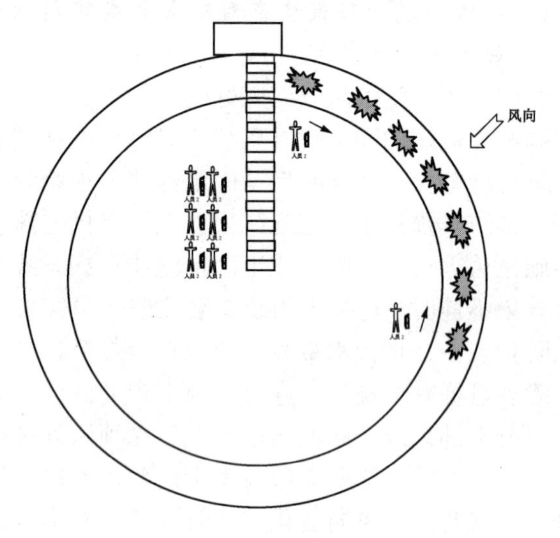

图 6

系统和大流量移动水炮加强对燃烧罐的冷却保护。与工艺措施相结合，向燃烧罐内输入同质冷原油来提升浮船，使液面贴近浮船，直至浮船平衡后继续输同质冷原油提升浮船高度，根据罐内温度适当排油降低罐内油温。高液位能够减少辐射热对泡沫造成的破坏，提高灭火效率，也可降低罐壁冷却用水量。燃烧罐液位提高后停止向罐内输油，如罐内油温较高，可采取油料进出平衡法，用冷油将罐内热油置换出去，以达到降温的效果。当液面提高后，冷却强度达到要求，灭火准备充足时，利用固定泡沫灭火系统和移动泡沫炮同时进行泡沫覆盖灭火。

4.3 外浮顶原油罐发生浮船下沉燃烧的火灾

此时为全液面敞开式燃烧，利用固定喷淋冷却系统和大流量移动水炮加强对燃烧罐的冷却保护，利用输油倒罐使油品进出平衡的工艺措施，降低罐内油温。不要盲目喷射泡沫液实施灭火，避免发生沸溢、喷溅。外浮顶罐发生全液面敞开式燃烧后，对冷却用水量要求极大，仅凭厂区的消防水源难以满足冷却和灭火需要，如果选择运水供水，需要投入大量的水罐车，建议利用远程供水系统获取天然水源，以满足冷却和灭火需要。通过计算算出消防用水量和泡沫储备量是否满足灭火需求，若不满足应及时调集，切勿盲目进行扑救，避免浪费资源，同时造成火势扩大。当灭火力量充足，冷却强度达到要求时，固定泡沫灭火系统和移动泡沫炮同时进行泡沫覆盖灭火。

5 结束语

通过以上对外浮顶原油储罐的结构分析、原油性质分析以及外浮顶原油储罐火灾特点和扑救方法的研究分析，可以看出密封圈火灾是外浮顶原油储罐火灾的初期阶段，燃烧面积小，热值不高，相对容易扑救，也是外浮顶原油储罐火灾扑救的最佳时机。在处置外浮顶原油储罐火灾时，固定消防设施发挥了巨大作用，因此在火灾处置时要优先使用固定消防设施。

参 考 文 献

[1] 乔都助，顾东虎. 浅析外浮顶原油储罐火灾扑救方法[J]. 消防界：电子版，2016，(12).

[2] 刘志华. 外浮顶原油储罐密封圈火灾处置措施及扑救对策浅析[J]. 中国公共安全：学术版，2017，(1).

[3] 叶曙鸣，朱胜高. 外浮顶油罐火灾扑救技术研究[J]. 石油化工安全环保技术，2014，(3).

[4] 李娜，张金明，李娇. 外浮顶储罐安全管理与火灾应急处置对策研究[J]. 中国应急救援，2019，(5).

分析大型储油罐区火灾特点及扑救策略

顾　猛

（中国石油辽河油田公司）

摘　要　大型储油罐区一旦发生火灾，其危险性造成的灾害非常巨大，既对人们的生命财产安全造成严重威胁，又对国家、企业造成重大经济损失，同时给社会带来不良影响。因此分析大型储油罐区火灾特点，对于掌握火灾发展形式，组织扑救火灾具有重要意义，本文针对大型储油罐区火灾特点提出几点应对及扑救策略，以供参考。

关键词　大型储油罐区；火灾特点；扑救策略

大型储油罐区发生火灾造成的严重后果不容小觑，由于其大型化、单罐容积的特点导致油库发生火灾爆炸事故的风险加剧，一旦发生火灾爆炸，由于扑救难、污染严重容易造成巨大损失，且产生的恶劣影响远远超出其他灾害事故。因此要客观的正视大型储油罐区火灾特点，了解和掌握扑救的具体措施和要点，以改进和完善此类火灾扑救措施。

1　大型储油罐区火灾基本特点

在不同油品和不同储存方式，以及不同储存条件下，大型储油罐区的火灾风险因素存在一定差异，在发生火灾后的危害性和爆炸风险程度也不尽相同，但储油罐区在发生爆炸之后，罐体内部气压的急速膨胀会造成罐体严重破裂，灌顶上的密封盖板向外废除，罐体底部严重漏油，内部储存的油品加速燃烧，如果油品流出范围加大则更容易引发周边物质的燃烧，形成更大面积的火灾。一些储油罐区在发生火灾之前并未出现明火，而是首先产生储罐爆炸；一些储油罐区则是首先出现明火，然后产生爆炸。轻质油品储油罐区在发生火灾后的燃烧效率较高，产生的火焰热量大、热辐射能力强、火势发展快，能够在极短时间内引发邻近可燃物和储油罐体的燃烧和爆炸。轻质油储油罐上安装的呼吸阀、罐体注油孔等，在罐体顶部出现明火后，火焰燃烧面积较小，燃烧点不会位移，燃烧过程相对稳定。重质油储油罐区在发生火灾之后，会形成喷溅状或沸溢状的火焰，罐体内部油品的蒸发效率较低，吸收的热量非常有限，火焰中夹带有溢出的沸腾油料，会造成火焰喷溅现象，喷溅长度可达几十米甚至上百米远。

2　大型储油罐区发生火灾时的处置措施

2.1　立即查明起火原因和火灾情况

在储油罐区发生的火灾规模较大的情况下，必须在开展扑救工作的同时对火灾现场环境和起火原因开展全面侦查，在最短时间内确定油品的种类、储存量、液面高度，以及储油罐分布情况；掌握罐体变形程度和损坏程度；已经着火的油罐对相邻油罐或周围环境、建筑物等产生怎样的影响，确定是否采取一定的防护措施；掌握液体流出的范围；着火区域是否有防护堤或是排水设备；罐体是否有水层，是否会引发沸溢或喷溅；该区域的灭火设备是否能够正常使用；消防水源是否充足等。同时在扑救火灾时要随时注意着火区域的风向有无变化，密切关注油罐区是否存在沸溢和喷溅的征兆，一旦发现此征兆要及时采取有效扑救措施。

2.2　对罐体进行冷却降温

做好对燃烧的储油罐和相邻储油罐的冷却降温工作，要及时堵截地面流淌火的蔓延，尽可能的降低油罐的温度和燃烧的强度，从而减少储油罐发生变形、破裂的风险。冷却过程中，要将水流喷射到油罐的上檐部分，水压无需太强，且保证罐体冷却均匀，坚决不能有冷却空白或是供水间断的情况。还要注意不能将冷却水射入到罐体内，否则会加剧油料气化过程，甚至引发剧烈爆炸。在冷却用水供给强度的选择方面应将储油罐周长作为参照，通常情况下为 0.6～0.8L/S. M，选用 19 毫米的高压水枪喷射口径，水柱充实度为 10M 的条件下，大致可满足 10 米周长储油罐体的温度控制。在冷却相邻罐体时(一般为燃烧直径的1.5倍距离范围内)，其供水强度一般为0.36~0.7L/S.M，依据该罐体周长的1/2进行计算。如果燃烧罐体是浮顶罐或地下罐，冷却水供给强度的最佳区间为0.4~0.6L/S.M。在邻近地下罐体表层裸露地面的情况下，最佳冷却水供给强度为0.35L/S.M。

2.3 储油罐区的火灾扑救准备工作与总攻

大型储油罐区的火灾扑救是一个繁杂过程，必须遵循先冷却、后准备、最后总攻的三步骤原则。准备的内容主要包括消防设备、消防人员、泡沫灭火剂、干粉灭火剂、冷却水等。在扑救开始后，应首先将储油罐外部燃烧的明火压制和消除，为总攻创造良好条件，在火势难以控制和爆炸风险较大的情况下，可组织周边群众和灭火队伍在火灾现场周边搭建火灾防护堤，避免油液外溢形成火灾扩散，也可将油品导流到安全区域。切忌不能在灭火准备不足情况下开展总攻，否则不能有效扑灭火灾，而且容易增加灭火剂的消耗，所以必须要在准备工作充足情况、一切准备就绪的基础上，统一指挥、统一行动，才能尽快扑灭火灾。

在准备工作中应当注意：敞口储油罐发生火灾后，如果需要用到泡沫钩管，应首先根据油品燃烧特性对泡沫质量进行优化选择，按照油品量和燃烧面积计算泡沫需求量和供给强度，然后才能组织人员开展扑救工作。在开展扑救工作时，应打开所有泡沫管线阀门后，再启用消防泵，保障泡沫液供给的充足性，确保泡沫能够直接喷射进罐体内部。

在总攻之前需要注意的事项：计算好泡沫和水的需求量，确保供给的持续性和充足性，以及水压的稳定性，同时要确保将泡沫打入到罐体内。在火势扑灭后，还要继续供应适量的泡沫，加强罐体内部的泡沫层厚度，然后注入冷却水，将罐体内部油品的整体温度控制在安全范围，避免发生二次燃烧。

2.4 不同情况下的最佳扑救策略

(1) 重质油品储油罐区的火灾势头较为迅猛，在扑救过程中应将防止沸腾、外溢、喷溅为首要目标。因此必须要确保罐体充分冷却，将罐体内部不同油层温度控制在安全范围，采用抽水设备将油罐底部的冷却水抽除。在开展扑救工作时要实施监控和测量油罐内的底部油层温度变化，掌握不同油层温度实施变化情况，观察燃烧过程中是否存在异常状况，如果发现异常燃烧，应分析异常燃烧原因和风险，制定应对预案，予以妥善处理。特别需要指出的是，在扑救过程中，任何消防人员都不能攀爬储油罐顶部。此外还要注意备足灭火水量、消防车、泡沫液等，以便应对突发紧急状况。

(2) 起火燃烧点位于储油罐顶部或呼吸阀门时，如果燃烧区域的火焰形状为火炬状，应采用湿水后的棉被和毛毯作为覆盖物，消除明火。若罐体顶部存在较大孔洞，且内部储存的油量较大，需要对罐体进行充分冷却，并向其内部喷射一定量的泡沫，将油面完全覆盖，以此扑灭火灾。

3 大型储油罐区火灾注意事项

3.1 有针对性地做好防护及安全工作

储油罐区的火灾扑救具有极大风险，每一位消防官兵必须在做好充分安全防护准备的前提下，才能开展扑救工作，并在扑救工作中保障自身安全。首先，在扑救工作前应了解和掌握燃烧物的类型和燃烧特性，以及物理化学特性，然后有针对性的选择防护工具和装备。例如：在液化气泄露事故的处置方面，消防人员必须配备避火服或隔热服，而非是防化服。同时，所有消防人员必须时刻保持安全风险防控意识，绝不能马虎大意。在处置有毒有害气体泄露事故时，在没有探测明确泄露原因的情况下，所有消防人员不能进入气体扩散区域。在液化石油气泄露事故出之前，应采用由内向外压制火源的策略，将明火完全消除后，才能在泄露区内开展泄露位置排查和消除工作。最后，要充分利用喷雾水枪对火灾区域的明火和温度进行控制，降低火灾区域的热辐射强度。

3.2 消防车的有序体停放和准确停放

在石油化工类火灾的处理过程中，消防车的停放位置应在起火点侧风向或上风向，停车地点的地面高度应高于事故发生点，停车位置必须与燃烧区域之间存在一个安全过渡区，并做好以下方面：一，消防车在到达火场后，应严格遵守指挥员的要求，将车辆停放在安全位置，摆好消防姿态，为火场扑救和突发危险处置，以及后续增援车辆的停放提供便利。二，消防车驾驶员必须在整个灭火扑救工作中坚守驾驶岗位，时刻关注车辆中的灭火剂使用情况，在余量不足时，应及时加注，避免泡沫用尽后加注，保证灭火过程的持续性。

3.3 基于科学合理原则，严谨选择灭火战术

科学有效的灭火战术是实现火灾有效控制的基础前提，在制定灭火战术决策的前期阶段，要充分研究火灾形式、火场危险因素、火灾救援难点，论证各种扑救行动的安全性与有效性，结合对专家意见的整机，制定安全、可靠、可行的扑救方案。例如：大连港 7.16 重特大火灾救援过程中，各级领导干部指战员协同作战，始终坚守在前线，经过高级战术训练的多位工程师在现场规划部署扑救作业，提出了先控制火情，后总攻消灭的作战思路，以灭火、围堵风险、防范风险的三大措施，使火灾事故得到妥善处置。

3.4 现场指挥目标要明确，指挥方案要规范和统一

3.4.1 始终以火场指挥部为“中枢”

指挥部在火灾扑救战斗中是开展各项扑救工作的指挥主体，在火势规模较大或存在向周边绵延扩散态势的情况下，相关领导人员在现场组件临时指挥中心，按照“令出一人”的指挥原则，由总指挥部负责下达扑救指令。因为在多部门或多人下达命令的情况下，势必会造成火场救援秩序混乱，必须以协调统一的行动指挥，简化指令下达和执行流程，为火灾的及时扑救和快速处置创造有力条件。

3.4.2 建立统一化的指挥体系

火场救援和扑救工作均需要在统一指挥体系下开展，所有参展力量的工作部署和分工实施规范化和统一化部署。所有作战指挥关系层级明晰、指挥组织结构完善、总指挥命令传达效率高、整体扑救方案执行效率高是统一化指挥体系的核心优势。灭火现场的情况非常复杂，救援和扑救中存在大量风险，消防部队、救援单位，以及其他单位必须联动开展各项工作，在统一指挥下才能充分发挥自己的力量，为作战方案的顺利执行奠定基础，为各个单位力量的协调发挥，火场危情的有效处置奠定基础。同时，也只有统一化指挥才能避免出现灭火救援现场中的各种事故，降低救援人员的安全风险，保障各部门、各单位、各团队灭火救援的顺畅性与效率性。

3.5 基于正确、充分的原则调动各方作战力量

作战力量调集的及时有效才能为油罐火灾的高效处置打下良好的前提基础。在火灾发生的第一时间，应全面分析火灾发展形式、是否存在有毒有害物质、潜在风险、爆炸可能性，制定科学、全面的处置决策，以“一次调足力量，快速施救、快速冷却、有效灭火”为原则，调集所有能够满足火灾扑救、现场救援、危情处置的人员、物资、设备、材料，制定完善的救援现场设备器械、灭火材料的检查管理方案，为救援消防工作的顺畅开展做好准备。例如：7.16 大连港特大火灾事故发生后，辽宁省消防总队不仅立即从省内调集省内所有消防力量，投入 348 辆性能最优和消防能力最强的消防车开展现场火灾处置工作。还先后调用运输机和消防飞机运输 500 多吨灭火剂运至火灾现场，为地面火灾处置工作提供了控制支持，有效降低了火灾现场的安全风险。

3.6 后勤保障要到位、充足

重特大火灾救援工作的顺畅开展和处置结果与后勤保障能力存在密切关联。石油化工类火灾的处置通常需要数日才能完成，无疑是对全体指战员的体能、精神、意志的重大开眼，后勤保障部门必须妥善解决指战员的饮食、休息、物资供应等问题，确保队伍战斗力的持续性和稳定性，避免救援物质匮乏引发火灾扑救工作中断。

3.7 在救灾前后及时开展心理干预

石油化工类火灾的扑灭难度较大，火场形势瞬息万变，危险性极高，消防人员在心理准备不充分的情况下，极有可能出现消极情绪，从而使整队伍战斗力不足，甚至对救援处置工作的顺畅进行造成阻碍，引发更大的火灾损失。因此，在开展火灾扑救工作之前，首先要组织全体消防官兵，进行事前心理指导，增强消防官兵的扑救信心，坚定抢险救援工作的责任和意志，以降低事后心理问题发生几率。在该方面主要以心理健康教育、危情处置心理训练、现场突发事故应急心理干预等形式为主；在事后心理干预方面主要以压力解说为主。

3.8 以先进消防设备为首选，保障灭火装备和物资充足性

消防设备与器材的先进性对消防队伍战斗能力有着重要影响，精良的消防器材和车辆，以及充足的消防物资是高质量、高效率完成灭火救援任务的先决条件，消防官兵英勇的精神和顽强的斗志是实现灭火救援材料和设备有效应用的基础

前提。在石油化工类火灾中，先进器材装备和移动泡沫发射炮、移动水泡、灭火救援机器人等均是最先进和高效的前沿装备。7.16 大连港特大火灾事故中，辽宁消防总队调集所有高精尖端灭火救援装备，在数天的长时间战斗，始终保持较高在战斗能力，尤其是远程供水系统的每分钟水流量达 22000 升，整个供水线路长达 6 公里，使火灾事故处置全程未出现断水问题。同时，先进泡沫消防车、高效喷射式消防车、大吨位水罐消防车、泡沫液和灭火剂输送车、远程遥控消防炮、移动远程水炮车等器材全部投入应用，并在实战中发挥出强大效能，不仅为突发事件处置、安全隐患排除、风险消除提供了有力支持，还大幅减少了高危救援工作对人工的依赖，提高了消防作战过程的安全性与高效性。

3.9 现场警戒要准确

在火灾现场警戒范围设置方面，要秉承“科学、合理、充裕”的原则。通常而言，火灾现场警戒范围的设置必须参考气象条件、火源特性、空气毒害物质扩散范围、指挥员实战经验、危化品泄露程度、爆炸危害范围，并通过科学、系统、全面的论证，制定最终方案，针对不同区域设置充足的安全警戒区和安全警戒级别。

4 结束语

总而言之，大型储油罐区火灾是具有特殊性质的灾害事故，且增加了扑救的难度，据了解在此类火灾实际的扑救过程中，其危险性非常大，扑救难度高，易发生伤亡事故，因此消防部门和消防人员应对大型储油罐区火灾进行深入研究，全面了解火灾特点，发展形式等，并结合这些特点，分析火灾扑救的难点制定有效的扑救措施，为制定有效的扑救措施提供重要的参考依据。

参 考 文 献

[1] 杨小山. 大型储油罐区火灾扑救对策研究[J]. 消防技术与产品信息，2019，31(06)：21-24.

[2] 于永. 大型储油罐区火灾特点及扑救难点分析[J]. 消防技术与产品信息，2019，31(04)：21-25.

[3] 邵学民. 注意火灾调查中的个人安全防护措施[J]. 安徽消防，1997，(11).

[4] 吴华文. 浅谈石油化工火灾的处置与对策[J]. 科技与企业，2012，(20).

浅谈液化天然气槽车泄漏事故处置的风险与防控

杨鹏飞　张春友　庄昊海

（中国石油辽河油田公司消防支队）

摘　要　液化天然气槽车运输以经济、灵活等特点，成为天然气短途运输的一个重要途径。近年来随着运输的日益频繁，液化天然气槽车事故也随之增加。由于液化天然气槽车泄漏事故危害性大，处置复杂，如果采取措施不当，极有可能造成泄漏、燃烧甚至爆炸，对现场消防救援人员形成威胁。所以消防人员在液化天然气槽车事故处置过程中采取科学的处置对策，制定并实施有效的防范措施，对于顺利完成救援任务，避免重大伤亡事故，保证消防员生命安全有着重大意义。本文以液化天然气理化性质、槽车结构为基础，分析泄漏事故的危害种类，利用模型公式计算危害影响范围，并论述了事故处置的方法及注意事项。为今后此类事故处置提供了有益参考。

关键词　液化天然气；槽车事故处置；风险防范

1　引言

天然气作为清洁、高效、环保的优质化石能源，应用范围遍及工业、农业、民用等多个领域。但是由于天然气分布的地域性，造成其产地大多远离市场，因此液化天然气槽车运输以经济、灵活的特点，成为天然气短途运输的一个重要途径。但是液化天然气槽车一旦发生事故，如果处置措施不当，极有可能造成泄漏、燃烧甚至爆炸，对现场消防救援人员形成威胁。所以消防人员在液化天然气槽车事故处置过程中采取科学的处置对策，制定并实施有效的防范措施，对于顺利完成救援任务，保证消防员生命安全，避免重大伤亡事故有着重大意义。

2　液化天然气理化性质及液化气槽车储罐结构

2.1　液化天然气理化性质

LNG（Liquefied Natural Gas），即液化天然气的英文缩写。LNG主要成分是甲烷（80%~99%以上）、乙烷、丙烷和丁烷，此外一般有少量氮气、二氧化碳及稀有气体等；其沸点为-162℃，所以通常情况下LNG储存在0.1MPa、-162℃左右的低温储罐内；其着火点为650℃，与空气混合后爆炸范上限为15%，下限为5%；液态密度为0.42~0.46T/m^3（水的密度为1T/m^3），重量约为同体积水的45%，热值为50MJ/kg；气态密度为0.68~0.75kg/Nm^3（空气密度约为1.29kg/Nm^3），重量约为同体积空气的50%，热值为38MJ/m^3；它冷凝后的体积约为同量气态的1/600。

2.2　LNG槽车储罐结构

2.2.1　罐体结构

LNG槽车储液罐为卧式夹套容器，双层结构。内罐为深冷镍钢制成，外罐为高强度碳钢制成，夹套内填装隔热保温材料并抽真空。内罐与外罐之间连接结构通常采用玻璃钢支座结构、柔性吊挂结构和两端支撑结构。其中玻璃钢支座结构为后支座固定连接，前支座为滑动连接。

2.2.2　安全附件

槽车内罐气相管路位于罐体上部且并联设置安全泄压阀和爆破片，当内罐压力达到0.84~0.88MPa时，安全泄压阀自动开启，使内罐上部天然气经气相管路于安全阀处排出，达到降低内罐压力的目的；当内罐压力低于0.7MPa时，安全阀自动复位关闭。为了防止安全阀意外失灵而造成槽罐压力升高破裂，在安全阀并联安装爆破片，其爆破压力为0.90~1.0MPa，起第二道保险作用。槽车外罐顶部装有保险装置，当夹套泄露造成夹套内压力升高时，外罐保险器即自动泄压。

3　LNG槽车泄漏的危害种类

由于LNG理化性质及槽罐结构特点，泄漏

事故易发生以下几种危害：

3.1 气化超压爆炸

当 LNG 槽车内外罐夹层失去真空、内罐破裂或受外界热源加热时会导致 LNG 温度上升迅速气化，使罐内压力快速升高，瞬间产生大量气体。当罐内 LNG 气化速度超过泄压装置的泄压速度时，就有可能产生物理性爆炸。

3.2 冷爆炸

由于 LNG 与水之间的热传导速率很高，当 LNG 与水接触时，LNG 迅速吸热沸腾，相态发生快速转变，剧烈汽化，形成白雾并伴有巨大的响声，类似于水落到烧热的铁板上的情况，因此叫做冷爆炸。

3.3 爆炸燃烧

LNG 气化后扩散与周围空气混合，构成爆炸性混合气体，当遇到点火源时产生闪爆，继而承喷射状燃烧。

3.4 低温冻伤

由于 LNG 的温度为-162℃，属于深冷液体。人体一旦直接与 LNG 接触，体内的水分就会冻结，局部血液循环停止，进而使人体组织细胞死亡造成冻伤，严重的话会直接危及人员生命。

3.5 窒息

LNG 的含氧量极低，气化后形成的混合气体降低了空气中氧气的浓度，容易使人窒息。如果氧含量降低到 10%以下时就会对人体造成永久性的损伤。氧含量降低到 6%以下时，人体就会出现痉挛、呼吸停止，甚至死亡。

4 LNG 泄漏事故发展及影响范围

4.1 LNG 泄漏事故流程

LNG 泄漏后可能会发生以下情况：(1)液相泄漏后迅速气化造成低温冻伤或窒息；(2)气相泄漏后马上遇到火源而被点燃，即在泄漏口形成气体喷射火稳定燃烧，一般不会发生爆炸；(3)泄漏气体未立即点燃，在空气中扩散与空气形成混合蒸气云，遇火源导致火球燃烧或蒸气云爆炸；(4)扩散过程中没有点火源，且未达到爆炸极限范围内造成低温冻伤或窒息。详见图 1。

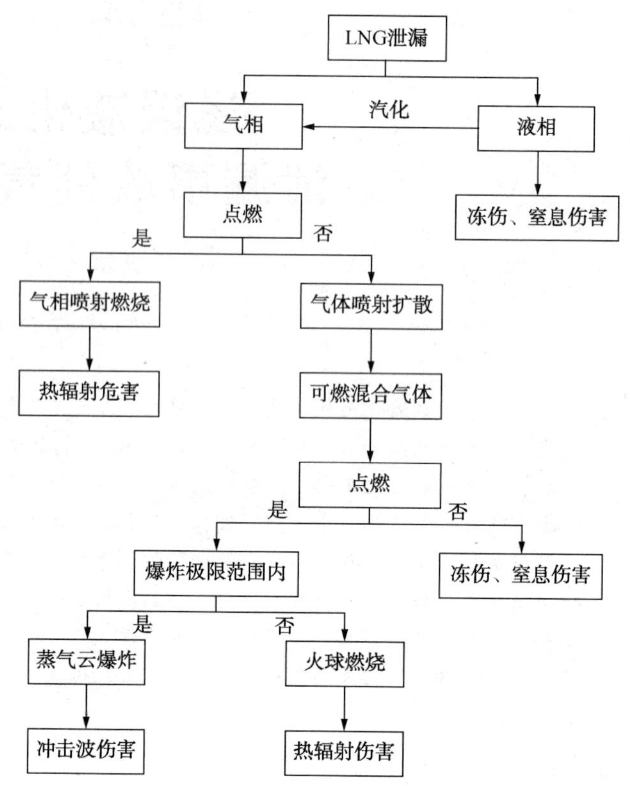

图 1 LNG 泄漏事故危害流程图

4.2 伤害影响范围

由于冻伤、窒息伤害只有直接接触低温液体或蒸气时才会发生，所以这类伤害的影响范围与实际泄漏形式、泄漏量有关，这里不进行计算。

4.2.1 热辐射伤害

当 LNG 槽车发生泄漏，遇明火点燃，形成气象喷射燃烧或者火球燃烧事故产生热辐射，在一定范围内，人体会受到热辐射伤害。不同程度热辐射下的人体暴露极限见表 1。

表 1 热辐射伤害准则

临界热计量/(kJ/m^2)	伤害程度
592	人员死亡
392	人员重伤
375	人员三度烧伤
250	人员二度烧伤
125	人员一度烧伤
65	人员感觉疼痛

由于喷射火热辐射伤害的主要影响因素是泄漏口的大小，所以 LNG 泄漏事故热辐射伤害半径以火球燃烧形式为基础计算。假设槽车内全部 LNG 都消耗在火球中，所造成的热辐射伤害最大值计算如下：

$$q=\frac{QT_C}{4\pi R_X^2} \tag{1}$$

式中，q 为火球中心至目标点 x 处的热辐射强度，W/m^2；Q 为点热源火球的热辐射通量；R_X 为目标距火球中心的水平距离，m；T_C 为热辐射系数，$T_C=1-0.058\ln R_X$。

通过计算得出表2、图2。

表2 LNG的热辐射伤害半径

LNG泄漏量/m^3	LNG火球燃烧危害半径		
	死亡半径	二度烧伤	一度烧伤
1	44.34	68.24	95.5
3	63.95	98.41	139.18
5	75.82	116.68	165.01
10	95.53	147.01	207.9
15	109.36	168.28	237.99
20	120.36	185.22	261.94
25	129.66	199.52	282.17
30	137.78	212.02	299.85
35	145.05	223.2	315.66
40	151.65	233.36	330.02
45	157.72	242.71	343.24
50	163.36	251.38	355.51

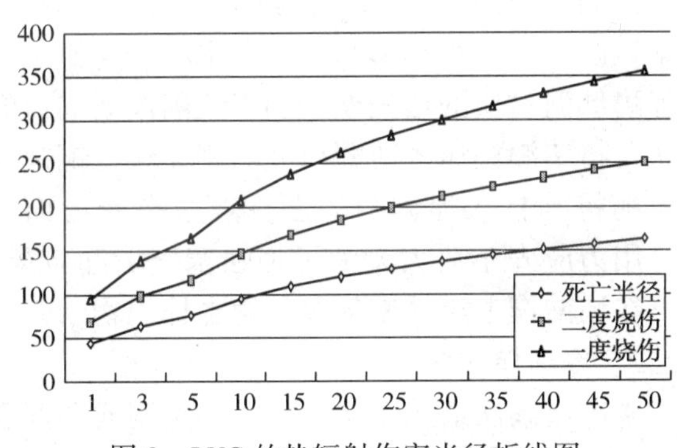

图2 LNG的热辐射伤害半径折线图

4.2.2 冲击波伤害

LNG泄漏后蒸气云爆炸形成的伤害主要来自于冲击波。爆炸发生后，周围空气受到冲击，使其压力、密度、温度等发生跳跃式的改变，这种变化在空气中以超音速的速度由爆炸中心向四周扩散传播就形成了冲击波。蒸气云爆炸对人体的破坏和危害程度的经验数据见表3。

表3 爆炸超压对人体的伤害

冲击波超压/MPa	人体相应伤害情况
0.1	大部分人员死亡
0.075	内脏严重损伤或死亡
0.04	听觉器官损伤或骨折
0.025	轻微损伤

采用半球模型计算蒸气云爆炸长度L_0的计算公式为：

$$L_0=\left(\frac{V_0E_0}{p_0}\right)^{\frac{1}{3}}=\left[\frac{2\pi R_0^3E^0}{3p_0}\right]^{\frac{1}{3}} \tag{2}$$

式中，E_0为爆炸能量，$E_0=V\Delta H_C$，J；V为半球体积，m^3；V_0为气体体积，m^3；ΔH_C为体积燃烧热，J/m^3；p_0为环境压力取$1.01*10^5$Pa。

比例超压$\bar{p}$：

$$\bar{p}=\frac{(\Delta p-p_0)}{p_0} \tag{3}$$

比例距离$\bar{R}$：

$$\bar{R}=\frac{R}{L_0} \tag{4}$$

式中，V_0为气云的初始(爆前)体积，m^3；E_0为气体爆燃释放的热量，J；p_0为环境压力，Pa；L_0为蒸气云爆炸长度，m；R为冲击半径，m。

经计算得表4、图3。

表4 LNG蒸气云爆炸事故伤害半径

泄漏物量/m^3	LNG蒸气云爆炸事故危害半径		
	死亡半径	重伤半径	轻伤半径
1	11.7	23.93	61.94
3	24.34	49.78	128.85
5	34.21	69.98	181.12
10	54.31	111.08	287.51
15	71.16	145.56	376.75
20	86.21	176.34	456.4
25	100.04	204.62	529.61
30	112.97	231.07	598.05
35	125.19	256.07	662.78
40	136.85	279.92	724.49
45	148.03	302.78	783.67
50	158.8	324.81	840.7

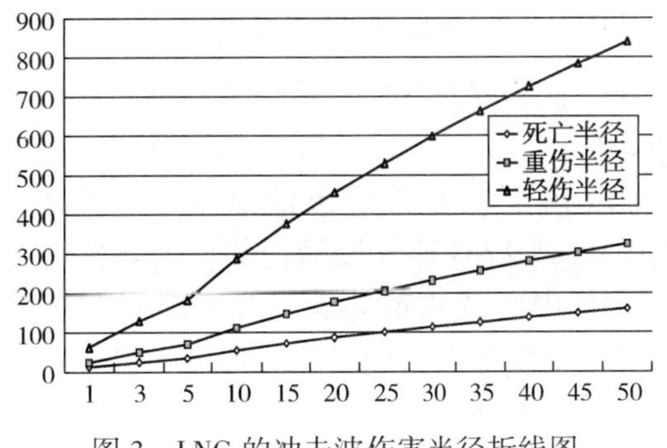

图3 LNG的冲击波伤害半径折线图

以上对LNG火球燃烧和蒸气云爆炸伤害半径的计算结果，是基于常温、常压、没有风力影响的理想状态下进行的，所以在实际槽车泄漏事故应急处置时可结合现场环境并参考以上计算结果划分警戒范围、疏散区域及采取适当安全防护措施。

5 LNG 槽车泄漏事故处置方法及防范措施

5.1 关阀断料

由于 LNG 槽车属于危险品运输车辆，所以其在设计制造时有着严格的规范和要求，安全装置也就成为 LNG 槽车所必需的构成部分。当 LNG 槽车发生泄漏事故时应首先考虑利用安全装置关阀断料。

5.1.1 关闭紧急切断阀

紧急切断阀是 LNG 槽车主要安全装置之一，用于罐体外部装卸气相、液相管路发生泄漏时紧急止漏。其包括手动油泵、串联阀、液相紧急切断阀、气相紧急切断阀等部件。当装卸液相、气相管路意外撞击破裂或 LNG 从液相、气相阀等处发生泄漏时，应立即手动关闭紧急切断阀，断绝储罐与液相、气相管路之间的连通。如泄漏后发生燃烧且温度达到 75℃左右时，紧急切断阀内的易熔金属就会融化，使紧急切断阀自动关闭，避免险情扩大。

5.1.2 其他附件关阀

除了紧急切断阀外，在罐壁外部压力表、液位计等与罐内相连通的管路中间也都有可手动关闭、开启的阀门，所以当这些地方发生泄漏但是阀门完好的情况下也应首先选择关闭阀门，排除险情后再对外部损坏的附件进行更换。

采取以上两点处置方法应注意：

（1）由于 LNG 蒸气易燃易爆，因此在泄漏危险区域内应杜绝一切火源，参与救援的车辆必须安装防火帽，救援人员携带的通讯、照明等设备必须符合防爆要求，且严禁穿着可产生静电火花的衣物。

（2）由于 LNG 能造成低温冻伤，因此在处理与 LNG 或 LNG 蒸气接触过的任何物体时，都应穿戴上 PVC 或皮革等无吸收性材料制成的手套，并穿戴防寒服，同时注意使用护目镜或面罩来保护眼睛和面部。操作过程中应尽量避免正面朝向泄漏口，防止低温液体、气体喷溅到人体造成冻伤。

（3）由于 LNG 有窒息性，当大量 LNG 从泄漏点溢出且没有遇到点火源的情况时，在泄漏区域气化形成窒息性混合气体。因此进入泄漏区域的人员必须佩戴空气呼吸器，必要情况下可穿戴全密封防化服。

（4）由于 LNG 泄漏后气化吸收周围环境中的热量，使泄漏区域空气中的水份迅速凝结，形成雾状蒸气云团，影响能见度，阻碍救援。因此在处置过程中可使用开花水流驱散作业区域的蒸气云，以有利于观察及实施其他处置措施。

5.2 紧急堵漏

在 LNG 槽车泄漏事故处置中，各种堵漏技术的应用是控制泄漏速度，抑制险情发展，降低处置风险的有效措施。

5.2.1 塞楔堵漏法

塞楔堵漏法主要适用于 LNG 槽罐罐体小孔、沙眼和裂缝，各类连接管路断裂以及液位计、压力表等部位的泄漏。

其主要实施方法是：堵漏前，先将泄露口周围的脆弱部位或锈层除去，露出坚固的泄漏口，根据泄漏口的大小和形状，选取木材、聚氨酯材料等耐低温材质的堵漏楔，加工切削成泄漏口的形状，将堵漏楔压入泄漏口处后用无火花铜锤或木质锤将其打入泄漏口，击打点应在受力面中心，用力应先小后大。为了加强塞楔堵漏效果，也可在堵漏楔上涂抹密封胶、缠裹棉织物。

5.2.2 冷冻堵漏法

冷冻堵漏法适用于罐体较小的空洞或局部裂缝泄漏以及外部各类管路不规则泄漏无法用塞楔堵漏法处置的情况。

具体操作方法是：根据泄漏点的大小或裂缝的长短准备充足的吸水性与防静电性能好的纯棉织物或棉布。在罐体泄漏的情况，用水浸湿棉布后贴敷在泄漏点或裂缝处，每贴一层同时用水点滴或水雾喷淋，如此反复贴敷。一般情况下，轻微泄漏贴服五、六层即可，也可根据具体情况适当增加贴敷层数，待织物中水分完全冻结时就可封堵住泄漏点，完成堵漏。此种方法封堵材料简单、易于寻找且操作难度小。

5.2.3 塞楔-冷冻联合堵漏法

塞楔-冷冻联合堵漏法是将塞楔堵漏法与冷冻堵漏发配合使用。

具体操作方法是：对泄漏部位先采取塞楔堵漏，然后将泄漏口外部多余塞楔部分去掉，再采取冷冻堵漏法实施堵漏。虽然操作方法更加复杂，但堵漏效果最好。

采取以上紧急堵漏法除了应做到上面四点还应注意：

（1）在堵漏时，应使用防爆堵漏工具，防止产生火花引发爆炸。

（2）处置过程中应对泄漏的 LNG 蒸气做好驱散和监护工作，必要时可在泄漏区域用喷雾水进行驱散稀释。

（3）当使用冷冻堵漏法和联合堵漏法时，应注意避免敲击堵漏部位，而造成贴敷的织物脱离罐壁，发生二次泄漏。

5.3　倒罐

所谓倒罐就是将液化天然气从事故槽车储罐转移到另外的储罐、槽车或其他安全容器中的措施。在 LNG 槽车泄漏事故处置过程中，堵漏措施无效或无法实施堵漏，槽车又无法在短时间内转移时，可采取倒罐的方法，控制现场险情、加快处置速度和清除现场隐患。

LNG 槽车常用的倒罐方法有低温输转泵倒罐、压差倒罐、增压器倒罐三种。

（1）低温输转泵倒罐就是将事故罐和安全容器的气相管路相连通，事故罐的液相接口与输转泵入口相连，安全容器的液相接口与输转泵的出口相连，然后开启输转泵，将 LNG 倒入安全容器内。此方法是三种方法中倒罐效率最高的一种。具体工艺见图 4。

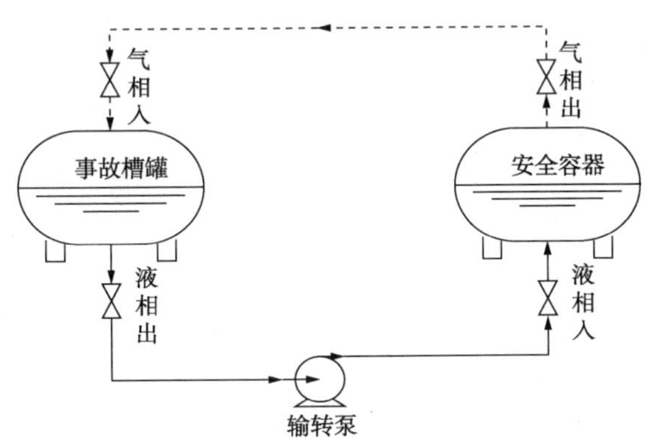

图 4　输转泵倒罐工艺图

（2）压差倒罐就是将事故罐和安全容器的气、液相管路相连通，利用位置高低产生的静压差将事故槽车罐内 LNG 倒入安全容器内。此方法是三种方法中倒罐效率最低的一种。具体工艺见图 5。

（3）增压器倒罐就是将增压器入口与事故罐液相接口相连，增压器出口与事故罐气相接口相连，事故罐内 LNG 经增压器吸热气化后体积膨胀，使增压器内压力增高，进而增高事故罐内压力，使 LNG 从事故罐其他液相接口导出，进入安全容器。具体工艺见图 6。

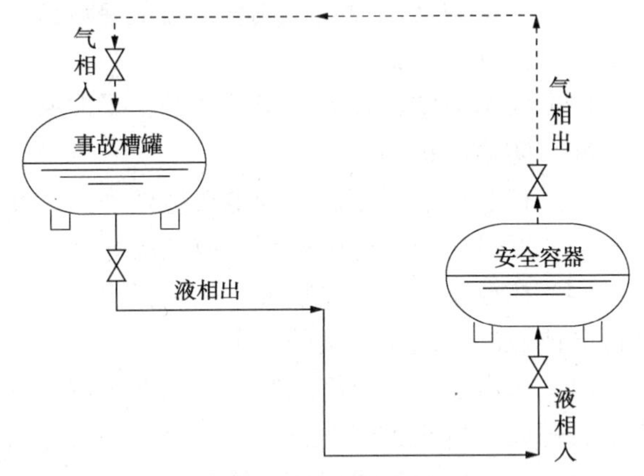

图 5　压差倒罐工艺图

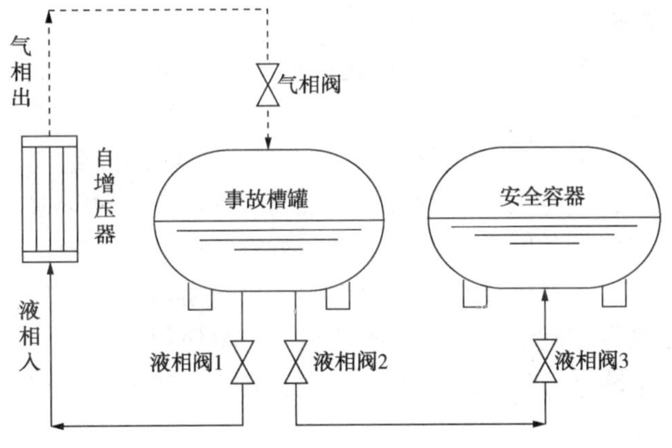

图 6　增压器倒罐工艺图

采用倒罐措施是应注意以下几点：

（1）应根据现场条件，指挥员采取科学的倒罐措施。

（2）倒罐作业专业性非常强，应由有倒罐经验的专业人员实施。

（3）倒罐前安全容器内应用氮气或惰性气体将容器内空气进行置换。

（4）利用低温输转泵和增压器倒罐时会使事故罐内压力增高，加大泄漏量，因此实施过程禁止人员停留在泄漏口附近，避免低温气体或液体喷溅造成冻伤，并在倒罐过程中做好驱散、稀释等安全防护。

（5）利用低温输转泵倒罐时应注意使用耐低温、气密性、电气安全性达标的专业输转泵，防止发生燃烧、爆炸，造成二次事故。

（6）在输转过程中应注意保持事故罐与安全容器之间的压差在 0.2~0.3MPa。

5.4 放空

当无法有效实施关阀、堵漏、倒罐这三种措施时，可采用放空法，必要时也可外引点燃。

采取放空法时应注意以下几点：

（1）在放空区域设立警戒线，疏散警戒区域内的无关群众和车辆。

（2）实施放空人员做好个人防护，采取必要的防冻、防窒息措施。

（3）控制放空速度做好静电接地处理，防止因放空速度过快引起静电积聚、放电爆炸。

（4）在放空点周围设喷雾水枪稀释驱散，并进行气体检测，确认环境的安全。

（5）如需点燃时应将放空管引到安全位置并使用长杆或投掷火源等远距离安全的点火方式，燃烧完毕后要用氮气或惰性气体对事故罐内残余气体进行置换，避免与空气混合发生爆炸。

5.5 泡沫灭火

当LNG槽车一旦起火燃烧的情况下，应在冷却事故罐的基础上，做好警戒、疏散、消灭火源等准备工作，适时利用大量高倍泡沫隔绝空气，窒息灭火。然后根据现场实际情况，科学采取以上关阀、堵漏、倒罐、放空等措施。

在实施冷却时应根据燃烧火焰喷射情况采用喷雾水间歇均匀冷却事故罐，严禁使用直流水冲击罐体，造成在水的冲击力和罐体冷热不均双重作用下而扩大泄漏点。

6 结语

由于LNG槽车泄漏事故情况比较复杂，因此救援人员必须查明槽罐储量、泄漏部位、泄漏速度，以及罐体、管路、安全装置及各类附件等情况。根据地形、风向、电源、火源及交通道路情况分析评估泄漏扩散的范围和可能引发爆炸燃烧的危险及其后果。反复研究制定科学完善的处置方案，并随时根据条件变化进行调整，采取合理有效的措施在确认安全的前提下谨慎组织实施救援、排除险情，确保人民群众生命财产安全。

参 考 文 献

[1] 王泓. LNG潜在的危害及其预防措施[J]. 天然气与石油. 2007(02).

[2] 李永刚，李超. 浅析液化天然气车载运输的应急策略[J]. 化工管理. 2013(06).

[3] 田健. 液化天然气道路运输安全现状分析与对策研究[J]. 交通标准化. 2008(08).

[4] 潘旭海，蒋军成. 重特大泄漏事故统计分析及事故模式研究[J]. 化学工业与程，2002(19)：248-251.

[5] 闫宏伟. 重大危险源泄漏机理及应急堵漏技术研究[D]. 太原：太原理工大学. 2012(06).

[6] 王洪丽，刘晓宇，海热提·涂尔逊. LNG接收站泄漏事故最大风险预测[J]. 环境科学研究. Vol. 19, No. 2, 2006.

液化烃储罐火灾扑救的战法研究

李　津

（中国石油锦州石化公司消防支队）

摘　要　液化石油气储罐事故现场的灭火救援行动，应遵循统一指挥、分步实施和安全、科学、有效的原则，根据灾害类型和发展状态，针对性地灵活运用战术方法。消防队对罐区概况、地理环境熟悉，先期到达后及时采取初步处置措施。增援队到达现场应先在上风向安全区集结待命，根据现场指挥部指令，按进攻路线、任务分工、战术方法、战斗编成的要求，沿储罐区上风向、侧风向依次进入阵地实施处置作业。

关键词　液化烃；爆炸性气体混合物；泄漏；固定消防设施；警戒区

1　液化石油气储罐区火灾危险性

液化石油气储罐区火灾危险性主要源于石油液化气泄漏和着火爆炸。

1.1　液化石油气储罐区泄漏

液化石油气罐区发生事故频率最多的是因液化气储罐泄漏。泄漏主要发生在储罐或罐车的罐体、管道和安全附件等部位。

（1）管线腐蚀穿孔泄漏。管线腐蚀穿孔是石油液化气罐区发生泄漏最常见、最危险的情况之一。主要是因为钢制管线外表都有保温层，这些保温材料多孔易吸水，保温层中的水份与钢管的长期电化学作用，出现锈蚀。另外液化石油气通常含有少量的硫和水，钢管内部也易腐蚀，常期的腐蚀使管壁减薄最终不能承受压力而出现穿孔。

（2）管道连接的法兰（密封垫片）老化开裂泄漏。石油液化气仓储转输管道采用法兰连接。法兰连接所采用的垫片通常是石棉橡胶板垫片或金属缠绕垫片。石棉橡胶板垫片回弹力较差，在高温、低温、高压等恶劣工况下容易老化，导致物料泄漏。金属缠绕垫虽有较好的回弹性、耐热性和高强度，但使用时要特别注意尺寸、选型和安装质量，否则将金属缠绕丝压断就容易产生泄漏。

（3）阀门的泄漏。阀门是液化石油气仓储中最重要的控制部件。液化石油气储罐罐体上，安装有气相阀、液相阀、排污阀、放空阀等许多阀门。由于阀门频繁的开启、关闭使阀门的密封填料磨损、老化，产生泄漏。液化石油气中带有的杂质会卡在阀门的密封面上，造成阀门损坏。液化石油气中的游离水会沉降在储罐的底部，在冬季，如未及时脱水，就会冻坏阀门。

液化石油气阀门多采用法兰连接，法兰面之间经常出现泄漏。法兰面泄漏的原因一般有三种：法兰面损坏；垫片不合格；安装不合格。法兰面一旦发生泄漏，不要盲目地拧紧螺栓，而应使用专用法兰堵漏器具进行堵漏，同时将罐内的液化气转移，然后由专业检验单位进行处理。

（4）罐体的泄漏。液化石油气通常储存在球形压力容器（俗称球罐）中。球罐长期工作在高压、温差变化和带有腐蚀性介质的环境中，因液化石油气中含有硫、氧会对球皮产生腐蚀；焊接材料、焊接质量不好、施工安装、热处理不到位会使焊缝在应力的作用下开裂；球罐超装、超压会使金属疲劳，强度下降；在一定的破损条件下，便会导致罐体的泄漏

（5）安全附件失效引起泄漏。液化石油气储罐和罐车的安全附件包括安全阀、压力表、温度计、液体计及紧急切断阀等。安全附件造成的事故有两类，一类是由于安全附件失灵造成储罐、罐车超装或超压，导致罐体开裂甚至爆炸；另一类是安全附件本身或与罐体结合部位连接不严，造成泄漏。

安全阀起跳。安全阀起跳有两种原因，一种是由于超装或温度升高而造成的罐体超压，使安全阀起跳，此时，喷出的介质主要是液相，十分危险；另一种情况是安全阀在储罐压力较低时起跳，原因是安全阀起跳压力失控，这时从安全阀冲出的介质主要是气相。

液位计失效。液位计失效造成的事故也可分为两类，一类是由于液位计失灵造成假液位，导致储罐或罐车超装超压；另一类是液位计在冲洗时，丝堵滑丝或液位计玻璃板破裂，造成液化石油气从液位计泄漏，此类事故一般泄漏量较小。

压力表失灵或泄漏。压力表指示不准，易造成超压破坏，压力表泄漏；可以关闭仪表阀，重新更换安装。

（6）过量充装造成的泄漏。由于液化石油气的膨胀系数大，一旦储罐的充装量超过85%，甚至完全装满液体，没有气相空间时随着罐内温度升高，压力会迅速上升达到储罐的爆破压力(液化石油气储罐设计压力为1.77MPa)，造成罐体安全阀起跳，甚至罐体撕裂而泄漏。

（7）其他违反使用安全要求发生的泄漏。液化气管线因材质老化后受震动、撞击等出现管道破裂，引起泄漏。制造、安装质量低劣而引起的泄漏。液化石油气储罐、罐车及液化石油气钢瓶的选材不当，焊接质量差，焊缝错边、裂纹、夹渣、气孔等缺陷，引起罐体焊缝破裂、液化石油气大量喷出。受高温烘烤，罐内急剧增压而在顶部撕口爆裂泄漏。储罐排水作业时，液化石油气夹液混排而泄漏。

1.2 液化石油气罐火灾爆炸的形式和后果

液化石油气储罐火灾爆炸事故大都源于泄漏。根据泄漏形式，泄漏可分为灾难性的储罐瞬间泄漏，储罐裂口处连续泄漏和管路连续泄漏三种情况。根据点火条件的不同，泄漏后主要发生火球、闪火、蒸气云爆炸、喷射火等火灾爆炸的形式和后果。

（1）泄漏时立即被点燃发生燃烧

泄漏液化石油气因摩擦静电、电气火花、雷击、违章动火、设备故障、化学能、其他外界因素等诱因而立即被点燃，产生火球，并在泄漏处形成燃烧。如果发生破裂泄漏的部位在球罐北极板且为球罐半液面以上，破裂泄漏处呈火炬式喷射火。如果发生破裂泄漏的部位在球罐南极板且为球罐半液面以下，破裂泄漏处呈溶滴式气液流淌混燃；这种灾情状态会因时间推移，火焰的热辐射和热对流对球罐表面的影响加大，着火罐及其邻近罐的内部气化状态、压力以及罐壁温度将发生一系列的热响应变化，会引发罐体破裂、液化石油气大量泄漏和二次闪爆危险。

（2）泄漏扩散形成蒸气云遇火源发生闪燃或爆炸

一般情况下，泄漏发生时立即被点燃的概率较低，多数情况下泄漏的液化石油气会随着主导风向一起漂移扩散。此时，若应急处置不当，泄漏扩散的液化石油气与空气混合形成爆炸性的蒸气云，遇到点火源被点燃，导致漂移扩散区的蒸气云迅速闪燃甚至化学性爆炸，形成一片火海，火焰并回燃至泄漏口处燃烧。蒸气云爆炸时，会产生巨大的火球、爆炸冲击波和被炸损容器碎片抛出，导致周围人员伤亡，建筑及设备破坏，着火罐及邻近罐的火炬管线、进出料管线被拉断，安全阀、消防喷淋系统损毁，储罐或管线出现多点多形式燃烧，储罐上部气相部分以火炬形式喷射火燃烧，储罐下部液相部分破裂处以溶滴式气液流淌混燃等严重后果。

2 火灾扑救的战术方法与组织实施

液化石油气储罐事故现场的灭火救援行动，应遵循统一指挥、分步实施和安全、科学、有效的原则，根据灾害类型和发展状态，针对性地灵活运用战术方法。责任区队对罐区概况、地理环境熟悉，先期到达后及时采取初步处置措施。增援队到达现场应先在上风向安全区集结待命，根据现场指挥部指令，按进攻路线、任务分工、战术方法、战斗编成的要求，沿储罐区上风向、侧风向依次进入阵地实施处置作业。

2.1 现场情况的了解和分析

消防部队到场后，应全面了解和分析石油液化气储罐灾害事故及周边基本情况，掌握指挥决策的主动权。

2.1.1 现场询情

现场询问重点了解如下情况：

（1）事故类型，泄漏、泄漏火灾或爆炸；

（2）泄漏发生时间、泄漏罐编号、泄漏发生部位(液相/气相)、泄漏量、扩散方向、波及范围，有无人员伤亡；

（3）火灾爆炸发生时间与部位、闪爆频次、破坏程度，有无人员伤亡；

（4）着火罐编号、燃烧发生部位(液相/气相)、燃烧爆炸形式(火球、闪火、蒸气云爆炸、喷射火)；

（5）储罐类型(球形/卧式)，储存方式(低温压力储存/常压低温储存/常温压力储存)；

(6) 事故罐容积、液位及实际储量，邻近罐容积、液位及实际储量；

(7) 储罐区总体布局、总储量、主导风向、固定消防设施、周边重要单位及设施；

(8) 已采取的工艺和防火防爆处置措施，可控程度；

(9) 灾情发展趋势及可能导致的灾害后果。

2.1.2　调取查看相关资料

向事故单位调取事故区域地理环境图，储罐区平面图；调取并核对储罐区储罐编号、储罐类型、储存方式、储存介质、储罐液位、固定消防设施、消防水管网等相关情况。

2.1.3　现场侦检查验

对初步了解的基本情况，运用消防专业技术和侦检手段进行查验。派出侦察小组，使用可燃气体检测仪由上风向、侧风向、下风向逐渐递进检测事故现场泄漏气体浓度及分布范围；使用热成像仪依次检测储罐中心区温度、事故罐温度、邻近罐温度；查看事故罐液位、储罐区其他储罐液位、事故罐火点位置与数量，输送管线火点位置与数量；使用风向仪测定现场储罐区风向和风力；观察事故罐破坏程度及储罐区外围影响程度。

2.1.4　情况评估研判

在现场询情、侦检查验的基础上，消防指挥员应与工艺人员逐一进行事故罐、邻近罐、储罐区及周边区域灾情分析，对灾情发展趋势、现场可控程度、可能出现的后果及涉及范围，从储存工艺、介质特性、设备结构、火灾危险性、防火防爆机理进行评估研判，确定危险程度和初步处置措施。

2.2　控制现场火源，设置警戒区

液化石油气发生泄漏后未着火，应先重点控制点火源，采取坚决果断措施，消除事故现场区域内的一切火种，包括明火、电火、静电火花、撞击摩擦火花等，防止泄漏扩散的蒸气云爆炸。及时切断事故现场区域内所有电源，熄灭明火；高热设备停工降温；禁止使用非防爆通讯设备和非防爆工具器材；严禁着非防静电服装、带铁钉鞋的人员进入和机动车、畜力车和自行车驶入泄漏扩散区域等。

及时设定警戒区。泄漏的液化石油气连续蒸发和扩散，扩散范围内任何微弱的火源都能引发燃烧或爆炸。因此，消防队到达泄漏事故现场初期，应及时划定现场警戒区的范围。消防队与公安交通、派出所等部门要密切配合，切断通往警戒区的一切交通，并在所有路口设立固定岗哨，无关人员一律不准入内，同时还要设有流动哨，密切注意警戒区内有关人员的行动，并随时注意风向的变化，以便采取应急措施。

2.3　泄漏事故处置的战术方法

对于泄漏未着火的事故，现场处置可采取如下措施和方法：

2.3.1　关阀止漏

液化石油气储罐、管道发生泄漏时，紧急关闭储罐输送管道、紧急切断线、输送管道上游相关联等阀门阻止泄漏，断绝液化石油气泄漏扩散源。关闭管道阀门处置时，必须在水枪喷雾射流冷却稀释保护条件下进行，关阀人应站在上风向操作，并最好由熟练工操作，使用手钳应有防护层，以免金属撞击产生火花发生危险。

2.3.2　稀释驱散

液化石油气储罐或管线发生泄漏事故，在采取控制火源的同时，利用固定喷淋、水炮或移动水炮、水枪、水幕等喷射雾状水对泄漏区扩散的液化石油蒸气云实施不间断稀释，使其浓度降低至爆炸下限以下，抑制其燃烧爆炸危险性。在泄漏点侧风向，宜设置水力自摆移动水炮、无线遥控移动水炮以喷雾射流稀释；在泄漏点下风向，设置水幕水枪以扇形水幕墙稀释，设置距离应根据现场情况确定，一般选择距目测蒸气云消散处10m至15m为宜。

2.3.3　堵漏封口

当泄漏点处在阀门之前或阀门损坏，不能关阀止漏时，使用各种针对性的堵漏器具和方法实施封堵泄漏口，制止泄漏。进入现场堵漏区的处置人员必须佩戴呼吸器及各种防护器具，穿着密封式消防防化服；外围人员要穿纯棉战斗服，扎紧裤口袖口，勒紧腰带裤带，必要时全身浇湿进入扩散区。

管道泄漏或罐体孔洞型泄漏时，应使用专用的管道内封式、外封式、捆绑式充气堵漏工具进行堵漏；或用金属螺钉加粘合剂旋拧；或利用木楔、硬质橡胶塞封堵。

法兰泄漏时，若螺栓松动引起法兰泄漏，应使用无火花工具，紧固螺栓，制止泄漏；若法兰垫圈老化导致带压泄漏，可利用专用法兰夹具，夹卡法兰，并在螺栓间钻孔高压注射密封胶堵漏。

罐体撕裂泄漏时，由于罐壁脆裂或外力作用造成罐体撕裂，其泄漏往往呈喷射状，流速快泄漏量大，应利用专用的捆绑紧固和空心橡胶塞加压充气器具塞堵的方法。在不能制止泄漏时，也可采取疏导的方法将其导入其他安全容器或储罐。

2.3.4 注水排险

对于液化石油气从储罐底部泄漏，可以利用水比液化气重的特性，通过向罐内加压注水，抬高储罐内液化石油气液位，将液化气浮到漏口之上，使罐底形成水垫层并从破裂口流出，再进行堵漏作业。常见的事故球罐本体液相法兰处泄漏时，在液化气输送泵入口设临时消防水线设施，通过事故罐底部的输送管道、排污阀向罐内适量注水，隔断液化气的泄漏，配合堵漏，缓解险情。操作中要防止水压过大而使液化石油气从罐顶部安全阀处排出，根据液化石油气储罐的泄漏情况，可采取边倒液化气边注水的方法。

2.3.5 倒罐输转

将事故罐液相液化石油气从事故储罐通过输转设备和管线倒入安全装置或容器内，减少事故罐的存量及其可能的危险程度。倒罐技术依靠的是液化石油气储罐的输送装卸工艺设施，常用的方法有：利用进出输送管线的烃泵加压法、静压高位差法和临时铺设管线的导出法。

2.3.6 应急点燃

在其他方法不能奏效时，在确保绝对安全的前提下，可采取主动点燃泄漏口液化石油气的方法，防止其大量泄漏，形成大面积扩散蒸气云，遇点火源爆炸。在人员撤离现场后，用曳光弹或信号枪从上风方向点燃，实施控制燃烧。

2.4 泄漏火灾事故扑救的战术方法

液化石油气储罐发生泄漏火灾，燃烧爆炸瞬息突变，采取措施事关重大，进攻与撤退举足轻重，务必果断指挥，沉着冷静，根据不同的火场环境和条件，不同的火情和趋势，有针对性地组织扑救。

2.4.1 强力冷却控制

消防队到达液化石油气泄漏火灾现场，指挥员在采取措施、组织力量控制扩散、避免爆炸的同时，必须组织到场力量在外围作强攻近战的部署，包括消防车占领水源，铺设水带线路，确定进攻路线，调动增援力量等。

泄漏的液化石油气爆燃后，若罐底阀门处继续泄漏燃烧，那么燃烧罐很快会发生爆炸；如果在储罐上部开口燃烧，那么邻近罐很快会受烘烤爆炸。燃烧罐和邻近罐在火焰和高温作用下被引爆的时间一般仅为10~20min之间。冷却燃烧罐和邻近罐，防止爆炸是火场的主要方面，燃烧罐和邻近罐是灭火和控制的主攻目标。指挥员要集中火场主要兵力，立即组织强攻近战，快速抵近燃烧罐和邻近罐，用强水流进行冷却控制。利用固定喷淋、水炮或移动水炮、水枪对燃烧罐和邻近罐到罐体进行强制冷却降温，重点控制储罐温度、压力不超过设计安全系数、防止罐体应力变化导致罐体破裂出现喷射式泄漏甚至破裂爆炸。液化石油气储罐区储罐冷却降温部署顺序应先着火罐后邻近罐，先低液位储罐后满液位储罐，先气相球体部分后液相球体部分，先上风向再侧风向后下风向储罐逐步推进；

2.4.2 放空排险

液化石油气储罐发生泄漏着火，储罐受辐射热影响罐内饱和蒸气压力升高，易导致储罐或管道系统压力超过安全设计系数上限而发生爆炸险情，在冷却罐体的同时可采取的紧急放空排险泄压的措施。放空排险措施主要有两种：一种是工艺人员打开远程安全泄压阀和紧急放空阀紧急泄压放空设施，放空物料经密闭管道泄放至火炬系统焚烧放空；二是倒罐泄压，即设置应急管线，使物料安全转移至备用储罐。

2.4.3 安全控烧

液化石油气储罐发生火灾爆炸事故，储罐输送管道、安全设施遭到破坏，现场不具备倒罐输转、堵漏封口等消除危险源危险条件时，可采取工艺控温、控压、控流方法，实施现场安全可控性稳定燃烧。该方法需在工艺方面侧重储罐温度、压力、流量的控制，防止燃烧过速、辐射热过强、储罐超温破裂，调节手段可采用氮气或蒸汽；在燃烧后期储罐压力低于大气压时，应及时输入惰性气体保持储罐正压，防止回火爆炸。移动消防力量需实时掌握工艺调整变化，在罐体、管线、阀门等燃烧处部署水枪、水炮冷却保护，控制火势不再扩大蔓延，直至然尽自行熄灭。

2.4.4 撤退战法

扑救液化石油气罐火灾，进攻和撤退都是依据火场态势作出的重要决策。进攻是为了控制局面，防止爆炸，争取主动；撤退是为了避免伤亡，保存实力，以便再次组织更有效的进攻。

（1）注意观察爆炸征兆，及时组织撤退。在液化石油气罐火灾扑救中，要派出专人观察火情，包括燃烧罐、邻近罐的变化，以及罐区有可能受火势辐射等因素影响的储罐，善于发现并准确预报险情。当储罐燃烧或受热烘烤而其安全阀、放空阀等发出刺耳的尖叫声，火焰颜色由红变白，储罐发生颤抖、相连的管道、阀门、储罐支撑基础相对变形等现象时，储罐出现发生爆炸征兆，就要及时发出警报，立即组织现场人员撤离至安全区域。

（2）预先安排，有序实施。在组织液化石油气储罐冷却灭火时，根据现场的道路、风向、地形地物等条件，尽可能地将冷却与灭火的阵地设置在便于自我安全保护和安全撤离的方向及部位；预先确定遇有爆炸险情的撤退线路，联络方式，并授权各中队、各阵地指挥员遇有险情不需请示的撤退指挥权。撤退时不收器材，不开车辆，主要保证人员安全撤出。然后再调整部署，统一实施进攻。

参考文献

［1］张广智，等（著）．石油石化消防指战员培训教程［M］．北京：石油工业出版社，2010.

［2］杨保民，朱一宁．现实技术及其应用［M］．北京：科学出版社，2000.

消防应急救援队伍在油气井喷火灾中的战术运用

付　京

（中国石油辽河油田公司消防支队）

摘　要　石油、天然气是我国国民经济发展的重要资源。随着国民经济和科学技术水平的不断提高，石油、天然气的应用在我国经济建设中占据着越来越重要的地位。而井喷事故作为石油天然气开采过程中的一项重要事故风险灾害，本文深入剖析井喷火灾事故特点、扑救措施以及注意事项，对井喷事故的处置有一定的参考价值。

关键词　井喷特点；井口事故处置；处置注意事项

1　引言

目前我国进行钻井石油勘探与开发的工作过程中，造成井喷事故的原因主要是井场违章违规操作以及由于井眼液柱地层压力超标原因造成的钻井地层液柱压力得不到控制，井口设备完全丧失了对钻井油气的控制，导致油气流大量地直接喷出井口，碰见了的明火、静电性的油气火花、碰撞中的火星等因素引起了井场燃烧，形成了一种井喷式的井场火灾。井喷式石油火灾，不仅仅具备了我国石油化工行业火灾的一些普遍性，而且它也具备了它们的一些特殊性。在此，我就目前我国存在的井喷式大型火灾灾害应急抢险扑救处理工作过程中的一些热点问题，谈了以下几点自己的具体看法。

2　井喷火灾特点

2.1　火柱高、温度高、热辐射强

2.1.1　火柱高

① 从井内喷射出来的油、气，在井下压力的作用下，井下内部一般不会发生燃烧，绝大部分都是在井口上部进行燃烧。火焰柱或气柱的长短与压力大小有着直接关系，井口的压力越大，火柱或者气柱越长，相反则越短。

② 由于油或天然气在地层下以5~50MPa的压力迅速喷涌而出，形成冲天火柱或气柱，高度最高可达近百米。

③ 井喷时的压力较大，其冲击能力要远远不能大于新式水枪最大水流冲击压力，难以将冲击火点完全打准。

2.1.2　火焰温度高

井喷时油或气进行燃烧时，在一定的温度条件下，喷射出来的油气的火焰温度最高时可达到1800~2100℃，短暂的燃烧时间内，能把整个钻机及钻机金属完全融化，导致井架完全坍塌，从而形成大面积火灾。

2.1.3　热辐射强

热辐射的强度与火焰发生高度密切相关。救援中的车辆、人员不得接近或者远距离地靠近，尤其是在下风的方向，热辐射更强，给消防人员的作战和行动带来重要的影响，很难实现近距离救援。

2.2　井喷火焰变化大

当井喷火灾事故发生后，井口上方的火焰会受到地层气体和压力的作用而产生影响，火焰会随着地层压力的变化时大是小，同时也会受到井口以及坍塌在井口上方的障碍物遮挡产生影响，导致井口喷射时的火焰的方向也是随之变化的。

2.2.1　井喷火焰时大时小

井喷通常具有间歇性。由于各种油气柱的物理和化学性质差异，致使其中的气柱产生火焰也时大或小。当井口喷射的火焰随着压力的变大可以升高到数十米；当压力边小时，火焰的高度仅为几米。井喷的间歇期就是灭火战斗中扑灭火灾的最有利时机。

2.2.2　火焰喷射方向多变

① 在井喷过程中的自燃火焰和油气高温喷射作用下，往往可能会直接出现一次性的钻具井

架严重坍落，井口被严重破坏，钻具骨架发生破裂变形等异常现象，从而直接导致可以改变井口油气的喷射方向。

② 随着井口的油气流喷涌出来速度和方向的改变，会出现了不同方向的斜喷现象。这种火焰的喷射方向，对于灭火作战行动是十分不利的。

③ 燃烧火焰因为容易受到井口装置塌落的撞击而被迅速分解而成为多股。巨大的燃焰火舌在整块地面上盘旋翻卷上下乱窜，形成不规则的火焰燃烧。

2.3 出现多口井喷

为了有效地节省占地，在日常的勘探与开发中利用一些井场同时进行设置多口油气井。假如当一口井发生喷射方向不固定的井喷火灾后，会在短时间内将周围其他的井口阀门全部烧毁，造成多口井无控制井喷火灾。

2.4 容易引起大面积燃烧

（1）井口下层喷射释放出来的大量原油和气体燃烧后，容易形成飞火，坠落到地面后容易引燃井场周围其他设备，蔓延整个井场，增大了燃烧面积，给扑救带来难度。

（2）由于输油井壁突然坍方，钻井设备和井架发生坍塌，原井位上突然形成了一个大型喷泉，油、气多处扩散流淌，形成大面积火海。

（3）当地质环境条件复杂时会容易导致从井口周围部分区域冒出大量的天然气，形成多点燃烧。

（4）发生了大面积的火灾不仅严重威胁到现场的人员及其设备安全，同时也为我们增加了一定的扑救工作难度。

2.5 响声高、噪声强

在井喷过程中，油、气随着井下压力的释放快速的冲出井口，从而产生了分贝非常高的啸叫声，噪音震耳欲聋。噪音遍布方圆近百里，即使靠近耳边说话，对方也很难听清传达的内容，给现场指挥命令的传达以及现场通讯带来必要的阻碍。

2.6 火灾扑救困难

由于井场周围的环境恶劣、井喷压力较高、火场的用水量较多，造成了火灾的扑救困难。

（1）由于井场地理环境条件较差，道路交通状况复杂，车辆出入困难。由于目前我国石油井多数没有专用的消防通道和停车场，运送灭火工具及消防器材装置以及为火场提供大量灭火剂，都会因此变得十分困难。

（2）由于战斗投入的消防车和灭火机械工具的种类及数量繁多。在扑灭井喷火灾时，整个救援现场需要大量的灭火战斗车辆和装备，再加上井场周围环境复杂，道路狭窄，通过性差，容易造成了交通拥堵，车辆行驶困难，容易延误战机。

（3）在扑救井喷火灾时，需要使用水枪、水炮较多，火场用水量较大。例如为了保护一些井场设备，掩护作业人员，以及冷却设备和灭火，都会需求大量的用水。然而井喷火灾发生的井场绝大多数都是离水源较远，周围无水源的情况，往往会导致后方供水中断，导致前方在冷却或灭火时延误战机。

（4）作战时间长。通过历年来的井喷事故处置案例，在井喷灭火战斗中，战斗时间最少也需几个小时，最多的甚至持续长达几十天。

3 井喷式火灾时要根据其特性，制订有效的火灾扑救措施

3.1 组织成立前线灭火指挥部，统一指挥灭火力量

在短期内，灭火的力量和物资准备措施不充分的情况下，很难控制及扑灭火灾。假设一旦发生了井喷火灾，要立即成立灭火指挥部，统一调动灭火救援队伍及后勤保障等力量，严格执行一切行动听指挥。灭火指挥部的应该由油田专业的工程技术人才参与其中。现场灭火指挥部需要切实做好以下三个方面：

（1）各级消防队伍要认真做好对井喷的火情侦察，通过火情侦察了解对事故现场的地质情况，油、气流的主要成分，由消防队伍查明井喷燃烧油气的位置、方向、压力和流量以及钻井平台及井架是否发生倒塌等情况，为各级指挥员的决策工作提供依据。

（2）及时组织调集足够的灭火装备和救援力量。由于事故现场大部分都是在野外，井场附近大部分都是没有水源的，交通条件较差。扑灭大型井喷火灾时，消防装备的需水量较大，需要同时投入的大量的消防灭火装备，特别注意的是应采取一次性调足力量的方式，防止发生零打碎敲，在尽可能短的时间内，储备好足够的消防用水。需要调集大型推土机、铲车、吊车等工程车

辆，主要用于清除事故现场的障碍物，为下一步进行作战人员提供了良好安全抢险环境以及作战条件。

（3）正确部署灭火工作力量，使灭火车辆装备最大发挥其应有的作用。应把消防主战力量全部集中部署运用到火场的主要方面，同时也要充分兼顾其他方面，形成全区域覆盖的灭火态势，及时有效地消灭火灾。

3.2 加强火场冷却，防止发生爆炸

井喷事故的发生，通常都是在钻井、修井施工作业时人员违章操作时发生的。井场内的各种设备较多。在灭火战斗中一旦得不到有效的冷却控制，就很有可能扩大了火灾范围，造成人员伤亡，带来严重的社会经济损失。因此在现场灭火冷却能力不充分时，首先应将井口设施冷却好，防止被其烧毁。在火灾现场，一定要充分利用现场布置的灭火力量针对易燃、易爆的容器，进行冷却，防止发生爆炸。

3.3 冷却掩护，清理井场

扑救井喷火灾现场前必须彻底清理井场，否则灭火力量无法有效的对井口装置进行冷却灭火，所以在井喷火灾处置过程中清理井场是非常重要的环节。大面积的井喷已经完全形成了多点燃烧的复杂情况，并且相互影响，对于井场中的障碍物，应当及时采取分段式灭火清理，合理组织分配灭火力量，先外后内，先将有燃烧和爆炸危险的设备排除后，再清理无爆炸燃烧风险的设备。做到协同作战、逐点逐面的清理作业。在进行清理作业时，要组织一定量的水枪、水炮，多方位交叉射水，掩护清场人员及大型工程设备的安全。为什么说井喷火灾事故冷却掩护，清理井场是关键环节。因为井喷着火事故不及时进行冷却，会导致井口法兰及周围设备在长时间的高温烤灼下，井口法兰烧坏无法关闭井口或造成更大的次生灾害或财产损失。最为严重的是井口法兰损坏造成井喷完全失控火灾，从技术上讲必须更换新井口，工艺复杂，战斗持续时间长，人员体力消耗大，财产损失成倍增长。而不及时清理井场的障碍物，灭火的主要力量很难靠近井口，工程技术人员也无法开展相关抢险作业的工艺措施，而且对消防及工程技术人员的进攻和撤退都起到了阻碍的作用，对人员安全保障大大降低。通过多年的实际经验证明，正确的冷却、清障、掩护等消防技术是成功制止井喷火灾的基石。

3.4 统一指挥，协同组织行动

所有参与应急灭火行动的队伍都要在现场指挥部的统一正确领导下，协同扑救才能真正有效地扑灭现场火灾。综合分析考虑各个具体参战单元的实际作战情况，应充分发挥各自的作战特点及自身优势，形成作战合力，充分发挥其整体的作战效能。每个作战单元指挥员及各岗位人员必须熟悉了解其战斗任务及分工。消防队员之间、阵地之间、队与队一定要切实做到协调沟通配合、互相帮助支援、顾全大局，灭火救援指挥部一定要根据现有的各种消防器材灭火设施及设备的灭火救援功能，充分发挥各级指挥员的才能，正确组织指挥灭火救援力量，力争一次性将火灾控制直至最后扑灭。

3.5 抓住战机，速战速决

井喷灭火战斗行动中，各级指挥员需要仔细观察其火势动态发展与温度变化。井喷燃烧的火焰，由于受到了各种物理性质和压力的相互作用，井口喷射过程中往往具有一定的间歇期，致使井喷过程中的燃烧火焰也时大时小，不断地上下反复，井喷的压力大时，现场的温度高、辐射强、噪音大。井喷间歇时与其相反。仔细观察会有一定的规律性。火场指挥员需要及时观察到有利的进攻时机，火焰较弱的情况时候，迅速地对其展开进攻，控制并扑灭火灾。

3.6 防止发生爆炸、倒风现象，确保现场人员安全

井喷火灾现场温度高、辐射热强、压力较大，如果火场发生了较大爆炸或者风向的剧烈变化，会打破灭火救援所制定的计划以及提前布置好的进攻阵地，给抢险救援工作增添了新的问题。若由于火场指挥人员判断错误或者对于火场爆炸风险及倒风等危险现象的处理能力不够，会导致所有火场人员的紧急撤离不及时，严重危及人身安全以及直接烧毁所有用于灭火的专用车辆及设备。为此，火场指挥员必须时刻保证清醒的思维，冷静分析和及时观测火场火势发展情况，发现危险信号，立即指挥参战人员迅速撤离。

4 在扑灭井喷火灾时要注意以下几点

（1）灭火后持续进行冷却降温，及时更换井口，禁止使用明火，防止复燃。

（2）抢险工作的主攻小组应该是由一批有着丰富火灾经验的专业指战员来担任，完成了清

场、掩护和主攻灭火等艰巨的作战任务。

（3）井喷现场噪声较大，要充分利用旗语、灯光、黑板、手势等方式指挥人员进行灭火。

（4）为了应对井喷火灾长时间作战，要合理安排一线作战人员的调配和轮换。

（5）在进行扑救间歇式的井喷火灾工作中，要准确地把握好间歇的时间，防止发生复喷，造成严重的人员伤亡。

（6）疏散井场多余人员，一旦发生突发情况容易造成更过的人员伤亡。

（7）消防车辆应距井口 45 米以外。

（8）近战灭火时，应当随身穿戴隔热服，设置一支灭火水枪用以进行掩护降温。

5 结语

自从油田开发以来，国内外曾发生过多起形式各异的井喷事故。就我国来讲，大型的井喷事故背后已有过很惨痛的教训，给社会和家庭都带来了无法挽回的灾难。虽然多年来我们在井喷火灾扑救过程中积累了一些经验，对扑救井喷火灾有着较完善的消防应急措施。但是，井喷火灾千变万化，不容忽视。因此，对井喷火灾的认识和扑救对策，尚需花大力气去研究和探索。

无人机在石油储罐火灾的应用与研究

刘 岩

（中国石油辽河油田公司消防支队）

摘 要 随着技术的不断发展和演变，无人机技术成为当代先进技术之一，在很多领域中发挥了重要的作用。同时近些年国家对能源需求的依赖和战略储备的加大，石油储罐火灾成为不可忽略潜在风险，本文主要通过对储罐处置措施的环节分析，结合采用无人机的先进技术特点，展现了无人机实际应用上优势，使得其技术能够为消防灭火救援作出更大贡献。

关键词 无人机；无人机特点；石油储罐火灾处置程序；石油储罐火灾危害因素

近些年来，随着经济发展为了保证能源战略储备要求，我国在不断完善石油储备规模落后的局面。至2017年我国已建成了舟山、镇海、大连等9个国家石油储备基地。石油储罐的规模和数量也出现大幅度地增加，但是随之而来就是其潜在储备风险也在加大。过去20年我国石油石化企业连续发生过多起原油储罐火灾事故，不仅造成重大损失和人员伤亡，还对局部环境产生严重污染，国际反响十分恶劣，这一切都为我们敲响安全的警钟。

时代的进步和科学技术的发展，我国消防领域无论从装备还是灭火理念也悄无声息的进行着改变。无人机技术的应用就是一种体现，当今无论是煤田火灾、森林火灾、自然灾害等应急救援过程中，无人机的展现出其技术与实践结合优势，并取得了好的救援效果。本文通过分析石油储罐火灾的特点，提出一种应用无人机对火灾处置起到作用的新思路。

1 石油储罐火灾

1.1 火灾形成因素和危害

原油储罐的存储一般有严格的操作程序，但是员工日常存在的惰性疏忽心里、设备老旧、早期工程设计和当前标准不符依然运行、检查维修不及时等情况，都易引起石油储罐发生跑、冒、滴、漏等问题的常见诱因之一。其次动火作业、静电放电引燃油蒸气、雷击起火、自燃也是石油储罐周围形成易燃易爆体系的另一重要因素(图1)。

（1）2002年10月26日，兰州石化公司供销公司3万立方米外浮顶原油储罐在车辆停靠装油泥作业时，附近配电盘发生爆燃，未能及时发现，从而造成着火源顺势进入油罐内部，造成当场死亡1人，重伤1人火灾事故。

（2）2010年7月16日，大连中石油国际储运有限公司输油管道因违规操作导致引起大面积流淌火，从而10万立方米原油储罐起火，火灾对其周围附近的储罐、泵房和输油管线造成严重损坏。经15个小时扑救将大火扑灭，但致使大量原油流入附近海域，造成环境污染，直接经济损失达几亿元之多。

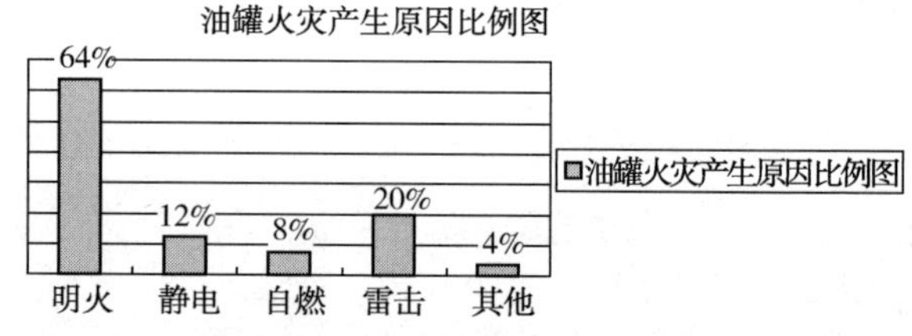

图1 国内调查石油储罐火灾产生原因比例

（3）2011年11月22日，大连港油品码头公司由于天气原因致使两个10万立方米原油储罐被雷电击中引起火灾，同时该储罐区供电系统也因此损坏，其消防设施无法正常使用，从而造成直接经济损失79万余元

从这些实施案例中可以看出，石油储罐火灾产生的后果是严重的。究其原因是，当储罐发生火灾后，其火焰中心温度能达到1050~1400℃以上，辐射程度也在持续增强，对现场人员和邻近设备的危害也就加大；同时还要考虑油品会发生沸溢、喷溅、二次爆炸、还有排出大量有毒、有害性气体等危险。如不能及时处理，造成的财产损失和不良影响极大。

1.2 石油储罐的构造

石油储罐按结构形式分为：拱顶罐、浮顶罐

(外浮顶罐、内浮顶罐)、卧式罐。

石油储罐区多采用外浮顶罐，其特点是正常储存时浮船会随着原油液量的改变而自由升降，但储存原油会产生油气挥发，存在于管壁与浮船之间密封圈之间，在发生火灾时，初期会在其附近发生燃烧，但如果处置不当会出现卡船、沉船、沸溢、喷溅。

外浮顶储罐单罐容积主要分为5000立方米、1万立方米、3万立方米、5万立方米、10万立方米、15万立方米、20万立方米等(图2)。

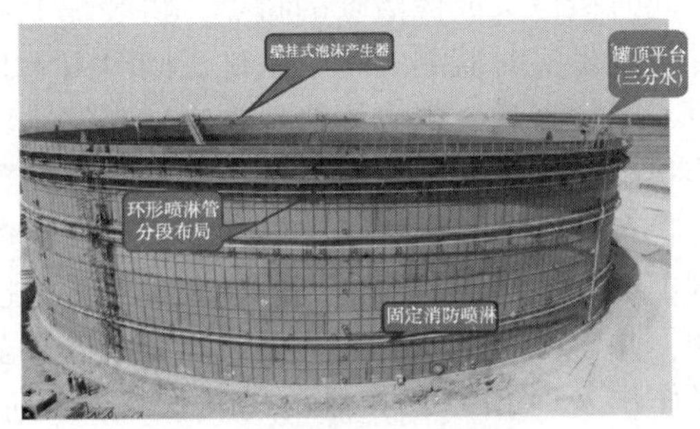

图2　外浮顶罐结构示意图

2　石油储罐火灾发生后灭火救援处置措施

2.1　灭火战术选择

在面对石油储罐火灾对其进行扑救处置的过程中，能否按照日常预案演练进行合理的战术运用和根据现场条件因地制宜的采取灭火措施是取得灭火战斗成功的关键。同时实践证明，合理的灭火战术加上器材装备效能的发挥，能很快取得在扑救现场时间上的优势，首先我们先介绍下石油储罐火灾一般的两个个战术选择：

(1) 集中兵力一次歼灭。储罐火灾的扑救，必须在有效的进攻时间内，即5分钟内一次将火扑灭，否则就会将歼灭战变成持久战。在储罐灭火战斗中，应加强第一出动，快速掌握现场情况等条件，当到场的力量能够满足灭火实际需要时，通过组织一次进攻战斗将火扑灭(图3)。

图3　集中歼灭部署

(2) 集中兵力逐次歼灭。有些储罐火场，其存在的许多不确定因素，需要考虑的方面有很多，而现场能够进行集中歼灭的力量不够，不可能同时满足对整个火场开展进攻的要求。在这种情况下，应根据现有力量将整个灭火战斗分为不同阶段，分段解决问题，逐次将火势扑灭，这个过程中就要时刻做好火场监控工作，随时了解现场情况，从全局上的劣势变为局部的优势。

因此在常规战术选择不变的情况下，如何缩短扑救前的准备，最快速的掌握现场信息，赢得时间上的优势显得尤为重要，那么如何火情侦查就是就是我们需要为之深入讨论的问题。

2.2　及时的前期侦查火场

面对石油储罐大火要想快速集中歼灭，前期的火场侦查尤为重要，对信息的掌握要全面且迅速。首先，这就要求企业专职救援队对着火单位日常储罐区的油品种类、数量等信息要有一定的掌握；其次，通过询问知情人了解着火石油储罐损坏的具体位置和人员被困情况；然后，要监视着火石油储罐防火堤完整性，现场观察分析罐内油品如何排除；另外，要了解现有的固定式移动式泡沫灭火设备的现状，现存泡沫药剂数量；最后还要分析石油储罐一旦爆炸可能对周边建筑群产生的影响及需要实施的防护措施等。

2.3　实时的中期火场监控

石油储罐火灾的特点就是具有流动性、热辐射变强、沸溢喷溅、爆炸性等。如不能第一时间集中灭火，在油罐火灾中都会设有安全员全程时刻观察现场火势燃烧、沸溢喷溅、坍塌危险和爆炸保险等情况，时刻反馈危险信息，协助指挥员确定消防人员在近距离灭火时的灭火距离，以确保近距离战斗人员的人身安全。但往往消防人员需要对起火点进行近距离灭火，在危险发生前从观察-反馈-命令-撤离，这段过程时间的长短就要靠经验的积累和日常训练的组织有序才能更好的结合完成。

通过这两点的讨论，从而就能够引出如何利用无人机技术对火场侦查，对于我们战术选择和安排是否能有有力的影响。

3　无人机的特点

3.1　拍摄覆盖广

无人机可以在空中对目标进行360度全角拍摄和悬停拍摄，飞行速度快可以快速采集画面信息，并将地面情况更直观准确迅速的反馈到接收器上。同时通过宽带、数据链技术可以实现超视距控制，依据各种需求，可以在空中运用多种方式进行作业，更加准确地传递火灾信息。

3.2 可操控性高

无人机自身价格相比于动则百万级别的消防车可以说相当便宜，且操作也容易上手，同时需要的操作人员也比较少还可以进行集群控制，采集信息。

3.3 机动性高

无人机受到广泛应用的原因还有一个特点就是机动性高。它的体型较小，几乎不受空间限制，能够根据情况和现场要求灵活的开展工作。同时其受外界干扰较少，可以相对轻松完成相关既定工作。此外，现在的室外4G、5G信号覆盖率有着充分保证和无线技术运用成熟，都有了支持反馈信息和实时图传的实力，这些数据和分析对于指挥人员有着非常重要的帮助作用。

4 无人机在石油储罐火灾中的应用

4.1 火场辅助侦查工作

无人机小、巧、灵的特点决定了它适合参与储罐火场的辅助侦查工作。首先，在石油储罐火灾现场，由于浓烟、热辐射和一些危险因素的限制，按照预案演练规定救援人员很难进入现场进行探查，只能通过询问单位知情人了解火灾情况，这样就存在沟通、寻找、确认、返回、下达等过程，从而造成组织调查时间过长。同时根据原理储罐火焰温度高，油品燃烧5分钟左右，罐壁温度达到500℃，钢结构承载能力下降约35%；固定泡沫灭火系统、喷淋系统容易损坏，这就意味着扑救将错过最佳进行战术的时间。但无人机可以不受地形限制，在保证避开浓烟、热辐射等条件干扰下其可以从多维度对火灾现场的情况予以侦查，其拍摄的画面地面与空中的视角，可以让指挥员更直观的部署任务；同时面对人员进入极不安全的地带，也可以通过施放无人机的方式进行近距离侦查，避免发生意外人员伤亡，提高了火灾救援的安全系数；无人机还能通过携带的气体检测装置对现场的易燃易爆气体浓度、有毒气体浓度进行量化的探测，让指挥员及时掌握情况，科学的制定组织疏散、抢险救援和灭火策略。

4.2 全面火势监控工作

石油储罐火灾现场情况瞬息万变，由于浓烟、道路、人员、水源等其他一些因素，不能进行集中一次灭火时，就需要安全员长时间进行不间断观察，但人员在现场近距离观测，一是安全员自身需要在相对便于观测的位置，往往会存在安全风险；二是存在观察盲区可能无法准确及时发现储罐沸溢喷溅上的状态变化，这些情况无法给现场灭火救援人员的生命安全提供保障。而无人机可以在空中调整摄像头焦距进行远距离观察、同时摄像头成像清晰的特点，再装配上热感装置，满足实时监测的基本条件。同时由于其延迟短、图像直观、能更好的从上空发现储罐燃烧时的状态，及时发现油品沸溢喷溅、邻近装置坍塌的状态，反馈提供现场火情变化，方便指挥员及时了解火场形式，下达更适应实时变化的指挥命令，并对可能发生的危及灭火人员人身安全的情况作出及时预警，降低消防救援人员的危险系数。

4.3 资料搜集工作

石油储罐火灾现场情况复杂，有些地方相关人员进入困难，这导致在火场明火扑灭后无法对一些仍存在的潜在火情进行检测。无人机优秀的拍摄技术及灵活的特点就可以很好地解决这一问题，其可以在明火扑灭后对相关重点区域进行监测，及时发现潜在火情，防止二次火灾的发生。同时，无人机对整个火灾现场的记录能够很好的记录保存，救援人员可以在灾后对相关资料进行整理归档，总结类似火灾扑救经验，提高火灾扑救效率。

5 结语

随着科技的发展技术水平的提升，无人机会逐渐在消防领域发挥日益重要的作用，甚至利用无人机参与到火灾扑救的过程中，将来也会因其而演变出更多与时俱进的战术战法。作为新时代的消防人员，我们应该不拘泥于传统的救援模式，更快的吸收接纳无人机等新型技术用来高效处置火灾事故。无数的实例告诉我们，消防事业再不是喊够了人，铺开水带往前冲就能做好的，只有运用科技、结合好战术，消防队伍才能够充分展现出自身价值。

参 考 文 献

[1] 汤亚峰；袁野；矫冠瑛．浅谈原油罐区火灾成因及

处置对策[J]. 天然气工业，2012.(3).
[2] 关雨．谈无人机在消防灭火救援中的应用［J］. 山西建筑，2017，(35)：255-256.
[3] 朱登宁．分析消防部队灭火救援中无人机的应用策略［J］. 消防界（电子版），2017，(11)：37.
[4] 刘燕，薛敏．无人机在消防救援中的应用［J］. 电子世界，2017，(19)：131-132.
[5] 沈武，刘锋．针对石油化工火灾特点和扑救方法的研究［J］. 中国石油和化工标准与质量，2017，(19)：79-80.

LPG 泄漏事故危险分析及防控措施

杨　亮　李　强　仲　宁

（中国石油辽河油田公司消防支队）

摘　要　随着石油储运技术的发展，液化石油气事故屡有发生，给社会正常生活秩序带来了恶劣影响。经过多年的处置实践，救援力量已经具备了处置此类事故的基本能力。但由于事故的危害性大、影响范围广，提高处置过程的安全性和高效性已经成为事故处置研究的重要课题。本文通过对液化石油气性质的分析，掌握液化石油气扩散形式及外界影响因素，并利用 ALOHA 软件在假设条件下模拟了液化石油气泄漏后可能出现的六种事故的危害范围，为液化石油气事故处置中的人员危险防控提供可靠基础保障。

关键词　液化石油气；危害范围；危险防控

1　引言

液化石油气(LPG)是常见伤害性化学品，具备易燃易爆特征。通过对 LPG 事故的特点、事故类型及事故原因的分析总结，归纳出六种事故类型，并针对每种事故类型后果进行了模拟。另从消防队伍的集结、现场侦查、个人防护、火场战斗等方面出发，对处置中存在的危险性进行了全面细致的分析，提出了基于事故类型的处置方法和流程中的防控措施。通过对此课题的研究，为消防队伍在处置 LPG 事故提供必要的安全保障。

2　LPG 的基础性质

2.1　LPG 的组成

LPG 主要是由碳三、碳四组成的碳氢化合物，可全部燃烧，无粉尘，具体理化性质如表 1 所示。

表 1　LPG 的理化性质

物质状态：液体	外观	无色气体或 黄棕色油状液体
最大燃烧速度 (m/s)：0.38	最小点火能量 (MJ)：0.25	有特殊臭味
毒性：缺氧窒息		相对密度 (空气=1)：1.5
溶解性：微溶于水		燃烧热(kJ/m^3)： 92100~121400
主要用途：可作为一种燃料，用于加热使用，在工业上可由于切割。		

2.2　LPG 的危险性

LPG 与我们的日常生活息息相关，大都是以一定压力或温度储存在压力容器内一旦发生泄漏则会形成可燃蒸汽云，具体危险性如表 2 所示。

表 2　LPG 的燃烧爆炸及危险性

燃烧性	易燃	建规火险分级	甲
闪点(℃)	-174	爆炸下限值(V%)	1.63
自燃温度(℃)	450	爆炸上限值(V%)	9.43
危险特性：与空气或者氧气形成的混合物与到火源就会引起爆炸危险。与氧化剂能发生强烈反应。其密度大约空气密度，会在低洼处扩散，遇火源会引着回燃。若罐体遇到高热辐射，使得内部压力急剧增大，会出现爆炸的危险。若泄漏口较小，形成连续泄漏，容易产生静电，会导致发生喷射燃烧。			
危险性类别：属于危险品 2.1 类　易燃气体			
燃烧(分解)产物：一氧化碳、二氧化碳			
禁忌物：强氧化剂、卤素			
灭火方法：泡沫、二氧化碳、干粉			

2.3　LPG 的事故特点

（1）燃烧猛烈，放出热量大

LPG 燃烧速度快，燃烧猛烈，放出热量大，LPG 燃烧速度为 0.38m/s，比汽油的燃烧速度快得多；燃烧放出的热量大，如 LPG 的热值为 92100kJ/kg，几乎等同于汽油热值的 2 倍。LPG 燃烧快，放热大，烟气重，容易危及消防救援人员安全。此外，猛烈的燃烧，高辐射热，易导致化工设备、储罐变形和塌陷，形成大面积的池火灾，使得消防救援人员及周围装置受威胁性大。

（2）爆炸危险性高，危害大

LPG 泄漏后会高速汽化，易引发大规模爆炸，危害大。当 LPG 的蒸汽浓度达 1.9%～33% 浓度范围时，遇到火源则会引发爆炸。LPG 的引爆能量小，其点火能为 0.25MJ。

（3）污水有毒性，易污染环境

LPG 火灾事故处理中，冷却水用量大，造成污水中往往含有一定量的有毒有害物质，污水流到地面、河流和湖泊中，会造成环境污染。

（4）灾害形式多样，处置难度大

LPG 发生泄漏事故时，会发生闪燃、爆炸、喷射火、中毒、池火等多种灾害形式，不同形式所造成的灾害范围也有所不同，这也给消防救援队伍在处置时带来困难。

2.4 LPG 扩散的过程及特点

（1）LPG 云团在大气中的扩散可分为以下 4 个阶段

LPG 云团在大气中的扩散分为四个阶段：沉降、卷吸、加热、扩散，LPG 云团经过以上几个阶段的变化就会逐渐稀释变淡，重气扩散会逐渐向中性气云扩散转变。

（2）LPG 扩散特点

由于密度氛围大，初期呈现沿地表扩展范围，人员和结构物将受到直接影响，在进一步的扩散过程中会出现一个云团塌陷的过程，这使得扩散的横向距离增大，烟云高度低，地表附近高浓度持续时间长，容易造成更大的伤害。

3 事故情景模拟

3.1 模拟内容

LPG 储罐蒸汽云爆炸事故、闪火爆炸事故模拟、中毒事故模拟、BLEVE 事故模拟、喷射火事故模拟以及池火事故模拟。

3.2 模拟基本数据（表 3）

表 3 LPG 储罐模拟数值基本表

坐　标：辽宁省盘锦市　海拔 4 米　东经 122 度 01 分　北纬 41 度 27 分

时　间：2021 年 X 月 X 日 X 时 X 分

模拟物质：butane

天　气：风速 2 级　风向 N

地面情况：复杂的城市　　多云　5(0-10)

空气温度：26 度　湿度 65%

罐体情况：球形罐　高 14 米　直径 12.5 米　1000 立方米

实际储存 800 立方米

泄漏口：直径 5 厘米　法兰泄漏　法兰距离罐底部 35 厘米

罐底部　混凝土

3.3 蒸汽云爆炸事故后果分析

（1）设置事故发生地点（辽宁盘锦）、海拔高度（4 米）、东经（122 度 01 分）、北纬（41 度 27 分）、建筑物情况这里选择单层建筑，模拟时间这里设定为 2013 年 6 月 20 日的 15 时 10 分，如图 1 所示。

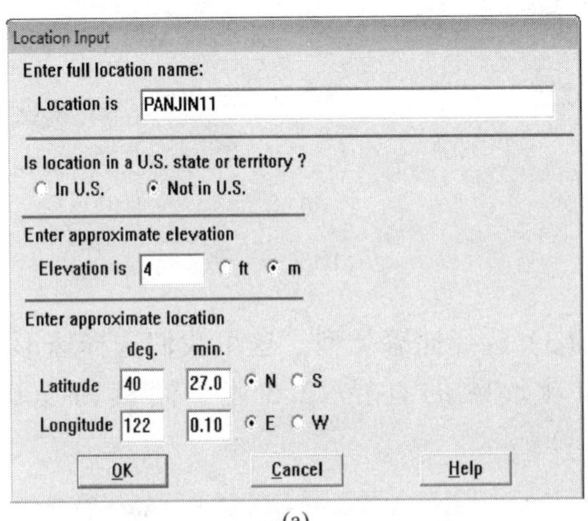

(a)

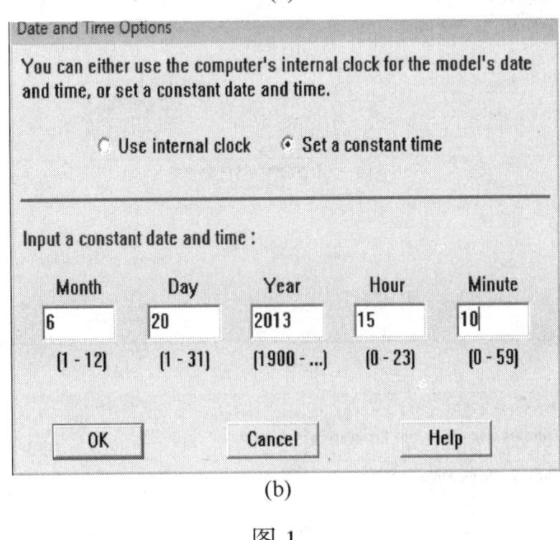

(b)

图 1

（2）选择模拟的化学物质，LPG 以丙烷含量居多，我们这里用丙烷作为分析物，然后添加周围环境情况，风速 2m/s、风向为北风、空气湿度为 65%、大气覆盖率为 50%、当天温度为 26℃（图 2）。

(a)

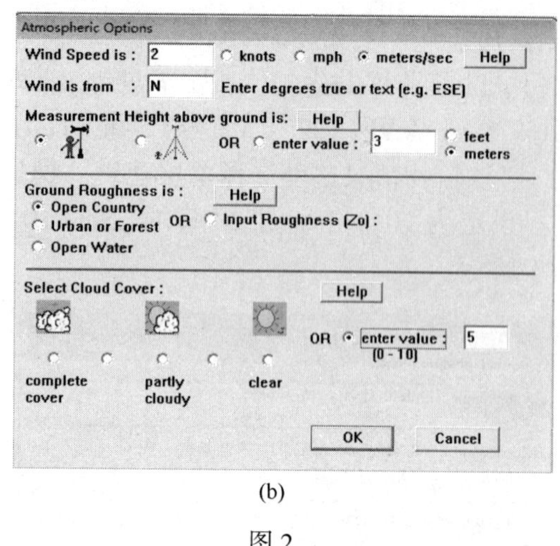

(b)

图 2

（3）选择储罐类型。这里我们选择球形罐，添加球形罐的直径 12.3 米、储量为 500 吨（图 3）。

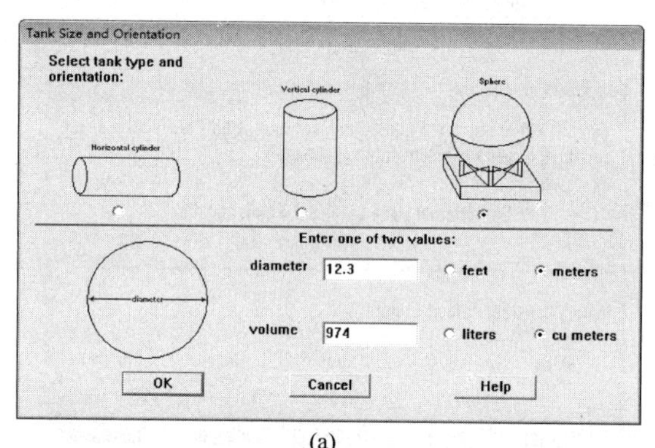

(a)

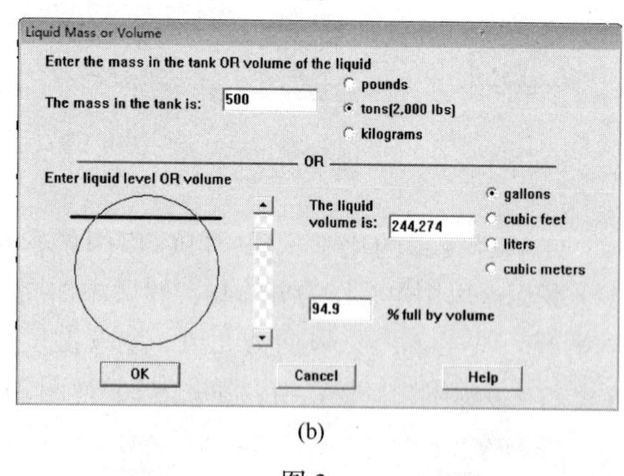

(b)

图 3

（4）软件为我们提供了三种事故类型：物质不燃烧扩散到大气中、喷射火焰燃烧、BLEVE 爆炸和火球，我们选择物质不燃烧扩散到大气中，按步骤我们将设置泄漏点的大小为 5 厘米，形状为圆孔，位置为距球罐底部 35 厘米处（图 4）。

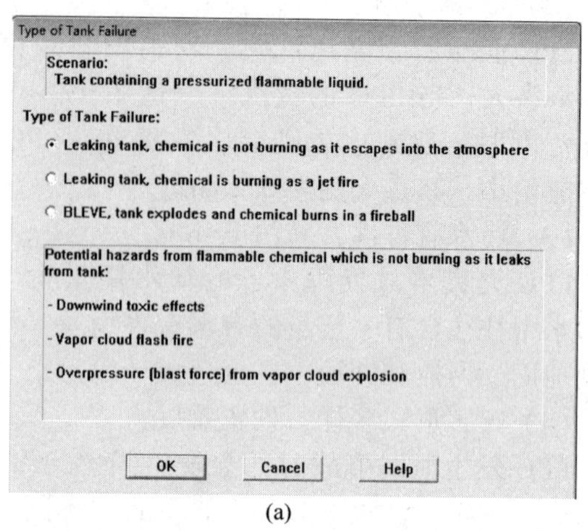

(a)

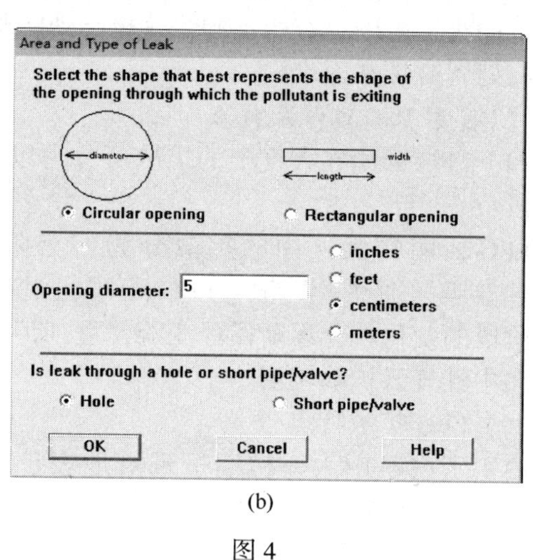

(b)

图 4

（5）在“Display”中点击“Threat Zone”，软件会给出我们三个选项，我们选择最后一项“蒸汽云爆炸”，然后确定（图 5）。

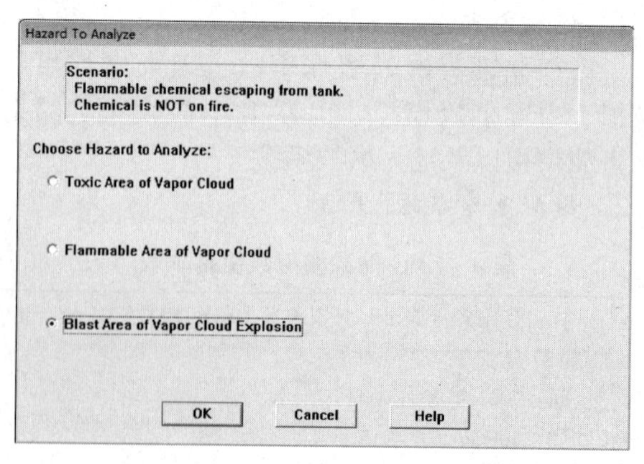

图 5

（6）软件模拟出蒸汽云爆炸事故的范围，如图 6 所示。

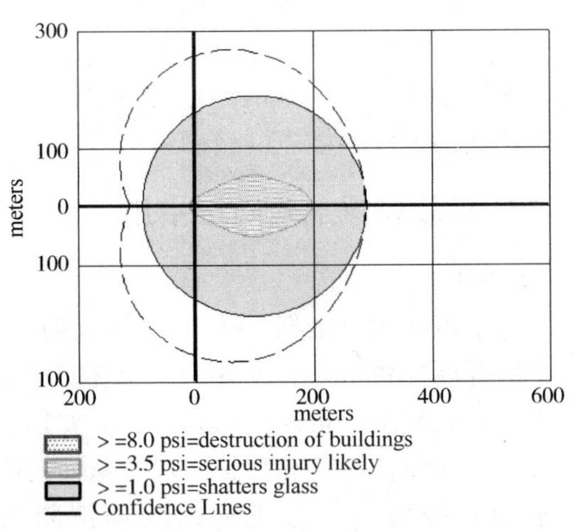

图 6

3.4 蒸汽云闪火事故后果分析（图 7）

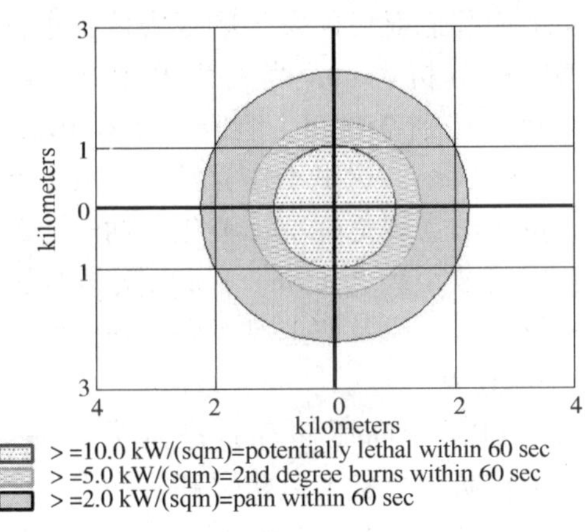

图 7

3.5 中毒事故后果分析（图 8）

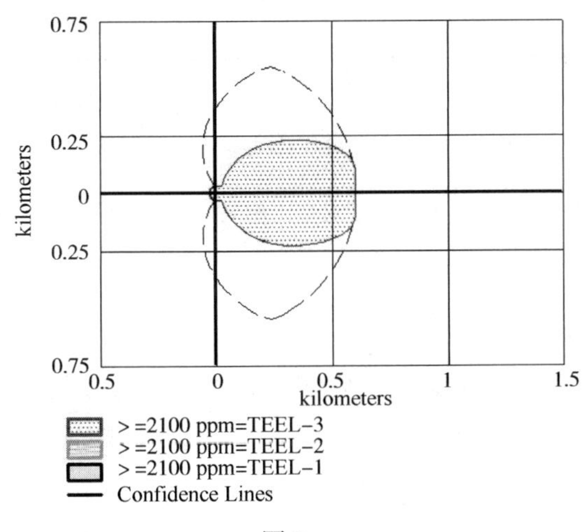

图 8

3.6 储罐 BLEVE 事故后果分析（图 9）

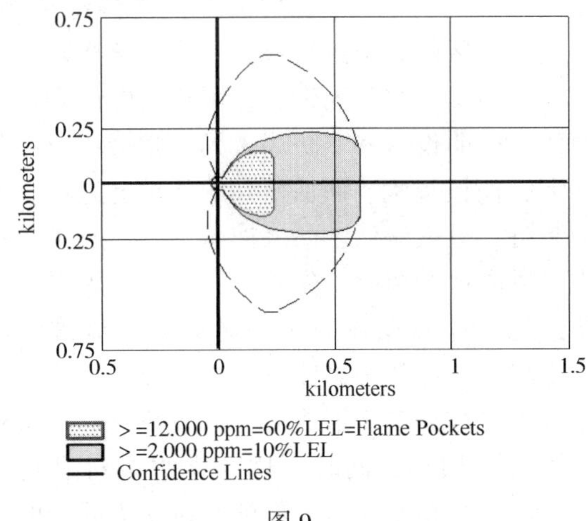

图 9

3.7 喷射火事故后果分析（图 10）

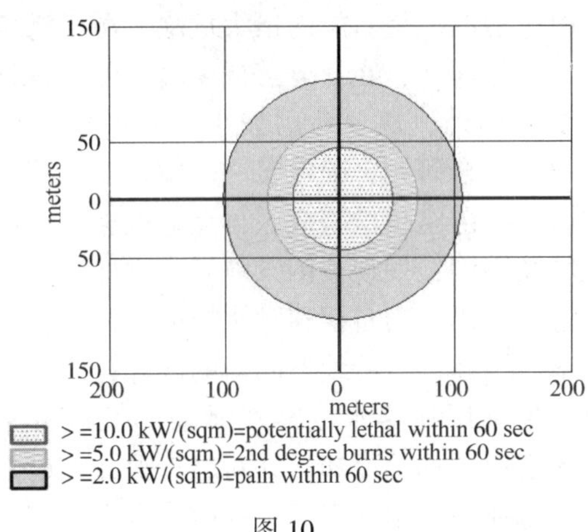

图 10

3.8 综合分析

通过 ALOHA 软件的计算分析，得知 LPG 泄漏后爆炸伤害半径为 290m。蒸汽云闪火伤害半径为 615m，喷射火伤害半径为 106m，有毒区域为 599m，储罐 BLEVE 事故伤害半径为 2200m，也就是说 LPG 发生 BLEVE 事故的危害是最大的，对装置及临近建筑、人员而言将是灾难性的，这是应避免发生的灾难事故。

4 LPG 事故处置措施

4.1 泄漏事故处置措施

泄漏的 LPG 与空气混合后遇火源即会发生空间爆炸，因此，在战术方法上要以稀释抑爆、制止泄漏为主。消防队伍到达现场后，先由侦检组着防护装备携带可燃气体检测仪由上风向、侧风向、下风向逐渐递进检测事故现场气体浓度范围。并根据实际检测结果，划定警戒区域。疏散组对处置区内无关人员进行疏散；在第一时间切断警戒区内一切电源、火种，落实防静电措施，对进入处置区的人员进行检查，严格落实防护装备的穿戴情况，严禁携带、使用移动电话和非防爆通信、照明设备和非防爆工具。救援组应在现场询情、侦检查验、评估研判的基础上进行，着防护装备，三人一组，两人搜寻，一人监护，按照先上风向后侧风险，先外围后中心，先平面后立体，先活体后遗体的顺序对被困人员进行搜救。指战员要在泄漏罐体下风方向设置水幕，并利用水力自摆移动水炮或遥控水炮喷射雾状水对泄漏体进行稀释，同时利用喷雾水枪对进行驱散、降毒。待技术人员、设施准备完毕后，配合技术组人员实施进行工艺堵漏。

4.2 泄漏燃烧事故处置措施

由于泄漏燃烧事故的最大危险来源于沸腾液体扩展蒸气爆炸，在划分警戒区时，除了现场气体浓度检测外，还要考虑发生爆炸时的危险半径。通过综合研判，确定警戒范围。在警戒范围确定后，疏散组疏散警戒区群众。救援组搜索事故现场及周围，发现被困人员后，立即营救。灭火救援组利用水力自摆移动水炮或遥控水炮喷射雾状水对罐体进行持续不间断的冷却；同时集中主要力量利用喷雾水枪雾对泄漏部位进行全方位、无空白的均匀冷却，并对靠近泄漏点的战斗人员实施掩护。由于现场热辐射强度大，因此前方安全员要时刻注意燃烧情况，一旦出现异常果断下达撤退命令。在一切准备就绪后，出干粉枪灭火，同时出水枪对灭火人员进行掩护，火焰熄灭后，掩护技术组人员实施进行工艺堵漏。若压力过大无法堵漏，可实施倒罐输转，通过边倒液化气边堵漏的方法，缓解险情。

5 LPG 事故救援危险防控措施

5.1 安全意识

应急救援队伍可依据 LPG 几类事故的特征，针对性的开展准备工作，在安全意识和防护意识方面要让灭火救援人员深刻认知，同时要加强专业学习，提高侦检能力和防护手段，从而提高处置效率和救援能力，避免事故现场消防员的伤亡。

5.2 集结位置

车辆的集结位置应大于事故危害的最大范围距离，上面我们对可能发生的危害范围进行了分析，最终经分析得出，当发生 BLEVE 事故时，伤害半径可达到 2100m，但由于储罐 BLEVE 事故发生概率极小，这里不作为常见事故类型进行分析。按照国家规范标准，液化石油气储罐泄漏时，首次疏散距离为 800m，所以集结位置应在距事故发生点上风及侧上风风向 800m 处。

5.3 个人防护

由于 LPG 的高压储存状态及易燃易爆性，编组人员在防护装备上以防爆和防冻为主，根据任务目标不同，进行合理配备，若现场不具备防爆型通信工具，也可运用旗语、手语进行信息传递与沟通(表 4)。

表 4 个人防护装备等级

作战小组	防护装备	处置器材
侦检组	封闭式防化服(泄漏时配备)；全棉防静电服装；空气呼吸器或全防型滤毒罐(泄漏时配备)；防爆对讲机	可燃气体检测仪、风向检测仪
警戒组	战斗服；无钉鞋；简易滤毒罐或面罩、口罩(泄漏时配备)；防爆对讲机	警戒标志杆、警戒带、警戒灯、形象警示牌、警戒桶
救援组	重型防化服；全棉防静电服装；空气呼吸器或全防型滤毒罐(泄漏时配备)；防爆对讲机	无火花破拆工具
疏散组	全棉防静电服装；全防型滤毒罐(泄漏时配备)；防爆对讲机	防爆扩音器

5.4 现场侦查

由于 LPG 事故危害性较大，侦察小组人数不宜过多，一般为三人，由一名干部、一名通信员、一名战斗员组成，佩戴的防护装备要求要符合上述装备防护等级，从上风或侧风方向进入。侦察小组利用外部查看、询问现场知情人和内部侦察等方法进行侦查。初步侦察一般要查清起火部位、燃烧范围、火势蔓延方向、路线和速度、是否有人员、贵重物资或设备受到火势威胁及其程度等情况，同时还要了解周围消防设施情况。

为安全、有效的灭火战斗展开打下基础。

5.5 警戒疏散

在化学灾害事故现场，除了检测仪检测外，可利用手册及公式进行简单估算。也可以查 ERG 手册。若条件允许，现场数据齐全，可以使用相关软件来模拟危险范围。本文中危险区域的划分是根据 LPG 事故的类型来确定的：LPG 发生火灾事故，依据火灾可能的热辐射分布造成的危害可以将事故现场分死亡区、重伤区、轻伤区、安全区四个等级区域；LPG 发生爆炸事故：依据爆炸事故的可能的冲击波分布造成的危害可以将事故现场分为死亡区、重伤区、轻伤区、安全区四个等级区。利用软件模拟可较为准确的确定危险区域范围。

5.6 适时撤离

LPG 事故在处置过程中很有可能发生二次甚至多次爆炸，现场指挥员及安全员要不间断了解现场情况，熟知撤离方式和路线，前方参战人员在遇到重大突发情况有可能发生再次爆炸时不经请示直接组织所属人员撤退，撤退时要立即终止一切行动，主要保证安全撤出。

5.7 本章小结

按照 LPG 泄漏的处置程序，从安全意识、集结位置、个人防护、现场侦查、警戒疏散、适时撤离六个方面对指战员在处理 LPG 事故灾害时提出了相应的安全防范措施，也是我们在处置 LPG 事故中不可忽略的环节。

6 结束语

近年来，研究人员对 LPG 事故中就如何避免消防员伤亡的研究较多，但 LPG 故灾害涉及面大、涵盖的范围广，现场情况瞬息万变，导致现场处置措施原则性要不强、针对性不足，因此，本文对 LPG 的理化性质、危险性以及多方面进行了全面的分析，并列举了相应细化、加强指导的几项环节，避免消防员的伤亡事故的发生。

参考文献

[1] 卓迅．液化石油气事故处置的基本对策[J]．劳动安全与健康，1998，(12)．

[2] 武麟，杨玲．重气槽车事故泄漏扩散特点与模拟分析[J]．消防技术与产品信息，2010，(7)：49-52.

浅谈石化企业高温部位着火灭火

娄振波

（中国石化石家庄炼化公司消防救援支队）

摘　要　石油化工生产企业，在全世界范围内部都属于公认的高危行业，其生产工艺复杂，生产装置大都高温高压、生产设备密集高大，有很大的火灾危险性，针对炼化行业的火灾扑救工作，是各国消防专家一直在不断改进、完善、研究的课题。下面我结合书本理论知识和在消防工作中的实战经验，对炼化装置的火灾特点和扑救措施进行一些总结分析。

关键词　炼化装置；高温；高压；高大；危险；火灾

1　引论

炼化装置高温部位火灾，是一种常见性、多发性火灾。火灾发生后，受热的容器设备易出现物理爆炸，泄露的可燃气体或蒸汽易发生化学爆炸，爆炸和燃烧经常互相伴随。由于装置长时间保持在高温、高压状态下运行，再加上化工原料的特殊性，对管道的腐蚀性、易燃易爆等特点，无论那种火灾都会使建筑结构倒塌、人员伤亡、管线设备移位破裂，燃料喷洒流淌，使火场情况更为复杂，给火灾扑救带来很大困难，据不完全统计，在炼化企业，每年都会发生数十起同样类型的大大小小的火灾，给企业带来很大的损失。

2　生产装置火灾特点

2.1　原料产品易燃易爆

在炼油生产中的原料、中间体和绝大部分石油产品均属易燃易爆的液体和气体，这些物质如果从生产设备中跑、冒、滴、漏出来，当本身温度超过自燃点时，，遇到空气就会燃烧，在与空气混合后，遇到明火或高温时，可能发生爆炸。

例如：2015 年 11 月 24 日晚 21 点左右，某炼油厂化纤作业部发生的双氧水纯化单元发生的爆裂事故，就是双氧水纯化吸附罐 C-13801B 在退料过程中，由于双氧水分解造成超压爆裂，罐体损坏(图 1)。

图 1

2.2　工艺设备高温、高压

在炼油工艺过程中，由于生产的需要，在许多工艺设备中载有高温和高压装置。

2.3　装置高大密集

高大的炼油装置上部发生火灾，易燃液体将沿塔体流下来，引起塔体下部的燃烧；塔体下部起火，火焰将直烧上部塔体，形成立体形式的燃烧，由于各种装置之间的距离很近，当某一装置发生火灾后，火势对周围装置的威胁很大，容易造成火势蔓延。

2.4　塔、炉、泵、管前后相连

当某一生产装置发生火灾后，它将影响着前与后各种装置的正常运行，如果不采取相应的处置措施，还会发生燃烧爆炸或者其他灾害事故，火势不仅从生产装置的外部蔓延，还可沿生产装置和管线的内部蔓延。

2.5　装置容积大，石油存量多

在发生火灾时，如果装置管线损坏，油气跑漏，不仅会形成大面积火灾，而且会由于油品的不断流出，使燃烧延续相当长的时间。

3　扑救炼油装置火灾的措施和基本原则

再掌握了火场情况的基础上，要根据炼油生产装置和火灾的特点，采取冷却设备阻击蔓延、降温降压、削弱火势、关闭阀门、断绝料源、筑堤导流、阻截消灭、上下设防、分进合击的战术扑灭火灾。

3.1 查明火情、正确决策、及时部署力量

接警人员询问清楚火场的主要情况，如燃烧的物料、起火部位、燃烧面积等，在出动途中可通过观察火场上空的情况，判断火势大小，到达火场后必须立即查明是否有被火势围困的人员，装置尤为爆炸或倒塌的危险，有无有毒气体或者腐蚀性物质、燃烧种类、性质和数量、燃烧面积和货值主要蔓延方向，着火处毗邻的装置设备情况及其收到火势威胁的程度，火场水源情况及消防车停靠场地，现场可利用的工艺灭火手段和固定、半固定灭火设施等。

3.2 首选工艺措施

减少或断绝可燃物料源，设置的固定灭火设施是用于控制盒扑救初期火灾的有效手段，固定灭火设施主要有，装置或储罐区附近设置的固定水炮、消防竖管、8KG 干粉灭火器，装置平台、框架处及高温油泵附近设有的水蒸气灭火设施等。

例如：某炼化厂在 2018 年 5 月 6 日，连续重整装置再生还原段发生的氢气泄漏着火事故，因为高温不能对其直接喷水，在使用多个干粉灭火器无效的情况下，启用蒸汽对其着火部位试实施灭火，在最有效的时间内成功将其扑灭。

3.3 集中兵力，确保火势控制权

火场必须有充足的灭火力量投入，要坚持以挟制挟，以多制大的灭火战术基本原则，立足不间断的冷却，抓住战机，一举歼灭。

3.4 冷却设备，阻击蔓延

在炼油装置的某一部位发生火灾时，由于火焰的热辐射和金属设备的热传导，火势会严重威胁邻近的生产装置、管道或其他构筑物的安全，为阻击火势的蔓延扩大，防止相邻的设备的燃烧爆炸，必须及时采用强有力的 水流，削弱热传播，降低设备温度、阻击火势的扩大蔓延。

3.5 关闭阀门，断绝料源，降温降压，削弱火势

在关闭某一设备的阀门时，对这一设备的前后生产工艺应采取相应的措施，防止因关闭阀门而发生其他事故，在降低设备压力时，一定要防止形成负压，以防空气进入设备系统，形成爆炸性混合物而发生设备爆炸，扩大火灾。

3.6 上下设防，分进合击

为迅速扑灭火灾，在战术上必须采取上下设防，分进合击的方法，即在扑救装置火灾时，除在生产装置下部火势蔓延的路线上设置阵地，部署灭火力量，阻击火势蔓延之外，还必须在生产装置的上部，借助登高设备或火场周围较高的炼塔以及高喷消防车等构筑物，选择有利阵地，部署优势灭火力量，形成上下设防的阵势，在火场指挥员的指挥下，从各个阵地向火源进攻，分进合击去扑灭火灾。

例如：某炼化厂在 2017 年 8 月 23 日，二常减压装置，减压塔顶部着火事故，该单位消防队到达现场后，出单干线接消防竖管，中队长带领三名战斗员携水带水枪迅速登塔，由于塔顶火势较大，遂采取关闭人孔、增加水枪的方法，选择有利阵地，迅速将火势扑灭，正是由于采取方法得当，战术灵活机动，才得以圆满成功地完成了这次灭火任务。

3.7 筑堤导流，阻截消灭

在炼油装置发生火灾后，如果装置设备破损，容器管线破裂，大量的易燃液体从生产装置跑漏出来，流散蔓延，为控制火势发展，阻击火势蔓延，首先必须根据火灾现场的情况、地形、在适当的地点筑堤阻流，并引导油流流向排放沟道，然后选择有利阵地，部署消防力量，阻击火势，扑灭火灾。

4 注意事项

（1）必须落实参战人员的防高温、防毒气的个人装备和必要的安全设施。

（2）冷却着火装置或邻近装置时，对高温部位应选用开花水流进行冷却，防止装置高温部位骤冷爆裂；对其他部位冷却应均匀，不能出现空白点，防止装置设备变形。

（3）灭火后，应对燃烧区内设备、管道继续冷却，防止复燃、复爆。

（4）对继续泄露的少量可燃气体，要用水蒸气或喷雾水流将其驱散，防止形成爆炸混合气体。

（5）对乙烯冷却设备与管道火灾，一般不宜用水扑救，可用卤代烷、氮气、二氧化碳、干粉等灭火。

（6）设置火场警戒区，组织预备力量，做好处理应急情况准备工作。

总之，消防工作任重道远，以人为本，“预防为主，防消结合”是我们一贯坚持的工作方针，在与火灾的斗争过程中，人们都希望在最短的时间内，以最快的速度、最小的消耗扑灭火灾，并把火灾造成的损失降到最低限度，为了达到这一目的，我们的前辈用无数血淋淋的事故和生命的代价，才换来了这宝贵的灭火战斗经验，所以，我们作为一名消防队员，一定要深刻吸取教训，努力学习业务知识，用前辈们用鲜血和生命换来的宝贵经验武装自己，争取在今后的灭火战斗中以最小的代价来换取最大的胜利。

基于数字化管理模式的油田消防装备保障系统建设研究

曾　宏　冯裕乾

（中国石油长庆油田公司）

摘　要　针对数字化管理模式下的油田消防装备保障系统建设问题，本次研究对油田企业消防装备的情况现状进行分析，对基于数字化管理模式的油田消防装备保障系统建设进行全面研究，为推动油田消防装备保障系统的进一步发展奠定基础。研究表明：油田企业在消防装备方面存在多种类型的问题，在数字化管理模式的背景下，我国需要从关注消防装备发展前沿、引进先进消防装备等角度入手，分别采取多项有效措施，全面提高油田企业消防装备保障水平。

关键词　数字化管理模式；油田消防；消防装备；保障系统；建设研究

对于油田企业而言，由于其介质的危险性相对较强，受到外界各种因素的影响，非常容易出现火灾爆炸问题，因此，加强油田企业的消防建设十分关键。在进行消防建设的过程中，首先需要配备相关的消防装备，同时，还需要对消防装备进行完善的管理，此时才能使得消防水平得到全面提升。通过进行调研后发现，我国油田企业在进行消防建设的过程中普遍存在各种类型的问题，这些问题的存在对于油田企业的发展十分不利。

目前，我国学者对油田消防问题进行了部分研究。郑海峰等人对数字化油田消防系统进行了部分研究，将消防系统、通讯系统以及计算机系统进行了结合，建立了现代化形式的服务平台，通过使用该平台，可以使得油田企业应对火灾事故的能力得到提升；周晓东等人对我国油田联合站内消防系统进行了研究，研究发现，由于联合站内的设备种类相对较多，大多数设备属于电气化设备，且联合站内的介质危险性较高，因此，容易出现安全风险问题，因此，需要及时对安全隐患问题进行排查，并及时对隐患进行治理，使得联合站安全性得到提升；李晓娟等人对消防指挥系统进行了研究，在研究的过程中引入了信息化技术，进而使得油田企业在应对火灾风险问题时的调度能力得到提升，通过统一指挥的方式，还有利于提高消防人员的战斗能力。

通过对研究现状进行分析发现，尽管研究人员对于油田消防问题的研究相对较多，但是对于消防装备的研究相对较少，消防装备是保障生产安全的基础。因此，本次研究主要是对油田企业的消防现状进行全面分析，在此基础上，提出数字化管理模式下的消防装备保障系统建设措施，为保障我国油田企业的生产安全奠定基础。

1　油田企业消防情况现状分析

1.1　消防装备建设力度不足

对于油田企业而言，其特殊性相对较强，易燃易爆物质的种类以及数量相对较多，非常容易出现各种类型的火灾问题，因此，加强消防建设属于油田企业的重要任务。要想做好消防领域的相关工作，首先需要保障消防装备的质量，在石油企业消防建设的过程中，应树立以人为本的基本理念，将保护工作人员的健康安全及环境安全作为工作重点，全面提高消防装备的质量，为处置各种风险事故问题奠定基础。通过对我国石油企业进行全面调研后发现，我国部分企业并不重视安全问题，并没有意识到消防装备对于企业发展的重要性，消防装备的建设力度严重不足，这使得消防建设效果难以得到有效的提升。

1.2　消防装置无法适应高温高压环境

在石油企业中，部分区域的温度以及压力相对较高，在这种背景下主要存在两种类型的问题，首先，部分消防装备无法适应该种类型的环境，在该种环境中使用或者储存消防装备非常容易出现失效问题，最终使得消防装备无法发挥应有的效果；其次，在高温高压的环境中使用消防装备时，工作人员的操作十分困难，进行设备操作所需要的时间相对较多，使用效率相对较低，这都会使得油田企业中的安全隐患问题无法得到及时的解决。

1.3 消防装备盲目引进

在油田企业发展的过程中，需要定期对消防装备进行合理的更新，以此满足保障油田安全的需求，但是在对消防装备进行更新的过程中，会出现盲从问题，即盲目的效仿国外油田企业，思想上认为井口设备的性能相对较好，盲目的引进各种类型的消防设备，出现各种类型问题的后果主要可以分为两个方面，首先，消防装备的售后服务短缺，大量的消防装备将会成为摆设，消防装备的价格相对较为昂贵，给油田企业带来巨大的经济负担；其次，挫伤我国消防装备生产及研制企业的积极性，不利于我国消防装备生产及研究企业的进一步发展。

1.4 消防装备科研力度不足

目前，我国对于消防装备的研究严重不足，这使得该种类型装备无法跟随国际潮流，在出现重大风险事故以后，已有的装备无法的快速解决风险问题，消防装备的发展速度相对较慢。目前，我国油田企业并不重视效果装备的研究工作，其工作的重点基本处于如何提高油田生产效率以及经济效益方面，尽管采取了部分安全保障措施，但是形式化相对较为严重，最终导致我国油田企业在消防装备方面与国外油田企业相比差距相对较大，这种不重视消防装备创新的行为对于我国油田企业的发展十分不利。

2 数字化管理模式探讨

2.1 系统结构

所谓的数字化消防装备保障系统主要可以分为五个方面，分别是监控系统、指挥系统、通讯系统、管理系统以及相关的软件设施。所谓的监控系统主要是对各种消防装备的分布情况、储存情况进行全面的监控，其主要包括的硬件设施有摄像头、温度传感器等，通过加强对于消防装备的监控，确保消防装备可以长期处于有效的状态，监控系统所包含的建设内容如表1所示。指挥系统的主要作用是在出现风险事故问题以后，可以指挥相关的消防人员科学的使用各种类型装备，使得消防装备的作用达到最大化，风险事故问题的处置效率可以得到全面提升，指挥系统中所包含的信息如表2所示。通讯系统内含有无线通讯设施以及有线通讯光缆，主要可以发挥数据通讯的作用。对于管理系统而言，其主要是对人员、地址以及设备信息进行管理，管理系统所包含的内容如表3所示。对于软件系统而言，其由多种类型的子系统构成，保障监控系统、地理信息系统、调度系统以及通讯系统等。

表1 监控系统建设内容

建设内容	内容功能
自动报警系统	联网监测自动报警系统的状态
可视化图像系统	对火灾及烟雾进行图像识别
消防栓系统	联网监测消防栓状态
电气火灾监测系统	联网监测电气火灾监控系统装填
手机 APP	随时将异常信息发送工作人员

表2 指挥系统建设内容

建设内容	内容功能
作战指挥系统	用于火灾指挥
灾情信息系统	获取事故信息，包括图像信息、语音信息及数据信息
作战对象信息系统	获取作战对象信息，包括地理位置以及周围的水源状况等

表3 管理系统建设内容

建设内容	内容功能
人员管理系统	用于查询消防人员数量、姓名以及职务等信息
地址信息管理系统	用于查询消防队所处的位置以及微型消防站位置
装备管理系统	用于查询灭火状况信息，包括消防装备、救援装备等

2.2 主要功能

对于地理信息系统而言，其主要的作用是使用GIS技术，向管理人员提供高精度的电子地图，电子地图中需要包含油田企业内的道路分布情况、气象情况、各种类型消防装备的分布情况等，在出现火灾风险问题以后，工作人员可以使用该系统对风险事故地点进行全面的查询，了解最近消防装备所处的区域，为工作人员提供完善的地理信息，同时，还可以对救灾的路径进行全面的分析，向其它系统发送管理命令。在车辆调度系统方面，其主要的作用就是将GPS技术以及GIS技术相互结合，对各种类型的救援车辆进行全面监控，目前，常见的车辆调度系统主要是以C/S结构为最基本的架构，以油田企业内的电子地图以及车辆的基本信息为数据库，与车载的终端设备以及监控设备为基本的软硬件，最终使用有线网络或者无线网络实现车辆调度的基本功能，在出现火灾风险问题以后，车辆调度系统可以快速调度各种类型的消防装备，为快速处置风险问题奠定基础。在监控系统方面，其主要可以分为三个方面，分别是视频监控系统、报警系统以及数据采集系统，监控系统的主要作用是对消防装备所处的宏观环境进行监控，及时发现损坏消防装备的行为并进行制止，对于报警系统而言，在消防装备出现故障问题以后，可以及时的发出报警，以便工作人员可以对消防装备存在的问题进行有效的处置，对于数据采集系统而言，其主要的作用是对消防装备所处环境的各种信息数据进行有效的采集，并将采集的数据传输到指挥中心以及管理中心，以便工作人员及时了解消防装备所处的基本状态。通讯系统主要可以分为两种类型，分别是无线通讯系统以及有线通讯系统，两种类型的系统都是将GSM和ISDN为基础，最终实现数据资料远距离传输的问题，其主要的作用是用于数据资料的传输以及车辆调度指挥，同时，该系统还有利于保障消防人员可以正确使用各种类型的消防装备，进而使得火灾救援的效率提升，在油田企业火灾风险相对较为复杂的前提下，指挥中心可以使用通讯系统进行有效的现场指挥，进而使得车辆调度更加高效。

3 基于数字化管理模式的油田消防装备保障系统建设研究

3.1 关注消防装备发展前沿

为了推动我国油田企业消防装备的进一步发展，首先需要立足消防装备的发展前沿，关注国际油田企业在消防装备方面的发展现状，对我国油田企业中的消防装备进行全面的研究，增强对科研及研发能力，紧跟时代的发展脚步，使得消防装备方面的创新能力得到全面增强。在这一方面，首先，油田企业必须重视消防安全问题，加强安全领域的宣传，了解油田企业出现火灾风险问题以后的后果，全面提高安全意识，通过该种类型的措施，不但可以促进消防装备的创新，还可以使得工作人员在日常工作的过程中，提高对于消防装备的保护，进而使得消防装备的使用寿命得到全面提升，在出现火灾风险问题以后，消防装备的有效性得到增强；其次，油田企业需要鼓励消防装备创新，油田企业可以与高校以及科研单位进行全面合作，在对传统消防装备进行研究的基础上，对已有的消防装备进行创新，同时，还需要在企业内建立创新鼓励制度，工作人员可以在日常工作的过程中，根据相关装备的使用经验，对其进行合理的创新，进而使得消防装备的先进性得到增强；最后，油田企业需要定期对国外油田消防装备的配备情况进行调研，了解消防装备方面的发展趋势，以便对消防安全措施进行有效的改进，这是推动我国油田企业在消防安全领域进一步发展的关键性措施。

3.2 引进先进消防装备

由于油田企业出现火灾风险问题的概率相对较大，因此，油田企业需要引进合理的技术措施，对可能出现的火灾风险事故进行全面分析，了解如何处置各种类型的风险问题，对已有的消防装备进行全面的研究，从结构以及性能的角度出发，对已有的装备进行优化，进而使得油田企业内的消防装备更加完善。在另一方面，油田企业需要根据自身的实际情况，引进合理且先进的消防装备，不能出现盲目引进的问题，对消防装备进行有效的更新，例如可以引入灭火机器人以及救援机器人等，如图1和图2所示为常见的灭火机器人以及救援机器人。在消防装备使用一段时间以后，出现失效问题的概率相对较大，因此，油田企业需要定期对消防装备进行检查，及时发现其存在的问题，并采取有效的措施保障消防装备的有效性。

3.3 加强消防装备培训

通过对我国油田企业中的消防装备进行调研后发现，消防装备的种类相对较多，不同类型的消防装备生产厂家也存在较大的区别，同时，同种类型的消防装备其生产厂家不同，则其性能也存在较大的区别，因此，为了可以使得消防装备发挥自身的作用，油田企业需要对员工进行培训，在这一方面，油田企业需要与生产厂家建立良好的沟通渠道，定期对员工进行消防装备方面的培训，进而使得火灾风险问题出现以后，工作人员可以正确使用各种类型的装备，风险问题处置的效果以及效率都可以得到全面提升。

4 结论

对于油田企业而言，由于企业内的介质中存

在较大的危险性，出现火灾爆炸风险问题的概率相对较大，出现风险问题以后，对于油田企业的发展将会产生严重影响，因此，加强消防建设十分关键。为了推动消防建设的进一步发展，首先需要建立完善的油田消防装备保障系统，定期对消防装备进行更新及检查，进而使得油田企业的消防安全水平得到全面提升。

参考文献

[1] 李洪刚．浅谈油田消防设备的及时检修[J]．甘肃科技，2009，25(06)：50-51.

[2] 周晓东．油田联合站及站内消防系统的建设[J]．油气田地面工程，2014(08)：18-19.

[3] 郑海峰．油田数字化消防[J]．油气田地面工程，2012(06)：13-14.

[4] 李晓娟．油田消防通信指挥系统信息化建设探讨[J]．武警学院学报，2015，31(10)：42-44.

[5] 潘少利，黄东梅．油田装备制造企业如何保障油田建设装备需求[J]．经营管理者，2014(16)：382.

[6] 段好超．加强消防救援装备运行保障能力的思考与对策[J]．今日消防，2019，33(02)：20-21.

[7] 詹江，吴燕．试论如何提高油田消防安全管理的质量[J]．科学导报，2016(08)：217.

[8] 李洪刚．浅谈油田消防设备的及时检修[J]．甘肃科技，2009，25(06)：50-51.

基于火灾隐患辨识，提升防火检查效率

郑　园

（中国石化燕山石化公司消防中心）

摘　要　火灾隐患普遍存在于企业生产经营过程中，可能导致火灾发生，影响人员安全疏散以及灭火救援行动，尤其是石油化工企业，火灾危险性大，可能产生更加严重的后果，影响大。企业必须坚持依法开展防火检查工作，及时有效识别火灾隐患并控制消除就显得尤为重要。本文主要从人的不安全行为和物的不安全状态阐述火灾隐患的辨识过程，结合自身工作实际提出了提升防火检查质量的建议和措施，能够帮助企业准确识别出各种存在的火灾隐患，并及时制定控制措施，消除火灾隐患，保障企业消防安全。

关键词　消防安全；火灾隐患；防火检查；辨识

随着经济社会快速发展，各行各业发展规模不断壮大，企业生产经营过程中出现火灾安全事故也频频发生，归根结底是管理出现了漏洞，如违反法律法规要求违规经营、降低工程及产品质量标准、擅自停用消防设施、违章用火作业等等，导致火灾隐患难以有效控制或消除，甚至意识不到隐患的存在，往往心存侥幸，最终酿成灾祸。如商丘市河南省华航现代农牧产业集团有限公司“12.17”重大火灾事故，因气焊切割作业人员在不具备特种作业资质、未履行动火审批手续、未落实现场监护措施、未配备有效灭火器材的情况下，违规进行气焊切割作业，在切割金属管道时，引燃墙面保温材料并蔓延扩大，燃烧产生的高温有毒烟气导致 11 名人员死亡，教训惨痛，发人深思。

所以，企业在生产经营过程中，都必须高度重视火灾风险识别及隐患排查工作，首先就要正确认识火灾隐患及存在形式，做到依法合规开展防火检查工作，通过高质量的防火检查手段，及时准确地排查出存在的各类火灾隐患，并采取行之有效的控制措施进行整改消除，才能防患于未然，将火灾扼杀在萌芽状态，确保企业消防安全。

1　火灾隐患的定义及分类

火灾隐患是消防安全专业用于描述火灾危险性的一个常用的术语名词，从广义上讲，火灾隐患是指可能导致发生火灾或使火灾危害增大的各类潜在不安全因素。而针对日常消防监督检查工作实践，其特指因违反消防法规而导致可能发生火灾或使火灾危害增大的各类潜在不安全因素，包括人的不安全行为、管理上的缺陷和物的不安全状态。

从火灾隐患的定义辨析可知其是一种不安全因素，这些不安全因素都可以直接或间接导致火灾的发生，所以对于火灾隐患，我们必须全面排除或降低其危害等级，这就要求我们在检查识别火灾隐患时，要认识全面，不漏不错。

根据总结归纳，火灾隐患可分三类：一是能够增加发生火灾的可能性。如违反规定储存、使用、运输易燃易爆危险物品，用火、用电、用气作业等。二是增加火灾的危害后果性，如建筑防火分隔、防排烟设施等被随意改变，失去其应有作用；建筑物的安全出口、疏散通道堵塞，不能畅通无阻；消防设施、器材不完好；建筑内部装修、装饰使用易燃可燃材料等。三是影响灭火救援行动的效率。如消防水源不足、消防车道堵塞；消火栓、消防炮、竖管等不能使用或者不能正常运行等。

2　火灾隐患的辨识

防火检查就是对现场动火作业、消防设备设施、器材等进行监督检查，实时了解动火情况以及消防设施器材的完好状况，及时发现存在的各种火灾隐患，并且采取有效的措施消除或控制。所以，防火检查是企业及时发现和消除火灾隐患的有效途径，是确保各项工作安全开展的关键环节。而防火检查质量的好坏，则直接关系到火灾隐患能否及时发现并得以消除，从而确保企业真正实现生产安全。

纵观火灾发生的原因，大致可以归结为两个方面：一是由于人的不安全行为，二是因为物的不安全状态。在防火检查中，可以从这两个方面入手，双管齐下来识别火灾隐患。

人的不安全行为主要表现在用火人、监火人的作业环节方面，他们的所有违章操作、指挥等都属于不安全行为，很容易引起火灾事故的发生。如在生产工作中，用火人不按规定操作、监火人擅离职守、未教育培训就上岗的等，都是企业常见的违章操作。在防火检查中应该重点抓这些违章操作，防止人为的不安全因素引起火灾，将火灾扼杀在萌芽状态下。经检查总结，可以从点火源入手来识别生产过程中人的不安全行为。

点火源有很多种，最常见的就是明火，企业里明火主要有吸烟的烟头、打火机以及工业生产中用到的电气焊、汽油机（柴油机）运转时燃烧室的火花等。这些火源基本上都伴随着人的操作，也势必存在各种违章操作，即人的不安全行为。如人员在厂区装置区吸烟及携带打火机等；电气焊作业会产生的火花，在作业时操作人员没有携带或无特种作业操作证，10 米范围内可燃、易燃、易爆物品未清除，火点 15 米范围地沟、下水井等未有效覆盖、隔离等，都可能会引起火灾事故，这些都是人为因素造成的；发电机运转时燃烧室产生火花或临时用电等，工作时未安装阻火器、导线未采取措施直接裸露、未安装漏电保护器，以及使用前未对机器安全检查等，都是作业中人容易犯得错误，而正因为疏忽大意、图省事等造成电器设备发生短路、过负荷运转、接触不良等故障，这些都极易引起电气火花，这就要求操作人员马虎不得，必须按操作程序操作，杜绝违章操作。此外还有机械摩擦撞击、静电等都会成为点火源，防火检查时这些方面也要时刻注意，特别是静电已成为看不见的火灾凶手，着重检查人员的穿戴等防护用品。除了上述所描述的情况外，还有未开用火作业许可证就把车辆开进装置的、现场少放或不放灭火器材的、省事省材料而忽略防火花飞溅措施的等，都是违章作业，皆是由于人的不安全行为造成的。

物的不安全状态主要体现在消防设施和消防器材两个方面。消防设施包括被检查单位已有和应有的消防设施，如消防水池、水箱、消防水泵、消火栓、消防炮、泡沫罐、竖管、水喷淋系统、消防卷盘、水泵结合器、自动报警和各种自动灭火系统、应急照明、应急广播以及防烟排烟系统等。消防器材则包括已配备和应配备的各类灭火和疏散逃生的灭火救援器材，包括空气呼吸器、灭火器、有毒有害气体检测仪、防火毯、消防水带、两用水枪、消防桶、防毒面具、救生绳、防护服等。

企业应当根据单位性质等按照规定配置相应的消防设施和器材，以及设置消防安全标志，并定期组织检验和维修，确保消防设施和器材的完好有效，保证在应急状态下的正常使用。所以防火检查时，要重点检查常备设施器材的维护保养及完好状况，如保证消防水池的蓄水量、水泵的正常运转、消火栓和消防炮完整好用、空气呼吸器压力足够等，防止出现水量不够、机器失灵、设施器材损坏、压力不足等常见的不安全状态，均会影响应急救援时的正常使用。一个典型的物的不安全状态，即消防器材箱内的干粉灭火器经常缺少不齐全，经多次现场检查发现是被随意挪用作为监火用了。值得庆幸的是，在挪用期间，单位都还未发生过火灾事故，否则后果不堪设想。如果长此以往每次监火时都去挪用这些灭火器，试想，如果一旦发生火灾，因为缺乏灭火器导致火灾得不到及时扑救，这将会造成怎样的后果。灭火器是扑救初起火灾最为有效的专用器材，而火灾的发生往往具有突发性和偶然性，所以必须坚决杜绝因随意挪用灭火器导致出现物的不安全状态的事发生。同样，其它消防设施和器材也应当如此，时刻保持在完好状况下。

人的不安全行为和物的不安全状态是相互联系的，一些人的违章操作会导致物的不安全状态产生，所以在识别火灾隐患时，检查人员要将两者有机地结合起来，综合考虑，互相补充，争取做到不放不漏，将火灾隐患一网打尽。

3 提高防火检查质量

正确有效地识别现场火灾隐患，就需要不断提高现场防火检查质量，充分发挥检查人员的主观能动性，只有人员的政治素质、业务素质高，敬业精神强，判断能力强，才能得出正确的评定结论。

第一，防火检查人员要持续提升自身能力水平。防火检查涉及知识面广，专业技术性强，势必要求检查人员必须筑牢基本功，所以检查人员的素质是关键，包括政治素质和业务能力。政治素质是前提，保证检查公平公正；业务能力是关键，保证检查全面无死角。首先要熟知防火检查的内容，才能做到检查全覆盖无遗漏，包括安全疏散通道、疏散指示标志、应急照明和安全出口情况；消防车通道、消防水源情况；灭火器材配置及有效情况；用火、用电有无违章情况；重点工种人员以及其他员工消防知识的掌握情况；消防安全重点部位的管理情况；易燃易爆区域防火防爆措施的落实情况以及火灾隐患的整改情况和防范措施的落实情况；其次是要清楚标准规范要求，才能做到检查到位无差错，包括建筑物的平面布局、水源、道路、安全间距、设备设施、灭火系统设置等是否符合消防设计要求；消防设施设备是否完好有效等。最后是要熟悉了解单位做到知己知彼，才能提高检查效率促安全，包括单位生产特点、周边现场环境以及检查设施的特点。

第二，要强化组织领导，定期开展片区联合防火检查。制定年度防火工作计划，按照计划有组织地开展各项检查工作，是提升防火检查质量和效率的有效手段。在防火检查前，防火人员要积极主动并及时向单位领导汇报工作情况，必要时领导应带队开展本责任区的防火检查，做到身体力行，带头重视和支持防火工作。在检查过程中，检查人员要当好领导的参谋助手，不仅能够提高检查效果，还能促进单位对消防工作的重视和加大对火灾隐患的整改力度。同时针对检查人员长期在一个责任区检查容易产生麻痹大意的思想和惯性思维，经常性地开展片区联合交叉检查，能够有效避免此类问题，能够相互监督、相互交流，取长补短，共同提高检查水平以及发现火灾隐患的能力。

第三，要理论联系实际，创新检查方式和方法。在开展防火检查时，单位应结合实际工作内容和特点，包括日常检查、专项检查、节前检查及“两特两重”时期检查等，选择合适的有针对性的检查方式，做到灵活多样、符合实际，提高检查效率。如重大节日特殊时期的防火检查，应与安全检查相结合成立联合检查组，由公司统一组织开展，涵盖各相关专业，扩大了综合检查效果，不仅能全面发现存在的问题，也避免重复检查减轻了基层单位的负担。同时在在检查时遇到专业知识较强的问题，各专业之间可以相互研究讨论，必要时可以向相关专业专家请教，帮助单位解疑答惑，共同提高进步并解决问题。再则就是要提前打有准备之仗，针对所检查单位的生产特点，检查前应查阅有关资料，确保检查时能准确发现隐患，有理有据，做到依法合规检查。

第四，要配备配齐专业的防火检查设备和器材，提高检查的准确性。防火检查中部分项目是无法通过人的感官来判断的，必须借助专业的检测设备完成，如作业现场可燃气浓度、含氧量等用火分析数据的检测，设备设施防火间距的测量，应急照明的照度测量，消防系统启动时间及压力、流量的测试等等，所以必须配备相应的防火检测设备，这样才能保证现场防火检查的科学性和准确性，大大提高防火检查的质量和效率。

第五，落实企业主体责任，进一步明确防火检查的目的。防火检查是落实企业主体责任的重要手段，能够帮助单位及时发现和消除火灾隐患，把火灾事故消灭在萌芽状态，防患于未然。所以在开展防火检查工作时，一定要摆正心态，决不能检查完了就一了百了，要按照“预防为主、防消结合”方针，帮助单位及时发现火灾隐患，突出消防服务保障职能，指导单位制定切实可行的整改措施，明确整改责任人，并督促其及时完成整改并反馈，做到闭环管理。此外，要利用好防火检查不断提高单位职工的消防技能和水平，检查人员要向陪检人员和职工说明火灾隐患情况、危害后果及对应标准依据等，既授人以鱼也要授人以渔。

4 总结

通过现场防火检查工作，不断进行火灾隐患的识别，及时制定整改措施消除或降低隐患，同时加强对已存在的火灾隐患进行复查检验以巩固措施，保证整改效果，同时也不断总结经验教训，明确新的目标，更好地完成防火检查工作。从实际工作可以总结出，在防火检查中现场动火监护弱、人员安全素质低、设施器材管理虚是普遍存在的火灾隐患。针对这些火灾隐患，我们要不断地汲取经验教训，不断总结概括，一次一次采取更加有效的控制措施，消除火灾隐患，将火灾扼杀在萌芽状态

针对现场动火监护弱，需要进一步加强现场监护措施，为抑制火灾事故的发生，需要干部职工齐心协力，高度重视安全工作。如可以围绕装置检修生产，做到哪里需要工作就干到哪，提高

监火人自身对火灾事故的控制能力，只要现场有人干活，就要保证现场的监护力量足够。针对基层员工消防知识技能水平不足，就必须狠抓职工消防安全教育，通过采用多种手段和形式，使广大职工掌握必备的消防知识和操作技能，提高其自防自救的能力，让一线员工能够做到遇事处变不惊，遇险自救逃生，切实提高队伍人员消防素质，增强防火安全意识。如开展的消防气防知识进装置活动，就很大程度提高了职工人员的防火安全知识和技能，改善了操作人员安全素质低的情况。针对设施器材管理虚的问题，应该加强设施器材的管理，加强现场防火检查的频次和力度，同时督促其对问题的整改回馈。对整改力度不够、反馈不及时的，加重惩罚力度，或本月安全挂牌等，帮助管理人员拉紧安全这根绳，达到检查效果，遏制住这种管理虚的现象。同时对有历史问题的单位加大检查力度，组织防火检查进行复查，让其保持警钟长鸣，有备无患。

总之，防火检查应常备不懈，并且在加强防火检查的同时，还要不断提高自身的防火检查能力，保证现场防火检查的质量，做到能正确有效地识别出各种火灾隐患，并且及时制定出相应的措施进行整改，消除或降低隐患。为了巩固整改措施，还必须严格落实各级防火安全责任制，明确各单位防火责任，做到奖惩挂钩，严抓严管，严格考核，加大对违章作业处罚的力度。还要不断加强防火安全教育，在企业单位营造浓厚的消防安全氛围，不断普及消防知识，增强职工防火安全意识，全员动手，让火灾隐患彻底远离，一起构建企业新时期的消防安全工作环境。

火灾报警系统存在的问题及解决措施

姜晓秋

（中国石化燕山石化公司消防中心）

摘　要　某企业属于危险化学品重大危险源企业，是国家安全防范的重点对象，一旦发生火灾或爆炸等事故，将造成重大的人员伤亡和国家财产的严重损失，火灾报警系统使人们能够及时发现事故，采取有效地措施进行控制，所以必须保证火灾报警系统的稳定可靠。本文简单介绍了火灾报警系统的组成及功能，结合安全审计、重大危险源检查及日常工作中暴露出的问题，分析该企业火灾报警系统存在问题的原因，依据现行规范、标准及实际使用经验，给出四点可行的解决措施。安全生产是企业取得高效益的根本保证，火灾报警系统对企业的安全保障起着特殊的重要作用，企业一定要重视对火灾报警系统的管理。

关键词　火灾自动报警系统；手动火灾报警按钮；误报；探测；报警；手动报警按钮；气体探测系统；工业视频

某企业是以石油、天然气及其产品为原料，生产、储运各种石油化工产品的工厂。属于危险化学品重大危险源企业，也是火灾危险重点防范企业。根据《石油化工企业设计防火规范》和《危险化学品重大危险源安全监控通用技术规范》的要求，该企业必须设置火灾自动报警系统。火灾自动报警系统作为企业消防控制的核心，为防止人员伤亡和财产损失等恶性火灾与安全事故发挥了关键作用。在实际工作中，需要从企业消防安全管理的使用需求出发，结合工厂实际特点，选择并使用稳定可靠的火灾报警系统。

1　企业对火灾自动报警系统的需求与特点

企业的生产管理由生产区、公用和辅助生产设施区、生产管理区组成。生产区包括石油化工生产装置和储运罐区等单元；公用和辅助生产设施区通常包括给水排水及污水处理、供配电、蒸汽及工厂用气的制取与配送等辅助生产设施单元；生产管理区一般包含控制室、化验室、维修车间及仓库、办公楼、食堂等建筑物。厂区面积大，生产装置、公用和辅助生产单元多，建筑物多且位置分散，易燃易爆场所多是企业的主要特点。一旦发生火灾，扩散速度快、火势猛、难于扑救，容易造成人身安全威胁、财产损失和巨大的社会负面影响。根据规范要求，全厂应统一设置火灾自动报警系统，在不同的建筑物内设置火灾报警控制器，再通过火灾报警控制器的联网，形成全厂的火灾自动报警系统。现阶段该企业采用的是火灾报警系统，没有实现自动化这个层面，是该企业下一步的工作方向与迫切需求。

2　火灾自动报警系统介绍

2.1　火灾自动报警系统组成及功能要求。

企业的火灾自动报警系统由探测设备、报警控制器、联动控制器、警报设备、消防应急广播等设备组成。由于厂区范围大，防火分区与报警分区多，报警控制器与联动控制器的数量多，使得参与消防安全管理的岗位多。厂区的火灾事故处置是在统一的指挥下，由多个岗位共同完成的，各参与消防管理和火灾施救的岗位均需要及时了解火灾状况，采取解决措施。因此，火灾自动报警系统需要具备一处报警、多岗位受警的功能(图1)。

2.2　火灾自动报警系统功能结构

火灾自动报警系统应该符合企业消防安全管理要求，通常火灾报警控制器设置在有火灾报警需求单元的建筑物内，在全公司消防监控中心、区域控制室等有消防控制管理需求的岗位设置火灾受警与控制设备。当出现火灾时，火灾报警信息通过系统能够同时报送到相关的管理控制岗位。

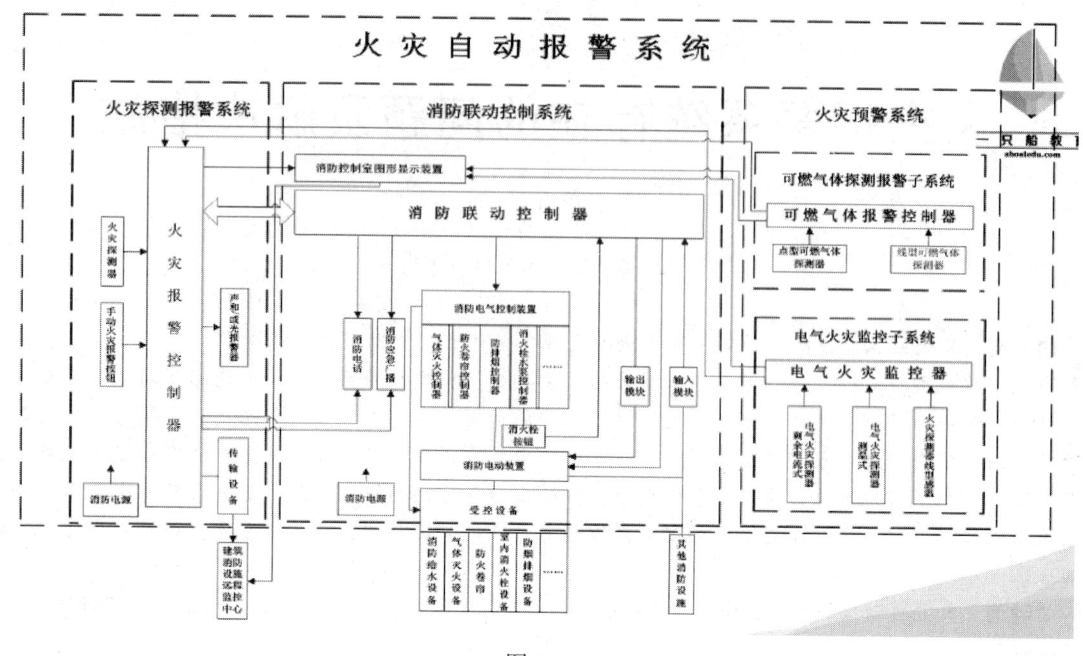

图 1

2.2.1 火灾探测报警系统

火灾探测报警系统由火灾报警控制器、触发器件和火灾警报装置等组成，它能及时准确地探测被保护对象的初期火灾，并做出报警相应，从而使建筑物中的人员有足够的时间在火灾尚未发展蔓延到危害生命安全的程度时疏散至安全地带，是保障人员生命安全的最基本的建筑消防系统。火灾探测报警系统工作原理如图 2 所示。

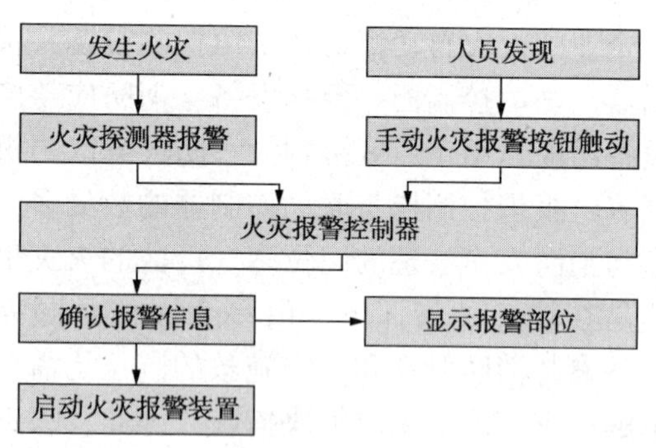

图 2 火灾探测报警系统工作原理

石油化工企业相比其它企业危险性较高，发生火灾影响较大。作为石油化工企业安全预警系统中的重要一环，火灾自动报警系统的应用也与其它行业有着显著的不同。

2.2.2 火灾报警装置(火灾报警控制器)

在火灾自动报警系统中，用以接受、显示和传递火灾报警信号，并能发出控制信号和具有其它辅助功能的控制指示设备称为火灾报警系统。火灾报警控制器就是其中最基本的一种。火灾报警控制器担负着为火灾探测器提供稳定的工作电源；监视探测器及系统自身的工作状态；接收、转换、处理火灾探测器输出的报警信号；进行声光报警；指示报警的具体部位及时间；同时执行相应辅助控制等诸多任务(图 3)。

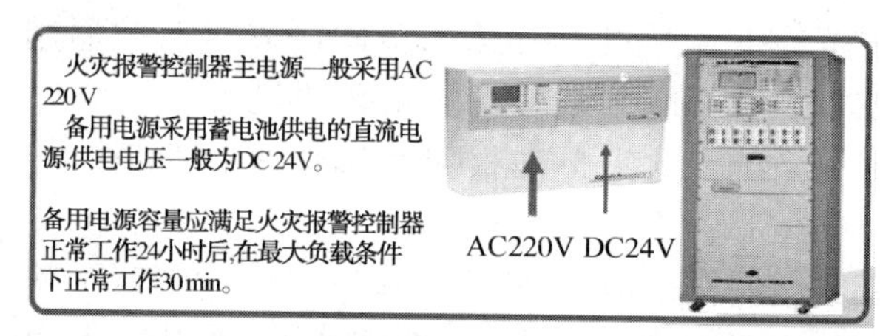

图 3

2.2.3 触发器件

在火灾自动报警系统中，自动或手动产火灾报警信号的器件称为触发器件，主要包括火灾探测器和手动火灾报警按钮(以下简称手报)。火灾探测器是能对火灾参数(如烟、温度、火焰辐射、气体浓度等)响应，并自动产生火灾报警信号的器件。手报是手动方式产生火灾报警信号、启动火灾自动报警系统的器件(图 4)。

(a)

(b)

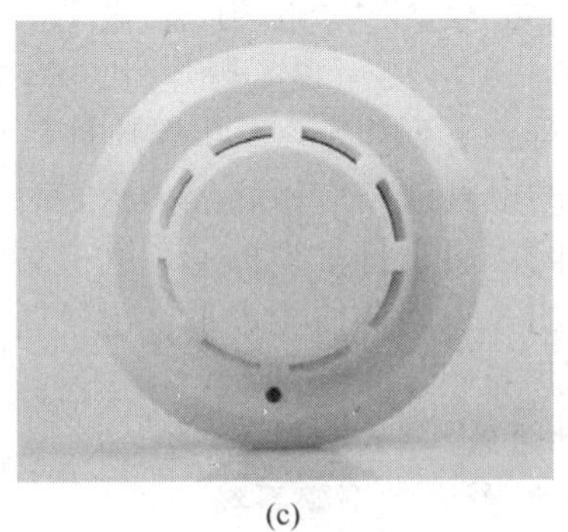

(c)

图 4

2.2.4　火灾警报装置

在火灾自动报警系统中，用以发出区别于环境声、光的火灾警报信号的装置称为火灾警报装置。它以声、光和音响等方式向报警区域发出火灾警报信号，以警示人们迅速采取安全疏散，以及进行灭火救灾措施(图 5)。

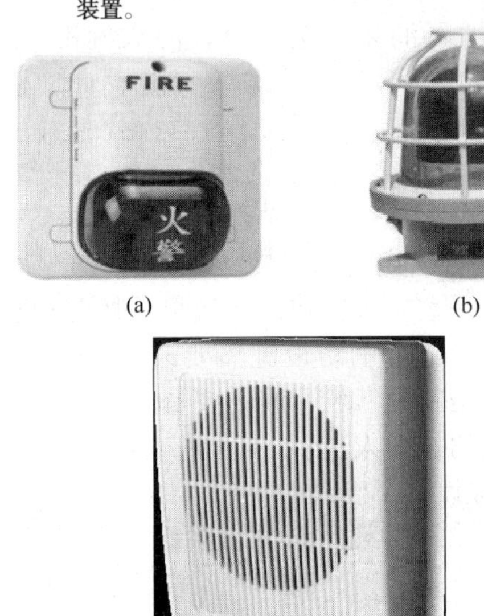

(a)　　(b)

(c)

图 5

3　某企业火灾报警系统存在的问题及原因分析

某企业现用的火灾报警系统安装较早，设备落后，参数设计不准确，部分手报老化严重，存在问题较多。2019 年的安全审计消防类问题共 66 个，火灾报警系统的问题 20 个。经过将近一年的排查、整改，2020 年开展的重大危险源督查中查出的火灾报警系统的问题 18 个(图 6)。

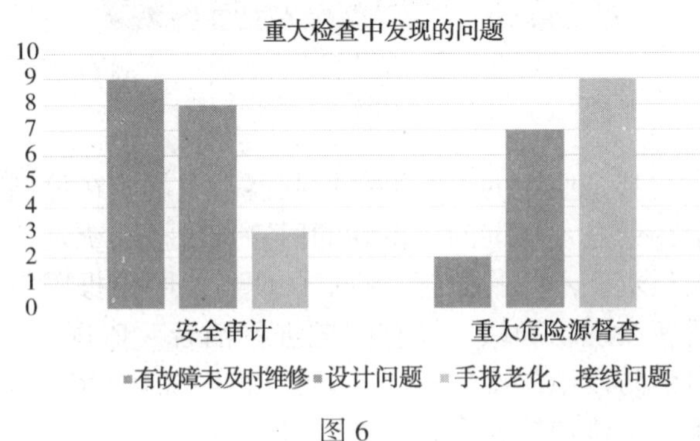

图 6

3.1　日常管理问题

2019 年安全审计检查，20 个火灾报警系统的问题中有 9 个问题：有故障未及时维修。2020 年重大危险源督查中类似的问题的有 3 个。此项问题数量上减少，跟这一年的督查整改有一定的关系，但主要原因是两次检查的侧重点不同，所以重大危险源督查中暴露出这方面的问题数量有所下降。

此项问题经过现场调研，发现导致此项问题的主要原因是日常管理。

3.1.1　火灾报警控制器有故障不能及时维修

此项问题通过查看火灾报警控制器一目了然，控制面板指示灯变黄或变红(图 7)。

(a)

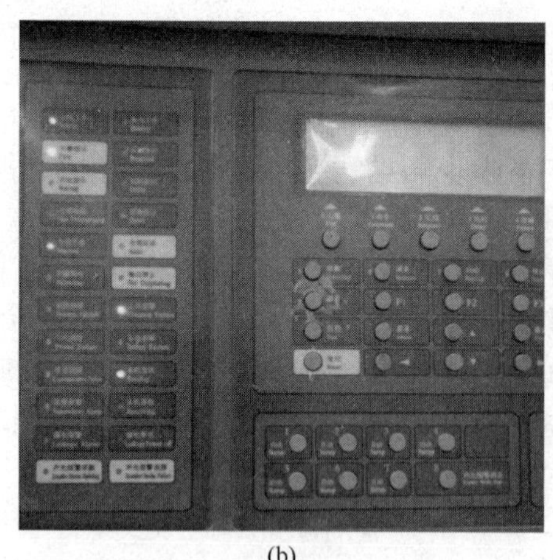

(b)

图 7

某企业中的火灾报警控制器基本都放在控制室，通过现场询问，得到的回答是火报系统是仪表负责，不归我们管，我们的职责是听到报警声后，去现场确认，没有问题进行消音。依据《建筑消防设施的维护管理》(GB25201-2010)第 8.3 条，单位消防安全管理人对建筑消防设施存在的问题和故障，应立即通知维修人员进行维修，维修期间，应采取确保消防安全的有效措施。

3.1.2　火灾报警控制器未发出报警信号

现场抽查测试手报，某危化品库，触发手报，控制室火灾自动报警控制器未发出火灾报警声；某二催化装置，触发手报，火灾报警控制器未发出报警声。

在日常防火检查中，手报、报警信号测试要定期开展，测试前的准备工作要求有对讲机一对，现场、控制室的声光警报是必须的测试内容。依据《火灾报警控制器》(GB4717-2005)第 5.2.2.2 条，当有火灾探测器火灾报警信号输入时，控制器应在 10s 内发出火灾报警声、光信号。

3.1.3　火灾报警控制器打印功能问题

抽查某厂火灾报警控制器(苯乙烯装置区)无打印功能。这是该企业中火灾报警系统的通病，消防中心在 19 年 8 月份的专项检查中发现：30%火灾报警控制器不能打印，30%能打印，但打印时间与北京时间不一致。

《火灾报警控制器》(GB4717—2005)第 5.2.2.10，控制器火灾报警计时装置的日计时误差不应超过 30s，使用打印机记录火灾报警时间时，应打印出年、月、日、时、分等信息，但不能仅使用打印机记录火灾报警时间。

火灾报警控制器通过标准 RS232 串口与打印机相连，系统有报警或故障的时候主机可以直接通过串口输出信号，控制器上的微型打印机进行打印。打印机问题的暴露说明对操作人员业务知识培训不到位，他们认识不到，发生报警的时候，打印机必须打印，打印的时间、地点还要准确。

3.1.4　手报接线不规范

重大危险源督查中检查出手报接线不规范的问题 9 个，主要是接线方式不符合防爆要求。依据《爆炸危险环境电力装置设计规范》(GB50058—2014)5.4.3，爆炸性环境电气线路的安装应符合下列规定：5 在爆炸性气体环境内钢管配线的电气线路应做好隔离密封。

此项问题属于日常维护管理的范畴，暴露出维护人员的知识面和技能水平；也暴露出厂里安全管理的薄弱环节。

3.2　设计问题

3.2.1　未设置火灾报警系统

安全审计中，检查出某厂联合罐区、某厂精间苯二甲酸装置间二甲苯罐区、某公司空分装置现场未设置火灾自动报警系统，依据《石油化工企业设计防火标准(2018 版)》(GB 50160—2008)第 8.12.1 条石油化工企业的生产区、公用及辅助生产设施、全厂性重要设施和区域性重要设施的火灾危险场所应设置火灾自动报警系统和火灾电话报警。

重大危险源督查中，检查出某厂一、二、三聚丙烯装置，挤压造粒厂房未设置火灾自动报警系统。依据《石油化工企业设计防火标准(2018 版)》8.11.5，挤压造粒厂房的消防设计应满足下列要求：1. 各层应设置室内消火栓，并应配置消防软管卷盘或轻便消防水龙；2. 在楼梯间应设置室内消火栓系统，并在室外设置水泵结合器；3. 应设置火灾自动报警系统。

该企业是老装置，建厂比较早，按照现有规范进行要求，部分消防设施需要改造或者新增，这对老企业是新的考验，既需要资金投入，也需要新增相关的技术人员。

3.2.2　手报设计不合理。

安全审计发现某厂新原油罐区、重油罐区、化工罐区未设置手报。某厂航煤罐区、新原油罐区的出入口，某厂苯乙烯罐区手报设置数量不足。依据《石油化工企业设计防火标准(2018 版)》8.12.4，甲、乙类装置区周围和罐组四周道路边应设置手动报警按钮，其间距不宜大于 100m。

3.2.3　控制器显示的地址不正确

在某厂测试三催化装置缓蚀剂罐西侧015号手报，新中控室火灾报警控制器显示位置为00楼00层00房间。依据《火灾报警控制器》(GB 4717—2005)第5.2.2.1条，控制器应能直接或间接地接收来自火灾探测器及其他火灾报警触发器件的火灾报警信号，发出火灾报警声、光信号，指示火灾发生部位，记录火灾报警时间，并予以保持，直至手动复位。

3.2.4　一个地址只能对应一个探测器

东方有机厂VAC项目小罐区6个手报均为一个地址码，2#VAC药液配制室4个感烟探测器和1个手报均为一个地址码。依据《火灾自动报警系统施工及验收规范》(GB 50166—2019)4.2.2，系统调试前，应对系统部件进行地址设置及地址注释，并应符合下列规定：1 解决现场部件进行地址编码设置，一个独立的识别地址只能对应一个现场部件。

这个问题暴露出，在此消防设施项目施工及验收时，有部分工作没有做到位，为以后的正常运行留下安全隐患。

3.3　报警信号未能传到应急指挥中心

经过对该企业装置、罐区火灾报警系统的调研发现：共有107套，67套系统正常，5套有问题待维修，13套未敷网线或电源线，22套无传输设备(图8)。

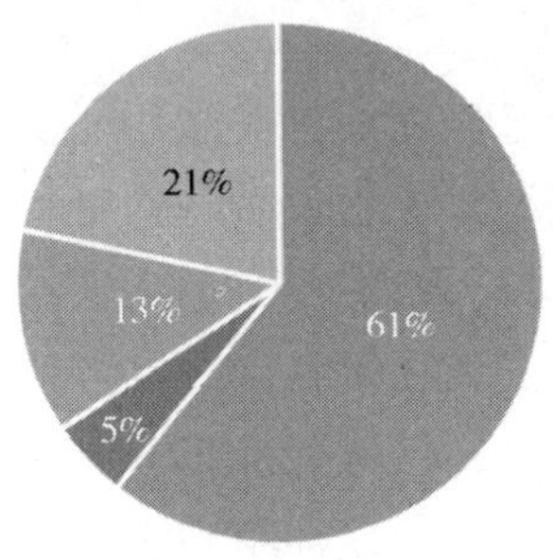

图8

待维修和未敷网线或电源线的情况已列入整改计划，近期完成整改；无传输设备的情况不建议马上进行整改，因为现系统的软件及硬件运行时间已达9年，使用年限较长，设计带宽10M，已不能适用于该企业现有网络100M、1000M带宽，系统急待升级，建议对现系统进行升级改造的时候统一配置传输设备。

通过此项调研发现，装置、罐区的107套系统，在设备都齐全的情况下，能接入应急指挥中心的最多有85套，不符合该企业的管理规定。依据《燕化公司消防气防安全管理规定》3.8.2.5火灾自动报警系统应具备相关通讯功能，确保能够接入公司管控一体化消防远程监控联网平台，保证消防报警系统信息的实时性和准确性。报警信息可直观显示火灾区域的报警位置及设备位号，方便公司安全生产指挥中心的应急指挥、组织救援、有效扑火及监督工作。

3.4　火警信息误报

经过对该企业的调研发现，在日常工作中，火灾报警系统60%的问题是误报。一般情况下，系统的终端都安装在中控室内，如果系统经常出现误报问题，工作人员需要停止相关的生产工作来核实是否发生火情，从而对正常的生产工作产生极大的影响。另一方面，由于系统误报频发，导致工作人员对该系统失去信心，进而关闭报警系统或者屏蔽报警信息，此时如果发生火灾，将无法被及时发现，导致产生更大事故。

在传统的报警系统使用中，其信号主要是通过分布于各个位置的探测器检测和发出，每个位置使用的探测器报警阈值各不相同，当化工厂内周围环境产生变化且达到报警阈值时，报警电路的开关信号产生变化，从而产生报警信号。系统中的控制器首先接收到报警信号，控制器将通过声光系统检测到报警位置。该种报警系统的原理十分简单，且成本较低，所以应用较为广泛，但是缺陷较多。首先，该报警系统主要是通过检测环境是否超过探测器设定的阈值来决定是否产生报警信号，所以该系统会受到周围环境及其它因素的严重干扰，在不同的生产车间和生产环境中使用相同的报警灵敏度是十分不科学的，如果设置的灵敏度过低，则可能会出现大量的漏报问题，但是如果设置的灵敏度过高，则会出现大量的误报问题，因此，在我国的化工厂内一般将报警灵敏度设置的都相对较高，宁可产生大量的误报问题也不能出现漏报问题，这是化工厂内频繁出现火灾误报问题的主要原因。其次，如果报警系统内部的探测器出现漂移问题或元器件损坏，也会产生大量的误报问题。

4　解决措施

4.1　明确职责分工，强化责任意识

(1) 属地对火灾报警系统应该了解到什么程度；日常应该对什么项目进行监控；出现火警信

号应该如何处理，工作职责必须明确。

安全审计检查，现场询问属地操作人员，对火灾报警控制器面板的模块功能不清楚，出现火警处理程序错误，解释是仪表专业的范畴，不属于他们的工作职责。

（2）维保单位必须清楚哪些部件要进行日巡、月检、年查；哪些部件需要进行定期测试；出现故障的部件如何进行维修。维保单位应根据维保合同规定的工作职责，结合现行的标准与规范，落实好每一项职责工作。

重大危险源检查中暴露出该企业火灾报警系统的问题不能及时维修，维修后的记录没有或者不全。

依据《火灾探测报警产品的维修保养与报废》（GB 29837—2013）中 3.1.2 维修一般应在 48h 内完成；需要由供应商或者企业提供零配件时，应在 5 个工作日内完成。3.1.6 承担维修的企业应做好维修记录，与产品使用或管理单位各执一份，并保存至该产品报废。

（3）监督检查单位对检查的内容、范围、深度必须掌握。某企业消防中心针对火灾报警系统设立学习专题，开展业务培训，结合现行标准、规范、公司制度，制定《火灾报警系统检查表》，要求每个中队的防火人员每月检查两套火灾报警系统，8 月份对公司范围内的火灾报警系统开展专项检查。

（4）在消防设施的设计、施工、验收阶段，应出台相关制度，必须邀请消防专业的人员参与，给予专业性的指导意见。

现阶段很多地区出台建筑方面的实施意见，其中很重要的一点：建设工程消防设施审查验收管理工作，具有专业性较强的特点，应充分发挥专业技术人员作用-专业人干专业事，组建“建设工程消防技术专家库”，为建设工程消防设计审查验收管理与监督检查提供技术支撑。

实际数据表明，我国每年 80% 的火灾都是在其初起阶段被扑灭，一个建设工程在设计、审查、验收阶段，发现问题并被及时整改，不但能够避免经济损失，也能防止形成安全隐患（图 9）。

图 9　问题在不同阶段的发展趋势

4.2　把可燃气体探测信号接入火灾探测系统，提前监测火灾发生的可能性

4.2.1　设计方面的要求

作为石化类企业，厂区内的建筑物多数是可燃气体泄露场所，在《火灾自动报警系统设计规范》（GB 50116—2013）中第八章可燃气体探测报警系统，明确指出可燃气体探测是一个独立的系统，但是这个系统的“报警信号应接入消防控制室”。

规范第八章的内容明确两方面的要求：第一，可燃气体探测器不应直接接入火警系统的探测器回路，应由可燃气体报警控制器接入；第二，这套系统虽然独立于火灾报警系统，但是最终需要将探测报警的信号接入火灾报警系统。

在《火灾自动报警系统设计规范》（GB 50116—2013）的前言中明确指出，火灾探测系统包含三大系统：一是火灾自动报警系统；二是可燃气体浓度探测系统；三是电气火灾监控系统。

4.2.2　火灾报警和可燃气体探测系统独立设置的缺点

在该企业已经建成的装置中，火灾报警系统和气体探测系统是单独设置。这种构架的火灾报警系统结构简单，投资少，但无法接受气体的探测信号，单独安装在装置区内的控制室或变配电室等地方。同时，气体探测信号接入 DCS 系统，两者之间互不相干。这样单独设置大多情况下都会存在一些缺陷：比如在装置进行大检修期间，DCS 系统会停止工作，导致气体传感器停止工作，一旦可燃、有毒气体发生泄漏，检测系统无法检测到，给装置区域带来极大的安全隐患。而且在检修期间，要进行用火作业，可燃气体发生泄漏，DCS 停止工作无法报警，极易引发火灾。

4.2.3　气体探测系统接入火灾报警系统的优点

气体探测系统通过专用的传感器和检测仪器，检测出早期火灾和可燃、有毒气体泄露，由声光警报装置发出报警声提醒有关操作人员进行相关操作，组织疏散和逃生；或者通过预先编制的联锁逻辑自动的启动相应的保护、救护装置；通过远程报警能得到及时增援，从而使可能发生的火灾、爆炸、中毒事故在萌芽状态能被发现并消除，已经发生的事故能得到及时有效的控制，是相关人员、设备和周围环境得到有效的保护。火灾报警系统在火灾的初期，使人们能够及时发现火灾，并及时采取有效措施，扑灭初期火灾，最大限度的减少因火灾造成的生命和财产安全。

把气体探测系统接入火灾报警系统，在事故的萌芽阶段就能被发现，及时控制事故，也能在DCS停用或者故障期间，使气体传感器正常工作，消除安全隐患。气体探测系统与火灾探测报警系统在很多方面有相似之处，两者合并设置，就功能而言，更加强大；就经济角度，无论对装置初期投入还是后期的日常维护管理，都会节省很多投入资金。

4.3 把工业视频系统纳入火灾探测系统，减少误报率

根据有关规范要求，现化工企业装置区内应设置视频监控摄像头。一般情况下，火灾报警和视频监控是相互独立的，两者之间没有协同工作机制。随着视频监控技术普及和图像处理技术的发展，将摄像头采集的信号传至计算机处理系统，利用图像处理技术判断有无火灾发生。

现阶段常规火灾探测器会有一定的误报概率，当火灾报警出现时，如果能利用视频监控图像确定报警位置及火灾报警情况，就可以快速准确的判断并定位火灾发生位置。

工业视频系统与火灾自动报警监控系统中的火焰探测器同步联动，当发生火灾自动报警时，系统能自动将火灾报警点的图像传到监控室，并同时发出声光报警信号，提示调度人员及时确认和处理。

图像型报警探测器可以在监控区域内实现火灾报警和现场监控的双重功能，利用图像识别方法实现火焰探测，还具有无接触，响应速度快，探测范围广等特点，特别适用于化工企业的现场环境。视频火灾探测器和基于热成像的探测技术的火灾探测已在国外通过项目的验证，并且大量应用在石油化工领域，其可靠性和必要性已经得到了证明。

一般的火焰探测器无法屏蔽外界的各种干扰，也无法探测微小的火源，容易产生误报和漏报。图像型火焰探测器由于采用了成像探测处理方式，用于表征火灾的维度高于点型的探测器，具有屏蔽外界的各种干扰和探测微小火灾的能力，同时图像型火焰探测器还可以实现视频监控功能，具备远程确认火情和应急处理现场火灾的功能。两种探测方式的协调配合是解决易燃易爆的化工场所火灾探测的较好方式。

图像型火灾报警探测器具备视频监控和火灾报警的双重功能。并且出现报警情况后，能够及时弹出画面并警告提醒，提高报警速度和效率具备很高的性价比。

4.4 阐述手报的设计理念，督促使用者加强管理

4.4.1 现行规范、规定要求

有关火灾手报设置规范主要有两个：《火灾自动报警系统设计规范》(GB 50116—2013)，《石油化工企业防火规范》(GB 50160—2008)。《火灾自动报警系统设计规范》主要针对民用建筑，《石油化工企业防火规范》对设置手报的规定又比较简单，8.12.4 甲、乙类装置区周围和罐组四周道路边应设置手报，其间距不宜大于100m，可操作性不强。随着石油化工生产企业安全生产概念不断的提升和加强，如何更加合理、便于操作又具有实效地设置手报，便显得重要起来。

4.4.2 国外常规设置原则

关于在石油化工企业生产装置、储运系统、罐区等易燃易爆的爆炸和火灾危险环境区域，如何设置现场手报，国外公司都有一套比较明确的规定，其基本内容有两条：其一，所有易燃易爆危险环境区域的石油化工企业生产装置、储运系统、罐区等单元，不管是否设置了火灾自动探测器，均要设置手报，主要设置在单元四周、安全通道两边和消防设备附近；其二，在一个单元区域内，任意两个手报之间的人员步行距离50~60m之间。

手报的设计理念，是给现场人员提供一个火灾报警工具。首先应该分析现场人员的巡检路线，其次要分析逃生人员的应急反应：在正常情况下，现场人员首先选择的是尽快逃生。综合以上几点，就会发现需要设置手报的地方确实多。在爆炸和火灾事故状态下，凡是现场人员有可能

经过的道路、出入口和单元四周，均要设置手报。一方面可以提醒逃生人员人工报火警；另一方面要让逃生人员很方便的报火警。

4.4.3 管理方面的问题

对于属地人员来说，基本认为手报作用不大，完好率太低，维修和更换费用高，最好少量设置或者不设置。

产生这样的现状，暴露出消防报警的培训工作做得不到位。如果手报运行良好，专职人员管理到位，现场人员受到了良好的应急培训和演习，强化用手报的理念和作用，让现场人员在火灾事故情况下能想到报火警最直接、最便捷的方式是手报。

现场人员有一个想法，也是通常的做法，当火灾发生时，会用现场巡检无线对讲报火警，或直接就用手机报火警，也会想起用固定电话报火警。这里面有几个问题需要说明：其一，由于石油化工厂布置模式的改革，生产装置等单元的布置已完全大型化和露天化，现场只有很少的消防电话，还需要在紧张的情况下进行拨号，肯定要耽误时间。其二，在一些压缩机厂房类似的单元，由于噪声问题，现场巡检无线对讲效果差，基本无法使用。在一些布置了高频率大功率电机、钢结构集中的特殊区域，由于电磁屏蔽问题，就出现了无线通信的盲区，对报火警有隐患，不一定可靠。另外，石油化工场所是禁止使用普通手机的。

4.4.4 手报的设置建议。

手报是石油化工企业火灾报警系统的重要组成部分，现场手报的设置更应该加强和细化，力争做到符合规范，更加合理，综合考虑，更加实用。建议按照如下要求设置手报：

（1）有易燃易爆危险环境区域的石油化工生产装置、储运系统、罐区等单元，应沿单元四周设置手报。要求每个按钮之间的步行距离在50~60m，尽可能在靠近单元四周的消防设备(比如消防栓、消防炮)、单元出入口设置。

（2）所有易燃易爆危险环境区域的石油化工生产装置、储运系统、罐区等单元，应沿单元安全通道设置手报，要求每个按钮之间的步行距离在50~60m，尽可能在靠近安全通道分岔口、出入口设置。

（3）所有易燃易爆危险环境区域的石油化工生产装置、储运系统、罐区等单元内，应在配置了消防设施的多层框架上，就地设置手报，同时考虑人员走道和上下楼梯口位置。

（4）根据规范要求，凡设置了火灾自动探测器的场所，均应设置手报。

5 结束语

安全生产是永恒的主题，是一切工作的基础，要秉承最严的工作标准，最严的管理措施，最严的考核问责，坚守住安全底线。落实好安全工作最好的措施是保证消防设施的完备好用，火灾报警系统是其中重要的一员，是建筑物的神经系统，感受、接收着发生火灾的信号，并及时发出警报，提醒采取有效的手段，降低火灾带来的灾害。企业必须彻底、有效的解决火灾报警系统存在的问题，保证预警、报警、接警的承接顺畅，一旦发生火灾预警，立即启动事故应急预案，减少各级各类火灾等事故的发生，为企业的安全生产提供保障。

参 考 文 献

[1] 张岩．浅谈化工厂智能火灾报警系统[J]．盐业与化工(现《盐科学与化工》)，2012.41(8)：30-31.

[2] 金春雄．石油化工企业装置中设置可燃气体报警装置的探讨[J]．中国机械，2014(24)；30-31.

大型浮顶储罐浮船降至检修高度时的灭火技术探讨

常 亮 裴 伟 于 海

（中国石油消防应急救援吉林石化支队）

摘 要 本文介绍了大型浮顶储罐在浮船降至检修高度时出现火灾的原因及特点，分析此类大型浮顶储罐全液面火灾的扑救对策，探讨预防此类火灾的方法以及更加有效扑救此类火灾的建议。

关键词 消防；浮顶储罐；全液面火灾；灭火救援

1 概述

大型浮顶储罐不仅可降低油品蒸发损耗，减少油气对大气的污染，降低发生火灾的危险性，而且浮顶储罐还可节省钢材，减少占地面积，方便操作管理，减少储罐附件和罐区管网，节省投资。因此，大型浮顶储罐已成为各国地上储存原油的主要设施。进入21世纪后，我国大型浮顶储罐的发展非常迅速，目前我国最大的浮顶储罐已达15万立方米，已建成的不低于10万立方米的大型浮顶储罐多达几百座。浮顶储罐的大型化已成为国内外浮顶储罐今后发展的主要方向。

原油是易燃易爆危险品，浮顶储罐的大型化必然成为大型浮顶储罐安全生产的巨大挑战。据瑞典国家检测研究所对世界范围内发生储罐火灾事故的统计，其中，20世纪90年代共发生161起，21世纪初前3年共发生62起，从该统计数据看，在世界范围内储罐火灾事故每年至少15~20起。近几年，我国南方地区的某些油库和输油站也连续发生了多起大型浮顶储罐密封圈着火事故。如何有效及时地扑救这些火灾成为消防灭火的巨大挑战。

大型浮顶储罐的火灾类型主要为密封圈型火灾、漫罐或罐壁破裂型地面火灾、浮盘沉没或倾倒型全液面火灾。据统计，大型浮顶储罐最常见的火灾形式是密封部位的火灾，美国石油学会（API）对81起直径超过30米的大型浮顶储罐火灾事故进行了统计，其中密封圈火灾占统计事故的72.8%，其他研究组织也曾对世界范围内大型浮顶储罐火灾事故进行了统计，其统计结果也表明密封圈火灾是大型浮顶储罐最主要的火灾形式。因此，美国防火协会（NFPA）标准、我国《石油库设计规范》、《石油化工企业设计防火规范》及《原油和天然气工程设计防火规范》中对消防设施的设计均考虑的是防御密封部位的火灾。但是，毕竟大型浮顶储罐也可能发生全液面火灾，而且国内外也曾发生多起大型浮顶储罐全液面火灾，如2001年美国发生一起80米直径浮顶储罐全液面火灾，因此，消防救援也应考虑对大型储罐全液面火灾的灭火救援。如何应对大型浮顶储罐浮盘严重倾斜或沉没的全液面火灾，国内外研究机构学者进行了专题研究，如由BP、Total、美孚、雪佛龙等16家石油公司共同出资的大型常压储油罐火灾（LASTFIRE）项目。本文就一种大型浮顶储罐新的全液面火灾类型进行消防灭火探讨，即浮盘落地状态下的全液面火灾。

2 浮船降至检修高度下发生火灾的原因

浮顶储罐的浮船是设计成浮在液面上运行的，在正常操作条件下，浮船与液面间不存在油气空间。由于浮顶储罐油面几乎全被浮顶所盖，浮顶与液面间仅在密封边缘处有一个不大的环形蒸汽空间，这一空间体积始终保持不变，因而这种结构基本上消除了油气外逸，一般浮顶罐罐顶也因此不安装避雷设施。浮船降至检修高度是指浮船因异常操作或启用前停在支撑高度上（一般5000立方米以下的为1.5米，5000立方米以上为1.8米高），此时液面低于浮盘，液面上方存在油气空间，此时的状态存在风险，详见图1。

当浮盘下降到接近支撑高度时，呼吸阀阀杆

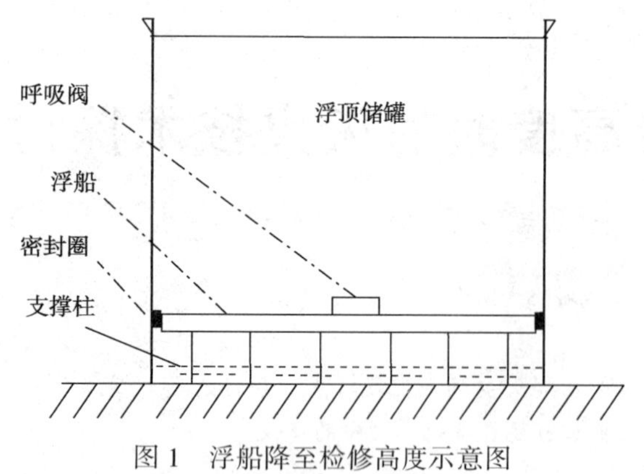

图 1　浮船降至检修高度示意图

先于支柱接触罐底，并随浮盘的继续下降逐渐把阀盖顶起，使储液与大气相通，此时浮盘下方开始出现油气空间，此状态时的油气可能出于爆炸极限范围内，遇到火源或是高温表面，可能发生闪爆或者火灾，形成全液面火灾。同样，当浮船降至检修高度时，若往罐内进油，会在油罐底部形成油气空间，若是进油速度超过 5 米/秒，会在液面累积静电，进行人工检尺或采样作业，有可能产生火花引燃油气。

3　浮船降至检修高度时火灾的扑救对策

浮船降至检修高度状态下油罐液面的火灾为全液面火灾，烃类火灾发展迅速，5～10 分钟内，火场温度即可达到 1000℃以上，若不及时冷却灭火，会烧毁浮船或引起罐壁坍塌。下文分析不同情况下的灭火对策。

3.1　浮顶储罐各设施均好用时灭火对策

储罐进出油管路畅通时，可及时将水注入储罐，提高储罐液位高度，将浮船浮起，此时火灾面积为密封圈环形面积，着火面积大大减小，大约为全液面火灾的十分之一，利用半固定或固定式消防设施可迅速实现灭火。

3.2　浮顶储罐进出油管路不好用时灭火对策

此时要实现泡沫灭火，优先利用半固定或固定式消防设施实施灭火。标准《泡沫灭火系统设计规范》GB 50151—2010 规定，施放的泡沫混合液供给强度不应小于 12.5L/(min·m^2)，以直径 80 米的 10 万立方米浮顶油罐考虑：

着火面积 A 着 = 3.14×D2/4 = 3.14×80×80÷4 = 5024m^2

灭火需泡沫混合液 Q 泡沫 = A 着×q 灭 = 5024×12.5 = 62800L/(min) = 1047L/s

按一次灭火 30 分钟考虑，需要的泡沫混合液为：

1047×30×60 = 1884600L = 1884.6 吨

其中，需要的泡沫原液量为：1884.6 × 0.06 = 113 吨

需要的消防水为：1884.6×0.94 = 1771.6 吨

需要的泡沫原液量至少要 100 多吨，如此多的泡沫原液量需要时间调集，此时重点是加强冷却罐壁，防止罐壁坍塌导致油品流出火灾蔓延。当利用传统的罐壁式泡沫灭火消防设施时，泡沫从罐顶沿罐壁汇集到液面处(大约 20 米高)，需要时间较长，而且高温罐壁会令泡沫有较大损失。因为这些现实情况的影响，要实现液面全覆盖灭火，泡沫供给强度也应更大，需要的灭火剂也更加庞大。

3.3　浮顶储罐各设施均损坏时灭火对策

若是进出油管路、半固定或固定式消防设施在火灾中受损，此时的燃烧面积很大，而且燃烧面大部分处于浮盘以下，从液上施放泡沫，泡沫只能通过密封圈环形截面进入，移动设施要实现灭火难度很大，见图 2。

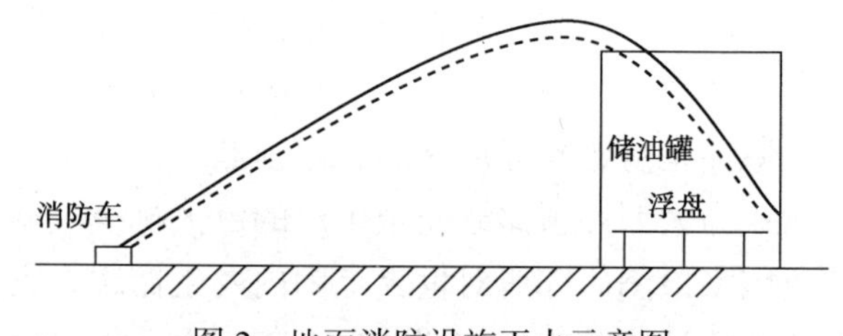

图 2　地面消防设施灭火示意图

此时的防御策略为冷却保护着火罐以及相邻罐，罐中的液位较低，可任其燃烧殆尽。若考虑进攻灭火，则在保持冷却的同时，备足灭火剂，快速施放到液面实施灭火，由于泡沫炮远程施放，泡沫会损失很多，再考虑到达液面的损失，泡沫混合液供给强度应远比正常值高，因此需要的灭火剂量非常庞大，如美国 1996 年扑救直径 45 米浮顶储罐的全液面火灾共消耗泡沫原液 280 吨。

十万立储量浮顶罐浮盘下降到接近支撑高度约 1.8 米时，经计算，油品存量约为 5000-7500 吨。此时可将浮盘以下部分比照固定拱顶储罐火灾进行处置。按照规范规定，储量在 5000m^3 以上的固定拱顶储罐应设置液下注射泡沫灭火系统。如果用液下泡沫灭火系统灭火，可以达到快

捷迅速、节省灭火剂的效果。见图 3。

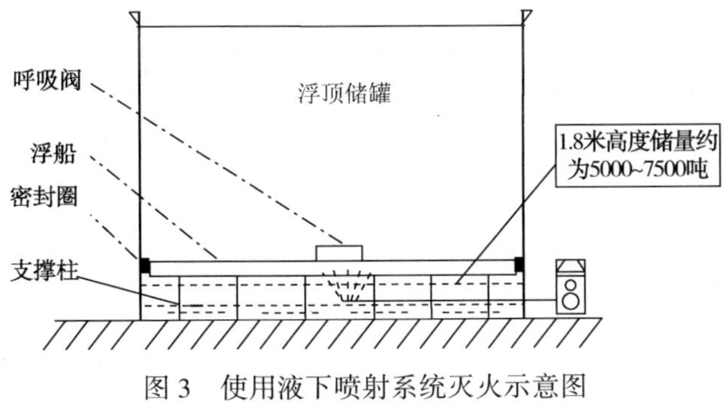

图 3 使用液下喷射系统灭火示意图

4 针对此类灾害的预防及消防建议

（1）避免储罐低液位运行，防止浮船降至检修高度。

严格管理，控制储罐液位不低于支撑柱高度。空罐进油时，管线内的油品流速应不大于 1.0m/s，当油罐进出油后，至少 30 分钟内不允许人工检尺和采样，以免发生静电火灾。

（2）采用灭火效果更好的泡沫灭火系统，如浮船边缘式泡沫灭火系统。

边缘泡沫消防系统是把原来设置在罐壁顶部的泡沫产生器或泡沫喷嘴，改为设置在浮顶边缘上。边缘泡沫消防系统可将泡沫直接到达燃烧表面，泡沫不受风、热的影响，基本无损失，效率高。

（3）建议完善相关消防设计规范，明确大型储罐消防设施要求。

对储量超过 10 万立的外浮顶罐，设计规范应增加除设置液上泡沫喷射灭火系统外，还应设置液下泡沫灭火系统，用于浮盘下火灾扑救需要。

（4）加强消防力量建设，特别是新型装备技术的应用。

大型浮顶储罐的火灾扑救主要依靠大流量、大口径新装备消防炮为主的作战力量，国内大型储罐全液面火灾扑救成功案例就依靠的是大流量的作战装备。国外也有过类似报道，美国曾成功扑救过直径 60 米的油罐火灾，使用了巨型泡沫炮，射程 152 米，流量在 250L/s 以上。沙特阿莫科公司有关资料介绍，认为扑救直径 60~100 米大型储罐火灾，可使用流量 260~930L/s 消防炮，建议混合液的供给强度为 6.5~10.4L/(min · m^2)。

（5）加强风险辨识，制订科学完善的灭火救援预案。

做好危险性分析，并制订完善的消防应急预案，才可在灭火行动中做到万无一失，及时调动一切消防力量，这样才能做到及时灭火，保证人员、财产的安全，降低影响。

5 结束语

油罐灭火过程中，某一个环节的失误，都可能导致整个灭火行动的失败。因此应重视从设计到后期预防的每一个环节，将各种可能的火灾后果都考虑到，制订完善的消防应急预案，做好培训演习。同时，为了加强控制大型储罐特大火灾的能力，应针对扑救大型浮顶储罐全表面积火灾开发特种消防设备，研究灭火战术，提升我国大型罐区移动特种消防设备的配置标准，增强应对大型罐区特大火灾的战斗力，为石油石化行业健康、持续、快速发展保驾护航。

参 考 文 献

[1] 王景懿，张铁刚，李文隆，韩红琪，大型油品储罐消防系统设计，工业用水与废水[J].2009.4：91-93.

[2] 郎需庆，曲玲等，大型浮顶储罐全面积火灾防控措施，消防科学与技术[J].2008.8：94-96.

[3] 张保坡，浮顶储油罐灭火问题分析及改进措施，油气储运[J].2009.3：56-58.

化工园区消防应急救援队伍建设与运行管理

马铁权　侯俊峰　孙　健

（中国石油消防应急救援吉林石化支队）

摘　要　化工园区当中包含种类繁多的危险化学品，且化学工艺高度复杂，化工装置规模大，要求操作规范严谨，园区内分布的重大危险源密度大、数量多，有重特大事故发生几率。近年来，工业园区频发火灾爆炸事故，而目前我国大部分化工园区尚不具备良好的消防应急管理及处置能力，不利于事故危险控制。基于此，本文重点以某化工园区为例，探讨化工园区消防应急救援队伍建设模式以及运行管理。

关键词　化工园区；消防应急救援队伍；建设；运行管理

近年来，化工园区建设规模以及运行复杂性不断增加，有力的推动着化工产业和当地经济发展，但在此过程中化工园区也面临着严峻的安全问题。虽然大部分化工园区都高度关注加强安全生产，并采取一系列事前预防以及事后应急等措施，但部分企业所开展的安全管理工作仍然不到位，存在重视经济效益忽视安全管理的思想，无法及时发现与消除安全事故隐患，尤其在出现火灾爆炸事故后，固定消防设施难以发挥作用，应急救援队伍专业素质欠缺，且缺乏足够的应急救援装备，可能使小事故酿成大灾难。因此，急需在工业园区建立一支专业化、职业化的消防应急救援队伍，并加强运行管理，以维护企业安全生产，保障人民生命与财产安全。

1　某化工园区概况

某化工园区在近年来着重发展化工新材料产业，包括聚氨酯、新型阻燃剂、表面活性剂、硅材、工程塑料等。在该工业园区持续发展过程中，有效推动着地方经济发展，不过园区内存在的大量危化品，也使园区消防工作面临巨大压力。该园区内目前入驻的企业包括 38 家化工新材料生产企业和 8 家储存企业，分布有 10 万 m^3 的乙烯储罐、17 万 m^3 的二甲苯储罐、14 万 m^3 的丙烯储罐、16 万 m^3 的沥青储罐、19 万 m^3 的汽油储罐等，除此以外，还包括光气、环氧乙烷等危险源。各种易燃易爆危化品在生产以及储运期间涉及到诸多因素可能引发火灾及爆炸事故，且一旦出现相关事故，容易引起连锁爆炸，并且火灾出现后区内的材料燃烧速度快，具有较强爆炸威力，会对生产装置造成严重破坏，出现非常严峻复杂的火灾情况。基于此，需要在该化工园区内建立专业的消防应急救援队伍，并加强运行管理，以全面提升该园区的消防应急处置能力。

2　消防应急救援队伍建设模式

2.1　由消防公司建队

社会方面的专业消防公司按照《消防法》以及相关设计规范投资建队，在园区内派驻专业的消防应急人员，并购置装备器材、消防车辆等。消防服务覆盖园区 2.5 公里以内，保证接警后 5min 可使消防车到达入驻企业，对企业提供应急救援及消防技术服务，所产生的消防服务费由所覆盖范围内的所有企业分摊，主要包括建站费用、办公费用、车辆器材购置费用、员工薪酬、管理费用、生活保障费用、意外保险、五险一金、劳保服务等。

2.2　由企业自行建队

对于石油化工仓储、港口码头、大型石化生产等企业，由于企业占地面积以及生产储存规模都较大，本身具有巨大的火灾危险性，需要企业结合《消防法》以及相关设计规范自建消防应急救援队伍，并自行购买消防器材与车辆，自建消防站等。在消防应急救援队伍建设管理以及灭火救援过程中，可由社会专业消防公司为其提供服务，企业承担相关服务费用，同时企业和专业消防公司双方在消防服务协议签订基础上，共同为企业安全生产提供保障。

2.3　由政府建队

化工园区结合自身产业布局情况以及消防保

障力量实际情况，根据政府主导、政企出资、统一规划、全面整合、分级建立、消防管理等原则，打造一支装备精良、管理严格、训练有素、处置专业的专职消防队伍，由其负责化工园区内各企业的综合应急救援、火灾扑救、消防安全检查等任务。

3 化工园区消防应急救援队伍运行管理

3.1 人员选聘

该化工园区在建立消防应急救援队伍过程中，主要建立准军事化管理模式，在日常管理中根据《消防执勤备战条例》以及《消防法》落实消防工作。在所建消防应急救援队伍当中，管理人员以及中队长要具有丰富的消防工作经验，并且接受过系统化的消防专业教育。选聘消防队员过程中，主要对象是退伍军人和社会青年。消防队员选聘结束后，要首先对其进行为期半年的理论和消防技能培训，使其充分了解化工园区火灾扑救的特点与要点。培训结束进行考核，成绩合格后可上岗工作。消防应急救援队伍每个月需要对保护覆盖范围内的罐区以及生产装置展开预案演练与反复训练，以保证一旦发生火情可及时应急救援。

3.2 责任划分

消防人员根据我国《劳动法》和有关条例要求落实不定时工作制度，化工园区的消防应急救援队伍主要是为园区各生产企业提供应急救援服务，所以园区内企业应每年提取一定消防专项基金，并按照有关规范完善的构建消防管理体系，同时配备充足的消防安全设施，定期检查与维修消防设施，保证各项设施完好无损。如果相关企业未完好的建设消防安全设施，并对灭火应急工作产生影响，需由相应企业自负责任。化工园区委员会和政府有关职能部门对消防应急救援队伍各项工作展开监管，救援队伍肩负灭火救援任务，面对火情能够做出专业的判断，且第一时间可进行科学处置，以有效控制，最终消灭火灾。若因消防应急救援队伍未及时出警、缺乏规范管理、灭火救援缺乏专业性、消防技能不过关等因素引发事故扩大，该救援队伍需承担对应责任。化工园区在成立消防应急救援队伍之后，要至地方监管部门进行备案与审核。

3.3 队伍培训

为保证在该化工园区建立一支高效救援且执行有力的消防应急救援队伍，需要针对该队伍打造一主多元培训模式(图 1)，重点围绕危化品特点提升消防队员综合应急救援能力。

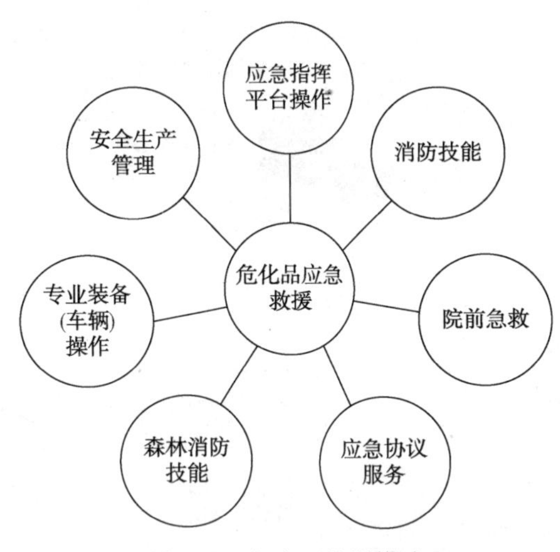

图 1 一主多元培训模式

所构建消防应急救援队伍除了要物资配备齐全，人员配备充足，还要基于消防应急救援工作，适当拓展应急救援业务，包括危化品应急救援、院前急救、专业装备操作技能、消防技能等，保证消防员在复杂严峻的应急救援条件下，保持良好的消防应急救援技能以及综合应急救援素质。对消防员展开应急救援培训期间，要注意专业化结合常态化、专业培训结合理论培训、应急演练结合实战救援，以更全方位的提升消防应急救援队伍综合救援素养，使消防员不断提升个人综合素质，强化队伍整体救援能力。在对消防应急救援人员展开培训过程中，要体现除多元化、特色化，尤其在对消防员展开专业培训期间，要构建系统化科目体系，包括基础科目、必修科目、普通选修科目以及高级选修科目，所有培训科目均展开一培一考，消防员的培训考核成绩须纳入到季度绩效中，结合各阶段表现明确其特长方向。同时，要和当地专业的消防队员培训机构加强合作，以提升消防员培训工作的专业化水平，并使所培养的消防应急救援队伍具有特殊专长。在消防员培训期间，借助专业培训机构优质培训资源，并和队伍丰富的应急救援经验相结合，可使园区内消防应急救援队伍不断提升整体应急救援水平。该化工园区在针对所建消防应急救援队伍展开专业化培训期间，可参考如图 2 所示的应急救援培训机制，同步可进一步探索化工园区应急救援多种标准化工作，立足园区整体制定消防应急救援标准。

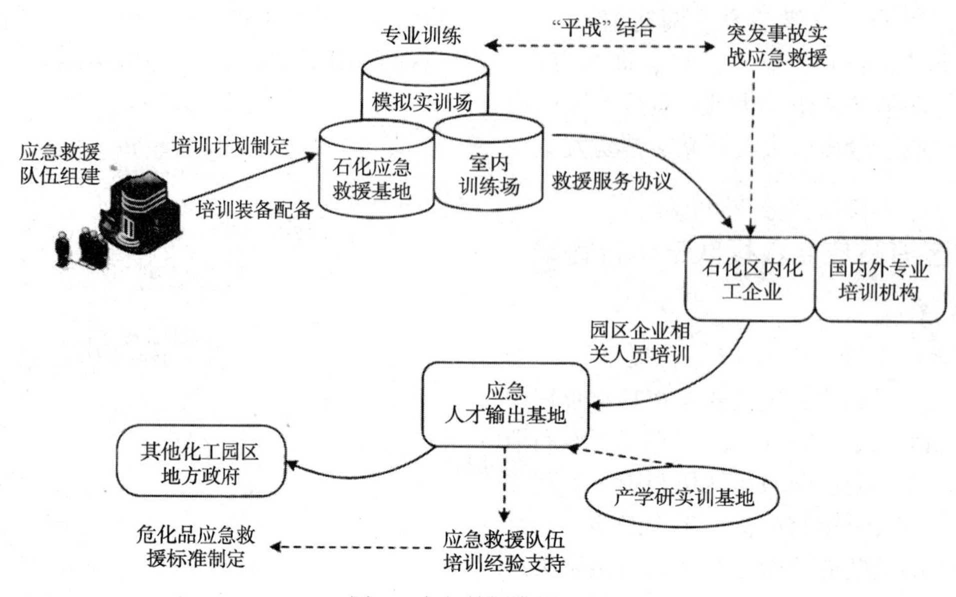

图 2　应急救援培训机制

3.4　装备配备

该工业园区要以特大重大事故救援需求为基础，以直接购买、招标等方式购置一批品牌一流、质量可靠的消防装备与器材。结合消防救援行动需求配备各项消防器材，主要有 4 种类型：其一为堵漏器材，如堵漏注胶系统、堵漏拉紧系统、堵漏工具等；其二为密闭空间救援及高空救援器材，包括速差绳缓、冲绳、安全绳等工具；其三为规格各异的灭火器材、消防水带等；其四为质量可靠的个人防护装备，如正压式空气呼吸器、避火服、重型防化服等个人装备，还有工业毒气侦检、毒气检测仪等先进的救援检测工具。

完善的配备应急救援消防器材，能够在发生危化品突发事件后有准备、安全、快速的进行处置。通过引入科学先进的装备，如生命探测仪、热成像仪、消防员呼救器、带电压力显示系统、正压式消防空气呼吸器等，可使消防应急救援队伍保持更高的装备建设力，使消防员反应速度和突发事件处置效率更高，以高效完成救援任务。同时，该化工园区为消防应急救援队伍购进多功能抢险救援、72m 举高喷射、涡喷车等高水平消防车，对功能不同的消防车展开系统优化，可更针对性的处置各类火灾爆炸事故，以全面补充并提升消防救援队伍综合作战能力。

3.5　建立信息化应急救援平台

该工业园区需结合智慧安全园区建设要求，吸取并借鉴国内以及国外建设信息化应急平台的成熟经验与先进理念，并和该工业园区生产特点以及应急救援需求相结合，构建和本工业园区应急救援相符的集成化应急平台，同步建设专家会商室、模拟推演室、应急指挥大厅等多类指挥场所，完善的配备模拟推演系统、视频会议系统、会议音响系统、通信调度系统、屏幕显示系统等。在信息化应急救援平台建立基础上，首先要平战结合的加强应急管理，主要是在常态环境下开展监测预警、重大危险源管理、应急资源管理、应急预案管理、应急值守等常规性工作，其中产生的各类数据与信息可为应急救援决策制定奠定基础，使应急救援工作保持更高效率。而在应急情况下，需发挥风险评估、信息处置、辅助决策、指挥调度、远程会商等功能，充分满足多部门协同作战和统一指挥需求。其次，要在园区内展开实时动态监控，平台应接入园区道路、重大危险源、企业园区全景的监控视频，并可智能化的分析重点区位视频监控信号，以第一时间发现险情，尽快遏制事故危害，这类现场视频还能为救援指挥提供参考。再者，该平台要能够高度仿真模拟推演，具体是结合 GIS 技术打造三维实景，以完整的呈现园区内化工装置和整体环境，同步模拟化工实训装置以及推演系统，在近似实战环境中对园区内各大企业的安全管理者、一线员工、应急指挥人员、消防应急救援者展开应急培训以及仿真训练。所建立平台还应构建小型移动应急平台，内部系统可为应急救援提供辅助决策，能够对事故现场的环境、气象图像、音视频等信息进行动态采集，经预测分析模型展开科学分析，相关信息可实时传输到指挥大厅，为决策指挥提供一定参考，并使指挥人员充分了解事故现场情况。最后，该平台要和当地国土局、交通局、交警大队、环保局、公安局、消防指挥中心、应急指挥中心等应急平台互通互联，且共享资源，在多部门协同基础上不断提升综合应急能力。

3.6 政府监管

针对化工园区所建立的消防应急救援队伍，需要政府按照《消防法》相关规定对该救援队伍进行定期监管，以检查消防队伍的人员配备、装备等情况，同步对其消防应急救援能力做出专业评估，以保证救援能力符合法规要求。当地政府需在该化工园区整体规划当中纳入消防站建设指标，并为消防应急救援队伍的运行提供政策支持。若园区内部分企业发生了经营不善等情况，并由此未按时续签合同，也未支付有关消防服务费时，由政府为消防公司提供一定补偿。化工园区所建立的消防应急救援队伍在参加社会救援过程中，需要政府从所设立的专项资金当中给予救援队伍一定损耗补偿，如消防设备器材损耗等。若化工园区所建立的消防应急救援队伍中，有消防员在灭火救援过程中因公受伤或殉职，受伤消防员可获得医疗补贴，而消防员在因公殉职情况下，需由政府授予其烈士，同步提供抚恤金。若消防员在灭火应急救援期间做出突出贡献，需由政府予以嘉奖或者记功。当地政府需为化工园区所建立的消防应急救援队伍设立专项资金，为队伍建设管理及装备购置与升级提供保障与支持。

4 结束语

近年来，重特大火灾爆炸事故频发，严重危急人民群众生命及财产安全，并为相关企业带来巨大的经济损失。化工园区当中化工装置分布密集，集中有诸多重大危险源，且各产业互通互联，一旦出现火灾、泄漏、爆炸等事故，很可能发生多米诺效应，造成严重后果。对此，需要化工园区结合实际情况科学构建消防应急救援队伍，并对救援队伍加强运行管理，使消防应急救援队伍不断提升应急处理能力，保障化工园区的安全生产。

参考文献

[1] 王宏伟．组建国家综合性消防救援队伍实现应急救援体系现代化[J]．中国安全生产，2020，15(11)：30-33.

[2] 张春艳，茆文革，孙佳佳，吴菲．大型危化企业专职应急救援队伍能力建设探讨[J]．工业安全与环保，2021，47(07)：74-78.

[3] 郭鑫志．消防救援应急联动能力提升研究[D]．云南财经大学，2020.

[4] 张越骞，谭军．中国化工新材料(嘉兴)园区消防安全建设及对策[J]．科技传播，2016，8(18)：142-144.

[5] 邓雅支．公共安全视角下消防救援队伍应急救援能力建设研究[D]．济南大学，2019.

[6] 朱彬．石油化工企业专职应急救援队伍建设探讨与建议[J]．化工管理，2020，{4}(03)：63-64.

[7] 王吉颜．石油化工突发事故的消防应急救援[J]．计算机产品与流通，2020，{4}(10)：279.

浅谈扑救化工装置火灾人员优化研究

王洪江　奚文波　金　志

（中国石油消防应急救援吉林石化支队）

摘　要　通过二十几年的消防工作和几十起火灾扑救，消防部队要在战时拉得出打得赢，尤其是化工火灾，必须重视人员和装备相结合的优化组合训练。特别是当前消防装备日趋先进，消防人员相对不足的条件下，车多人少、有车无人的现象，在灭火救援过程中日益显现，根据消防站及其车辆、人员的配置，按照火场实际情况，优化灭火战斗力量组合，增强专职消防队伍的灭火作战能力，解决火场组织指挥混乱，是充分发挥车辆器材装备和消防指战员战斗效能的一条重要途径。

关键词　乙烯；消防；爆炸；火灾；优化组合

1　引言

进入二十世纪以来成功扑救化工类火灾的案例，证明指挥员的决策是成功与否起到了重要的作用，通过实战中战斗编成的实际应用，充分发挥了参战人员、装备的最佳效能，最大限度地减少人员伤亡和财产损失。从这些年成功扑救的化工火灾和民宅中证实，要打造一支来之能战、战之能胜的消防队伍，必须重视人员和装备相结合的训练。尤其现在的装备时刻都在更新，大多数队伍人员不足车多人少，在这种情况下，在灭火救援过程中频繁出现，怎样能达到到装备和消防员配合的更好，是我们当下最应该研讨的课题。

2　根据近年来化工火灾统计来看

大型化工装置火灾的起火点由地面设备，低空设备向高位设备发展，这就给石油化工企业带来了新的特点，给扑救石油化工企业火灾提出了新的课题，以下以初步的经验谈谈扑救石油化工高位生产设备火灾的基本对策。

3　乙烯装置火灾剖析

乙烯裂解装置是专门为化工生产过程提供原料的生产装置。它主要以天然气，轻烃，石脑油，轻柴油为原料，通过压缩，深冷，裂解，分离等工艺过程获得乙烯，丙烯等不同品种的深加工原料。乙烯生产规模大，工艺过程复杂，生产连续性强，有可靠的防火防爆措施，并备有必要的安全生产防护装置，如自动连锁，自动报警，电视监控等现代化设施。因为乙烯生产是一个十分复杂的过程，管理不善，操作失误，用火不慎，设备泄漏等都能引起火灾，爆炸等事故，给国家财产和职工的生命安全造成不必要的损失和威胁。但是，消防专业人员，安全管理人员和生产操作人员，如果能认真研究乙烯生产的特点，性质，掌握装置工艺流程，控制参数及其原材料和产品的火灾危险性，采取相应的预防对策，最大限度的减少火灾，特别是重大火灾爆炸事故，却是可以做到的。

4　乙烯火灾的特点

高位生产设备的火灾特点是由装置框架的建筑特点，使用生产物料的燃烧性能，以及生产过程中的压力，温度等参数和设备周围的环境，气候条件决定的，主要有以下几个方面。

4.1　火势凶猛，蔓延迅速

生产设备发生火灾后，火势蔓延主要靠物料的流淌，扩散，热辐射，热对流和连锁反应的作用，使火势迅速向四周蔓延，乙烯设备着火，燃烧供氧充分，燃烧温度高（1200℃左右）其辐射面积比地面设备大，受火势威胁的设备多，若保护不及时，可能使受威胁设备发生爆炸，造成火势迅速扩大。连锁反应，是燃烧范围扩大，火势迅速蔓延的又一重要原因。由于起火设备的爆炸燃烧，引起整个生产过程中的压力，温度，流量等发生变化，以及爆炸后的震荡和冲击波的作用，也会造成远离起火点的设备发生爆炸起火，造成新的火点，使火场情况更为复杂。

4.2　爆炸可能随时发生，破坏性强

由于燃烧区温度高，辐射热强，辐射面积大

(辐射源位置高)，使着火设备周围许多设备，管线受到威胁，随时都有发生爆炸的可能。

爆炸发生后，在冲击波影响下，周边的装置设备都会有巨大的影响。由于碎片冲击作用，可能使远离爆炸点的设备击穿，爆炸，使火场情况发生突变，给扑救火灾带来难以预想的困难。

4.3 火情复杂难于判断

由于火场情况受多种客观因素的影响，如：着火物料的性质，状态，着火设备的位置以及在工艺流程中与其他设备的关系，设备中物料的储量，着火设备周围的环境，生产工艺条件，装置区周围道路水源情况等在这些因素的作用下，火场情况极为复杂，这就给火场指挥准确判断情况带来困难，若指挥员侦查不细，情况判断不准，就会失去战机，甚至使灭火战斗失败。

5 乙烯装置火灾扑救对策

乙烯装置火灾的扑救对策，针对乙烯生产设备火灾的特点，我们认为，火势蔓延快，立体，大面积燃烧，和具有爆炸危险性是成功扑救乙烯设备火灾所需解决的主要矛盾。无数次灭火实例已证明，以下几种方法是扑救乙烯生产装置火灾的有效对策。

5.1 充分利用固定灭火设施控制或消灭初期火灾

在火灾的初期周边的固定灭火设施在没有遭到破坏的情况下，岗位上的义务消防队员应第一时间利用固定灭火设施进行控制初起火灾，防止火势威胁到周边的设备发生爆炸和火势蔓延扩大。因此，我们在扑救乙烯设备火灾时，要改变以移动式灭火设备为主的传统意识，充分利用起火装置区所设置的固定，半固定灭火设施，发挥现代灭火设施的威力，将火灾扑灭或控制在初期阶段。

5.2 及时采取工艺灭火措施

在利用固定灭火设施控制火势的同时，到场的灭火指挥员要积极组织岗位上的工人，技术人员，采取工艺灭火措施。

首先应利用化工生产中的连续性，切断着火设备的物料来源，中断燃烧的持续供应，降低着火设备和邻近设备的压力，其次利用工艺设施将着火或邻近设备中的物料导流到安全的储罐中或利用放空管，将物料排空。这样着火区域供给燃烧的物料减少，减弱燃烧强度，减少物料流淌，扩散的面积，减轻火势对邻近设备的危险，有效的防止爆炸的发生。

生产装置中的氨气扫线装置也是我们灭火可充分利用的工艺措施之一，乙烯设备着火后，在工程技术人员的指导下，开启氮气装置冲淡燃烧区的含氧量降低温度，使燃烧强度减弱，为控制或消灭火灾创造条件。

5.3 快攻近战，以快制快

5.3.1 所谓快攻，就是在火灾未发生爆炸和蔓延之前将火势控制。快体现于战斗行动的各个环节，要求战斗行动的速度，应超过火灾发展蔓延的速度。应做到，接警快，出动快，快速到达现场，快速战斗展开，要求指挥员要有快速的决策能力，快速组织灭火力量实施快攻，有效迅速的控制或消灭火灾。

5.3.2 实施快攻的有利战机是客观存在的，我们只要抓住战机控制火势发展，就是扑救火灾的有利时机。如：设备发生爆炸前或形成立体式燃烧之前；两次爆炸的间隔期；工艺灭火措施完成之后等等都属我们快攻近战的有利时机，如果抓住了这些有利时机，就能赢得灭火战斗的胜利。反之，灭火指挥员优柔寡断，使战斗迟缓，贻误了战机，火情将随燃烧时间的延长而发生变化，有利的时机将转化为不理的时机，灭火战斗行动处于被动地位，最后可能导致灭火战斗的失败。

5.3.3 实施快攻近战有如下要求：首先要立足于准，准就是要讲科学，要做到火情侦察，情况判断准，进攻路线，作战阵地准，指挥员始终站在“情况明，决心大”的立场上，做到“知已知彼“；其次是落实于近，对高位设备火灾，只有在灭火设备的有效射程内，将灭火剂喷射到着火方位和需要保护的设备上，方能发挥灭火装备的威力，起到控制盒消灭火灾的作用。

5.3.4 化工火场上燃烧物质热值大，火场温度高，毒气多，烟雾浓，登高困难，不易接近火点，因此作战队一定要采取防高温，防毒气等措施，加强进攻阵地的掩护，在立足于准的的基础上，实施近战。

5.4 重点突破，以防冷爆

5.4.1 对重点设备实施及时有效的冷却，是消除着火设备，受火势威胁设备发生爆炸的最有效对策。高位设备发生火灾，消防队到场后，燃烧区内，外有许多设备受到火势威胁，这时火场指挥员应抓住主要矛盾，分轻重缓急，正确选择火场的主要方面和主攻方向，对受火势威胁最严重的设备应采取重点突破，冷却防爆的对策，排除影响火场全局的主要威胁。

5.4.2 首先应对火焰直接作用的设备实施冷却。消防队到场后，根据受火焰直接作用设备的位置，高度，大小，形状正确的选择阵地，充分利用固定灭火设施和到场的灭火设备，向燃烧区内喷射大量的冷却水，并保持不间断冷却，同时应部署力量消灭有爆炸危险设备外围的火势，从根本上减弱火焰对设备的威胁。还要对受热辐射威胁的设备的冷却。与着火设备相邻的设备受热辐射，热对流的作用，发生爆炸的危险性也比较大，因此，灭火指挥员在部署力量对火焰直接作用的设备冷却的同时，应根据设备距着火设备的远近，方位，危险程度，确定冷却法，对受威胁的设备实施充分的冷却，防止其发生爆炸。

5.5 立体设防，堵截蔓延

5.5.1 在条件允许的情况下，可登上框架或相邻塔式设备平台堵截向上蔓延的火势。向上层或上部喷射灭火剂，即可控制向上蔓延的火势，又可冷却下层或下部的设备。在部署上层力量的同时，还应部署力量消除地面流淌火，保护地面设备阻止火势蔓延，对火势实施立体夹击的态势，而后再分层部署力量，逐层消灭火点，形成从上到下的立体兵力部署，将火势控制消灭在一定的范围内。

5.5.2 扑救装置框架和塔式设备立体火灾，主要进攻路线是通过安全梯，专用消防梯，装置平台迅速进入阵地，必要时，可架设消防梯，利用登高车(条件允许)进入阵地，各阵地要有可靠的依托，能攻能退，要加强掩护，保证阵地上作战人员的安全。

6 适应立体灭火作战部署

假设：某乙烯厂30万吨/年高密度聚乙烯装置粉料生成装置区4层，2层R-1101聚合反应器法兰处己烷泄漏引起火灾，燃烧猛烈、严重威胁毗邻装置。

例如：某消防站情况，战斗车辆6台(指挥车1台、泡沫车2台灭火剂6吨水6吨沫、水罐车1台灭火剂12吨水、16米高喷车1台灭火剂8吨水4吨沫、干粉1台灭火剂6ABC粉、26名指战员)。

装置固定消防设施：ABC干粉灭火器232台；泡沫灭火器13瓶；固定消防水设施地上消火栓14个；地下消火栓2个；墙壁消火栓27个；水炮7台；自动喷水灭火系统2套；惰性气体灭火1套(16瓶)；消防蒸汽线1套；另外，装置还安置火灾联动报警器1套，探头247个，火灾手动报警按钮22个，声光10个。

工厂消防水压力为0.7~1.2MPa，最小管径不应低于200mm，可以满足灭火救援需要。

6.1 冷却设备，扑救外围火焰，控制火势

扑救石化生产装置高位火灾；消防队到达火场后，应根据具体情况，用大量的水对邻近装置进行冷却，以防高温，引起爆炸，导致燃烧。石油化工火灾多是先爆炸，后燃烧，爆炸飞溅到外围的火焰正在燃烧，甚至引燃另一种物品或装置，这样一来，增大了燃烧面积。消防人员到达火场后，应以最快的速度消灭外围火焰，控制火势不再蔓延，给总攻创造条件。

6.2 选择合适的灭火剂

在扑救石化装置及高位火灾时，根据装置的情况，要及时果断的选用适当的灭火剂进行灭火，有的可能用水，泡沫，干粉等。消防指挥员要因地制宜，结合生产装置燃料的不同性质，对症下药，在控制，冷却的同时，不失时机，选用相应的灭火剂。在扑救火灾中，我们根据它的性质，充分发挥固定消防设施的作用，打好初战斗。

6.3 针对火场具体情况

利用装置的固定消防设施。如：消防泵，消防栓，消防炮，自动灭火设施等有利条件，优化第一出动的整体灭火作战能力，将战斗车辆装备和人员进行科学、合理的战斗行动组合，发挥消防队现有装备优势，采取灵活有效的战术，扬长避短，力争主动，发挥首批到场力量的最大灭火作战能力，及时控制扑救火灾，减少损失。

6.4 以实战为依托合理开展战斗编成训练

战斗编成训练的形式要多样化，不但要只限于单兵作战，还要对于大型灭火救援开展训练。战斗编程训练要贴近实战，要以装备和人员相结合，要开展车多人少，发挥车辆装备的最大性能训练，还要开展队与队、车与车、人与人之间的配合训练。在充分发挥工艺灭火设施和固定消防设施的同时，实施固定设施与移动设备组合的方法，充分发挥云梯登高车和曲臂高喷车的优势，

将消防站的车辆分成战斗小组，每个战斗小组可根据火场的不同、风向的不同、使用灭火剂的不同，小组的指挥员可根据火场情况自由分配各车人员，不局限单车作战和人员短缺的现象，这样可以加强车与车、人与人之间的配合，明确车辆和人员的战斗任务，都能有条不紊地投入战斗中。

7 组合优化人员布置哪些任务

7.1 负责观察火场情况变化，为指挥部提供决策和调整灭火力量的依据

指挥员对灾害现场人员优化组合可以根据抢险救援现场的情况，合理安排新的任务，比如可以安排优化人员，观察现场火情的变化、天气风向的变化，并及时向指挥部报告；也可以负责火场各编队在实施抢险救援过程中的安全情况，比如在有利位置观看设备的变形情况、管线物料的泄漏情况，利用仪器测试罐体温度、现场泄漏物质的浓度等的情况。

7.2 负责火场外围的警戒任务

指挥员对灾害现场人员优化组合可以根据抢险救援现场的情况，安排火场外围的警戒任务，警戒的作业主要是将抢险救援现场的人员伤亡降到最小，尤其是化工物料泄漏的抢险救援现场，根据风向和物料的浓度及爆炸极限来确定警戒的安全范围，这是宏观的警戒作用；在其他抢险救援的现场，合理的布置警戒，也能发挥有效的作用，警戒的人员在警戒过程中，有效的控制无关人员和车辆的进入，为抢险救援车在现场的通行提供了一定便利，同时也能第一时间将赶往抢险救援现场的专家和相关工艺人员指引到指挥部，为火场提供合理的建议，这是微观的警戒作业。

7.3 负责瞭望高空坠落物的安全提示

指挥员对灾害现场人员优化组合可以根据抢险救援现场的情况，安排瞭望高空坠落物的人员，尤其是化工火灾现场，大多化工火灾现场都是塔林林立，管线纵横，由于受东北寒冷季节和工艺保温的要求，大多采取保温的措施，在发生险情的时候，保温设备就会在大火的作用下、在水流冲击力的作用下、在物料泄漏的压力下，都可能发生脱离管线和塔林的可能，会对前线救援人员造成人身伤害，通过瞭望人员的观察和提示，可以相对有效的避免人身伤害。

7.4 负责替换前线作战人员更换个人防护装备

指挥员对灾害现场人员优化组合可以根据抢险救援现场的情况，安排更换个人防护装备，主要是指空气呼吸器，化工火灾现场不可避免的存在中毒的危险，有效的保证参战人员的安全是处置险情最根本的前提，空气呼吸器是防止中毒最有效的防护装具，优化人员要根据火场情况，组织备用空气呼吸器，及时为一线作战人员进行更换，并保证空气呼吸器具的充足。

7.5 负责增设新的或者转移阵地时，组合新的作战小组

指挥员对灾害现场人员优化组合可以根据抢险救援现场的情况，安排优化人员积极参与到战斗当中，如火场需要增设新的阵地，原有编队的灭火力量无法撤出，可以利用优化人员组成第三编队，及时落实指挥部下达的新的作战任务，参与到灭火当中，为排除险情提供保障；在救援过程中，根据火场变化，阵地需要进一步延伸或者着转移到新的阵地，可以将优化人员安排到转移阵地的战斗当中，可以提高转移阵地的效率，缩短灭火剂空白点，为成功救援提供了必要的保障。

7.6 负责火场指挥部和前沿阵地之间命令传达的联络员

指挥员对灾害现场人员优化组合可以根据抢险救援现场的情况，充当火场的联络员，化工火灾现场，大多噪音大、战区多，对讲机在火场中的作用大打折扣，尤其是指挥部和前沿战区之间的命令传达，很受火场噪音的影响，利用优化人员用口口相传的办法能很好的解决这样的问题，优化人员可以在指挥部准确的领受命令，及时的将指挥部的命令传达到各战区指挥员处，并把前沿阵地执行命令的情况反馈给指挥部，这样的命令传达方法也能在特定的火场上解决命令不畅通的问题。

7.7 负责替换长时间作战的人员

指挥员对灾害现场人员优化组合可以根据抢险救援现场的情况，替换长时间作战的人员，如果遇有大型化工火灾，抢险救援的时间通常都在六个小时以上，长时间的救援，前沿战斗人员的体力将会下降，救援强度稍大些，体力会吃不消，为了保证前沿战斗力量的不间断，优化人员要在指挥部的充分组织下，合理替换前沿战斗人员，补充体力和食物，调整体能，及时恢复体

力，保证长时间火场救援的需要。

8 优化火场人员，控制初期火灾

根据各消防队伍的战斗车辆数量、人员的配置，根据火场的火势变化，将战斗人员进行优化组合，发挥车辆器材装备的最大性能，从而减轻了火场战斗力不足的现象，避免了火场指挥混乱。

（1）石油化工企业装置区、罐区是安全生产的重要部位，根据国家和集团公司的有关规范、标准、规定，结合国内外历史上发生的事故教训和隐患治理的实际情况。规定中明确了石油化工企业应设立独立的高压消防水系统，给水管道应环状布置，进水管不得少于 2 条，并有可靠水源，消防用水量应能满足扑救最大火灾时配制泡沫用水量与储罐的冷却用水量之和，压力为 0.7~1.2MPa，管径不应低于 200mm。消防道路应设为环形，转弯半径不小于 9m，净高不小于 4.5m 等，才能满足化工火灾的要求。

（2）战斗小组的组成：一般 6~10 台战斗车辆的消防站可分成两个战斗小组，10 台以上战斗车辆的消防站可分成 3 个战斗小组。战斗小组的组成，可以按不同的车型或承载不同灭火剂的车辆编为两个战斗小组。

（3）上述车辆可分为两个战斗小组：

第一战斗小组泡沫车 1 台人员 4 人、16 米高喷车 1 台人员 4 人、干粉车 1 台人员 2 人。

第二战斗小组泡沫车 1 台人员 4 人、水罐车 1 台人员 4 人。

指挥员带领战斗车辆到达集结地点，首先组织战斗班长等人，成立侦查小组，佩戴防护器材，进行火情侦察。根据与工厂人员对接了解装置的实际情况和火情侦查情况在下达作战命令。

第一编队位于火场一侧布置一门车载炮、一门高喷炮、两门移动炮、一门固定水炮。

泡沫车任务：一号员负责为车辆供水，驾驶员负责车载炮的操控对起火装置进行冷却。二号员、三号员携带一门移动炮连接地上消火栓，对毗邻装置进行冷却。

高喷车任务：驾驶员负责为车辆供水及车辆下装操作，一号员负责高喷炮的操控对起火装置进行冷却。二号员、三号员携带一门移动炮连接地上消火栓，对毗邻装置进行冷却。

干粉车任务：驾驶员及战斗员负责占领装置周边固定水炮，对毗邻装置进行冷却。

第二编队位于火场另一侧布置两门车载炮、两门移动炮。

泡沫车任务：一号员负责为车辆供水，驾驶员负责车载炮的操控对起火装置进行冷却。二号员、三号员携带一门移动炮连接地上消火栓，对毗邻装置进行冷却。

水罐车任务：一号员负责为车辆供水，驾驶员负责车载炮的操控对起火装置进行冷却。二号员、三号员携带一门移动炮连接地上消火栓，对毗邻装置进行冷却。

（4）战斗任务实施过程中的人员优化步骤

以上任务假想是第一次战斗展开，人员配备所能完成最大和最必要的力量部署，在战斗行动中，战斗人员在实施作战任务时，做到相互配合进行。

第一阶段战斗展开后，为了优化组合人员战斗力量，可以将第一编队泡沫车、高喷车和第二编队泡沫车、水罐车一号员，负责供水的两名战斗人员，抽出一名，执行新的战斗任务，另一名负责本车兼顾另一辆车的供水任务；第一编队的二号员、三号员第一阶段战斗任务展开后，可以分别安排二号员负责移动炮的操作，三号员可以安排执行新的战斗任务。

9 结束语

本文阐述的战斗编成训练是优化组合的基础，根据消防队伍的战斗车辆数量、人员的配置，根据火场的火势变化，要解决车多人少，发挥车辆装备的最大性能训练，开展队与队、车与车、人与人之间的配合。将战斗人员进行优化组合，发挥车辆器材装备的最大性能，也是消防部队提高灭火救援能力的重要手段。在实战中需要结合本地实际，发挥人员和装备的优势，因地制宜，注重人与装备的有机结合，创造性地开展战斗编成训练，使其能够在未来的灭火救援行动中发挥实战优势。

三维虚拟仿真技术在应急救援培训的应用

崔云峰　郑洪峰　陈浩然

（中国石油消防应急救援吉林石化支队）

摘　要　在当前各专业领域与“互联网+”，大数据、三维仿真技术相融合的大环境下，如何将事故调查分析与三维仿真、虚拟现实、大数据分析等先进技术手段相结合，快速、真实、准确形象地描述事故发生过程，分析事故原因、总结事故教训，从而更加有效的防止同类事故发生已然成为未来发展的必然趋势。本文将结合三维仿真技术现阶段在事故调查中的应用情况以及未来可深入应用的领域进行探究。

关键词　互联网+；三维仿真技术；虚拟现实；大数据分析

1　前言

1.1　应急救援培训演练的背景

为了确保企业专职消防队在石油化工企业发生重大或复杂生产安全事故与其他灾害事故时能够及时正确有效的实施救援，提高培训质量，掌握各种车辆，器材装备性能原理、技术参数及操作顺序，努力提高其专业知识素养。由于传统的消防演练培训模式为书本及多媒体观看的教学方法，方法不够直观，也不能进行交互式培训，而新型的仿真模拟演练推演系统则可以营造出逼真的3D化数字工厂及各类典型火灾模型，使得专职消防队员可以进行全方位自由灭火战术选择、力量部署、设备施运用、火灾灭火计量预置、安全防护距离、热量辐射等估算、动态标注、专家打分等功能，补充了现阶段消防队的业务培训演练模式。因此建设以三维仿真及虚拟现实技术为基础，将先进的计算机虚拟现实技术和消防作战业务相结合的互动仿真式培训演练与评估系统应运而生。

1.2　三维虚拟仿真技术在应急救援培训应用的目的

国家城市化进程的加快，经济社会空前发展，消防灭火救援工作出现了许多新要求，新挑战。目前，一旦发生火灾，造成人员伤害和财产损失非常庞大，构建灭火救援预案就是一种有效的手段。现代信息技术、人工智能技术、大数据技术为消防灭火救援的数字化成为可能。将事故调查分析与模拟推演、虚拟现实、大数据计算等高科技技术手段相结合，准确快速还原事故发生过程，分析事故原因、总结事故教训，从而更加有效的防止同类事故发生已然成为未来发展的必然趋势。

2　应急救援培训演练技术和装备

2.1　三维虚拟仿真技术应用在消防领域

消防灭火救援专业系统的设计与实现，利用三维仿真及虚拟现实技术、灾害仿真等技术，通过对建筑结构、消防设施的模拟仿真，并集成信息容量超大的谷歌地图系统功能，支持CAD图纸、卫星图片、无人机影像及Max三维模型不同类型的地图文件演练、推演、加载数字预案相关辅助信息，可以在不影响单位侦查的办公和工作秩序的情况下，在计算机系统上熟悉重点辖区的现场情况、消防设施情况、周边水源情况等，兼具事前训练、预案编制；事中辅助决策、指挥作战；事后救援方案复盘、经验总结等功能。

2.2　利用三维虚拟仿真技术实现事故态势推演分析应用研究

三维引擎技术可实现在三维场景模型的基础上模拟再现事故发生，进而通过收集相关数据信息及对事故的态势分析，再现事故的各个状态，利用态势推演的策略对事故状态进行推演预测。在事故发生时，通过掌握事故设备内介质的状态及演变过程、发生原理对应急救援决策的精确度给予极其重要的技术支持，利用三维引擎技术显示设备的内部结构，通过集成各类物质的理化性质及燃烧速率、热传导速率等，以三

2.3　三维虚拟技术应急救援培训演练（消防事故）的优势

（1）能够在计算机中构建与现场环境一致的虚拟环境；

（2）能够在虚拟环境中模拟再现各类灾害事故的发生、发展态势；

（3）能够看到在真实环境中无法看到的事物，如地下管道、设备内部结构等；

（4）能够可视化呈现消防重点单位的建筑情况和主要危险源等相关辅助信息和资料；

（5）能够把人员、车辆、器材等消防力量，做成计算机图标，在研究灭火问题时，指挥人员可以根据需要巧妙地布阵；

（6）能够针对事故救援方案实时给出反馈及评估。

2.4 运用三维虚拟技术还原消防事故的目的

事故调查分析的目的主要是为了弄清事故情况，从思想、管理和技术等方面查明事故原因，分清事故责任，提出有效改进措施，从中吸取教训，防止类似事故重复发生。

（1）找出事故原因。即从人的因素、管理因素、环境因素以及机器设备本质安全因素等方面进行综合分析，找出事故发生的直接原因和间接原因。找出事故原因是事故调查分析的中心任务。

（2）吸取事故教训，提出预防措施，防止类似事故的重复发生。这是事故调查分析的最终目的。

综上所述，找出事故发生的原因，吸取事故教训，总结并找到有效的预防措施，防止事故的再次发生时事故调查分析的根源，也是事故调查分析任务的最终目的。

3 三维虚拟仿真技术的应用

3.1 三维虚拟仿真技术在数字化工厂的应用

三维数字化工厂，及三维可视化模型建设，作为所有三维可视化业务的基础，是三维业务开展的先决条件。运用仿真和虚拟现实技术构造三维全息数字化工厂的三维模型。采用数据库技术管理属性信息，结合数值模拟理论和技术，将厂区装置、设备、工艺三维模型和属性、事故信息有机地结合起来。采用基于网络的信息处理技术为企业事故应急演练和标准化培训手段，实现煤化工企业事故应急演练和标准化培训的三维可视化设计。三维数字化工厂，是所有三维数字化预案与模拟演练系统的基础，除此之外，在三维数字化工厂中还可实现以下功能。通过三维虚拟仿真技术的多种建模技术，对煤化工厂地上地下设备、管线，进行三维电子建模，生成代表工厂竣工数据的三维电子模型场景，立体展示工厂的物理分布情况和各设备属性数据，运用三维虚拟仿真技术从原料的属性到成品制作出来，一系列的工艺流程的体现。在工艺培训的展示模式上，除传统 PC 端桌面三维呈现外，还可利用可穿戴式 VR 设备，进行体验式虚拟 VR 培训。

3.2 在三维数字化应急预案中的应用

利用三维虚拟现实技术可实现煤化工企业应急人员针对企业实际，根据应急预案编制与管理的相关要求实现企业应急预案由二维到三维的升级与转换。支持 CAD 图纸、卫星图片、无人机影像及 Max 三维模型不同类型的地图文件演练、推演、可视化数字预案的编制，在不影响正常的办公的情况下，在计算机上熟悉重点辖区的现场情况、消防设施情况、周边水源情况等，兼具事前训练、预案编制；同时事中辅助决策、指挥作战；事后救援方案复盘、经验总结等功能。

通过三维数字化原编制及管理系统能够为应急预案编制人员、组织或单位提供将灭火救援预案快速转换为三维动态数字预案的系统工具。在预案制作过程中，可根据需要对用户组织机构和用户账号密码的增/删/改/查功能，满足对账号权限的设置、以及组织架构的编辑功能，可建立完整的账号信息管理流程。按照灾情设定、力量调度、灾情侦查、作战部署、预案生成 5 个流程进行预案的制作。

3.3 在仿真模拟演练中的应用

火灾事故的处理对煤化工企业的员工和管理者都是巨大的考验，如何面对和处理火灾事故，以及在事故中如何自救和逃生都是十分严峻的问题。对此，利用先进的三维仿真及虚拟现实技术，以真实场景为基础，构建企业内部炼化、化工装置以及储罐区等三维虚拟场景，并提供针对企业周边一定范围内（根据企业实际需求）进行无人机航拍数据采集服务，形成高清正射影像图与虚拟场景进行无缝融合。

3.3.1 电子沙盘仿真推演

三维桌面推演内容以真实场景为基础，构建企业内部炼化、化工装置以及储罐区等三维虚拟场景，并提供针对企业周边一定范围内（根据企业实际需求）进行无人机航拍数据采集服务，

3.3.2 多人协同应急模拟演练

多人协同应急模拟演练是实现多层级指挥、

多部门联合作战演练功能的平台基础，平台功能设计是基于灭火救援预案，实现各层级指挥人员以及各部门可以在同一动态模拟事故灾情场景下，依据救援的流程，实现多方协同作战指挥、“作战”指令下达、互标互绘、战术制定、各司其职应急处置、力量部署等多端信息同步功能。同时根据学员各个阶段的表现结合三维操作记录、3D视频画面和音频视频监控等信息进行打分。

在演练过程中，利用三维虚拟仿真技术构建丰富的灾害特效模型库，包括气象特效、火焰特效、泄漏特效、障碍特效、人物特效等，可在几分钟内，根据演练需求，在虚拟环境中快速构建科学、合理、情况复杂的灾情环境。环境构建后可实现演练任务的发布。任务发布后进入演练实施阶段，主要是为参演队伍或人员准备就绪后，开始一次演练及演练过程中各司其职、过程干预和全过程监控、指挥、协同作战的过程。包括演练房间创建、演练过程处置、演练过程干预、演练过程监控、调度等功能。演练过程中，不同层级、不同部门拥有各自角色所对应的操作技能，并可以第一人称或第三人称视角，通过鼠标、键盘，摇杆或触屏等多种形式进行操作。此外演练过程还支撑企业内外操作人员、安全管理人员、公安、医疗、交通、环保等各部门角色的设定，并可根据实际处置过程中工作职责，在虚拟场景中完成相应的二维或三维操作。同时，可在演练过程中实现演练过程干预与演练全程的监控调度。

3.4 电子沙盘推演系统和模拟演练优势

利用三维虚拟仿真技术，可最大限度的还原现场与事故，让煤化工企业复杂危险的生产现场跃然屏幕之上，成为制作预案与进行模拟演练的基础场景，总体来说具有以下优势：

（1）能够在计算机中构建与现场环境一致的虚拟环境；

（2）能够在虚拟环境中再现各类灾害事故；

（3）能够看到在真实环境中无法看到的事物，如地下管道、设备内部结构等；

（4）能够针对事故救援方案实时给出反馈及评估。

5 结论

仿真模拟演练推演系统采用三维仿真及三维虚拟现实仿真技术，通过对生产现场的应急预案的模拟，在虚拟场景中最大限度的呈现事故的发生、发展过程，尤其是对现场应急指挥人员和各级负责人在应急预案灾害环境中做出的各种指令、应急处置方法、相互协调配合等进行交互式仿真模拟，比如报警器报警情况，控制室DCS显示情况，人员几时几分报警，消防车到位时间，灭火时间，消防池、污水池液位升降情况，消防栓、消防炮使用情况，出水量大小，相关喷淋投用情况，工艺处理情况等等用3D动画表现出来，并且系统中全程记录下各种指令、处置方式、采取的措施等信息，最后对应急预案进行评估、回放、形成报告，从而更大限度地发挥救援战术优势，确保第一时间完成救援任务。

利用三维仿真、虚拟现实/增强现实结合仿真实景搭建场景化互动培训考核手段，综合大数据结果反馈得出调整需求方向的模块化、规范化的场景化虚拟现实实训，具有安全生产知识教育、技能培训、三维仿真模拟训练和现场模拟实训功能，着力推动关口前移，实现由被动应急向主动预防转变，不断健全预防为主、防救并重的格局。开展各种形式的安全培训虚拟培训及实训，充分灌输安全文化，唤醒被培训人员对安全生产的自觉要求性，从根本上提高安全认识，提高安全觉悟，牢固树立“人的安全与健康高于一切”的观念。同时逐步规范被培训人员的行为，提高其安全操作技能和自我保护能力等。

推进危险化学品应急救援队伍能力现代化建设——如何实现队伍建设现代化

肖 飞 邹燕宇

（中国石油消防应急救援吉林石化支队）

摘 要 党的十九届四中全会以来，关于推进国家治理体系和治理能力现代化以及深化党和国家机构改革中应对应急管理的一系列要求日益重要，危险化学品应急救援作为我国应急救援力量的重要组成部分，发挥着极为重要而特殊的作用。《国务院机构改革方案》的提出在很大程度上对我国的应急体系建设产生了持续而深远的影响，但我们也必须清醒地意识到，当前应急队伍建设，尤其是危险化学品应急救援队伍的建设过程中仍然存在很多突出问题。面对新时期的历史使命，尽快适应职能转变，分析应急救援队伍建设的短板，并提出针对性的解决方案，是当前应急管理部门急需解决的问题。

关键词 危险化学品；应急救援；队伍建设

1 危险化学品应急救援队伍建设的重要意义

改革开放以来，随着经济社会的发展，我国的企业不断增加，呈现出一派欣欣向荣的景象。在经济蓬勃发展的同时，我们也应当看到，许多企业在安全管理，特别是基础管理设施的建设方面仍存在很大的隐患。在一些化工企业中，尤其企业的特殊性质，虽然企业能够重视起安全生产管理，但仍难免受到一些因素的影响，造成事故的发生。在这些特殊企业，一旦发生安全事故将会造成巨大的破坏和影响，给企业自身以及周边环境带来非常严重的影响。这类事故的发生有其必然性，但大部分都是偶然间发生的，暴露出在危险化学品管控以及应急救援方面存在着较大的问题，对企业的可持续发展产生了负面的影响与威胁。

习近平总书记在安全生产方面曾经说过，发展决不能以牺牲人的生命为代价，要充分做到以人为本，立足当下，促进企业的健康可持续发展。这就要求我们一方面要加强对市场秩序的规范化管理，尤其是加强对化工企业的管控，尽可能地做好危险化学品的预防管控；另一方面，加强危险化学品应急救援队伍的建设迫在眉睫，这方面的工作能够使事故发生后的破坏和影响降到最低，使人员和物品得到最大限度的保障。

2 危险化学品应急救援队伍建设现状

近年来，国家对于危险化学品应急救援队伍的建设越来越重视，围绕危险化学品应急救援工作陆续制定和下发了相关文件，全面开展了各项工作。

一是危险化学品应急救援队伍的建设初具规模。经过长时期的探索与时间，我国危险化学品应急救援队伍建设取得了长足的发展。各地在国家相关政策的指导下，逐步建立起能够处理危险化学品突发事故，专业性较强的应急救援队伍，形成了完善的工作体系，研究制订出一套行之有效的应急救援管理办法。

二是危险化学品应急救援队伍装备基本齐全。根据“健全体系、完善机制、贴近实战、警地融合、增强效能”的指导方向，全国大部分地级市在依托消防队伍的基础上，建立健全了日常储备与社会支援保障相结合的储备机制，形成了覆盖区域间的物资保障和运输保障网络，建设了一系列应急救援装备器材存储库，为开展危险化学品应急救援奠定了坚实的后勤保障基础。

三是危险化学品应急救援队伍经费保障相对有力。根据国家出台的相关文件要求，当前大部分省市都通过政府财政补贴、单位自筹、公益赞助、社会募捐等方式来保障应急救援队伍的经费，并逐步落实救援队伍人员的日常补贴、医疗保障、工伤抚恤、专家津贴等保障制度，增加救援队伍的稳定性。

3 危险化学品应急救援队伍建设中存在的问题

当前，在国家的大力支持下，危险化学品应急救援队伍不断发展壮大，但在发展的过程中，也出现了一些亟需解决的问题，主要体现在以下几方面。

一是对危险化学品应急救援队伍建设的认识还不够深入，政治敏锐性不强，导致在管理层面出现了一些问题。一些地方机关、政府没有认真履行职责，对应急救援体系的建设认识不全面，行动迟缓，对开展好危险化学品应急救援工作造成了诸多不便。许多地方没有成立真正意义上的应急救援管理机构，往往只是一个值班或者挂牌机构，在这种情况下，想要开展好危险化学品应急救援工作，自然就存在诸多阻碍。尤其是相关部门对于应急救援工作的认识存在偏差，导致自身队伍建设不够完善，在遇到突发情况时往往不能及时妥善处置。这在管理上就势必造成主体意识淡薄的现象出现，随着化工等事故发生的概率不断提升，在繁重的抢救任务面前，未能对可能发生的状况做好充足的准备工作，难以第一时间开展应急救援，造成效率低下，严重影响到抢险救援进度。

二是在资源整合方面存在不合理性，导致应急救援力量分散，危险化学品应急救援队伍的发展质量受到限制。在危险化学品应急救援队伍的建设中必须通过强有力的组织重构实现资源的有效整合，不能只是简单地发挥协调的作用。然而，有些地区在建设应急救援队伍时仍然存在职责不清的现象，整体的资源整合效率较为低下。虽然国家对于应急救援队伍的职责做了明确要求，但层层落实到基层，各地区在执行层面上存在打折扣、政府作用相对弱化的现象。同时，由于管理机制的不健全，导致应急救援力量呈现出分散的现象，当遇到突发事故时，相关部门之间的联动机制不畅通，在协调层面出现了响应滞后等问题，由于救援现场情况非常复杂，往往造成救援的时间被耽误。这些情况也必然导致救援队伍的发展质量受到限制，在处于突发事故，特别是重特大灾害事故时，救援队伍由于缺乏科学性建设，往往处理能力不足。

三是对危险化学品的安全管控与应急救援中呈现出一系列问题。在危险化学品管控方面，传统的管理办法已经难以适应市场经济的发展要求，传统的管理部门在已经难以做到专业全面的管理，这必然导致对社会、企业的监管力度不足。在危险化学品从业人员的安全培训工作方面，普遍存在安全意识薄弱，企业注重经济利益，忽视安全生产重要性的现象。企业中安全管理的科技人员极度缺乏，加之政府部门对企业安全生产执法不够严格，处罚力度不足，也导致企业在抓安全生产方面不够有力。在开展危险化学品救援的过程中，因为建设水平和快速反应能力等方面的欠缺，地方机构对于专业人员的配备往往是不足的，对相应的救援器材和设备的维护也出现欠缺管理和维护的现象。同时，政府在管理资金的投入方面力度不足，对应急救援管理的评估及统计分析机制不够全面，也在一定程度上造成了对实际救援的不利影响。

4 加强危险化学品应急救援队伍建设的对策

一是加强危险化学品生产安全管理工作方面的变革。应急救援首先要考虑的是尽可能在源头减少危险发生的可能性。要从危险化学品的源头——企业出发来思考对策，应当落实相关行业生产企业的主体责任，在完善安全生产法的基础上强化对企业的管理力度和处罚力度，促使企业充分意识到安全生产的重要性，从而加强安全生产管控。要充分发挥政府作为管理主体的作用，统筹规划危险化学品应急救援队伍的建设水平，包括队伍的层次建设、布局等方面，制定好队伍建设标准及管理办法，最大限度地保障应急救援队伍的人员、装备、应急救援物资等方面的投入。同时，政府要最大限度地加强应急救援队伍的整合和组建，提高队伍的综合专业能力，落实值班备勤和信息报告制度，确保及时响应、指令畅通、行动迅速。不断优化应急救援队伍的整体布局，扩大危险化学品应急救援队伍的有效保障范围，充分发挥救援队伍的职能作用，彰显新时代危险化学品应急救援队伍的担当作为。

二是不断完善应急救援体系，强化应急预案管理和演练水平。随着社会经济的发展，危险化学品的范围也逐渐扩大，当前发生的危险化学品安全事故所包含的范围已经不仅仅局限于火灾、爆炸、煤气泄漏等，更包括了排放泄露、辐射等高危事故，这类事故往往具有极强的破坏性，对环境造成严重的污染，对救援的专业性要求较高。因此，在建设危险化学品应急救援队伍时就需要加强对救援体系的完善，提前做好充足的救援准备，使现场救援工作得到快速开展，最大限度地降低人员伤亡和财产损失。政府可以从管理组织的完善方面着手，规划布置好队伍中每个人员的具体任务，并合理分配物力资源，同时协调好各部分之间的联系，制定好应急救援预案，统一指挥部署。应急机制要始终贯穿于应急活动中，要通过反复演练、实操实练来加强现场处置能力，做到应急救援队伍的全覆盖。

三是在专业处置和先进技术方面要做到精准施策、精准救援，不断提升危险化学品应急救援的专业性与及时性。现代救援不能再仅仅依靠传统的救援技术与人工操作，要充分利用互联网、大数据等技术，打造强大的信息处理平台，实现对危险化学品的有效管控与实时监测。可以在相关企业中试行推广化学示踪技术，对危险化学品的信息进行采集，并设计示踪码，根据示踪码就可以掌握危险化学品的动态流向，从而进行有效监控，更好地为后台提供信息数据支撑。

对危险化学品的详细信息进行实时采集，并根据示踪码，随时了解物品的动态流向，对其状态进行有效监测，这样就能更好地为大数据库提供信息数据支撑。通过对先进技术的使用，可以有效地弥补传统应急救援的短板，更加科学高效地处置突发事故，可以使应急救援整体的管理模式更加现代化，更具先进性，对于促进应急救援各项工作的开展，提升应急救援工作的效率起到重要的帮助。

5 结语

危险化学品应急救援队伍的建设需要多方的共同努力，归根结底，应急救援队伍建设最重要的是人的建设与培养，在加强队伍专业性训练，责任感培养的基础上，我们必须正确认识到，现代应急救援管理必须与时俱进。加强应急救援装备现代化投入，加强应急通信系统的建设，推进应急救援领域装备人工智能化发展，加强应急物资装备配备力量，是危险化学品应急救援队伍建设所需要面对的新的发展方向。政府所扮演的是“救火队员”的角色，企业和公民更应当响应政府的号召，尽可能做到防患于未然。当然，仅仅寄希望于公民自发性的忧患意识是不现实的，仍需要政府通过媒体的引导，例如通过电视、报刊、杂志、微信、微博等多种媒体的宣传教育，增强民众的应急文化素质培养，从而有效提高公众自防自治、群防群治、自救互救的能力。

加强危险化学品应急救援队伍的建设，是当前应急管理的要求，也是经济社会发展的重要保障。我国应急救援体制建立需要不断创新模式、训战一体，立足实践、扩容提质，强化联动、完善机制。只有这样，才能推动我国应急救援管理工作不断向纵深发展，人民生活幸福感才能得到有效提升和保障。

参考文献

[1] 相宁．自然灾害应急救援队伍管理问题的研究[D]．山东大学，020.

[2] 林镇光．基于公共安全视角的惠州大亚湾石化区安全生产应急管理问题研究[D]．华南理工大学，2015.

[3] 江楠．危险化学品安全管控与应急救援对策探讨[J]．探索科学，2019(4)：71-72.

[4] 孟立山．危险化学品安全管控与应急救援对策探讨[J]．云南化工，2018(12)：122-123.

[5] 谷敏芹．危险化学品安全管理现状的研究[J]．中国化工贸易，2017(7)：34.

[6] 彭碧波，郑静晨．我国应急管理部成立后应急救援力量体系建设与发展研究[J]．中国应急救援，2018(06)：4-8.

[7] 郭其云，邓彪，陈先斌．我国应急救援体系建设探讨[J]．消防科学与技术，2018，37(04)：535-537.

[8] 应急管理部．应急救援力量体系重塑重构适应“全灾种”救援需要[J]．中国安全生产科学技术，2019，15(09)：104.

[9] 王宏伟，杨傲．我国应急救援队伍建设的问题与对策[J]．中国减灾，2007(12)：17-18.

[10] 李湖生，刘铁民．突发事件应急准备体系研究进展及关键科学问题[J]．中国安全生产科学技术，2009，5(6)：5-9.

外浮顶原油储罐火灾消防战术对策探究

徐会宗

（中国石油消防应急救援吉林石化支队）

摘　要　通过剖析外浮顶原油储罐火灾特点及类型，结合典型火灾扑救的成功经验，侧重探讨外服顶原油储罐火灾消防设计、战术对策，提出处置外浮顶原油储罐火灾的扑救战技术及注意事项。

关键词　外浮顶；储罐；火灾战术

近年来，随着国民经济的持续健康发展和石油需求量供应量的扩大，对外依存度也在不断提高，为了满足国内石油的需求，保障国家能源安全，原油储罐区规模及单罐容量不断扩大，储罐的消防安全问题日益突出，一旦发生火灾，扑救难度极其大，整个扑救过程需要较为复杂的战技术措施。如想短期内有效控制火情，不但要备有充足水源、性能优异的灭火剂、完备的消防器材装备，最重要的要有合理精确的灭火战技术措施。处置事故过程中稍有不慎极易造成巨大损失，例 2005 年英国伦敦邦斯菲尔德油罐火灾爆炸事故，导致 20 台储罐烧毁，造成 43 人受伤和高达 8.94 亿英镑(相当于 101 亿人民币)的经济损失，是欧洲迄今为止遭遇的最大火灾事故。因此，原油储罐类火灾成为灭火救援工作提出了新的挑战。

1　外浮顶储罐特点及风险概述

浮顶罐储油是一种类型属于原油常压式的储罐，正常储油作业时，原油被罐壁贴紧在常压浮盘，原油的罐体液面温度会跟着随常压浮盘的上下而不断升降，罐壁和常压浮盘之间的这种密封圈常见的就是油气挥发，外力使浮顶罐储存中的大量原油和常压储罐中的油溶剂从几百立方米增加到几万立方米浮顶罐属于常压储罐，正常作业时，原油贴紧浮盘，原油液面随浮盘上下升降，罐壁与浮盘之间密封圈常见油气挥发，易引发火灾。外浮顶原油储罐溶剂从几百到几万立方米，最大的浮顶储罐达 15 万立方米，外浮顶储罐不仅可以减少油气对大气的污染，还能降低油品蒸发的损耗，操作管理方便，节省占地面积，投资相对较小。目前，浮顶原油储罐已经逐步发展为区内国际原油大量存放的主要存储设施，由于储罐受到了大量雷击、静电及大量硫化亚铁气体等多种自然环境因素的直接影响，外浮顶储罐浮盘与罐壁之间的密封处逸散的可燃放射性气体被大量明火点燃，目前，外浮顶储罐已成为国际原油储存的主要设施。由于受到雷击、静电及硫化亚铁自燃等因素影响，外浮顶储罐浮盘与罐壁之间的密封处逸散的可燃气体被点燃，极易造成密封橡胶圈燃烧，火灾初期一般出现密封圈点式或圈形的局部燃烧，处置过程不当将会出现卡盘、沉盘，从而形成全液面燃烧，如果短期内火情控制不力，还会造成沸溢、喷溅，形成立体火灾。

近年来，我国连续发生了多起大型外浮顶储罐火灾事故，多为密封圈起火，因扑救得力，未造成严重后果，但这仍为浮顶储罐火灾的安全问题敲响了警钟。原油储罐火灾发生后如处置不当，势必对罐体及外部附属设施造成损坏，水汽化后被油膜包围形成油泡沫，油泡沫沸溢后扩散范围达罐径的十几倍以上，易造成事故短时间扩大，现场救援人员风险系数极高，且易发生事故。大型外浮顶罐的火灾事故类型主要有火灾事故和非火灾事故，火灾事故主要有三种，即密封圈着火、浮顶表面起火和全液体表面火灾，若事故升级可能会导致更严重的情况就是群罐火灾，但这其中最普遍的火灾就是密封圈着火。非火灾事故主要指由罐体的变形断裂、浮顶沉没、浮顶卡盘和因操纵人员处置火灾而导致的事故。储罐大型化以后，对标准规定提出了新的要求，如直径为 40.5m 汽油储罐，其全面积火灾产生的辐射热约为 14.33×10^{4}kW，危害距离大于 17.44m，超出《石油库设计规范》最小防护距离要求

(0.4D)。若直径 80m 以上单个石油储罐发生火灾其产生的辐射热将对相邻的油罐产生毁灭性破坏。

2 外浮顶原油储罐火灾类型分析

2.1 密封圈局部点式或线型带式燃烧

密封圈火灾指的是原油储罐密封装置内部各种处于爆炸区域的油气和混合料遇到特定点火源后继续燃烧、爆炸所形成的火灾，外浮顶油罐浮顶外缘和罐体内壁之间保持宽 200~500mm 的间隙，罐内安装随浮顶上下移动的环形密封装置，但仍会有部分油气挥发，在静电、雷击、硫化亚铁自燃等因素的作用下可发生燃烧、爆炸。火灾初期，一般是密封圈局部点式燃烧，如密封圈局部点式燃烧处置不当，火势将扩大为整个密封圈形成线型带式燃烧，火焰如透过破裂口冒出，可能造成瞬间几处局部位置同时燃烧、爆炸，甚至引发整个密封圈起火。浮顶罐的密封圈是由于浮顶油气泄漏进而引发的火灾，控制好密封器和活动装置内部点火来源、减少密封器内部油气的含量、缩小活动油气的空间，这些都是避免此类火灾事故发生的根本性措施。

2.2 浮船倾斜卡盘燃烧

如罐体燃烧时，罐体发生变形或灭火设施喷洒灭火剂不均匀，易导致浮船单边卡盘。如图 1 所示，浮盘一部分在液面上，一部分在液面下，形成部分开放式燃烧，部分在局部空间内燃烧的情况，喷洒灭火剂无法有作用于整个液面，火灾复燃率高，这种情况下极易造成非火灾事故，给现场灭火处置增加了难度。

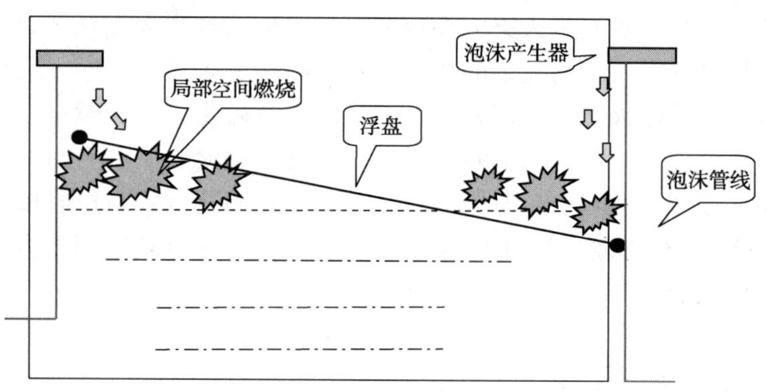

图 1 浮船卡盘示意图

2.3 浮船沉盘全液面燃烧

灭火行动中在浮顶上施加了过量灭火剂后，导致浮船发生快速下沉，此时浮顶罐的大部分油面直接暴露于大气中，油气挥发量急速增加，并与空气形成爆炸性混合气体，此类情况下，可能会升级为全液面火灾，储罐发生全面积火灾后，罐壁受到较大强度的热辐射后，罐壁强度可能短时间内迅速下降，从而导致罐体塌陷、变形，油料的快速沸溢和燃料喷洒，罐顶的火灾可能进而演化成为油罐立体火灾。如发生此类情况，对救援工作极为不利，尤其当直径较大的油罐发生全液面火灾时，所需要产生的大量辐射热可能会以几十倍的速度增长，对相邻油罐或其它重要基础消防设施也可能会对造成毁灭性的的威胁，给灭火指挥、消防设备、后勤保障等方面都带来了极大困难。

3 外浮顶原油储罐火灾消防战术对策

3.1 固定消防设施灭火

扑救储罐密封圈火灾最常使用且有效的办法，即使用固定消防设施迅速输入泡沫灭火剂对火情加以控制，当发生密封圈火灾时，须优先启动固定消防系统灭火，按下泡沫系统启动按钮后，要在泵浦出口确认有泡沫产生后方可将泡沫打至浮盘密封圈上。火灾扑灭后再持续喷射泡沫一段时间用以冷却，防止复燃，同时也应启动喷淋系统，做好罐体冷却。如果固定泡沫系统功能异常等原因无法正常工作时，需及时调集泡沫消防车利用半固定泡沫系统管线喷洒泡沫灭火。另外，外浮顶罐密封圈火灾部分由雷击引起，在发生火灾的同时，常常伴随大风、暴雨等恶劣天气，大风导致喷出灭火泡沫的飘散，雨水冲稀灭火泡沫，使泡沫的灭火性能大大降低甚至失去灭火功能，不利于火灾扑救，因此，所需要产生的大量放射性碳和辐射热可能会对其造成几十倍的寿命增长，对位于相邻两个油罐或其它的重要基础消防设施也可能会对其造成一种极大毁灭性的的威胁。

3.2 半固定消防设施及移动消防设备灭火

如因密封圈火灾扑救措施不当，导致浮盘处于半液位及以下液位，此时即使扑救壁挂式固定泡沫灭火系统能够正常启动，起效也较为困难。因为随着储罐浮盘下降，罐内瞬间形成立体空间，泡沫受到热流影响后，部分泡沫会移动至浮盘表面，无法进入泡沫堰板内，根本无法达到预期灭火效果。如救援人员继续盲目注入泡沫灭火剂则有可能发生浮盘沉没，易形成全液面火灾，使事故升级。针对此类现象，在密封圈火势扩大发生沉盘卡盘等情况时，在保证救援人力充足的前提下，可采用半固定装备配合移动装备进行扑救，同时加快罐壁外部的冷却作业进度。据国外扑救大型储罐火灾成功案例分析来看，在保证满足灭火强度的情况下，投送泡沫的水炮一般控制在 2 至 4 台为宜，同时罐壁的冷却确保无死角。如发生沸溢形成流淌火时，则需使用泡沫灭火剂先扑灭流淌火后再转向扑救储罐火灾。

3.3 救援人员登顶灭火

登顶灭火即由救援人员登顶储罐后使用干粉灭火器进行局部灭火，登顶灭火常常与半固定消防设施相结合，视储罐半径调集人员做好个人防护后，每人手提 2 只干粉灭火器，登顶后依次两头或多头推进，当着火带缩小至闭合点时，推进的速度适当放缓，最后一组需彻底扑灭明火，另外需留守一人于罐顶平台继续观察，直至彻底灭火。另外，还可铺设泡沫管线灭火或利用半固定设备灭火，即救援人员手提水带登顶，利用罐顶平台泡沫竖管装置铺设泡沫管线，由消防泡沫车供应泡沫，逐步进行覆盖，扑救过程中注意防止密封圈油气高温复燃。应注意登顶灭火救援过程中，如发生卡盘、沉盘等现象时，罐内就有可能留有混合气体的可燃空间，这些情况下应立即定制救援人员登顶灭火。

3.4 工艺处置灭火

当外浮顶罐内液位较低，灭火剂受烟气、辐射的影响，易导致灭火效率降低，此时需要增加泡沫的注入量，同时应逐一罐壁是否因受到火焰的炙烤造成罐壁变形，此时可考虑注入同质油品提升液位，尽量缩小灭火剂喷射口与卡盘之间的距离，以提高灭火效率，新注入的油品同时可起到降低罐内温度的作用，适当延迟罐内沸溢的时间。当出现浮船倾斜卡盘的情况时，倾斜的浮船与罐壁间形成封闭空间，泡沫无法覆盖该区域，明火在此空间内持续燃烧且不易被人察觉，经常出现火灾扑灭后复燃的情况，给灭火救援带来了更大的难度，此时可通过注入同质油品来提升液位，当液位提升后将浮船淹没时，再按照全液面火灾实施灭火。

4 结语

在扑救大型外浮顶原油储罐火灾时，要依照具体的燃烧油品类型和特质，对应选择性能优良且合理的泡沫灭火剂类型进行长期储备，可选择在规模较大储量的罐区适当位置建立泡沫灭火剂储备库，为先期灭火救援部队提供充足的硬件保障，另外，要解决此类火灾的根本是熟练掌握各类情况的技战术扑救措施。本文通过对外浮顶原油储罐危险性、火灾类型及灭火对策的分析来看，原油储罐火灾初期火情控制相对简单，但如操作失误易扩大火情，因此针对原油储罐火灾，任何情况下都必须注意救援灭火设计，避免发生浮顶卡盘沉盘、导致事故升级的风险。在灭火救援中要因情施策，“量身”设计灭火方案。

参 考 文 献

[1] 葛晓霞，董希琳，郭其云．大型石油储罐区消防安全对策 研究[J]．石油工程建设，2008，34(3)：1-5.

[2] 程崇文．关于提高消防部队灭火救援能力的相关研究[J]．中 国科技纵横．2014，11：230-230.

[3] 罗彦鹏．关于消防部队实战化训练的几点思考[J]．城市建设 理论研究．2014，30：7-8.

石油化工控制室抗爆设计的思考

陈新丽

（中国石化广州分公司消防支队）

摘　要　以新建的炼油中心控制室为例，分析了哪些中心控制室的需要抗爆设计，并提出对已经建成的控制室怎么进行改造的对策。

关键词　控制室；抗爆；设计

1　前言

2020年4月1日，国务院安全生产委员会发布3号文《全国安全生产专项整治三年行动计划》，开始了对全国各个行业的安全生产专项整治行动，其中的附件三《危险化学品安全专项整治三年行动实施方案》成了全国石油化工企业的安全生产和改造提出了新的要求，尤其是其中关于控制室的抗爆强制要求，最近成了热议的话题。

2　哪些控制室应该进行抗爆设计

2.1　防火、防爆、抗爆、爆炸危险性化学品的概念

防火就是防止火的产生和防止被火影响和波及，其主要的控制设计措施就是防火间距。

防爆就是防止可燃性气体爆炸以及防止电气设备产生火花引燃爆炸性气体，防爆的控制措施就是爆炸性危险分区和防爆设备选用。

抗爆就是抵御附近爆炸产生的冲击波或者将爆炸对目标建筑物的破坏限制在一定程度范围内。抗爆设计的重点就是对所保护的目标建筑物按照附件爆炸源的冲击波能量、距离等参数，结合目标建筑物的保护程度要求而进行的一个综合设计计算。

爆炸危险性化学品：爆炸危险性化学品是指《危险化学品目录（2015版）实施指南（试行）》中，《危险化学品分类信息表》里面“危险性类别”为“爆炸物”的危险化学品。

2.2　需要抗爆设计的控制室

2.2.1（SH/T 3006—2012）《石油化工控制室设计规范》中：4.4.1对于有爆炸危险的石油化工装置，控制室建筑物的建筑、结构应根据抗爆强度计算、分析结果设计；5.9对于有爆炸危险的石油化工装置，中心控制室建筑物的建筑/结构应根据抗爆强度计算、分析结果设计；7.8对于有爆炸危险的石油化工装置，现场机柜室建筑物的建筑、结构应根据抗爆强度计算、分析结果设计。

2.2.2（HG/T 20508—2014）《控制室设计规范》3.4.1对于有爆炸危险的化工工厂，中心控制室建筑物的建筑、结构应根据抗爆强度计算、分析结果设计；3.4.2对于有爆炸危险的化工装置，控制室、现场控制室应采用抗爆结构设计；4.0.7对于有爆炸危险的化工装置，现场机柜室应采用抗爆结构设计。

2.2.3（GB 50160—2018）《石油化工企业设计防火标准》5.7.1A中央控制室应根据爆炸风险评估确定是否需要抗爆设计。布置在装置区的控制室、有人值守的机柜间宜进行抗爆设计，抗爆设计应按现行国家标准（GB 50779—2012）《石油化工控制室抗爆设计规范》的规定执行。

2.2.4安监总管三【2017】121号《化工和危险化学品生产经营单位重大生产安全事故隐患判定标准》官方解读第十三条：控制室或机柜间面向具有火灾、爆炸危险性装置一侧的安全防火距离应符合（GB 50160-2018）《石油化工企业设计防火标准》表4.2.12等标准规范提出的防火间距要求，且控制室、机柜间的建筑、结构满足（SH/T 3006—2012）石油化工控制设计规范》第4.4.1条等提出的抗爆强度要求。

2.2.5安委办【2020】3号国务院安委会办公室关于印发《全国安全生产专项整治三年行动计划》的通知，涉及爆炸危险性化学品的生产装置控制室、交接班室不得布置在装置区内，已建成投用的必须于2020年底前完成整改；涉及甲乙类火灾危险性的生产装置控制室、交接班室原则上不得布置在装置区，确需布置的应满足（GB 50160—2018）《石油化工企业设计防火标准》的相关要求，需要抗爆改

造的应按照(GB 50779—2012)《石油化工控制室抗爆设计规范》实施抗爆设计、建设和加固。

2.2.6 综上所述，按照最严格的条款，结论如下：

(1) 涉及爆炸危险性化学品的生产装置控制室、交接班室不得布置在装置区内，已建成的必须搬迁(强制条款必须执行，抗爆加固也不行)；

(2) 中央控制室应进行爆炸风险评估，根据评估结果来确定是否进行抗爆设计；

(3) 布置在装置区的控制室、有人值守的机柜间宜进行抗爆设计(详细分析参考 GB 50160 第 5.7.1A)条文解释)；

(4) 布置在装置区的无人值守的机柜间应进行抗爆设计(参考(HG-T 20508—2014)《控制室设计规范》第 4.0.7 条的条文解释)。

确定了需要进行抗爆设计的建筑物的适用范围，在新项目的设计过程中，只需要按照上述要求对建筑物进行抗爆设计即可，目前建筑物的抗爆设计规范主要比较单一，主要就是(GB 50779—2012)《石油化工控制室抗爆设计规范》，其中还有两个标准可以作为抗爆设计的参考，即(GB 50089—2018)《民用爆炸物品工程设计安全标准》和(GB 50367—2013)《混凝土结构加固设计规范》。

目前中国石化中科炼化的控制室及中国石化广州分公司的新建炼油中心控制室均采用了抗爆设计，耐火等级一级，火灾危险性等级为丁类。其建筑结构主要参数如表 1。

表 1

位置	层数	整体厚度	钢筋混泥土厚度	规范要求
外墙用钢筋混泥土剪力墙	共 5 层	393mm	300mm	≥250mm
屋顶	共 8 层	296mm	100mm	
热桥柱	共 5 层	393mm	300mm	≥250mm
门窗过梁	共 5 层	393mm	300mm	≥250mm

门窗全部采用抗爆外门，均设置了抗爆前室(图 1～图 4)。

图 1　中石化中科炼化控制室外观全景图

图 2　中石化中科炼化控制室西南侧外观图

图 3　中国石化广州分公司新建炼油中心控制室外观图

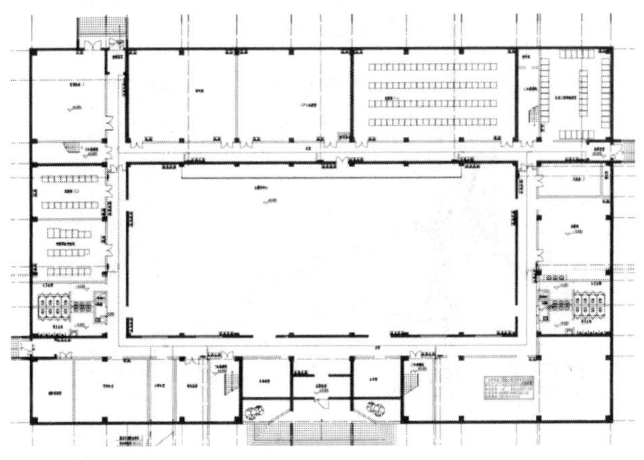

图 4　中石化广州分公司炼油中心控制室一层平面图

3 已经建成的控制室抗爆改造怎么进行

对于已建成投用的控制室到底该怎么按照标准条文进行改造，这不仅关系到标准实施的技术性问题，更是牵涉到数以万计的化工企业的安全隐患问题。

3.1 按照安委办 3 号文的要求：“需要抗爆改造的应按照(GB 50779-2012)《石油化工控制室抗爆设计规范》实施抗爆设计、建设和加固”，其内容中关于建筑物的抗爆设计必须满足以下几点：

3.1.1 抗爆控制室宜布置在工艺装置的一侧，四周不应同时布置甲、乙类装置；

3.1.2 抗爆控制室应独立设置，不得与非抗爆建筑物合并建造；

3.1.3 抗爆控制室建筑平面宜为矩形，层数宜为一层；

3.1.4 抗爆控制室宜采用现浇钢筋混凝土结构；

3.1.5 建筑物外墙不应设置雨篷、挑檐等附属结构；

3.1.6 建筑物不得设置变形缝；

3.1.7 面向甲、乙类工艺装置的外墙应采用抗爆实体墙。

3.1.8 在人员通道外门的室内侧，应设置隔离前室；

3.1.9 建筑门窗应采用抗爆防护门和抗爆防护窗(外门和外窗)；

3.1.10 建筑物的结构设计和基础设计应满足抗爆计算要求；

由韩国 GS 公司设计的国内某公司中央控制室改造采用抗爆结构，基本完全满足上述 10 条标准，其中同样采用的是 300mm 厚的钢筋混凝土实体墙(标准要求≥250mm)现场照片见图 5：

图 5　国内某石化企业改造后的抗爆控制室外观图

3.2　通过上面十个要点，来分析一下，如果厂区的建筑物不满足上述的第 3.1.1，3.1.2，3.1.3，3.1.4，3.1.6，3.1.7，3.1.10 条的话，基本上没有改造的可行性。那么是不是意味着只能拆了重建呢，虽然 3 号文要求是按照 GB 50779 来实施抗爆设计、建设和加固，那么很显然改造后的建筑必须得至少符合上述 10 条规定。另外 GB 50779 只是一个关于抗爆设计的标准，且该标准只适用于新建有抗爆要求的石油化工控制室的抗爆设计，对于已有建筑物的抗爆改造或者加固，标准中没有提及。所以即使简单的加固，我们也无标准可依。

3.3　针对上面提出的问题，如果无法改造成满足 GB 50779 的各项规定的话，是不是只能拆了重建呢？显然不太现实，标准的制定不仅要考虑标准制定的科学性，更应该考虑现实的可行性。那么现实中有没有一种彼此都能接受的方案呢，这个我们只能在实践中寻找案例了。

中石化安全监管部在 2020 年 6 月份下发了一个 41 号文《中国石化既有建筑物抗爆治理指导意见》，其改造原则是：“分批治理，经济可行”，即不可能一下子全部彻底整改，并且必须控制改造费用，按最经济的方式实施。另外，中石化的具体改造策略是分三步走的，第一步就是撤出建筑物内的人员，将有人值守变成无人值守，保证本质安全。第二步，确需有人值守的建筑物，进行抗爆治理(具体怎么治理，文章有详细说明)，第三步，如果治理也无法满足要求的，将该建筑物拆除，异地迁建。

在 2020 年下半年初，南京金陵石化在青岛安工院的技术支持下，采用新技术、新材料，合力攻关，并以金陵石化炼油厂的两个装置控制室进行了试验改造，具体改造方案就是依靠安工院研发的抗爆涂层材料和抗爆板，改造后的建筑物抗爆能力有显著提升。2020 年 9 月，由国务院安委办牵头，并邀请了包括江苏省应急管理厅在内的十家单位的专家对南京金陵石化的控制室抗爆改造进行了现场考察并做了一个技术鉴定，鉴定结果是：“该技术为国内化工企业安全距离不足的控制室、外操室、机柜间等重要建筑物的抗爆能力提升改造提供了一种新的解决方案，可为《全国安全生产专项整治三年行动计划》提供技术支撑，并建议在石化行业内大力推广应用。”

4 结束语

抗爆控制室建筑比较特殊，既不属于可燃物多的生产厂房，又不属于人员较多的公共建筑。现行标准《石油化工生产建筑设计规范》SH 3017将控制室、电子计算机房的火灾危险性等级划分危为丁类。既有建筑物的抗爆改造的前提必须先进行爆炸风险评估，遗憾的是爆炸风险评估缺乏必要的标准支撑和统一的判定标准，目前处于各自为战的状态，且三年行动计划的出台，并没有提出一个在标准更替的空窗期的可行性方案，目前中石化方案的出台虽然内容详实，但毕竟属于企业标准，不是国家标准，先天不足，不具有权威性。还是期盼 GB 50779 新标准的尽快落地，以及国家能出台一个针对危化品三年行动计划的释义解读，为广大石油化工企业的隐患整改提供一个明确的方向和道路。

参 考 文 献

[1] SH/T 3006-2012 石油化工控制室设计规范
[2] HG/T 20508-2014 控制室设计规范
[3] GB 50779-2012 石油化工控制室抗爆设计规范
[4] GB 50160-2018 石油化工企业设计防火标准》

海上采油平台固定式二氧化碳灭火系统可靠性分析

韩鑫宇[1]　冯其瑞[1]　吴维华[2]

(1. 中海油安全技术服务有限公司；2. 天津北海油人力资源咨询服务有限公司)

摘　要　简述了海上采油平台二氧化碳灭火系统的结构与各主要组件，指出目前海上采油平台二氧化碳灭火系统的主要故障发生点，并采用故障树分析方法对二氧化碳灭火系统的可靠性进行分析，得到二氧化碳灭火系统的故障模式，构建主要组件的可靠度函数，给出风险的可接受程度，为二氧化碳灭火系统的维护管理提供时间依据及制定早期干预措施。

关键词　海上采油平台；二氧化碳灭火系统；可靠性；故障树；故障模式

1　前言

海上采油平台(以下简称“海上平台”)消防系统与陆地消防系统相比有其固有的特点。第一，自然环境恶劣，系统所使用的设备、阀件等应能适应其恶劣的环境。第二，海上平台距岸较远，相对独立，发生火灾时难于得到陆上消防力量的及时救援，海上平台消防立足于自救，预防为主，防消结合。第三，海上平台面积狭小，设备高度集中，易发生火灾且极易蔓延，安全及逃生要求相对较高。气体灭火系统是海上平台消防系统的重要组成部分，气体灭火系统的可靠度是海上平台火灾风险评估(FRA)中的一个重要分项指标。综上，海上平台气体灭火系统对于保证火灾条件下的平台安全是极为重要的，了解气体灭火系统的可靠性并保证其具有足够高的可靠度是实现这一目的基础。

部分发达国家(例如美国、日本、新西兰等)每年都会对建筑气体灭火系统的可靠性和系统效能进行分析评估。在我国，每年各企、事业单位也都会委托消防设施检测维保单位对气体灭火系统进行全面检测，判断其是否完好有效。我国对气体灭火系统的可靠性分析主要依据相关消防法规、标准规范、技术规程、系统设计及产品使用说明书。吉林大学刘晓论等采用FMEA方法，对气体灭火系统容器阀故障的重要度、频度和探测度进行了分析，为生产厂家或制造商提出了设计指导意见。但从气体灭火系统使用单位和检测维保单位的角度，对整个气体灭火系统故障、失效模式分析和统计的研究尚不多见。

笔者在海上平台气体灭火系统全生命周期的使用阶段，采取故障树法(FTA)方法，基于气体灭火系统维护管理的角度，对气体灭火系统的故障模式进行分析和分类，将气体灭火系统的故障限定在各个可拆卸更换的系统组件，进而发现其故障模式、成功模式。本文对于正确认识、分析平台气体灭火系统的故障模式、故障机理，提高系统的可靠性具有重要指导意义。

2　概念和定义

2.1　故障和故障模式

何为故障，故障是指系统不能执行规定功能的一种状态，一般表现为各分系统的功能故障、各组件(产品)的故障，所以本文将故障分为组件故障、分系统故障和系统故障三个类别。而我们在现实工作中，是通过故障模式来观察或检测系统的故障现象，一般而言，常见的故障模式包括组件损伤损坏、组件锈蚀变形，系统功能失效等。

结合系统完整性理论，并根据多年的行业经验，将气体灭火系统的故障模式分为以下两类：

(1) 影响气体灭火系统的完整性，包括设备外观、标识、涂装、安装、布置及系统组件等有无缺失、是否符合设计、是否符合标准规范要求、是否便于生产操作维护需求，其原因与气体灭火系统的维护管理有关。

(2) 影响气体灭火系统的可靠性，主要表现在规定时间内不能完成其规定工作，如系统电磁阀启动，中央控制室信号反馈与接收，声光报警、防火风闸等联动，其原因与气体灭火系统的维护管理、系统本身质量均有关系。

2.2 可靠性及可靠性分析方法

所谓可靠性分析，就是分析系统在规定的条件下和预定的时间内完成规定功能的能力，这种能力通常用概率来表示，即可靠度。可靠度越高说明系统正常工作的能力越强，反之越弱。

常用的可靠性分析方法有故障树法(FTA)、可靠性框图法(RBD)、贝叶斯网络等。FTA是一种逻辑因果关系图，它从顶事件开始，从上向下演绎倒推事件发生的原因，因此针对性强、效率高，而且适合编程计算。该方法已经广泛用于船舶自动控制系统的故障诊断、机器设备的可靠性分析、船舶机电系统的维修等。故障树是利用布尔逻辑符号演绎地表示特定故障事件发生原因及其逻辑关系的逻辑树图，因其形状像一颗倒置的树，且其中的事件一般都是故障事件，故称“故障树”。

故障树的分析包括定性分析和定量分析两部分。

(1) 故障树定性分析包括两部分内容，一是求出基本事件的最小割集合和最小径集合；二是确定各基本事件对顶事件发生的重要程度，为采取防止顶事件发生的措施提供依据。

(2) 故障树定量分析的基本任务是计算顶事件发生的概率。当系统复杂，基本事件较多时，计算顶事件发生的概率是一件非常繁琐的工作。

每一个最小割集合都表示系统的一种故障模式。通过求解系统故障树结构函数，可以得到系统的所有最小割集合，从而得到系统的所有故障模式。最小径集合表明哪些基本事件组合在一起不发生就可以使顶事件不发生，因此，每有一个最小径集合就表示系统有一条成功的途径，它指明海上平台如何采取措施保证系统正常工作。

对于一个像气体灭火系统的复杂消防系统，导致顶事件发生的基本事件可能很多。在采取防止措施时应首先消除或控制那些对顶事件影响重大的基本事件。在故障树分析时，可以用基本事件结构重要度来衡量某一基本事件对顶事件的影响，计算公式(1)如下：

$$I(i)=\frac{1}{K}\sum_{j=1}^{m}\frac{1}{Rj} \tag{1}$$

式中　k——故障树包含的最小割集合(或最小径集合)数目；

m——包含第 i 个基本事件的最小割集合(或最小径集合)数目；

R_j——包含第 i 个基本事件的第 j 个最小割集合(或最小径集合)中基本事件的数目。

当基本事件发生概率很小时，可以用公式(2)计算出事件逻辑和的概率、利用公式(3)计算出事件逻辑积的概率：

$$g(q)=P_r(x_1+x_2+\cdots+x_n)\approx q_1+q_2+\cdots+q_n \tag{2}$$

$$g(q)=P_r(x_1\cdot x_2\cdot\cdots\cdot x_n)\approx q_1\cdot q_2\cdot\cdots\cdot q_n \tag{3}$$

2.3 海上平台气体灭火系统

根据海上平台的功能及规模，平台上配备的消防系统较为齐全，气体灭火系统是其中最重要的自动灭火系统之一。海上平台所使用的固定式气体灭火系统主要分为高压 CO_2、卤代烷烃(主要是FM200)、热气溶胶，其中以高压 CO_2 和FM200最为常见，由于海上平台空间有限，而惰性气体所需空间大，所以基本上不采用。海上平台固定气体灭火系统的设计标准采用NFPA或CB。

气体灭火系统结构类型一般是管网式，分为组合分配式和单元独立式两种。系统应用方式分为全淹没式和局部应用式，其中全淹没式最为常见，主要被应用在中央控制室、MCC、开关间、电池间、压缩机间、泵房等设备用房内，局部应用式主要应用在冷放空管 CO_2 灭火系统。系统加压方式分为内储压式、外储压式和自压式，FM200系统一般为内储压式。高压 CO_2 灭火系统一般为自压式系统。

气体灭火系统一般由灭火药剂瓶组、驱动气瓶组、管线及管件、选择阀、驱动装置、控制装置等组件组成，如图1所示。其中图1中所示的火灾报警控制器、喷洒指示及手动控制盘一般均集成在海上平台中央控制室的F&GS与ESD系统上。

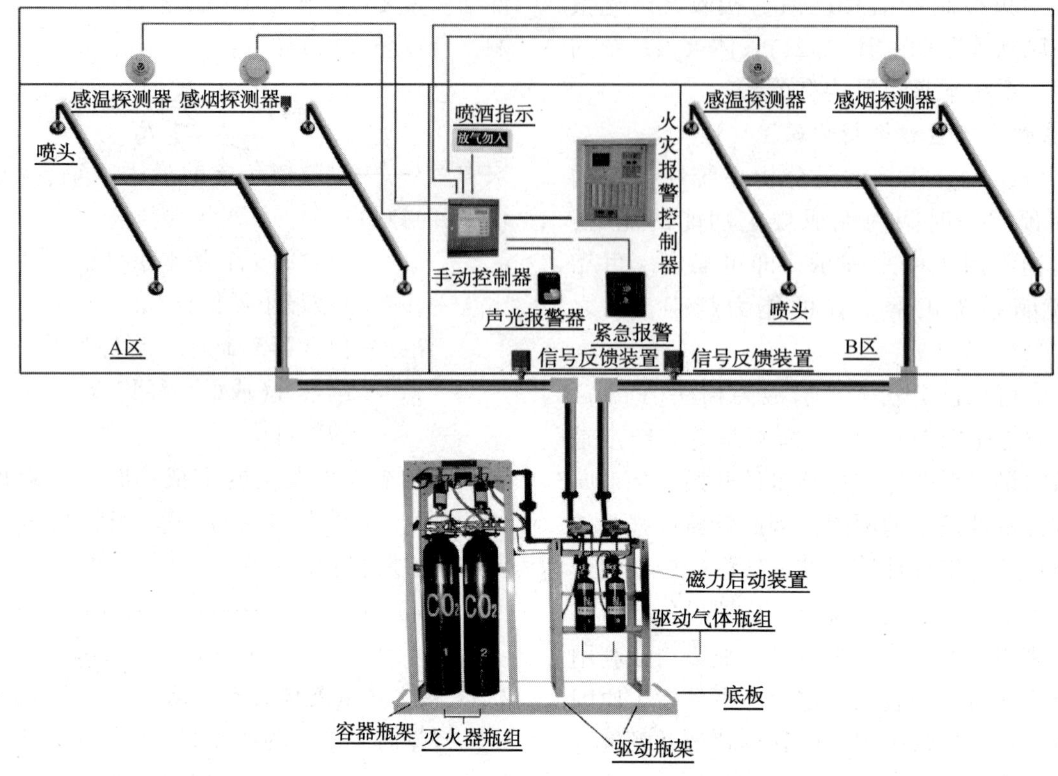

图1　海上平台二氧化碳灭火系统组成示意图

笔者将参考表1所示的资料文献对海上平台　　二氧化碳灭火系统的可靠性进行分析。

表1　海上平台二氧化碳灭火系统可靠度分析

资料名称	国家	作者	版次及时间	发行商
Offshore Reliability Data Handbook(OREDA)	挪威	SINTEF Industrial Management	2002，第四版	Det Noeske Veritas（挪威船级社）
可靠性实用指南	英国	Relex Software.，Intellect 著，陈晓彤等译	2005.07，第一版	北京航空航天大学
Guidelines for process equipment reliability data	美国	Center for Chemical Process Safety	1989，第一版	American Institute of Chemical Engineers
系统安全评价与预测	中国	陈宝智	2012.02，第一版	冶金工业出版社

3　海上平台二氧化碳灭火系统可靠性定性分析

3.1　建立故障树

通过对二氧化碳灭火系统结构及各组件和系统功能失效的逻辑关系分析，建立海上平台气体灭火系统故障树，如图2所示。

3.2　故障树定性分析及故障模式分析

海上采油平台二氧化碳灭火系统故障树最小割集及其代表的系统故障模式见表2。

表2　海上平台二氧化碳灭火系统故障树最小割集及其代表的系统故障模式

最小割集	二氧化碳灭火系统故障模式
{X11}	1)贮存压力或充装量不足
{X12}	2)集流管、灭火剂释放管线泄漏
{X7，X17}	3)输入输出模块故障；驱动气瓶驱动装置故障
{X7，X18}	4)输入输出模块故障；选择阀手动打开故障
{X7，X19}	5)输入输出模块故障；防火风闸手动关闭故障

续表

最小割集	二氧化碳灭火系统故障模式
{X7，X20}	6)输入输出模块故障；关闭防火门故障
{X7，X21}	7)输入输出模块故障；人员未发现火情
{X8，X17}	8)程序故障；驱动气瓶驱动装置故障
{X8，X18}	9)程序故障；选择阀手动打开故障
{X8，X19}	10)程序故障；防火风闸手动关闭故障
{X8，X20}	11)程序故障；关闭防火门故障
{X8，X21}	12)程序故障；人员未发现火情
{X9，X17}	13)电动防火风闸故障；驱动气瓶驱动装置故障
{X9，X18}	14)电动防火风闸故障；选择阀手动打开故障
{X9，X19}	15)电动防火风闸故障；防火风闸手动关闭故障
{X9，X20}	16)电动防火风闸故障；关闭防火门故障
{X9，X21}	17)电动防火风闸故障；人员未发现火情
{X10，X17}	18)延时继电器故障；驱动气瓶驱动装置故障
{X10，X18}	19)延时继电器故障；选择阀手动打开故障
{X10，X19}	20)延时继电器故障；防火风闸手动关闭故障
{X10，X20}	21)延时继电器故障；关闭防火门故障
{X10，X21}	22)延时继电器故障；人员未发现火情
{X13，X17}	23)选择阀气动启动故障；驱动气瓶驱动装置故障
{X13，X18}	24)选择阀气动启动故障；选择阀手动打开故障
{X13，X19}	25)选择阀气动启动故障；防火风闸手动关闭故障
{X13，X20}	26)选择阀气动启动故障；关闭防火门故障
{X13，X21}	27)选择阀气动启动故障；人员未发现火情
{X14，X17}	28)驱动瓶贮存压力不足；驱动气瓶驱动装置故障
{X14，X18}	29)驱动瓶贮存压力不足；选择阀手动打开故障
{X14，X19}	30)驱动瓶贮存压力不足；防火风闸手动关闭故障
{X14，X20}	31)驱动瓶贮存压力不足；关闭防火门故障
{X14，X21}	32)驱动瓶贮存压力不足；人员未发现火情
{X15，X17}	33)氮气瓶头阀故障；驱动气瓶驱动装置故障
{X15，X18}	34)氮气瓶头阀故障；选择阀手动打开故障
{X15，X19}	35)氮气瓶头阀故障；防火风闸手动关闭故障

续表

最小割集	二氧化碳灭火系统故障模式
{X15，X20}	36)氮气瓶头阀故障；关闭防火门故障
{X15，X21}	37)氮气瓶头阀故障；人员未发现火情
{X16，X17}	38)灭火剂瓶头阀故障；驱动气瓶驱动装置故障
{X16，X18}	39)灭火剂瓶头阀故障；选择阀手动打开故障
{X16，X19}	40)灭火剂瓶头阀故障；防火风闸手动关闭故障
{X16，X20}	41)灭火剂瓶头阀故障；关闭防火门故障
{X16，X21}	42)灭火剂瓶头阀故障；人员未发现火情
{X1，X4，X17}	43)探头故障；手动转换开关故障；驱动气瓶驱动装置故障；
{X1，X4，X18}	44)故障；手动转换开关故障；选择阀手动打开故障；
{X1，X4，X19}	45)探头故障；手动转换开关故障；防火风闸手动关闭故障；
{X1，X4，X20}	46)探头故障；手动转换开关故障；关闭防火门故障
{X1，X4，X21}	47) 探头故障；手动转换开关故障；人员未发现火情；
{X2，X3，X17}	48) 主电源故障；备用电源故障；驱动气瓶驱动装置故障
{X2，X3，X18}	49) 主电源故障；备用电源故障；选择阀手动打开故障
{X2，X3，X19}	50) 主电源故障；备用电源故障；防火风闸手动关闭故障；
{X2，X3，X20}	51) 主电源故障；备用电源故障；关闭防火门故障
{X2，X3，X21}	52) 主电源故障；备用电源故障；人员未发现火情
{X1，X5，X6，X17}	53) 火灾探测器故障；CCR 手动启动按钮故障；保护区外紧急释放按钮故障；驱动气瓶驱动装置故障；
{X1，X5，X6，X18}	54) 火灾探测器故障；CCR 手动启动按钮故障；保护区外紧急释放按钮故障；选择阀手动打开故障；
{X1，X5，X6，X19}	55) 火灾探测器故障；CCR 手动启动按钮故障；保护区外紧急释放按钮故障；防火风闸手动关闭故障；
{X1，X5，X6，X20}	56) 火灾探测器故障；CCR 手动启动按钮故障；保护区外紧急释放按钮故障；关闭防火门故障；
{X1，X5，X6，X21}	57) 火灾探测器故障；CCR 手动启动按钮故障；保护区外紧急释放按钮故障；人员未发现火情；

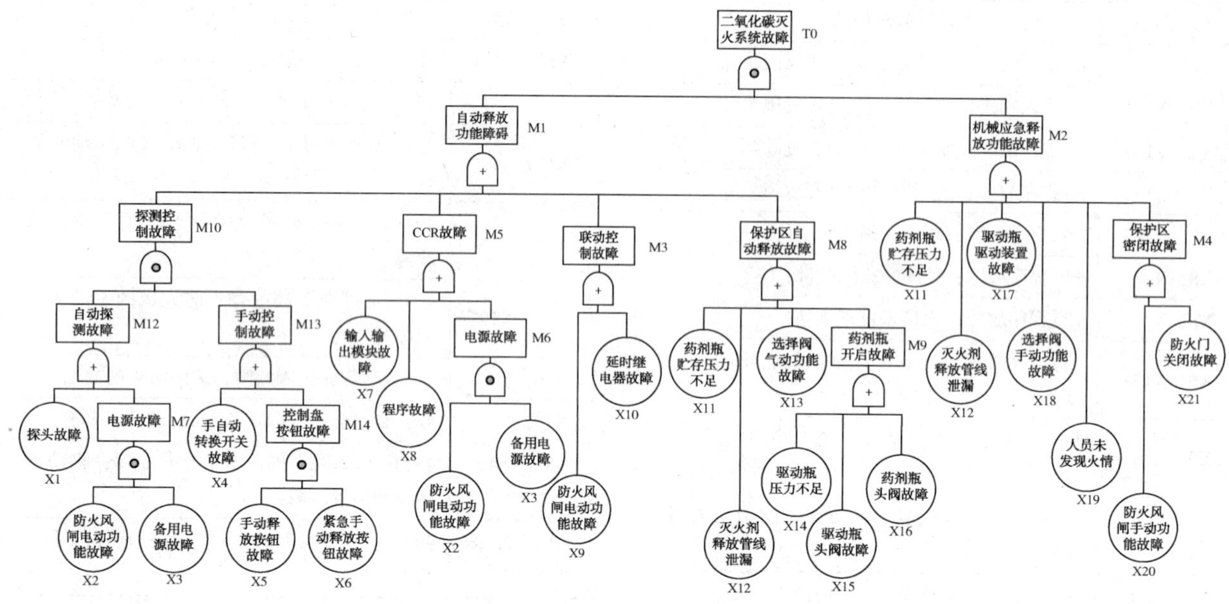

图 2 海上平台二氧化碳灭火系统故障树

如表 2 所示，二氧化碳灭火系统故障树一共包含 21 个基本故障事件。通过对故障树进行定性分析，得到了 57 个最小割集合，也就是说共有 57 种故障模式。57 种故障模式结构重要度的排序为：

（1）驱动气瓶驱动装置故障 = 选择阀手动打开故障 = 防火风闸手动关闭故障 = 关闭防火门故障 = 人员未发现火情>

（2）火灾探测器故障>

（3）CCR 手动启动按钮故障 = 防护区外紧急手动释放按钮故障 = 输入输出模块故障 = 程序故障 = 电动防火风闸故障 = 延时继电器故障 = 选择阀故障 = 驱动瓶贮存压力不足 = 氮气瓶瓶头阀故障 = 灭火剂瓶头阀故障>

（4）主电源故障 = 备用电源故障 = 手动转换开关故障>

（5）灭火药剂贮存压力不足 = 集流管或释放管线泄漏

4 海上平台二氧化碳灭火系统可靠性定量分析

海上平台二氧化碳灭火系统采用上行法计算可靠度，由于该系统最小割集较多，因此采用最小径集的容斥公式计算顶事件发生概率。

$$Rs = \sum_{r=1}^{p} \prod_{i \in P_r} (1 - q_i) - \sum_{1 \le h < j \le pi} \prod_{i \in P_h \cup P_j} (1 - q_i) + \cdots + (-1)^p \prod_{i=1}^{n} (1 - q_i) \tag{4}$$

式中 R_s——系统可靠度；

q_i——径集中基本事件故障发生率；

r，h，j——最小径集合的序号；

P——故障树中包含最小径集合数目。

通过对故障树进行定性分析，得到了 7 个最小径集，即共有 7 种成功模式。最小径集合如下：

a：{X1，X2，X7，X8，X9，X10，X11，X12，X13，X14，X15，X16}

b：{X1，X3，X7，X8，X9，X10，X11，X12，X13，X14，X15，X16}

c：{X2，X4，X5，X7，X8，X9，X10，X11，X12，X13，X14，X15，X16}

d：{X2，X4，X6，X7，X8，X9，X10，X11，X12，X13，X14，X15，X16}

e：{X3，X4，X5，X7，X8，X9，X10，X11，X12，X13，X14，X15，X16}

f：{X3，X4，X6，X7，X8，X9，X10，X11，X12，X13，X14，X15，X16}

g：{X11，X12，X17，X18，X19，X20，X21}

因此，二氧化碳灭火系统中 R_s 为：

$$\sum_{r=1}^{7} \prod_{i \in P_r} (1 - q_i) - \sum_{1 \le h < j \le pi} \prod_{i \in P_h \cup P_j} (1 - q_i) + \cdots + (-1)^6 \prod_{i=1}^{21} (1 - q_i) \tag{5}$$

各主要组件故障分布可视为指数分布，即：$Ri=e^{-\lambda_i t}$（其中 i 为 3~21）。

由于二氧化碳灭火系统可能会有多个保护区，每个保护区内火灾探测器的数量不同，故笔者以某海上平台 MCC 为例，该房间设有探测器 14 个，其中火灾探测器 12 个，可燃气体探测器 2 个。

$$R1=1-(1-e^{-\lambda_C t})^2(1-e^{-\lambda_S t})^{12}-2e^{-\lambda_C t}(1-e^{-\lambda_C t})(1-e^{-\lambda_S t})^{12}-12e^{-\lambda_S t}(1-e^{-\lambda_S t})^{11}(1-e^{-\lambda_C t})^2$$

考虑到电源为冷备用系统，可将 X2，X3 合并为 X2，所以 X2 的可靠度函数为：$R2=e^{-\lambda_2 t}+\lambda_2 t*e^{-\lambda_2 t}$。可将最小径集集合简化为以下合集：

a：{X1，X2，X7，X8，X9，X10，X11，X12，X13，X14，X15，X16}

b：{X2，X4，X5，X7，X8，X9，X10，X11，X12，X13，X14，X15，X16}

c：{X2，X4，X6，X7，X8，X9，X10，X11，X12，X13，X14，X15，X16}

d：{X11，X12，X17，X18，X19，X20，X21}

因此，由最小径集合利用公式(5)计算二氧化碳灭火系统可靠度，顶事件二氧化碳灭火系统故障的概率 $F_s=1-R_s$。根据《OREDA》、《可靠性实用指南》、《系统安全评价与预测》、《Guidelines for process equipment reliability data》等文献，绘制二氧化碳灭火系统可靠度随时间变化曲线，并将海上平台二氧化碳灭火系统可靠度四阶模拟函数简化为 $y=-8.7\text{E}-8x^4+1.0\text{E}-5x^3-0.0005x^2-0.0005x+1.00001$，如图 3 所示。

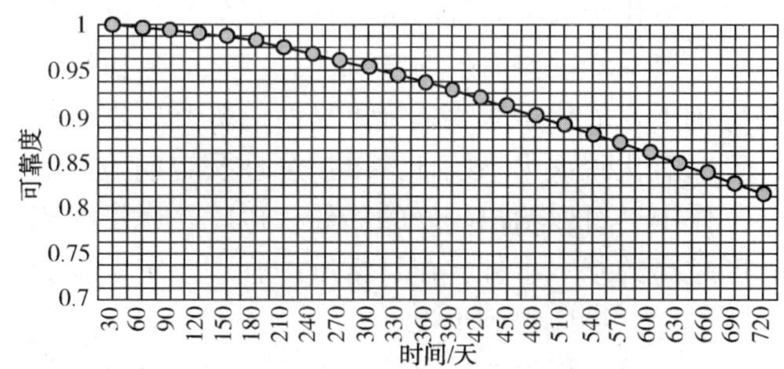

图 3　海上平台二氧化碳灭火系统可靠度与时间变化曲线图

根据图 3 所示曲线，得到海上平台二氧化碳灭火系统的可靠度参照表，如表 3 所示，分别列出了海上平台二氧化碳灭火系统在平台内部维护保养与第三方检测检验两个工作节点的介入时间，可为海上平台二氧化碳灭火系统的维护管理提供基础数据应用。同时表 3 还列出了二氧化碳灭火系统各主要组件检验及自检排序，即：阀驱动装置>灭火药剂瓶组及驱动气瓶组>选择阀>防火风闸>防火门>火灾探测器>控制装置>系统程序逻辑>集流管或灭火药剂释放管线，帮助海上平台在二氧化碳灭火系统维护管理过程中定位薄弱环节，进而采取有针对性的应对措施，提高系统的完好有效性。

表 3　海上平台二氧化碳灭火系统可靠度参照表

360 天系统可靠度	各主要组件检验及自检排序	海上平台内部维护保养			第三方检测检验		
		建议最低可靠度	建议最低可靠度对应天数	建议维护介入区（内部维护周期）	建议最低可靠度	建议最低可靠度对应天数	建议维护介入区（第三方维护周期）
0.925	1. 阀驱动装置 2. 灭火药剂瓶组及驱动气瓶组 3. 选择阀 4. 防火风闸 5. 防火门 6. 火灾探测器 7. 控制装置 8. 系统程序逻辑 9. 集流管或灭火药剂释放管线	0.98	150	90	0.9	480	360

5　总结与讨论

笔者采用故障树的方法建立了海上平台二氧化碳灭火系统的故障树，并最终得到了 57 个最小割集和 7 个最小径集，也就是说得到了 57 种故障模式和 7 种成功模式。海上平台二氧化碳灭火系统各个主要组件所对应的各个基本事件，每个事件的重要程度都不言而喻，因此从侧面反映出二氧化碳灭火系统的可靠性和有效性是基于各个主要组件完整有效的基础上，本文的分析结果决定了二氧化碳灭火系统可靠性的提升要求。对于二氧化碳灭火系统日常维护管理及定期检验的工作中，可以给出较好的指导，也就是说重要程度越高的基本事件，在日常维护管理及定期检验工作中，更应得到重视。

同时，根据二氧化碳灭火系统的 7 个最小径集，采用上行法计算得到海上平台二氧化碳灭火系统的可靠度，确定二氧化碳灭火系统在规定服务期限内正常使用的可接受概率，绘制出二氧化碳灭火系统可靠度随时间变化的曲线，拟合出系统的可靠度四阶函数，为二氧化碳灭火系统的维护管理提供时间依据及制定早期干预措施。

参 考 文 献

[1] CHU G, SUN J. Decision analysis on fire safety design based on evaluating building fire risk to life [J]. Journal of Safety Science, 2008, 46(7): 1125-1136.

[2] HURLEY M J. Evaluation of models of fully developed post-flashover compartment fires [J]. Journal of Fire Protection Engineering, 2005, 15(3): 173-197.

[3] HADJISOPHOCLEOUS G, FU Z, FU S, et al. Prediction of fire growth for compartments of office building as part of a fire risk/cost assessment model [J]. Journal of Fire Protection Engineering, 2007, 17 (3): 185-209.

[4] 刘晓论，郑智，黄勇．气体灭火系统容器阀芯的失效模式分析[C]//“信达海烙杯”第四届全国气体消防学术交流大会论文集．西安：中国土木工程学会，2005.

[5] 南江林，杜玉龙，董海滨．基于故障模式的气体灭火系统监测管理方法[J]. 消防科学与技术，2014，33(8)：917-919.

[6] 田宏，詹姆斯 A 麦克．消防系统的有效性和可靠性[J]. 消防技术与产品信息，2015，(4)：71-73.

[7] WANG Li, WANG Xiao, SHI Ling. Fire safety management system for the whole life cycle of high-rise building [J]. Fire Science and Technology, 2013, 32 (7): 794-798.

[8] ZENG Shengkui, ZHAO Tingdi, ZHANG Jianguo, etc. System reliability design and analyses [M]. Beijing : Beijing University of Aeronautics and Astronautics Press , 2001: 11-112.

[9] 田宏，詹姆斯 A 麦克．消防系统的有效性和可靠性[J]. 消防技术与产品信息，2015，(4)：71-73.

[10] 杜玉龙，马军海，王桂立．建筑消防设施可靠性管理研究现状与思考[J]. 安全与环境学报，2019，(19)：126-133.

[11] 李莹，董雪玮，刘申友．基于贝叶斯信念网络的建筑消防设施可靠性分析[J]. 消防科学与技术，2010，(29)：630-632.

[12] 中华人民共和国公安部．气体灭火系统施工及验收规范[s]. 北京：中国计划出版社，2007.

海上采油平台固定式火气监控系统可靠性分析

吴维华[1,2]　冯其瑞[1]　韩鑫宇[1]

（1. 中海油安全技术服务有限公司；2 天津北海油人力资源咨询服务有限公司）

摘　要　简述了海上采油平台系统的结构与各主要组件，指出目前海上采油平台火灾及可燃气体探测报警系统的主要故障发生点，并采用故障树分析方法对火气监控系统的可靠性进行分析，得到火灾及可燃气体探测报警系统的故障模式，构建主要组件的可靠度函数，给出风险的可接受程度，为火灾及可燃气体探测报警系统的维护管理提供时间依据及制定早期干预措施。

关键词　海上采油平台；火灾及可燃气体探测报警系统；可靠性；故障树；故障模式

1　前言

所谓可靠性分析，就是分析系统在规定的条件下和预定的时间内完成规定功能的能力，这种能力通常用概率来表示，即可靠度。可靠度越高说明系统正常工作的能力越强，反之越弱。

海上消防系统和陆地消防系统相比有其固有的特点。第一，自然环境恶劣，系统所使用的设备、阀件等应能适应其恶劣的环境。第二，海上平台距岸较远，相对独立，发生火灾时难于得到陆上消防力量的及时救援，平台消防立足于自救，预防为主，防消结合。第三，平台面积狭小，设备高度集中，易发生火灾且极易蔓延，安全及逃生要求相对较高。综上，海上消防系统对于保证火灾条件下的平台安全是极为重要的，了解消防系统的可靠性并保证其具有足够高的可靠度是实现这一目的基础。本项目对于正确认识、分析海上消防系统的失效模式、故障机理，提高系统的可靠性具有重要指导意义。

笔者在海上平台火气监控系统全生命周期的使用阶段，采取故障树法（FTA）方法，基于火气监控系统维护管理的角度，对火气监控系统的故障模式进行分析和分类，将火气监控系统的故障限定在各个可拆卸更换的系统组件，进而发现其故障模式、成功模式。本文对于正确认识、分析平台火气监控系统的故障模式、故障机理，提高系统的可靠性具有重要指导意义。

2　概念和定义

2.1　故障和故障模式

何为故障，故障是指系统不能执行规定功能的一种状态，一般表现为各分系统的功能故障、各组件（产品）的故障，所以本文将故障分为组件故障、分系统故障和系统故障三个类别。而我们在现实工作中，是通过故障模式来观察或检测系统的故障现象，一般而言，常见的故障模式包括组件损伤损坏、组件锈蚀变形，系统功能失效等。

笔者结合系统完整性理论，并根据多年的行业经验，将火气监控系统的故障模式分为以下两类：

（1）影响火气监控系统的完整性，包括设备外观、标识、涂装、安装、布置及系统组件等有无缺失、是否符合设计、是否符合标准规范要求、是否便于生产操作维护需求，其原因与火气监控系统的维护管理有关。

（2）影响火气监控系统的可靠性，主要表现在规定时间内不能完成其规定工作，如系统电磁阀启动，中央控制室信号反馈与接收，声光报警、防火风闸等联动，其原因与火气监控系统的维护管理、系统本身质量均有关系。

2.2　可靠性及可靠性分析方法

常用的可靠性评估方法有故障树法（FTA）、可靠性框图法（RBD）、贝叶斯网络等，FTA 是一种逻辑因果关系图，它从顶事件开始，从上向下演绎倒推事件发生的原因，因此针对性强、效率高，而且适合编程计算。该方法已经广泛用于船舶自动控制系统的故障诊断、机器设备的可靠性分析、船舶机电系统的维修等。

RBD 以功能框图为基础，功能框图反应了系统的流程，物质从一个部件按顺序流经到各个部件，但是 RBD 不反应顺序，仅仅从可靠性角度考虑各个部件之间的关系。系统总的 RBD 是串联结构，利用互相连接的方框来显示系统的失效逻辑，分析系统中每一个成分的失效率对系统的影响，以帮助评估系统的整体可靠性。RBD 的实质与故障树类似，区别在于，故障树法工作在“成功的空间”，而可靠性框图工作在“故障空间”。通常来说，一个故障树可以很容易地转化为可靠性框图，但反之却很难。

贝叶斯网络适用于表达和分析不确定性事物，在推理机制和故障状态描述上类似于故障树，不同于故障树的是，贝叶斯网络具备描述事件多态性和非确定性逻辑关系，而故障树通常用于逻辑关系清晰的系统，因为他对系统做了事件二态性(正常或失效)和故障逻辑关系确定性的假设。

综合现有评估方法的特点，本项目拟利用故障树法进行海上火气监控系统可靠性研究。

2.3 故障树法简介

故障树是利用布尔逻辑符号演绎地表示特定故障事件发生原因及其逻辑关系的逻辑树图，因其形状像一颗倒置的树，且其中的事件一般都是故障事件，故称“故障树”。

在故障树中，事件间的关系是因果关系或逻辑关系，用逻辑门来表示。以逻辑门为中心，上一层事件是下一层事件产生的结果，称为输出事件；下一层事件是上一层事件的原因，称为输入事件。

作为被分析对象的特定故障事件被画在故障树的顶端，叫做顶事件。导致顶事件发生的最初始的原因事件位于故障树下部的各分支的终端，叫做基本事件。处于顶事件和基本事件中间的事件叫做中间事件。

故障树分析时常见的逻辑关系是“逻辑与”和“逻辑或”，又称“逻辑与门”和“逻辑或门”。逻辑与门表示全部输入事件都出现时输出事件才发生，只要有一个输入事件不出现则输出事件就不发生的逻辑关系；逻辑或门表示只要有一个或一个以上的输入事件出现输出事件就发生，全部输入事件都不出现则输出事件才不发生的逻辑关系。逻辑门和基本事件符号见图 1。

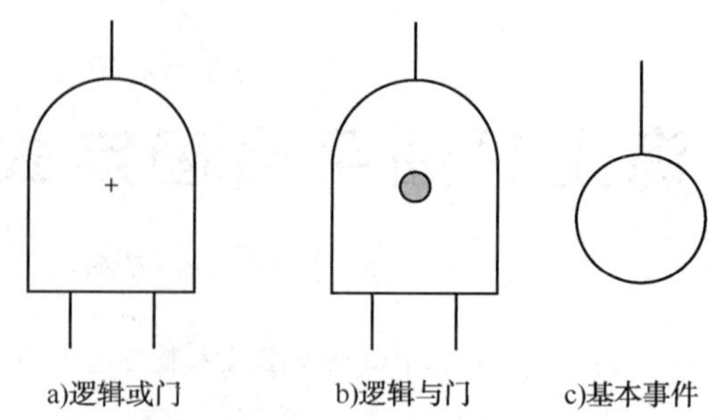

图 1　故障树基本逻辑门和事件符号

2.4 故障树分析方法

故障树的分析包括定性分析和定量分析两部分。

(1) 故障树定性分析

故障树定性分析包括两部分内容，一是求出基本事件的最小割集合和最小径集合；二是确定各基本事件对顶事件发生的重要程度，为采取防止顶事件发生的措施提供依据。

按照故障树理论，故障树最小割集表示集合中的元素故障对于顶事件的失效不仅充分而且必要，即每有一个最小割集合出现，就会导致顶事件的出现，最小割集合的数量越多，系统失效的可能性就越大。每一个最小割集合都表示系统的一种失效模式。通过求解系统故障树结构函数，可以得到系统的所有最小割集合，从而得到系统的所有失效模式。

另外，对故障树从不发生的(即成功)角度也可以进行分析。故障树中的全部基本事件都不发生，则顶事件一定不会发生。但是，某些基本事件组合在一起都不发生，也可以使顶事件不发生。把其中的基本事件都不发生就能保证顶事件不发生的基本事件集合叫做径集合。若径集合中包含的基本事件不发生对保证顶事件不发生不但充分而且必要，则该径集合叫做最小径集合。最小径集合表明哪些基本事件组合在一起不发生就可以使顶事件不发生，因此，每有一个最小径集合就表示系统有一条成功的途径，它指明企业如何采取措施保证系统正常工作。

对于一个复杂系统，导致顶事件发生的基本事件可能很多。在采取防止措施时应首先消除或控制那些对顶事件影响重大的基本事件。在故障树分析时，可以用基本事件结构重要度来衡量某一基本事件对顶事件的影响，计算公式如式(1)：

$$I(i) = \frac{1}{K}\sum_{j=1}^{m}\frac{1}{Rj} \tag{1}$$

式中　k——故障树包含的最小割集合(或最小径集合)数目；

m——包含第 i 个基本事件的最小割集合(或最小径集合)数目；

Rj——包含第 i 个基本事件的第 j 个最小割集合(或最小径集合)中基本事件的数目。

显然，有以下结论：

- 在由较少基本事件组成的最小割集合(或最小径集合)中出现的基本事件，其结构重要度较大；
- 在不同最小割集合(或最小径集合)中出现次数多的基本事件，其结构重要度较大。

(2) 故障树定量分析

故障树定量分析的基本任务是计算顶事件发生的概率。当系统复杂，基本事件较多时，计算顶事件发生的概率是一件非常繁琐的工作。

当基本事件发生概率很小时，可以用式(2)计算事件逻辑和的概率、利用式(3)计算事件逻辑积的概率：

$$g(q)=Pr(x_1+x_2+\cdots+x_n)\approx q_1+q_2+\cdots+q_n \quad (2)$$

$$g(q)=Pr(x_1\cdot x_2\cdots\cdot x_n)\approx q_1\cdot q_2\cdot\cdots\cdot q_n \quad (3)$$

利用上述公式，由故障树结构函数得到的概率函数比较简单，当基本事件发生概率很小时，计算结果可以满足工程上的需要。

对于以下两种情况，需要利用容斥公式进行计算：

(1) 当有共因失效时，即最小割集合中有相同基本元素；

(2) 需要更加精确的计算顶事件发生概率。

利用容斥发进行计算的过程详见定量分析报告。

2.5 海上平台火气监控系统

根据海上平台的功能及规模，平台上配备的消防系统较为齐全，火气监控系统是其中最重要的自动灭火系统之一。海上平台所使用的固定式火气监控系统(F&G System)是在火灾和可燃性气体泄漏以及有毒气体泄漏的情况下，能够探测火灾和气体泄漏的程度和事故地点，触发相关的声光报警设备，并且根据事故发生的严重性等级而确定报警和启动相应灭火系统，从而控制和避免火灾事故的发生、降低事故风险。

火气监控系统由以下 6 部分构成：

(1) 现场触发或检测元件

主要包括可燃气体探测器、有毒气体探测器、感温探测器或易熔塞回路、感烟探测器、火焰探测器和手动报警站。根据各保护区域的生产设备状况布置适当的探测器。

此部分主要为火气监控系统提供对现场火灾及可燃/有毒气体的检测。

(2) 中央控制系统(CCS)

CCS 对于海上消防系统就像是人体的“大脑”，根据接收到的现场探测系统的报警信号，通过预先设定的逻辑关系进行处理，再通过与报警系统、应急关断系统、消防系统和 HVAC 等系统的接口实现相应的报警、关断、消防和控制功能。CCS 的核心是 PLC(可编程逻辑控制器)控制模块，集成在火气控制盘上。它是平台的眼睛。课参考火灾系统控制图

(3) 火气控制盘

火气控制盘集成了 PLC、寻址盘、显示器、各种手动按钮、室内报警器等火气监控系统的绝大部分部件，因此，在生产中，火气控制盘就是“火气监控系统”的代称。

(4) 报警指示系统

① 视觉信号：包括各种指示灯，闪灯，各探头上的 LED 灯，人机界面报警信号等。

② 听觉信号：一般分为两种：一种是系统或各个模块产生的模拟声音，包括各种持续响声，断续周期响声等，如警铃，平台喇叭，扬声器，蜂鸣器等。还有一种就是人声，直接通过广播发出报警信号。

(5) 紧急关断系统(ESD)

火气盘根据现场探测信号，经过程序预先设定的逻辑作出判断给 ESD 系统相应的关断信号，由 ESD 系统产生相应的关断，关停各生产设备。

ESD 关停分为 4 个级别，分别为单元关停(4 级)、工艺关停(3 级)、火/气关停(2 级)和弃平台(1 级，最高级别)。

(6) 供电系统

火气监控系统由 110V UPS 电源供电，一主一备，任一电源都能独立地负载全部的火气监控系统及其设备，且为防止供电故障备用电源须能提供足够时间的供电(至少 1 小时)。

火气监控系统组成如图 2 所示。

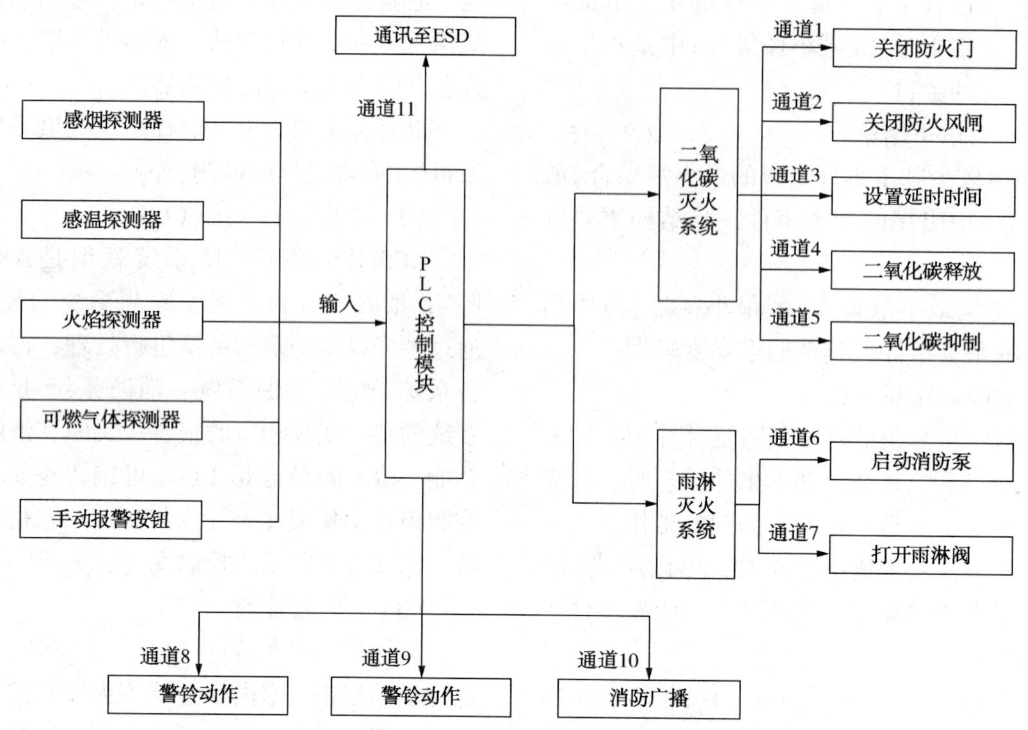

图 2　海上平台火气监控系统组成示意图

火气监控系统主要完成三个功能，包括探测、控制和报警。在 CCS 的监控下，通过火气控制盘接收现场火、气探测元件，现场手动操作单元等的输入信号，进行逻辑判断，若有火警发生，则输出信号至现场声光单元进行报警，同时输出信号至 ESD 主控盘关断生产设备，启动消防系统，及时控制火情，保证设备与人员的安全（图 3）。

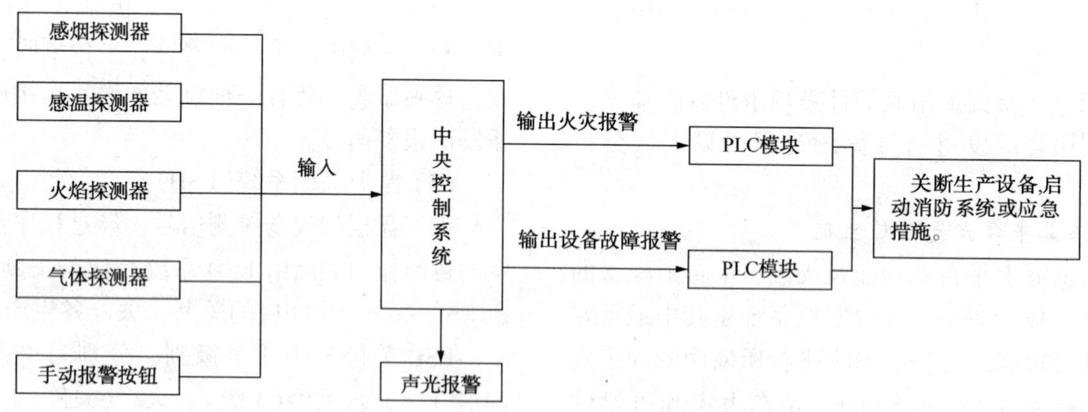

图 3　火气监控系统工作原理框图

3　海上平台火气监控系统可靠性定性分析

3.1　火气监控系统故障树

火气监控系统以渤海湾调研平台（LD52-DPP）中、下甲板 8 个火区为研究对象，分别为中甲板 05 区（CCR），06 区（MCC），07 区（GENERETOR ROOM），08 区（EMERGENCY SWITCH ROOM），09 区（MAIN TRANSFORMER ROOM），下甲板 11 区，12 区，13 区。分区结构如图 4。

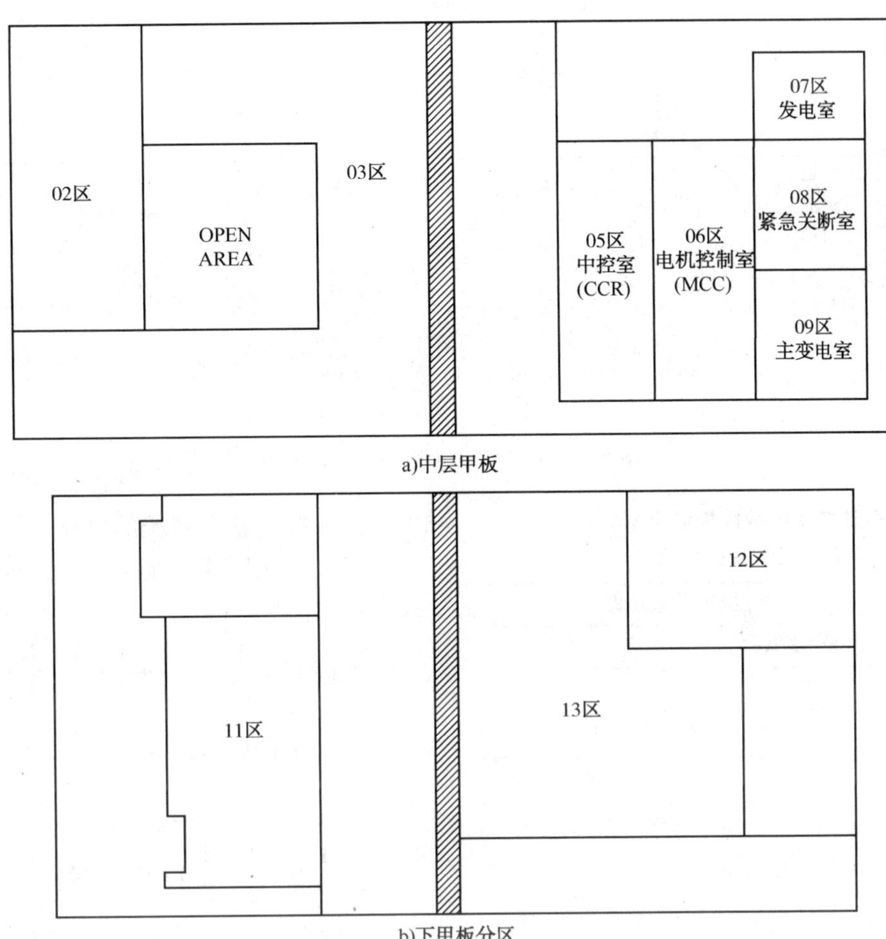

图4　某海上平台中层和下层甲板火区

中甲板05区有气体探测器2个，感烟探测器12个，任意两个探测器报警则启动CO_2灭火系统；06区有感烟探测器6个，任意两个探测器报警则启动CO_2灭火系统；07区有感温探测器1个，感烟探测器2个，气体探测器1个，任意两个报警则启动CO_2灭火系统；08区有感温探测器1个，感烟探测器1个，气体探测器1个，任意两个报警则启动CO_2灭火系统；09区有感温探测器3个，感烟探测器3个，任意两个报警则启动CO_2灭火系统。以上每个区域都有独立的"CO_2释放按钮"（即手动报警按钮），手动按下后可直接对该区域进行灭火。如果各区域探测器报警数量少于2个，且手动CO_2释放按钮故障，则该区域的探测系统会因无报警信号而失效。下甲板11区有红外火焰探测器10个，气体探测器10个，任意两个报警则启动水喷淋系统，另设有手动报警器两个，按下后直接启动水喷淋系统；12区有感温探测器1个，感烟探测器2个，任意两个报警则启动CO_2灭火系统，也可通过CO_2释放按钮启动。13区有红外火焰探测器4个，气体探测器4个，任意两个报警则启动水喷淋系统，也可通过手动报警器直接启动(2个)。

火气监控系统失效定义：不能在火灾发生或可燃气体泄漏时及时探测、报警，并启动灭火系统。

根据该定义，从上到下，按照演绎的逻辑方法，制定火气监控系统的故障树如图5。

火气监控系统故障树定性分析

3.2　火气监控系统故障树割集合及系统失效模式

利用图4建立的故障树求得系统最小割集及其代表的系统失效模式见表1。

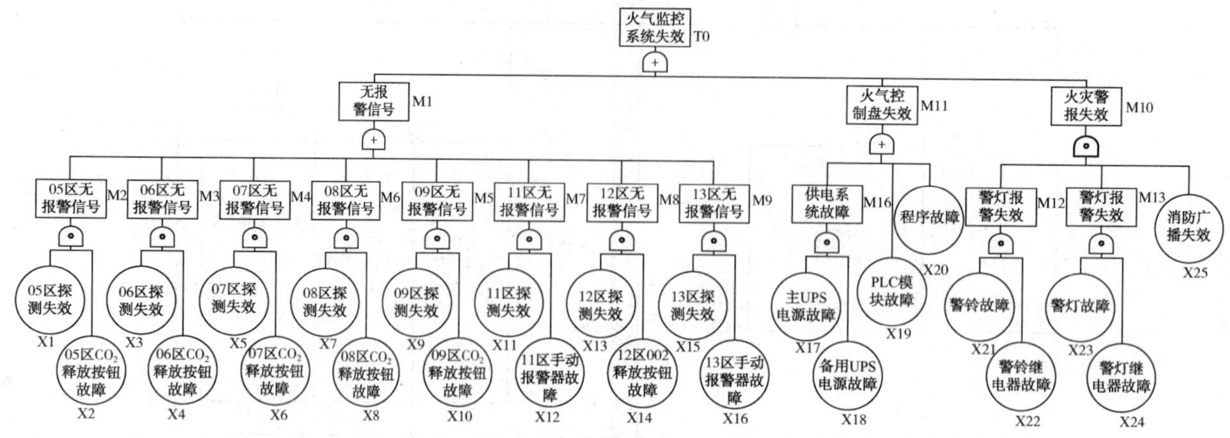

图 5 海上平台火气监控系统故障树

表 1 火气监控系统故障树最小割集及其代表的系统失效模式

最小割集	火气监控系统失效模式
X19	1) PLC 模块故障
X20	2) 程序故障
X1，X2	3) 05 区探测失效；05 区 CO_2 释放按钮故障
X3，X4	4) 06 区探测失效；06 区 CO_2 释放按钮故障
X5，X6	5) 07 区探测失效；07 区 CO_2 释放按钮故障
X7，X8	6) 08 区探测失效；08 区 CO_2 释放按钮故障
X9，X10	7) 09 区探测失效；09 区 CO_2 释放按钮故障
X11，X12	8) 11 区探测失效；11 区手动报警器故障
X13，X14	9) 12 区探测失效；12 区 CO_2 释放按钮故障
X15，X16	10) 13 区探测失效；13 区手动报警器故障
X17，X18	11) 主 UPS 电源故障；备用 UPS 电源故障
X21，X23，X25	12) 警铃故障；警灯故障；消防广播故障
X21，X24，X25	13) 警铃故障；警灯继电器故障；消防广播故障
X22，X24，X25	14) 警铃继电器故障；警灯继电器故障；消防广播故障
X22，X23，X25	15) 警铃继电器故障；警灯故障；消防广播故障

从表中结果可知，火气监控系统共有 15 个最小割集合，分别对应 15 种失效模式。本例只考虑了 8 个区域，如果考虑的区域增加，则系统的失效模式也增加。最小割集合中基本事件越少，说明该基本事件对于顶事件的发生越重要，通过计算所有最小割集合中各个基本事件的结构重要度，可以得到引起“火气监控系统失效”的各基本事件对于顶事件发生可能性的重要程度。通过避免“结构重要度”大的基本事件的故障，可以大大提高整个系统的可靠性。

利用前文所述的基本事件结构重要度计算公式(1)，可得：

$$I_{\phi}(25)=\frac{1}{15}*\left(\frac{1}{3}+\frac{1}{3}+\frac{1}{3}+\frac{1}{3}\right)=0.0889$$

$$I_{\phi}(19)=I_{\phi}(20)=\frac{1}{15}=0.0667$$

$$I_{\phi}(21)=I_{\phi}(22)=I_{\phi}(23)=I_{\phi}(24)=\frac{1}{15}*\left(\frac{1}{3}+\frac{1}{3}\right)=0.0444$$

$$I_{\phi}(1)=I_{\phi}(2)=I_{\phi}(3)=I_{\phi}(4)=I_{\phi}(5)=I_{\phi}(6)=I_{\phi}(7)=I_{\phi}(8)=I_{\phi}(9)=I_{\phi}(10)=I_{\phi}(11)=I_{\phi}(12)=I_{\phi}(13)=I_{\phi}(14)=I_{\phi}(15)=I_{\phi}(16)=I_{\phi}(17)=I_{\phi}(18)=\frac{1}{15}*\frac{1}{2}=0.0333$$

根据计算结果，各基本事件重要度排序如下：

I(25)>I(20)=I(19)>I(23)=I(21)=I(24)=I(22)>I(4)=I(3)=I(6)=I(5)=I(10)=I(9)=I(7)=I(8)=I(11)=I(12)=I(13)=I(14)=I(15)=I(16)=I(18)=I(2)=I(1)=I(17)

对应的各基本事件依次为：

- 消防广播故障>
- 程序故障=PLC 模块故障>
- 警灯故障=警铃故障=警灯继电器故障=警铃继电器故障>
- 06 区 CO_2 释放按钮故障=06 区探测失效=07 区 CO_2

释放按钮故障=07 区探测失效=09 区 CO_2 释放按钮故障=09 区探测失效=08 区探测失效=08 区 CO_2 释放按钮故障=11 区探测失效=11 区

手动报警器故障=12 区探测失效=12 区 CO_2释放按钮故障=13 区探测失效=13 区手动报警器故障=05 区 CO_2释放按钮故障=05 区探测失效=主 UPS 电源故障=备用 UPS 电源故障

火气监控系统故障树最小径集合

根据前述建立的火气监控系统故障树，利用布尔代数的对偶法则，可以求出火气监控系统的最小径集合有 1536 个，由于数量太多，仅列举 10 个如下：

①｛X1，X3，X5，X7，X9，X11，X13，X15，X17，X19，X20，X21，X22｝

②｛X2，X4，X6，X8，X10，X12，X14，X16，X18，X19，X20，X23，X24｝

③｛X1，X4，X5，X7，X10，X12，X13，X16，X18，X19，X20，X25｝

④｛X2，X3，X6，X8，X10，X11，X14，X15，X17，X19，X20，X21，X22｝

⑤｛X1，X3，X6，X8，X9，X11，X14，X16，X18，X19，X20，X23，X24｝

⑥｛X2，X4，X5，X7，X10，X12，X13，X15，X17，X19，X20，X25｝

⑦｛X1，X4X5，X7，X10，X11，X13，X15，X17，X19，X20，X21，X22｝

⑧｛X1，X3，X6，X8，X9，X12，X14，X16，X18，X19，X20，X23，X24｝

⑨｛X2，X3，X6，X8，X9，X12，X13，X16，X18，X19，X20，X25｝

⑩｛X2，X4，X5，X7，X10，X11，X14，X15，X17，X19，X20，X21，X22｝

4　总结与讨论

通过对火气监控系统结构及各部件和系统功能失效的逻辑关系分析，以调研平台中、下甲板防火分区为对象，建立了海上平台火气监控系统的故障树，故障树一共包含 25 个基本故障事件。通过对故障树进行定性分析，得到了 15 个最小割集合，也就是说火气监控系统共有 15 种失效模式，比如 PLC 模块故障就是一种失效模式（第 1 种）；警铃继电器、警灯及消防广播 3 者同时故障，导致声光报警失效，又是一种失效模式（第 15 种）。前一种失效模式中只有 PLC 模块 1 个基本事件，表示只要 PLC 故障即导致系统失效，而后一种模式中有 3 个基本事件，表示当警铃继电器、警灯及消防广播 3 者同时发生故障系统才会失效。但是，这并不一定表示第 1 种失效模式比第 15 种容易发生，而是取决于每一种失效模式所包含的基本故障事件发生的概率。定性分析还得到火气监控系统有 1536 个最小径集合，说明火气监控系统成功的模式有很多，符合其在海上平台消防系统中占据重要地位所必须的高可靠性要求。在消防系统定量分析报告中，经过计算火气监控系统的可靠度，在相同时间条件下，在所有消防子系通中是最高的，与定性分析的结果非常一致，也证实故障树分析方法用于海上消防系统可靠度分析的有效性。

利用结构重要度的计算方法，计算分析了火气监控系统 25 个基本事件的重要程度，其中排在前 3 位的是消防广播故障、控制程序故障和 PLC 模块故障，为了提高火气监控系统的可靠性，应该尽可能提高排在前面的基本部件的可靠度，降低其发生故障的概率。

参考文献

[1] Ahmad M. Idris, Risza Rusli, Nor A. Burok, Nur H. Mohd Nabil, Nurul S. Ab Hadi, Abdul H. M. Abdul Karim, Ahmad F. Ramli, Idris Mydin. Human factors influencing the reliability of fire and gas detection system[J]. Process Safety Progress, 2020, 39.

[2] Hillman, Scott. Fire & Gas in Safety Systems [J]. Chemical Engineering, 2009, 116(5).

[3] 邵二国．基于事故树分析法的火灾自动报警系统失效风险评估[J]．武警学院学报，2012，28(10)：41-43.

[4] 史子平．火灾自动报警系统常见故障的解决方法分析[J]．科技创新导报，2011(16)：70-70.

[5] 杨锦峰．浅谈火灾自动报警系统常见故障的处理及预防[J]．华东科技(综合)，2018.

[6] 杜玉龙，马军海，王桂立．建筑消防设施可靠性管理研究现状与思考[J]．安全与环境学报，2019，(19)：126-133.

[7] 李莹，董雪玮，刘申友．基于贝叶斯信念网络的建筑消防设施可靠性分析[J]．消防科学与技术，2010，(29)：630-632.

[8] 中华人民共和国住房和城乡建设部．火灾自动报警系统施工及验收规范[s]．应急管理部沈阳消防研究所，2016.

浅谈海上油气生产设施“智慧消防”的发展策略

蒲连雄　冯其瑞　韩鑫宇

（中海油安全技术服务有限公司）

摘　要　本文搜集了近年来国内外智慧消防相关的研究及成果信息，简述了国内外智慧消防的发展情况，归纳了智慧消防的技术架构，分析了我国海上油气生产设施应急管理现状，提出了智慧消防发展的策略，从而完善应急管理责任机制和管理体系，持续提升应急管理水平和救援能力，进一步增强科技应急保障能力，明显改善海上油气生产设施应急消防内部协同和区域协同应对能力。

关键词　海上油气生产设施；智慧消防；发展策略

1　前言

众所周知，智慧消防（Smart Fire Fighting，SFF）具有良好的应用前景，智慧消防一旦在诸如社区、化工园区、油田等领域实施，将大大提升消防救援队伍的抢险救援的能力，提高政府或行业的消防监督管理水平，提高机关、团体、企业、事业单位消防安全管理水平、提高社会消防技术服务机构的技术水平，有助于落实机关、团体、企业、事业单位的消防安全责任制，对消防工作的发展有着重大影响及意义。智慧消防在全球范围已经形成一股不可阻挡的趋势。

十三五期间，中国海洋石油勘探开采逐步向深海转变，海上油气生产设施物质和能量的高度集中，海上灾害风险突出，应急救援难度大，一旦发生火灾事故，极有可能造成巨大损失。因此，在海洋石油领域，科学防灾、智慧防灾是必然选择。

2　智慧消防的发展

2.1　国外智慧消防的发展

部分发达国家的智慧消防起步较早，例如美国和英国。

英国利用数据库对大数据的有效管理、分析，基于对风险指标参数的快速采集和判别量化，实现了风险的动态评估，从而尽早发现、排查火灾隐患。

为了融合社区、楼宇、建（构）筑物、抢险救援工具（例如消防机器人）及消防员个人防护装备中的信息物理系统（Cyber-Physical Systems，CPS），进而提升火灾场景态势感知、建筑防火能力及消防救援人员人身安全，2012 年由美国标准技术研究院（NIST）发起了一项名为智慧消防的研究项目，该项目是通过引入先进的技术和系统，并且与来自基于云的数据库的信息一起，将为火灾场景模拟和应急救援决策工具提供有价值的数据基础。

2013 年美国标准技术研究院资助美国消防研究基金会开展了对美国智慧消防研究路线图的研究，并于 2015 年形成并发布了最终的研究报告《美国智慧消防发展路线图总结报告》（Research Roadmap For Smart Fire Fighting Summary Report）。2014 年 3 月，美国标准技术研究院赞助了一项智慧消防研讨会，研讨会在美国弗吉尼亚州阿灵顿市召开，该研讨会提供了一个论坛，以帮助识别和理解实施智能消防，突出现有技术的使用，新兴技术的开发和部署包括网络物理系统（CPS）在内的技术，以及数据收集、交换、和态势感知工具。2019 年 6 月，在德克萨斯州圣安东尼奥举行了一场以“智慧技术”为主题的 NFPA 会议暨博览会，许多会议活动将探索在家庭内外，智能技术已经或即将融入消防和生命安全建筑系统。

根据《美国智慧消防发展路线图总结报告》（Research Roadmap For Smart Fire Fighting Summary Report），智能消防技术框架包括收集和整合来自广泛数据库和传感器网络。它还包括用于分析该信息的计算工具，以预测火势蔓延、建筑性能、人员疏散和灭火。智慧消防的实现将使消防救援部门能够与消防救援人员、企业管理人员更好地协调，以更有效地执行火场行动。智慧消防可以通过利用新兴的信息、通信、传感器和仿真技术，以显着提高态势感知、预测模型和决策能力。

智慧消防，包括消防工程的所有领域和消防应急响应的各个阶段：事前(例如标准规范的执行、预防、培训)、事中(例如火灾及可燃气体探测、自动消防系统联锁控制、火灾时的人员疏散)和事后(例如抢险救援、事故调查)。智慧消防将通过确保关键信息在需要的时间和地点流动，从而改变传统的防火和保护策略以及消防实践。这种流动将通过增强数据收集、处理和有针对性的通信来增加信息的力量来实现。

美国智慧消防研究项目主要涉及智慧建筑技术与机器人、智能消防员装备与机器人、智能灭火仪器与设备。目前，已经形成诸如火灾韧性基础设施智慧网(Smart Network Infrastructure For Fire Resilience，SNIFFR)、只能应急响应系统统(Smart Emergency Response System，SERS)等研究成果。

2.2 国内智慧消防的发展

一般而言，智慧消防这一概念是伴随着信息化、智慧城市而提出来的，而我国早在2015年应急管理部沈阳消防研究所提出“智慧消防”建设总体框架之前，在国家层面就已经在逐步推动信息化、智慧城的建设与发展。2011年，中共中央办公厅、国务院办公厅印发《关于深化政务公开加强政务服务的意见》，提出加强信息化建设，推广互联网等现代科技手段在政务服务中的应用，提高政务服务信息化水平。2014年，国家发改委、工信部等八部委发布《关于促进智慧城市健康发展的指导意见》(发改高技〔2014〕1770号)，随后，同意深圳市等80个城市建设信息惠民国家试点城市，各省也开始制订印发了《智慧城市体系规范建设和建设指南》等文件。

2016年6月28日全国创新社会消防管理暨2016年防火监督工作会议明确指出，将消防管理纳入“智慧城市”建设内容。2017年，公安部消防局发布《关于全面推进“智慧消防”建设的指导意见》(公消〔2017〕297号)，提出要综合运用物联网、云计算、大数据、移动互联网等新兴信息技术，加快推进“智慧消防”建设，实现“传统消防”向“智慧消防”的转变，如表1所示。同年，公安部消防员局发布《消防信息化“十三五”总体规划》(公消〔2017〕10号)，指出以信息化为支撑手段是时代发展的必然要求，进一步确立了信息化的战略性、基础性、先导性地位。国务院办公厅于2017年10月29日发布《消防安全责任制实施办法》(国办发〔2017〕87号)第十六条中规定消防安全重点单位积极应用消防远程监控、电气火灾监测、物联网技术等技防物防措施。与此同时，2017年12月在南京市召开的智慧消防建设暨火灾高危单位防控工作推进会也要求，深入学习贯彻党的十九大精神，部署推进智慧消防建设，破解火灾高危单位防控难题，进一步提升消防工作科技化现代化专业化水平。

传统消防与智慧消防之间的特点如表1所示。

表1 传统消防与智慧消防之间的特点

传统消防	智慧消防
基于传统的策略	基于数据驱动的策略
本地数据信息	全球数据信息
基于匮乏数据的决策、指令	基于丰富数据的决策、指令
意识缺乏	态势感知
数据未开发或不可用	大量数据信息的收集、处理、分析与传输
孤立的设备、建(构)筑物	互联设备和建筑物监控、数据和控制系统
人工操作	对建(构)筑物。机器等进行人工控制、协作和自动化控制

自2017年开始，在公安部消防局的指导下，中国矿业大学安全工程学院朱国庆教授团队对贵州、浙江、山西、云南、湖南、天津、安徽、江苏等地智慧消防建设的实践工作开展了系统性的调研，旨在准确把握我国智慧消防建设的实践情况和我国智慧消防建设所存在的问题。朱国庆教授团队调研发现，我国智慧消防基本功能和架构已经基本形成，包括消防物联网、消防大数据及消防应急救援系统，但仍需在“消”和“防”两个方面进一步完善。

3 智慧消防技术架构

通过查阅相关文献资料，美国智慧消防包含三个就是架构层次，一是收集数据，即将来自各种来源的大量数据信息进行收集和组合；二是处理数据，即将大量的数据进行处理、分析与预测；三是使用数据，即基于数据处理的结果，酌情报告给事故所在单位、建(构)筑物、消防救援部门及消防救援指战员等，并提供有针对性的决策。对美国智慧消防三个层次的技术架构进行总结，如表2所示。

表2 美国智慧消防技术架构简表

技术架构	美国智慧消防技术架构信息
收集数据	数据关键因素：准确性、完整性与可访问性。
	数据来源：事故所在单位基础信息、建(构)筑物使用者或运营者信息，建(构)筑物信息，消防救援指战员及其所用工具信息等。
处理、使用数据	将前期收集起来的数据进行分析处理，整合成可用于制定应急救援战术策略的有效数据，包括火场损失记录、消防检查记录、消防资源信息、建筑信息模型及建筑基础设施。
	根据现场险情或事故的发展，对险情或事故的态势进行实时的预测，例如受灾人员所在位置、火源位置、火灾热释放速率 HRR 及气象条件等。
	向事故所在单位、消防救援部门、消防救援指战员传送结果，提供有针对性的决策

根据朱国庆教授团队的调研结果，在所调研的省或直辖市，我国国内已经基本形成了包括物联网建设、大数据分析建设及应急救援决策系统建设三个层级。这三个层级可与美国智慧消防的技术架构进行对应，物联网与收集数据、大数据分析与处理数据、应急救援决策与使用数据。

(1) 物联网建设，在朱国庆教授团队调研的部分省或直辖市，已经在功能层面基本实现了灾害预警信息化，目前常见的是消防系统及设备可视化管理、消防电气火灾可视化管理、消防用水可视化管理、F&GS(Fire Gas System，火气系统)系统报警主机可视化管理，可收集包括厂区的总体布置、厂区的消防安全重点部位、厂区主要出入口、建(构)筑物的具体信息、建(构)筑物安全出口的数量与位置、监控视频等在内的数据信息。

(2) 大数据分析建设，在朱国庆教授团队调研的部分省或直辖市，已经开展了智慧消防大数据建设，建设内容主要包括通过手持终端、传感器、互联网、社会消防技术服务机构业务系统、消防救援部门业务系统等途径采集获取数据，并对数据进行存储、分析及计算，随后采用智能搜索、数据统计分析等技术手段进行数据分析。

(3) 应急救援决策系统建设，在朱国庆教授团队调研的部分省或直辖市，消防救援部分已经初步建立起消防应急救援系统，该系统已经在功能层面初步实现了灾害处置科学化，通过天网视频信息、物联网信息、事故发生单位周边可调动物资、人员等信息、气象信息、地理信息等接入系统，通过数据的分析处理，辅助消防救援指战员进行应急救援指挥决策。

4 海上油气生产设施智慧消防的发展策略

4.1 当前海上油气生产设施应急消防管理现状

海上油气生产设施(以下简称为“海上设施”)是海洋石油天然气生产的重要设施，海上设施配备的消防系统及设备种类齐全，一般包括手提式灭火器、推车式灭火器、消防给水及消防软管站(消火栓)系统、泡沫灭火系统、气体灭火系统、厨房湿粉灭火系统、海水雨淋灭火系统、泡沫-海水雨淋灭火系统、火灾及可燃气体探测报警系统、消防炮灭火系统、消防员装备、防火风闸、灭火毯等。海上设施所配备的消防系统及设备都是根据《海上固定平台安全规则》、《浮式生产储油装置(FPSO)安全规则》，NFPA、API、GB等国内外消防技术标准进行设计。海上设施制定有消防系统及设备安全检查、维护保养制度，建立消防系统及设备安全检查、维护保养档案，并指定专人负责，在消防系统及设备检验中发现的问题或隐患，海上设施按照QHSE隐患管理细则进行跟踪管理，其中海上设施定期对消防系统及设备进行维护管理，例如月度预防性维修程序，另外委托由海油安办认可的消防系统及设备检验单位进行定期检验，例如消防系统年度检验与十年特检。

目前海上设施消防系统及设备的部分关键数据可反馈至中央控制室CCR的F&GS系统主机上，常见的反馈信号如表3所示。

表 3　海上设施消防系统及设备部分关键数据反馈举例

消防系统及设备	反馈信号
气体灭火系统	释放管线压力开关信号
	集流管线压力开关信号
	区域选择阀动作信号
	驱动装置电磁阀动作信号
	驱动装置启动管路低压压力开关信号
	手动释放/抑制按钮动作信号
消防水系统	消防给水管网压力开关信号
	消防给水管网泄压管线流量
	消防泵启动信号
	海水提升泵/压力水增压泵启动信号
	雨淋阀动作信号
	雨淋系统系统侧管线压力开关信号
火气探测及报警系统	感温探测器报警/故障信号
	感烟探测器报警/故障信号
	火焰探测器报警/故障信号
	可燃气体探测器报警/故障信号
	手动报警按钮报警信号
消防炮灭火系统	管线电动蝶阀动作信号
常开式防火门	防火门开/关信号
防火风闸	防火风闸开/关信号

海上设施远离陆地，海上设施上一旦发现险情，根据实际情况启动应急预案，依靠海上设施志愿消防队、固有的消防系统及设备，以便扑灭初期的火灾，从而将火灾的损失降到最低。但由于海上设施存在大量的易燃、易爆物质，火灾荷载大，火灾一旦失控，火灾蔓延将会非常迅速，海上设施固有的消防系统及设备势必将失去其作用，此时海上设施工作人员需要撤离其所在设施。目前我国海上油气田周边会配给有三用船，如图 1 所示，其兼具供应、救生、守护三种用途。但基于海上设施采用本质安全设计，因此三用船在发生险情时，可用于解救落水人员、并为海上设施人员逃生提供援助。

4.2　海上油气生产设施智慧消防发展策略

目前智慧油气田已经成为石油石化企业可持续发展和创新的必然选择，笔者认为海上油气生产设施可以借助智慧油气田的东风，推动智慧消防的建设，就如同陆地各省市消防救援机构是在智慧城市的框架下，发展智慧消防的。主要发展

图 1　三用船

策略如下：

（1）构建海上智慧消防技术指标及框架模型，通过研究国内外智慧消防建设的案例，结合海上设施的特点，论证海上设施智慧消防建设的顶层设计，作为日后海上智慧消防建设的指南。

（2）在数据收集层面，利用海上设施现有的 F&GS 系统，对消防系统系统及设备进行适当的改造，构建消防"物联网"监控系统，完善消防系统及设备基础信息数据采集、处理、分类与存储标准。

（3）在数据分析层面，借助《全国安全生产专项整治三年行动计划》，开展全面的消防安全隐患辨识评估，确定海上设施火灾风险评估指标，构建基于消防"大数据"的动态的火灾风险评估指标体系，并建立评估指标权重集，建立一套海上设施火灾风险动态自评估方法，有利于及时处理火灾风险突增区域的消防事件、合理安排海上消防资源的区域布局、根据火灾风险情况进行有针对性的消防整治。

（4）在数据处理层面，在数据收集与数据分析的基础上，深化智慧消防信息化处理技术，在现有的应急救援体系基础上，建立高效的应急救援智慧体系。

5　结语

我国海上智慧油气田发展正处于初级阶段，因此需要利用物联网、信息化及大数据等新技术方法大力发展智慧油气田，可以以此为契机，做好智慧消防顶层设计，统一数据采集、处理、分类与存储标准，建立符合海上油气田的特色智慧消防体系，努力构建多维度、全覆盖的海上油气生产设施的火灾防控体系。

参考文献

[1] 美国智慧消防发展现状概述[J]. 科技通报，2017,(33)：232-235.

[2] 孙旋. 我国消防科技发展现状及展望[J]. 安全，2020，41(2)：1-6.

[3] Smart Fire Fighting Workshop report [EB/OL]. https：//www.nfpa.org/News-and-Research/Data-research-and-tools/Emergency-Responders/Developing-a-Research-Roadmap-for-the-Smart-Fire-Fighter-of-the-Future/Smart-Fire-Fighting-Workshop-report.

[4] Smart Building Systems [EB/OL]. https：//www.nfpa.org/News-and-Research/Publications-and-media/NFPA-Journal/2019/May-June-2019/Features/Smart-Building-Systems.

[5] Casey Grant, et al. NIST Special Publication 1191：Research Roadmap for Smart Fire Fighting Summary Report [R]. National Institute of Standards and Technology，2015.

[6] Developing a research roadmap for smart fire fighter of the future [EB/OL]. http：//www.nfpa.org/news-and-research/resources/fire-protection-research-foundation/current projects/developing-a-research-roadmap-for-the-smart fire-fighter-of-the-future.

[7] 蒲鑫. 关于"智慧消防"建设及应用的思考[J]. 消防论坛，2020，8：25-26.

科技革新推动安全应急管理快速发展

孔惠敏

（中国石化胜利油建工程有限公司）

摘　要　党的十八大强调：必须坚持发展是硬道理的战略思想，在当代中国，坚持发展是硬道理的核心本质就是坚持科学发展，这一点决不能有丝毫动摇。同样，安全生产的根本途径是科学技术，安全科技作为第一生产力是实现安全发展的重要保障。在新的安全生产形势下，安全科技需要自主突破、不断创新、支撑安全跨越式发展，是未来一段时间内指导安全生产的是要紧任务，这项工作兼具复杂性、系统性和挑战性。

关键词　安全管理；安全科技；应急；信息化；智能化

1　当前安全应急科技存在的问题

1.1　全应急科技就是信息化

我国的安全应急科技目前应用最多的是信息化。很多企业对于信息化建设普遍比较重视，甚至有一种思潮认为，信息化就是安全应急科技，希望借助信息化提高安全监管和应急指挥能力。但是，理想很丰满，现实却很骨感，总体而言，我国安全应急信息化还处于一个低水平发展的阶段。主要问题有：

（1）定位不清。大多数信息化平台的用户是安全管理工作人员，各项数据需要人工录入、导入，工作量非常大。由于没有自动信息采集体系和能力，不少平台，包括监管对象在内的各种数据少之又少，且没有更新，平台就是一个只有华丽外表的空壳。

（2）自成一体。多数平台是安全管理部门从自身角度设计的，凡事希望自力更生，完全掌控平台。这种思路不开阔，导致平台相对封闭，自成一体，对相关情况掌握不充分、不全面，利用效率低。

（3）不接地气。部分平台没有充分考虑下级实际需求，但是如果下级不使用，就将是一个“死”的平台。下级部门的角色就是“录入员”，无法利用数据自主开展工作，缺乏使用的动力，工作自然不可持续。

（4）简单粗暴。由于缺乏总体规划，不少地方先行先试，建设的平台接地气，能满足个性需求。但是，不少后上马的上级平台建好后，不是主动寻求与下级的平台互联互通，而是要求“一刀切”，利用“考核”的权力强制下级改用上级平台，不仅造成了资源浪费，还扼杀了下级的个性化工作。

（5）功能单一。不少平台的主要功能是安全生产监管、检查、执法，这些年加入了应急，也还是停留在值班值守、视频会议、远程调度等初级应用。平台没有为企业着想，服务功能弱化甚至缺失，不能为社会参与、支持安全生产和安全管理工作提供途径。

坦率地讲，当前的信息化只是解决了两个问题，一是安全检查和执法的电子化；二是应急处置远程调度。但是，这两个问题的解决也需要人力的全程介入，信息化并未带来预期效果。

1.2　安全应急科技是辅助工具

在很多人的“字典”里，安全应急科技只是人从事安全工作的一个辅助工具，占有主导地位的还是人。工业互联网将使人逐渐脱离生产一线，工厂里面更多的是机器与机器的对话，人工智能让机器人自动组网、自主管理。机器、储存系统、设施设备，乃至原料和零配件都能够独立运行和相互控制，彻底了改变传统的工业生产方式。安全管理工作将会变固有的“人查、人判、人救”为“物查、物判、物救”。

科技让我们具有实时感知世界的能力，各类气象、地质等自然灾害风险将不再是未知、不可控的因素，而是可以掌控，甚至可以调整的因素。当风险突破阈值成为事件或者灾害时，高度科技化环境自带的自动处理系统马上做出反应，实时干预。安全应急科技越发展，地位就将越高，将会从手段、载体攀升为主导，带来的变化也将是全方位的[1]。

1.3 偏重于事发事后

安全管理包括风险识别与评估等多个环节，当前安全应急科技的研究同样分布于各个环节，但是比重却不太一样，事发、事后环节关注的多，风险识别和事前防治相对较少。最近，工信部、发改委、科技部、安全管理部等四部委组织开展 2021 年安全应急装备应用试点示范工程申报，围绕矿山安全、危化品安全、自然灾害防治、安全应急教育服务等四方面的 16 个重点方向遴选试点示范项目，其中 5 个抢险救援类、5 个监测预警系统类、2 个工业互联网类，没有风险识别的项目。

我国政府对产业引导的方向明确、作用明显，这是我国经济发展特点，也是我国经济在某些西方国家围堵中仍然高度发展的重要因素。当前，国内不少安全、应急产业园都不约而同地把救援产业作为主要方向，引入相应企业，生产比如高层及超高车消防车、工程抢险设备、特种船舶等抢险救援装备，也是与国家对这方面的鼓励和导向有关。

企业积极开展救援产品研究，研发了大量事发事后处置装备、救援设备。企业研发的思维更多地从救援者角度出发，从大灾大难的实践中辨识漏洞、寻找灵感，产品研究的方向多是如何实施救援、更好地救援。

2 安全应急科技发展方向

安全应急工作就是围绕事故和灾害的全生命周期，实施包括风险识别、预防、预警、应急、灾害评估、恢复在内的全过程治理。安全应急科技的发展方向就是覆盖全部环节，针对每个环节的特点开展研究，提高对风险的管控能力、灾害的预警能力和问题的应急处置能力，最终不发生事故和伤害，实现本质安全。

总体来说，安全应急科技的发展方向是“逆事故生命周期”的，从后往前，从应急和处置开始，到预警和预测、预防和准备，最后往风险识别与评估发展，从对“显性”的研究逐渐发展到“隐性”的研究，并全面开花。笔者认为，未来安全应急科技将会往“六化”发展。

2.1 信息化走向智能化

当前的应急信息化还处于初级阶段，在相当长的一段时间里，政府还会继续大力推进。我国 960 万平方公里的土地，各地差异大，需求千差万别，希望以一个平台一统天下，难度非常大。正确的做法是搭建全国总体框架，突出省、市、县的地方特色，强调上下左右的互联互通，实现数据的畅通交换。

当前，各级安全应急信息平台还是一个单向的信息收集系统，大量数据自下往上传递，绝大部分数据只是被占有，并未被使用。应急指挥模块更多的是实现远程会商、视频调度功能，还需要大量人工参与，通过人的分析、判断来指挥，智能化程度低。

未来的信息化，重在数据治理、大数据应用，要从纷繁复杂无序的数据中找到规律，为安全监管和自然灾害治理提供方向。安全应急信息平台将是一个智能化的系统，归结起来一句话：“有神经、长脑子、主动出手”。“有神经”，就是依托物联网，通过数据的自动监测，能够适时感知外界信号并数字化。“长脑子”就是系统的数据中心，通过云计算、大数据、机器学习等技术让系统像人脑一样，分析数据、总结规律，作出预警。在机器学习技术发展后，对于不同灾害，“大脑”都能提出不同的处理办法。比如，监测到某地干燥度低于安全值后，可以提出局部火灾预警。“主动出手”是指智能处置、主动处置。例如，某森林发生火灾，监测系统将数据传送至后台，“大脑”立即做出反应，指挥就近的灭火无人机携带消防弹将初期火灾消灭在萌芽之中，“该出手时就出手”[2]。

2.2 应急救援无人化

现在的救援都是以人为主，消防救援队伍每次都冲在最前面，以血肉之躯“上刀山、下火海”，经常付出生命的代价。四川省凉山州时隔 1 年的两次森林火灾，导致 50 名森林消防员和扑火队员死亡，充分说明救援“人海战术”的巨大弊端。随着极端天气的增多和现代化的自反性，事故完全杜绝暂时不可能，还需要救援技术的大幅度发展。

无人救援将是救援的发展方向，救援技术装备将走向无人化。在森林灭火中，无人机可以侦察火场，甚至携带灭火弹直接灭火；在水域，有动力救生圈，能够迅速到达落水者身边将人带离危险水域。未来，依托新一代信息技术和新材料等技术，无人救援技术装备将会在以下方面拓展：

(1) 替代人进入危险区域。在火灾、溺水等事故现场和危险区域，无人救援设备可以替代人进入现场。

(2) 救援的千里眼、顺风耳。无人设备可以携带高清摄像头、AI 摄像头，在野外、水域等救援现场承担侦查、搜救任务，迅速锁定相关对象位置。

(3) 物资装备的搬运工。受制于灾害，救援现场交通不便，无人机、无人艇能够运输物资装备，关键时候还可以转移人员。

(4) 搭建应急通信、照明网络。大灾大难容易造成通信受损，无人机载基站能够实现方圆几公里的无线信号覆盖，甚至开展高空照明、远距离通信中继等功能。

2.3 感知技术深入化

安全应急最基础的工作就是能够感知、识别和评估风险。找到风险，预警、管控和处置才能有的放矢。传统安全生产风险评估，主要依靠人，采取安全检查表分析法、风险矩阵分析法、作业条件风险分析法等进行评估，靠的是人的经验。在自然灾害风险感知方面，当前主要是通过对特定区域安装监测设备进行监测、预警。整体而言，风险感知能力还是处在比较低的水平。

唯有感知，才能行动。感知技术是安全应急科技发展的基础和关键。未来，传感器技术将深入发展，传统的温度、湿度、速度、位移、压力等接触式传感器将与信息技术结合更加紧密，通过数字孪生技术，转换为数字信号。光电、磁电、电涡流式等非接触式的传感器将伴随人工智能的发展，集成在卫星扫描、视频 AI 等技术中，大量应用于风险感知。利用边缘计算能力，新的感知设备将能像人一样去主动识别风险，其精度将是人的上万倍，更加精准。

3 基础设施神经化

要通过科技创新加大现代城市治理，依托 5G、大数据、云计算等技术，推动物联感知网络等基础设施建设，打造“智慧城市”“智慧应急”，提升城市灾害预警、响应和处置能力。未来的基础设施将“有神经”，主要向三个方面发展。

(1) 能感知自身变化。

基础设施能够像人一样，感知自身的问题，辨识哪里“不舒服”。依托高度发达的感知技术，一些集成式的传感器将出现，能够感知设施设备各方面的运行指标，比如强度、硬度、稳定性、故障率，判断基础设施在位移、沉降、变形等方面的变化，并及时预警。依据大数据分析，可以实现超前应对。

(2) 感知周边环境。

通过接触式和非接触式感知设备，能够感知设备设施周边环境变化。例如，通过搭载 AI 视频和相关设备，能够对周边山地、水库、河涌进行数据监控，实时掌握周围环境变化。

(3) 为自主救援提供支持。

基础设施可以搭载其它救援设备，比如动力救生圈、救生绳、AED 救助仪等设备。发生事故和灾害后，基础设施可以接受后台指挥中心遥控，或者自行释放相关设备，投入救援。未来，与基础设施相适应的一些自救器材将成为设施的标配。

4 工业互联网让安全责任“物化”

工业互联网给企业降本、增效、提质的同时，也给工业安全生产带来质的改变。传统工业是人与机器对话，工业互联网时代则更多的是机器与机器的对话。机器、储存系统、设施设备，乃至原料和零配件都能够独立运行和相互控制，颠覆传统的工业生产方式。而且，随着智能化的推进，工业机器人将发挥更加重要的作用。机器人不仅将替代人工、提高劳动效率，还会因为机器之间的通信、自我组织和自动化生产而成为整个工业生产的核心。多台机器人能够自主组网、协同互助，实现更加复杂、更加智能的生产，逐渐摆脱对人的依赖。如果还讲安全责任的话，那么安全责任就由人主导的“人化”转向了物主导的“物化”，以前安全管理的具体措施将消融到机器、设备里，工业互联网及其衍生的各种技术将对工业生产全过程安全风险实施全面管控。管控安全风险，“物化”比“人化”更加稳定可靠[3]。

最重要的，工业互联网的核心是数据，是大数据，它可以将工业生产过程中各类实时监控数据和历史生产、维修、材料等数据整合到一起，利用大数据分析技术，进行设备监控、故障预测、预防性维护，从根本上控制安全风险、消除安全隐患、优化系统，让事故没有机会发生，安全生产责任制也就没有存在的必要了。

未来，解决企业安全问题仅仅靠安全帽、安

全带等被动防护是远远不够的。工业互联网是提高本质安全，管控和彻底消除安全风险的最好途径，也是安全应急科技发展的重点。

5 总结

要改变我国安全生产所面临的一些问题，减少事故发生，除建立科学的应急管理体制，加强安全管理外，最根本的依托就是科技进步，提升企业及部门的安全管理能力，完善应急预案，准确检测重大危险源做，合理处置事故，提出整改方案。

安全生产是全面建成小康生活不可或缺的一环，它一方面体现了我国安全科技水平，同时对安全科技发展提供了很大的推动力。安全科技提升又有助于安全生产水平，二者不断相互作用，螺旋上升，使我们企业安全、健康、绿色的发展，保证人们生活的幸福安康[4]。

参 考 文 献

[1] 吴鑫．推动安全生产规划科技工作上台阶[J]．劳动保护，2018(01)：8-9.

[2] 张爱玲，赵柔嘉．加强科技创新，推动煤矿安全生产[J]．中国安全生产，2017，12(03)：13-14.

[3] 文培斌．依靠科技进步以“一通三防”为重点促进安全生产持续稳定发展[J]．煤矿安全，2001，(09)：1-3.

[4]姜秀慧，杨力．中国安全生产科学技术期刊发展分析[J]．-中国安全生产科学技术，2007，3(2)：15-17.

浅谈石油化工企业消防应急通信体系建设

王敬志

（中国石油辽阳石化分公司消防支队）

摘　要　结合新形势下石油化工企业需要，分析了建立应急通信保障体系的必要性和当前实际工作存在的问题，并重点就改进和加强应急通信体系建设提出了针对性措施和对策。

关键词　通信；应急保障；消防

当前，随着石油化工企业规模的不断扩大，产品种类的不断增多，对消防部队处理和应对突发事件的应急能力和保障手段提出了更高的要求。而应急通信保障作为必不可少的保障手段，如何为石油化工企业专职消防部队圆满完成应急救援处置任务提供有力的通信保障，就成为当前一项重大的责任和艰巨任务。

1　建设消防应急通信体系的必要性

（1）加强应急救援通信保障工作是更好的完成应急救援任务、保障企业平稳发展的客观现实需要。消防队伍担负着保卫员工和企业生命财产的重要使命，具有反应迅速、训练有素、战斗力强等优势，已日益成为企业应急救援、处理突发事件的骨干力量和生力军。《中华人民共和国消防法》也明确了消防队伍作为应急救援专业处置队伍的职责。随着石油化工企业的不断发展，各类突发应急事件和火灾事故发生的几率不断提高，消防队伍的灭火和应急救援处置工作面临许多新问题、新考验、新难点，灭火和应急救援工作中通信联络作为消防队伍指挥作战的神经枢纽，从某种意义上说，决定着灭火和应急救援任务是否能够成功完成，尤其是在处置爆炸、泄漏、大型火灾等重大灾害事故跨区联合作战过程中，能否为消防队伍应急救援提供层次清晰、调度有序的通信指挥网络，对火灾事故和突发应急事件处置将起到决定性的作用。因此，消防应急救援通信保障体系建设，特别是各级消防应急通信指挥中心或应急通信指挥系统的建设势在必行。

（2）加快消防应急通信指挥系统建设是更好的完成应急救援任务的重要保障手段。应对重大火灾和突发事件是对消防队伍综合能力的考验，而处置突发事件的各项工作能否顺利开展，应急通信指挥是关键。在处置各类事件中，消防应急通信指挥网发挥着其他网络不可替代的作用。消防应急通信指挥信息系统的目标，就是配合消防队伍灭火和处置突发紧急事件的全过程，应用通信、网络与信息技术，实现跨区域、跨专业和跨部门的信息资源、物质资源、处理调度资源和通信资源的实时化调度指挥决策，使消防指挥系统是以有线、无线、卫星通信、互联网络、视频图像传输和移动通信指挥车为依托的快速反应通信保障系统，能够在遇到重大活动、突发事件时快速开通，及时建立起现场和各职能部门之间的图像、语音、数据等综合信息的实时传输通道，便于各级指挥人员更为直观的掌握现场情况，及时部署、调整灭战力量。在应急通信指挥系统中，移动通信指挥车又是消防队伍提高快速反应时提供各种通信信号的有力保障，既可以充分发挥现有设备的作用，又可以显著提高基层消防力量的快速反应能力。

2　消防队伍应急通信保障体系建设存在的问题

（1）消防应急指挥层次混乱。在指挥调度上，因应急响应组织体系还未形成，缺乏经常性的沟通和应急演练，在执行应急救援任务时，企业、社会相关力量协同作战调集难、指挥难，专业间、部门间不能及时形成直接、有效地综合作战体系，增援策应不够迅速，多数情况下只能是消防队伍孤军奋战。在现场指挥上，由于应急响应不统一，指挥层次不清晰，通信指挥系统不规范，极易造成指挥权交接和指挥命令传达上的混乱。

（2）消防应急通信组织混乱。目前，消防队伍应急通信组织指挥基本上是按照现行灭火救援指挥体系，以消防队伍内部无线通信的形式组织，没有跨部门、跨区域的应急通信组织方案，日常沟通、现场通信和应急通信演练机制没有建立，缺乏综合应急通信联动机制，消防队伍的通信调度权限有限，各部门职责不清、协调不力，而队伍内部也存在通信保障机制不完善、现场通信组织混乱等问题。

（3）消防应急通信技术手段落后。目前，在应急救援接警上，主要依靠火警调度室有线通信和对讲机传递信息，而且系统建设不完善，功能缺乏，缺乏综合应急通信联动系统，甚至在某些专职消防队弱化了119接处警功能，消防应急通信某种程度上也受到影响。在现场应急通信上，主要依靠无线常规通信对讲机，覆盖范围小，通信存在“盲区”，缺乏数字化、智能化的集群通信设备，缺乏图像传输、定位设备，而且现在的常规通信手段因保养不善、质量不高、设备老化，影响功能发挥。

（4）消防应急通信人力资源建设滞后。目前，消防应急通信机构不健全，人员配备量少质弱，素质不高、业务不强、技术不精，支队、大队没有正规的通信机构，通信技术人员配备不到位，很多消防支队由消防员负责通信保障，基层大队通信员不固定，人员更换勤，很多由新入队的消防员担任。通信业务培训组织不系统、方法单调，通信运用水平不高。长期以来，通信业务培训主要靠定期的消防通信业务理论知识和规章制度培训来完成。在基层消防员日常学习中，由于缺乏针对性的指导，在实际灭火救援中应用效果并不理想，基层大队主要由通信员来负责通信器材的维护保养，由于通信知识的缺乏，维护管理不当，给执勤备战带来不力影响。

3 强化消防应急通信体系建设的措施与对策

（1）强化应急救援通信预案的制定。各级消防队伍要根据应急救援任务的等级，提前制定完善应急救援通信保障方案，且要详尽周密、明确任务、分清责任。在制定应急通信预案时应注意：一是要明确应急通信的目的，确保应急通信组织指挥程序得当，各部门、各系统、各专业协调通信有力，警令通畅，信息及时准确传达；二是要明确应急通信保障任务，确保各级、各部门、各岗位职责清晰，尤其要明确应急救援现场的通信保障任务，多种应急通信手段、方式相辅相成，确保各种指挥调度、科学决策等应急信息准确及时传递、渠道畅通；三是要明确日常应急通信协调任务，充分发挥消防应急救援主力军作用，协调各职能部门、各岗位做好日常通信设备的维护、管理、使用工作，随时掌握情况，确保随时调度、临机处理，各部门、各岗位协同作战，快速反应。

（2）建立综合应急指挥调度系统。在各级组织的直接领导下，以消防应急指挥调度平台为依托，构筑连接应急指挥中心和相关部门、信息齐全且功能强大的自动化综合应急指挥调度平台，开发自动化调度指挥软件，实现自动化的调度指挥，合理利用社会应急救援力量。实现以政府、企业为主体的应急指挥中心值班调度体系，按事故级别报请政府、企业指挥中心调度应急队伍。依据不同火灾事故、应急事件类别和规模，划分事故等级，根据不同的事故等级，确定不同的指挥体系与规模，推行“一体式”调度指挥，逐步形成“以应急救援队伍为主体、以其他综合辅助力量为基础”的多层次构架，确保应急救援功能更好的发挥。

（3）着力发展数字化、智能化的应急通信技术。“数字化消防”就是以网络为主要载体，以消防通信调度指挥系统为核心，以数字技术、通信技术、卫星技术和计算机技术等先进技术为手段，通过统一数据标准，规范平台建设，集成系统应用，实现资源共享，逐步建立涵盖支队执勤战备、灭火救援和队伍建设各方面、具有空间化、数字化、网络化、智能化和可视化特征的数字化管理系统，实现指挥中心各系统及网络办公各平台的高度集成、有机融合和各类信息、数据的精确显示、高度共享，为指挥员指挥作战和队伍管理层有效管理提供详实客观、实时准确的决策信息，最终实现提高消防队伍的综合管理水平和整体战斗力的目标。同时，借助公共移动通信运营商的网络资源，充分利用WCDMA、CDMA2000、TD-SCDMA、WIFI等现代无线通信新技术的优势，开发消防业务数字化智能手机的应用，依托3G公网进行实施应急通信、图像和语音传输，构件数字化智能平台。

(4) 培养一支技术过硬、业务精湛的消防应急通信人才队伍。应急通信技术科技含量高、专业性强，消防应急通信建设是一项系统工程，要有一批既懂得消防知识，又精通通信专业，适用未来发展的通信人才队伍。要敢于打破常规，建立应急保障机构，配备专业技术人员，实施定岗定职责，切实做到人尽其才、才尽其用。要制定一套系统的培训方法，提高各级人员的通信业务素质。尤其是要结合消防支队、大队的实际需要，编写“通信操作规程”、“基地台、手持台、车载台操作规程”等规程，便于基层日常训练和学习，使消防员在经常性的训练中掌握各类通信器材的使用和各类通信组网的方法，有效提高应急通信水平，全面提升队伍的整体作战能力。

4 结束语

消防应急通信系统的建设是一项长期性的工作，必须紧跟时代发展的潮流，适应新时期、新形势下的灭火和应急救援工作的发展需要，进一步加大信息化建设的投入力度，加快消防应急通信的建设步伐。

探索石油石化企业火灾事故预防工作路径

范海鹰　李昊雨

（中国石化胜利油田分公司应急救援中心）

摘　要　党的十八大以来，习近平总书记对安全生产工作高度重视，做出一些列重要指示批示，为新时代安全生产工作提供了根本遵循和行动指南。石油石化企业涵盖油气勘探、钻采开发、储运集输和炼化生产等多种生产流程，均有易燃易爆的特殊危险性。消防安全作为安全生产的重要组成部分，做好火灾事故预防工作对保障企业安全生产具有十分重要的意义。本文以胜利油田为例，围绕完善防火检查、转变管理方式、增强培训实效等方面展开论述分析，落实火灾事故精准防控措施，以期更好适应企业高质量发展的迫切需要。

关键词　安全发展；石油石化企业；火灾预防

1　胜利油田安全发展及火灾事故预防工作现状

胜利油田应急救援中心履行油田消防安全管理职责，自成立以来，深刻领悟习近平新时代中国特色社会主义思想，认真学习总书记关于应急管理重要论述，不断增强忧患意识，全力推进队伍转型升级，健全完善火灾事故预防工作的各项规章制度，逐步形成群防群治、共建共享的良好局面。为进一步防范化解重大消防安全风险，持续增强做好石油石化企业火灾事故预防工作的责任感和紧迫感，笔者结合工作实际认真分析当前形势，调查了胜利油田 2018 年以来开展防火检查发现的问题和抢险救援接处警类型，进行数据统计（表 1、表 2，图 1、图 2）。

表 1　胜利油田各直属单位防火检查问题分类统计

隐患分类＼年份	2018 年	2019 年	2020 年	2021 年（截至 6 月）	合计
消防设施类	86	3181	3471	1236	7974
消防器材类	59	1825	1624	257	3765
报警设施类	54	1356	1176	281	2867
防火分隔类	50	1251	560	133	1995
疏散通道	28	469	112	36	645
疏散指示照明类	22	261	168	101	551
消防车道	14	261	112	42	429
静电类	13	104	448	156	721
资料类	10	156	0	0	166
其他类	40	782	392	144	1358
合计	376	9646	8063	2386	20471

表 2　胜利油田辖区火灾事故类型统计

火灾类型＼年份	2018 年	2019 年	2020 年	2021 年（截至 6 月）	合计
油气生产设施	13	10	7	2	32
电力设施	21	7	6	0	34

续表

火灾类型＼年份	2018 年	2019 年	2020 年	2021 年（截至 6 月）	合计
建筑物	46	39	6	0	91
交通工具	12	7	3	0	22
油田辖区荒草	118	125	71	2	316
其他	19	11	4	0	34
合计	229	199	97	4	529

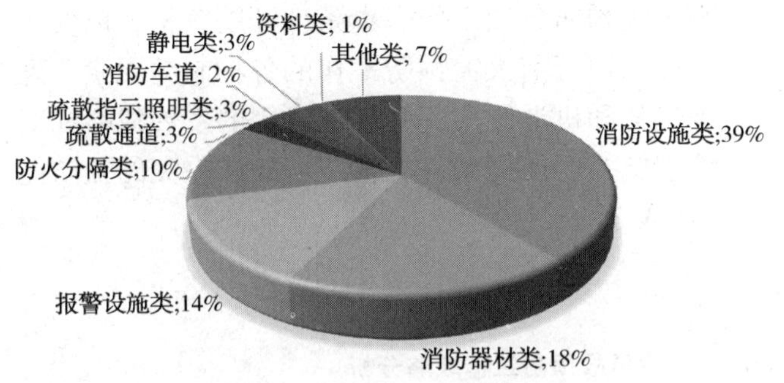

图 1　胜利油田防火检查问题分类

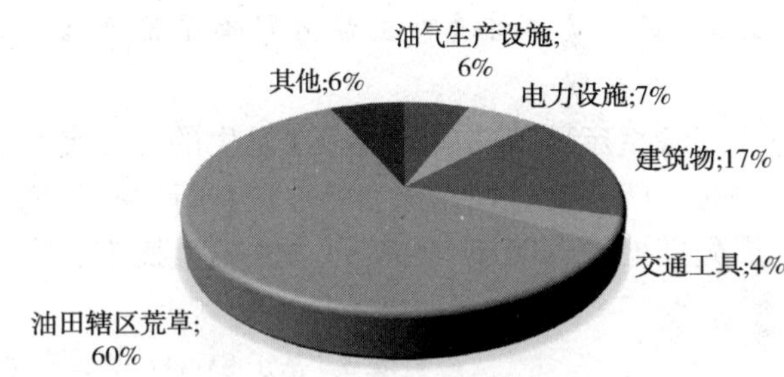

图 2　胜利油田辖区火灾事故分类

通过分析可知：

（1）近年来，随着火灾预防工作的逐步规范完善，各类防火检查发现的问题和油田辖区火灾数量，均呈现逐年下降的趋势。

（2）消防设施类、报警设施类、消防器材类和防火分隔类问题发生的频次占比较高，累计占比达 77%。

（3）油田辖区内火灾事故类型中，除荒草火灾占极大比例，此外，以油气生产设施、电力设施和建筑物为主要火灾类型。

（4）近年来，面向油田各单位开展消防宣传教育的数量逐年增加，岗位员工接受培训的覆盖面逐步扩大（图 3、图 4）。

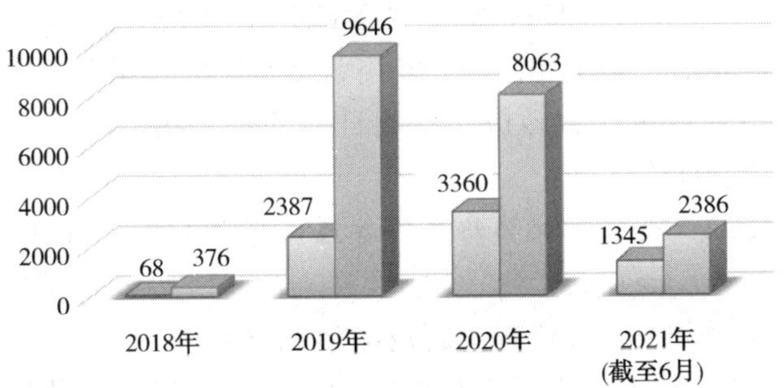

图 3　胜利油田防火检查问题数量统计

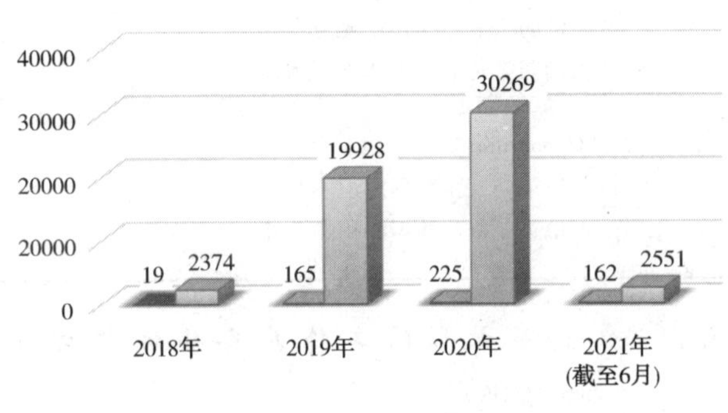

图 4　胜利油田消防宣传教育培训情况统计

2　胜利油田安全发展及火灾事故预防工作特点

火灾防控是应急救援队伍的主责主业，从掌握的数据来看，胜利油田各生产环节仍存在较多安全隐患，且在防火检查过程工作中暴露出的问题也相对复杂多样。主要是由于石油石化行业存在以下几个特质制约的：

2.1　石油石化行业特点决定了防火安全管理的风险性

在石油化工企业的生产运行大多在高温高压的环境中进行，任何一个环节出现问题都可能直接导致生产事故。同时，由于生产区域内普遍存在大量原材料和反应装置，一旦发生火灾将会迅速扩大影响范围，造成无可挽回的损失。

2.2 消防设施建设不足导致了火灾预防工作的复杂性

消防设施是石油石化企业安全生产的重要保障，对于火灾的初期扑救、控制火势发展和蔓延至关重要。随着石油石化企业发展进入成熟期，各类消防设施系统也出现了设备老旧、达不到新标准要求等一系列问题，其建设的相对不足直接导致在短期内难以达到日益复杂的生产工艺的高风险可控需求。

2.3 岗位员工应急处置能力影响了抢险救援的高效性

各生产环节的岗位员工在发生的各类突发事件时，能够通过使用恰当的方法，行之有效的开展先期处置，能够大幅降低事故发生概率，在控制事态扩大、为专业应急救援队伍开展高效处置争取了有利战机。

3 火灾事故预防工作存在的问题及原因分析

近年来，胜利油田在队伍建设、改革转型和职能发挥上持续发力，基本实现了“两个稳定”。根据胜利油田防火工作现状特点，通过运用SWOT分析法，基于当前面临的内外部发展环境和火灾预防各项工作基本条件开展分析，以便于全面认识当前火灾预防工作的各种制约因素、发展优势和机遇挑战，并制定适用的发展战略和对策措施，全面提高各类生产事故和火灾的预防能力(表3)。

表3 基于SWOT模型下的胜利油田火灾事故预防工作战略分析

优势(Strengths) 1. 防火检查人员队伍建设持续发展 2. 联防区防火专家库作用充分发挥 3. 油田消防宣传教育工作不断增强	劣势(Weakness) 1. 防火检查问题反馈机制不完善 2. 防火检查人员业务知识不完备
机会(Opportunity) 1. 各单位消防安全管理意识不断增强 2. 防火检查工作经验不断积累总结	威胁(Threats) 1. 油田各单位消防设施建设不健全 2. 应急处置联动配合衔接不顺畅 3. 油田岗位员工应急处置能力欠缺

3.1 火灾事故预防工作具备的优势分析(Strengths)

3.1.1 防火检查人员队伍建设持续发展

胜利应急救援中心在防火检查队伍建设上，坚持实施两级督查体系，增强检查人员的岗位交流锻炼，制定“周汇报、月课题”的工作机制，开展集中学习，夯实业务基础。防火检查工作人员从成立之初39名，逐步增长至61名，占消防救援队伍总人数的6.6%。

3.1.2 联防区防火专家库作用充分发挥

胜利油田作为中石化山东联防区组长单位，与成员单位间搭建起防火工作交流共享平台，定期开展区域防火互检互查和火灾案例交流分享，提升应急安全资源共享水平。2020年，组织辖区成员单位9名专家，对胜利石油化工总厂采取全覆盖解剖式检查，共检查场所48个/次，查出隐患148项，逐条逐项制定整改措施。

3.1.3 油田消防宣传教育工作不断增强

做实消防宣传教育在预防事故发生、降低系统风险等方面具有突出作用，胜利应急救援中心组织开展各类消防知识培训、应急救援站开放日等活动，深化消防技能培训，运用实训操作、观摩救援站技能表演等多种方式，形成群防群治的消防安全管理机制，为营造良好的消防安全环境提供有力保障。近三年“119消防宣传日”活动中，先后组织“高层建筑灭火救援演练”“石油化工装置灭火救援演练”“含硫化氢井喷灭火救援演练”，累计组织宣传培训571次，培训人员55122人次；救援站开放日活动127次，培训人员9477人次。

3.2 火灾事故预防工作存在的劣势分析(Weakness)

3.2.1 防火检查问题反馈机制不完善

防火检查工作在作用发挥上仍不到位，提升消防风险辨识能力、落实防火安全主体责任等方面还有较大提升空间。一是防火检查工作闭环管理机制不健全，存在隐患问题整改情况反馈不及时，反馈问题未能全覆盖复查等问题。二是防火检查工作制度落实不到位，计划性和针对性不够，存在不能及时完成检查计划工作量，检查计划重点不突出等问题。

3.2.2 防火检查人员业务知识不完备

防火检查工作人员在检查工作中的科学性和准确性有待增强。一是专业知识储备不足，涉及到的各类工程建设、化工生产装置以及危化品储运等项目，在开工建设前期需要提出指导性意见时不能满足需求。二是检查问题深度不足，发现的问题大多局限于基础管理，涉及到消防法律法规、固定消防设施、油气开采生产类火灾扑救等深层次方面问题数量较少。

3.3 火灾事故预防工作面临的机会分析（Opportunity）

3.3.1 各单位消防安全管理意识不断增强

防火检查工作在消灭事故萌芽、使企业风险全面受控方面具有重要的前置意义。当前石油石化企业都在全力抓实安全生产工作责任落实，在提升应急管理能力，加强应急队伍管理，细化完善联合演练处置方案等方面逐步补齐短板。

3.3.2 防火检查工作经验不断积累总结

防火检查的工作在于不断总结、积累典型经验，规范完善工作机制的过程。并且随着工作的推进，能够不断地发现突出问题和薄弱症结，通过不断学习案例、总结规律，提出切实可行的改进措施。

3.4 火灾事故预防工作迎接的挑战分析（Threats）

3.4.1 油田各单位消防设施建设不健全

消防设施系统日常使用频率低，且专业化和自动化较强，容易出现维护保养不到位、设施更新不及时、运行达不到设计标准等现象。比如，油田消防安全重点单位消防管网设计供水能力仅满足火灾初期消防管网冷却喷淋，只有少数消火栓能向消防车、移动炮等移动灭火装备供水。以东营原油库为例，其消防管网供水能力为 108L/s，仅满足 7 个消火栓同时向消防车供水，而高喷、泡沫等重型消防车车载炮流量均在 60L/s 以上，远不能满足长时间灭火用水需求。此外，国家对消防设施的标准更新是导致消防设施不达标的另一原因。比如，《石油化工企业设计防火规范》中提出的设计新要求，其整改需要巨大的措施工程量，难以在短时间内完成。

3.4.2 应急处置联动配合衔接不顺畅

胜利应急救援中心针对消防安全重点单位累计编制了救援行动方案 200 余份，在一定程度上实现了科学有序的联动处置。今年，油田先后组织 5 次“四不两直”应急处置演练，受应急处置方案和处置措施内容侧重不同的影响，在预警预防、资源联动、联合处置等方面暴露出许多运行衔接不顺畅的问题。

3.4.3 油田岗位员工应急处置能力欠缺

岗位员工的消防能力培训大多数停留在普通的安全讲座上，其应急安全意识薄弱、基层岗位应急技能不足，在风险辨识和应急处置方面，缺乏系统的培训学习，致使在面临火灾时比较盲目，耽误最佳的救援时机。

4 增强石油石化企业火灾事故预防工作的措施办法

今年的安全生产主题为“落实安全责任，推动安全发展”，更加突出明确了发展与安全的辩证统一关系。对应到胜利油田这样的大型石油石化企业来说，要想做好火灾事故预防，就需要正确处理安全与发展、安全与生产的关系，切实把安全责任落在行动上。

4.1 突出政治统领，增强党对安全发展工作的全面领导

4.1.1 不断增强党的政治领导作用

要切实发挥好各级党委对安全生产工作的政治引领和政治监督作用，一方面加强党对安全生产、防灾减灾、抗灾救灾、应急能力建设以及突发事件预防和准备等各方面工作的领导。另一方面，还要加强党对应急处置工作的统一领导和指挥，通过安全生产专业委员会落实好监督主体责任和管理责任，统领各领域安全生产和应急处置工作。

4.1.2 不断完善安全生产体制机制

宏观上要突出对建立健全党领导安全生产工作的体制机制进行谋划，推动完善各级党委及时解决安全生产管理工作的重点难点问题；微观上要从战略全局谋划火灾预防工作，尽可能把安全生产、防灾减灾等领域的具体风险化解在萌芽之时、成灾之前，逐步构建起“从根本上消除事故隐患”的长效机制，持续提升治理能力和安全整体水平。

4.1.3 不断提升基层基础管理水平

探索将《基层管理手册》和《岗位操作手册》纳入新员工入职教育、停工停产集中培训和常态

化基本功训练，规范岗位行为、提升全员素质能力。分级分类开展安全管理和安全技能“技术比武”，推动干部员工同参与、同考核，推动双预防机制不断提升。

4.2 突出当前优势，发挥防火专业职能作用

4.2.1 严格重点环节火灾防控

对辖区内消防安全重点单位开展重点检查，做到“五统一”（统一编制计划、统一检查标准、统一协调运行、统一评价考核、统一信息反馈），加强对隐患单位的“六熟悉”（熟悉重点部位、熟悉建筑结构、熟悉道路水源、熟悉火灾危险性、熟悉灭火救援措施、熟悉重点单位灭火处置预案），最大限度的降低火灾风险。

4.2.2 强化防火检查整改治理

健全完善防火检查问题全过程闭环管理。实行“三反馈”机制（检查的问题及时反馈给基层单位、所在单位消防安全管理部门，反馈给油田专业委员会），坚持“五曝光”机制（通报在防火检查专题网站、油田生产例会、各专业 QHSSE 委员会、油田防火安全委员会、油田安全工作会），共享典型问题，消除问题隐患，推动检查问题整改落实。

4.2.3 丰富防火检查工作形式

从抓实人防措施和提升技防水平两个环节入手，对消防安全责任人履行职责“软检查”，既查安全疏散、防火分隔、设施损坏故障等具体问题，又查安全意识、机制建设、值班值守等日常管理责任，堵塞管理漏洞，彻底跳出隐患问题治理反弹的“怪圈”。

4.2.4 加强消防安全宣传教育

紧跟媒体融合发展的时代潮流，顺应分众化、差异化传播规律，重点围绕消防新闻宣传、社会化消防安全教育、消防文化建设、基层基础工作等方面取得新进步，使群众消防安全意识和队伍整体形象得到新提升。

4.3 补齐短板劣势，健全防火检查工作体系

4.3.1 细化落实各级消防安全责任

探索改进消防安全责任制度，明确新领导体制下企业领导职责分工和安全总监定位，督促各单位履行消防工作组织领导、监督管理、检查考评、激励措施等职责。完善消防救援队伍前置参与项目建设审查、消防安全信息共享、火灾隐患联合整治、灭火救援应急联动等机制，实现消防安全齐抓共管。

4.3.2 完善消防安全风险评估机制

结合危化品行业自身特点，覆盖所有重大危险源和各类消防设施，每年开展一次消防安全风险评估。在深入分析危化品生产装置、罐区等火灾风险的基础上，对消防系统设施进行现场实测和计算验证，检验是否能够满足实际救援需求，从源头上加强火灾风险管控。

4.4 把握时代机遇，夯实应急处置能力基础

4.4.1 发挥实训场地模拟训练作用

建设形成具备消防知识培训、真火烟热模拟实战训练、各类油田生产事故场景处置训练等功能，实现集业务培训、技能考核、实战训练为一体的应急救援实训场地，主要包括实火训练、综合救援和技能训练等三大功能板块，功能应用涵盖基层岗位员工开展初期处置训练、各类突发事件场景中安全自救能力训练以及应急救援实战科目针对性训练，切实满足消防安全管理人员履职能力和油田全员消防安全教育的培训需要。

4.4.2 增强防火检查人员业务能力

不断强化科技和人才支撑，与中国人民警察大学开展深度教学科研合作，建设“实践教学基地”“研究生工作站”，持续增强高素质专业人才的培养选拔；加大与地方消防救援专业队伍、高校应急救援领域专家的业务交流，为油田消防安全管理提供智慧支撑。

4.5 迎接风险挑战，提升预案演练实战实效

4.5.1 推进应急救援预案体系建设

注重提升预案编制环节的层次性和协调性，使应急处置的规划、预案、演练三项工作的目标和方向保持一致，使预案涉及的不同部门、不同功能、不同层次间有效衔接。注重增强演练环节的系统性和实用性，综合调动各单位间作战单元发挥资源优势，整体提升各单位综合应急联动能力。

4.5.2 增强各项基础消防设施维修建设

分级分阶段整改消防设施建设老旧的问题，对新改、扩建项目，严格执行国家最新标准规范；对于现有装置存在不合标准的，根据风险识别逐步组织完成整改；对发现的立查立改问题要及时整改；对消防设施系统需要立项整改的要限期完成。

5 结语

随着“十四五”迈向新发展阶段，对石油石

化企业安全生产管理水平提出了更高要求。结合全文分析和石油石化企业实际工作来看，增强火灾事故预防工作可通过完善消防管理体系、健全防火检查整改机制、增强预案编制和演练实效、加强岗位员工应急处置培训等一系列措施，切实降低各类火灾事故风险，进一步提升消防安全管理水平，推动企业可持续高质量发展。

参考文献

[1] 陈思奇．基于现状分析粮食仓储企业火灾防控能力[J]．中国消防，2021(3)：47-48.

[2] 张建国．炼油化工企业安全应急管理浅析[J]．中国应急管理，2021(2)：58-89.

[3] 曹旭艳，赵晋．刍议石油化工企业进行消防监督时的重点难点问题[J]．科学管理，2020(12)：57-58.

浅谈石油化工企业火灾现场指挥

谢 忠

（中国石化洛阳石化公司消防保卫中心）

摘 要 石油化工企业一旦发生火灾，火势蔓延迅速，化工轻油或气体着火还伴有爆炸，给扑救增加困难。造成的社会影响很大，人员伤亡和经济财产损失很多。如何快速有效处置火灾，是企业消防灭火研究的重点。本文主要围绕石油化工企业火灾现场指挥，结合实际案例开展研讨。

关键词 石油化工；火灾；现场指挥

1 前言

随着我国经济发展，近年来，石油化工企业数量不断增多，装置规模逐步扩大至数千万吨级，安全风险快速上升。石油化工企业发生火灾，现场情况瞬息万变，扑救工作是一项多部门参与联动的综合行动，现场指挥是这个行动的总前委，现场指挥部发挥作用与否，是决定扑救成功的关键。

同一家企业，两次着火事故扑救，现场指挥发挥作用不同，所反映出的效果也不同，究其原因就是平时组织预案演练是否真、严、细、实。加强预案演练，规范处置程序，是提高企业应对风险能力的重要手段。

2 同一家企业的两起事故扑救

2017年9月30日某石化企业轻油分离装置发生着火事故，企业消防部门到达现场后，未及时成立灭火指挥部，所有力量慌忙之中直接奔赴火场一线，指挥员也没有把控好指挥节奏，以至于先期到达事故现场的各专业组负责人找不到现场指挥部，出现各自为战的现象。没有及时形成有效合力，导致前期灭火作战无序进行，浪费大量水资源和灭火药剂，网上舆情四起。企业主要领导到达现场后，紧急成立指挥部，才陆续将各专业组负责人聚拢起来，分析事故原因，制定灭火方案，开始真正意义上的组织指挥。

2018年6月24日，某石化企业塔底泵泄漏突然爆燃，随后塔底泵上方管线也发生火情，装置现场操作人员立即采取工艺措施，切断泄漏物料，开启塔底泵附近固定消防水炮进行掩护，同时报企业内部消防队要求增援。消防队伍立即赶赴现场进行灭火扑救应急救援，公司应急指挥中心立即启动生产安全事故应急预案。消防部门到达现场后，在距离事故现场安全位置及时设立指挥部，竖立指挥部旗帜，召集装置负责人简要讲解目前火灾状况以及采取的工艺措施，开展火场应急指挥。安排人员落实专业组长签到，为每一个专业组长配备对讲机1台，方便命令下达和信息传递。企业主要领导到达现场后，立即更换指挥服，佩戴指挥长标志，形成指挥核心，有序调度各方力量开展事故救援。救援后期，地方政府领导赶到现场，企业顺利实现指挥权交接。整个指挥忙而不乱，扑救过程平稳有序，火情得以迅速控制。

3 现场指挥的重要作用

3.1 现场指挥部设置

石油化工企业发生着火事件后，按照应急处置程序，专职消防队伍到达火灾现场，需要迅速向企业应急指挥中心汇报现场情况，第一时间设立现场指挥部，竖立指挥部旗帜，形成以现场最高指挥员为核心的灭火组织机构。

从塔底泵事故处置情况来看，专职消防人员到达现场后立即成立现场指挥部，迅速与装置技术人员进行现场情况对接，明确泄漏物料是否切断，是否存在爆炸风险，并组织简单的现场侦检，对重点部位进行消防水冷却，现场信息传递和资源调配等各项基础功能同步开始运行。指挥部设置在着火装置上风向，便于观察指挥，且架设明显标志。

3.2 救援现场专业分工

企业制定的《生产安全事故应急预案》，已

经按照各职能部门的职责，划分了安全监督组、工艺控制组、工程抢险组、警戒疏散组、医疗救治组、环境应急组、消防灭火组、通讯保障组等8个相关应急工作组。在上述塔底泵着火事故中，各专业组到达现场后及时进行人员签到，并为专业组组长配发对讲机，精准定位专业组负责人，做到所有信息第一时间到达指挥部，指挥部命令随时传递到个专业组。救援专业分工明细，信息上传、命令下达沟通顺畅，使得火灾扑救忙而不乱，井然有序迅速进行，火情在短时间得以消除。

从各专业组现场反馈的信息质量看，都能够找准自己的工作定位，围绕着火现场不等不靠，主动开展工作。消防气防组落实火情处置和现场有毒有害气体侦检；安全监督组全程负责现场安全风险情况收集，及时向指挥部反应各环节安全状况；工艺控制组判断问题设备准确、制定处置方案可靠；信息发布组舆情控制平稳，及时发布现场官方信息，没有出现重大舆情事件；后勤保障组合理调配外部救援力量，结合现场救援需要，筛选优化政府消防部门消防力量进入救援队伍。各应急专业组之间相互补位，相互支撑，较好地发挥了协同作战的作用。

3.3 现场指挥调度

根据预案要求，塔底泵着火事故现场指挥部总指挥员为企业最高行政领导，统筹各方应急力量、应急物资顺畅。副总指挥员由负责安全生产的副经理担任，负责现场命令统一传达，做到行动步调一致，避免同一层级多人下令、分散指挥、各自为战的现象，较好地协调了生产调整和灭火攻坚的关系。指挥部还充分考虑了石油化工装置结构和生产工艺的复杂性，把懂设备、懂工艺、懂安全的专家纳入指挥系统。地方政府组织的增援力量到达后，虽然最高指挥员发生了变化，但是原有的指挥调度体系没有大的改变，企业作为主要技术力量支撑，实现了和地方政府应急队伍完美结合。

在指挥部现场指挥下，各专业组令行禁止、多头并进，对于命令坚决执行，每一个环节做到不折不扣。火场指挥部现场安排调度2台无人侦察机进行高空侦查，对高处隐蔽位置实施不间断观察，实时传输最新火情，为关阀断料提供现场信息；消防气防组和工程抢险组在得到登三层平台、手动关闭“着火处”管线两侧阀门命令后，立即组织3名消防队员和3名职工组成攻坚队，佩戴空气呼吸器登三层平台关阀断料。攻坚队出发不久，指挥部认为现场还存在安全风险，果断撤回攻坚队。风险排除后，指挥部认为实施攻坚条件成熟，决定再次组织登三层平台关阀断料，6名攻坚队员二次执行命令登上平台，手动关闭塔底泵阀门，彻底截断物料供应，为灭火提供了坚实保障。

整个灭火过程中，火场指挥员坚决贯彻落实指挥部现场指令，根据火场情况，采取“先控制、后消灭”的战术原则，合理布置车辆阵地，对着火区域进行积极控制，阻止火势向周边设备蔓延和扩大，集中兵力打歼灭战，保护了塔体、框架平台等设施，成功扑灭火灾，将损失降到了最低。

4 结论

在石油化工企业火灾事故扑救中，现场指挥起着至关重要的作用。不同情况下的灭火作战不是照本宣科，现场指挥需要随机应变，这也是各级管理者和指挥员需要不断探索不断学习的工作方法。

参 考 文 献

[1] 生产安全事故应急预案管理办法(安监总局88号令)

[2] 中国石化生产安全事故专项应急预案(2020版)

石油化工油品储运 QHSE 风险管理与消防安全

冯小洲　王　婷　荆鉴辉

（中国石油消防应急救援吐哈油田支队）

摘　要　石油及其产品（以下简称油品）被称为工业血液，油品储运是油气勘探、钻井、采油、炼化等生产链基本成果的体现，是能源使用中承上启下的重要环节。其生产链长，生产工艺和过程复杂，工艺条件苛刻，作业方式多样，衍生物繁多，主要风险有火灾、爆炸、中毒、挥发、腐蚀、环境污染等，正确认识石油产品储运环节的 QHSE（质量、健康、安全、环境）风险管理，从人员、机器、物料、方法、环境等方面入手，将油品储运消防安全管理与 QHSE 体系要求努力融合贯通，才能有效预防和减少火灾等危害。

关键词　油品储运；风险管理；危害因素辨识；消防安全

1　前言

2020 年，国内共发生油品生产事故 1314 起。其中，火灾爆炸事故 597 起，造成 184 人死亡；中毒窒息事故 181 起，造成 112 人死亡。2021 年 6 月 13 日 6 时 30 分许，湖北省十堰市张湾区艳湖小区发生天然气爆炸事故，造成 25 人死亡、138 人受伤（其中 37 人重伤），损失巨大，教训深刻。

2021 年 4 月 29 日，是《中华人民共和国消防法》第四次修订，2021 年 6 月 10 日，是《中华人民共和国安全生产法》第三次修订，QHSE 管理体系作为一种安全工作管理模式，是落实安全生产法规的一种方法和手段。其核心是风险管理，特点是系统性，油品的特性注定其储运过程充满风险，必须始终对人、机、料、法、环等生产要素和消防安全高度重视，落实全员、全方位和全过程的风险管理，采取针对性的防火、防爆、防静电、防蒸发及泄漏、防中毒及腐蚀等措施，防止造成一失万无的重大伤亡和财产损失。

2　油品储运中存在的问题

2.1　设备故障问题

设备故障是导致油品储运安全问题的直接原因。油品设施设计和施工的不合理、设备不防爆、防静电措施不到位、管线的腐蚀、操作条件、机械振动引起的设备损坏以及高温高压等压力容器和管道的损坏，极易引起泄漏及爆炸。如管线、容器的腐蚀老化、意外破损、热胀冷缩、震动疲劳、密封垫圈老化、损坏等都会导致介质泄漏，遇到火、热、电、摩擦、撞击等就会发生火灾、爆炸（图 1）。

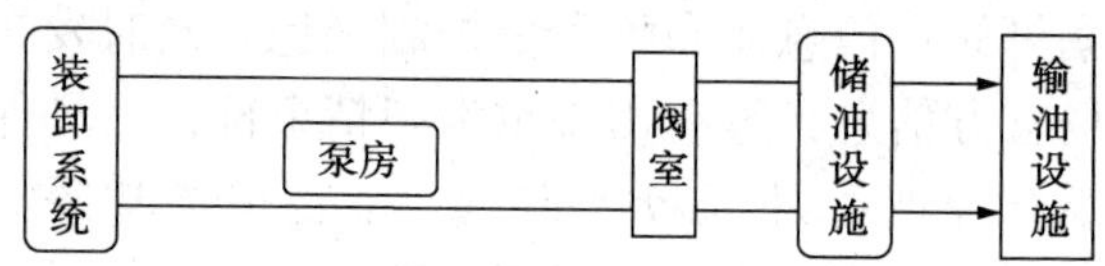

图 1　油品储运简易流程和主要设施

2.2　人员管理问题

人员的管理问题是导致事故发生的主观因素，主要体现在以下几个方面：

2.2.1　对油品储运中的消防安全管理认知不足，重视不够

认为消防安全是一种被动管理和事后管理，消防安全无非就是消防设施和器材，只有在发生事故时才用得上；对“逐级消防安全责任制”的执行和落实不好，在主观能动性、人员能力、动态管理、执行落实、工作质量等方面将就凑合，表现为不愿管、不会管、不检查、不会查、不整改。实际上，消防安全具有很强的社会性、专业性和综合性，以 QHSE 体系量化审核标准为例，虽然在 7 个审核要素 31 个审核主题、总分值 12835 分中，消防安全审核主题分值为 220 分，权重比仅为 1.7%，但是，在危害辨识、风险评价和控制措施、能力培训和意识、设备设施管理、应急管理、危化品管理、安全监督检查等 10 余个审核主题中都涉及消防安全（表 1）。

表 1

要素	审核主题	主题序号	分值	审核项	审核内容	评分项	评分说明
领导和承诺	领导和承诺	1	340	6	6	19	34
HSE 方针	QHSE 方针	2	60	2	3	7	9
策划	危害辨识、风险评价和控制措施	3	860	4	21	79	98
	合规性管理	4	410	5	10	26	40
	目标指标和方案	5	190	3	7	16	21
组织结构、资源和文件	机构、职责和 QHSE 投入	6	365	4	11	36	38
	能力培训和意识	7	350	3	9	30	48
	制度和规程	8	200	2	6	23	29
	协商与沟通	9	150	3	4	14	14
实施和运行	设备设施管理	10	1125	8	37	69	106
	供应商管理	11	170	3	8	20	25
	承包商管理	12	430	5	8	37	49
	作业许可	13	240	1	6	21	30
	职业健康管理	14	450	5	13	34	47
	污染防治	15	960	6	17	40	86
	清洁生产	16	200	4	4	9	14
	生产运行	17	2220	8	40	65	203
	变更管理	18	270	5	9	26	34
	应急管理	19	425	6	12	20	48
	消防安全	20	220	3	7	13	23
	道路交通安全	21	200	4	9	21	32
	危化品管理	22	250	1	6	22	34
	标准化建设	23	260	3	6	20	27
检查和纠正措施	安全监督检查	24	290	3	12	27	42
	质量监督与产品检验	25	590	6	7	22	31
	环境信息	26	400	4	15	24	43
	事故事件	27	500	2	12	34	47
	绩效监测	28	80	2	3	4	6
管理评审	内部审核	29	300	1	5	19	30
	管理评审	30	100	1	2	7	8
	质量持续改进	31	230	3	7	14	18
合计	31 个		12835	116	322	818	1314

2.2.2 操作人员违规操作、误操作

例如错开(闭)阀门，未关严阀门，该置换的容器及管道未置换或置换不彻底，都会造成超压、超温、油气泄漏。

2.2.3 操作人员对于工艺操作系统缺乏了解

不能认真细致地研究系统的操作要求、物料特性、工艺流程，将其按照类似的设备、系统一概而论，生搬硬套。

2.2.4 任意删改操作规程

系统的操作规程是经验教训的积累，但是由于操作的繁琐，致使操作人员删改规程，经过几次操作没有发生事故，便形成侥幸心理，思想麻痹，久而久之形成了习惯性违章。

2.2.5 缺乏严格的岗位培训

上岗职工没有进行针对性的岗位培训，无证上岗，没有明确操作的规范，特别是一线人员的防火能力和应急处置实战技能欠缺，对消防系统

的操作技能不熟悉、不掌握，日常演练流于形式，针对性和实用性不强，属于整体性"顽症"。

2.2.6 监管机制不力

缺乏监管机制，或者是监管机制执行不到位，会使操作人员思想麻痹，违章警惕性低，不能充分认识到习惯性违章的严重危害性，对其听之任之，最终导致事故的发生。

2.3 设备腐蚀问题

设备的腐蚀，是石油工业中金属设备损坏的主要原因之一。腐蚀事故会造成重大的经济损失、严重的人员伤亡事故和环境污染灾难。主要体现在以下几点：

2.3.1 大气腐蚀

大气腐蚀损失的金属约占总损失量的 50% 以上，而碳钢和普通低合金钢的大气腐蚀又占大气腐蚀总损失的一半以上。

2.3.2 土壤腐蚀

土壤中水分和盐类使得土壤具有了电解质的特征，会使金属发生电腐蚀，土壤中的空气、酸性矿物质或来自生命代谢的酸性物质会影响土壤的酸度，从而加速金属的腐蚀。

2.3.3 硫化氢腐蚀

硫化氢是油气开采过程中常见的一种腐蚀性气体，主要来自含硫油田伴生气和硫酸盐的还原菌分解，它能导致金属产生缺陷裂纹、变形。

2.3.4 二氧化碳腐蚀

二氧化碳是天然气或石油的伴生气。溶入水的二氧化碳在同等 pH 的条件下对钢铁腐蚀性比盐酸还要强，能使管道和设备发生早期腐蚀，在油气田发生率高，危害性大。

2.4 预警系统问题

油气的泄露预警系统可以及时的发现事故地点，采取正确的应急处置，可以将事故的损失降低到最低。但在现实工作中，岗位人员有时对安全监测、报警、预警设备或仪器的反馈信息不重视，对预警设备或仪器的运行和维护管理措施不落实。

3 油品储运的风险管理和危害因素辨识。

国务院安委会《标本兼治遏制重特大事故工作指南》暨《关于实施遏制重特大事故工作指南构建双重预防机制的意见》都明确指出："把安全风险管控挺在隐患前面，把隐患排查治理挺在事故前面，扎实构建事故应急救援最后一道防线"。而危害因素辨识是风险管理工作的前提和基础，为做好油品储运风险管理工作，做到关口前移，防范各类事故的发生，必须首先做好危害因素辨识工作(图 2)。

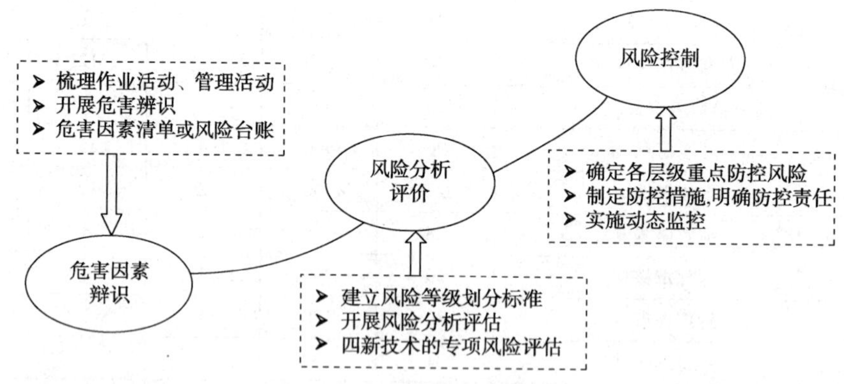

图 2 风险管理"三步曲"

知已知彼，百战不殆。首先要对油品储运过程的危害因素或风险在概念上明确和清楚，依据《生产过程危险和有害因素分类与代码(GB/T 13861)》《企业职工伤亡事故分类标准(GB 6441)》《职业病危害因素分类目录(国卫疾控发〔2015〕92 号)》，危害因素有三种分类方法，《企业职工伤亡事故分类标准》将危害因素分为机械伤害、火灾、爆炸、中毒和窒息等 20 种；《生产过程危险和有害因素分类与代码》将危害因素分为人的因素、物的因素、环境因素、管理因素 4 个大类 15 个中类 93 个小类；《职业病危害因素分类目录》将危害因素分为粉尘(52 种)、化学因素(375 种)、物理因素(15 种)、放射性因素(8 种)、生物因素(6 种)、其他因素(3 种)。

3.1 危害因素理论分类

危害因素，是指危险和有害的因素，实质上就是指将来可能导致事故发生的事故原因

(图 3)。

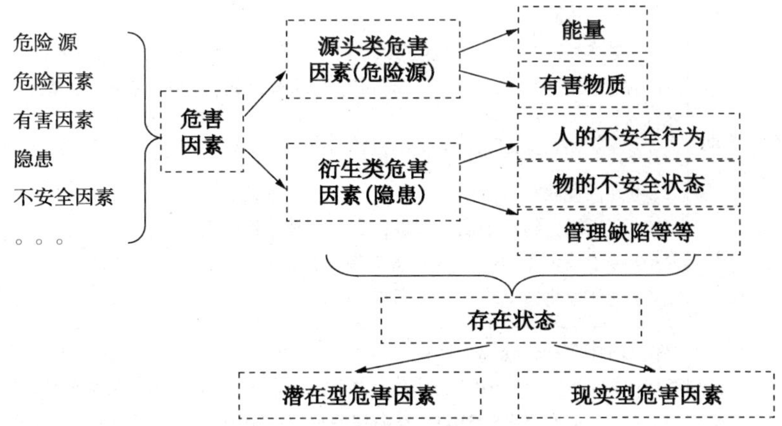

图 3　危害因素理论分类

3.1.1　根据危害因素性质分类：

依据《生产过程危险和有害因素分类与代码》(GB/T 13861)，规定了生产过程中各种主要危险和有害因素的分类与代码，适用于各行业在规划、设计和组织生产时，对危险和有害因素的预测、预防，对伤亡事故原因的辨识和分析(表 2)。

表 2

1 人的因素： 与生产各环节有关的，来自人员自身或人为性质的危险和有害因素。 2 中类 10 小类	11. 心理、生理性危险和有害因素： 1101 负荷超限：体力负荷超限听力负荷超限；视力负荷超限；其他负荷超限；1102 健康状况异常；1103 从事禁忌作业； 1104 心理异常：情绪异常；冒险心理；过度紧张；其他心理异常； 1105 辨识功能缺陷：感知延迟；辨识错误；其他辨识功能缺陷； 1199 其他心理、生理性危险和有害因素 12. 行为性危险和有害因素： 1201 指挥错误：指挥失误；违章指挥；其他指挥错误； 1202 操作错误：误操作；违章作业；其他操作错误； 1203 监护失误；11299 其他行为性危险和有害因素。
2 物的因素： 机械、设备、设施、材料等方面存在的危险和有害因素。 3 中类 28 小类	21. 物理性危险和有害因素： 2101 设备、设施、工具、附件缺陷：强度不够；刚度不够；稳定性差；密封不良；应力集中；外形缺陷；外露运动件；操纵器缺陷；制动器缺陷；控制器缺陷；其他设备、设施、工具、附件缺陷；防护缺陷。 2102 无防护：防护装置、设施缺陷；防护不当；支撑不当；防护距离不够；其他防护缺陷；电伤害； 2103 带电部位裸露：漏电；雷电；静电；电火花；其他电伤害；噪声；2104 机械性噪声：电磁性噪声；流体动力性噪声；其他噪声；振动危害；2105 机械性振动：电磁性振动；流体动力性振动；其他振动危害。磁辐射；2106 电离辐射：非电离辐射；运动物伤害； 2107 抛射物：飞溅物；坠落物；反弹物；土、岩滑动；料堆(垛)滑动；气流卷动；冲击地压其他运动物伤害； 2108 明火；2109 高温物质：高温气体；高温液体；高温固体；其他高温物质；2110 低温物质：低温气体；低温液体；低温固体；其他低温物质；2111 信号缺陷：无信号设施；信号选用不当；信号位置不当；信号不清；信号显示不准；其他信号缺陷； 2112 标志缺陷：无标志；标志不清晰；标志不规范；标志选用不当。标志位置缺陷；其他标志缺陷； 2113 有害光照；2199 其他物理性危险和有害因素；

续表

2 物的因素： 机械、设备、设施、材料等方面存在的危险和有害因素。 3 中类 28 小类	22 化学性危险和有害因素： 2201 爆炸品；2202 物品危险压缩气体和液化气体；2203 易燃液体；2204 易燃固体、自燃物品和遇湿易燃物品；2205 氧化剂和有机过氧化物；2206 有毒品；2207 腐蚀品；2208 粉尘与气溶胶； 2299 其他化学性危险和有害因素； 23 生物性危险和有害因素： 2301 致病微生物：细菌；病毒；真菌；其他致病微生物； 2302 传染病媒介物；2303 致害动物；2304 致害植物； 2399 其他生物性危险和有害因素。
3 环境因素： 生产作业环境中的危险和有害因素。 4 中类 50 小类	31 室内作业场所环境不良： 3101 室内地面滑；3102 室内作业场所狭窄；3103 室内作业场所杂乱； 3104 室内地面不平；3105　室内梯架缺陷；3016 地面、墙和天花板上的开口缺陷；3107 有有害物质的内部通道和地面区域；3108 房屋基础下沉； 3109 室内安全通道缺陷；3110 房屋安全出口缺陷；3111 采光照明不良； 3112 作业场所空气不良；3113 室内温度、湿度、气压不适；室内给、 3114 排水不良；3115　室内涌水；3116 室内物料贮存方法不安全； 3199 其他室内作业场所环境不良； 32 室外作业场地环境不良： 3201 恶劣气候与环境；3202 作业场地和交通设施湿滑；3203　作业场地狭窄；3204 作业场地杂乱；3205 作业场地不平；3206　航道狭窄、有暗礁或险滩； 3207 脚手架、阶梯和活动梯架缺陷；3208 地面开口缺陷； 3209 有有害物的交通和作业场地；3210 建筑物和其他结构缺陷； 3211 门和围栏缺陷；3212 作业场地基础下沉；3213 作业场地安全通道缺陷； 3214 作业场地安全出口缺陷；3215 作业场地光照不良；3216 作业场地空气不良； 3217 作业场地温度、湿度、气压不适；3218　作业场地涌水；3219　植物伤害； 3299 其他作业场地环境不良； 33 地下(含水下)作业环境不良： 3301 隧道/矿井顶面缺陷；3302　隧道/矿井正面或侧壁缺陷； 3303 隧道/矿井地面缺陷；3304　地下作业面有害气体超限； 3305 地下作业面通风不良；3306 水下作业供氧不当； 3307 支护结构缺陷；3308 非正常地下火；3309　非正常地下水； 3399 其他地下作业环境不良； 39 其他作业环境不良： 3901　强迫体位；3902　综合性作业环境不良；3999 其他作业环境不良。
4 管理因素： 管理上的失误、缺陷和管理责任所导致的危险和有害因素。 6 中类 5 小类	41 职业安全卫生组织机构不健全 42 职业安全卫生责任制未落实 43 职业安全卫生管理规章制度不完善： 4301 建设项目“三同时”制度未落实 4302 操作规程不规范 4303 事故应急预案及响应缺陷 4304 培训制度不完善 4399 其他职业安全卫生管理规章制度不健全 44 职业安全卫生投入不足 45 职业健康管理不完善 49 其他管理因素缺陷

3.1.2　根据事故分类：

依据《企业职工伤亡事故分类标准》(GB6441)，综合考虑起因物、引起事故发生的诱导性原因、致害物、伤害方式等，将危险因素分为 20 类(表 3)。

表 3

01 物体打击	02 车辆伤害	03 机械伤害	04 起重伤害	05 触电
06 淹溺	07 灼烫	08 火灾	09 高处坠落	10 坍塌
11 冒顶片帮	12 透水	13 放炮	14 火药爆炸	15 瓦斯爆炸
16 锅炉爆炸	17 容器爆炸	18 其它爆炸	19 中毒和窒息	20 其它伤害

3.1.3 根据职业危害性质分类：

依据《职业病危害因素分类目录》将职业病危害因素分类，具体见表 4。

表 4

粉尘	52 种	化学因素	375 种	物理因素	15 种
放射性因素	8 种	生物因素	6 种	其他因素	3 种

3.2 油品的火灾危险性分类(表 5)

表 5

类别		特 征	举例
甲	A	37.8℃时蒸气压力>200kPa 的液态烃	液化石油气液化天然气天然气凝液未稳定凝析油
	B	1. 闪点<28℃的液体(甲 A 类和液化天然气除外) 2. 爆炸下限<10%(体积百分比)的气体	原油、稳定轻烃汽油、天然气、甲醇、硫化氢
乙	A	1. 闪点≥28℃<45℃的液体 2. 爆炸下限≥10%的气体	原油、氨气、煤油
	B	闪点≥45℃<60℃的液体	原油、轻柴油、硫磺
丙	A	闪点≥60℃≤120℃的液体	原油、重柴油、乙醇胺、乙二醇
	B	闪点>120℃的液体	原油、二甘醇、三甘醇

3.3 火灾和爆炸危险区域类别及区域等级划分(表 6)

表 6

类 别	区域	火灾和爆炸危险环境
第一类爆炸性气体环境	0 区	连续出现或长期出现爆炸性气体混合物的环境
	1 区	在正常运行时可能出现爆炸性气体混合物的环境
	2 区	在正常运行时不可能出现爆炸性气体混合物的环境
第二类爆炸性粉尘环境	10 区	连续出现或长期出现爆炸性粉尘的环境
	11 区	有时会将积留下的粉尘扬起而偶然出现爆炸性粉尘混合物的环境。
第三类火灾危险环境	21 区	具有闪点高于环境温度的可燃液体，在数量和配置上能引起火灾危险的环境。
	22 区	具有悬浮状、堆积状的可燃粉尘或可燃纤维，虽不能形成爆炸性混合物，但在数量和配置上能引起火灾危险的环境
	23 区	具有固体状可燃物质，在数量和配置上能引起火灾危险的环境。

爆炸性气体环境危险区域范围，应根据释放源的级别和位置、易燃易爆物质的性质、通风条件、障碍物及生产条件、运行经验等经技术经济比较后综合确定。

3.3.1 非开敞建筑物：

在建筑物内部，一般以室为单位，但当室内空间很大时，可以根据通风情况，释放源的位置，爆炸性气体释放量的大小和扩散范围酌情将室内空间划分为若干个区域并确定其级别。

3.3.2 开敞或局部开敞建筑物：

(1) 对易燃液体、闪点低于或等于场所环境温度的可燃液体注送站，其开敞面外缘向外水平延伸15m以内、向上垂直延伸3m以内的空间应划为危险区域。

(2) 对可燃气体、易燃液体、闪点低于或等于场所环境温度的可燃液体的封闭工艺装置，开敞面外缘3m(垂直或水平)以内的空间应划为2区。

3.3.3 露天装置

对装有可燃气体、易燃液体和闪点低于或等于场所环境温度的可燃液体的封闭工艺装置，一般在离设备外壳3m(垂直和水平)以内的空间应划为危险区域。当设置安全阀、呼吸阀、放空阀时，一般是以阀口以外3m(垂直和水平)以内的空间作为危险区域。

装有易燃液体、闪点低于或等于场所环境温度的可燃液体贮罐，以罐体外壳外的水平或垂直距离3m以内的空间应划为危险区域。当设有防护堤时，应包括防护堤高度以内的空间。若为注送站，则以注送口外水平15m，垂直7.5m以内的空间作为危险区域。具体见图4。

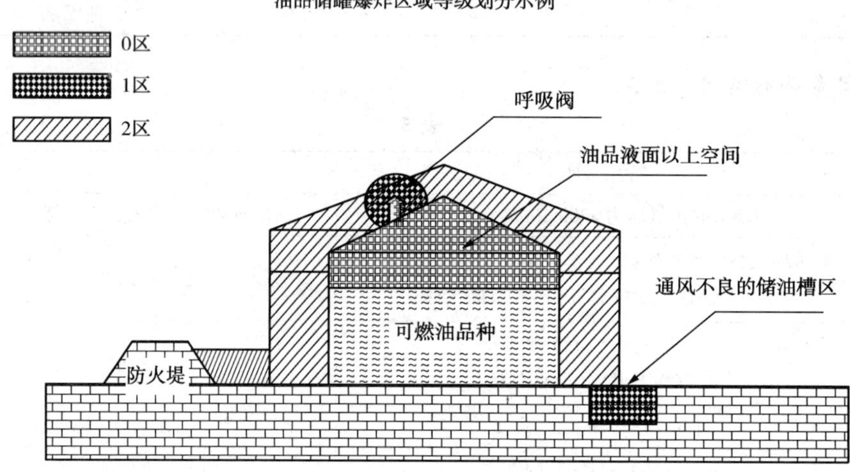

图4 油品储罐爆炸区域等级划分示例

3.4 危害因素辨识方法

要做好危害因素辨识工作，必须遵循全面性、系统性、科学性和预测性原则，一般分为经验法与系统安全分析方法两类。

3.4.1 简单通用的辨识方法：

(1) 现场观察：是一种通过检视生产作业区域所处地理环境、周边自然条件、场内功能区划分、设施布局、作业环境等来辨识存在危害因素的方法。具体可采用“5×5”工作法见图5。

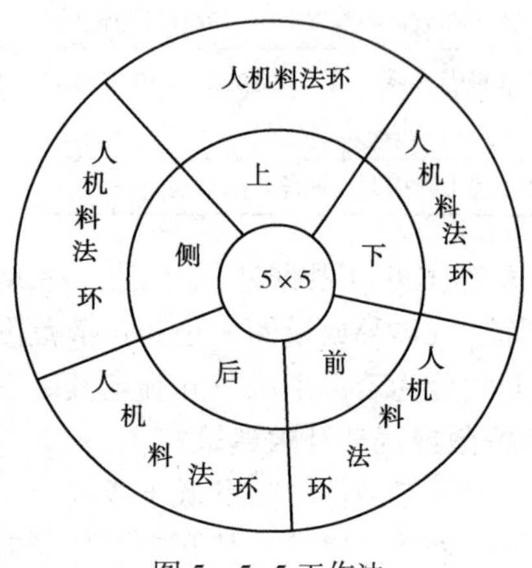

图5 5×5工作法

上：头部以上、地面以上悬空不接触地面的部分；下：脚下、工作平面以下区域；前：操作过程正前方区域；后：操作过程后方区域；侧：合作配合作业、交叉作业等。人：工作区域内相关人员，机：工作区域内及生产过程中使用的工具、设备；料：生产过程中使用或接触物料、材料、工件等；法：指生产过程中所需遵循的规章制度等；环：工作区域的环境。

(2) 交流访谈：通过对当事人沟通交流访谈，通过分析险情、事故、事件等，辨识其日常工作中可能存在的危害因素。

(3) 安全检查表：根据制度、标准等开发检查表，按照检查表对现场诸如物质的摆放、相互间距离、有效期等等进行检查，发现其中的危害因素；

(4) 危害因素辨识清单：根据以往制作的该类型作业活动的危害因素辨识清单，辨识本次作业活动可能具有的危害因素；以及因果分析法、未遂事故法等。具体见图6。

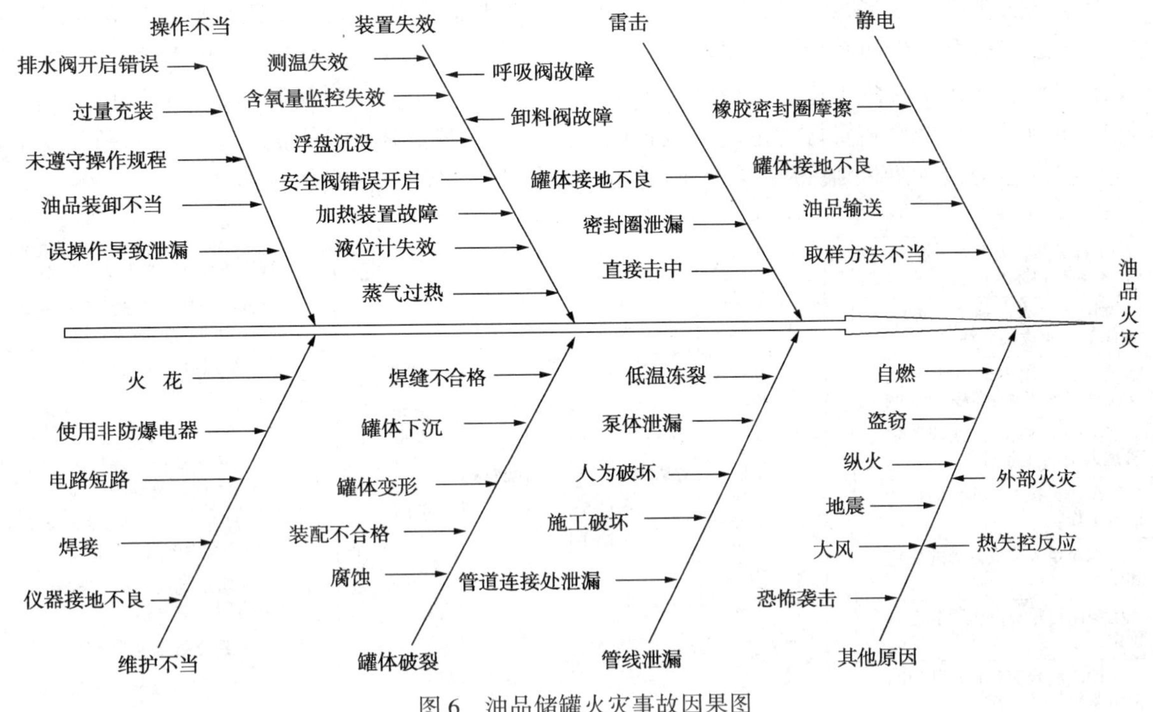

图 6　油品储罐火灾事故因果图

3.4.2　系统安全分析主方法要(表 7)

表 7　针对辨识对象适用的危害因素辨识方法

辨识对象	频率	辨识方法
日常作业活动	活动开始前	JSA/JHA(工作安全分析/工作危害分析)SCL(安全检查表法)
新、改、扩及变更	特定时间	PHA(预先危害分析)、HAZOP(危害与可操作性分析)、FMEA(失效模式与影响分析)、SCL
设备拆除	特定时间	SCL、WI(故障假设分析)
关键设备/复杂工艺大型装置	定期开展	FMEA、HAZOP、QRA(定量风险分析)
一般设备、设施	定期开展	SCL
设计阶段	同时	PHA、HAZID(危险源识别分析)
新工艺、新材料、新技术等	新工艺、新材料、新技术应用之前	BS(头脑风暴法)、ETA(事件树分析法)、FTA(故障树分析法)

选取辨识方法时一定要注意使用对象，如专业人员与普通工线员工的区别，对岗位员工而言，简单、方便的方式方法应作为首先选择，如“安全检查表法”就是不错的选择，员工可以对照检查表去辩识、判断，简单易行。

4　油气储运的风险防控与消防安全措施

4.1　想办法真正落实“全员安全生产责任制”

《中华人民共和国安全生产法》第四条“生产经营单位必须遵守本法和其他有关安全生产的法律、法规，加强安全生产管理，建立健全全员安全生产责任制和安全生产规章制度，加大对安全生产资金、物资、技术、人员的投入保障力度，改善安全生产条件，加强安全生产标准化、信息化建设，构建安全风险分级管控和隐患排查治理双重预防机制，健全风险防范化解机制，提高安全生产水平，确保安全生产”。《中华人民共和国消防法》第二条“消防工作贯彻预防为主、防消结合的方针，按照政府统一领导、部门依法监管、单位全面负责、公民积极参与的原则，实行消防安全责任制，建立健全社会化的消防工作网络”。国务院办公厅还于 2017 年 10 月 29 日发布了《消防安全责任制实施办法》，进一步明确消防安全责任，建立完善消防安全责任体系。实际上，各类安全法规已经很多很全了，全国仅消防安全方面的法规就有至少400余部，但社会和人性的复杂与利益博弈使安全工作比较被动，迫使安全法规和制度不断出台和修订，也使安全管理中“内卷化”“避责式管理”“痕迹主义”“形式主义”现象严重，这些现象本身就是需要我们系统研究和根治的重大隐患，几乎每个人都深受其害，消耗了大量时间和精力，却耽误了正事。实际上，归根到底是人的安全素质问题和安全监管能力水平问题。具体见图7。

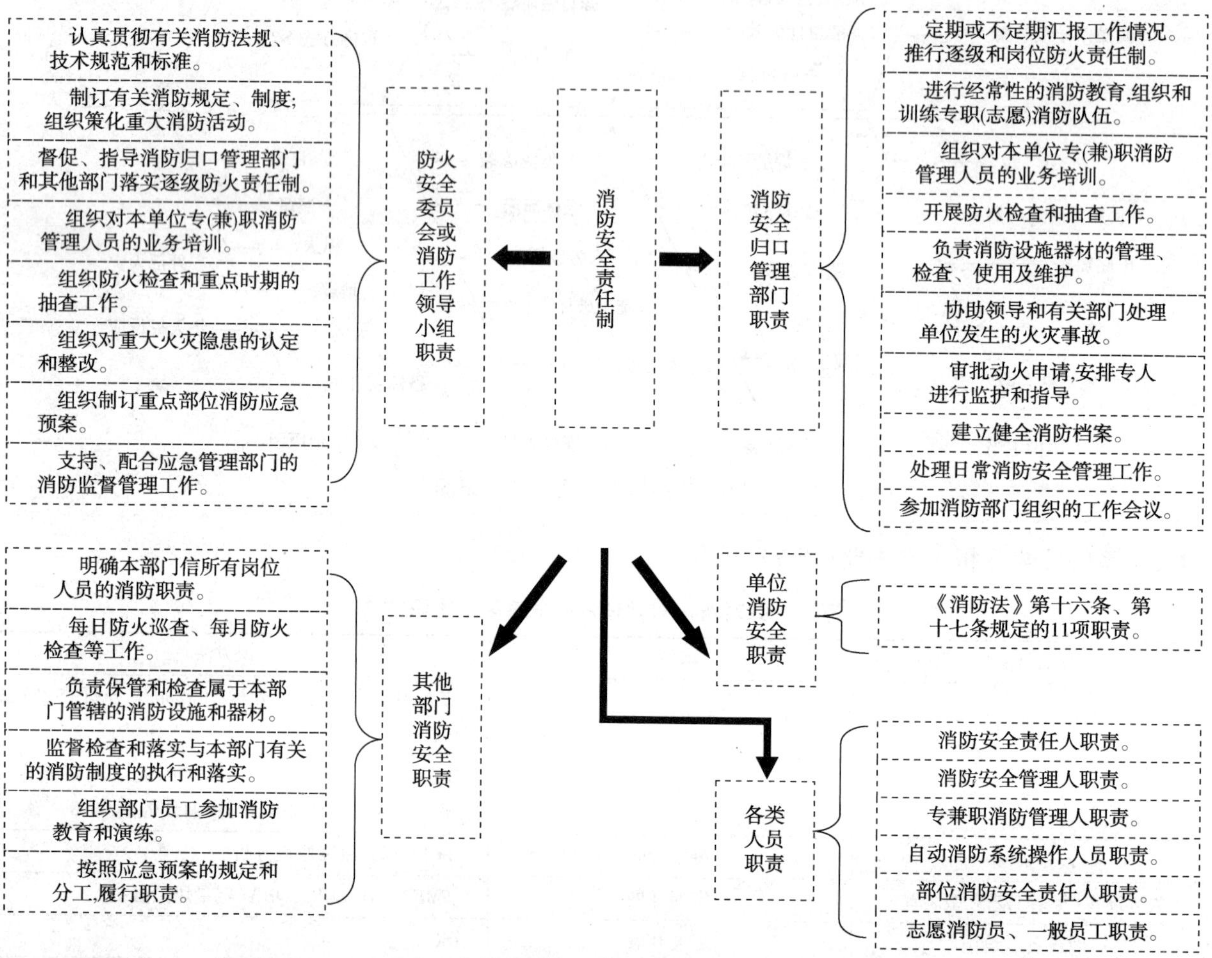

消防安全责任制

- 防火安全委员会或消防工作领导小组职责
  - 认真贯彻有关消防法规、技术规范和标准。
  - 制订有关消防规定、制度；组织策化重大消防活动。
  - 督促、指导消防归口管理部门和其他部门落实逐级防火责任制。
  - 组织对本单位专(兼)职消防管理人员的业务培训。
  - 组织防火检查和重点时期的抽查工作。
  - 组织对重大火灾隐患的认定和整改。
  - 组织制订重点部位消防应急预案。
  - 支持、配合应急管理部门的消防监督管理工作。
- 消防安全归口管理部门职责
  - 定期或不定期汇报工作情况。推行逐级和岗位防火责任制。
  - 进行经常性的消防教育,组织和训练专职(志愿)消防队伍。
  - 组织对本单位专(兼)职消防管理人员的业务培训。
  - 开展防火检查和抽查工作。
  - 负责消防设施器材的管理、检查、使用及维护。
  - 协助领导和有关部门处理单位发生的火灾事故。
  - 审批动火申请,安排专人进行监护和指导。
  - 建立健全消防档案。
  - 处理日常消防安全管理工作。
  - 参加消防部门组织的工作会议。
- 其他部门消防安全职责
  - 明确本部门信所有岗位人员的消防职责。
  - 每日防火巡查、每月防火检查等工作。
  - 负责保管和检查属于本部门管辖的消防设施和器材。
  - 监督检查和落实与本部门有关的消防制度的执行和落实。
  - 组织部门员工参加消防教育和演练。
  - 按照应急预案的规定和分工,履行职责。
- 单位消防安全职责
  - 《消防法》第十六条、第十七条规定的11项职责。
- 各类人员职责
  - 消防安全责任人职责。
  - 消防安全管理人职责。
  - 专兼职消防管理人职责。
  - 自动消防系统操作人员职责。
  - 部位消防安全责任人职责。
  - 志愿消防员、一般员工职责。

图7 消防安全责任制组织图

4.2 认真落实石油化工消防规范和标准要求

有关油品安全的规范主要有《建筑设计防火规范 GB50016》《石油天然气工程设计防火规范 GB50183》《石油化工企业设计防火标准 GB50160》《输油管道工程设计规范 GB50253》《输气管道工程设计规范 GB50251》《汽车加油加气站设计与施工规范 GB50156》《石油天然气钻井、开发、储运防火防爆安全生产技术规程 SY5225》《城镇燃气设计规范 GB50028》《城镇燃气技术规范 GB50494》《城镇燃气埋地钢质管道腐蚀控制技术规程 CJJ95》等，应在油品生产储运的设计、施工、验收、运行、管理等全过程链中严格落实相关规范和标准要求，首先从源头上落实防火、防爆、防静电、防蒸发及泄漏、防中毒及腐蚀等措施。其次，从安全管理和操作过程进行安全控制。具体见图8、表8。

表8 油品储运管理控制

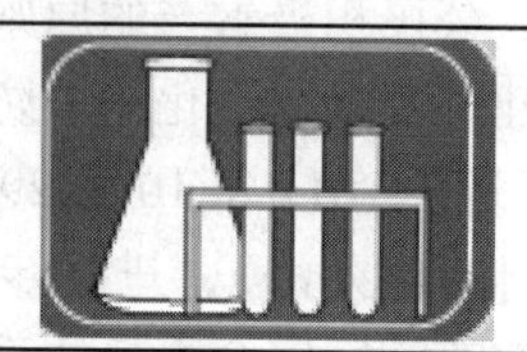	危害辩识	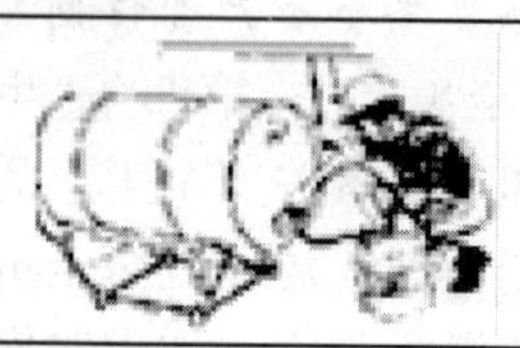	安全处理与使用

续表

安全标签	废物处理
安全技术说明书	接触监测
安全储存	培训教育
安全输运	医学监督
油品储运操作控制	
	工艺参数监控：实时监控温度、压力、液位等
	变更工艺：选用可将危害减少到最低程度
	隔离：拉开作业人员与危险源的距
	通风：降低作业场所中可燃、有毒等气体浓
	个体防护：正确选择和使用个体防护用品
	卫生：保持作业场所和作业人员的卫生清洁

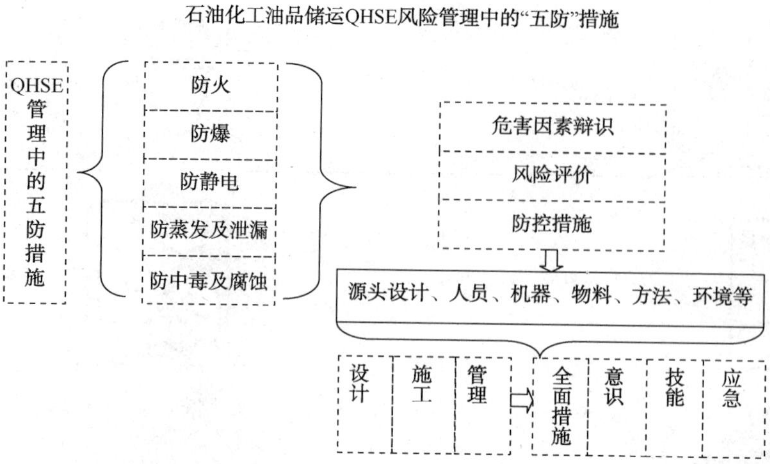

石油化工油品储运QHSE风险管理中的"五防"措施

QHSE管理中的五防措施：防火、防爆、防静电、防蒸发及泄漏、防中毒及腐蚀

危害因素辩识 → 风险评价 → 防控措施

源头设计、人员、机器、物料、方法、环境等

设计、施工、管理 ⇒ 全面措施、意识、技能、应急

图 8　石油化工油品储运 QHSE 风险管理中的"五防"措施

4.3　控制与消除火源（包括明火、摩擦撞击火花、电气火花、静电火花、雷电火花等）

防爆区域内的各种电气设备（电机、开关、灯具、阀门应采用防爆型），所有设备、管线、法兰等应有可靠的接地线和跨接线，各种易产生静电的场所都应有防静电措施。劳保护具上岗，各种油罐、建（构）筑物都应有可靠的防雷、避雷设施。定期检测防雷、防静电接地电阻是否达到安全要求。

4.4　加强油品储运设施设备的维护管理，及时发现和消除各类隐患

从油田生产、储运设施设备的设计、选型、选材、布置及安装均应符合国家规范和标准，按规定进行制造、安装和维护。严格执行检查维护制度，保障油品生产、集输、储运设施及相关安全配套设施、安全附件等符合安全要求，工艺流程操作前做好工作危害分析，控制操作风险。

4.5　强化和开展"意识为先、责任为本、能力为基"为主题的有针对性的安全需求培训和应急处置演练

严格落实岗位安全培训，企业培训以安全生产的法律法规、方针政策、规范和企业的规章制度为主；车间、班组培训以安全操作规程、劳动纪律、岗位职责、工艺流程、事故案例剖析等为主；特种作业人员培训以特种设备的操作规程和安全知识为主；重大危险源的相关人员培训以危险源的危险因素、现实情况、可能发生的事故、注意事项为主。对操作人员进行经常性的消防安全教育，将 QHSE 管理体系相关审核主题与消防安全管理联系与融合，由单位提出具体要求和目标，突出"预防火灾能力培训、消防设施操作技能培训、提高应急处置能力培训"的三大主题，始终将针对性、专业性和工作质量放在首位，努力提高全员消防素质，达到"四懂四会"，即"懂得岗位火灾的危险性，懂得预防火灾的措施，懂得扑救火灾的方法，懂得逃生的方法；会使用消防器材，会报火警，会扑救初起火灾，会组织疏散逃生"。并定期组织应急预案演练，提高处置事故的整体能力。将培训可采取灵活多样的形式。如课堂学习、实地参观、实际演练、安全技能比赛、看录像、研讨交流、现场示范等。具体见表 9。

表 9　部分最新应急类法规统计

序号	应急类法规名称	发布日期
1	《生产安全事故应急条例》	2019.4.1
2	《生产安全事故应急预案管理办法》	2019.6.24
3	《生产安全事故应急演练基本规范》	2019.8.12
4	《生产经营单位生产安全事故应急预案评估指南》	2019.8.12
5	《社会单位灭火和应急疏散预案编制及实施导则》	2019.12.10
6	《生产经营单位生产安全事故应急预案编制导则》	2020.09.29

4.6 加强设施设备的防腐蚀工作

采油及集输系统的腐蚀主要包括油井的防腐、集输系统中相关管线和设备的防腐及注水系统的防腐等。针对不同的腐蚀特点采取相应的防护措施，例如：对于油井套管、井下工具、抽油杆等可采取加内外防腐层等措施；对于集输系统管线除增加防腐层外，还可用电化学保护、加注缓蚀剂的方法；对于注水系统可添加缓蚀剂阻垢剂、杀菌剂等水处理用剂。

4.7 完善预警监管系统，利用信息化技术完善预警监管系统

利用网络化、数字化技术对石油管道进行自动化监测，综合利用光电液压等传感器、数字化图像处理、嵌入式计算机系统、数据传输网络、自动控制和人工智能等技术，对油气储运系统进行监测管理，并建立相应的预警应急机制。

4.8 加强国家重大储运设施建设关键技术研究

收集国内外油气储运设施管理的先进技术和科学办法，从国家层面组织重大关键技术联合攻关，主要包括储运设施的设计、施工、材料、防腐、检测、监测及维抢修等各个环节，保障油气储运设施完整性管理和安全运行。

5 结束语

“徒善不足以为政，徒法不能以自行”。千法万规在执行，再好的技术，再完美的规章，在实际操作层面，也无法取代人自身的素质和责任心。做好油品储运安全，需要行业的所有人员、所有岗位，所有部门付出真诚的努力和行动，真正履行好应有的职责，增强意识、落实责任，加强管理，完善措施，全力保障油品储运的安全与发展，共建平安和谐社会。

参 考 文 献

[1] 胡月亭 . 安全风险预防与控制 . 团结出版社，2018 年版 .

[2] 石油天然气工程设计防火规范 .

[3] 生产过程危险和有害因素分类与代码 GB/T 13861—2009.

可视化远程调度系统在油田消防指挥作战中的应用

忽俊杰　张清波　刘彦鸿

（中国石油消防应急救援吐哈油田支队）

摘　要　油田一般地处戈壁荒漠地带，地域辽阔，战线长。风险相对较高，如何确保其发生灾害事故后，消防指挥中心能在第一时间收集救援现场的各类资料，调集相关专家，组成抢险救援指挥组，实现对人员、车辆、现场的远程协调、远程调度、远程指挥，这已成为消防调度指挥中心面临的一个瓶颈问题，文章通过对油田抢险救援现状的介绍，分析消防远程调度系统在油田应急抢险救援指挥中发挥的重要作用，为今后在灭火救援过程中加快信息交流速度，提高决策效率提供一条建设性思路。

关键词　可视化；远程调度；消防；扁平化指挥；应用

1　概述

油田一般都远离城镇，多在戈壁荒漠较为偏僻地区，内部道路纵横交错，条件较差为沙石简易路面。其生产作业区的产品如石油、轻质油、烃等又具有易燃、易爆、易蒸发、易产生静电、易流动等特点，潜在危险性极高，一旦作业区储罐、装置、管线、油井发生泄漏、井喷，会迅速扩散并波及到周边设施、设备，极易形成殉爆并形成大面积流淌火和立体火灾，引起严重的连锁反应，极具破坏性。此类事故应急抢险救援时，往往需要多位应急专家共同“会诊”灾情，群策群力，制定救灾方案，确保事故救援的科学性和有效性。这种新的作战指挥模式也就是我们说的“扁平化指挥”，其特点就是将后方指挥调度中心与前线指挥部合二为一，精简指挥层级，缩短信息传递时间，将各参战力量拧成一股绳，最终提高抢险救援效率。而传统的做法是各级应急组织、部门到达现场后，与事故单位相关人员及油田应急领导共同组成指挥部，各种信息由下向上的顺序汇聚到指挥部，再由指挥部将命令从上向下层层发出，俗称“科层式(金字塔)指挥”，是一种以等级为基础的指挥模式，弊端就是指挥层级过多，流程繁琐，不利于信息及命令的快速传递，易耽误宝贵的作战时间。所以要打赢未来战争，消防指挥模式必须要创新，必须要改变传统的指挥思维方式。可视化远程调度指挥平台的开发及应用，为改变这一传统思维模式提供了有效的技术支持。这个平台完全适用于突发性事件或其它特殊情况的处理和控制。解决了指挥中心“看不到灾情态势发展、见不到应急力量分布、搞不清险情处置进度”等问题，实现了兵力分布的直观可视化、灾情态势的视频动态化、指挥调度的扁平化管理，极大地缩短应急抢险救援反应时间，切实提高企业消防应对突发事件的快速反应能力。

2　油田消防应急抢险作业使用可视化远程指挥系统的必要性

（1）运筹帷幄，决胜千里。应急救援与组织指挥是一个系统工程，前线指挥部与后方指挥调度中心是整个系统工程中的神经中枢，尤其是后方指挥调度中心可以根据灾情的需要，迅速调集相关石油化工事故处置专家、应急救援专家，以及供水、供电、医疗救护、环境保护、工程抢险等应急联动力量组成专家组，通过与前线指挥部及各前沿参战指挥员的沟通交流和观看多角度、多方位传回的高清影像，迅速了解现场灾情发展，才能及时、准确做出决策，制定出专业的救援方案及作战力量编成方案，协助指导组织开展灭火救援行动。

（2）统一领导，垂直管理。当油田发生灾害事故时，单凭消防一家的应急力量和资源有时会显得捉襟见肘，相关应急单位又因为职责不明、机制不顺，往往在配合救援中，反应迟缓、使得救援形不成合力，一盘散沙。尤其在大型灾害事故现场，由于救援面积大、参战单位多，人员、车辆、应急设备分散，如果指挥部不能时时掌握现场各救援力量分布，就无法协调各战斗单元之间的配合关系，这将严重影响救援质量和效率。

此时就需要多个应急救援部门联动联勤，多兵种汇聚形成整体优势，集中力量打歼灭战。而可视化远程指挥调度系统则恰恰能弥补这种不足，尤其在较大规模、多种力量的协同参战中，可实现现场指挥与救援指挥中心构成一个灵活、多元、一体化的有机整体，由中心协调各方，统一发布命令。

（3）精准定位，动态管理。油田区域面积较大，尤其跨区域调动部队增援时，抢险救援车驾驶员面对四通八达，纵横交错的路面，往往是一头雾水，很难选择准确的行车路线，从而无法在较短时间内快速赶到灾害现场。指挥调度中心更是无法动态掌握车辆的行驶路线、速度和位置。只能通过无线通信设备（对讲机、车载台）来联系，有时因为通信距离过远或干扰联系不上。抢险救援车辆安装可视化远程指挥调度终端后，指挥中心通过大屏上的GIS电子地图，就可以精准定位车辆，实现对车辆的动态监控，并通过终端传回的影像察看前方道路情况，甚至随时发布语音或文字指令调整车辆运行状态和停靠位置。

（4）记录音像，搞好战评。《公安消防部队灭火救援战评规定》公消［2007］343号第三条灭火救援战评的主要内容有："受理报警、力量调度和出动情况，灾情的发展过程及采取的技术、战术措施情况，组织指挥、协同作战和战斗保障情况，现场纪律、战斗作风和完成任务情况，主要经验教训和改进措施"。传统的消防战评一般都是召开专题会，通过观看图片、影像资料，再由各级指战员口述，最终形成战评资料，此种战评会议即不完整也不严谨，很难客观、详实反映灾害现场整体情况。可视化远程指挥调度系统有强大的储存空间，可自动储存各个环节的音、视频资料，在战评时可通过回放将不同节点的兵力分布、路线进攻、协调配合、单兵操作等直观显示，也为事后进行案例分析和学习教研，提供有力依据和视频教程。

3 可视化远程调度指挥系统简介及在油田消防扁平化指挥作战中的应用

3.1 简介

可视化远程调度指挥系统，是一套基于IP网络，集视频指挥调度、视频会议、远程监控、移动视频，信息、数据功能于一体的综合通信平台。前端人员和应急抢险车辆通过单兵手持终端和车载终端（选配照明灯具，应对深夜环境下作业），依托国内强大的移动4G/5G网络平台，可与后方指挥调度中心迅速建立稳定的双向语音、双向视频、数据交换的高质量实时通讯，虽隔千里也可轻松实现看得见，呼得通，联得动。

3.2 运用

3.2.1 建立顺畅的扁平化、专业化远程指挥作战体系

扁平化指挥，简单说就是在灭火救援中，简化上下级之间的隶属关系，减少指挥层级，实现指挥中心对现场的"零距离"指挥，一句话就是横向指挥到面，纵向指挥到点。这种新的指挥模式，解决了过去多个单位、多重指挥、各自为战、信息延误滞后、作战效率低下的问题，可有效发挥联合作战指挥部的根基和核心职能作用，扩大了指挥覆盖面、强化了信息、数据快速传递和交流。在大型灾害现场，当首批消防应急救援力量到达现场后，通过车载终端和手持终端，快速在前后方之间搭建一个通声、像的平台，实现与指挥中心语音、图片、视频等信息的双向交流，指挥中心通过可视化指挥调度这个强大的信息平台，将收集到的各种信息进行筛选、汇总、整理、分析。迅速制定出作战方案，并通过GIS电子地图各种应急车辆、人员的定位分布，直接指挥开展应急救援工作，减少处置中的人为耽搁，使应急救援人员能够抓住转瞬即逝的机会，快速高效的完成救援任务。所以消防应急救援扁平化指挥的有效运用，是提高消防部队灭火救援工作质量和效率的重要保障。

3.2.2 迅速召开远程专家组会议，准确制定处置方案

随着科技的发展和通讯工具的进步，消防远程决策、远程指挥将逐渐取代传统的靠前指挥方式，消防指挥人员及各类应急救援专家、技术人员可在足不出户的情况下，在消防指挥调度中心即可全面了解灾害信息及现场的情形，分析灾情，完善相应的救援措施。这种极其方便、可靠的"专家组"指挥方式，有效地解决了在特殊灾害、大型灾害现场，由于指挥员个人专业素质、对灾害的认识、临机决断等方面存在的一些薄弱环节，导致灭火救援行动失败。在油田抢险救援中，由于油田作业区的原料及贮存物质等种类繁多，不但具有易燃易爆性，还存在大量毒性、放射性、腐蚀性危险化学品，一旦因为工艺流程、

人员因素、设备问题等原因造成误操作或外泄，其潜在的危险就会发展成为灾害性的事故，任何一个点发生火灾都能在很短时间内蔓延开来，迅速燃烧形成区域火海，这种灾害的救援就需要指挥中心根据应急预案，调集行业专家、技术人组成专家组，发挥专业特长，根据现场态势，分析燃烧物质以及罐区情况，制定最为合理、正确的灭火抢险救援处置方案，并组织协调指挥火灾扑救、疏散物资、关阀断料、供水供电、医疗救助等工作。所以在指挥调度中心集结“专家组”指挥是对传统前线指挥这一弊端方式的改革和进步，可视化远程指挥调度系统的投入使用，为指挥调度中心实现区域全覆盖及科学决策、精准指挥提供有力保障。

3.2.3　实现应急抢险车辆远程指挥、定位、导航及现场管理

一是应急车辆 GPS 定位及调度。应急抢险车辆的车载终端因内置 GPS 芯片，在奔赴灾害现场时，开启车载终端后即可迅速获取坐标位置等数据，通过无线网络(4G/5G)，就可以将数据时时传送至可视化远程调度指挥系统平台，指挥中心通过大屏上的 GIS 电子地图就可以直观看到车辆的运行轨迹(方向、位置、速度)。二是应急车辆导航及管理。当应急车辆行驶至偏远地区驾驶员路况不明时，指挥中心可根据 GIS 电子地图上车辆所处位置为车辆进行人工导航，引导车辆迅速、准确的到达预定位置。指挥部还可根据现场图传来的资料，绘制出各阶段力量部署图，并通过指挥调度平台传送至前线指挥员的手持终端上，布局车辆作业位置。三是应急车辆监管及告警。调度指挥中心可根据路况及天气情况设定应急车辆行驶速度，系统全程自动监控，当车辆行驶速度超过设置值时，系统自动发起报警，提示驾驶人员注意安全。调度指挥中心还可根据灾情的发展，在在 GIS 电子地图上，标注出危险地带(警戒区、轻危区、重危区)，设置围栏告警，当有应急车辆误入警戒区后，即可触发报警，提醒车辆驶离危险区。

4　结语

油田专职消防队伍作为油田开发建设保驾护航的一支专业化应急抢险救援队伍，近年来随着我国科学技术的进步，尤其是通信技术迅猛发展的大背景下，如何应用新设施、新技术，更好的为油田的安全生产服务，已成为消防队伍面临的一项紧迫任务。消防队伍作为肩负抢险救援先锋队，必须未雨绸缪，在消防抢险救援中将传统的科层式指挥方式转变为扁平化这种新的指挥体系，精减指挥层级，减少传统的“上传下达”时间，在指挥中心实现最快的命令传达，最优的部署安排，实现“看得见、听得清、呼得出、信息准、定位准、反应快”。突破传统的前后方联动指挥及靠前指挥的局限，提升指挥调度效能。这必将对加强队伍的现代化、正规化建设，提高队伍战斗力，起到推动作用，能更好的为油田的持续发展、长治久安保驾护航。

参 考 文 献

[1] 郭铁男、李世雄、朱立平等．中国消防手册第九卷[M]．上海科学技术出版社，上海：上海科学技术出版社，2006.

[2] GB 50313—2000，消防通信指挥系统设计规范．

[3] 公安消防部队灭火救援战评规定(试行)的通知公消[2007]343 号

[4] 跨区域视频监控联网共享技术规范 DB33/T 629—2007

现场消防保障监护方案关键要素分析

任炯卿

（中国石油消防应急救援吐哈油田支队）

摘　要　现场消防保障监护方案是为保障危险作业现场，发生事故及风险时消防队伍在现场能准确、合理、控制和消除风险的应急指导文本，他的合理性及实用性直接影响着消防队伍对初期风险及事故的快速反应力以及科学处置能力。本文通过结合企业HSE管理，风险管理等要求，对制定现场消防保障监护方案中的关键要素进行分析，提升方案的可操作性，供消防指战员参考。

关键词　现场消防保障；监护方案

1　前言

制定现场消防保障监护方案是为了防控自身风险、降低现场危险作业风险、减少安全事故带来的损失，预先做出的科学计划和安排。他的编制和管理是开展现场消防保障监护任务的准备阶段。消防保障监护方案的合理、完善，既是应急排险的重要手段，也是保障自身安全的指导准则。

2　消防保障监护方案的制定要求

消防保障监护方案是针对危险作业现场可能发生的事故，为最大程度减少和控制事故损失而预先做出符合实际情况且合理的计划和安排，作为事故紧急情况下的应急指导文本，他能有效的保障灭火救援工作的快速反应、科学应对、风险防控。消防保障监护方案应该对事故从发生到扩大的各个过程，以及在此过程中发生的各种突发状况进行正确的判断和分析并做出正确的应对。

3　消防保障监护方案关键要素分析

3.1　安全技术交底

安全技术交底是制定消防保障监护方案的基础，在接到消防保障监护任务后，执行消防消防保障监护任务的单位，应参加施工前建设单位业务主管部门组织的作业工作安全分析及安全技术交底，全面掌握施工作业情况、主要作业风险、现场所采取的防范措施等方面，重点了解固定消防设施、施工部位工艺流程及技术要求、存在的危险化学品的种类性质、现场技术及管理人员等相关情况。只有全面掌握了现场施工作业情况，才能制定出合理、完善的消防保障监护方案。

3.2　风险管理

3.2.1　风险识别

消防保障监护方案的制定应在现场风险识别分析的前提下开展，通过全面了解施工作业前的安全技术交底后。应确定对消防灭火救援处置过程中可能造成伤害的“危险根源”，如高空坠物、带电的电气、人员重心高处于运动状态、易燃的油气、窒息性气体、有毒、运转的部件、带压的介质、高温等并从“人、物、环境、灭火救援处置过程”四个方面进行风险辨识。

3.2.2　风险削减及控制措施

针对风险，确定相应的控制措施。控制措施应按工程技术措施、灭火救援战术措施、个体防护措施等方面制定。并重点结合现场实际及灭火救援实际，对拟定的风险根据实际需求拟定管控措施。风险的消减及控措施完成后，在施工作业前应对各项措施进行现场验证，确保所制定的措施合理、有效。

3.3　灭火救援方案制定

3.3.1　确定职责

对参加现场消防保障监护任务的人员进行分工，明确职责及工作任务，开展监护任务前应对所有人员开展培训，重点要求掌握风险消减及控制措施，灭火救援任务分工，现场工艺流程、物料理化性质等内容。

3.3.2　制定应对风险事故的战术措施

按照战术原则和实地情况，制定合理的作战救援方案，并计算好人员、车辆、装备和相应的灭火剂用量。同时，制定战斗部署平面图，保证整个处置措施及部署、一目了然。

为保障队伍的快速反应能力，应对各项风险事故的处置应有详细的任务分工，制定图表见表1。

表1　某液化气球罐打磨现场消防保障监护任务分工

序号	危害名称	风险	控制措施	战术部署
1	闪爆	1. 进入现场，高空坠物、设施倒塌和造成人员受伤； 2. 火场中发生的二次闪爆冲击波造成人员受伤。 3. 中毒窒息。	1. 进入现场的监护人员个人防护装备齐全； 2. 对现场可燃气体采取不间断监测 3. 有效利用现场的各类掩体； 4. 现场科学合理选择进攻的路线、阵地，严格执行灭火救援程序； 5. 切断现场带电设备电源；	1号员利用喷雾水枪驱散爆炸混合气体；2号员进入现场开展搜救；3号员连接供水后协助2号员开展搜救。指挥员做好现场气体监测；驾驶员向指挥中心通报现场情况。
2	着火	1. 高空坠物、设施倒塌和造成人员受伤 2. 高温、辐射热造成人员烧伤、烫伤、灼伤等危险。 3. 进行扑救带电火灾，造成人员触电。	1. 进入现场的监护人员个人防护装备齐全； 2. 消防车辆和监护人员应占据上风或侧上风方向； 3. 有效利用现场的各类掩体； 4. 现场科学合理选择进攻的路线、阵地，严格执行灭火救援程序； 5. 切断现场带电设备电源	1号员、2号员利用现场灭火器进行扑救；3号员连接供水后做好出水准备；驾驶员向指挥中心通报现场情况。
3	窒息	1. 空气呼吸器面罩脱落窒息。 2. 施救方法不合理人员受伤。 3. 进入现场，高空坠物、设施倒塌和造成人员受伤；	1. 进入现场的监护人员个人防护装备齐全； 2. 佩戴空气呼吸器应登记压力及使用时间； 3. 现场科学合理选择施救方法及路线，严格执行灭火救援程序； 4. 切断现场带电设备电源	1号员、2号员佩戴空呼器，携带安全绳索进入现场开展施救；3号员做好现场气体监测；驾驶员向指挥中心通报现场情况。

3.3.3　制定风险事故失去控制，紧急避险，请求增援措施

3.3.4　紧急避险

对可能会发生爆炸、爆裂、倒塌等情况，危及消防人员安全时，应制定紧急避险措施，并根据现场情况设定集合点，到场后应对集合点的位置进行确定，并通报所有人员。

3.3.5　请求增援措施

应对现场出现可能失去控制的征兆作出及时判断，调整战术措施，并向指挥中心汇报请求增援，在等待增援过程中战术重心应以疏散人员、保护冷却设施为主。

4　注意事项

4.1 不会有两次完全一样的火灾，所以消防保障监护方案考虑的再全面，也无法涵盖所有可能出现的情况，因此，消防保障监护工作还应突出提高施工作业人员的消防安全意识，在施工前应查看施工单位的作业计划书，落实风险消减及防控措施是否到位，落实场站技术措施是否可靠。

4.2 消防保障监护方案就是要分析哪些是事故发生时需要优先解决的问题以及如何去解决。对于消防监护本身存在人员车辆较少的问题，有效快速处置初期火灾事故尤为关键，面对失去控制火灾事故，控制火灾蔓延以及合理引导疏散更为重要。

4.3 在编制消防保障监护方案中设置的具体岗位以及人员要考虑单位的实际情况，例如人员数量是否足够、负责人是否在岗、是否有备用人员、应急处置过程中用到的物资是否配备齐全等。

4.4 在现场监护过程中若发现问题及隐患应及时向建设单位通报，在施工过程中若识别出现新的风险，应及时调整方案，制定消减及防控措施，并向参加监护人员通报。

5 结语

消防保障监护方案的合理性及实用性直接影响着消防队伍对初期风险及事故的快速反应力、科学处置能力，因此编制消防保障监护方案重在预先准备，要把握好关键要素的内容制定，杜绝形式主义“走过场”。只有切实做到了合理、实用。才能有效的保证每次消防保障监护任务的圆满完成。

参考文献

[1] 李建旭．民爆企业生产安全事故应急预案的编制[J]．化工管理 2020，34.

[2] 闫子健，阎子明．企业应急预案制修订重点[J]．现代职业安全，2017，7.

燃气爆炸抑爆实验研究进展

刘敦宇　孙文潇

(中国人民警察大学研究生院)

摘　要　燃气爆炸的抑爆一直是国内外工业安全和公共安全研究的重点问题，通过添加抑爆物质进行主动抑爆是得到公认的有效手段之一。本文对惰性气体抑爆、细水雾抑爆、粉尘颗粒物质抑爆、多种物质混合协同抑爆四个方面实验研究进展进行了综述，分析了燃气爆炸抑爆的主要机理和影响因素。

关键词　燃气爆炸；爆炸抑爆；惰性气体；细水雾；粉体颗粒

可燃气体具有高热值、低污染等特性，是重要的石油化工原料，也是现阶段应用最广泛的能源之一。但由于可燃气体具有易燃易爆的性质，在使用、储存和运输过程中易因操作不当等原因引起燃气泄漏、积聚，在与助燃介质混合后遇到明火十分容易引发爆炸事故。尤其是当爆炸发生在长距离输油管道、地下排污通道、泄漏的地下综合管廊等受限场所，爆炸火焰经长距离传播后很可能引发爆燃转爆轰现象，进而会产生更快的火焰传播速度和更强的爆炸超压，破坏能力大幅度增强。对燃气爆炸的抑爆，主要分为两个方面，一方面是对火焰传播和爆炸超压的抑爆，另一方面是对火焰波和压力波进行解耦。从燃气爆炸的抑爆手段上看，主要有惰性气体抑爆、粉体颗粒抑爆、细水雾抑爆、多种物质协同抑爆等手段。

1　惰性气体抑爆

惰性气体具有易于扩散、环保等优点，其主要通过窒息、降低自由基浓度、冷却效应等实现抑爆作用。在油气爆炸抑爆方面，常用的气体抑爆剂主要有 CO_2、N_2、Ar 等。早在 1952 年 Coward 等人[1]就对 CO_2、N_2、Ar 等气体进行了抑爆 CH_4燃烧的实验研究，测定了用惰性气体稀释 CH_4的可燃极限，为惰性气体抑爆技术奠定了基础。在此之后，国内外学者对惰性气体抑爆展开了大量的研究。

惰性气体发挥抑爆作用的浓度范围方面，Bundy 等人[2]采用逆流燃烧器装置，研究了 N_2、CO_2、三氟甲烷对甲烷层流火焰的抑爆效果，得出了几种惰性气体抑爆火焰传播的临界浓度范围；Du 等人[3]的实验中用非预混氮气抑爆不同体积分数的汽油-空气混合气爆炸，详细讨论了氮气能有效抑爆的汽油蒸气浓度范围、点火段的临界长度和抑爆段的临界 O_2浓度。结果表明，非预混氮气对油气爆炸有抑爆作用，且随油气浓度升高抑爆效果减弱。

关于添加惰性气体前后爆炸火焰和超压变化方面，路长等人[4]通过实验总结了氮气喷射压力、喷头位置对甲烷爆炸火焰传播抑爆效果的影响，实验装置见图 1。Liang 等人[5]通过实验得出 N_2有助于阻断气体爆炸火焰传播、降低超压的结论；张迎新等人在 N_2及 CO_2体积分数为 0%、9%、14%工况下开展了瓦斯爆炸实验研究，结果指出，随着初始混合气体中惰性气体 N_2或 CO_2含量的升高，瓦斯爆炸超压均明显降低；裴志楠等人[7]在方形管道爆炸系统中，试验了氩气加入量对 4.5%丙烷-空气预混气火焰传播速度、火焰阵面结构、超压的影响。结果表明：随着预混气体中氩气的体积分数升高，最大爆炸压力及火焰传播速度随之减小。当氩气体积分数达到 37%时，预混气体不再发生爆炸，氩气起到完全抑爆的作用。

关于不同种类惰性气体抑爆效果对比的方面，王华等人的研究表明 N_2和 CO_2对较高浓度瓦斯气的抑爆效果更为显著，CO_2的抑爆效果优于 N_2。Giurcan 等人[9]使用容积为 0.52L 的球形密闭容器，研究了氩气、氮气、二氧化碳三种惰性添加剂对丙烷-空气爆炸的惰化效果，结果表明：抑爆效果 $CO_2>N_2>Ar$。

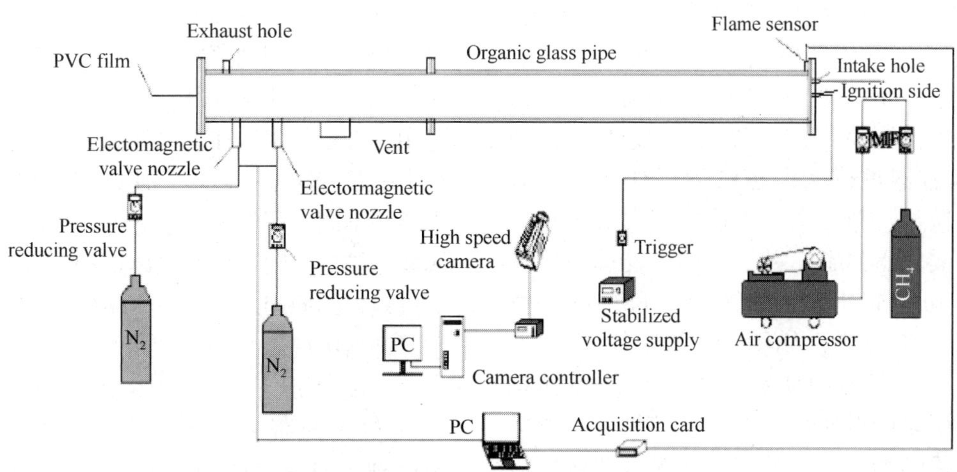

图 1 路长等人的氮气抑爆实验装置

近年来七氟丙烷(C_3F_7H)应用到抑爆领域成为一种新方式，薛少谦等人[10]的实验采用 20L 爆炸特性测试容器，研究了不同体积分数的七氟丙烷对甲烷体积分数为 9.5%的甲烷空气预混气体爆炸超压发展规律的影响，提出七氟丙烷可作为抑爆瓦斯爆炸的新型环保气体抑爆介质使用，但在使用过程中应合理确定七氟丙烷的用量的结论；徐建楠等人[11]通过实验对比研究空爆和抑爆两种工况下的油气爆炸变化规律分析得出，主动抑爆方式下的七氟丙烷抑爆效果较好，使最大超压峰值降低近 90%，火焰传播被及时有效地阻断。朱熹[12]、任常兴[13]、李一鸣[14]等人的是将可燃气体与七氟丙烷在封闭空间内进行完全预混，在这样的条件下分析七氟丙烷的抑爆效果。但蔡闯等人[15]认为这样的实验与实际存在一定差异，在实际的可燃气管道运输过程中，发生爆炸的管段还未注入七氟丙烷，管道爆炸的抑爆是让抑爆装置在爆炸火焰还未到达前喷撒出抑爆物质，在火焰即将通过的位置形成一段惰性区域来阻断或抑爆爆炸火焰的传播。为此蔡闯等人[15]改进了实验方案，开展了在固定管段充入七氟丙烷阻断爆炸火焰传播的实验，研究在强点火作用下不同体积分数的七氟丙烷对浓度为 9.5%甲烷-空气爆炸的火焰传播速度、最大爆炸压力、最大压力上升速率的影响。

2 惰性粉体颗粒抑爆

由于粉体材料具有环保、使用方便、抑爆效果显著等优势，因此使其成为近些年的研究热点。粉体抑爆剂作用于爆炸时，既可受热分解对爆炸体系起到物理降温的作用，又可使自身及其分解产物捕获和碰撞爆炸产生的自由基从而中断链式反应。

一些研究确定了粉体颗粒具有良好的抑爆效果，可以有效降低超压和抑爆火焰，Mikhail[16]的实验提出了粉体抑爆的重要性，研究粉体气溶胶抑爆剂对煤粉-空气和甲烷-空气两种混合爆炸体系爆炸发展的影响，实验证明了粉体气溶胶具有很好的抑爆效果。伊宏伟[17]运用 20L 球型爆炸装置和自制管道爆炸装置，研究了不同浓度的硅酸盐粉体对甲烷-空气预混气体抑爆效果，其中坡缕石粉体和蒙脱石粉体均表现出较好的效果。王理翔[18]在中尺度管道中进行了瓦斯抑爆实验，使用 ABC 抑爆剂时，较未使用时火焰速度的最大降幅可达 40%，可以快速熄灭火焰，压力较未使用时的峰值大幅降低，且变化的幅度趋于稳定，具体见图 2。

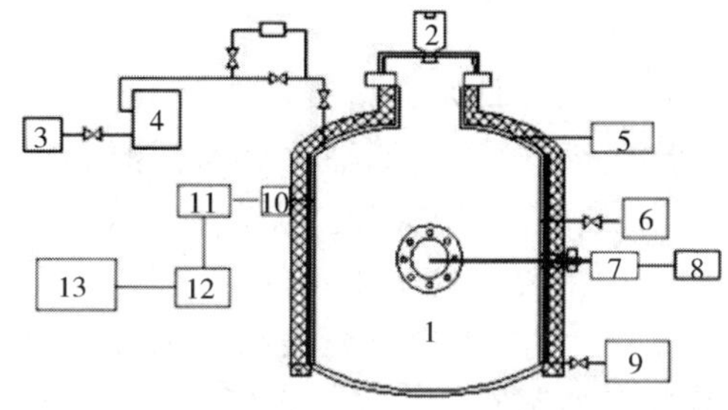

图 2 张跃等人的干粉抑爆实验装置

1—爆炸罐；2—抑爆装置；3—空压机；4—加热柜；5—加热带；6—真空泵；7—时间继电器；8—点火仪；9—静压传感器；10—动压传感器；11—电荷放大器；12—示波器；13—电脑

有不少学者对粉体颗粒抑爆效果的影响因素展开研究，如质粉体量浓度、粉体种类、颗粒大小等，文虎等[19]在容积为 20 L 的球罐爆炸装置中对 ABC 干粉抑爆甲烷爆炸进行了实验研究。试验结果表明，ABC 干粉拥有降低瓦斯爆炸的压力的作用，且抑爆效果在其质量浓度为 0.10g/L 时达到峰值；张跃等人[20]使用容积为 220L 的爆炸容器进行汽油蒸汽的爆炸实验，对钠盐、磷酸铵盐、超细磷酸铵盐的抑爆效果进行比较分析，实验得出了三种干粉的最佳抑爆质量浓度：钠盐 0.445g/L、超细铵盐 0.682g/L、铵盐 0.228g/L，实验装置如图 2；黄子超等人[21]在 20L 球形爆炸容器中研究了抑爆粉剂不同粒度、浓度下甲烷的爆炸特性参数，结果表明：抑爆剂浓度的逐渐增加导致瓦斯爆炸最大超压峰值降低、最大压力上升速率降低并且需要更长的时间达到超压峰值；粉体颗粒抑爆效果与其微粒的粒径有关，当粉体粒径减小时，其与火焰的接触面积增大，提高了吸附活性自由基和吸收爆炸过程中产生的热量的能力，从而增强了抑爆效果。谢波[22]、蔡周全[23]等人的研究都表明粉体颗粒的粒径越小其气质爆炸发展的效果越好。罗振敏等人[24]比较了几种超细无机粉体的抑爆效果，证明抑爆效果由强到弱依次为 $NH_4H_2PO_4 > Al(OH)_3 > Mg(OH)_2$。

3 细水雾抑爆

早在 20 世纪 40 年代，细水雾技术便在消防工作中出现应用，当时主要应用于一些特殊场所的消防灭火，在 20 世纪末期，国际上开始广泛的研究用细水雾来延缓火焰的传播速度，降低爆炸超压。国内较早期的研究应用也表明，一定条件下的水雾对爆炸火焰传播和爆炸超压起到较好的抑爆作用。

关于细水雾抑爆的机理国内外有大量研究，Parra 等通过试验研究了细水雾与预混火焰在受限空间内的相互作用机理，认为细水雾对于火焰的抑爆作用主要来自于水蒸气对于氧气的稀释；刘晅亚等人[28]的实验研究表明，水雾对火焰阵面的作用是水雾对气体爆炸火焰传播起到抑爆作用的主要原因；Ebina 等通过实验和模拟的方法，发现由于水雾的存在导致甲烷燃烧过程中产生的 H、O、OH 自由基数量减少，从而致使火焰反应速率下降。

一些研究表明，细水雾抑爆效果受到液滴的密度、液滴粒径、气体爆炸威力等因素的影响。Wingerden 等认为细水雾对火焰的影响与其粒径有关，大粒径水雾会增加燃烧的湍流效应，从而促进火焰爆炸；常新明等人的研究表面小粒径细水雾在火焰锋面能够完全蒸发，蒸发时产生的吸热阻氧效应使燃烧反应速率降低，从而起到抑爆瓦斯爆炸的作用，大粒径水雾在火焰锋面无法完全汽化，在流场中引起湍流增强效应，使爆炸强度增强。谷睿等人使用不同体积的超细水雾抑爆了不同浓度的甲烷爆炸，结果表明：水雾的体积和甲烷浓度都是影响抑爆效果的原因之一，该实验研究初步确定了超细水雾抑爆甲烷爆炸的临界体积。

一些情况下，细水雾还会导致爆炸增强，Yang 等人的研究结果表明，正常情况下，水雾粒径越小对火焰的抑爆效果越好，但当水雾粒径低于一定程度时，火焰传播效果反而会增强；毕明树等人研究发现，细水雾的喷雾量较小时会引起相反的效果，甲烷最大爆炸超压和最大超压上升速率都出现增大，随着喷雾量的增加，最大爆炸超压及最大超压上升速率都会随之下降。

关于提高细水雾抑爆效果的手段主要包括细化粒径、携带电荷、添加剂等。超声雾化是细化雾滴粒径的有效方式，王发辉等人[35]对超声细水雾抑爆瓦斯爆炸的实验研究结果表明，超声细水雾能有效抑爆爆炸的火焰和超压，随着时间推移喷射水雾质量浓度逐渐增大，爆炸压力峰值和火焰传播速度下降更加明显。荷电细水雾，是指当细水雾的雾滴带有同种电荷时，雾滴之间在互斥的电场力会导致雾滴的分布更为弥散，可以促进雾滴对自由基的吸附作用，使雾滴蒸发和吸热时对火焰的冷却降温效果得到增强，从而发挥更好的抑爆效果，实验装置见图 3；在余明高、徐永亮等人的实验研究中，都表明荷电细水雾相比于普通细水雾，作用效果更加明显，能更有效地降低瓦斯爆炸最大超压峰值以及延缓火焰传播速度，且抑爆效果随着荷电电压的增大而增强。

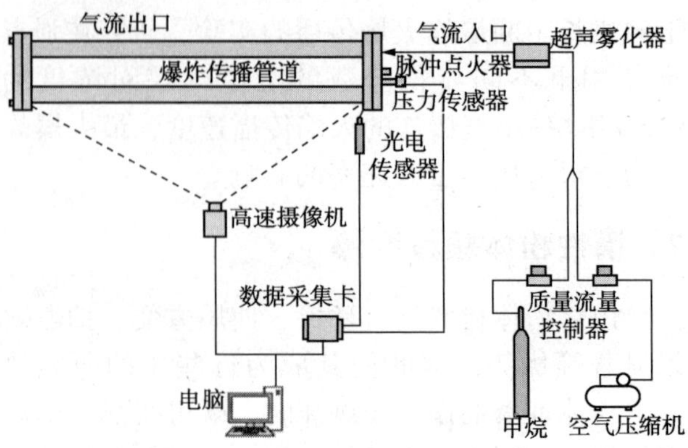

图 3 王发辉等人细水雾抑爆实验装置

4 多种物质协同作用抑爆

4.1 气固混合

气固两相抑爆剂作为一种新型抑爆剂，兼具惰性气体的惰化窒息效应和粉体的化学抑爆效应，具有更高的抑爆效率。Wang 等人[38]在 20L 密闭容器中研究了使用含 CO_2、$Mg(OH)_2$和 $NH_4H_2PO_4$颗粒的气粒混合物进行了甲烷爆炸抑爆实验，揭示了气体和固体颗粒的混合物对甲烷爆炸的抑爆作用，并提供了初步的实验数据，实验装置见图 4；孟祥卿等人选取 N_2和 CO_2惰性气体为气相抑爆剂，$NaHCO_3$、NH4H2PO_4和赤泥为粉体抑爆剂，进行了单一抑爆和两相抑爆实验，实验结果表明，与单一抑爆剂相比，气/固两相抑爆剂对爆炸的抑爆效果更好；孙超伦等人的研究也表面惰性气体、赤泥两相抑爆剂兼具惰性气体和赤泥的双重抑爆效应，其对甲烷爆炸的抑爆性能优于单相惰气和赤泥；田志辉、Luo 等人的实验研究表明，在相同条件下，与单独使用 CO_2抑爆相比，ABC/CO_2混合抑爆瓦斯爆炸时，抑爆作用更加明显。且随着甲烷浓度的增加，抑爆效果更加显著。

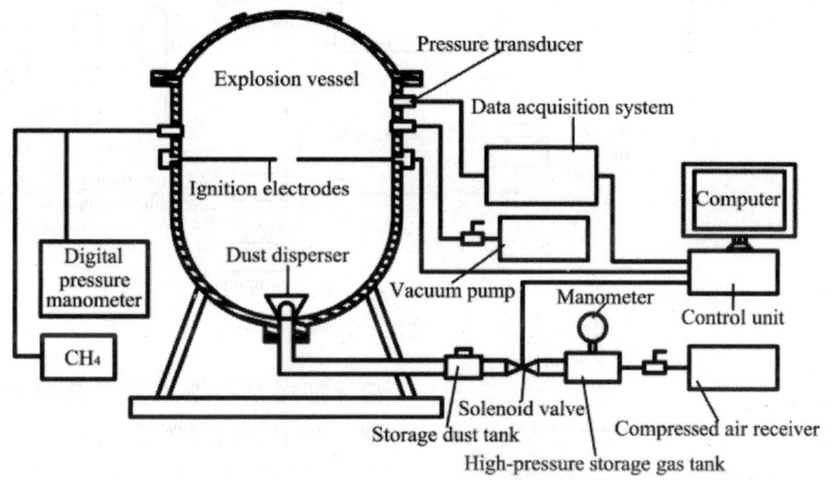

图 4 Wang 等人气固混合抑爆实验装置

4.2 气液混合

气液两相物质混合抑爆，即能发挥惰性气体良好的惰化窒息作用又可以发挥细水雾的物理降温作用，在两种抑爆手段的协同作用下提高抑爆效率。目前国内外有部分学者进行了气液两相介质抑爆可燃气体爆炸的实验研究。Ingram 等在小型圆管内进行了氢-氧-氮爆炸实验，发现氮的加入提高了氢-氧的爆炸下限，且对燃烧速度和压升速率有显著的抑爆作用，从而提出利用氮气稀释氧气和细水雾产生了一定的协同作用，但其并没有进一步研究加入氮气后管道内火焰传播的变化；后续的学者完善了这项工作，裴蓓等人[45]进行了气液协同抑爆爆炸火传播焰的实验研究，实验装置见图 5，研究表明：在超细水雾分别与 CO_2、N_2、Hc、Ar 的组合抑爆实验中，混合物质均表现出明显高于但一物质的抑爆效果，实验结论提出气液两相介质抑爆存在协同作用，即惰性气体的扩散使预混气得到稀释，降低爆炸火焰锋面上的化学反应速率和火焰蔓延速度，当火焰面的速度较低遇到细水雾液滴群时，会有更长的停留时间使雾滴在火焰区蒸发，从而增强了对火焰阵面和已燃区的冷却作用；余明高等人[46]的实验使用双流体喷嘴将细水雾和 N_2共同送入爆炸装置，结果表明：N_2提高了水雾的雾化效果，并且参与了抑爆甲烷爆炸，增强了细水雾的抑爆效果。

4.3 含添加剂的细水雾

在细水雾中加入合适的添加剂可以有效地增强纯水雾抑爆效果，添加剂种类主要包括可溶于水的金属盐、复合物、有机物等，通过物理上的降温作用和与火焰中的自由基反应，从而抑爆爆炸发展。余明高等[47]研究了含 $NaHCO_3$、$MgCl_2$、$FeCl_2$三种添加剂的细水雾和超细水雾抑爆瓦斯爆炸的效果，实验表明细水雾在加入添加剂后，火焰蔓延速度降低，火焰在水雾区的传播距离大为减少，且测量到的火焰温度大幅降低，通过对比得到加入 $FeCl_2$抑爆效果最好的结论。贾海林等人[48]研究了在细水雾中分别加入 NaCl、$NaHCO_3$、$MgCl_2$三种盐类添加剂对抑爆效果的影响，随着盐类添加剂质量分数和雾通量的增大，最大爆炸超压峰值与未添加时相比表现出不同幅度下降，爆炸超压振荡曲线趋势延缓，火焰平均传播速度明显下降，实验装置见图 6；杨克等人[49]提出在细水雾中加入 NaCl 能增强抑爆效果的原因主要是，由于 NaCl 受到火焰加热，分解产生自由基，这些自由基捕获 CH_4爆炸产生的 OH 和 H 自由基，使得爆炸抑爆效果显著增强。

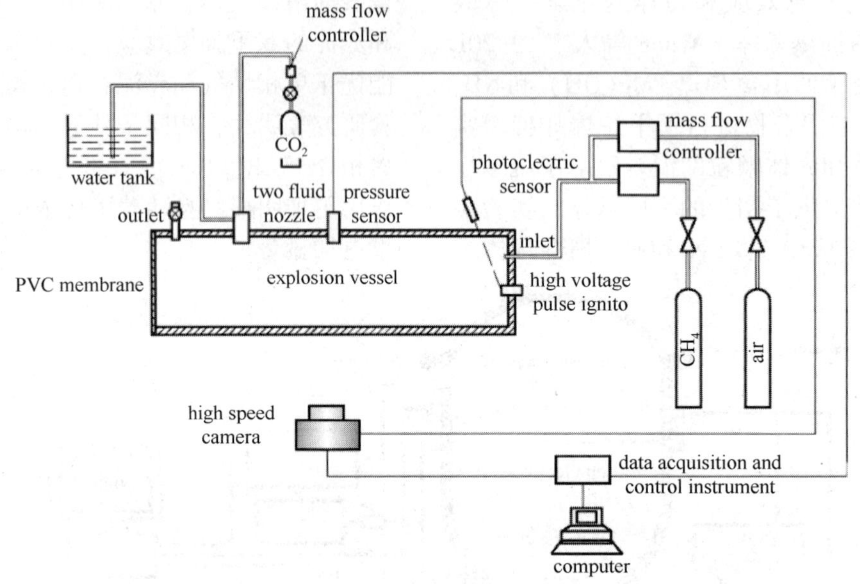

图 5　裴蓓等人气液混合抑爆实验装置

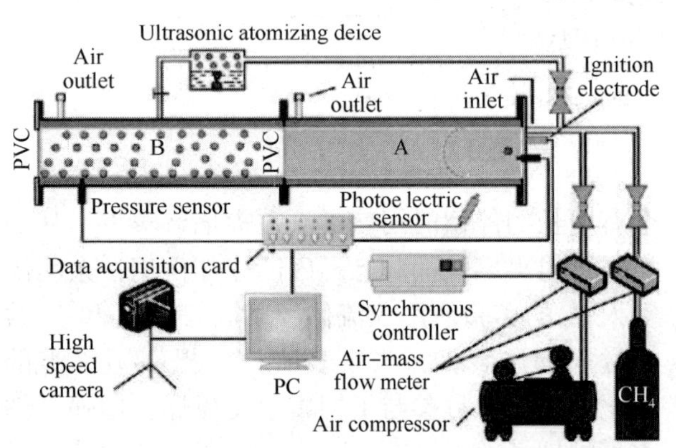

图 6　贾海林等人添加几种盐的细水雾抑爆实验装置

在细水雾中加入盐类添加剂时应注意盐的种类，否则会出现一些负面作用，比如某些盐的加入会降低液滴抑爆火焰时的蒸发速率，Ingram 等人开展了含碱金属添加剂的超细水雾抑爆氢气爆炸实验研究，提出抑爆效果主要是依靠添加剂参与抑爆自由基的化学反应和均匀气相机理，在水雾达到一定的蒸发速率时，加入的添加剂才能发挥抑爆作用。Ananth 等人提出如果在爆炸强度很高的情况下，冲击波会吹散大部分雾滴，导致化学作用在抑爆过程中发挥的效果降低。

5　总结

（1）燃气爆炸抑爆主要通过添加惰性气体、粉体抑爆剂、细水雾以及多相混合抑爆剂来实现，对于单相抑爆已经进行了大量研究，并取得了巨大的成果，但关于混合抑爆剂的研究仍然不完善，很多混合抑爆机理和协同作用有待深入研究。

（2）对惰性气体抑爆单一燃气的抑爆研究较为广泛深入，但对于多元混合可燃气体（如油气等）的爆炸抑爆研究较为匮乏。粉体颗粒抑爆效果的影响因素主要有粉体粒径、粉体种类、分体浓度等。

（3）细化粒径、携带电荷、添加剂等均可增强细水雾的抑爆效果，但细水雾在应用时，应注意避免出现粒径过小、雾量较小等会增强爆炸威力的问题。在细水雾中加入盐类添加剂时，还应注意盐的种类，否则会出现一些负面的例如抑爆蒸发的效果。

（4）目前大部分燃气爆炸抑爆技术的研究是在较为单一的特定条件下进行，难以适应复杂的燃气使用和储存场所，所以很有必要针对复杂的实际情况，加设更多的实验变量进行研究。

参 考 文 献

[1] Coward H F, Jones G W. Limits of flammability of gases and vapors[M]. US Government Printing Office, 1952.

[2] M. Bundy, A. Hamins, Ki Yong Lee. [J]. Combustion

and Flame，2003，133(3).

[3] Yang Du，Peili Zhang，Yi Zhou，Songlin Wu，Jiafeng Xu，Guoqing Li. Suppressions of gasoline-air mixture explosion by non-premixed nitrogen in a closed tunnel [J]. Journal of Loss Prevention in the Process Industries，2014，31.

[4] 路长，张运鹏，朱寒，王鸿波，路昊昕，潘荣锟.氮气喷出对管道瓦斯爆炸的阻爆研究[J]. 爆炸与冲击，2020，40(04)：14-24.

[5] Yuntao Liang，Wen Zeng，Erjiang Hu. Experimental study of the effect of nitrogen addition on gas explosion [J]. Journal of Loss Prevention in the Process Industries，2013，26(1).

[6] 张迎新，吴强，刘传海，江丙友，张保勇.惰性气体N_ 2/CO_ 2抑爆瓦斯爆炸实验研究[J]. 爆炸与冲击，2017，37(05)：906-912.

[7] 裴志楠，曹雄，曹卫国，贾琪，冯翼鲲.方形管道内氩气对丙烷爆炸特性的影响[J]. 消防科学与技术，2018，37(11)：1497-1500.

[8] 王华，葛岭梅，邓军.惰性气体抑爆矿井瓦斯爆炸的实验研究[J]. 矿业安全与环保，2008，(01)：4-7.

[9] GIURCAN V，MITU M，MOVILEANU C，et al. Influence of inert additives on small-scale closed vessel explosions of propane-air mixtures[J]. Fire Safety Journal，2020，111.

[10] 薛少谦.七氟丙烷抑爆甲烷空气预混气体爆炸的实验研究[J]. 矿业安全与环保，2017，44(01)：5-8.

[11] 徐建楠，倪中华，陆飏，许俊飞，孙海君，周娟，蒋新生.大长径比管道汽油-空气混合气爆炸与抑爆实验研究[J]. 中国安全生产科学技术，2021，17(02)：77-83.

[12] 朱熹.含氟灭火剂抑爆瓦斯爆炸实验研究[D]. 西安科技大学，2017.

[13] 任常兴，张琰，幕洋洋，李晋.氢氟烃类物质对丙烷抑爆特性实验研究[J]. 消防科学与技术，2018，37(02)：229-231.

[14] 李一鸣.七氟丙烷抑爆甲烷-空气爆炸的实验研究[D]. 大连理工大学，2018.

[15] 蔡闯，陈先锋，员亚龙，黄楚原，袁必和，代华明.强点火作用下C_ 3HF_ 7对甲烷-空气爆炸的抑爆[J]. 高压物理学报，2020，34(02)：110-117.

[16] Mikhail Krasnyansky. Prevention and suppression of explosions in gas-air and dust-air mixtures using powder aerosol-inhibitor[J]. Journal of Loss Prevention in the Process Industries，2006，19(6).

[17] 伊宏伟.硅酸盐矿物粉体的瓦斯抑爆特性研究[D]. 河南理工大学，2018.

[18] 王理翔，敖燕环，马吉.ABC干粉抑爆剂在中尺度管道应用效果研究[J]. 中国设备工程，2018，(16)：230-232.

[19] 文虎，曹玮，王开阔，程方明.ABC干粉抑爆瓦斯爆炸的实验研究[J]. 中国安全生产科学技术，2011，7(06)：9-12.

[20] 张跃，张景林，张包民，等.ABC和BC干粉抑爆92号汽油蒸气-空气混合物爆炸效果研究[J]. 中国安全科学学报，2013，23(08)：53-58.

[21] 黄子超，司荣军，薛少谦.抑爆粉剂浓度及粒度对瓦斯爆炸抑爆效果的影响[J]. 中国安全生产科学技术，2018，14(04)：89-94.

[22] 谢波，范宝春.大型管道中主动式粉尘抑爆现象的实验研究[J]. 煤炭学报，2006，(01)：54-57.

[23] 蔡周全，张引合.干粉灭火剂粒度对抑爆性能的影响[J]. 矿业安全与环保，2001，{4}(04)：14-16.

[24] 罗振敏.瓦斯爆炸抑爆材料的特性及抑爆作用研究[D]. 西安科技大学，2009.

[25] 周璐，张志平.水喷雾灭火系统在液化石油气球罐消防设计中的应用[J]. 石油规划设计，2001，(04)：21-45.

[26] 刘江虹，廖光煊，范维澄，秦俊.细水雾灭火技术及其应用[J]. 火灾科学，2001，(01)：34-38.

[27] Teresa Parra，Francisco Castro，César Méndez，José M. Villafruela，Miguel A. Rodrguez. Extinction of premixed methane - air flames by water mist[J]. Fire Safety Journal，2004，39(7).

[28] 刘晅亚，陆守香，秦俊，张立，郭子如.水雾抑爆气体爆炸火焰传播的实验研究[J]. 中国安全科学学报，2003，(08)：74-80.

[29] Wataru Ebina，Chihong Liao，Hiroyoshi Naito，Akira Yoshida. Effect of water mist on minimum ignition energy of propane/air mixture[J]. Proceedings of the Combustion Institute，2017，36(2).

[30] Kees van Wingerden，Brian Wilkins. The influence of water sprays on gas explosions. Part 1：water-spray-generated turbulence[J]. Journal of Loss Prevention in the Process Industries，1995，8(2).

[31] 常新明，张红军，魏垂胜，刘永志，王发辉.细水雾粒径对管内瓦斯爆炸特性的影响机理研究[J]. 河南理工大学学报(自然科学版)，2021，40(05)：8-15.

[32] 谷睿，王喜世，许红利.超细水雾抑爆甲烷爆炸的实验研究(英文)[J]. 火灾科学，2010，19(02)：51-59.

[33] Wenhua Yang，Robert J. Kee. The effect of monodispersed water mists on the structure，burning velocity，and extinction behavior of freely propagating，stoichiometric，

premixed, methane-air flames[J]. Combustion and Flame, 2002, 130(4).

[34] 毕明树，李铮，张鹏鹏．细水雾抑爆瓦斯爆炸的实验研究[J]. 采矿与安全工程学报，2012，29(03)：440-443.

[35] 王发辉，陈卫，温小萍，余明高．超声细水雾抑爆管内瓦斯爆炸的试验[J]. 安全与环境学报，2019，19(06)：1971-1977.

[36] 余明高，梁栋林，徐永亮，郑凯，纪文涛．荷电细水雾抑爆瓦斯爆炸实验研究[J]. 煤炭学报，2014，39(11)：2232-2238.

[37] 徐永亮，王兰云，余明高．感应式荷电细水雾对受限空间瓦斯爆炸特性的影响研究[A]. 中国煤炭学会．中国煤炭学会首届煤炭行业青年科学家论坛论文摘要集[C]. 中国煤炭学会：中国煤炭学会，2014：2.

[38] Qiuhong Wang, Yilin Sun, Juncheng Jiang, Jun Deng, Chi-Min Shu, Zhenmin Luo, Qingfeng Wang. Inhibiting effects of gas - particle mixtures containing CO 2 , Mg (OH) 2 particles, and NH 4 H 2 PO 4 particles on methane explosion in a 20-L closed vessel[J]. Journal of Loss Prevention in the Process Industries, 2020, 64.

[39] 孟祥卿．气/固两相抑爆剂的甲烷抑爆特性研究[D]. 河南理工大学，2019.

[40] 孙超伦，张一民，裴蓓，王燕，孟祥卿，纪文涛．惰气/赤泥两相抑爆剂抑爆瓦斯爆炸试验研究[J]. 中国安全科学学报，2020，30(10)：112-118.

[41] 田志辉．气—固混合抑爆剂对矿井瓦斯的抑爆实验研究[D]. 西安科技大学，2013.

[42] Zhenmin Luo, Tao Wang, Zhihui Tian, Fangming Cheng, Jun Deng, Yutao Zhang. Experimental study on the suppression of gas explosion using the gas - solid suppressant of CO 2 / ABC powder[J]. Journal of Loss Prevention in the Process Industries, 2014, 30.

[43] J. M. Ingram, A. F. Averill, P. N. Battersby, P. G. Holborn, P. F. Nolan. Suppression of hydrogen - oxygen - nitrogen explosions by fine water mist: Part 1. Burning velocity [J]. International Journal of Hydrogen Energy, 2012, 37(24).

[44] P. N. Battersby, A. F. Averill, J. M. Ingram, P. G. Holborn, P. F. Nolan. Suppression of hydrogen-oxygen-nitrogen explosions by fine water mist: Part 2. Mitigation of vented deflagrations [J]. International Journal of Hydrogen Energy, 2012, 37(24).

[45] 裴蓓，韦双明，余明高，陈立伟，潘荣锟，王燕，李杰，景国勋．气液两相介质抑爆管道甲烷爆炸协同增效作用[J]. 煤炭学报，2018，43(11)：3130-3136.

[46] 余明高，杨勇，裴蓓，牛攀，朱新娜．N_ 2 双流体细水雾抑爆管道瓦斯爆炸实验研究[J]. 爆炸与冲击，2017，37(02)：194-200.

[47] 余明高，安安，赵万里，郑立刚，褚廷湘．含添加剂细水雾抑爆瓦斯爆炸有效性试验研究[J]. 安全与环境学报，2011，11(04)：149-153.

[48] 贾海林，翟汝鹏，李第辉，项海军，杨永钦．三种盐类超细水雾抑爆管道内甲烷-空气预混气爆炸的差异性[J]. 爆炸与冲击，2020，40(08)：42-53.

[49] 杨克，张平，邢志祥，纪虹，周越，王壮．含NaCl超细水雾抑爆甲烷爆炸实验研究[J]. 中国安全生产科学技术，2019，15(03)：86-91.

[50] J. M. Ingram, A. F. Averill, P. Battersby, P. G. Holborn, P. F. Nolan. Suppression of hydrogen/oxygen/nitrogen explosions by fine water mist containing sodium hydroxide additive[J]. International Journal of Hydrogen Energy, 2013, 38(19).

[51] Ramagopal Ananth, Heather D. Willauer, John P. Farley, Frederick W. Williams. Effects of Fine Water Mist on a Confined Blast[J]. Fire Technology, 2012, 48(3).

石油石化消防机器人研究现状与发展研究

甘亦凡[1]　王　磊[1]　高胜寒[2]　储胜利[1]　朱丹彤[1]

(1. 中国石油集团安全环保技术研究院有限公司；2. 中国石油大学(北京))

摘　要　通过梳理石油石化行业突发事件的灾害特点，分析了针对消防机器人的生产需求，同时综述了消防机器人的技术现状与研究进展，在此基础上，调研了消防机器人在我国某大型石油石化集团公司的配备情况，明确了我国石油石化消防机器人存在功能单一、协同化程度低、智能性弱以及防爆性能与其它性能兼容性差等不足之处，据此从集成化、协同化、智能化、技术本安化和材料轻型化五个方面剖析了我国石油石化消防机器人的技术发展方向，研究成果可为石油石化企业深入开展消防机器人技术攻关提供一定的理论与现实依据。

关键词　石油石化企业；消防救援；机器人；发展方向

1　引言

石油石化为我国国民经济战略性支柱产业，具有高温、高压、易燃、易爆和有毒有害等特点，生产经营活动固有风险高，一旦发生突发事件，同时引发一系列次生、衍生事故，将造成灾难性后果，严重威胁人民生命财产安全、经济社会安全、国家能源安全，影响大国形象[1-4]。据统计，每年因石油石化装置火灾爆炸事故造成的直接经济损失达数十亿元，近十年仅媒体公开报道的石油石化设施火灾爆炸事故5362起，其中13起重特大伤亡事故，8000多人伤亡。党的十八大以来，党和国家高度重视消防救援工作，习近平在国家综合性消防救援队伍授旗仪式上强调，组建国家综合性消防救援队伍，是党中央适应国家治理体系和治理能力现代化作出的战略决策，是立足我国国情和灾害事故特点、构建新时代国家应急救援体系的重要举措。

在石油石化突发事件消防救援过程中，由于石油石化灾害事故突发性强、不易控制、救援难度大、专业性强，常常危及消防人员的生命健康安全，给消防人员个人与家庭造成极大痛苦与损失；再者，石油石化行业日常巡检和应急救援往往会受巡检不到位、责任心差和个人意外等消防人员主观行为影响，引发事故灾害，给国家经济造成巨大损失。而消防机器人凭借其无人化、智能化和程序化特点，可有效保障消防人员生命财产安全，并可避免消防人员主观误操作等带来的影响，可有效减少事故损失，目前，已成为当今石油石化消防应急领域的重点攻关课题。

本文结合国内外消防机器人的技术研究现状，通过分析石油石化行业消防机器人的生产需求、技术参数和配备情况，梳理了石油石化消防机器人所存在的不足之处，并据此提出了该领域的未来发展趋势。

2　石油石化消防机器人生产需求分析

随着石油石化行业的快速发展，工艺、流程和装置的规模和质量越来越高，消防人员所需要面对的消防救援场所日益复杂。在处理火灾事故时，若没有相应的专业设备配合执行任务，所泄露出来的石油石化危险品和特殊的放射性物质使得消防人员在执行消防任务时暴露在高温、剧毒、浓烟等恶劣的环境下，这种情况下，消防人员贸然冲进现场，不仅完成不了任务，还会受到人身安全的威胁，这方面消防队伍已经有过很多次血的教训。特别是当面对特大安全事故的时候，例如8·12天津滨海新区爆炸事故、青岛化工厂爆炸事故、连云港二氯苯装置爆炸事故等，这些消防现场作业条件十分恶劣[5-6]。再者，石油石化行业日常巡检和应急救援往往会受巡检不到位、责任心差和个人意外等消防人员主观行为影响，引发事故灾害，给国家经济造成巨大损失。通过分析我国某大型石油石化公司发生的97起典型事故分析(表1)，发现直接或间接与巡检相关事故19起约占20%，造成15人死亡，其中意外事故最多6起死7人，其次为人员责任心差和巡检不到位4起。

表 1 某大型石油石化公司典型事故统计分析

序号	防护措施	巡检不到位	误判	漏检	责任心差	意外	总计
事故起数	1	4	2	2	4	6	19
死亡人数	1	1	2	0	4	7	15

消防机器人属于极端环境下的工作设备，适应于高温火伤的严酷工作环境，具有防辐射、远程遥控、行走、水炮姿态控制，实现智能巡检、精确灭火、清障等多种作业功能。消防机器人的出现降低了消防人员的工作难度，避免了人工误操作的影响，使消防人员在极端的工作环境下能够找到一个比较好的代替物来代替他们进行作业，从而避免消防人员受到生命威胁。为此，国内相关部门、科研院所对研制、配备消防机器人的呼声越来越高，目前已成为石油石化消防应急领域的重点攻关课题。

3 石油石化消防机器人研究现状

3.1 国外消防机器人研究现状

日本、美国、英国、法国、德国等发达国家从 20 世纪七八十年代已经开展消防机器人研究。1986 年，日本东京消防厅采用“彩虹 5 号”成功进行了灭火后；2012 年 CHARLI-2 消防灭火机器人走红网络，这种机器人由弗吉尼亚理工学院为美国海军设计，能够协助士兵一起工作来扑灭海上战舰上的起火。如今国外的消防灭火机器人正在往第二代、第三代机器人发展，偏向智能化的控制，如 Boston Dynamics 的 SpotMini 和 Atlas，该机器人拥有优秀的运动方程，可以通过自我的调整通过各种障碍，该机器人如果应用于消防作业可以解决在火灾现场自动翻越障碍物的难题，实现机器人对火灾现场的智能化处理[7-9]。

3.2 国内消防机器人研究现状

国内消防灭火机器人的研究起步比较晚，且多为传统机械类、消防设备类公司从事这方面的研发工作，现有产品主要包括防爆灭火机器人、消防侦查机器人、消防灭火侦查机器人、矿用防爆轮式巡检机器人等。笔者团队调研了国内主要消防机器人厂家，其技术特点与灭火方式总结见表 2：

表 2 国内主要消防机器人厂家技术特点与灭火方式

<table>
<tr><th>机器人厂家</th><th>主要功能</th><th>特点</th><th>灭火方式</th><th>是否能自主作战</th></tr>
<tr><td>中信重工</td><td rowspan="6">水与泡沫灭火、气体侦查等基本消防功能</td><td>高倍数泡沫灭火</td><td rowspan="6">需要人在 11.5km 内使用遥控器操控</td><td rowspan="6">否</td></tr>
<tr><td>国兴智能</td><td>爆炸环境内全天候侦查</td></tr>
<tr><td>凌天</td><td>流量大，水枪射程远</td></tr>
<tr><td>力升高科</td><td>耐 1000℃高温，适合爆炸环境</td></tr>
<tr><td>格拉曼</td><td>高机动性，快速灭火</td></tr>
<tr><td>亿嘉和</td><td>多种喷射方式切换</td></tr>
</table>

由表 2 可知国内消防机器人研发的技术现状可概括如下：

（1）多着重实现机器人灭火、侦查中的单一功能，适用场景有较大局限性，无法成为火场主力军；

（2）协同化程度低，控制与决策等行动依托于消防官兵，各自为战，只是作为较消防车相比更为灵活的消防工具使用；

（3）对于消防机器人感知、智能化有研发乏力的共性，在空间视觉定位、动作力反馈等方面无突破，无法替代消防员完成危险场所及紧急动作。

3.3 石油石化企业消防机器人配备情况

笔者团队调研了我国某大型石油石化集团公司下属油田、炼化和管道等企业的消防机器人装备情况，见表 3 所示：

表 3 某大型石油石化集团公司消防机器人装备情况

单位	装备名称	主要性能	数量
A 油田	消防机器人	履带式底盘，无线遥控距离不小于 200m，防淋、防爆等，侦检灭火，消防炮流量不小于 80L/s，速度大于 1m/s，载重大于 1000kg。	2 台

续表

单位	装备名称	主要性能	数量
B油田	消防灭火侦查机器人	防爆、防水设计，适用于石化、燃气等易燃易爆环境，可远程控制消防回转、仰俯。	1台
	消防机器人	履带底盘，无线遥控距离不小于200m，具有喷淋冷却、防倾覆等自保功能。	2台
C石化	消防机器人	履带底盘，无线遥控距离不小于200m，具有喷淋冷却、防倾覆等自保功能。	2台
D石化	消防机器人	履带底盘，无线遥控距离不小于200m，具有喷淋冷却、防倾覆，选配灭火、排烟、侦查等功能。	2台
E石化	侦检灭火机器人	灭火侦检功能，具有防爆功能，装有大流量消防炮，可远程遥控。	2台
F石化	防爆侦检机器人	侦测功能，防爆，有效遥控距离大于200m。	2台
	防爆灭火机器人	灭火侦检功能，具有防爆功能，装有大流量消防炮，可远程遥控。	4台
G管道企业	探测机器人	用于事故风险侦测，完成事故现场图像采集、有毒有害气体侦测。	1台
H科研单位	巡检机器人	防爆，具备气体泄漏监测、仪器仪表示数识别、温度异常报警以及无线充电、轮式底盘，具有喷淋冷却、防倾覆等功能。	1台
	消防灭火机器人	搭载多功能视觉感知、低时延灭火矩阵系统(AI智能灭火、手机端远程灭火、PC端远程灭火)，具有热感监控、火情监控、自动预警、智能灭火等功能。	1台

由表3，目前该石油石化集团公司部分下属企业已根据业务需求装备了消防机器人，具备一定的侦检、灭火和排烟等功能。但通过对标国外如Aker BP、RDS和道达尔等知名油气，该公司下属企业装备的机器人还存在机动灵活性不够、复杂地形应对能力不足(如高层建筑、复杂装置区)、在复杂环境或规模较大的石油化工类火灾中难以满足抢险救灾的需求等问题，仅可用于开阔场地、火灾事故早期处置及有精细灭火需求的场所。

4 石油石化消防机器人存在问题与展望

4.1 石油石化企业消防机器人的不足

通过调研总结我国石油石化消防机器人的研发现状与配备情况，发现我国石油石化企业所配备的消防机器人除存在前文分析总结的功能单一、协同化程度低和智能性差等共性问题外，还存在防爆性能与其它性能兼容性差的问题。消防灭火机器人的防爆性能是通过防爆外壳实现的，防爆外壳主要由钢铁制成，质量占机器人重量的60%以上，这导致了机器人在火场行动缓慢，不能进行高效救援；再者，由于机器人防爆外壳对无线控制信号具有屏蔽性，导致其通信效果差，影响了消防机器人智能化、协同化的发展；再次，由于采用本安技术的设备功率通常需小于18W，运用在大型消防机器人上，满足不了动力需求，目前消防机器人防爆技术以隔爆兼本安型技术应用最广，未实现完全意义上的本质安全，这就导致在救灾过程中仍然存在安全隐患[10]。

4.2 石油石化企业消防机器人发展趋势

通过分析国内外消防机器人技术现状与研究进展，结合我国石油石化行业消防应急实际，从集成化、协同化、智能化、技术本安化和材料轻型化等五个关键指标分析了我国石油石化消防机器人的技术现状，并分析了相应的发展趋势，具体如表4所示。

表4　石油石化消防机器人关键指标技术现状与发展趋势

	现状	趋势
集成化	功能单一	将多项使用功能集成为一体。
协同化	对人依赖性高	着重改善由于防爆影响的机器人控制与通信问题，将机器人个体控制模式向互联网协同控制模式转化，实现人-机协同、机-机协同。

续表

	现状	趋势
智能化	自主决策能力差	运用人工智能技术构建专家知识库，实现机器人自主决策，如自动设定和优化轨迹路径，智能应急处置等。
技术本安化	未做到本安型防爆设计	设计出功率较小的消防机器人，如蛇形、昆虫型仿生机器人； 这类消防机器人运动速度快、地形适应能力强； 由于功率小，可以采用本安型防爆设计，可避免产生电火花或热效应，减少消防灭火安全隐患。
材料轻型化	壳体笨重、屏蔽信号	采用轻质的，如碳纤维、玻璃钢、导电塑料等符合 GB 3836. 1-2010 中对于表面静电方面的规定的材料； 壳体可采用坚固、紧凑、质量轻的一体化结构，利于机器人的轻量化。

综上，笔者分析认为未来我国石油石化消防机器人的功能和性能将不断强化，在集成化、协同化、智能化、技术本安化和材料轻型化等方面的运作模式将更为完善，可更好地服务于石油石化行业工作环境复杂、高危风险场所。

参考文献

[1] 李思潮．炼油化工工程项目风险管理探究[J]．化工管理，2019(36)：169-170.

[2] 李安庆．炼油化工装置突发事件应急管理和事故处置的基本对策[J]．石化技术，2019，26(01)：273.

[3] 栾国华，裴玉起，储胜利，杨丹丹，吴承泽，胡国林．炼油企业火灾事故统计分析与应急技术需求分析[J]．油气田环境保护，2014，24(06)：60-63+66.

[4] 申璐，王慧婷，孟晓杰，李莉，孙爽，将成林，李志宏．炼油厂环境风险评价研究——以中化泉州1200万 t/a 炼油项目为例[J]．环境工程，2012，30(S2)：352-357.

[5] 方江平．消防灭火机器人研究进展[J]．今日消防，2020，5(03)：19-22.

[6] 陈庆暖．消防灭火机器人及其应用[J]．消防科学与技术，2018，37(05)：644-646.

[7] 徐琰．浅谈消防机器人在石化企业中的应用[A]．中国职业安全健康协会．中国职业安全健康协会2011年学术年会论文集[C]．中国职业安全健康协会：中国职业安全健康协会，2011：6.

[8] 刘军，程继国，尹志，沈耀宗．消防机器人灭火救援应用技术分析[J]．消防技术与产品信息，2010，{4}(11)：15-18.

[9] 李竞．消防机器人对石化质量安全管理的应用研究[J]．中国石油和化工标准与质量，2017，37(17)：19-20.

[10] 郑学召，闫兴，郭军，张铎．煤矿救灾机器人防爆技术研究[J]．工矿自动化，2019，45(09)：13-17.

浅谈油田站场消防安全标准化创建

王　越

（大庆油田有限责任公司）

摘　要　围绕落实企业消防安全主体责任，构建消防安全双重预防机制，推进落实企业消防管理的各项举措，进一步提升了现场消防安全规范化、标准化的管理水平，健全完善消防安全长效机制，有效预防火灾事故的发生，在油田站场推进实施消防安全标准化管理创建工作，是当前油田企业安全管理工作的重中之重，为打造平安、和谐、健康、美丽的油田矿区保驾护航。

关键词　油田；消防安全；标准化管理；创建

为了全面推进消防安全专项整治三年行动顺利实施，确保专项整治行动取得积极成效，提升企业消防安全管理水平，建立健全"安全自查、隐患自除、责任自负"的自我管理机制，从责任落实、规范管理、机制建立、应急救援等方面落实消防安全标准化管理措施，不断严格落实消防安全主体责任，切实改善消防安全条件，坚决预防火灾事故的发生，推进实施消防安全标准化管理。

1　消防安全标准化管理的必要性

油田企业主要危险物质是原油和天然气（伴生气），均具有易燃、易爆的性质；生产工艺及设备设施复杂、且存在高温高压、有毒有害，多为24小时连续运行，重大风险点多、面广、线长。另外，在设备实施维护保养、检维修、改造过程中，必然涉及动火和用电等高风险作业，一旦操作不当发生事故，极易引起爆炸燃烧，不但会造成重大人员伤亡和财产损失，严重的还会产生次生灾害。

新修订的《消防法》和《消防安全责任制实施办法》（国办发〔2017〕87号）进一步明确并深化了企事业单位对消防安全主体责任，因此我们需要加大对消防安全管理工作创新与发展，通过一系列管理方法和科学技术，提高消防管理工作的质量与效率，降低生产过程中存在的安全隐患，从而为员工营造一个和谐、稳定、安全的工作环境，为促进石油企业的发展奠定基础。

2　消防安全标准化管理的实施

2.1　建立健全全员责任体系

为了落实消防安全主体责任，推进消防长效管理机制，执行行政首长负责制，对本单位、部门消防工作负总责；建立形成厂、矿、队、班组四级消防管理体系，厂、矿配备专职消防安全管理人员，基层队配备专职的安全副队长，班组设置兼职安全员，进一步完善了管理构架，保障消防安全工作的有效开展；细化编制岗位安全生产责任清单，明确责任、细化任务、量化标准，规范工作任务达标结果和考核，形成从各级领导、管理人员、技术人员以及岗位操作人员"一岗一清单"，初步构建了覆盖全面、边界清晰、上下衔接的责任体系；健全完善安全生产责任制、消防安全、用火用电管理、防火防爆、安全监督检查、进出油田站场、绩效考核和应急管理等规章制度，形成消防安全管理层层负责、人人有责、各负其责、履职尽责的工作格局见图1。

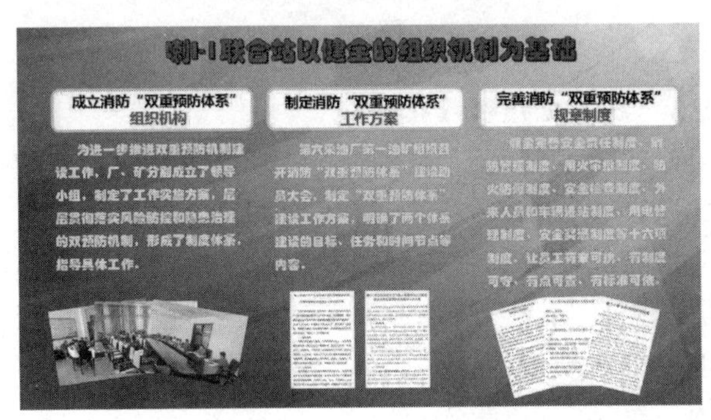

图1

2.2　推进完善消防双重预防机制建设

以风险管控为核心，在深入开展风险的再识别、再评估，立足岗位，全员参与，持续开展"写风险"活动，深挖岗位操作活动、管理活动的风险，深入开展风险专业化评估，分级负责落实风险防控措施，完善《HSE风险点分级管控台账》。从抓规范管理入手，实行巡检制度，对员工分责任，定设备；对班长分区块，定任务；对干部，分岗位，定措施，确保及时发现问题，及时处理问题。严格执行“高风险”管理流程，确保风险控制到位，动火作业、临时用电等高风险作业严格实施报备制度，对作业实施全过程监督，由专人负责现场确认流程准确、措施到位、设施完备、防护齐全，确保风险可控后方可进行施工，设置旁站监督，全力保障施工安全。

以隐患排查治理为重点，探索创新巡查方法，利用远程监控、视频监控、巡查打卡等新技术，强化岗位巡回检查点项管理制度，结合网络发展，实时上传数据信息；与业务部门共建巡检平台，在日常防火巡查和定期检查过程中，坚持检查到每一项操作，每一台设备，每一座容器，每一具灭火器，做到全面排查不遗漏，同时将对检查情况上传巡检平台，专业指导隐患问题治理及防控，建立隐患建立台账，专人负责制定整改计划，跟踪销项整改，确保隐患问题早发现，早治理，早消除，具体见图2。

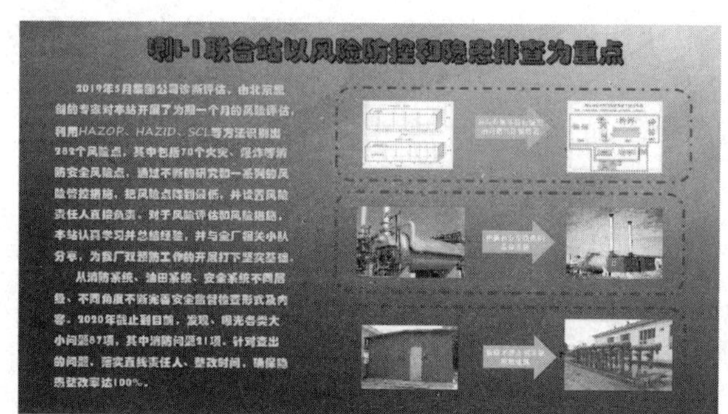

图2

2.3 规范现场标准化建设

对现场装置设备实施“一牌二图三区”管理（一牌：设备操作动态牌；二图：工艺流程图、巡检路线图；三区：设备检修区、设备运行区、员工操作区），预控高风险场所，规范现场管理，细化现场检查，让员工有点可查、有标准可依，有制度可守。

现场安全目视化管理，做到人员目视、设备目视、区域目视三方面工作，在日常生产中的工艺设备、人员、工器具以及风险点等通过安全色、标识、标签、警示标牌等方式，明确人员的身份，工器具和设备设施的具体参数和使用状态，以及生产作业区域的危险状态，直观、醒目的警示员工，提升安全管理水平，见图3。

图3

岗位健全消防档案，完善了“六加一”消防工作记录、规范消防工作“表、本、簿、册”30项，做到现场无隐患、资料无滞后。

2.4 强化操作标准化管理

员工标准化的操作对于减少事故的发生也起到至关重要的作用，员工严格按照操作规程进行操作和日常巡检，为了使操作规程通俗易懂，我们还编制了安全生产小提示，通过顺口溜的方式，方便员工记忆的同时，提醒员工时刻按照标准进行操作和日常检查，避免的人的不安全行为和物的不安全状态，保证生产的安全，见图4。

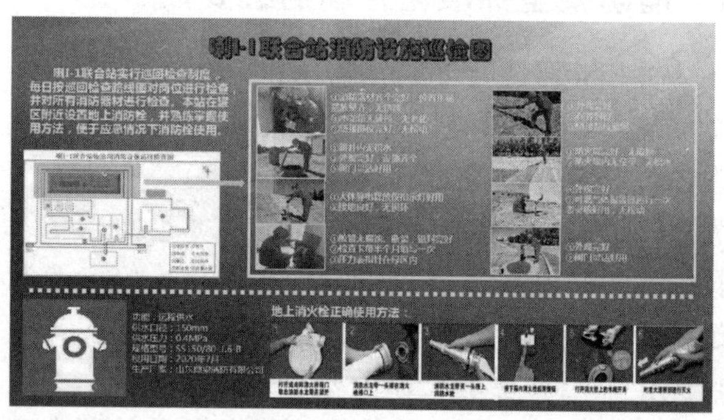

图4

2.5 加强安全文化建设

在员工中加强消防安全管理常识的宣传与培训，从而全面提高工作人员的责任意识、安全意识，在管理工作的同时形成消防安全的文化氛围，从而加大全员对消防安全管理工作的重视程度。收集整理火灾事故案例汇编成册，利用班组晨会、安全讲话、微信课堂等形式，在基层站队和班组开展学习讨论，吸取事故教训，提高员工风险防范意识。通过正面宣传、反面教育，积极开展安全经验分享活动，典型案例深入剖析，将风险防控意识根植入每个员工心中，做到一个经验大家受益，一次教训大家借鉴，将消防安全工作的压力传递到每一名员工，从而形成了“压力人人担，责任人人负”的局面。

在员工中开展“三多、三不、三查”活动，拓展自查内容和范围。“三多”即：多观察、多思考、多总结；“三不”即：不存侥幸心、不偷一次懒、不怕谈教训；“三查”即：班员初查、班长复查、安全员督查，网格化管理，密织安全网。

根据站场的规模，组建了义务消防组织和工艺处置队，加强应急演练和培训，每年组织消防应急演练两次，各班组每周进行现场处置方案的演练和推演，使员工熟悉掌握应急处置程序和“四懂三会”，提升应急处置的四个能力，见图5。

图5

3 结束语

以落实企业的主体责任，坚持全员、全过程参与为抓手，以坚持风险管控，落实风险管控措施，消除隐患问题为核心的消防安全标准化创建工作，即规范标准化管理、标准化操作、标准化现场，又坚持消防安全管理的创新与发展，不断的改进技术和升级管理模式，防范和消除重大火灾风险，不断推进实施消防安全标准化管理，为打造平安、和谐、健康、美丽的油田矿区保驾护航。

乙烯装置的消防系统设计

吴 琼 张晓晨 王 炜

（中国寰球工程有限公司北京分公司）

摘 要 随着乙烯工业在国内的快速发展，乙烯装置等大型石化工程建设项目也越来越多。由于生产过程中的多数物料具有易燃、易爆等危险特性，乙烯装置的安全设计越来越受到社会重视。本文针对某炼化一体化工程的乙烯装置，结合相关规范和建设经验，明确其消防系统中的设施配置及设计参数选取，以实现在非正常工况下保护操作人员和相关设施安全的目的，并为同类型的工程设计提供参考。

关键词 乙烯装置；水喷雾灭火；蒸汽灭火；泡沫灭火；火灾探测

乙烯是世界上产量、消费量最大的化学产品之一，被誉为“石化工业之母”，乙烯的生产能力也是衡量一个国家石油化工发展水平的重要标志之一。中国乙烯工业在起步阶段，产能不足40万吨/年，随着国民经济的快速发展，截止至2018年底，中国乙烯产能约为2505万吨/年，装置平均规模达到63.6万吨/年，占全球乙烯产能的14%，居世界第二位，中国已成为乙烯工业发展最快的国家。

乙烯装置主要由原料预处理及裂解、急冷、压缩、分离、制冷和公用工程等单元组成，装置的主要产品为聚合级乙烯、聚合级丙烯，主要副产品为氢气、甲烷、混合碳四、裂解汽油和裂解燃料油等。由于乙烯生产过程中涉及的物料大多具有易燃、易爆性，一旦遇明火或静电发生火灾、爆炸等重大安全生产事故，将给社会、环境、企业和员工造成巨大损失，甚至还会造成严重的国际影响。鉴于此，如何增强乙烯装置等的安全生产保障能力和风险防控，也越来越受到社会的重视。若能完善、优化乙烯装置消防系统等的标准化设计，则能有效地控制火灾、爆炸等事故的扩大，提高生产系统和作业过程的安全性。

1 火灾、爆炸危险分析

本文研究对象为某炼化一体化工程的乙烯装置，规模为140万吨/年。其主要原料为丁烷、富正构C5、芳烃抽余油、加氢拔头油、加氢焦化石脑油等；主要产品为聚合级乙烯、聚合级丙烯和氢气，主要副产品为裂解碳四、粗裂解汽油、裂解燃料油、丙烷等。

乙烯装置中的多数物料闪点低，气化后体积迅速增大，且多数物料气体密度比空气重1.5~2.0倍，易停留在地沟、管沟、下水道及地面低洼处等，与空气混合形成爆炸性物质，遇火源则发生火灾、爆炸等事故。另外，物料在管道、泵、阀门等设备内流动时，易产生和积聚静电，当液体和气体从界面很小的开口处喷出时，由于流体与喷口的激烈摩擦，加上流体本身分子之间的互相碰撞，会产生大量静电，一旦喷出至大气中也会引起火灾、爆炸事故。综上所述，乙烯装置内的主要物料为易燃、易爆品，与空气混合可形成爆炸性混合物，遇明火、高热能引起燃烧爆炸。按火灾危险性分类，主要生产装置属甲类火灾危险性。

针对乙烯装置采取的防火、防爆措施主要有：

（1）总图布置执行现行有关规范、规定，保证安全合理间距，装置与建筑物之间、建筑物与建筑物之间及装置内设备间距应符合防火规范间距要求；

（2）装置采用露天布置的原则，对可能存在可燃、有毒物质积聚的场所设置通风设施，保证生产安全；

（3）在爆炸危险区域内，所有的电气设备均采用防爆型。通风设备按不同的使用场合和要求，分别采用防爆型或普通型的离心和轴流通风机；

（4）在有可能泄漏可燃气体或有毒气体的部位设有可燃气体或有毒气体探测器，其控制盘设在控制室并与DCS系统相连，一旦发生泄漏可及时报警；

（5）装置内按规范要求，对承重的构架、管桥的立柱，塔类、立式容器的裙座均按有关规范要求设置耐火层，其耐火极限不低于1.5h；

(6) 消防系统设计严格按照现行防火、防爆标准和规范进行，并配置包括消火栓、消防水炮、水喷雾灭火系统、蒸汽灭火系统、灭火器等相应的消防设施。

2 消防系统设计

贯彻“预防为主、防消结合”的方针，结合生产工艺特点、物料性质以及规范要求等，本工程的乙烯装置设置一套高压消防水系统，并配置消火栓、消防水炮、半固定式消防竖管、水喷雾灭火系统、蒸汽灭火系统、泡沫灭火系统以及移动灭火器等消防设施。

本工程规划布设消防站(含气防站)两座：企业消防总站及1#消防站，且均为特勤站，并建立企业专职消防队。消防站至项目最远处的行车距离不超过2500m，乙烯装置不再单建消防站，机动消防将整体依托上述工程配建消防站。

2.1 消防给水系统

乙烯装置占地面积12公顷，其消防用水由全厂稳高压消防水系统供给。根据《石油化工企业设计防火标准(2018年版)》，按照大型石化工艺装置同一时间发生一起火灾考虑，装置消防用水量为 $2160m^3/h$ (600L/s)，向上圆整为 $2200m^3/h$，即本装置一次消防所需最大水量，且火灾持续时间不小于3h，从界区外接入的消防水压力不低于0.8MPaG。

消防给水管采用碳钢材质，干管最大管径为DN500，沿装置内、外道路呈环状埋地敷设。消防水管线上设有适量切断阀，每两个切断阀之间的消火栓数量不超过5个，以便检修时不影响其他部分的正常使用。本装置的消防水由1#消防泵站(设计能力 $3820m^3/h$，火灾延续供水时间3h，最不利点压力要求0.8MPaG)供给，可满足其消防用水需求。

2.2 水消防系统

(1) 室外消火栓

采用PN16、DN150、三出口(1个DN150、2个DN80)并配有消火栓箱的地上式可调压室外消火栓。消火栓箱内有2条消防水龙带、2个异径接口、1支直流-水雾可调水枪(DN65)及1把消火栓专用扳手。所有室外消火栓沿道路敷设，且间距不超过60m。另外，还在装置界区内主要道路设置有大流量消火栓(进水口DN250，200L/s)。

(2) 室内消火栓

在压缩机厂房、现场机柜间、装置变电所等建筑物内，设计采用PN16、DN65的减压稳压型室内消火栓，并保证2支水枪的充实水柱到达室内任何部位。每个室内消火栓箱内有1个室内消火栓、1条的消防水龙带(PN16、DN65×25m)以及1支直流-水雾两用水枪(DN65)。

(3) 固定消防水炮

在装置区设置PN16、DN150的手动固定式消防水炮，并在工艺区管廊顶部设置电动消防水炮，以保护被管廊遮挡的设备。消防水炮设计流量50L/s，可水平旋转360°，垂直旋转125°，并可根据灭火需要，喷射出直线水流和雾状水流。固定式消防水炮布置在人员易接近的地点，保护范围以覆盖40m以远为准，并距被保护设备有15m的安全距离。电动消防水炮由现场就地控制柜控制，也可以由无线遥控器遥控控制。

(4) 半固定式消防竖管

在乙烯装置炉区、冷区、热区及废碱氧化区高度超过15m的框架等处，沿楼梯设置半固定式消防给水竖管。半固定式消防竖管在各层接至减压稳压型消火栓(PN16、DN65，设于消火栓箱内)，各层消火栓箱内还配置1条的消防水龙带(PN16、DN65×25m)和1支直流-水雾两用水枪(DN65)。消防竖管入口设置在明显、易于接近处，以方便与消火栓或消防车相接。

(5) 水喷雾灭火系统

根据工艺特性，对于特定的危险设备以及固定消防水炮不能有效保护的特殊危险设备、场所，设置水喷雾灭火系统，用于设备或区域的防火冷却，主要保护的区域和设备如表1所示：

表1 水喷雾系统保护设备表

序号	保护区域	保护设备
1	裂解气压缩区	高压脱丙烷塔、液体干燥器进料泵、烃凝液泵、裂解气压缩机一段吸入罐
2	反应及碱洗区	液体干燥器、甲苯泵、洗油循环泵

续表

序号	保护区域	保护设备
3	热区	脱丁烷塔、低压脱丙烷塔、1#丙烯精馏塔回流泵、脱丙烷塔回流泵、脱丁烷塔塔底回流泵、低压脱丙烷塔回流泵、丙烯精馏塔输送泵、1#丙烯产品泵
4	热区	碳三加氢脱砷保护床、碳三加氢反应器、2#丙烯产品泵、2#丙烯精馏塔回流泵、碳三加氢循环泵、丙烷产品泵
5	冷区	裂解气第二干燥器、脱乙烷塔回流泵
6	冷区	丙烯压缩机一段吸入罐、丙烯压缩机四段吸入罐、丙烯冷剂收集器、乙烯压缩机三段吸入罐、脱甲烷塔底冷却器、丙烷冷剂回收泵
7	冷区	丙烯压缩机二段吸入罐、丙烯压缩机三段吸入罐
8	冷区	预脱甲烷塔、脱甲烷塔、预脱甲烷塔再沸器、脱甲烷塔再沸器、脱甲烷塔底蒸发器、乙烯产品泵、乙烷循环泵
9	急冷区	急冷油塔回流泵、汽油汽提塔底泵、燃料油产品泵

水喷雾灭火系统在满足《水喷雾灭火系统技术规范》要求的前提下，参考美国 NFPA15 进行设计，其喷淋强度不低于 10.2L/min.m^2。水喷雾灭火系统由稳高压消防水管网供给。

水喷雾灭火系统由雨淋报警阀组、气体探测管线、过滤器、供水管线、中速水雾喷头、闭式易熔金属探测喷头等组成，具有自动、遥控和紧急手动三种开启方式。保护区域内发生火灾时，探测喷头打开造成探测管网压力下降，从而引起雨淋阀组侧腔内压力下降，进而雨淋阀自动开启、系统动作喷水。除此之外，也可在控制室内遥控打开雨淋报警阀组的电磁阀，或就地紧急手动放水引起雨淋阀组侧腔内压力下降。

2.3 蒸汽灭火系统

在装置裂解炉区周围设置蒸汽幕系统，一旦发生可燃气体的大量泄漏，将启动该系统用以隔离、分散、稀释烃类蒸汽云，并减少发生事故时裂解炉与周围区域之间的相互影响。除此之外，还设置了足够数量的软管站，使可能出现的泄漏点均在灭火蒸汽软管的覆盖范围内。软管接头布置在明显、安全和方便操作的位置。

2.4 泡沫灭火系统

C9 汽油储罐设置半固定式泡沫灭火系统，系统由空气泡沫产生器(PCL8 型)、泡沫混合液管、控制阀等组成。泡沫系统入口的管牙接口引至围堰外，由泡沫消防车直接提供泡沫混合液。泡沫原液采用 3%水成膜低倍数泡沫原液。

2.5 移动消防设施

在装置区、压缩机厂房、现场机柜室、装置变电所等处，设置推车式及手提式干粉或二氧化碳灭火器等移动灭火器材，以便及时、有效地扑灭初期火灾。

2.6 火灾探测及报警系统

火灾自动报警系统(FAS)、气体检测系统(GDS)、闭路电视监视系统(CCTV)对装置区域内的可燃气体、有毒气体、火灾报警、重要的被监视区域及其消防联动等进行统一监视和控制。

在机柜间、变电所等建筑物内设置感烟/感温探测器、手动报警按钮等，且在其新风入口设置可燃气体探测器，探测器的报警与空调系统联锁；压缩机厂房设置可燃气体检测器、火焰检测器、手动报警按钮等，并保证每个防火分区内每一点到最近手动报警按钮的步行距离不超过 30m。在装置内可能出现丙烯等易燃、易爆气体泄漏的地点设置可燃气体探测器。沿装置道路、消防通道设有手动报警按钮，以便及时向主控室发出警报。

所有火灾报警信号均送至控制室内的火警区域控制盘，根据需要可将报警信号送至火灾报警集中控制盘。此外，还在控制室和变电所内设置了火灾报警专用电话。

2.7 扩音对讲系统

为保证操作人员、巡检人员之间及与中心控制室之间的通信联络、紧急情况时的应急广播，在装置区内设置分散放大式扩音对讲系统。

扩音对讲主控系统设置在现场机柜间内，并通过单模光纤与中心控制室的系统主设备连接。系统可以通过电话、火灾报警系统接口相连，实现电话广播、火灾报警联动广播的功能。

扩音对讲话站根据工艺操作、维修、巡检管理的要求，设置在便于维修、巡检人员使用的区域。每个话站独立工作，故障时不会互相影响。

3 总结

乙烯装置的火灾、爆炸等事故具有燃烧速度快、事故危险性大和扑救困难等特点，通过工程设计等手段将其火灾、爆炸等风险降至最低，对于乙烯装置的安全生产至关重要。根据《中华人民共和国消防法》等法律法规、《石油化工企业设计防火标准(2018 年版)》等标准规范及其它相关报告、审查意见等，相近规模的乙烯装置消防系统设计逐渐标准化、模块化。

在充分认识消防系统设计、安全消防设施配置日趋完善的同时，也应认清应用中存在的一些不足。在相应阶段结合实际，采取必要的针对措施，进一步提高消防系统的实用性，如：提高系统供电的可靠性、优化系统的设计流量、增加消防车取水点、加强系统的维护管理及落实安全生产制度等，以避免出现因考虑不周而不能充分发挥其消防系统应有的效能等问题。

参 考 文 献

[1] 黄磊．中国乙烯行业发展现状与趋势展望[J]．云南化工，2019，46(12)：4-7.

[2] 曹杰，迟东训．中国乙烯工业发展现状与趋势[J]．国际石油经济，2019，27(12)：53-59.

[3] 庞术荣．900kt/a 乙烯工程消防水系统设计简述[J]．石油化工安全技术，2006(01)：50-52+38+58.

[4] 王玉香．赛科 900kt/a 乙烯装置的消防设计[J]．化工设备与管道，2005(01)：57-59+4.

[5] 孙玉平，韩晓波，顾向兵，顾伯昌．石化企业稳高压消防给水系统可靠性分析与对策[J]．消防技术与产品信息，2008(10)：32-35.

[6] 许敏，傅维禄，连承勇．石油化工企业消防站设置的有关问题探讨[J]．石油化工设计，2010，27(01)：54-57+6-7.

[7] 李令剑．浅析石油化工火灾特点及扑救措施[J]．现代工业经济和信息化，2015，5(18)：100-102.

[8] 姚泽胜．石油化工装置火灾性能化评估技术研究[D]．西南石油大学，2018.

[9] 任海，陈嘉熙．乙烯生产的危险性及预防措施[J]．乙烯工业，2014，26(01)：34-36+1+6.

[10] 余家鑫．乙烯法醋酸乙烯装置运行过程中的安全风险分析[D]．中国科学院大学(中国科学院大学工程科学学院)，2019.

[11] 何枚．消防水炮在石化企业中的应用[J]．科技资讯，2006(28)：229.

[12] 王玉香，胡晨．乙烯装置裂解炉区消防设计[J]．石油化工安全技术，2004(04)：50-51.

石油化工灾害事故仿真推演与模拟演练系统开发

宋文琦　刘晅亚　邢瑞泽

（应急管理部天津消防研究所）

摘　要　本文分析了石油化工模拟演练的现状特点及虚实融合在模拟演练领域的应用情况，提出了一种基于虚实融合技术的三维桌面推演与模拟演练系统平台。该系统平台让演练者针对突发事故提前预知，提前整改，充分发挥了仿真推演和模拟演练系统建设的科学性、规范性、专业性、发展性和实用性，满足石化行业从业人员及消防人员在应对处置危险化学品事故方面的培训、考核及应急演练的迫切需求。

关键词　虚实融合；模拟演练；协同；预案

1　引言

石油化工属于高危行业，随着近年来该行业的不断发展，在工人操作以及设备运行过程中的突发事故时有发生，如大连“6. 30”输油管爆裂事故、青岛“5. 28”石化输油管道泄漏事故、上海“7. 25”石化污水罐爆炸事故等。经过对大量石油事故案例总结发现，石油化工事故存在突发性强、人员施救困难、处置情况复杂、救援难度大等特点，只要工人在事故前期正确的应急处置，就可以有效避免事故的进一步扩大。真实场景实战化消防演练对提高消防部队灭火救援实战能力具有十分重要作用，而对于石油化工场所复杂事故场景类型、事故演化发展态势，开展实场景演练存在诸多困难。当前消防部队针对石油化工事故的灭火救援演练主要以不动火的力量展开、设施测试为主，此外还有依托真火模拟装置开展的演练。但此类演练很难反映石油化工火灾事故特点，实战化事故场景处置、技战术应用以及不同班组间协同等方面很难通过此类演练方式进行有效的开展，无法有效提升部队的灭火救援实战化能力。由于真实环境下开展实场景的演练受到环境条件、人员以及资金投入等诸多方面的限制，虚拟现实与仿真技术的发展应用则可为演练人员创造一个近乎真实的场景，不仅能够多次循环使用，还支持多人协同完成救援任务，避免了演练过程可能发生的受伤现象，一经提出便得到了国内外机构的一致认可。

2　模拟演练技术现状

随着我国经济社会的高速发展，各种突发事件频发，造成了严重的社会影响，故国家加大了对突发事件应急演练的要求。由于突发事件的种类、规模各不相同，而传统应急演练具有模拟突发事件单一、参演人数有限、费用高昂且易流于形式的缺点，很大程度地限制了其适用范围与演练规模[1]。模拟演练技术的出现，弥补了传统演练的诸多不足。

2.1　模拟演练的优点

模拟演练技术是以数据资源为基础，仿真应用为表现形式，依托大数据、物联网和虚拟仿真等先进技术，通过对各种突发事件和人员行为进行数值模拟，将传统应急演练三维化和数字化，从而提高人员对突发事件应急能力的一种演练[2]。

（1）物理真实性强。模拟演练平台使用了物理引擎，可模拟现实情况的所有特征，最大程度还原事故现场，具有很强的直观性。

（2）推广性好。模拟演练系统的操作流程类似于 3D 游戏，参演人员在操作模拟演练系统时不会存在障碍，有利于模拟演练系统迅速、广泛地推广应用。

（3）经济性好。相比传统演练所花费的人力、物力，模拟演练的经济性显而易见。只需购买模拟演练数据库，便可多人、多次地进行模拟演练。对于某些行业的单位而言，购买特定数据库即可满足其需求，有利于压缩成本。

（4）安全性好。与传统演练相比，虚实融合模拟演练不需要真实的场地，有效避免了在演练过程中发生意外的情况，提高了安全性。

2.2　“双盲”演练模式

“双盲”演练模式即在演练前不通知参演人

员有关演练时间、演练地点和演练内容等信息，主要用于检验各演练单位之间的信息传递能力是否流畅，职责定位是否明确，预案制定是否科学，指挥员应对突发事故的指挥能力是否得当。“双盲”演练具有未知性、突发性和实战性等特点，能够针对突发事故提前预知，提前整改，避免在实战中再次犯错[3]。

（1）未知性。“双盲”演练模式在演练前不编写脚本方案，只设计制定突发事件、衍生事件以及次生灾害的情形。“双盲”演练的未知性特点可以有效避免演练人员照本宣科的“表演”，打破固有脚本的束缚，充分发挥演练人员的主观能力。

（2）突发性。“双盲”演练往往采取“突然袭击”的方式开展，并由专门的策划小组进行策划，各演练单位及人员对演练时间、演练地点事先并不知情。能够充分暴露出各单位在应对突发事件过程中的问题，了解演练人员的临场处置能力。

（3）实战性。由于参演人员对“双盲”演练事先并不知情，更能模拟突发事件发生时的紧急情况，最为贴近实战，从而提高参演人员应对实战的临危应变能力。

2.3 石油化工模拟演练特点

随着综合国力不断提升，我国对于各类资源尤其是石油化工产品的需求量也随之增加，这样的国情加速了石油化工行业发展。为保障石油化工产品在存储、运输、使用过程中的安全问题，各相关行业对石油化工事故开展了大量模拟演练，争取将人员伤亡和经济损失降到最低。石油化工模拟演练不同于其他事故的模拟演练，其具有以下特点[4]：

（1）模型规模跨度大。用来存储、运输石化产品的容器一般都比较大，而泄露往往发生在容器内微小的管道或连接处，模型尺寸跨度较大，对于建模工作是一个巨大的挑战。模拟演练系统需要采用优化设计，合理展现事故现场的复杂情况。

（2）模拟演练难度高。石化行业是一个高危行业，具有高温高压、有毒有害、连续作业、点多面广的特点，在模拟演练过程中需要进行侦检、防护、堵漏、洗消、救援等特定环节。石化行业一旦发生重大事故，往往很难进行控制，需要消防救援人员技术娴熟，指挥人员当机立断且准确无误，所以石化事故模拟演练的难度系数也较大。

（3）模拟目标严苛。石化产品作为重要能源，一旦发生泄漏或燃爆，事故成本较高，损失惨重。事故发生时，石化能源容易被污染，污染后很难回收利用，为了减少事故发生时的石化能源的浪费，需要在模拟时达到更严苛的工作目标。

3 系统平台

本系统平台具备应用流畅、项目资源符合规范要求、虚拟仿真系统开发完备应用便捷等优点，充分发挥了仿真推演和模拟演练系统建设的科学性、规范性、专业性、发展性和实用性，满足石化行业从业人员及消防人员在应对处置危险化学品事故方面的培训、考核及应急演练的迫切需求。系统通过专业仿真推演和模拟演练系统的建设使用，开展面对面实际操作，充分发挥“能学、辅教、训练、推演、考核”等作用，让演练者有效利用资源进行信息交互，进而提升不同层级演练人员应对突发事件的专业素质和知识能力。

3.1 系统平台设计

（1）情景构建。进入系统后用户可结合当地的气象、地势自行设施事故场景。场景以危险化学品事故真实事件为主线，特定区域发生的灾害风险事故为核心，配备各类救援装置器材供用户进行虚拟操作训练使用，通过图像、图形、文字、音频、视频等形式，对演练场景进行渲染构建。系统场景将根据指挥人员及现场处置人员的操作，进入不同的情景分支，模拟出最具真实效果的应急力量调动、指挥协调、事故处置、物资保障等环节。

（2）角色分配。系统可自由设定三维虚拟角色的岗位和岗位职能，不同的岗位拥有不同的事件线和操作动画。所有自由设定的角色岗位之间相互具有合作性和独立性，单一角色可完成多角色任务，也可由多角色之间协同交互完成特定任务。模拟演练系统可按设定的预案脚本进行演练，也可通过事故态势演化推演技术实现双盲式无固定脚本的模拟演练。演练者登陆系统后将分别按照各自角色任务进行协同交互。当参与模拟演练的人员不满足最低人数要求时，电脑将补充相应数量的机器人代为完成相应角色的任务。

（3）地理信息。GIS 地理信息模块为系统提供了一个实时处理数据的三维操作平台。GIS 矢量标图系统是以虚拟现实技术、GIS 地理信息技术、Unity3D 仿真软件为基础，结合遥感影像地图、矢量地图、DEM 数据、三维模型数据构建而成。在接到突发事故信号后，不同指挥处置层级的人员可结合事故地理信息、周边物资分布情况、道路交通情况等，在地图上进行快速矢量标注，方便演练人员进行指挥部署、现场处置等，具体见图 1。

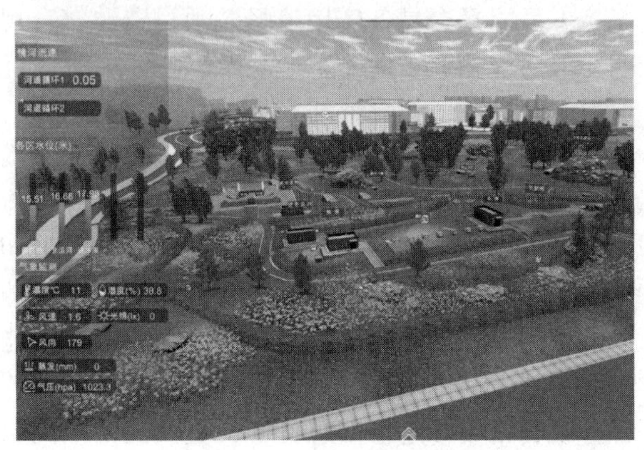

图 1　GIS 地理信息模块

（4）系统物理架构。本系统的物理架构如图 2 所示，演练培训人员以及参演部门通过 HTTP 协议访问部署 C/S 架构下的虚实融合态势仿真推演系统，通过 REST 服务访问部署在 SQLSever 服务器上的地图服务和最优路径分析服务。SQLSever 服务器主要负责对当前地图数据进行发布，并根据其中的路网数据提供路径分析服务。数据库服务器主要负责对态势推演过程中产生的数据进行存储。

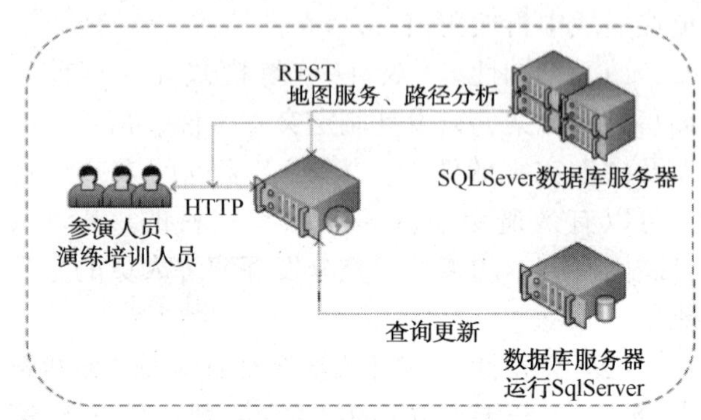

图 2　系统物理架构

3.2　系统功能

三维桌面推演模拟演练平台主要包含“系统数据综合管理模块”“数字化预案推演模块”“智能多角色仿真演练系统”和“考核评估观摩组系统模块”几部分组成，如图 3 所示。主要从“多人协同交互”“数字化预案推演”“模拟演练评估”和“事故场景再现”几个创新功能方面对系统功能进行介绍。

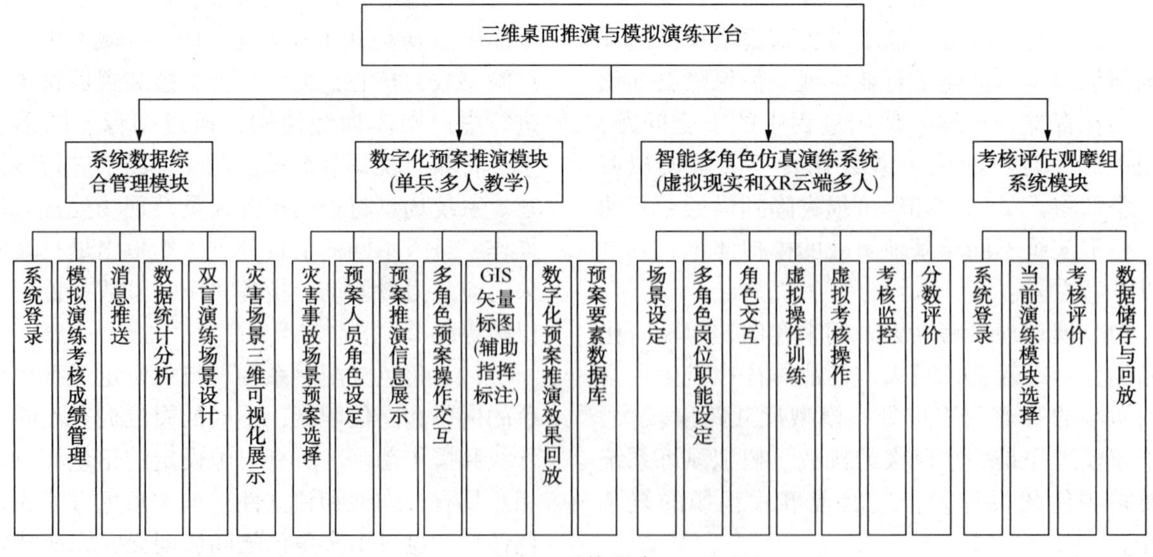

图 3　系统平台

3.2.1　多人协同交互

虚实融合模拟演练中的多人协同交互功能可大大提升演练的真实效果，演练人员选定角色后，将佩戴虚拟现实设备进入仿真事故场景。不同的演练人员在操控消防枪、消防炮、水泵结合器、举高消防车等虚实融合装备模型完成指定动作后，虚拟场景中将给出对应的信息反馈。演练过程中，某些由多人协同才能完成的特定任务，自身的操作失误不仅会对自身最终的评估造成影响，还将导致队友的受伤或者牺牲，如危险化学品事故中，堵漏环节开展的顺利与否将直接影响后续的救援处置工作[5]。

3.2.2 数字化预案推演

（1）预案信息设定。系统平台的数字化预案信息由用户自行设定，如灾害事故场景以及效果，救援力量，受灾范围等。

（2）灾害事故场景预案选择。事故场景中的工具箱列表归类放置各种灾害事故场景预案要素，用户可使用鼠标点击拖拽相应图标在地图界面上进行预案部署。

（3）预案人员角色设定。系统可自行设定预案事件内要素，如救援车辆行驶轨迹，人群撤退路线，救援力量位置部署，突发事件严重性，现场烟雾大小等。

（4）预案推演信息展示。按照设定好的预案在虚实融合基础上进行推演展示，在展示过程中用户可拖动进度条或点击“快进”、“快退”、“暂停/播放”控制预案整体进度。在预案推演过程中可通过镜头切换功能以观察目标。

（5）多角色预案操作交互。所有数字化预案推演参与人员可在各自终端进入数字化预案推演场景。每位参与人员扮演预案中的不同角色，当预案开始执行时，参与人员需按照各自扮演的角色分别完成推演任务，且可与其他角色进行交互。

（6）预案要素数据库。采用 SQLSEVER2008 或以上版本软件建立预案要素数据库，此数据库内需分门别类储存“灾害事故场景信息”、“预案救援人员信息”、“预案救援车辆信息”、“应对处置预案信息”、“事故场景影响因素”等，方便用户在设定数字化预案时调取相关数据。

3.2.3 模拟演练评估

模拟演练评估评价系统采取了个人评价、相互评价、系统评价以及专家评估相结合的方式，从而建立了一个双盲考核评估系统[6]。评估并不是简单的评论演练过程中具体的指挥操作合理与否，还将听取指挥处置人员在演练期间做出相应处置决定的理由。评估系统在演练过程中设置了科学的打分标准，并由经验丰富的专家确定各项评分权重，对演练过程中呈现的优点与暴露的问题，给出合理的建议，最终达到“吸取长处、补齐短板”的效果。

3.2.4 事故场景再现

（1）典型场景再现。系统平台制作了近几年发生的重大危化品事故，演练人员可以通过虚拟现实技术切实体验典型真实事故的场景，对典型事故中指挥处置人员的指挥操作进行战例研讨、点评，更为直观的展现事故场景。

（2）演练场景回放。在模拟演练过程中，系统平台记录所有演练人员的行动轨迹。当演练结束后，用户可从系统中调取并播放本次模拟演练的回放文件。在进行回放文件播放时，可控制回放文件的整体进度，可选择不同角色图标进行视角切换，达到直观地学习、点评的效果。

4 总结

通过“双盲”模拟演练、态势推演技术与虚拟现实技术的有效相结合，三维桌面推演与模拟演练平台形成了练、考、评于一体的综合系统平台，能够保障各演练环节的真实性和科学性，实现对演练效果的科学评价。系统在提升指挥员事故现场临时决策的能力，测评救援人员依据指挥员决策灵活处置的能力，发现各部门在应对危险化学品事故中存在的问题，针对演练过程提出相应改进措施方面有着众多优势。系统可应用于政府、安全生产、公共安全等多领域的各类突发事件应急演练和应急培训工作，是应急演练智能化、数字化服务的一个全新模式。

参 考 文 献

[1] 朱虹吉．油库三维可视化火灾模拟演练系统的研究与实现[D]．中国石油大学(华东)，2017.

[2] 李亚男，王宁．三维仿真模拟应急处置、演练与考核系统的开发与应用[J]．化工管理．2017(29)：10.

[3] 张立安，康润家，吕晓哲，等．双盲消防灭火救援演练模式构建[J]．中国安全生产科学技术，2019，015(008)：144-149.

[4] 李晔舟．石化企业数字化消防应急演练系统分析[J]．中国石油和化工标准与质量．2020，40(09)：130-131.

[5] Reis V，Neves C．Application of virtual reality simulation in firefighter training for the development of decision-making competences[C]// 2019 International Symposium on Computers in Education (SIIE). 2019.

[6] 赵陆．支持多人协同工作的真实感虚拟装配训练系统[D]．山东大学．

消防监护辨析

张　玉

（中国石油玉门油田分公司应急与综治中心）

摘　要　由于油田生产企业生产、加工、储存的化工原料、化工产品本身具有易燃易爆性、易腐蚀性、有毒性，一旦发生火灾或泄漏事故，常伴随爆炸、复燃复爆，立体、大面积、多火点等形式的燃烧，不但导致生产停顿，设备损坏，也会造成重大人员伤亡和财产损失。

关键词　消防监护；玉门油田消防队；监护力量；监护对象；执勤力量；安全防护；风险

日常消防监护工作在企业专职消防队中占有很只要的比重，也是消防队日常工作不可避免的一项重要工作。据统计 2019 年玉门油田消防队承担监护 1385 小时，126 车次，520 人次。2020 年有所下降，承担监护 82 车次，328 人次，697 小时，其中井上酸化压裂施工和管线更换等各占一半。就是说按照一年 52 个星期，每周消防车都有 14 个小时左右在承担各类监护任务。这说明监护工作在日常工作中占了很大比例。随着，伴随此项工作的交通风险和现场风险也占了相当大的比例。

1　现场监护用途分析不足

由于油田生产企业生产、加工、储存的化工原料、化工产品本身具有易燃易爆性、易腐蚀性、有毒性，一旦发生火灾或泄漏事故，常伴随爆炸、复燃复爆，立体、大面积、多火点等形式的燃烧，不但导致生产停顿，设备损坏，也会造成重大人员伤亡和财产损失。

现阶段消防队在街道监护任务是，一般情况下都是监护力量到达现场后只是对监护对象的周边情况、交通道路、消防设施、水源等简单情况进行普查，往往忽视了被监护对象作业的风险分析，对被监护对象本身存在的风险分析不够，例如被监护对象发生火灾、爆炸能够达到什么程度，对周围设备会造成什么影响，，发生泄漏是否有毒、有无爆炸的危险，范围会达到什么样的程度，是否有放射性物质泄漏的危险、是否会发生次生灾害、灭火力量够不够、增援力量需要多长时间等等都没有进行认真的分析和评估。

2　现场监护地点不符合安全要求

消防队接到监护任务都是按照工厂或车间人员指定的地点进行监护，而该地点往往据作业的地点较近。现场人员指定的地点通常主要考虑距离近，灭火救援快速，节省时间，却忽略了消防监护力量本身的安全问题，如没有考虑所指定的地方的地势问题、风向问题，以及作业点发生火灾、爆炸、泄漏、井喷等事故时，消防监护力量是否处于安全范围，唯一的救援力量能不能起到应有的作用，消防监护力量能不能正常展开进攻路线等等。

3　现场监护力量不能满足灭火救援需要

企业专职消防队由于历史原因和企业自身发展、用工机制等影响，执勤车辆人员普遍都存在缺员、执勤力量不足的情况。而一旦进入夺油上产、大开发、炼化周期大维修等需要进行多点现场监护的时候，消防队在考虑执勤力量的情况下只能先保证相比较重点的单位和部位，甚至会出现近距离的点共用一台消防车进行监护的情况。根据石油化工火灾特点，单台消防车进行一个危险点的监护是远远无法满足灭火救援的需求。更别说，有的监护点位置偏远，周边地势恶略，增援力量无法短时间赶到。

3.1　长时间现场监护后勤保障机制不健全

企业在进行生产装置检维修作业时，由于受设备类别、施工条件的影响，往往要进行较长时间的维修作业，消防队在监护现场受监护任务约束无法离开现场。尤其是到了冬季，即使可以离开现场用餐，也因为重车上下井场的风险大，路途远而导致放弃。人员的饮用水和就餐等后勤保障问题就凸显出来。以前，碰到这种情况一般是采用消防队安排人员进行轮换或者是消防队联系责任区单位进行送餐。由于没有统一的规定，常常出现由于衔接不畅，出现过现场监护人员后勤保障无法及时得到供应的问题。

3.2 现场监护人员的自身安全意识不强

由于企业专职消防队经常进行现场监护任务，监护人员(包括部分指挥员)从思想上产生麻痹，认为就是施工单位多事，折腾人。所谓的现场监护就是换个地方待着，不会发生事情。到达现场后，将战斗服和器材拿下车后，就在车内睡觉、看书，甚至有的干脆把车停好后就自由行动，放松了安全防护意识。

3.3 与被监护单位的信息联络不畅

消防队在接到监护任务时。目前是由防火科进行现场施工条件确认，经过沟通后填写风险告知单后转达至战训科、应急保障中心和责任区队。作为监护人员通常都是根据119指挥中心的指派执行监护任务。存在的问题①办消防车监护手续的不一定是现场施工管理人员，对现场的情况和施工进度不能完全掌握，防火科填写的风险告知单可能存在遗漏；②在监护过程中，施工条件可能发生变化，如果施工方不及时告知，而监护人员又没有对解现场情况及时跟踪，就可能发生新的风险而不自知；③由于进入油气区不能携带手机等非防爆工具，阻碍了监护人员和外界的沟通，有些情况不能及时掌握。

4 经验教训

现场监护绝不是没事找事，也不是基本无事，实际上近年来在监护过程中发生的事故屡见不鲜。

例如：2013年11月22日10时25分，位于山东省青岛经济技术开发区的中国石油化工股份有限公司管道储运分公司东黄输油管道泄漏原油进入市政排水暗渠，在形成密闭空间的暗渠内油气积聚遇火花发生爆炸，造成62人死亡、136人受伤，直接经济损失75172万元。为处理泄漏的管道，现场决定打开暗渠盖板。现场动用挖掘机，采用液压破碎锤进行打孔破碎作业，作业期间发生爆炸。爆炸时间为2013年11月22日10时25分。

爆炸造成秦皇岛路桥涵以北至入海口、以南沿斋堂岛街至刘公岛路排水暗渠的预制混凝土盖板大部分被炸开，与刘公岛路排水暗渠西南端相连接的长兴岛街、唐岛路、舟山岛街排水暗渠的现浇混凝土盖板拱起、开裂和局部炸开，全长波及5000余米。爆炸产生的冲击波及飞溅物造成现场抢修人员、过往行人、周边单位和社区人员，以及青岛丽东化工有限公司厂区内排水暗渠上方临时工棚及附近作业人员，共62人死亡、136人受伤。爆炸还造成周边多处建筑物不同程度损坏，多台车辆及设备损毁，供水、供电、供暖、供气多条管线受损。泄漏原油通过排水暗渠进入附近海域，造成胶州湾局部污染。爆炸事故发生前，中石化管道储运分公司黄岛油库企业专职消防队的6名消防人员正在现场执行监护任务，事故发生时，应为来不及撤退在爆炸中牺牲。

同样，在我们身边也发生了的窿5井爆炸事故。2000年12月9日井口防喷器闸板芯子刺坏，引起了钻具上移，气量加大，防喷声音增强，正在窿5井执行监护任务的油田消防支队三大队二小队利用消防水枪对井口降温处理，同时掩护机泵房拆除中发生爆炸，造成2人死亡，17人受伤的惨痛教训。在井口执行任务的王某和仲某被火焰灼伤。经济损失无可估量。

5 解决现场监护过程中安全问题的几点思考

(1) 加强现场沟通，及时全面掌握和了解施工现场的各类隐患，正确识别监护过程中的风险。根据作业内容和施工现场情况，充分考虑具体情况，结合实际选择停车位置。既要便于观察和行动，又要避免距离施工现场太近带来的风险。风险分析评估后，针对分析评估的结果认真制定具有针对性、科学性、实用性的监护方案，明确任务分工、处置程序，并组织监护人员学习。

(2) 加强专职消防队各级指战员的业务理论及“六熟悉”的培训，通过学习和培训增强监护人员对责任区和施工现场的掌握。要清楚装置环境，生产工艺、设备物料走向、物料的特性等知识。

(3) 培养大家到现场的沟通能力。现在，通过磨合，大多数现场在开工前都会召集包括消防队代表参加的技术交底会。要抓住现场生产特点，强化沟通，了解施工现场的工作计划和进度，不要一言不发，多问、多想、多讨论。

(4) 优化监护人员、器材、设备的配置。可以根据施工内容和现场的不同，合理配置监护车辆和人员。离得近的监护点可以考虑选择一点集中，集中兵力；危险性大。离增援力量较远的应该选择大吨位消防车，确保任务完成。结合油田施工特点和单位用工，监护车辆，应挑选精干力量(现在一般情况下一辆车上由一名班长一名消防驾驶员、两名消防战斗员组成)使人人都能发挥该有的作用。给与监护人员一定的监护补助，提高积极性。监护车辆应配备气体检测仪、防爆手机等利于现场使用的专用工具。

火灾危险产物危害分析与防控

张有松

（中国石油大庆石化公司消防支队）

摘　要　由于石油化工行业生产设备、工艺复杂，存在火灾、爆炸、中毒等诸多风险，在火灾事故中，石油化工物料火灾产生大量烟气、高温辐射热等危险产物，这些火灾危险产物直接危及石化装置和救援人员的生命安全，如何消减石化装置火灾危险产物对石化装置救援人员的危害，预防事故的发生，这直接关系到救援人员人身安全和火灾的有效扑救。本文就石化装置火灾危险产物的危害，进行了深入地解析，以寻求预防火灾危险产物危害的有效方法，为石化装置的消防安全进行新的探索。

关键词　石油化工火灾；危险产物；危害辨识以；危险防控；消防安全

1　前言

石油化工行业设备、工艺复杂，石化装置生产施工过程中；火灾、爆炸等事故时有发生，火灾危险产物的危害直接危及事故救援人员的生命安全；因此在石化装置火灾救援过程中，如何运用有效安全技术和管理方法，降低风险、避免事故，去达到石化行业消防安全的终极目标，一直是我们努力追求的方向；我们通过对火灾危险产物的危害辨识，解析火灾危险产物危害机理，采取相应的预防措施，最大限度的消减控制石化装置火灾救援过程中火灾危险产物的风险因素，这对保障石化装置和人员的生命安全具有深远的现实意义。

2　火灾危险产物分析

火灾是石油化工生产过程中严重事故之一，一旦发生火灾事故不仅破坏力大、蔓延速度快，一旦失控石油化工设施顷刻间就可毁于一旦。

火灾危险产物，是指物质在燃烧的过程中生成的气体，蒸汽，固体及伴生的现象。包括：火焰，光线，热量及能量的释放。并不单纯的指燃烧后所生成的可见物质，而每一种产物能相应构成不同程度的财产损失和人员伤亡，必须引起足够的重视。

3　石油化工火灾救援过程中火灾危险产物及其危害因素分析

（1）火焰：可燃物质在燃烧时，其火焰的温度一般都在500度以上，人体如果直接与火焰接触会导致全身的或部分的皮肤烧伤和呼吸道的严重损伤，。

（2）高温辐射热：燃烧的火焰能够极快地产生超过93度的辐射温度，在封闭的空间，其辐射热温度能够建立高达427度以上的高温，这一温度，已大大超过了50度人体所能容忍的温度。热辐射的高温会导致危险的结果，轻则烧伤，重则死亡。

（3）烟气：石油化工可燃物多为有机物，还有少量金属，有机物的化学成份主要有碳(C)、氢(H)、氧(O)、氮(N)，此外还含有硫(S)、磷(P)和卤素(F、Cl、Br、I)等元素，其燃烧产物主要有一氧化碳、二氧化碳、水蒸汽、二氧化硫和五氧化二磷等，在不完全燃烧状态下还会生成大量的中间产物，尤其是一些高分子合成材料，在火场温度达到不同的程度时会生成不同的中间产物，其中间产物的种类非常多，常见的有硫化氢、氨气、氰化氢、苯、甲醛、氯化氢、氯气和光气等，有些产物还不为我们所知。燃烧产物有气态、液态和固态三种形式，其中液态和固态产物悬浮在空气中，形成烟尘，通常认为火灾现场中的烟气是燃烧产物与空气的混合物。

一氧化碳(CO)：是最危险的剧烈有毒气体，其为可燃物质不完全燃烧的产物。它无色无味，难容于水，比重0.97。当空气中含有一氧化碳而吸入呼吸系统时，血液先吸收一氧化碳而在吸收氧气，这样就会导致大脑和人体严重的缺氧。当空气中的一氧化碳含量为0.5%时，约经30分钟有死亡之危险，当一氧化碳的浓度为1.3%时，吸入二三口后，就会失去知觉，几分钟后便会中毒死亡。

二氧化碳(CO_2)：是可燃物质完全燃烧的产物。二氧化碳是无色，不然，不溶于水，比重为1.52的有害气体。二氧化碳对呼吸系统会发生障碍作用。在空气中高于正常含量的二氧化碳就会减少肺对氧有吸收量。如果呼吸系统中的二氧化碳浓度过大，人体吸收的氧气不足，就会出现快而深的呼吸。这种特征信号表明呼吸系统没有得到足够的氧气

3.1 窒息死亡

人体与外界的气体交换，吸入氧气和呼出二氧化碳是通过肺实现的，这包括肺通气(肺与外界的气体交换)和肺换气(肺与血液间的气体交换)两个方面。肺通气量不足时会使肺部氧气含量降低，二氧化碳含量增高，肺换气不足时会使血液中氧气含量降低，二氧化碳含量增高，会出现窒息死亡。

3.1.1 单纯窒息死亡

正常情况下，空气中的氧气含量为21%，火灾发生时，可燃物燃烧过程要消耗大量的氧气，致使烟气中的氧气含量降低，而且往往低于人们生理正常所需要的数值。脑缺氧仅3~4min便会发生不可逆的缺氧性损伤，因此在缺氧的环境中，大脑首先受影响，产生功能障碍，使人窒息死亡。即使含氧量在6-14%之间，虽然不会因缺氧而短时死亡，但也会因活动能力下降或丧失活动能力不能顺利逃离火场最终被火烧死或其它因素致死。在密闭性高的空间内(如地下室)氧气的含量最低可达3%。

3.1.2 烟尘堵塞窒息死亡

当含有大量烟尘的烟气被火灾现场中人员吸入后，会粘附在鼻腔、口腔和气管内，进入支气管、细支气管和小支气管，甚至由扩散作用能进入肺部粘附在肺泡上，所以火灾中死者的鼻腔、口腔、舌体上表面和气管处会发现大量烟尘，有时会是厚厚的一层，严重时会堵塞鼻腔和气管，致使肺通气不足，最终窒息死亡。

3.1.3 热力损伤窒息死亡

发生火灾后，火焰的温度可达1000℃以上，醚类和一些可燃气体火灾的火焰温度可达2000℃以上，从火场中扩散出来的烟气温度可高达几百度。人吸进高温烟气后，高温烟气流经鼻腔、咽喉、气管进入肺部的过程中，会灼伤鼻腔、咽喉、气管甚至肺，致使其粘膜组织出现水泡、水肿或充血。

3.1.4 黏膜刺激窒息死亡

有些燃烧产物会对人的喉、气管、支气管和肺产生强烈的刺激作用，致使不能正常呼吸而窒息死亡。

3.1.5 化学窒息死亡

吸入一氧化碳、硫化氢及氰化物后会出现化学窒息死亡。一氧化碳与血红蛋白的亲和力要比氧大210倍，正常情况下空气中的氧含量为21%，当空气中一氧化碳含量达0.1%时，血液中将形成50%的碳氧血红蛋白和50%的氧合血红蛋白，此时已是一氧化碳重度中毒，使呼吸中止。而在实际火灾现场中几分钟内烟气中的氧含量会远低于21%，一氧化碳含量会远高于0.1%，能造成人短时间内死亡。氰化物具有极强的细胞毒作用，少量进入体内后会迅速与细胞色素氧化酶结合生成氰化高铁细胞色素氧化酶，使细胞色素丧失传递电子的能力，使呼吸链中断细胞死亡，致人短时死亡。

3.2 麻醉

有些气体(如笑气、醚类)吸入不会使人窒息死亡，但对人体有麻醉使用，人被麻醉神志不清活动能力下降而不能及时逃离现场被火烧死或其它因素致死。

3.3 高温

火灾烟气温度可高达几百度，在密闭性高的空间内(如地下室)烟气的温度可高达一千度。人对高温烟气的忍耐是有限的，在65℃时，可短时忍受；在120℃时，15min内可产生不可恢复的损伤；140℃时，可忍受5min；170℃时可忍受1min；温度再高些1min也忍受不了，会有强烈的疼痛感，心率加快，肌肉痉挛，出现休克，不能及时逃离火场而被烧死或其它因素致死。

3.4 其他危害

火灾烟气对可见光有较强的遮蔽使用，使能见度大大降低，同时火灾烟气中的氯化氢、氨气和氯等气体对眼睛有强烈的刺激使用，使人睁不开眼睛，严重影响逃离现场的速度。

火灾现场产生的大量浓烟会使人们产生恐怖感，惊慌失措，失去理智，给火场逃生造成混乱局面，具有很强的危害性。

火灾中被浓烟熏死呛死的人是烧死者的4、5倍。在一些火灾中，被“烧死”的人实际上是先

烟气中毒窒息死亡之后又遭火烧的。

浓烟致人死亡的主要原因是一氧化碳中毒。在一氧化碳浓度达1.3%的空气中，人吸上两三口气就会失去知觉，呼吸13min就会导致死亡。而常用的建筑材料燃烧时所产生的烟气中，一氧化碳的含量高达2.5%。此外，火灾中的烟气里还含有大量的二氧化碳。在通常的情况下，二氧化碳在空气中约占0.06%，当其浓度达到2%时，人就会感到呼吸困难，达到6%、7%时，人就会窒息死亡。另外还有一些材料，如聚氯乙烯、尼龙、羊毛、丝绸等纤维类物品燃烧时能产生剧毒气体，对人的威胁更大。

有关专家经过多年研究，发现烟的蔓延速度超过火的速度5倍，其能量超过火5~6倍。烟气的流动方向就是火势蔓延的途径。温度极高的浓烟，在2分钟内就可形成烈火，而且对相距很远的人也能构成威胁。如某火灾事故，在发生的次高层建筑火灾，虽然大火只烧到5层，由于浓烟升腾，21层楼上也有人窒息死亡了。

此外，由于浓烟出现，严重影响了人们的视线，使人看不清逃离的方向而陷入困境。

4 火灾危险产物危害的防控措施

4.1 火焰危害的防控措施

可燃物质在燃烧时，其火焰的温度一般都在500℃以上。如果直接与火焰接触会导致全身的或部分的皮肤烧伤和呼吸道的严重损伤，因此，在扑救火灾时，消防人员必须穿戴具有一定隔热作用的消防衣，消防靴，手套和防火头盔等。否则，就必须与火焰保持一定的安全距离，以防皮肤烧伤的危险。为防止呼吸道烧伤，可以佩戴空气呼吸器。但必须注意空气呼吸器并不能防止炽热的火灾对人体的伤害。

4.2 高温辐射热危害的防控措施

燃烧的火焰能够极快地产生超过93℃的辐射温度，在封闭的空间，其辐射热温度能够建立高达427℃以上的高温，在这样的温度下，即使穿着防护衣和佩戴空气呼吸器对人体的保护也无济于事。必须与火焰保持 定的安全距离，以防皮肤烧伤的危险。

4.3 烟气危害的防控措施

（1）大量地喷水，降低浓烟的温度，抑制浓烟蔓延的速度。

（2）用毛巾或布蒙住口鼻，减少烟气的吸入，关闭或封住与着火房间相通的门窗，减少浓烟的进入。

（3）从烟火中出逃，如烟不太浓，可俯下身子行走；如为浓烟，须铺匐行走，在贴近地面30cm的空气层中，烟雾较为稀薄。高层建筑的电梯间、楼梯、通气孔道往往是火势蔓延上升的地方，要回避。烟火上行，人要下行。

5 火灾危险产物危害防控措施实施中应注意以下一些方面

（1）火灾危险产物危害防控措施，是石油化工作业和救援人员消防技能、装备和指挥人员的素质等多方面的综合。忽视其一，均难以收效。如果人员只有消防知识与技能，而没有足够和优良的消防设备，只能望火兴叹，若是只有先进的消防装备，而人员缺乏消防知识与技能，也是无济于事，徒劳无功。只有各级组织和石油化工作业人员对此都有足够的认识，使之既有足够、有效的消防装备，又有高超的消防知识和技能的海上石油作业人员，才能有效的实施和展开消防工作。由此可见，加强对石油化工作业及消防人员进行消防知识的学习，消防技能的训练是及其重要的

（2）火灾危险产物危害防控措施应包括事故预防、事故控制影响等方面以及实施这些措施所需要的设备、设施、人员培训、管理方式等内容。

（3）明确火灾危险产物危害防控措施的基本途径，包括降低风险的可能性、减少危害数量和时间、降低事故后果的严重性等。

（4）明确火灾危险产物危害防控措施实施作业人员及消防救援人员的责任、权利和义务，明确检查监督的执行。

（5）要从石油化工装置的实际情况出发，充分考虑实施火灾危险产物危害防控措施的合理性、可操作性。从目前的实际情况来看，火灾危险产物危害防控或防范措施石油化工生产过程中都具有较为简单的控制或防范措施；生产和消防等单位应建立一个统一的控制系统。

（6）对石油化工装置评价出的重大火灾风险和突发事件进行分析，形成内容完善、组织机构清晰、应急联络明确、责任措施落实的应急处理预案。

6 结语

通过石油化工行业火灾危险产物危害的深入解析，辨识火灾危险产物的一系列危害，探索出预防火灾危险产物危害的一系列有效措施，为能有效消减控制石油化工行业火灾危险产物的风险，提供了相应的对策，能及时消除石油化工行业火灾危险产物危害，运用有效的消防安全技术和管理方法，降低风险、避免事故，从而达到石化行业消防救援安全的终极目标。

石化企业消防安全管理存在的问题及措施

李志刚

（中海油惠州石化有限公司）

摘　要　随着国家改革开发以来经济的高速发展，国民经济建设中石油化工工业越来越占据核心地位。石油化工企业规模逐年扩大，例如惠州大亚湾石化工业区、宁波石化经济技术开发区、上海化学工业经济技术开发区、泉港石化工业园区、大连长兴岛石化园区、河北曹妃甸石化区、江苏连云港石化园区等已建成千万吨炼油和百万吨乙烯裂解装置并陆续投产。石油化工产品几乎渗透到社会生活的每一个领域，但是长期以来困扰石化企业发展的消防安全问题已经引起了社会各界的广泛关注。由于石化企业存储、生产、加工的产品具有易燃易爆性、强腐蚀性、毒害等特点，所以一旦发生泄漏、着火、爆炸等事故，将会造成严重的后果；因此，在发生事故时如何高效的进行前期控制，降低财产损失、减少环境污染、挽救人员生命将成为事故处置的重点。本文主要是从石化企业生产过程中常见的消防安全管理及事故应急处置中存在的问题进行了分析研究并阐述应对措施。

关键词　石化企业；消防安全；防火；应对措施；应急处置

1　困扰石化企业发展的消防安全及应急处置问题

之所以大多数石化企业都存在严重的消防安全问题，主要是由于石化企业的高风险所决定的。而这主要存在以下方面的问题。

1.1　石油化工企业消防安全制度的缺失

很多石化企业在发展的过程中，由于对消防安全责任人的理解产生了偏差，再加上生产过程中忽略了安全防火工作的重要性，消防安全岗位责任制落实不到位，在日常的消防安全检查中即便是发现了存在的安全隐患，也没有严格的按照要求进行落实整改措施，最终导致隐患发展成石化生产过程中的事故。另外，很多石化企业管理人员为了促进其经济效益的提升，从而降低了企业在消防安全管理方面的投入，这样不仅削弱了企业消防安全管理制度的执行力度，同时也增加了企业消防安全事故发生的几率。

1.2　石油化工企业员工对消防安全意识存在偏差

虽然大多数石化企业员工在生产的过程中都十分重视消防安全工作，但是由于部分员工自身的安全意识相对较差，消防意识薄弱；同时企业对员工消防应急知识、技能的培训不足，这将导致在发生事故时出现过度慌乱、报警延误、第一时间处置不力的现象。最终造成事态扩大，使企业财产或声誉造成损失，同时也造成了不良的社会影响。

1.3　员工操作不规范所引发的消防安全事故

很多石化企业员工虽然深知自身的操作行为已经违反了安全操作规范的要求，但是仍然没有及时的改正错误的操作方式，没有真正意识到错误操作将导致的后果，以习惯性操作代替标准化操作，对操作规程、规章、制度熟视无睹，而这种不规范的操作行为也增加了消防安全事故发生的概率。

1.4　作业安全管理措施的缺失

由于石化企业设备检修的频率相对较高，而在进行设备检修时往往都会涉及到动火作业，很多企业由于在设备检修时没有按照动火作业的要求实施作业安全管理，最终导致了火灾事故的发生。所以，石化企业必须对动火作业的安全操作予以充分的重视，才能促进其消防安全管理能力的稳步提升。

1.5　消防安全设备设施管理的缺失

例如，很多石化企业的高压消防管线存在供水压力不足以及消防设施维护不及时、设备设施处于低老坏等现象。虽然越来越多的石化企业在发展的过程中，已经根据企业自身发展的需要加大了消防设施建设投入的力度，而这也看出石化企业对消防安全重视程度的不断提高，但是由于很多石化企业并没有建立完善的消防实施安全管理制度，对消防设施日常管理及维护保养不到位，在突发事故情况下，该起到防护和冷却作用的消防设施无法启动或无法使用，从而对石化企业的安全生产和长期稳定发展产生了严重的影响。

2 石油化工企业消防安全应急管理策略

2.1 消防安全责任制的全面落实

石油化工企业管理层必须对消防安全问题予以充分的重视，严格执行《消防安全责任制实施办法》，按照“管行业必须管安全、管业务必须管安全、管生产经营必须管安全”的要求，才能确保消防安全责任制真正落实落地。由于石化生产设备在运行的过程中，自身不仅会产生机械磨损，同时也会受到化学产品、原料的腐蚀，再加上长期处于极为恶劣的生产环境，从而导致设备安全性能的下降。因此，作为石化企业安全管理人员，必须加大石化生产设备日常安全检查管理的力度，严格的按照设备使用的情况做好设备预防性检修、维护以及安全评价等工作，了解设备生产过程中出现故障的具体原因，并以此为基础制定出相应的预防措施。作为石化企业的员工，必须充分重视消防安全责任制落实的重要性，才能从根本上降低消防安全问题发生的概率，才能促进企业经济效益的稳步提升，为石化企业的长期稳定发展奠定良好的基础。

2.2 加大消防安全管理制度宣传的力度

严格的按照动火审批制度的要求，进行施工现场的焊接作业。石化企业在发展的过程中，所涉及到的改建和扩建项目，都必须交由相关管理部门进行审批合格后才能实施。石化企业日常生产的过程中，必须制定严格的消防设备检修制度，定期的进行消防设备的维护保养，及时更新或替换低老坏的设备设施。同时加大消防安全知识教育宣传的力度，全面提升消防“四个能力”建设，促进企业员工消防安全意识的进一步增强。石化企业必须制定完善的消防安全岗位责任制，编制事故预案及消防灭火应急预案，同时定期的进行消防实战的演练，促进员工防火技能和意识的稳步提升。

2.3 加强消防设施的功能测试

消防设施的完好性是保证事故状态时能否有效实施救援的关键因素。因此，保证消防设施功能完好是成为防止火灾事故扩大的重要保障；消防设施年度功能检测是保证消防设施、自动灭火系统、火灾报警系统、泡沫灭火系统、喷淋系统、气体灭火系统等能否发挥灭火功能的重要手段。

2.4 创新思路编制简单、易操作、便于携带的消防应急处置卡

应急预案是依据《生产经营单位生产安全事故应急预案编制导则》GB/T 29639—2013 的要求编制，内容丰富且全面阐述了企业事故状态下的职责、处置程序等，是企业安全生产的根本。但是在实际使用当中，由于资料内容较多查找某项事故处置措施的操作非常复杂、繁琐，不能快速提供技术支持；因此应在应急预案培训、学习的基础之上加以总结、提炼，以达到精简实用的目的。将应急预案卡片化恰好可以满足这个要求，实现在应急时针对不同岗位、事故的处置、程序以及操作等起到指导提示的作用，使应急处置更加从容。

应急卡可根据人员岗位、属性及事故类型等分别编制为现场应急卡、岗位应急卡、应急程序消项卡、现场情景卡等卡片模式，并在卡片的正反面印刷例如岗位职责、报警电话、应急通讯录、初级事故处置程序、不同类型事故的防护及注意事项等信息。以实现便于携带记忆，充分体现出实用性；遇到突发情况，应急措施一目了然；进行操作处置，更加从容更加准确；应急及时有效，降低危害减少损失的作用。达到实用性、准确性、有效性、便携性的目的。

2.5 石油化工企业必须加大与所在地政府以及消防救援等部门的联系

与当地政府及相关职能部门之间建立完善的安全监督、应急联动机制，加大安全隐患预防和整改的力度，以达到促进消防安全管理效率全面提升的目的。消防部门必须对石化企业消防安全工作予以充分的重视，同时加强与相关部门沟通的力度，严格的按照消防安全制度的要求监督消防隐患整改，才能将消防安全隐患彻底消除。而石化企业在日常生产的过程中，必须密切的配合相关部门，严格的按照石化企业生产的特点，选择石化企业的生产地址，科学合理的布局和规划，才能降低石化企业的生产对周边环境所产生的影响。

3 企业消防应急救援队伍建设及应急联动

3.1 加强企业专职消防应急救援队伍建设，配备相应的应急物资储备

消防安全的管理是减低企业发生事故概率的重要手段，但是再好的管理手段、方法也不会避免事故的发生。在事故发生时，能够有效控制事态扩大、降低企业损失就成为必要的条件；在新型的社会救援体制的框架下，企业的救援力量也成为社会应急救援的重要补充，因此各企业首先要按照国家法律法规的要求组建石化企业消防救援队伍，配备与企业规模相匹配的救援人员与装备，在事故发生的初期能够有效控制，防止事故扩大。在最大限度减少财产损失的情况下，同时减少社会舆论对企业的负面影响也成为企业生存的关键。

3.2 建立应急联动机制，实现统一协调指挥，全面提升救援能力

石化企业事故具有损失大、社会影响广的特点。在事故发生时，事故扩散速度很快，仅依靠自身的消防救援力量是不能有效控制的，因此就需要建立区域、周边企业救援力量的应急联动机制，树立 1+1>2 的理念，集中资源充分发挥各自优势将事故的损失降到最低是应对突发事故的有效解决方法。

4 结束语

总而言之，由于石油化工企业自身的特殊性，所以石化企业必须高度重视消防安全工作的开展，树立安全工作大于天的思想，才能确保企业长期稳定发展目标的顺利实现。石化企业生产过程中所涉及到的各种易燃易爆的化学原料，如果保管不妥当，那么不仅会造成环境和空气的污染，增加安全事故发生的几率，同时也会导致企业出现巨大的经济损失，严重的还会危害到人的生命以及财产安全。所以，石化企业必须充分重视消防安全工作的严格管控，促进企业安全防范意识的的全面提升，才能从根本上降低火灾事故发生的概率，确保石化企业安、稳、长、满、优的发展。

参考文献

[1] 陈刚．化工企业日常消防安全管理工作的现状与对策探究[J]．江西化工，2014，(1)：283-284.
[2] 刘兆文．精细化工企业消防安全管理的探讨[J]．江西化工，2015，(6)：163-166.
[3] 陈君超．化工企业消防安全问题及对策探讨[J]．化工管理，2016，(36)：168.

采油矿敏感区域应急管理的探索

王建庆

（中国石油大庆油田责任有限公司）

摘　要　本文针对油田采油矿敏感区域突发事件应急管理展开有效性分析，明确了应急管理持久开展的针对性、时效性、经常性，阐述了要搞好油田安全管理、环境保护方面的有效措施。

树立了“三分处置七分预防”的理念，总结了“防、备、应、建”四字管理方法，创新了“四招”个性管理，使岗位相关人员能够熟练掌握应急预案，提高突发事件的预防控制、处理能力，对安全环保管理创新具有指导性与引导性。

关键词　采油矿；敏感区；应急管理；探索

1　深入分析，探索应急工作的问题所在

近年来，第三油矿的生产规模逐年扩大，与2010年相比将近翻了一番，油水井总数达到3500口，各类站所98座，仅2020年全矿突发事件就达38次，累计动用人力2300人次，设备272台次，其中最严重、影响最大的一次就是2020年2月9日，发生在让胡路区石油广场路段外输油干线穿孔，泄漏面积达上千平方米，污油污水还流入市政雨排，造成政府相关部门联动。面对形势的变化，管理难度的加大，我们通过分析，有三方面因素揭示原有应急管理模式必须亟待改进。一是大环境要求。国家新《安全生产法》和《环境保护法》颁布实施后，面对我矿历史欠账比较多，设备老化问题比较严重，管线腐蚀穿孔泄漏事件屡见不鲜等问题，使安全环保面临挑战进一步增大。二是敏感区域要求。第三油矿特殊的地理位置和影响度，一直倍受各方广泛关注，社会舆论的监督，网络媒体的快速传播，以及可能带来的炒作、放大和失真，都加大了事故的敏感性。三是落后现状要求。矿队两级使用的应急预案，一直都是延用和套用上级下发的版本，只有应急响应处置的内容，缺少事前预防和准备的事项，操作性不强，对现阶段的突发事件缺少指导意义。针对上述问题，我们提出分矿、队两个层面建立《生产应急组织管理办法》，构建我矿应急管理工作的框架体系，以达到随时应对突发事件的“无处不在、无时不在、无人能免”。

2　狠抓关键，建立全新应急管理办法

通过组织召开机关、基层人员座谈会，共同找出问题症结、制定方案，出台了《第三油矿安全环保应急管理办法》，同时坚持典型引路、以点带面的原则，今年年初率先在地处奥林区域的南六队进行试点，又探索出了《基层队敏感区域安全环保应急管理办法》，取得了较好的实效。

2.1　树立一个理念

一直以来，我们把突发事件的主要精力放在了应急处置上，力求在最短的时间内将突发事件处置完毕。但是，慢慢我们发现，每年突发事件的次数只增不减，且影响面越来越大。经过讨论分析，主要原因是在突发事件中，只注重处置，不注重预防，导致突发事件越来越多。于是，我们提出一个新的理念，即：应急管理要“三分处置七分预防”，只有在“防”上下功夫，降低突发事件的次数和影响度，才能从根本上解决问题。

（1）严管，一方面在组织原则上要严，实行统一领导、统一指挥，负责信息研判、方案制定、现场处置、后续恢复。生产调度为应急事件指挥中心，做好信息收集传递，指令传达备录，做到及早发现、快速报告、有序应对；另一方面在人员管理上要严，发生紧急情况，矿当天值班领导要第一时间赶赴现场，行使现场指挥权，应急组织成员接到调度室应急报告后，要在30分钟内赶到事发现场，参与现场指挥工作，在应急未解除前不能离开事发现场。

（2）精管，重新规范事故级别和汇报程序，根据事故（件）的大小、处置规模来确定事故级别和逐级报告对象，做到责任明确，流程顺畅，过程受控。

（3）用心管，加强对员工日常应急知识宣传

和专业技能培训教育，矿里开展“应急管理月”活动，组织生产一线员工进行全员应急处置程序考试，参考员工达1320人，平均98分，机关值班干部每晚夜查对岗位员工进行应急处置程序提问，第二天机关早会讲评。基层队创新开展演练与培训，坚持班组周演练、基层队月演练、矿季演练，做到常备不懈，平战结合。把平时当战时、培训当战训、演练当实战，全面提高我矿应对突发事件的处置效率。

2.2 总结“四字”管理方法

在管理中，总结出了“防、备、应、建”四字管理法。

(1)“防”：减少突发事件发生的机会(少发生)，已经发生了，减轻事故造成的危害。一是明确全矿的敏感区域，主要是公司周边、公路沿线、居民区、城市商圈等；二是对敏感区域固态的油水井、管线、场地等进行预防，如：抽油机井全部加装防喷盒，在井口回油管线上加装单流阀，经常被放油井加装防盗阀门、测试专用阀门，油水井井场四周挖坑打围堰，敏感区域的管线走向图人手一份；三是对敏感区域动态的人员、车辆进行预防，如：与物业沟通结合，避免私家车辆堵塞应急救援通道，制作的温馨提示卡发给社区管委会、物业及每户居民，增强与敏感区域人员情感沟通。

(2)“备”：一是制定各种类型的应急预案，按照条块结合、整合资源的要求合理调整，优化出8项应急预案涵盖整个生产系统；二是满足事故(件)发生时可调用的资源，矿、分别建立应急专用库房，各类物资由矿指导进行储备，专人保管，应急库钥匙每天值班干部交接，确保应急物资随用随拿，物资消耗使用后在一周内申报补充完毕。

(3)“应”：第一是为受影响人员提供各种各样的帮助；第二是各种处置要防止二次伤害；第三是及时收集事故(件)进展情况等。同时为更及时、有效和妥善应对各类突发事件，实现全矿应急管理资源的有效利用和合理共享，还实行了突发事件跨区域合作制度—联动机制。将矿属基层队按地域划分为四个区块相互协作，根据保卫队机动性强、人员全天候值班的特点，组建了矿内义务消防小组，负责扑救初期火灾、各类突发事件的现场秩序维护警戒等。

(4)“建”：第一是软件恢复，包括生产秩序、生活秩序、社会秩序等；第二是硬件重建。道路的修建、植被恢复、水电供应等。

2.3 创新“四招”个性管理

针对敏感区域油水井发生泄漏、设备损坏等问题不能及时发现的特殊性，我们总结出了“四招”来弥补8小时以外无人巡检的问题。将区域内该队员工、员工亲属及矿属其他队员工发动起来，在8小时工作以外管控区域内油水井，做到敏感区域巡检无死角，油水井管控率为100%。同时制定奖励机制，对及时发现问题的员工、亲属及外队员工将申请矿给予奖励，最大限度调动员工积极性。

(1)第一招该队员工在8小时以外对居住地附近的油水井每天巡检1次；

(2)第二招该队员工亲属协助该队在非工作时间利用散步、遛弯等机会进行巡查；

(3)第三招矿属员工利用散步、遛弯等机会协助矿属采油队在非工作时间进行巡查；

(4)第四招无人巡检区域，制定巡井路线图由队值班人员负责每晚巡检2次。

今年一季度，共接到矿内外告知5次，其中油水泄漏4次、机采井设备损坏1次，矿收到信息后紧急处置，避免或最大限度降低了环境污染和经济损失。基层队24小时不间断监控敏感区域，做到突发事件“零失控”，最大限度的保护城区环境。

3 以点带面，应急管理工作取得实效

随着应急管理的不断深入，取得了显著效果：

(1)各类突发事件与去年同期相比次数明显降低，一季度由去年的14次下降到8次，而且次次受控。

(2)增强了干部员工的应急管理意识。大家从不理解、不赞同到积极行动、主动实践，每个人都能立足本职，积极建言献策，每个人都能从自身做起，从现在做起。

(3)形成了第三油矿完善的应急管理体系，包括应急预案体系、风险源监测与评估体系、重点部位监控与管理体系、应急资源保障与联动体系，以及分工明确、职责清晰的组织领导体系。

4 结论

我们在应急管理上做了一些工作，与兄弟单位对比还有不足之处。接下来，我们将学习借鉴其他单位好经验、好做法，持续提升应急工作水平，为构建和谐矿区做出贡献

智能化个人防护装备在危险化学品泄露火灾救援中的应用

仲　宁　张春友

（中国石油辽河油田公司消防支队）

摘　要　随着现代科技不断发展，新型石油化工产物不断增多样式，应急救援装备也在随之的升级换代。对于我们中国石油企业应急救援队伍来说，针对石油化工类火灾救援的个人装备尤为重要，具有新科技功能的智能应急救援装备也就迎刃而生。

关键词　危险化学品；苯；个人防护装备；AR 智能；应急救援；指挥员；救援人员

1　引言

危险化学品泄漏火灾事故指气体或液体危险化学品发生了一定规模的泄漏，

遇明火后发展形成火灾、爆炸或中毒事故，造成国家和企业财产受到严重损失，人民生命受到严重威胁，周边环境受到严重污染等后果的危险化学品泄露火灾事故。通过对危险化学品泄漏火灾事故的分析，结合救援人员平时在救援中经常使用的一些个人防护装备，为更全面保护参战人员在应急救援过程中的生命安全，特整合一套智能化个人防护装备，为参战人员在救援任务中保驾护航。

2　危险化学品泄露事故基础性质

2.1　*危险化学品定义*

《危险化学品安全管理条例》（国务院令第591号）第三条明确规定：危险化学品，是指具有毒害、腐蚀、爆炸、燃烧、助燃等性质，对人体、设施、环境具有危害的剧毒化学品和其他化学品。

2.2　*危险化学品种类*

《危险化学品安全管理条例》（国务院令第344号）中所列的危险化学品：包括爆炸品、压缩气体和液化气体、易燃液体、易燃固体、自燃物品和遇湿易燃物品、氧化剂和有机过氧化物、有毒品和腐蚀品等。

2.3　*危险化学品确定原则*

危险化学品的品种依据化学品分类和标签国家标准，从下列危险和危害特性类别中确定：物理危害见表1，健康危害见表2，环境危害见表3。

表1　物理危害

名称　　　类别	
爆炸物	不稳定爆炸物
易燃气体	类别1、类别2、化学不稳定性气体类别A、化学不稳定性气类别B。
气溶胶（又称气雾剂）.	类别1。氧化性气体类别1。
加压气体	压缩气体、液化气体、冷冻液化气体、溶解气体。易燃液体类别1、类别2、类别3。易燃固体类别1、类别2。
自反应物质和混合物	A型、B型、C型、D型、E型。自然液体类别1。自燃固体类别1。
自然物质和混合物	类别1、类别2
遇水放出易燃气体的物质和混合物	类别1、类别2、类别3。
氧化性液体	类别1、类别2、类别3。氧化性固体类别1、类别2、类别3。
有机过氧化物	A型、B型、C型、D型、E型、F型。金属腐蚀物类别1

表 2　健康危害

名称	类别
急性毒性：	类别 1、类别 2、类别 3。
皮肤腐蚀/刺激：	类别 1A、类别 1B、类别 1C、类别 2
严重眼损伤/眼刺激：	类别 1、类别 2A、类别 2B
呼吸道或皮肤致敏：	呼吸道致敏物 1A、呼吸道致敏物 1B、皮肤致敏物 1A、皮肤致敏物 1B。
生殖细胞致突变性	类别 1A、类别 1B、类别 2。
致癌性：	类别 1A、类别 1B、类别 2。
生殖毒性：	类别 1A、类别 1B、类别 2、附加类别。特异性靶器官毒性-一次接触：类别 1、类别 2、类别 3。
特异性靶器官毒性-反复接触：	类别 1、类别 2。
吸入危害：	类别 1。

表 3　环境危害

名称	类别
危害水生环境-急性危害：	类别 1、类别 2，危害水生环境-长期危害：类别 1、类别 2、类别 3。
危害臭氧层：	类别 1。

3　危险化学品泄露事故的处置

3.1　危险化学品泄漏事故特点

（1）突发性强，不易控制。

危险化学品灾害事故的发生具有突发性和复杂性，通常会因为操作错误、设备故障、交通事故等。事先没有明显预兆，往往使人猝不可防，如果不能及时控制，极易酿成灾难性事故。

（2）规模性大，损失惨重。

危险化学品事故须在早期出现是开始积极控制，否则会造成严重后果，酿成惨重的人员伤亡和巨大的经济损失，特别是有毒有害压缩气体因碰撞或操作错误导致大量外泄的大规模集体中毒事件，以及爆炸物或易燃易爆压缩气体液体的物理爆炸和化学爆炸等大型事故等。

（3）延缓性长，不易发现。

危险化学品中的气体，液体或固体等中毒的后果，有些情况由于物理化学性的不同，可能当时并没有明显的展现出来中毒的症状，而是在之后的几个小时甚至几天以后症状才明显的显漏出来，严重者会危及生命。

（4）污染环境，时间持久。

危险化学品爆炸和燃烧，不仅仅对现场工作人员和救援人员都会造成灼伤、中毒等伤害，而且还会污染大气、土壤、海洋湖泊、城市、设施等，大多数危险化学品事故发生后，对现场的彻底全面洗消困难，致使危险化学品残留物在很长时间内会继续污染人类生产生活及周边的生态环境。

（5）救援难度大，专业性强。

危险化学品泄漏火灾救援现场都属于突发性事件，完全需要考验工作人员和救援人员对相关知识的掌握和应急能力的全面。现场伴随有毒、有害、易燃易爆气体或液体等共存情况，给救援人员增加了很多难度，不能随意使用水进行灭火和冷却。需要了解其物理化学性质后，采取正确灭火救援物品进行救援。

由于危险化学品事故的后果严重，所以在事故初期就要做好救援工作，将事故消灭在萌芽状态为上策。如一旦发生化工事故，要及时采取应急救援，穿戴正确的智能化个人防护装备，可有效地控制紧急事件的发生与扩大，降低损失，减少救援人员的不必要伤亡。

3.2　危险化学品泄漏事故处置原则

（1）扑灭现场明火应坚持先控制后扑灭的原则。

（2）化工生产装置及储罐灭火时应首先采取工艺控制措施。

（3）根据危险化学品特性，选用正确的灭火剂。

（4）加强泄露出的危险化学品及洗消污水的控制，避免环境污染。

（5）先救人、后救物的原则。

（6）统一指挥、进退有序的原则。

（7）清查隐患、不留死角的原则。

（8）救援人员选择正确的个体防护装备进行穿戴。

3.3 危险化学品泄漏事故处置程序

经过与多名现场应急救援人员的交流，我们得知主要分为以下 4 个步骤：

（1）火警侦查。

救援人员利用气体检测仪侦检进行有毒有害气体检测，利用热成像检测仪查看有无人员被困和毗邻装置被热辐射的状况，通过仪器检测后，可以准确查看出燃烧物质的物理化学性质。

（2）力量部署。

通过使用防爆数字对讲机对各个救援班组进行任务分工，指挥员需要随时掌握救援人员的任务开展情况以及战斗能力。

（3）战斗展开。

救援人员明确个人分工任务后，立刻穿戴空气呼吸器和个人防护装备，进入救援阵地，进行现场实际救援。救援人员实时把现场情况反馈给指挥员，并随时执行指挥员的指令变更作战方案。

（4）战斗结束。

收敛器材时将救援任务过程使用的设备进行收集，利用化学药剂洗消个人防护用品和救援用品，并最终将所有物品装车。

整个过程危险程度和救援时间都是不可预计的，所以最大程度保护好救援人员自身的生命安全，才是成功扑救火灾事故的重要基础。

4 事故情景模拟

4.1 模拟内容

危险化学品-苯，由于员工在检修球型罐的操作过程中失误，拧反法兰螺丝，导致法兰处崩开一个 5cm 的泄漏点。初期泄漏下风方向产生毒气；蒸汽点燃发生闪火；形成初期稳定燃烧。球型罐具体见图 1。

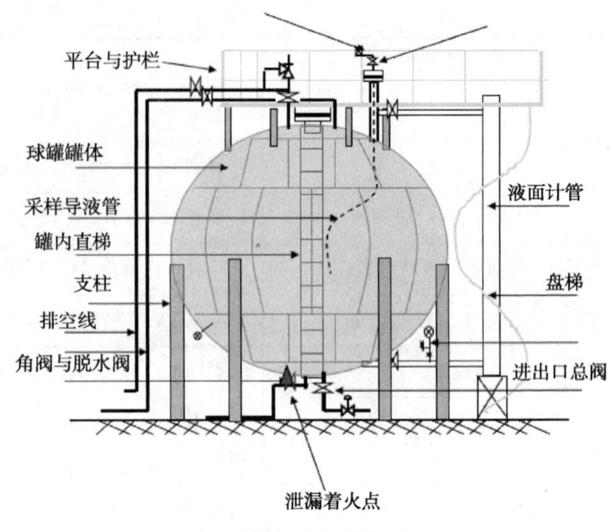

图 1 球型罐

4.2 模拟基本数据

表 4 苯-罐模拟基本数据

坐　　标：辽宁省盘锦市　海拔 4 米　东经 122 度 01 分　北纬 41 度 27 分

时　　间：2021 年 X 月 X 日 X 时 X 分

模拟物质：苯

天　　气：风速 1-2 级　风向西南

地面情况：石油化工装置区　　晴

空气温度：23-30 度　湿度 75%

罐体情况：球形罐　高 14 米　直径 15 米　1000 立方米　实际储存 800 立方米

泄漏口：直径 5 厘米　法兰泄漏　法兰距离罐底部 50 厘米

罐底部　混凝土

5 智能化个人装备的应用

5.1 智能化个人装备的组成

智能化个人装备的对应组成部分简介：

（1）消防头盔

主要由帽盔、面罩、披肩、保护层等部分组成，头盔具有抗砸、抗冲击、抗腐蚀、抗热辐射等功能。

（2）战斗服

主要用于颈部、手臂、胸腹部、腿部进行防护。可以有效的防火、隔热、抗冰等功能。

（3）战斗靴

主要用于脚部防护；可以有效的防水、抗热、绝缘和防穿刺等功能。

（4）空气呼吸器

主要用于提供氧气供给救援人员呼吸。可以供救援人员缺失空气的情况下，提供大量氧气供给的功能。

(5) 无线对讲机

主要用于在一定距离内，让多方可以同时通话的一种通信工具，不需要其他网络支持，独立存在。频率可以向国家申请，自行分配。

(6) 气体检测仪

主要用于多种暴露在空气中的气体，对其浓度检测的仪器仪表工具。可通过检测提供环境中气体的种类，并显示出其名称、成份和含量的功能。

(7) 执法记录仪

要用于救援人员在救援时集实时度现场的视频、音频进行录制，可对讲、定位、抓拍、存储等。可以通过5G无线实时传输各类数据，便于中心人员查看现场和取证使用功能。

(8) AR眼镜

AR眼镜是近代科学产物，可以实现多种功能，具有智能手机所拥有的功能外，还可以通过跟踪眼球视线轨迹判断用户处于的状态，并且可以开启相应功能，如果需要打电话或者发短信只需要开启呼叫制定名称即可进行语音转文字进行输入信息。

(9) 热成像仪

主要用于测量目标物体的红外辐射能量分布，形成红外热像图。可以通过此设备查看现场物体温度情况。

将现有的智能消防个人装备进行整合于一体，形成AR智能化个人防护装备。AR智能化个人防护装备具体见图2。

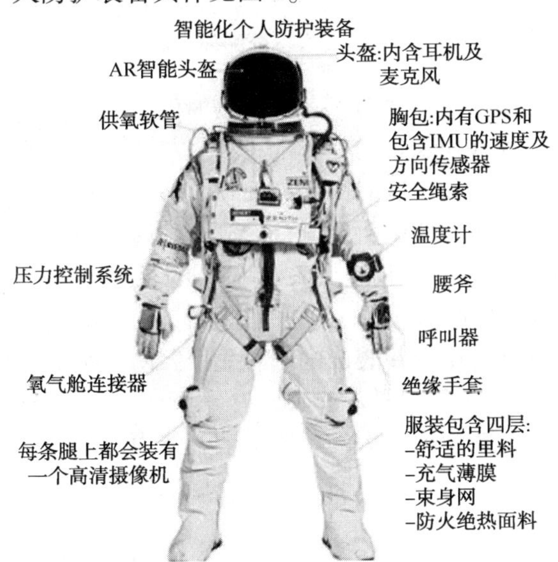

图2　AR智能化个人防护装备

5.2　智能化个人装备的特点

AR智能消防灭火服主要应用在各类应急救援现场，具有以下几个特点：

(1) 头盔内部AR实时与中心和参加救援的全体每个人无线视频对话。

(2) 各类气体检测仪、热成像检测仪，使用方便。

(3) 空气呼吸器实时提醒用量和时间，外置气瓶可以快速更换。

(4) 连体灭火服材质轻，无缝连接头盔和靴子的设计，起到防火，防毒等功能。

5.3　智能化个人装备的应用

火灾发生第一时间，石化公司拨打119电话，报告相关火灾情况。消防火警中心在确认警情后立刻拉响警铃，并将数据发送给值班指挥员。

指挥员接到火灾信息后，将火灾的所有信息数据通过智慧消防系统网络发送给参战的每名救援人员的智能防护装备中。救援人员确认消息后，智能防护装备就会将所有救援人员组合成一个编队，所有救援文字、语音、视频等消息都会实时共享给每一名救援人员的AR智能头盔屏幕上。并且救援人员在通话的过程中，会有语音识别系统将语言转化成文字，自动记录和上传智慧消防云数据库，更有人工智能语音客服“119”通过语音帮助进行语音操作。

全体指战员到达火场后，指挥员通过AR智能头盔内无线系统下达指令，由队长带领2名人员分别对现场进行全方位侦查。在进入现场后，随着侦查人员通过石油化工装置区的每一个地点，AR智能头盔通过GPS系统简单描绘出现场2维空间平面图，侦检系统就分析出了空气中挥发有毒有害气体的成分主要是苯(苯的理化性质见表4)，以及苯闪燃形成稳定燃烧后发生的化学反应(苯的燃烧爆炸及危险性见表5)，从而转变成的有毒有害气体一氧化碳、二氧化碳占据空气中含量百分比。指挥员将现场分析有毒有害气体的结果、现场利用摄像头和热成像仪侦查的图像发送给等候命令的其他救援人员(现场红外热成像图见图3)。

表5　苯的理化性质

物质状态：	液体	气味	有强烈芳香味
外观	无色透明	相对密府(空气=1)：	2.77
沸点(℃)	80.1	燃烧热(kJ/mol)：	3264.4
熔点(℃)	5.5	临界压力(MPa)：	4.92
溶解性：	不溶于水，溶于醇等多数的有机溶液。	临界温度(℃)：	289.5
用途：用作溶剂及合成苯的衍生物、香料、染料、塑料、医疗、炸药、橡胶等			

表6　苯的燃烧爆炸及危险性

燃烧性	易燃	建规火险分级	甲
闪点(℃)	-11	爆炸下限(V%)	1.2
自燃温度(单位℃)	560	爆炸上限(V%)	8.01
危险方面的特征：如果苯的蒸气在一定的条件下，和空气发生反应，产生一种具有爆炸性质的混合性物质时，一旦接触高温或者是明火，都将产生巨大的爆炸，危害极大。空气相比苯的蒸气而言较轻，所以苯蒸气极容易在较低处向四周形成扩散形势，特别是接触到明火，回燃的风险就会加大。若遇高热，容器内压增大，有开裂和爆炸的危险。流速过快，容易产生和积聚静电。			
燃烧(分解)产物：一氧化碳、二氧化碳			
禁忌物：强氧化剂。			
灭火方法：泡沫、二氧化碳、干粉、砂土。用水灭火无效。			

图3　现场红外热成像图

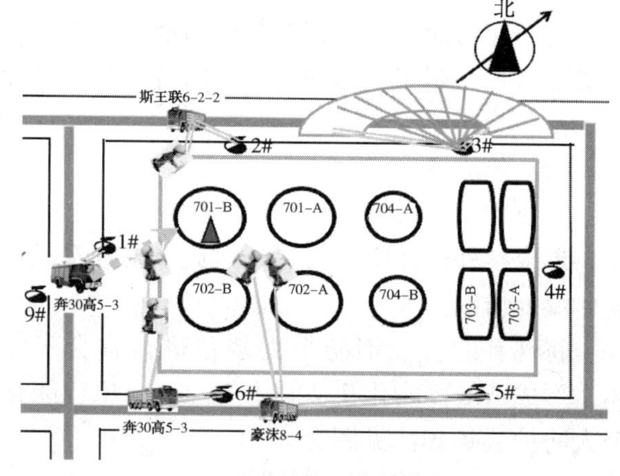

图4　力量分配部署

指挥长结合报警人员对火场的描述以及队长侦查的现场情况，即可下达指令对现场进行任务分工，消息通过头盔无线电系统传送给救援人员。在AR智能头盔面罩里可以看到相关采集信息，队员们可根据每个人分发的任务让人工智能“119”系统给提供一个最佳救援方案作为辅助。大家得到任务分工后，分别到达指定地点进行灭火救援。力量分配部署见图4.

在长时间救援当中，由于专注力都在灭火行动中，大部分救援人员会忽略呼气呼吸器使用的剩余时间。空气呼吸系统会提示剩余时间，剩余气体，极限气体更换提醒。提前让救援人员到指定气瓶更换处更换气瓶，确保参战人员不会因为窒息而亡。为了节约更换气瓶时间，我们的气瓶采取外挂快速接口拔插的方式，只需将气瓶拆卸下来，将新气瓶对准连接口插入快速接口即可。

救援连体防护服部分起到隔热隔水抗结冰的功能，可以把外面1000度以上的热辐射隔绝在外面。即使在冬季，防护服表面抗结冰的纳米涂层也会将粘附在表面的水融化掉。防护服部分采用外硬内柔重量轻的科技纳米材质，大大节省救援人员在连续救援的场合里节省体力消耗，提高救援时间，将更多的体力用在稳住水枪和水炮射击的方向。

通过长时间救援水和沫等灭火剂的喷洒，在地面会有大量的积水形成，有些时候救援人员不会看到脚下积水是否有坑洼地带，会不小心摔倒；看不到是否有铁丝，会穿透鞋底；感觉不到热水的流淌会烫伤等意外原因，救援连体靴部分起到防水、防热、防砸、防扎、防进毒气等作用。大大的保护的救援人员在现场地面积水时遇见的一些意外因素时脚步安全。由于靴子和服装连体设计，所以水和有毒有害气体不会随着缝隙接触到救援人员的身体。

如遇突发事件，指挥长下达紧急撤离任务的时候，由于现场噪音非常大，仅仅靠无线电传输声音是不够的，这时在 AR 头盔屏幕上会出现撤离现场的字样提示，并伴随鲜艳的绿色提示，引导救援人员迅速前往安全点集合点，只需沿着箭头指引方向即可，避免参战人员在紧张时忘记路线，不分东西南北的尴尬情况。

在火灾救援结束的时候，参战人员仅需要将水带和水枪、水炮带回至消防车收纳箱内即可，其他器材都随 AR 智能消防灭火服一体。

6 结束语

现在的化学危险品泄露火灾救援已经在消防灭火救援案例中有很多成功救援对策和方法，使用的技术手段也数不胜数，但将多种技术装备整合在一起的个人防撞装备但却不多。使救援人员在救援现场能够尽量减少装备累赘和额外负重，通过智能化个人防护装备就可以随时掌控现场一切重要救援现场信息，是一场成功事故救援的基础。新时代、新发展、新消防、新救援，希望针对救援人员的智能个人防护装备可以快速发展，有一天能够达到漫威电影里钢铁侠的战盔一样功能强大，我们大家每个人都可以当一名伟大的救援“英雄”，取得更多的胜利。

安全生产危化救援队伍建设探析

王庆银

（国家危险化学品应急救援中原队）

摘　要　阐述了当前国家对应急救援队伍的总体要求；能源化工企业的现状和发展趋势，并以国家安全生产危化品应急救援普光队的日常管理、队伍建设等情况进行了深入探讨和分析，为下一步危化救援队伍建设提供了有价值的参照依据。

关键词

1　国家发展的迫切要求

党中央、国务院高度重视应急救援队伍体系建设。习近平总书记强调，要加强应急救援队伍建设，建设一支专常兼备、反应灵敏、作风过硬、本领高强的应急救援队伍，要强化应急救援队伍战斗力建设，抓紧补短板、强弱项，提高各类灾害事故救援能力。应急管理部党委深入贯彻落实习近平总书记重要指示精神，将应急救援队伍体系建设作为应急管理工作的战略性工程摆上重要议事日程，以提升应急救援能力为核心，开拓创新，各项建设工作取得良好进展，已初步形成了以国家综合性消防救援队伍为主力、军队应急力量为突击、专业应急力量为协同、社会应急力量为辅助的具有中国特色的大国应急救援体系。作为国家应急救援力量体系的重要组成部分，近年来，安全生产专业应急救援队伍规模不断扩大，专业救援能力不断提升，为国家经济建设、社会安全发展发挥了重要的支撑和保障作用。然而，随着我国经济发展结构的调整和城镇化、工业化发展征程的加快，社会风险增多，生产领域的安全问题不断凸显，灾害事故救援呈现出突发性强、救援难度大、易造成人员伤亡、易发生次生灾害等特点。因此，如何建立一支高素质、高质量的应急救援队伍，成为我们亟待研究解决的重要课题。

2　危化企业发展的必然要求

危化品企业包括危险化学品的生产、销售、运输、储存等环节，其中又以生产企业最集中、规模最大。随着社会经济的发展，我国一体化企业陆续投产，化工产业规模也在快速增长，已成为全球化工品的主要生产基地，多数大宗化工品的产能全球第一，如 MDI、丙烯、丙烯酸、顺酐、丁酮、PTA、PX、醋酸乙烯、玻璃纤维等，部分化工品的产能在快速增长过程中，如 PDH、PBAT、PLA、聚乙烯、聚丙烯等。特别是今年 5 月 8 日，由中国中化集团与中国化工集团联合重组的新央企——中国中化控股有限责任公司正式成立，这是我国目前是唯一以化工为主业的中央企业，总资产和销售收入双双超过万亿元，成为全球规模最大的化工企业。但是距离全球顶尖化工企业还有巨大差距，特别是在部分核心化工生产工艺，以及精细化工和新材料领域，仍距离欧美国家存在巨大的差距。但是这也说明了，中国化工行业还有巨大潜力，中国目前拥有 14 亿人口数量，人口红利正在以 10%的速度快速扩张，在未来很长一段时间里，依靠巨大的人口基数，中国仍将是主要的消费市场，中国化工也将从聚集化不断迈向规模化。随之而来的，是对化工企业安全生产和应急救援的要求不断提高，通过近几年来安全化工安全生产事故来看，化工企业一旦发生事故，所造成的经济损失、人员伤亡和社会影响都是巨大的，与国家安全发展要求是相违背的。化工企业因其生产和周期性特点，安全风险相对较高，高素质的危化品应急救援队伍将有力保障企业的高速发展和企业员工的生命安全。

3　危化应急救援队伍建设

化工企业往往具有生产技术含量高，工艺流程复杂，火灾爆炸事故危险性大的特点，在本质安全的前提下，只有不断提高应急救援队伍大队管理和专业技能水平，才能确保确保关系国民经济命脉企业的安全。

以国家安全生产应急救援普光队为例，系统分析应急救援队伍的建设发展。该队隶属于中石化中原油田普光分公司，承担着亚洲最大规模海相整装高含硫气田守护、救援任务，同时还履行央企社会责任。无论是汶川“5·12”抗震救灾，还是达州“6·1”“好一新”火灾救援，普光队、中原油田队从未缺席，已累计处置各类险情1.6万余次，营救鲜活生命360名，挽回经济损失近百亿元，先后荣获国资委“先进基层党组织”、(原)国家安全生产监督管理总局“抗震救灾先进集体”、中石化“壮丽七十年·感动石化人物”等省部级荣誉称号32项。该队在队伍管理、员工培训、保障服务、文化建设等方面具有借鉴意义。

3.1 军事化管理

军事化管理来源于中国军队，中国人民解放军自建军之日起，就非常重视加强革命纪律，并严格执行统一纪律，这也是人民军队最终取得胜利的保证。普光队70%为退伍转业军人，并属于长期用工模式，实施军事化管理模式，严格落实中国人民解放军“三大条令”，实施三级战备，始终保持75%以上战备执勤力量，并不定时进行战备抽查，制定特殊情况下紧急召回制度。国家安全生产应急救援中心发布《国家安全生产应急救援队内务管理规范》后，我们认真组织宣贯和落实，“要军事化，不要准军事化”。针对内务、队列和纪律，结合企业管理要求，制定了相应的管理制度和规定94项，确保工作各项落实到位。同时，与驻地应急管理部门、综合救援支队、高速路公司和社会化救援力量建立了良好的联防联动机制，发生跨区域险情时，可快速启动绿色通道，实现区域性应急联动，提高应急救援能力。实行24小时战备值班，随时做好战斗准备，确保接到报警或命令时立即出动，迅速、安全地赶赴现场，实施灭火、抢险救援和现场监护等任务。

3.2 岗位练兵管理

安全生产救援队最突出特点就是专业化、针对性，普光队日常工作的开展，始终按照“单兵练技能、班组练协同、队站练融合、干部练指挥”的练兵原则，坚持每天一学、每周一测、每月一考、每季一赛开展岗位练兵展开。“慈不带兵”，上火场如带兵打仗，没有过硬的体能、技能和战术，无法承担企业复杂、高危的险情处置。岗位练兵活动立足作战保卫对象，突出战斗力提升，针对队伍规模大小和器材装备状况，开展差异化训练，着力提升专职队员的技战术水平和综合实战能力；岗位练兵活动注重科学性和实效性，坚持全员参训与分层施训相结合，确保练兵效果最大化；以技能训练、器材装备操作、操法训练和合成训练为主要内容，分层次开展差异化、针对性的专项强化训练，精确提升队伍战斗实力。

3.3 应急队员的成才培养

为提高操作人员素质，打造技术过硬的消防队伍。普光队结合气田工作实际，针对装备器材科技含量高、技术性强、人员技术水平参差不齐的现状，采取“请进来，走出去”的培训方式，加强队员业务理论技能学习培训。一是结合保卫对象和人员实际，制订全年业务学习培训运行计划，对学习培训内容、时间进行安排，做出具体要求。二是强化业务学习，白天进行实地踏勘、熟悉现场，晚上针对钻井平台、净化厂、集输站场、管网、阀室生产过程中各类突发状况，利用指挥大厅IDB互动屏、沙盘，开展抢险现场供水、疏散、搜救、侦检等战术战法研讨。三是坚持每周一课，邀请消防行业专家和企业生产单位工程技术人员前来授课，全面系统的为员工讲授处置程序、方法和工艺流程，拓展队员的知识面，推进应急救援“五大员”(应急救援知识的宣传员、应急救援技能的教练员、生态环境的环保员、突发事件的战斗员、救灾现场的护理员)建设。四是面对装备不断升级换代，积极与厂家协商，邀请厂家专业技术人员对员工进行面对面的交流培训。五是严格按照“三考”规定(理论考试、操作考核、能力考评)对培训效果进行检验，定期对所学专业理论知识和实际操作技能进行考试，通过考核达到了会操作、会使用、会保养的目的。六是选送能力强的操作人员外出培训。通过培训，使广大队员进一步了解掌握了各种设备、器材的基本原理和性能结构，提升了员工整体业务能力和技术水平。

3.4 应急能力建设

一是与地方建立了三级联动机制，普光队所在企业与宣汉县一级、厂与乡镇二级、站与村组三级的应急联动，签订了应急疏散联动协议，定期组织召开企地应急联席会议，成立联合应急指挥机构，明确了双方应急职责，规定了普光分公司预案与宣汉县政府预案同时启动，同时关闭。应急事件发生后，普光队可以快速响应，与地方政府实现联动，对群众进行疏散、搜救，保护当地百姓生命财产安全。

二是与宣汉县人民政府签订突发事件应急处置联动协议，建立有应急联动指挥部，企地应急联动运行机制、突发事件信息互通制度、企地联席会议制度；与地方应急管理部门、综合消防救援支队、高速路公司、达州矿山救援队、蓝天救援队等建立了良好的互助机制，发生跨区域险情时，可快速启动绿色通道，有利于应急力量高效投送；与达州、重庆等多家三甲医院签订了救援协议，发生重特大险情时，将为普光队提供高效的医疗救助服务。

三是与四川维尼纶厂、西南油气分公司等中石化集团公司西南地区的10家企业组成中石化第十一联防组，建立了区域灭火救援协作机制。普光队作为中国石化第十一联防区(西南联防区)的组长单位，组织完成了联防区企业消防车辆装备、人员的统计，制定了联防区应急救援协作章程，包括协作区的成立、组织制度、运行机制、勤务保障等内容，明确要求成员单位及时通报本单位车辆装备、人员物资、重大危险源及本辖区单位的地理位置主要交通路线道路变更情况。

3.5 应急保障能力

普光队应急物资施行“统一调配、分块管理”，由物资管理部门统一调配、日常监督管理，各队站配发的应急物资实行专人管理，分类储存，负责做好日常的维护保养，同时定期监督检查，及时更新，能够确保应急物资安全使用。

现代化应急救援工作，不再是仅仅依靠人的力量，更多的需要人机握手，应急装备的作用就显得更加重要。普光队目前采取是每周五开展装备巡回检查制度，按照不同种类装备的维护保养原则，对抢险车辆、器材、个人防护装备进行全面巡查，并由专人负责监督，填报检查记录，确保各类抢险装备随时处于战备状态。

3.6 文化建设

普光队实施的是集中住宿、不定时式值班制度，针对青年员工缺乏与外界交流，战备执勤枯燥乏味等实际，普光队坚持用浓厚的文化氛围陶冶队员情操、提升思想境界、强化使命意识。建成了荣誉室、图书室和“青年之家”，制作了团队理念、精神等标语口号，运用营区广播反复播放军旅歌曲，营造了队员时时受熏陶、处处受教育的浓厚氛围，使队员在春风化雨、润物无声的文化氛围中净化思想、提升境界、规范行为，自觉把个人追求转化为“忠诚使命、献身使命、不辱使命”的政治热情。

同时，普光队坚持把坚定队员对国家、社会、企业的忠诚，对使命忠贞作为培育队员核心价值观第一要务。一是理论灌输，在把握内涵中坚定政治信仰。采取领导宣讲辅导、各级分层施教、骨干领读原著和个人自学等方法，组织队员深入学习企业政策文件，加强自身修养，增强大局意识、责任感和使命感，做到与企业同呼吸共命运。二是围绕企业文化，建立特色文化。针对少数队员对高强度训练不适应，吃苦精神树得不牢的实际，提出了“崇文尚武、以文化人、以武练兵”、“有险必救　有难必帮”的团队理念和“平时多推演　战时不丢命”口号，谱写了《应急救援之歌》激励队员履行使命和职责。三是加强日常养成，通过饭前一支歌，传唱《团结就是力量》、《练为战》等军旅歌曲，参观达州红军遗址，引导队员在耳濡目染中接受传统教育，在感悟军人精神中增强报效企业的意志，叫响了“奉献普光建设”和“弘扬亮剑精神、建一流应急救援队伍”的口号，坚定了队员扎根普光作贡献的理想信念。

3.7 开疆拓土闯市场

伴随着国家应急管理改革的发展和要求，普光队敏锐捕捉到危化企业对应急救援需求量暴涨这一“蓝海”，并冲破重重困难，在一代代普光应急人的努力、接力下，普光队成为全国第一个闯市场的危化应急救援队，先后在上海、海南、北海、文莱等国内外12个省市开辟了20个应急服务市场。在严格的军事化、标准化队伍建设下，普光队在短短的15年里，培养出了大批应急救援人才，并向各服务化工企业进行了输送，目前许多已成长为所在应急队伍的骨干或指挥员，普光队也被称为中原应急人的“黄埔军校”，目前整个外部市场收入约2亿元，实现了自给自足。

4 结论和建议

“养兵千日、用兵千日”，在国家新时代、

新发展的要求下，对国家安全生产应急救援队伍的组织结构、管理模式、常态化装备更新机制、薪酬待遇、人身保障、奖励机制等方面，都需要不断的优化和完善，对应急救援队伍在作风纪律、任务执行、成才通道等方面也提出了更高的要求，相信随着国家经济特别是能源化工行业的蓬勃发展，危化品应急救援队伍将在保障企业和百姓生命财产安全上，发挥更加重要和积极的作用。

处置石油化工火灾中撤退战术的正确运用

王大庆　祝如兵

(陕西延长石油(集团)有限责任公司炼化公司)

摘　要　石油化工火灾现场形势瞬息万变，消防队伍作为处置石油化工火灾的主要力量，有时必须随机应变及时采取撤退战术，以退为进，在保存实力的基础上扑灭火灾。本文结合当前消防队伍处置石油化工火灾事故的现状，对扑救石油化工火灾中几种典型情况下的撤退时机的把握及具体组织实施方法进行了探讨，并提出了具体的措施。明确了石油化工火灾扑救中影响撤退战术正确运用的因素，为消防队伍在扑救石油化工火灾中正确掌握撤退时机，合理运用撤退战术方法提供参考。

关键词　石油化工火灾；撤退战术；撤退时机

撤退是处置石油化工火灾的一种必然战法，即火场发生突变危及消防员生命危险时，必然撤退。正确运用撤退战术对于消防队伍更好地完成整个灭火救援任务，最大限度的减少灾害带来的伤亡和损失，保存灭火救援战斗实力具有重要的意义。撤退的目的是为了更好的进攻，撤退的战术方法只是将救援力量暂时转移到安全位置，待危险消除后再返回原来阵地进行救援和战斗。

1　石油化工火灾中采取撤退战术的重要性

处置石油化工火灾时，随时可能发生的爆炸往往严重威胁到人员的生命安全，作为灭火指挥员，一定要有防御意识，要切实做到打要打得赢，撤要果断地撤。当火场出现非常不利的情况难以防御、进攻，有可能威胁灭火指战员或在场人员安全造成更大险情时，则应果断调整部署，命令队伍转移、撤退或就近隐蔽，避免因爆炸、沸溢、倒塌、毒气等险情发生时造成不必要的伤亡。灭火实战证明，扑救石油化工火灾，在生死存亡的关键时刻，能够撤得出，才能利于保存实力再次组织更有效的进攻。也就是说，要准确判断爆炸的时间，找准进攻机会。因为连续性爆炸肯定有间歇期，要在两次爆炸的间歇期，组织精干力量，做好个人防护，组成突击队，选择好进攻路线，开展灭火战斗行动。上海沈杨石油化工二库火灾是一起规模大，比较典型的石油化工装置爆炸的火灾事故。在扑救火灾过程中全体参战人员面对熊熊烈火，无所畏惧、短兵相接以图实现快攻近战，但终因火势强大，力量悬殊，加上现场出现了意想不到的爆炸，面对现场情况，指挥部从全局出发，及时做出了转移阵地，将一线指战员撤至库外的决定。在组织撤离中行动迅速有序，不仅所有水枪手有效撤离无人员伤亡，而且还将所有紧靠火场不到 50m 的 9 辆消防车也撤离至安全地带，当消防车刚撤出，液氯钢瓶就砸向了原先停车位置，让人毛骨悚然，如撤退稍晚，先期到场的消防员都将面临灭顶之灾，由于果断撤离，为我们有效保存力量，避免无谓伤亡起到了关键作用。

2　正确全面掌握火场情况

要想正确的运用撤退战术方法，首先要全面了解火场的情况，其次必须正确理解撤退的含义。撤退这种战术方法真正的含义是：消防队伍为了更好的完成整个灭火救援任务，最大限度的减少灾害带来的伤亡和损失，而采取的一种保存灭火救援战斗实力的战术方法。

2.1　借助石油化工火灾辅助决策系统

石油化工火灾发生时具有突发性、偶然性和复杂性的特点。要求消防指挥员要有较高的科学文化水平和敏捷的思维能力，而基层指挥员参差不齐的文化水平制约着战斗的顺利展开。当消防队伍赶到现场时，通常无法及时了解详细情况，加大了灾情侦察和指挥决策的难度。目前许多城市都建立了石油化工火灾辅助决策系统，指挥员可以凭借系统中记载的一些表象特征查明石油化工火灾的有关特点，利用计算机和石油化工企业单位设计图纸、工艺流程图等资料，结合实战经验进行判断，作出果断处置决策。

2.2 设立观察哨

观察哨的设置不科学也已经成为制约战斗顺利进行的重要因素。由于对观察哨设置过于轻视，任命一些政治不坚定、思想不过硬、责任心不强以及缺乏灭火救援经验和相关专业素质的消防员担任，没有履行观察员观测火情和火场、发现险情时的预警等重要职能，使我们的消防员在战斗中毫无遮掩的暴露在危险之中。观察哨是消防队伍灭火救援战斗中确保自身安全及时撤退的重要保证，是石油化工火灾中必须设置的一个关键的岗位，但也是基层消防队伍最容易忽视的战斗位置。观察哨的主要任务有：(1)协助指挥员做好火情侦察，为灭火救援指挥提供科学依据；(2)对深入火场内攻以及关阀堵漏人员进入时间及安全措施等情况进行检查登记，控制作业时间，发出预警信号；(3)统一联络信号，保持与内部作业人员联络畅通，并不间断联系，确保紧急信号收发畅通；(4)制定和明确紧急情况下安全撤退的路线、方法及安全区域的范围；(5)规定预警信号，紧急情况下及时准确地发出撤退信号；(6)紧急撤退和灭火救援结束后负责清点人员，检查人员是否全部撤出。

2.3 充分发挥企业工艺技术人员的作用

为取得处置石油化工火灾战斗的胜利，消防队伍不仅要勇猛主动，坚决顽强地奋力作战，更需要挖掘企业内部专业优势，充分发挥企业工艺技术人员的作用。指挥员在组织不间断的侦察过程中，必须积极主动地听取工艺技术人员的意见，才能真正做到“情况明、底数清”，因地制宜地采取相应的灭火防护措施。消防队伍在实施工艺灭火时，必须在工艺技术人员的指导下进行，必要时要由工艺技术人员亲自操作。而且指挥员在实施灭火决策时，也必须征求工艺技术人员的意见和建议，以增强灭火救援的科学性，减少盲目性。

3 撤退时机的正确把握

指挥员要正确把握进攻与撤退的关系，既要敢于组织进攻，近战灭火为速战速决创造条件，更要立足于防，只有防得住，火才能灭得掉。当火场及灾害事故现场发生恶变危及消防员生命安全时，为了避免不必要的伤亡，保存作战实力和实施有效的进攻，必须调整战斗部署，敢于取舍。在强攻近战时，要敢打敢拼，打要打得赢；关键时刻要果断撤退，保存实力，以利再战；撤退时要及时迅速，绝不能优柔寡断，贻误战机。

在石油化工火灾的处置中，灭火抢险人员必须全力以赴的注意观察易燃易爆石油化工储罐火灾中罐体及烟雾出现的变化，反应器、蒸馏塔等设备装置发出的异常声响，准确判断、把握时机，科学果断地大胆实施“撤退”战术。火场指挥员把握撤退时机不准确，“该撤不撤”时往往会造成重大的人员伤亡和经济损失；“不该撤时撤”会造成贻误战机，丧失扑救火灾的主动权，往往会造成火势的扩大。据了解，在吉林石化“11·13”事故救援中，消防队伍没有出现伤亡，全靠指挥部正确地掌握了撤退时机，在大爆炸发生前根据出现的预兆及时与专家沟通，下达了撤退命令。双苯厂发生火灾约半小时后，生产装置区内的反应设备因为长时间燃烧，很多支撑的钢筋混凝土已经疏松，已经变形倾斜，随时有坍塌的危险，并伴有刺耳的尖叫声。指挥部经过仔细侦察并询问专家后得知是由于生产装置内高温物料流动受阻，急需释放，潜伏着发生大爆炸的危险。就在千钧一发的紧要关头，指挥部果断下达了撤退命令，使消防队伍全部撤出阵地。下面列举了几种典型情况下撤退时机的把握

3.1 石油化工设备可能发生的爆炸、爆裂

随着社会和科学技术的发展，石油化工装置规模日益大型化、高度密集且管线多，阀门多。在火灾条件下，因热对流、热辐射、热传导的作用，极易发生连锁式爆炸，主要征兆有反应器、聚合釜、蒸馏塔等设备发出异常响声；可燃气体、易燃液体扩散，随时有可能发生爆炸；物料容器、反应器、反应塔燃烧火焰由红变白，将要爆炸；物料容器、压力设备变形，即将爆炸；储罐、反应器等设备受火势威胁，发生抖动，并伴有“嗡嗡”的声响时，即将爆炸。

3.2 风向突变导致事态可能的变化

风向也是影响灭火战斗的一个重要因素。在火灾扑救的过程中，一旦风向发生突变，且风力强劲急迫，就会使原先部属的战斗力量处于不利的下风方向，使参战人员及设备面临被火势包围的危险，事态紧急，现场力量来不及进行调整时，指挥员可适时下达撤退命令，重新部署灭火力量，掌握火场的主动权。

4 正确撤退应注意的其他事项

从战斗状态将参战消防员全部安全的以最快

速度撤出阵地是一件复杂的事情，尤其在大型的灭火救援环境中，所以在撤离行动中还应做好以下工作：

4.1 撤退形式的正确选择

在撤退过程中根据集中的程度撤退形式可分为集中撤退和分散撤退。当前兆发生后，预留时间比较长，且危害较大的情况下或者灾害无法控制时须采取集中撤退；当前兆不明显或者预留时间较短的情况下，部分参战人员已经受到威胁，可立即放下装备进行撤退；其他参战人员，在指挥部的统一部署下，迅速、有序的进行全部或部分撤退，一般用于灾害事故现场比较大的石油化工场所，情况复杂且只有局部发生突发性危险时的情况。

根据紧急程度分为紧急撤退和延时撤退。紧急撤退是指在灾害现场出现危险征兆后时间紧迫，救援人员以最快的速度撤退至安全区域，适用于征兆不明显且危害严重的场合；延时撤退是指灾害现场险情征兆明显，在时间允许的范围内根据现场情况而机动撤退的方法，一般适用于征兆明显且预留时间较长的情况。

4.2 做好参战人员的思想工作

石油化工装置发生火灾时，常伴有浓烟滚滚，火光冲天，噪声巨大等现象，实施内部侦察是判定起火部位，准确掌握情况的重要途径。在进行内部侦察时，常常因缺乏平时必要的心理训练产生害怕思想、战场纪律不严肃自主行动等现象。主要表现为在石油化工火灾现场，要么盲目蛮干，要么异常紧张。尤其对已发生过爆炸的石油化工火灾现场，更是心中“发慌”不能正确运用撤退战术；对撤退后的人员思想也应积极动员，做好思想政治工作，克服恐惧、慌乱、不知所措等心理，为再次进攻打下良好的基础。在实战过程中，心理素质是消防指挥员在战斗中不可缺少的组成部分。从心理学角度讲，素质和能力是人能否适应环境，创造条件，寻找时机，战胜困难，完成任务的主客观因素的综合反映，也是直接影响行为效率的思维方式、操作程序及支配其思维和操作的心理定势。

我们在训练中要充分利用自身条件设置具有艰险、紧张、复杂等浓厚作战气氛的心理训练，培养消防队伍沉着冷静、机智灵活和英勇顽强的战斗精神，消除、克服实际作战中可能出现的情绪、恐惧和紧张心理。探索心理训练的程序、方法，通过模拟训练基地，开发计算机模拟训练系统和实地演练等，用声、光、电、热等手段，营造逼真的火场环境，营造实战氛围，增强感官刺激，使指挥员亲身体验实战气氛，提高心理承受能力，培养指战员处变不惊，临危不惧，果断决策的心理素质。

4.3 做好各种战斗保障工作

要成功实施撤退战术和后期的反攻战术需要做好各种战斗保障。供水调度组，负责供水、车辆调度，扑救石油化工火灾中既要冷却，又要灭火，而且要保证供水充足不间断，需要做大量工作；后勤保障组，负责油料、灭火剂保障和生活供给；通信保障组，负责整个火场的现场组网和通讯联络工作，根据火场情况设数个战区(段)指挥，负责阵地战斗指挥，形成作战指挥网络，确保通信畅通，确保指挥高效、有利，保证撤退战术的顺利实施。此外，消防队伍如何有效地与媒体舆论沟通，也是摆在消防队伍面前的一个重要课题。在灭火救援过程中，人民群众可能因不能正确理解指挥员采取撤退战术而产生误解，这就需要建立有效的沟通机制，利用各种有效途径做好解释工作，取得人民群众的信任和理解，这对于消防队伍成功处置石油化工火灾具有重要作用。

4.4 做好个人防护

做好个人防护是贯穿石油化工火灾扑救始末的一个问题，参加灭火的人员必须考虑自身防护问题，否则不但排除不了险情，而且有可能使自身引起中毒甚至危及生命安全。由于客观条件的制约，有些消防队伍平时往往偏重技术、战术的训练，忽视安全防护知识的教育和学习，片面强调不怕苦、不怕死、勇于献身的精神，忽视科学指挥，谨慎操作细致踏实的作风。在总结经验时，只重视成功的经验，忽视错误的、失败的教训，即使出现伤亡也过分夸大舍生忘死精神。

在扑救石油化工火灾的过程中，各级指挥员要以对参战人员人身安全高度负责的态度，经常开展自我防护教育，配置必要的防护装备、器材，特别是必不可少的空气呼吸器、充气泵、隔热服、避火服、防化服、侦检仪器、紧急呼救器等，严格按防护标准配备相应的防护器具。坚持开展适应性、应用性训练，使广大官兵提高适应能力和心理承受能力，并能熟练使用防护器具；对于执行关阀、堵漏等任务的人员和辐射热强的前沿阵地人员，应采用开花或喷雾水流对其实施不间断掩护；要对有毒气体、易燃易爆气体的浓度进行不间断的定点和不定点检测，以防止带毒物质和爆炸对人员造成伤害；若易燃、可燃液体、气体泄露未着火时，则应在作好防护和出水掩护、防止打出火花的前提下，先实施堵漏，后处理已泄露的物料；若易燃、可燃液体、气体泄露燃烧后，在无止漏把握的情况下，只能对着火和邻近的储罐、设备、管道实施冷却保护，切不可盲目灭火，否则更易发生爆炸、复燃，危险性比不灭火更大。

消防首先是“防”，重点是“防”
——关于消防的哲学思考

张建昌

（陕西延长石油（集团）有限责任公司）

摘　要　消与防的辩证关系，防是安全的基础，是安全的前提。消是安全的保障，是深层次的安全保护。防重点针对风险，消重点针对事故。防是预防火灾，消是扑救火灾。“防”可以减少事故的发生，避免火灾的危害，而“消”可以减少已发生火灾所造成的人员伤亡和财产损失。防是第一层次的安全手段，消是第二层次的安全手段。防的牢固，消就可能不启动，永远处于备用状态。消的强大，可以弥补防的不足、漏洞，可以应对意外和不可抗力引发的事故。防的好，能够减少消的压力，消的好，可以减轻防的顾虑。没有消的防可能一无所有，没有防的消必然是竹篮打水一场空。基础不牢，地动山摇。所以，消防首先是“防”，重点是“防”，消防安全工作抓住了防就是抓住了重点。其次才是消，消当然也很重要。防火与灭火是消防安全的两个层面，是互相作用的有机整体。防消结合，构成消防安全体系，预防为主、防消结合是辩证统一的关系，是不可分割的关系。

关键词　防；消；抓住重点；辩证统一

以油气煤等化石原料为对象的生产经营活动，每一个环节、每一种形态的原料或产品都具有易燃易爆的特性。在多年工作的实践中，大部分人都知道消防对于危化品生产经营活动的重要性，但在实际工作过程中，是防重要还是消重要并不清楚。更有甚者，如投资管理部门、人财物管控部门常常把基础投资中防范方面的费用压得非常低，常常把希望寄托在消防救援上，甚至幻想着不会发生火灾爆炸事故。

1　法规对防、消的地位和作用的认定

我国《消防法》规定，消防工作的方针是“预防为主，防消结合”，明确了防与消的关系，明确把防挺在前，消列在后。

我国关于防火的规范非常多，有建筑物的、工程的、油气场站和装置的、危化品储存与运输的、电气设备的、公共场所的、居家生活的等等。所有规范都把基础性的防火放在前面，所有的项目建设都有消防与项目主体“同时设计、同时施工、同时投入使用”的要求，都使用一定规格的防火材料，都建有很多固定的消防设施和消防自动控制系统，都配备相应的消防器材装备。然后根据消防基础建设情况和存在风险，配备相应的消防灭火战斗员、消防车辆、火场救援装备等。消在设计和建设、投运时只作为后续保障手段备用。从费用投入看，基础性的投入还是远远大于消防队站的投入的。规范这样要求，建设过程这样实施，目的就是要做好防范基础工作，防患于未然，努力做到不发生火灾事故。

2　工艺、设备、操作的防范是最基本的防范

就炼油化工生产而言，生产装置工艺方面设计的物料比例，气液固相，温度压力范围、流量流速流向、化学物理反应等等都有严格的数据要求，这些数据不仅仅是达成需要产品的目的，也是必须保证安全无事故的边界和上下限。只要生产工艺这些参数都在规定范围内，火灾爆炸事故基本上就不会发生。在设施设备配置和管理方面，炼油化工所有的机泵、电气仪表、反应器、容器、管道等，只要设施设备材质合格、建造质量合格、安装规范，密封严丝合缝，设施设备不超负荷和不带病运行，其中的危险介质就不会泄露，就不会发生爆炸着火。在生产操作方面，如果没有违章指挥、违章操作，就不会引起工艺混乱和设备损坏，就不会发生火灾爆炸事故。当然，防范人为破坏是防的另一个方面，也不能出纰漏。因为存在一些设计、规范、设备、自控以

外的风险因素，可能引发事故，所以还要加强检查，及时发现和消除隐患，防止意外事故的发生。做好了这些工艺、设备、人员的防范，事故基本上就不会发生，说明防很重要，要首先做好。

3 基础防范手段都是最前沿的防范

所有的基础防范手段都直接面对危险源，都与建筑物和设备固定连接在一起，都与各类可燃物直接接触。所有的烟感、温感和可燃气体报警都最大限度靠近危险源，所有通道、分隔门(帘)都从危险处引出，所有消防水、泡沫系统、干粉系统、气体灭火系统出口都是直接面对可燃物。消的力量却要求与危险源、可燃物保持一定距离，防止火灾爆炸发生的第一时间受到冲击，造成消防队员人身伤害、消防车辆和装备器材受损，不要求在火灾发生的第一时间自动启动。防的好，事故或许就不会发生，即使发生了，也有手段控制住灾害范围和程度，或者延迟灾害扩大速度，等待消的力量到达。而且，消的力量发挥作用时，还需要利用防的基础，比如消防道路、消防水源等。因此，防很重要，要首先做好。

4 关于消防的错误认识和行为

但在日常工作生活中，人们习惯于口语化理解"消防"，很多人以为"消防消防"是消在前，防在后，消防就是灭火，消防就是消防队。这种认识错误在于，首先颠倒了防与消的关系，其次把防的重要性降低了，再次把消防的范围缩小了。进而导致重视不够，危险性不清，相关投入不足，火灾的风险加大，一旦发生火灾事故造成的损失会大增。

实际工作中存在的问题表现在，项目设计和建设时，为了压缩投资额，把消防基础建设费用压到最低。在设计审查阶段，说服审查专家按照业主"节省投资"的要求定标准和方案。在政府审查方面，为了通过设计审查和建成验收，用拉关系、给好处的手段达成审查过关。导致一些项目存在很多欠账和隐患，出现了"建成投运之日就是隐患整改之时"的尴尬现象。有些投资和人财物主管部门不重视防的工作，在项目建设之初，对设备购置、定岗定员、器材装备配备投入方面使劲往低压，觉得有消的力量就可以起到保险作用了。更有甚者，把防和消的希望都寄托在社会、政府方面，推崇什么"社会化"，或者大量使用人力资源成本很低的劳务派遣工和临时工，搞劳务外包等，导致不仅仅防范弱，救援也弱，一旦发生火灾事故，一定会造成重大财产损失和人员伤亡。有些领导不知道防的重要性，检查消防工作只看消防队，甚至只看队伍列队着装、看正步走，看队员跑的快不快？跳的高不高？这是很愚蠢很可怕的！

如果不重视防，事故发生时，自身毫无抵抗能力，即使消防救援力量赶来，往往为时已晚。例如很多道路车辆着火事故，常常是消防队灭火结束后，我们看到的是一副副废钢铁的框架。一些民房着火，消防队灭火结束后，常常看到的是残垣断壁，废墟一片。这样的结果，消也就显得没有多大的意义了。

所以，一定要重视防范这个基础性、前提性的工作。转变认识，严格执行规范标准，保障人财物的投入，规范操作管理，认真检查，及时消除隐患，事故基本上就不会发生了。

5 防与消的辩证关系

讲首先是防，重点是防，并不是不重视消，消是重要保障、是一道保险。消可以阻止事故扩大，压减损害增大，挽救生命和财产。我们国家组建综合性消防救援队伍就是表明对消的能力的重视。西方一些国家消防队伍地位高、装备好、队员待遇好，职业稳定，这也是对消重视的表现。

危化品生产经营企业，一旦发生火灾爆炸事故，往往固定消防设施会遭到损坏，必须有消的力量及时跟进，所以消的力量不能远离危险源，在保障自身安全的条件下，最大限度地靠近危险源，便于事故发生后能够以最短时间开展救援。例如炼油生产链的某一单元着火，消防队能够在限定的5分钟内赶到现场，灭火的泡沫和干粉及时覆盖火焰，对周边设备、装置降温的冷却水能够全面铺开，火灾就不会扩大。又如连片储气罐区某罐发生泄漏，消防队如果及时抵达，开展可燃气体稀释、相邻罐体水雾隔离、切断泄漏源，事故就不会扩大。

所以消也很重要，要建设规范、标准，具有综合性救援能力的消防队伍。尤其危化品生产经营企业，一定要建设有针对性处置能力的消防应急救援队伍。

6 结束语

防与消不能分开，他们有逻辑上的先后，有时间空间上的差别，在不同的阶段发挥不同的作用，之所以要强调先是防，重点是防，是想要纠正现实中一些错误认识和做法，抓好根本性、基础性的防范工作，要在抓好防的基础上抓好消，两手都要抓，两手都要硬。抓好防，努力使事故不发生，抓好防减轻消的压力，更好地发挥消的作用。抓好消，给防再上一道保险栓，再来一颗定心丸。预防为主，防消结合，抑制火患，降服火魔，力保平安无事。

浅谈高层建筑火灾及其预防

朱福敏　王庆银　唐晨辉

（中国石化中原油田公司应急救援中心）

摘　要　高层建筑火灾是给人们巨大财产和经济损失的灾害之一，对人类财产和国家经济构成潜大威胁。因此研究高层建筑火灾的现行形势、一些发生原因，对于未来国家减少高层建筑火灾的发生，直接财产损失的减少以及制订相关的政策和采取相应的措施具有非常重要的意义。

关键词　高层建筑；火灾；发生原因；预防措施

随着国民经济的迅速发展以及城市化水平的迅速提高，建筑业得到了突飞猛进的发展，人们生活水平的也在日益提高，人们的追求也在逐步升级，结构复杂、人员密集的高层建筑逐渐为人们所追求。不仅各种建筑物的数量大大增加，而且出现了许多新型、大型、高层和特殊类型的建筑。此类建筑的大量涌现，为城市的经济发展和现代化建设带来生机与活力，但同时也给消防工作带来了困扰和危机。城市建筑越来越高，在几十层的高楼居住或工作，离地面有100米左右，诗意一点说是“高处不胜寒”；现实一点说，如果高楼突发火灾，该怎么办？建筑火灾是层出不穷，并有愈演愈烈之势。消防硬件设备的更新更是赶不上楼层高度增加的速度，高层建筑失火后，现有的消防设备很难对起火点进行准确的灭火，导致火势进一步蔓延救援难度不断增加，死伤人数及财产损失也呈上升趋势，高层建筑火灾的防控已经成为一个社会性的难题。高层建筑火灾预防是人类社会中的一项长期的重要任务。

1　高层建筑的火灾数据统计

消防救援局2017年通报的中国高层建筑火灾数据显示，全国拥有8层以上、超过24米的高层建筑34.7万幢，百米以上超高层6000多幢，数量均居世界第一。但多数消防用举高车以及消防水枪喷射高度，最多只能达到50米高。消防员如果负重爬楼超过20层，体力消耗无法有效开展救援行动。高层建筑一旦发生火灾，除了利用内部消防设施外，没有更有效手段灭火。然而统计显示，全国23.5万幢高层住宅建筑中，未设置自动消防设施的占到46.2%。

消防救援局2019年通报了全国火灾情况，全年共接报火灾23.3万起，亡1335人，伤837人，直接财产损失36.12亿元。其中高层建筑发生火灾6974起，同比上升10.6%。值得注意的是，在其他火灾类型数量均下降的情况下，高层建筑火灾数量呈上升趋势。

近十年全国共发生高层建筑火灾3.1万起，死亡474人，直接财产损失15.6亿元。近年来，火灾致死发生在住宅的比例逐年升高，仅2016年有1269人在住宅火灾中死亡，占火灾致死总数的80.21%。据相关数据，我国每年在建建筑面积130多亿平米，高层建筑已达62万多栋，现有百米以上超高层6000余幢，年均增长率达8%，是世界年均增长率的2.5倍，连续九年成为世界上拥有200米以上摩天大楼数量最多的国家。高层建筑层数多、竖向管井密布、功能复杂、人员密集、火灾负荷大，起火后易造成大面积充烟和立体燃烧，给火灾防控和灭火救援工作带来严峻挑战。

可以看出，我国正处于火灾形势比较严峻的时期，建筑火灾的次数和损失均居高不下，尤其是发生了多起特大和重大火灾，有的还造成了严重的群死群伤事件。高层建筑火灾已经引起我国政府及社会各界的广泛关注。如何防止建筑火灾的发生、减少建筑火灾损失已成为目前迫切需要认真研究的重大课题。

根据火灾发生的场合，火灾主要可分为建筑火灾、森林火灾、工矿火灾、交通运输工具火灾等类型。其中建筑火灾对人们的危害最直接、最严重，因为各种类型的建筑物是人们生活和生产活动的主要场所，也是财产高度集中的场所。而保证建筑物内人员和财产的安全是设计建筑物时应当考虑的最重要的问题之一。可以说，建筑火灾一直是火灾防治的主要方面，在各个国家、各个历史时期都是如此。我国的建筑火灾一直以来都是比较严重的，这与我国的建筑结构形式、人民的生产和生活特点、我国的地理位置、气候条件、社会习俗等诸多因素有关。

2 高层建筑的火灾原因分析

根据近十年火灾原因统计以及现存的一些问题，可把建筑火灾发生的原因，归结为以下这个几方面：

（1）可燃物类型和数量都在不断变化着：随着生活水平的提高和社会经济的发展，可燃物也由原来的木材、树叶、杆桔等植物变得多样化、复杂化，比如塑料、纤维、石油、烟花爆竹等。并且由于现代化和工业化进程的加快，现在这些东西的数量也越来越多，越来越普及在人们的日常生产和生活当中。

（2）火灾的扑救设施还没达到一定的标准：就目前来看，我们国家扑救火灾的消防装备（消防车、云梯等）远远不及世界先进的发达国家，在国外发生火灾时，采用的都是消防车和直升机联合实施灭火，而我国还处于一个初级阶段，发展的潜力还很大。此外，消防车也不够国际化标准，我们国家的消防车的登高功能还有待充分发挥。现在我们仅有的消防装备想要完全满足扑救火灾的需要还急需大力提升和国家投资。

（3）人们的防火意识还没有从以前的观念中彻底转型过来：现在的中国，好多的百姓都不注重防火，甚至有些人根本就没意识到这点，人们的防火意识还停留在许多年以前由于秸秆、木材等可燃材料带来的小火灾上面，对新型火灾的认识和了解还充分不足。有些人在发生火灾后非常惊慌，不及时报警或者有的人不会使用灭火器等设备来控制早期的火灾，不懂得逃生和自救的方法等，有时候本来在早期完全就能控制的火灾结果到最后却酿成悲剧，造成大量的人员和财产伤亡。

（4）各个高层建筑的防火系统都不是很完善：现在的高层建筑有的为了省钱，有的为了赶进工期，在消防设施的布置上面就偷工减料、在消防系统设计不够合理化，导致消防系统的设施在数量上严重不足。有的高层建筑虽然设置了一定的消防设施，但是有好多都被居民们给破坏了，有的高层的消防设施甚至很少检查以至于有好多都损坏了还无人问津。

（5）许多高层建筑设计的不合理：随着城市的开发，好多开发商买完地之后就为了图利就不合理的设置布局，把各个高层建设的很高，还有的为了图美观，把内部空间设置的很大以至于防火卷帘设置的相当不合理。一旦发生火灾，给人员的疏散带来很大的困难。

综上所述，每次发生火灾都会或多或少带来一定的损失，有的是直接的财产损失，有的是人员伤亡，这都对一个地区、一个城市、一个国家都是相当不利的，如若让其继续下去而不采取一定措施的话，会给百姓们带来一定的恐慌，甚至做出有损国家利益的事情。因此，提前及时的预防火灾就显得格外重要。为了保证建筑物的火灾安全状况良好，需要从多方面入手，既要加强管理方面，同时也应该加强技术方面的措施。

3 高层建筑的火灾预防措施

总的来说可分为被动性对策和主动性对策两大类。被动性对策主要是从建筑物刚开始建设到建成前做的一些措施来提前防治或者降低未来火灾发生概率，从基础上来进行火灾的防治，主要指的是提高或增强建筑构件或材料所能承受火灾破坏能力的技术，如提高建筑构件耐火（以及耐高温）性技术、可燃材料的阻燃技术等；主动性防治对策主要是从建筑物的设计阶段做起，在建筑物设计前就把未来所发生火灾的可能性考虑在内，进而主动地去降低未来火灾发生的可能性以及有效的控制火灾的发生，指的是直接限制火灾发生和发展的技术，如火灾探测报警技术、喷水灭火或者其他灭火技术等。

3.1 被动性防治对策考虑的是从以下几个方面来预防火灾

（1）常用建筑材料在高温下的力学性能：因为建筑物发生火灾时，如果在火灾初期增长阶段就被控制了的话那就更好了，因为火灾刚起火阶段前期，火灾总的热释放速率不高，室内的平均温度还比较低，建筑物本身耐高温的材料还能承受火灾对其的破坏能力；可是如果在起火阶段后期火还没被控制住，这时候如果房间的通风足够好的话，火区将继续增大，结果将逐渐达到燃烧状况与房间边界的相互作用很重要的阶段，也就是轰然阶段，这个阶段室内所有的可燃物都将着火燃烧，火焰基本充满全室。这也就意味着火灾由初期增长阶段转到充分发展阶段，这个阶段的温度一般都是几百度，甚至超过 1000℃。在这种情况下，建筑材料在受到高温的作用下，很有可能发生断裂或者完全破坏的可能。所以建筑材料的耐火、耐高温的性能有着很重要的意义，它能给火灾疏散延长时间，所以考虑其在高温下的力学性能很有必要，也是很好的防治对策。比如研究普通钢筋的弹性模量随着温度的变化可分别用下述公式描述：

当 $0<T\leqslant 600℃$ 时，

$$E(T)/E(T_0)=1.0+T/[2000\ln(T/1100)]$$

当 $600℃<T<1000℃$ 时，

$$E(T)/E(T_0)=(690-0.69T)/(T-53.5)$$

式中，T 为当时的温度(℃)；$E(T)$ 为钢筋在受热时的弹性模量；$E(T_0)$ 为钢筋在常温下的弹性模量。

由此公式可以得知：

当温度取 400℃时，钢筋的弹性模量为：

$$E(T)/E(T_0)=1.0+T/[2000\ln(400/1100)]=0.8023$$

当温度取 800℃时：

$$E(T)/E(T_0)=(690-0.69*800)/(800-53.5)=0.1849$$

由此可以看出温度对弹性模量有着多么大的影响，当温度达到 800℃时，弹性模量的急剧下降会导致整体结构稳定性的丧失，以致倒塌。这只是力学性能的一个方面还有很多因素，比如：抗拉强度，抗压强度以及外部加隔热保护层或装饰面的保护时间等等。所以提高常用建筑材料在高温下的力学性能有着很可观的意义。

（2）建筑构件的耐火性能：建筑构件的耐火性能表示当发生火灾时该杆件还能继续起到隔离作用的性能，通常用其耐火极限来衡量。耐火极限是指构件在标准火灾环境中，从其开始受热到其失去支撑能力、或发生穿透性裂缝、或背火面的温度升高到设定温度的时间。适当提高建筑构件的耐火性能，即也就是适当提高建筑构件的耐火时间有时候能给人员疏散或者火灾的扑救延长时间，进而减少人员伤亡或者直接经济损失。比如规定防火墙的耐火极限不少于 3.00h；对防火门的耐火极限一般规定为 1.50h、1.00h、0.50h，它们分别适用于一、二、三级耐火要求的建筑；对不同燃烧性能(难燃体，不燃烧体)的耐火极限也不同的规定等。所以能够研究出耐火极限更长的新型材料也是一种有效实施救援、延长救援以及疏散人员时间的一种非常可行的措施，值得我们国家去研究和一定的投资。比如研究试验炉内的气相温度按照规定的温升曲线变化可用下述公式描述：

$$T-T_0=345\lg(8t+1)$$

式中，T 为 t 时刻的温度；T_0 为在试验开始时刻的温度；t 为试验时间，用分钟表示。

由此公式可以得知：

当试验时间为 5min 时，曲线的温升速率为：

$$T-T_0=345\times\lg(8\times5+1)=556.4$$

当试验时间为 10min 时，曲线的温升速率为：

$$T-T_0=345\times\lg(8\times10+1)=658.4$$

由此公式函数的性质可以看出随着时间的延长，温升速率逐渐增加，所以提升构件的耐火性能是十分有必要的。

（3）建筑材料及制品的燃烧性能：由于不能材料的达到燃烧的温度条件都不同，而随着现代人们生活水平的逐步升级，各种高档豪华家具都为人们所喜爱，并且家具的数量明显比以前更多了好多。人们追求数量的同时却往往忽视一旦发生火灾时，这些易燃品一旦着火起来，后果将不可想象。所以，提升建筑材料及制品的燃烧性能也就具有了一些价值。

（4）阻烟与消烟：近年来，新型的有机合成材料在生活中个的应用越来越广泛，比如一些家具、室内装修材料等等。虽然这些新型材料比以前的有机材料有好多优点，但是却有致命的缺点，一旦发生火灾，它们燃烧时会产生大量的烟雾和有毒气体。现在好多人死于火灾都是由于有毒烟气，人们在逃亡的过程中如果吸入一定的有毒烟气就会给呼吸道系统带来一定的损害更甚至会让人不能呼吸、产生窒息现象等等。所以要尽量抑制这些材料的燃烧，研究新的阻燃技术，要开发出能够在一定程度上有效阻止这些材料燃烧作用的阻燃剂，使在火灾发生时尽可能阻止这些材料产生大量有毒烟气，从而人员能够及时逃生。

3.2 主动性防治对策考虑的是从以下几个方面来预防火灾

（1）火灾探测原理与探测器选用：目前发展最快、应用最广的就是火灾探测技术、自动灭火技术。在火灾发生早期，如果火灾探测器能够准确无误探测到火情及时地给人们发出报警信号的话，人们就会采取及时有效的措施把火扑灭在萌芽之中，从而及时的灭火和控制火灾的发生，这将对控制火灾蔓延具有无可限量的意义。而火灾探测器又是属于火灾自动报警系统的一部分，所以安装合理有效的火灾探测器能给火灾自动报警系统及时发出信号兵及时控制火灾。目前我国的主要的问题就是有时出现误报或者漏报的现象。由于每个火灾探测器对烟、光、温度等影响因素的感应敏感程度都不用以及建筑物本身结构或者探测器安装方式不同，都会造成漏报现象，所以我们应该根据不同建筑物的火灾情况以及本身建筑物的结构去选择火灾探测器，比如：选择感烟、感温、感光等探测器的时候，都要事先考虑好这一情况。同时还应该安排合理的探测器安装方式，尽可能的减少漏报信息。而影响误报的因素也有诸多，有时候有不自觉的人在写着“禁止吸烟”的地方随意抽烟或者当时空气中的灰尘指数比较大的情况都可能会触发光电型探测器误报等。所以，在某些探测器敏感的地方要严格管理，减少探测器误报、漏报现象，从而及时有效的控制火灾。

（2）设置合理、有效、完好的灭火系统：在以前的建筑系统中，那时候我们的安全意识还很薄弱再加上资金的缺乏以及各种设计手册、法规的不完善性，消防系统的设计往往都存在很大的问题。随着人们安全防火意识的慢慢转变和提高，在现在的高层建筑中，我们最常见的就是最基本的自动喷水灭火系统、防排烟系统、加压送风系统以及配备的各种形式的灭火器，这在一定程度上控制和延缓了火灾蔓延的速度。这些系统在几乎每个高层建筑都可能会见到，但是总的来说有的还不是很完善、很健全，在管理方面还需要加强，要加大对高层建筑消防系统设计的要求，让每个消防系统真正起到防护的作用。

结论：在过去，由于国家经济水平的限制，资金压力大，没有太多的资金投入到消防火灾的研究外加那时重视程度不是很高，导致在以前每年发生火灾的次数逐步上升。然而，自 2002 年以来，随着国家经济的发展、科研力量的壮大、国家有效资金的投入、人们生活水平的提高以及人们安全意识的转型和提升，人们对高层建筑防火的要求也在逐步提升，对各个高层建筑火灾的防范要求也越来越高，各个高层建筑的防火等级当然也在随之增加，每年发生火灾的次数反而开始逐年下降。

参考文献

[1] 吴启鸿. 世纪之交对火灾形势和拓展消防安全技术领域的思考[J]. 消防科学与技术，2000(1).

[2] 公安部消防局. 中国火灾统计年鉴(2004~2005)[M]. 北京：中国人事出版社，2006.

[3] 国家统计局. 中国统计年鉴(2006)[M]. 北京：中国统计出版社，2006.

[4] World Fire Statistics. Information bulletin of world fire statistics center[R]. Internation Association for the study of Insurance Economics，1995-2000.

[5] 陈家强. 我国的火灾形势与发展趋势[J]. 消防科学与技术，2002(10).

[6] World Fire Statistics. Information bulletin of world fire statistics center[R]. Internation Association for the study of Insurance Economics，2000-2005.

[7] 陈云国，傅志敏，周微. 1993—2003 年特大火灾发生规律、特征及原因分析[J]. 安全与环境学报，2006(2).

[8] 霍然，杨振宏，柳静献. 火灾爆炸预防控制工程学[M]. 北京：机械工业出版社，2007.

[9] 杜兰萍. 确认识当前和今后一个时期我国火灾形势仍将相当严峻的客观必然性[J]. 消防科学与技术，2005(1).

[10] 蔡永源，刘静娴. 高分子材料阻燃技术手册[M]. 北京：化学工业出版社，1993.

[11] 于永忠，吴启鸿，葛世成，等. 阻燃材料手册[M]. 北京：群众出版社，1990.

[12] 王元宏. 阻燃剂化学及其应用[M]. 上海：上海科学技术文献出版社，1988.

[13] 王国建，王风芳. 建筑防火材料[M]. 北京：中国石化出版社，2006.

[14] 中华人民共和国公安部. GB 50016—2006. 建筑防火设计规范[S]. 北京：中国计划出版社，2006 年.

[15] 中华人民共和国公安部. GB 50045—1995. 高层民用建筑防火设计规范[S]. 北京：中国计划出版社，2005 年.

[16] 程晓舫，等. 火灾探测器的原理与方法(上)[J]. 中国安全学报，1999，9(1).

[17] NFPA92B. Guide for Smoke Management Systems in Malls，Atria，and Large Areas[J]. National Fire Protection Association，Quincy，MA，1995.

[18] 蒋文源. 建筑灭火设计手册[M]. 北京：中国建筑工业出版社，1997.

[19] 蒋永琨. 高层建筑防火设计手册[M]. 北京：中国建筑工业出版社，2000.

[20] 张树平. 建筑防火设计手册[M]. 北京：中国建筑工业出版社，2001.

浅析“双重”预防机制在企业消防安全管理中的应用

沈静涛[1]　张建昌[2]

（1. 陕西煤业化工技术研究院有限责任公司；2. 陕西延长石油（集团）有限责任公司）

摘　要　本文分别从火灾危险源辨识、火灾风险评估与分级、风险防控、隐患排查治理和评估改进等方面分析了“双重”预防机制在企业消防安全管理工作中的具体应用方法。提出了最小评价单元、全员消防安全责任、风险管控责任矩阵、隐患反馈机制等理念，初步建立了风险评估数学模型，为“双重”预防机制的应用实践，探索了新的思路和方法。

关键词　企业消防管理；“双重”预防机制；全员消防安全责任；最小评价单元；风险管控责任矩阵；隐患反馈机制

目前我国火灾形势呈现平稳向好态势，但火灾爆炸事故多发频发仍是现状，给人民生命财产造成严重的损失。2020 年全年因火灾死亡 1183 人，受伤 775 人，直接财产损失 40.09 亿元。2019 年江苏响水“3・21”特别重大爆炸事故造成 78 人死亡、76 人重伤，直接经济损失 19.86 亿元。2021 年河南“6・25”柘城武术馆火灾事故造成 18 人死亡、4 人重伤、12 人轻伤。这些特大灾难警示，灾害防范不仅要建立一支综合素质过硬的应急救援队伍，更要在灾害预防，风险防控上下功夫，将事故灾难降到最低，切实保障人民生命财产安全。

事实证明，“消防”救援力量在企业救灾防灾工作中起到中流砥柱的作用，目前企业的消防管理工作中，仍以“消”为主，而随着安全学科的不断深入发展，灾害防治、事故防控已逐渐由事后处置向事前预防转变，“防”的作用日益凸显。

2021 年安全生产法第三次修正，明确要求企业构建安全风险分级管控和隐患排查治理双重预防机制，健全风险防范化解机制，同时“双重”预防机制也是“预防为主、防消结合”消防方针的体现。通过“双重”预防机制在企业消防管理中的应用实践，以期实现消防管理工作关口前移，有效防控风险，防止灾害发生的目的。

1　企业消防安全管理“双重”预防机制整体思路

目前“双重”预防机制在诸多行业、企业中得到了广泛的推广应用，取得了显著的社会和经济效益。但在运行过程中同样存在区域风险界定不准、风险管控与隐患治理脱节、运行过程中存在形式主义等现象。为实现消防管理关口前移，有效避免上述问题，将“双重”预防机制与企业消防安全管理结合的同时，提出新的“双重”防控对策措施，引入最小评价单元、全员消防安全责任、风险管控责任矩阵、隐患反馈机制等理念。

“双重”预防机制建设整体按照“风险辨识-风险防控-隐患排查-评估改进”思路开展，如图 1 所示。

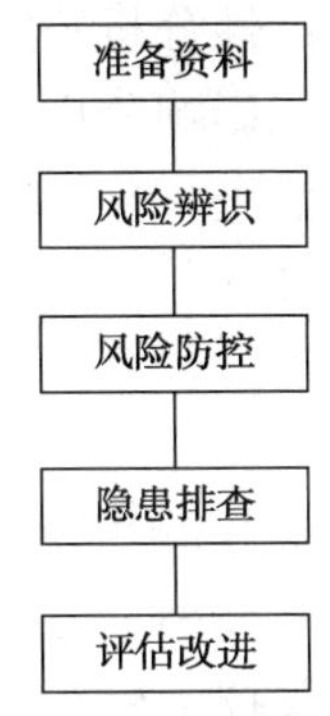

图 1　“双重”预防机制建设流程

风险分级管控：首先将企业作为一个分析系统，划分评价单元。对评价单元内的火灾爆炸危险有害因素进行辨识。对辨识的危险源运用合理的评价方法评估现实风险大小，建立评判准则，对风险进行分级。再根据风险的大小制定不同的风险管控措施，并将不同等级的风险管控职责落实到不同的管理层级，实现风险分级管控。

隐患排查治理：根据风险等级的划分，划分不同的隐患排查治理职责，开展隐患排查治理活动。首先针对现有风险分级管控措施中的不足内容，建立隐患治理清单，消除固有隐患。其次按照隐患排查治理要求，开展隐患排查治理工作，定期或不定期对风险划分等级和治理措施进行评估和重新定级，实现风险动态管理。

2 火灾危险源辨识

根据生产经营特点，确定风险辨识范围，根据不同的场所、火灾危险性因素或采用危险度评价法、设备选择数法等方法将企业划分为不同的最小评价单元，最小评价单位不再继续划分。采用安全检查表法、工作危害分析法、危险性与可操作性分析等方法辨识存在的火灾爆炸危险有害因素及其性质和数量。火灾爆炸危险有害因素主要包括：建构筑物及装修装饰材料、储存使用的火灾爆炸性物质、引火源等。主要分析的范围包括：生产生活办公场所、动火作业活动，生产、使用、储存和运输火灾爆炸危险性物质的装置、厂房、储罐、车辆和道路交通等。对于具有燃烧、爆炸、毒害危险性的重大危险源，应单列。

3 火灾风险评估

火灾爆炸的风险评估方法有很多，可以采用安全检查表法、工作危害分析法、危险性与可操作性分析、预先危险性分析等定性分析方法，也可以采用故障类型和影响分析、指数分析法、事故后果法等定量方法进行分析。通过风险评价确定火灾爆炸风险程度。

4 风险分级

根据不同的风险分析方法，建立相应的风险评判准则，确定风险大小。可以采用本单位消防管理目标方针、相关技术标准、本单位或同行业事故发生情况、本地区或本单位风险可接收程度等建立风险评判准则，对风险进行分级。风险共分为四级，具体如表1。

正常情况下，发现重大风险必须立即整改，降低风险，严格控制较大风险。

对于分析评价过程中，发现存在重大火灾隐患的应直接判定为重大风险，立即组织整改。

表1 风险等级划分

风险等级	对应颜色	说 明
重大风险	红色	极其危险，不可接受，必须立即整改，不能继续作业。只有当风险已降低时，才能开始或继续工作
较大风险	橙色	高度危险，必须立即制定措施进行控制管理
一般风险	黄色	比较危险，需要控制整改或引起重视
低风险	蓝色	稍有危险，可以接受，但需做好日常管理工作

5 制定风险防控措施

根据风险分级结合本单位实际，按照全员消防责任制原则和人本原理的能级原则，将风险管控责任横向到边、纵向到底分解到各个岗位，从人防、物防、技防等方面制定相应的风险管控措施。为确保每项管控措施均能有效落地，可建立每项工作任务的责任矩阵。

其中人防主要包括开展教育培训，提升人员消防安全技能和素养，建立健全消防安全管理机构，建立消防安全责任体系和规章制度，强化巡查检查等。物防主要包括设施防火防爆、消防重点部位等警示标识，设置必要灭火器、灭火毯、消防沙等消防设施，配备作战服、避火服、逃生呼吸器等应急物品。技防主要包括设置火灾报警系统、火灾灭火系统、应急疏散系统等火灾监控报警系统，以及采取防火防爆的技术措施。

应采取的风险管控措施和风险责任见表2。

表2 风险责任划分及管控措施

风险等级	责任划分	控制措施
重大风险	主要负责人	人防、物防、技防，必须立即整改，不能继续作业
较大风险	主管领导	人防、物防、技防，必须立即制定措施
一般风险	部室、车间	人防、物防、技防，或采取其中适合的措施
低风险	工段、班组	主要采取人防、物防，必要时，有条件的可采取技防

6 隐患排查治理

根据风险分级管控结果，划分消防安全重点部位和隐患排查治理职责，隐患排查治理职责应与风险管控责任矩阵一致。按照相关隐患排查治理规定开展隐患排查治理工作。对于较大及以上的风险区域，应由相应责任单位，强化检查力度和频次，对该区域进行重点监管。

对照风险管控措施清单，排查梳理现有管控措施是否有效落实。对发现的隐患形成第一个隐患治理清单，制定措施消除隐患，保障风险管控措施有效实施，风险等级划分符合实际。

隐患排查治理工作中，检查出的隐患，应及时形成隐患治理清单。发现重大火灾隐患，应及时直接判定该区域为重大风险区域，按照重大风险区域进行管控，直至隐患消除，再次经风险评估确定风险等级。

7 评估改进

定期根据风控管控情况、隐患排查治理情况及外部因素，对风险等级划分的准确性及管控措施的有效性进行评估。对发现重大火灾隐患随时调整风险等级和管控措施。

为防止风险分级管控和隐患排查治理脱节现象，引入风险责任矩阵和隐患反馈机制概念。风险责任矩阵与隐患排查治理职责一致，前文已有陈述。隐患反馈机制，即将隐患排查治理情况作为对风险分级防控的评估依据之一，评估风险防控的有效性。风险分级防控评估按公式(1)(2)计算。

$$R=R_0\times f \tag{1}$$

$$f=\left\{\partial_1\frac{\text{法律法规合规性现状}}{\text{之前法律法规合规性现状}}+\partial_2\frac{\text{隐患排查治理情况}}{\text{之前隐患排查情况}}+\cdots+\partial_i\frac{\text{风险防控评估依据}}{\text{之前风险防控评估依据}}\right\}$$

$$\left(\sum_{i=1}^{n}\partial_i=1\right) \tag{2}$$

式中，R 为现有风险评估结果；R_0为之前风险评估结果。

对需要根据现状重新评估的，应按照上述火灾爆炸风险风险评估和风险分级方法重新进行风险评估和等级划分。一般的重大危险源应每至少每三年组织开展一次，其他区域场所应至少每五年组织开展一次。

8 结语

消防安全工作，关键在“消”，重点在“防”，为建立消防管理工作防控体系，防止火灾事故发生，本文将风险分级管控思想应用到日常消防管理工作中，建立“双重”预防机制，并分部说明了实施步骤。为消防风险防控工作提供了借鉴的思路和方法。

参考文献

[1] 李爽. 全面推进双重预防机制建设　健全风险防范化解机制[N]. 中国应急管理报. 2021-07-20(007).

[2] 陕西省安全生产委员会. 危险化学品企业安全风险分级管控实施指南[Z]. 2017-5-25.

浅析石化企业建设工程消防设计内部审核的必要性

陈　栓

（陕西延长石油（集团）有限责任公司油气勘探公司）

摘　要　分析国内石化行业工程建设消防设计现状，结合实际工作就消防设计审核暴露出的问题进行总结剖析，提出石化企业加强消防设计业主方审核的必要性。

关键词　石化企业；消防安全；消防设计审核

1　引言

石油化工作为推动我国国民经济发展的支柱型产业，同时也是高危行业，一旦出现火灾就有可能产生爆炸、中毒等事故，给企业带来巨大的经济损失，带来恶劣社会影响。近年，随着科学技术进步，消防设施器材也在不断地发展，尤其随着数据化、信息化、物联网的全面应用，场站消防系统增加了大量的新技术，能够直接高效提升场站本质安全水平，为后期生产运行消防安全奠定良好的基础。消防工程建设很大程度上是由设计决定的，可以说消防设计决定石油化工企业消防安全基础。但是，在实际工作中，消防设计却不能与时俱进，或者设计单位水平有限、责任性不强，造成设计存在诸多纰漏，这就需要通过重重审核把关，规避或者最大程度减少以上存在的问题。尤其是石化企业作为建设单位，要加强专业把关，做好设计的内部审核工作。

2　石化企业火灾危险性及消防设施现状

石油化工企业主要从事石油天然气的开发以及加工，形成油品、成品气以及一些化工材料，无论是原料本身还是成品及生产过程用料都存在易燃易爆、高毒的特性，容易发生爆炸、中毒等事故，给企业带来巨大的经济损失，造成巨大的人员伤亡，造成恶劣的社会影响。随着油气田开发的不断深入，石油化工企业经营规模不断扩大，生产设备增加、管道量增多，一旦发生突发安全事故，事故后果与影响都更加严重。

但是，石油化工企业生产场站的消防设施却相对陈旧，例如天然气净化厂设计了传统的消防栓系统，传统的消防栓系统需要人工接水带水枪，要求人员有很好的专业消防技能，需要大量的培训，同时将人员置于火灾一线，增加了人员安全风险，与安全发展以人为本的理念是冲突的。而根据目前的消防系统的发展，完全可以设计为自动消防炮，不需要人员在现场实操，既保证了人员的安全，同时自动化消防设施能及时高效处置现场火灾。

3　石化企业建设工程消防设计现状及存在问题

目前，石化企业都是聘请专业的工程设计院做设计，再聘请专家把脉，决定设计的合理性。但这过程中过多的人为因素也造成了消防设计水平难以有质的提升，决定了消防工程的质量水平，也为后期生产运行安全埋下了安全隐患。

3.1　设计单位现场工作经验欠缺

设计人员主要以工程建设专业毕业的研究生为主，高学历，高台阶，毕业后直接进入设计院，决定了其现场工作经验欠缺，消防设计基本严格遵照国家强制性规定。按部就班，执行了最基本的标准，导致设计缺乏前瞻性，与实际需要存在差距。

3.2　设计准备阶段调研不足

设计单位在设计准备阶段没有进行认真的调研，对于之前设计中暴露出的问题没有针对性的研究决策，对建设单位意见重视程度不够，例如消防设施选择不合理、设备选型不统一、配备设施质量差、自动化程度低等，单就设计文件来看似乎严格遵照规范进行了设计，但是不能与时俱进，缺乏前瞻性。调研不足，甚至造成场站选址不合理，防火间距不足等后期无法整改的问题，对企业的运行造成巨大安全风险与法律风险。

3.3 现有消防设计规范局限性

随着科技与信息技术的迅猛发展，消防技术与消防设施日新月异，现有标准规范由于范围广，更新速度慢，已经不能适应实际设计的需要。造成了消防设计与石油化工企业的实际需要脱节，不能切实指导实际消防工程建设。而行业规范作为非强制性规范，缺乏约束力，设计者可以根据实际需要进行摘选应用，无形之中降低了设计的专业程度。

3.4 设计外审阶段存在的问题

目前，在设计审核阶段，石化企业主要采取外聘专家审核的方式进行。专家的素养和责任心是影响设计把关是否严格的关键。现实审核中一般聘请1名消防专家，但是由于专家更侧重专业消防系统建设或者消防政策理论研究，对于石化企业基层一线的工艺技术及其危险性，由于科技的迅猛发展，存在一定的盲点。不能有效将消防系统应用和工艺技术有机的结合起来。这样便不能对石化企业的消防工作进行有针对性的指导。另外，外审作为设计落地的必经关口，专家的签字对于建设单位和设计单位更重要，由于这一层原因，设计方更重视专家的意见，而忽视了建设单位的建议，而建设单位恰恰拥有专家所不具备的石化工艺优势。

综上可以看出，消防设计存在的问题，一方面是设计方能力水平决定的，另一方面是设计审核把关不严造成的。经分析可以得出：有必要加强建设单位内部审核来弥补外审环节存在的不足。

4 消防设计内部审核的组织

为规范建设工程消防设计审核、验收管理，夯实消防“三同时”工作，把好建设工程前期设计关，保障消防工程质量与消防设施的科学性，石油化工企业应开展建设工程内部审核。需要建立建设工程消防设计内部审核制度，抽调公司内部专业消防工作人员、场站资深技术人员组成消防设计审核验收机构，开展建设工程消防设计内部审核、验收工作，负责制定建设工程消防设计指导意见，审核公司各类建设工程消防设计，严格夯实消防工程“三同时”工作，并对各单位消防安全管理工作进行考核、检查。

5 内部消防设计审核的主要作用

5.1 弥补设计方及专家现场经验不足问题

内部审核人员具有丰富的现场工作经验，经过抢险救援实践，能够正确认识现有消防设施时效性、存在的缺陷，给消防设计单位提供切实的改进意见。同时工作过程是一个提升的过程，增强内部的专业素养，从而逐渐减少对外部力量的依赖。

5.2 能降低消防先天隐患数量

内部审核机构通过与设计院、专家、地方消防部门以及消防协会等单位的学习，一方面有效提升自有消防设计审核、工程验收人员的业务素质水平得到更快、更大提升，另一方面能结合现场工作经验，为企业消防工程在设计审核、施工建设、竣工验收把好每一个关口，切切实实的降低消防先天性隐患数量，为后期的安全生产投运打好坚实的基础。

5.3 能统一规范消防设计

建立内部审核机构，能够夯实审核责任。针对现阶段存在的消防设施选型不统一、设计标准不统一等问题，依据公司建设工程消防设计指导意见，从源头把握好工程的设计、施工质量，为后期生产投运提供安全、便利的使用条件和较低的维护成本。

5.4 能加快消防手续办理速度

公司消防设计审核机构通过与地方政府相关职能部门建立起长效联络机制，可以前移建设工程消防设计审核时间点、压缩审核周期、减少审核验收费用支出，更快的使工程项目开工建设以及验收投运。

6 结束语

随着消防技术不断发展，新技术的不断应用，科学的、具有前瞻性的消防设计能直接有效提升石化企业工艺设施本质安全水平。但是鉴于目前消防设计暴露出的短板，企业应掌控消防工程建设的主动权，开展内部消防设计审核，降低外部设计水平造成的先天隐患。

如何做好动火作业现场消防监护工作

董　卓

（中国石油辽河油田公司消防支队）

摘　要　2000年起，部分二级单位重视动火作业工作，将消防力量监督作为现场安全措施。2016年消防支队防火科开始规范动火作业消防力量监护审批程序。2018集团公司发布《关于进一步加强涉油气高风险工业动火作业现场消防保障措施的通知》，要求各二级单位根据实际情况对涉油气高风险工业动火申请消防力量现场监护。从2016年至今共调派消防车现场监护377次。规范动火作业现场消防监护工作迫在眉睫。

关键词　动火作业；消防监护；预案；施工前动火条件确认

辽河油田生产的石油从井口到外输，要经过多道工序和复杂的加工单元，辅助供热、供水、供电系统庞大。生产过程中使用的炉、塔、罐、槽、压缩机、泵等设备，以管道相连通，从而形成了工艺复杂、工艺流程长的生产线。生产过程中各工序之间一环扣一环，紧密相连，互相制约，具有高度的连续性。特别是生产过程具有高温、高压、易燃、易爆、有毒、有害等许多潜在的危险因素。根据集团公司2018年3月发布的《关于进一步加强涉油气高风险工业动火作业现场消防保障措施的通知》和2019年发布的《中国石油天然气急团有限公司动火管理办法》，消防支队对动火作业有现场监护、开工前动火条件确认等职责。

2000年起，部分二级单位开始重视动火作业现场监护工作，将消防力量监护作为重要的安全措施。2016年消防支队防火科开始规范动火作业消防力量监护审批程序。2018集团公司发布《关于进一步加强涉油气高风险工业动火作业现场消防保障措施的通知》，要求各二级单位根据实际情况对涉油气高风险工业动火申请消防力量现场监护。从2016年至今，各二级单位调派消防车现场监护共377次，历年动火作业数量见表1。

表1

年　份	数　量	年　份	数　量
2016年	29	2019年	120
2017年	80	2020年至9月	70
2018年	78		

2020年由于疫情影响，外来施工人员减少，5月之前动火比往年略少，预测整年动火数量100个。

通过历年数据来看，动火监护数量逐年增加，此项工作已经成为消防支队的主要业务之一。如6月16日欢喜岭采油厂欢二联合站1号稠油罐关内改造、8月22日储气库公司盘锦末站气管线连头、9月11日热电厂烟囱爆破。无论是焊接、切割和爆破，都接触到可燃、易燃、易爆物质，同时多数是与压力容器、压力管道打交道，危险性很大。本人结合辽河油田各地区实际情况，通过现场动火作业危险性和原因进行分析，对如何做好现场监护工作有如下看法。

1　动火作业的定义、级别及事故原因分析

1.1　动火作业包括但不限于以下方式

（1）各种气焊、电焊、铅焊、锡焊、塑料焊等各种焊接作业及气割、等离子切割机、砂轮机、磨光机等各种金属切割作业；

（2）使用喷灯、液化气炉、火炉、电炉等明火作业；

（3）烧、烤、煨管线、熬沥青、炒砂子、铁锤击（产生火花）物件、喷砂和产生火花的其他作业；

（4）生产装置区、油气装卸作业区和罐区、加油（气）站爆炸危险区，连接临时电源、使用非防爆电气设备和非防爆工具；

（5）使用雷管、炸药等进行爆破作业。

1.2 动火作业的级别

根据2019年11月15日发布的《中国石油天然气集团有限公司动火作业安全管理办法》，将动火作业分为：特级动火、一级动火、二级动火等3级。

1.3 动火作业发生事故的原因分析

发生事故的原因主要有以下几个方面：

（1）动火设备本身造成事故。如盛装易燃、易爆、有毒、有害物质的设备，没有进行全面吹扫、置换、蒸煮、水洗、抽加盲板等程序处理，或虽经处理而达不到动火条件，没有进行可燃气体浓度分析或分析不准，而盲目动火，引发火灾、爆炸事故。

（2）可燃、助燃气体泄漏造成事故。如气焊、气割动火所用的乙炔、氧气等都是易燃、易爆气体，胶带、减压阀等器具不完好，出现泄漏，易发生燃烧和引起爆炸。

（3）周围环境造成事故。如在动火作业时，气割、气焊或是电焊使金属在高温下熔化，熔化的金属溶液易到处飞溅，使周围的地漏、明沟、污油井、电缆沟以及取样点、排污点、泄漏点发生火灾、爆炸事故。

（4）压力容器造成事故。如气焊、气割时所使用的氧气瓶、乙炔瓶都是压力容器，乙炔气瓶倒放使用；胶圈、减压阀等器具出现泄漏；氧气瓶、乙炔瓶没有防震胶圈；乙炔瓶横卧滚动后马上使用；氧气瓶、乙炔瓶离动火点的安全距离不够10m，或氧气瓶与乙炔瓶之间安全距离不够5m等，都易发生着火、爆炸事故。

（5）电焊设备使用不当造成事故。如用电焊时，电焊机不完好或地线、把线绝缘不好，造成与在用设备、管线发生打火现象，甚至有的焊工在附近其他设备、管线上引弧，造成设备、管线击穿，或使设备、管线损伤。有的甚至将接地线连接于在用管线、设备以及相连的钢结构上，都易发生伤人、火灾事故。

（6）违规用电造成人身伤害事故。如用电时，电线或工具绝缘不好发生漏电，或焊工不穿绝缘鞋，在容器内部或潮湿环境作业，造成人员触电，或合闸时产生弧光烧伤皮肤等。

（7）未按动火作业票制度实施管理造成事故。如监护人员脱离岗位或没有人监护；未按照施工方案施工；防范措施落实不到位；环境条件发生变化时如管线发生泄漏；天气突然变化如出现5级以上大风等恶劣天气等都容易发生事故。

2 做好动火作业现场监护工作的防范措施

消防支队在长期的动火作业方案审查和现场动火条件确认工作中总结了以下几点经验。

2.1 制定管理制度和工作流程

为了预防火灾事故的发生，规范工作流程，消防支队防火科联合战训科，制定了《关于进一步加强和规范消防现场执勤管理工作的通知》以及相关的反馈表、现场检查表，按照动火方案审批→动火预案制定→动火现场条件确认→动火监护与自我防护→监护完毕归队5个流程进行规范。在指挥员培训班中对管理制度和工作流程进行详解，使每名中队指挥员有据可依，有法可按。

2.2 加强学习，清楚动火作业事故特性

扎实地学习基础理论知识。消防支队每年组织全体指挥员学习有关站内流程，动火管理办法和危险化学品知识。积极协调各二级单位，组织人员到标准化站队进行现场观摩和讲解。针对动火引起事故的一些特点，拟订一些突发场景开展演练，以提高监护人员抢险救援的适应能力，突出灭火救援等方面的训练。

2.3 做好“六熟悉”工作

各大中队按要求对消防安全重点单位和新改扩建工程进行巡查，对装置、罐区等重要部位的装置流程、介质性质进行现场的熟悉，对厂区消防设施进行使用测试。通过考试、提问等方式，检查队伍的“六熟悉”程度，确保所有监护人员100%的掌握。每次去动火作业现场监护时，第一时间询问现场工作人员装置、介质、危险性、施工队伍等情况，其次对现场消防设施进行熟悉检查测试，确保完整好用。

2.4 完善监护预案，提高实战能力

监护预案准确、详细，明确了组织机构的组成、职责、任务分工、联络方式、行动要求；细化了单位名称、地址、规模、生产、储存、使用化学物品种类、危险特性、工艺流程及相应技术要求；提示了冷却、堵漏、稀释、侦检等战术战法，附近增援力量的分布、交通、建筑、水源、风向等条件，社会救援力量的分布、协调等。根据预案开展现场演练或桌面推演，使指挥员能够灵活正确的运用战术，灭火、供水、器材供给等

分工明确，保障有力，整个监护的秩序有条不紊。

3 动火监护工作的展望

集团公司2018年3月发布的《关于进一步加强涉油气高风险工业动火作业现场消防保障措施的通知》中提到所有的动火作业都需要消防力量监护，这个要求与实际情况不符，根据动态施工作业信息平台的数据显示，辽河油田每日动火作业数量在60个左右，消防支队的人员、车辆达不到全覆盖的程度。为此我们结合本身的消防安全监督职能，按照集团公司【2019】285号文《关于进一步强化集团公司消防安全和专职消防队伍建设有关工作的通知》要求，发挥专业优势，对涉油气高风险工业动火进行常项监督。消防支队防火科组织各大中队成立防火组，每天按照动态施工信息平台数据，对管区动火地点开展“四不两直”监督抽查，发现问题现场整改，切实履行监督考核职能，将考核结果提供业务归口部门，纳入二级单位HSE考核，推动动火作业管理规范化。

现代化工企业防火设计发展动态的思考

张宏涛

（中国石油辽河油田公司消防支队）

摘　要　研究化工企业与消防的变化，修正分析与思维的方式，理智地调整防火设计的策略，稳妥地改善消防管理的模式，从根本上确保化工企业消防安全，无疑是科学的、积极的，并且具有时代意义和现实效应的。

关键词　化工企业；防火；发展；观念

1　现代化工企业的发展趋势

化工企业工业科技水平的提高，人类思想文化的艺术表现，城市社会发展的功能需求，使现代化工企业发生了巨大的变化，同时也使保证化工企业安全的传统防火技术面临了巨大的挑战。

外观体量的庞大化、复杂化显现了现代化工企业的雄伟与神奇，各类功能的场所综合在一起，共同组合成一个化工企业群，甚至形成一个超大的化工企业建构筑物，化工企业高度亦不断增设，直至参天入去云。这给消防灭火作业、内攻侦查、火场供水等都带来不少困难。

结构管廊的功能化、模块化创新了现代化工企业的风格与形象，新颖的钢结构使化工企业的跨度增大，荷载减少，各类有机材料的运用使化工企业外形日趋明快，但却造成化工企业的耐火等级的降低，竖向防火分隔的构造难以实施。

内部环境的互融化、智能化丰富了现代化工企业的情趣与内涵，花园式室内庭院，集中控制的楼宇设施，将整个化工企业化成一体、相映生辉，产生充满韵味的空间组合，给人以舒适和交流的感受，但却使传统的化工企业防火分区的措施难以落实，火灾的防控更加困难。

2　化工企业防火的新理念

现代科学技术在消防领域的综合运用以及消防安全工程学科本身的研究发展，使传统的防火分隔、防火间距等被动防火技术不断完善，出现了防火卷帘、防火堵泥、防火涂料等新产品。同时新型的防火处理技术也在不断地提高化学建材的防火能力，但更为积极的主动防火技术亦日益成熟，并充分显示其在化工企业防火中的优势，使我们对化工企业火灾的演化和主动防火技术的作用有了更为清新的认识，形成更切合实际的新的消防理论和观念。主动防火技术的灵活性和可靠性，使其在化工企业工程中大显身手，逐步成为化工企业防火的主要手段。

2.1　自动喷水灭火技术的不断完善

经过半个多世纪的研究与实践，自动喷水灭火被证明是最有效的控火与灭火的消防手段，几乎难以听到其失败的案例。同时，科研人员又不断研制开发出新的快速响应喷头、细水雾喷头、大覆盖喷头等新产品、新技术，使系统的种类不断增多，运用场所更加广泛，响应时间更加及时，火灾影响更加减少。

自动喷水灭火系统只需启动二、三个喷头就能对一般的初期火灾进行有效控制，设计规范中设定的作用面积又增加了其更大的安全度。因此，安全可以将自动喷淋的作用面积视作为一个动态的防火分区，代替传统的以固定耐火构件为分隔物的静态防火分区。这样，既方便化工企业的布局，又节约大量投资，相比之下，影响装修使用的防火卷帘和难以保证供水的水幕似乎显得徒劳无力，舍便求繁。

自动喷水的启动可大大降低火场的温度，设有自动喷淋系统的化工企业建构筑物的火灾应该是在较低环境温度下的较小面积的燃烧，因此，对钢结构和玻璃等材料的使用提供了可靠的保障，弥补了这些材料在过去以标准升温线进行测试的耐火极限较低的防火弱点，在设有自动喷水灭火系统的场所中，这些构件的真实耐火时间得以极大提高。

2.2 防烟、排烟的理论和技术日趋合理

近十几年，西方发达国家对烟羽流的研究不断深入，找出了其内在的规律，建立了热气流流动的相应公式，为工程的分析和运用提供了科学的依据。

烟羽流的发展态势的正确分析，使工程设计者对化工企业封闭空间和半封闭空间的烟气与空间的关系更加清晰，从而可有针对性地提出合理的防烟或排烟气方案，最终的目标是利用自动喷水系统控制火灾的规模，并通过有效的机械或自然的设施对烟气进行阻隔和排除，为火场人员的疏散和消防队员的进攻提供有效的清晰高度和安全地带。

成功的防烟、排烟方法是利用机械加压的风压阻止烟气进入安全疏散区域。同时，在火灾区域有效地设置机械排烟或自然排烟设施并设计具有一定容量的储烟仓。储烟仓的面积既不能太小，也不能太大，太小刚上升的烟羽流将迅速充满空间，太大就会使周围的冷空气大量的混八热气羽流，烟雾颗粒和有毒气体的温度和浓度则被降低而失去浮力。这些都会影响人员的正常疏散。

2.3 火灾的探测与控制技术更加先进、周密

数字化技术使人类的生存方式发生急剧的变化，计算机的程序控制与数字通迅技术广泛地应用于各个领域，因此，这项技术也迅速地进入化工企业的智能控制和消防火灾探测中，足不出户，化工企业建构筑物的消防管理者就可掌握化工企业建构筑物各部位的环境状态，一旦发生火灾，他们就可及时地在消防控制室内观察和操作各类消防设施的运行，从而极大地提高了化工企业建构筑物的安全度。

先进的电子、网络、软件等技术被广泛地运用在火灾报警技术中，火灾报警的探测系统经历了开关量、数字模拟量、探头自身信息处理等阶段；近几年，又开发成功烟、温度复合探测器及高灵敏的吸气式空气分析探测器，探头的抗干扰能力越来越强，探测越来越准确，发现火情的时间也越来越早；系统的布线同样也经历了多线式、总线式、网络式等方式，使安装调试越来越方便，系统的容量越来越大。

此外，数控技术和网络联系等自动化技术也被广泛运用于锅炉房、直燃机组、加油机、燃气调压器等过去认为易发生事故的场所，通过对管道、设备的数字仪表监视，设备运行中的保护装置加强，可及时处置意外事故，从而，极大地提高了这些设施的安全度，降低了火灾危险性，甚至可从根本上杜绝火灾的发生。

2.4 各类防火措施的综合设计，加强了化工企业防火能力

综合地分析各种类型的化工企业建构筑物在各种防火技术综合作用下的火灾发生、发展趋势，有效地选择切合化工企业建构筑物自身特点的防火措施是很有意义，十分必要的。

计算机的模化试验在防火设计中的运用，可以使我们进一步了解各区域的烟火的发展趋势，根据化工企业建构筑物的容纳物品、耐火性能、使用状态，科学地对化工企业建构筑物的火焰温度、烟气高度、燃烧产物等火灾的各项指标进一步量化，演示火灾的发展过程，计算出化工企业建构筑物各部位各时刻的燃烧释放的烟量和热量，得到火灾展与时间的函数，真实地描述火灾发展特性，为防火设计人员提供正确的判断，合理地提出安全防范的措施。

综合设计不是简单的各种防火技术的叠加，通过对设置火灾报警、自动灭火、防烟、排烟设施的综合作用的火灾状态的分析与研究，可以使我们对化工企业生产储存装置的构件的耐火极限、垂直蔓延的发展速度、安全出口的疏散能力、消防设施的安全系数得出较为正确的评估，同时经过比较、检验、优化，可以科学合理地选择主动防火技术与被动防火技术中对工程具有实际效果的几项措施，把有限的经费用在最切实际、最有效的消防投入中，充分发挥这些设施的防火威力。

3 防火工作应具备的几个观点

现代化工企业的日新月异，防火管理体系和化工企业建筑材料的不断创新，对为之服务的化工企业防火技术提出了更为艰巨的要求，并且对分析、构思、设计、监督的防火技术人员也提出了严峻的挑战。

3.1 防火工作者应具备先进的科学观

防火化工企业科学技术的突飞猛进，化工企业消防技术的研究成果不断涌现，使我们解决化工企业防火技术的能力和水平不断提高。成功的防火设计是运用先进的消防技术寻求特定化工企业建构筑物的火灾发展规律，有针对性地设计防

火与控火的方案，达到消防要求，既不与化工企业功能需要相矛盾，又可以有效地保障人身和财产的安全的理想目标。

3.2 防火工作者应具备辩证的哲学观

化工企业与消防本身就是一对矛盾的辩证统一体，燃烧的元素有三，任何一种元素的取消都将防止火灾的发生。因此，明智的防火工作者可以运用辩证的思维方式正确地判定化工企业的火灾演变过程，选择经济有效的防火技术，保证化工企业建构筑物与人员的安全。

3.3 防火工作者应具备聪慧的艺术观

现代化工企业的复杂性需要我们在原则性地掌握消防的新理念，保证防火设计的最终目的基础上，灵活地运用防火设计的各种技巧合理地构思消防的对策，以艺术的工作手法成功地完成消防与化工企业的有机结合。优秀的防火工作者应不断积累工作经验与艺术，逐步实现三个层面的工作技能。

① 重法条，保证各项措施的严格落实；

② 重法理，深入领会规范的实质意义，而不是机械地、武断地抽、搬用规范；

③ 重协调，针对性地提出合理防火对策。

4 建立新机制，完善消防技术的综合化、专业

现代化工企业与现代消防的高度结合，使化工企业防火工作面临着更为艰难复杂的考验，传统的个别人大包大揽地设计、审核的方式变得越来越不可能，化工企业防火的各个工种也不可能独立地分散设计和审核，化工企业防火工作的最终趋势是借助先进的计算机，综合地分析研究化工企业火灾的特性，各设计工种相互配合地共同设计防火措施。要搞好这项工作，需要建立有别于传统的设计与审核的新机制，实现更深入、更经济、更合理的工作环境，为自由的化工企业后插上消防安全的翅膀。

4.1 加快制定理合理的性能规范

以设计过程的各环节的要求为指标的“处方式”的传统的“指令性”规范难以适应许多新颖的现代化工企业的设计需要，限制了化工企业设计的艺术体现和实际需求，以设计的目的为方向，考虑消防设施综合功效的性能规范可提高化工企业防火设计的科学性、灵活性和经济性，既达到预定的安全要求，又不过分干涉所采取的具体手段，为别具匠心的独特化工企业设计提较为自由的领域，并能运用新的综合的防火技术合理地降低消防投资，使资金有效地投入最为需要的防火措施之中。

4.2 积极酝酿专业的化工企业防火咨询机构

现代化工企业的防火设计日趋杂，需要设计人员进行认真仔细的研究与分析，传统的设计院中的化工企业、给水、暖通专业依照规范简单操作是难以胜任的，必须由专业的部门、专业的消防工程师进行整体的设计，从火灾的发展趋势、消防设施的综合效应、化工企业和设备的安全度等各方面的性能指标中选择最佳的方案，提供完整的、令人信服的、达到防火目的的设计报告。这些中介的事务所的成立可解决目前消防工程缺乏研究和咨询单位，消防监督部门不得不直接进行管理的不足与弊端。

4.3 调整消防监督的审核机制

现行的消防监督是由消防部门实施的，由消防部门提意见、出建议，自己定设想，自己做判断、自己搞审核、自己去验收等难免有失公正、科学、先进。合理的管理模式应是由专业设计和咨询机构出具体题论证报告，消防部门组织保险、科研等资深专家进行判断讨论，最后由消防部门进行裁决判定，使消防监督部门从事务的直接参与者变为名符其实的审核者，这样可提高消防监督的透明度、公正性，也可杜绝一些独断专行、以权管理等非科学的，甚至是腐败的现象发生。

参考文献

[1] 袁晓东. 石油化工防火技术措施研究[J]. 化工管理，2018，20.

[2] 戎光道. 浅谈如何提高管理效率[J]. 金山企业管理，2003，3.

[3] 占满庭，胡友明. 浅析我国石油化工企业的安全生产管理[J]. 河北工程技术学院教学与研究，2017，4.

[4] 吴志琳，杨阿明. 石油化工中火灾的处理及应对措施初探[J]. 中国石油和化工标准与质量，2017，23.

浅议如何用政治化、准军事化、标准化、科学化推进危险化学品应急救援队伍能力现代化

刘振清　戴　勇　符建军　付　强

（中国石油长庆油田公司）

摘　要　随着我国社会经济的不断发展，大型石油、化工生产装置火灾、危险化学品事故处置、石油化工产品火灾等大量增多，不断出现一些新情况、新问题，增加了灭火救援工作的复杂度、难度和危险性，对于油田消防队更有着巨大的考验，也对其战斗力提出了更高的要求。在新阶段、新高度、新起点下，我们必须贴近实际，拓展工作新思路，创新管理方法，与时俱进的运用科学有效方法，使消防队伍向更加科学高效的方向发展。如何紧跟时代发展步伐，推动消防事业全面建设和科学发展，提高灭火及应急救援综合作战能力，有效地保证各项任务的完成，实现应急救援、灭火作战实战能力现代化已是消防队当前面临的新课题。因此，建立具有科学应对，全面综合型消防应急救援队伍尤为重要。

关键词　基层消防队；科学管理；执勤战斗力；作战指挥；战勤保障

在消防工作不断加深的时代背景下，各种繁重的急难任务随之不断增加，因此，如何在新的形势下，顺应消防事业巨大变革，贴近灭火战斗和应急救援实际需要，已是摆在我们面前不容回避且必须予以高度重视的重要命题。在新阶段、新高度、新起点下，我们要适应新形势、肩负新使命、完成好新任务，用科学发展的眼光，坚持以人为本、遵循科学思想、注重协调发展，更加科学高效的方向发展，不断开创消防应急救援工作蓬勃发展的新局面。

1　拓展思路，科学管理消防应急救援队伍

1.1　管理中存在的问题

1.1.1　思想观念的变化

在新的形势下，专职消防队伍人员的思想观念发生了新的变化，这给队伍管理工作带来一定的难度。一些人员开始在思想上被潜移默化，经济意识和攀比意识心理日趋增强。主要表现在：一是管理干部的工作责任感和事业心比较过去有所削减，把个人利益看得比较重。二是一些队员在工作中怕吃苦，不追求工作成绩，不讲奉献等，从而加大了队伍管理的难度。

1.1.2　人员结构复杂化

主要有：一是部分消防员为部队转业后从事消防职业，他们有一定的社会经验，思想相对活跃，大都为个人利益着想；二是人员年龄差异大，年青的人员相对工作责任心不强，这对平时踏实工作的人员思想上有一定的影响，这给队伍管理增加了难度；三是人员的文化水平差异大，一些文化水平较高的人员，接受能力比较快，相对于文化较差的同志就不容易接受新的东西。

1.2　队伍管理应把握的工作重点

队伍管理的重点，实质上就是要抓住部队管理教育工作，引导、加强交流和沟通。在管理中不断地去发现和解决存在的问题，管理者也必须结合人员结构的特点和工作具体情况，来慎重把握管理中存在的重点问题。

1.2.1　要善于发现管理中存在的问题

只有发现了问题才能掌握解决问题的主动权。基层消防队伍的管理者在善于发现问题方面要做到：一要勤于日常观察，通过细心的观察，掌握人员的思想、心态和行为情况，自觉与队员打成一片；二要坚持准军事化管理制度，干部以身作则，起到模范带头作用；三要做好管理规律性预防工作，及时掌握情况和主动权，合理的安排，防患于未然。

1.2.2　要善于分析管理中存在的问题

正确地分析问题，往往是解决问题的关键，在队伍管理中，针对发现的一些问题，管理者首

先要善于从多种原因中区分发生问题的主观原因、客观原因等，只有找准了主要原因，才能抓住主要矛盾，解决主要问题；其次，对发现的一些问题要区分定性，定性后还要分析是违反纪律还是触犯法律，以便于有针对性地加以解决。

1.2.3　管理者要客观公正地解决问题

解决管理中存在的问题是分析和发现问题的目的，我们必须做到：一是及时抓苗头，集中抓倾向。主要是把问题先消灭在萌芽状态，一旦问题有一定的倾向性，就要及时地抓好集中整治教育工作，认真分析查找问题的根源；二是要依靠组织力量，人人参与。针对问题要及时组织队员认真思考和展开大讨论，让大家共同找原因，论危害，出主意，消隐患。

1.3　加强队伍管理的对策

在消防队伍发展成长的历程中，管理工作是保证队伍坚决服从党的领导，忠实履行消防责任的宗旨，赢得人民信赖，完成党和人民交给的工作任务和促进消防队伍建设的不断发展的重要保障。为此在新的时期，我们面对着新的任务和新的考验，在管理工作中必须做到以下方面。

1.3.1　实现在队伍管理中官兵一致，政治平等

首先，管理者要牢固树立爱兵观念，端正对队员的根本态度，只有管理者把队员看成是队伍的主人，那样队员才会服从队伍的管理；其次，队伍管理中要尊重队员，帮助队员，关心队员，树立经常为队员服务排难的思想；再次，管理中要尊重队员的民主权利，这也是调动人员积极性的一种管理艺术，只有尊重了队员的民主权利，为人正派，处事公道，公平合理，一视同仁，队员对队伍的管理就会理解、尊敬和拥护；最后，在队伍管理中要广泛开展尊干爱兵教育，使队伍达到开成团结、友爱的气氛，就会出现官兵自觉服从管理的局面。

1.3.2　管理中做到严格管理，耐心说服

对于我们消防队伍来说，在这项工作中要做到：一是管理者要做到依法办事，严之有据，在执行各项工作中，就是要做到严格执行条令条例、规章制度和管理规定；二是管理者要做到说服教育，严之有理。依据条令条例深入细致地做好队伍的思想工作，是做好管理工作的基础，要尊重客观规律，建立正规秩序，如课余时间，干部则应带头参加文体活动，形成团结、紧张、严肃、活泼的生动局面；三是管理者要做到赏罚严明，严格法纪。在正确地实施奖励和惩罚时，一定要实事求是，严格按条令条例规定的标准和程序实施，不能凭个人感情用事，不搞亲亲疏疏，使赏罚严明成为推动消防队伍管理的动力。

1.3.3　管理中做到教养一致，训管结合

消防队的管理就是要把教育与养成、训练与管理紧密结合起来，管理正规化，就是注重对秩序的养成。一是严格管理，严格训练，打牢基础。俗话说："水滴石穿"，要通过严格的基础训练，来提高的整体素质。实践证明，哪一支队伍教育训练过硬，管理必然有声有色，反之，管理必然混乱；二是管理工作要做到注重结合，相互渗透。管理就是把一切行动都作为管理的具体内容来抓，使全员在思想上牢固树立一切行动受条令条例约束的观念，要坚决克服正课紧、课余松、上级检查时紧，平时工作时松的不良现象；三是在管理上要在养成上下功夫。从一日生活秩序抓起，各个环节必须按规定的内容、程序和要求进行，做到不走过场。同时也要克服虎头蛇尾，时紧时松，抓抓停停，搞表面文章的做法。

1.3.4　充分体现按级管理，各负其责

各类人员职、责、权分工是明确的，在实施管理中必须要做到：一是要实行层次管理。在管理中，一定要防止大包大揽，职责不明和层次不分的现象；二是要完善各级人员的岗位责任制。依据条令条例和规章制度，将责、权、利落实到人，在检查各级人员履行职责时，好的要大力进行宣扬，差的要认真开展批评教育，对责任心不强，玩忽职守者要给予纪律处分。

1.3.5　领导干部处处带头，以身作则

主要是做好以下几个方面：一要严于律已，增强事业心和责任感。特别是基层中队主管干部，一定要有敬业精神，工作中要多方面关心队员，处处做队员的表率；二要做到公正廉洁，自觉做遵纪守法的模范。我们干部要带头做执行条令条例和遵守纪律的模范，带头做公正廉洁的模范，树立良好的自身形象；三要努力学习，不断提高管理者和被管理者的自身素质，通过认真学习业务理论和科学文化知识，以提高新时期管理者的认识和解决问题的能力，从而成为合格的管理者，把队伍教育好、管理好。

2 推进科学发展，强化教育与训练创新能力

2.1 现阶段执勤战斗中存在的现状

2.1.1 执勤训练模式缺乏应对性

一起火灾成功的扑救，一起抢险救援成功的施救，不仅仅需要消防员个人有过硬的体能、技能素质，更要有先进的灭火理论、科学的灭火方法、合理的灭火组织、正确的灭火指挥，然而传统的执勤训练模式恰恰是过分的注重前者，而忽视了后者，把消防人员束缚在营区操场上，正课训练时间重复着死板单调、枯燥乏味的基本功训练，甚至还会继续强调在某个训练项目上去“求速度、争秒数”，使消防官兵没有多少时间和精力去熟悉掌握辖区内交通道路、水源及重点消防保卫单位消防设施等情况，更很少开展重点单位内部消防设施的操作，探讨研究灭火对策，进行战术研讨。这种过时的训练模式与“练为战”的指导思想不符合，严重影响了战斗力的提高。

2.1.2 火灾现场或抢险救援中，自我防护意识薄弱

虽然我们经常通过专项教育、经常性教育、安全警示教育等方式，不断地提高队员的安全意识。但在实际的执勤战斗中，仍是存在大量安全隐患，经常出现指战员不佩戴手套或空呼等个人防护装备等现象，严重降低了部队执勤战斗力。

2.1.3 联动机制不够完善，长期处于单打独斗的局面

虽然成立了抢险救援的联动机制，但是在实际救援中，联动性仍不够，经常出现的是只有消防队到场展开救援，而其他联动部门不能充分发挥其职能。

2.1.4 部分消防指战员素质不能适应新时期消防工作的要求

基层指挥员素质有待提高，从队伍人员结构的组成上看，正规消防专业学校毕业的基层指挥员所占的比例相对较少，既缺乏系统的理论知识又没有较强的实践经验，在一定程度上制约了队伍战斗力的提高。

2.1.5 消防车辆器材装备不适应灭大火、打恶仗的需要

近几年，消防装备建设有了一定的发展，但与实战需要仍然还有较大的差距。普通消防站器材装备条件虽有改善，但部分执勤车辆、个人防护装备和破拆救援工具仍停留在扑救一般火灾和对付一般灾害事故的水平上，在日常业务训练和灭火演练上对执勤器材、装备维护保养不到位，装备维修技术水平较低。存在依赖思想，装备坏了上报上级部门，由厂家负责维修，导致许多装备未能及时修复使用，降低了装备在实战中的使用效益。

2.2 科学练兵，提高消防应急救援执勤战斗力

2.2.1 大力开展科学练兵，是提高部队执勤战斗的基础

首先必须树立“练为战”的指导思想更新思想观念，做到“练为战”实战化水平，进一步提高训练质量，提升打赢能力，努力缩短训练与实战的距离，从而切实贯彻“练为战”的思想。

二要加强业务理论学习，随着越来越多的新式装备配发，而这些新装备本身就是高科技的产物，另外，对于消防重点保卫单位复杂的结构和生产工艺流程，不具备相关的知识很难真正熟悉情况。因此，应有针对性地抓好知识的普及，深入研究业务理论知识，提高各级战斗员的业务理论水平。

三要改革现行技术训练方法，要着力将模式化训练转向实用性训练，彻底改变现有的耗费大量时间、精力，一味追求速度的盲目训练；增加应用性和适应性训练项目，熟练掌握配发的技术装备，做到会用、敢用、善用，不断提高战斗员的实战能力。

四要大力开展实战演练，在实战中总结经验，始终把战斗力作为训练工作成效的唯一标准，针对石油化工企业重点保卫目标，结合当前火灾形势，有针对性的开展灭火演练，保证灭火作战的整体性，注重研究如何发挥固定消防设施的作用，实现固定消防设施与移动装备的最优结合。同时，通过制订和贯彻扑救各类火灾的行动准则，提高战斗员的战斗意识和协同作战能力，从而全面提高基层消防队伍扑救火灾和处置各类灾害事故的能力。

2.2.2 坚持以人为本，落实素质教育，培养政治合格的现代化消防战士

坚持“以人为本”，是科学发展的本质和核心，要以实现人的全面发展为目标，它强调的是人才资源是第一资源、人才优势是最大的优势。坚持以人为本就是要深刻理解“人是战斗力诸要素中最活跃、最积极、最具有决定性的力量”，

要把消防员的全面发展作为出发点和落脚点，紧紧围绕消防工作的实际要求，培养综合业务素质过硬的基层消防指战员。

消防教育训练只有主动适应消防实际工作变化发展的新要求，瞄准消防队伍现代化建设发展最前沿，积极探索消防员的思想变化、身心成长的特点和规律，在认真做好经常性思想政治工作的同时，以业务技能训练的科学化、规范化研究为重点方向，走科学发展道路，才能确保培养出政治合格的现代化消防战士。

2.2.3 坚持科学精神，遵循训练规律，走训练贴近实战的道路

通过训练改革，端正人员思想态度，扎实完成训练任务。首先，要提高消防员对业务训练的认识，培养和激发人员对业务训练积极性和创造性。在开展业务技能等训练过程中不应该局限于训练场上，也可以通过采用现代多媒体教学，有目的地举办业务知识课堂讲座，宣传科学训练的方法和好处，解析训练应表达的功能和目的，以及业务技能训练在基层消防队伍中的重要性和必要性。从而达到端正人员学习态度，提高人员对开展训练积极性的目的。其次，要按照人员的个性特点和身体条件差异做到因材施教，科学地安排训练内容，新颖多变的训练方法，可以使消防员在轻松的氛围中达到实际训练的需要。

2.2.4 结合消防工作时代特征，创新训练方法，贴近消防工作实际需要

随着消防工作中各种繁重任务的增加，体能训练和业务技能训练越来越显示出它的重要性。一名合格的消防指战员必须具备好的身体素质和专业素质，才能适应消防队伍紧张的生活和繁重的应急救援任务。然而，在科学技术快速发展的今天，大量新技术、新产品、新材料融入人们的日常生活之中，这就对消防员的灭火战斗和应急救援工作的专业性要求越来越高。这就要求广大消防指战员要认清当前消防工作局势，积极创新训练方法，用科学有效的训练，培养出能打赢现代灭火战争的新型人才。要严格标准要求和督促消防员投入到训练之中，坚持“理论先导，科学施训”的原则，在训练过程中应逐步灌输科学理论知识，着力增强人员业务理论知识水平，在场地训练中从实战中的难点入手，突出石油化工、人员密集场所等灾害事故合成训练，重点加强内攻近战、梯次进攻、阵地坚守和转移、班组配合等协同作战能力，进一步提升消防应急救援队伍的实战化能力。

2.2.5 结合日常安全专项教育，加强灭火救援正确引导

通过形势的教育，让所有人员充分认识到火灾及其他灾害事故发生的频率、种类和危害程度日益上升的趋势，充分认识到灭火救援工作面临的严峻形势与任务，增强消防指战员的使命感和责任感，加强人员安全防范意识，提高自我保护能力，从而提高基层消防队伍的执勤战斗力。

2.2.6 配强装备，增强装备的使用效能

综观国内外各类抢险救援事故的成功处置，都离不开现代化装备作保证。一是要加强消防应急救援人员的个人防护装备，配备针对性强、适用性好的个人防护装备，为完成抢险救援任务提供安全保障。二是要加强特种消防车辆和特种器材的装备程度，保证指战员手中武器先进、好用。三是明确责任分工，努力做好日常维保。按照“一人一责、一岗一责、一装一责”要求，量化管理管装职责，依照相关规定对单位内部消防器材装备管理工作进行调整，构建起一套与消防应急救援器材装备管理相匹配的装备使用、装备维护及装备管理的技术标准及规范，为消防器材装备管理的技术审核及维护管理工作的推进提供参考，进而使器材装备成为提升应急救援队伍执勤力的有利保证。

2.2.7 统筹协调职能部门，真正产生联动效应

对现有的应急救援力量进行优化组合和合理配置，建立包括救援行动指挥、管理、后勤支援与保障等统一的、强有力的应急救援管理和指挥体系，真正形成“完整有效、运转高效、配合默契”的联动机制，各基层消防应急救援队伍充分发挥职能优势，形成“优势互补、处置高效”的良性联动。

2.2.8 健全制度，强化指战员素质教育和培训

现代抢险救援的专业化、知识化、复杂化，客观上要求从事灭火救援的人员应当具有较高的专业水平，培养一支集专业化、知识化于一身的综合型应急救援救援队伍，是中国消防事业的必经之路。抢险救援人员的素质的提高要依靠完善高效的培训教育体系，充分利用现有的各种培训教育系统，加大对现有人员的培训力度，提高救援人员的业务素质。

3 科学应对，准确判断，提高专业化处置危险化学品事故应急救援能力

3.1 新形势下危险化学品事故应急救援工作存在的主要问题

危险化学品、油气站库一旦发生事故，不但波及的范围大，而且造成的影响也非常长远，新形势下，危险品事故体现以下特点：一是事故发生的时间、地点、类型等难以预测，突发性强，救援难度增大；二是随着化学品种类的日益繁多，危险化学品事故也体现更大的复杂性；三是相对于其他事故，危险化学品发生次发行事故的可能性更大；四是波及范围广，后果严重、久远。

3.1.1 警力不足，应急救援力量弱

由于危险化学品具有较强的毒性，而且发生事故后，往往引起爆炸和火灾，事故处置的难度非常大。而对于这种波及范围广且影响久远的事故，对警力的要求也就比较高，但是从目前我国危险化学品事故应急救援警力的现状来看，警力非常不足，应急救援的能力不强。一是救援力量缺乏；二是石油化工企业专职消防队伍救援能力较低；三是应急救援队伍专业化素质较低。

3.1.2 应急救援部门间缺乏有效协调与配合

在事故发生后，应急救援工作所涉及公安、交通、消防、医院等部门，涉及部门较多，并且每个部门对于危险化学品事故的分类也是有所差别的，在救援工作的分工和种类也不同，从而缺乏有效的协调与配合。

3.1.3 危险化学品事故救援人员整体水平较低

危险化学品应急处理工作是一项专业要求较高的工作，如果专业技术不过关、处置方法不恰当，就很有可能会引起更大的爆炸或火灾，因此，危险化学品事故处置对消防人员提出的要求也是非常高的，单从目前看，危险化学品事故救援队伍的整体水平不高，另外，在日常操练中，往往侧重体能和技能的训练，而对于化学品处置的技术及战术较少涉及。这些问题的存在，都限制着危险学品事故应急救援能力的提高。

3.2 新形势下提高危险化学品事故应急救援能力的对策

3.2.1 加大投入，加强应急救援队伍及装备建设

近年来，危险化学品应急救援队伍建设方面取得了较大的进步，但是从目前来看，在危险化学品事故中，应急救援及装备的不足仍然是一个较为突出的问题，因此，要全面提高危险化学品事故应急救援能力，就要加大投入，加强救援队伍及装备建设。首先应该加大对危险化学品应急队伍资金及装备的投入，以培育和形成更加强大的危险化学品安全事故应急救援力量；其次，要进一步加强危险化学品应急救援的演练及培训，通过开展应急救援事故预案演练及培训，确保救援队伍具备科学应对和应急处置能力。

3.2.2 完善应急救援体系，高效协调组织救援力量

危险化学品安全事故涉及的部门非常广，在事故发生后，能否快速的协调组织起更为强大的应急救援力量对于降低事故的危害性是有很大的影响，因此，针对目前各个部门间沟通协调配合不强的情况，建立和完善应急救援体系是非常必要的，完善的应急救援体系可以更好地进行危险化学品事故指挥工作，能更加合理地配置人力、物力及各种资源，有效整合三者以形成更加强大的应急战斗力。

3.2.3 加强专业培训，提高应急处置的科学合理性

在危险化学品事故应急救援处置工作中，提高应急处置的科学性及合理性对于降低事故危害有重要意义，而要实现科学合理的应急处置，对应急救援工作人员又提出了更高的要求，因此必须加强应急救援队伍的专业知识及技术培训，以不断提高应急处置能力及水平。

一是要定期组织专业性学习，讲解不同类型的危险化学品的性质及特点等，让消防人员全面掌握各种类型事故的处置方法。

二是要加强技术性操练，理论是基础，而在实际工作中提高应急救援能力，还需要进行相应的技术操练，以提高现场在处置的随机应变能力，不断提高处置的技术水平和效率。

三是要应急救援工作人员不断加强专业知识储备和技术方法学习以及应对措施的学习，以全方位、多角度的增强自身综合实力，促进应急救援队伍整理能力水平的提高。

4 建立科学合理、准确高效的灭火救援作战组织指挥体系

一场战斗的成败，不仅在于兵力和消防装

备的优劣，更重要的在于指挥员指挥水平的高低，在于指挥员的指挥、决策正确与否，这是灭火救援工作成败的关键和重要环节。为规范和完善灭火救援作战组织指挥体系建设，必须建立科学合理、准确高效的灭火救援作战组织指挥体系，以便最快、最有效的处置各类事故。

4.1 更新指挥观念，提升指挥能力

建立了高效、科学的组织指挥体系，提高指挥员自身的组织指挥能力，才能从根本上提高消防队伍的防大灾，打大仗的能力，才能真正做到拉的出，冲的上，打的赢，才能全面提高消防队伍的整体灭火救援作战能力和水平，因此更新灭火救援作战组织指挥观念，就是要求各级灭火指挥员从思想上彻底改变旧观念以及个人指挥为主的观念，真正树立起“组织指挥”的观念。随着城市现代化建设的发展，火灾日趋大型化、复杂化，火场参战部队越来越多，战斗分工越来越细，作战规模不断扩大，并且逐步向多种力量协同作战的方向发展。可以说，当前灭火指挥已进入了一个新阶段，即组织指挥阶段。但从近几年来灭火战斗中反映出来的问题看，指挥员指挥战斗的思想还没有真正转变过来，仍然是用指挥小火场的老模式、老经验来指导今天大规模的新战斗，灭火救援组织指挥仍处于滞后被动状态。要善于在准确掌握火场情况的基础上，权衡利弊，抓住火场的主要方面，找好作战重心，选定最佳行动方案，果断地采取有效措施，坚决完成作战任务。

4.2 改进组织指挥体制，建立完善指挥体系

在现有编制的基础上，建立缜密高效的灭火救援作战组织指挥体系，可以根据各类火灾和事故现场的需要，科学设置总指挥、前沿阵地(作战组)指挥、供水指挥、通信指挥、后勤指挥、政工指挥、技术指挥、专家组等，在大型火场甚至要设置火场供水指挥部和后勤保障指挥部，确保一旦发生灾害事故，各级指挥员能够第一时间，迅速到位履行职责，以最短时间构成灭火救援战斗组织指挥体系，形成有序的战斗网络，指挥救援力量迅速有效地展开灭火救援战斗，减少和避免乱指挥、瞎指挥、多重指挥、单一指挥或无序指挥的现象发生。完善以计划指挥为基础，调度指挥为轴心，现场指挥为龙头的三位一体的灭火救援指挥体系，增强作战指挥能力。

4.2.1 加强学习和训练，提高各级指挥员的综合素质

消防部队实施灭火救援行动的快速性、多样性、协调性，要求各级指挥员、战斗员必须努力学习灭火救援业务知识，切实提高自身的专业知识和指挥水平。要下大气力抓好消防专业理论的学习，夯实指挥业务理论基础。要通过模拟训练、战评训练、案例训练，借鉴各类火灾扑救的成功经验，吸取失败的教训，丰富指挥员的实战经验。要高度重视指挥员心理素质的训练，探索心理训练的程序、方法，通过模拟训练基地，开发计算机模拟训练系统和实地演练等，用声、光、电、热等手段，营造逼真的火场环境和实战氛围，增强感官刺激，使指挥员亲身体验实战气氛，提高心理承受能力，培养官兵处变不惊，临危不惧，果断决策的心理素质。

4.2.2 建立和完善灭火救援组织指挥体系

灭火救援组织指挥涉及面广、专业性强，贯穿于出动到灭火救援战斗结束的全过程，直接关系到灭火救援战斗的成败和消防员人身安全。要建立完善组织指挥机构与职责，规范组织程序和方法，使作战、通讯、供水和各级火场指挥员分工协作各得其所，通过这一程序，有效实施战斗意图和行动方案，确保把握全局、快速反应、及时决策，不间断地实施组织指挥，时刻掌握战斗的主动权，充分发挥灭火救援组织指挥体系的最大效能。

4.2.3 遵循灭火救援的科学规律，合理用兵

各级指挥员要针对发展变化的火情和灾情，牢固树立敏锐观察、分析判断和通晓全局的作战意识，最大限度地发挥主观能动作用，做到统揽全局，把握方向、快速反应、以变制灾，牢牢把握火场指挥的主动权。要依据自身的知识和经验，在摸清火情、险情的基础上，采取积极有效的应对措施，谋取胜利。关键时刻要果断撤退，保存实力，以利再战，撤退时要及时迅速，绝不能优柔寡断，贻误战机。

4.3 提高灭火救援指挥员的指挥水平

4.3.1 有先见之明，能审时度势，多谋善断

消防指挥员要承担起保卫人民生命财产安全的神圣使命，这是消防队伍能打胜仗的关键，因此指挥员要掌握必须的消防基础知识和坚定、沉着、勇敢、果断的战斗气质以及观察思维能力、谋划决断能力、快速应变能力。作为指挥员，早

到场一分钟、早一分钟展开战斗、在决策中少走一分钟弯路，就会使许多人死里逃生，将会使国家财产得以保全。

第一，调查研究。预见要准确，必须立足于客观事实，结合岗位练兵中的"六熟悉"，对辖区的情况经常进行调查、了解、研究。

第二，向有关专家学习。这就要求指挥员充分发挥协调能力，"内部力量不足，可从外部补"。这就要求我们的指挥员要做到"走出去、请进来"，即经常请专业技术专家授课或经常走出去向他们请教。

第三，形成资料。灭火救援工作千头万绪，在灾害现场又比较混乱，不可能使决策能够有条理的实施。指挥员对自己的一些预见及决策，要形成草图，一目了然。只有处处想在前、预见在先，不打无准备之仗，才能立于不败之地。

4.3.2 指挥员要理清作战思路，提升判断决策水平

一要加强对灭火救援作战对象的研究。现代火灾特点是扑救复杂，危险性大。灭火对象已不再是低矮的砖木结构的住宅、车间、设施等，取而代之的是高层、地下建筑、石油化工、化学危险品等火灾、爆炸、泄漏事故，进而使灭火对象的基本情况变得错综复杂，处置难度增大。要加强对责任区易发灾害的种类及特点的研究，研究掌握责任区各类火灾扑救及其他灾害处置的基本程序和战术要点，掌握灭火救援预案相关内容和社会救援力量。

二要加强作战方法的研究。结合战术训练改革，通过战术训练，实现理论与实践的有机结合。积极开展辖区单位演练、模拟训练、战术编成训练，丰富、积累实战经验，以此不断提高指挥员的组织指挥能力，临机处置能力，火场估算能力和综合决策能力。全面考虑救人、灭火的最佳方案，精通瞬息万变的细节，采取果断的措施，打击火势，消灭火灾，在实践中进行检验和完善，以增强训练的针对性。

三要加强对火灾战例的分析研究。分析全国发生的一些典型火灾和抢险救灾战例，有利于指挥员认识现代灾害事故的特点规律，从正反两个方面吸取经验教训，积累应变本领。特别是每次灭火救援战斗，一线指挥员应及时总结灭火救援战斗实践经验，通过综合分析和总结，由感性认识上升到理性认识，从中发掘灭火救援战斗的经验和教训，努力做到打一仗，总结一次，提高一步。

4.3.3 指挥员要着眼于应用训练指挥，切实增强应变能力

一要积极开展模拟化训练。为尽快提高基层消防指挥员水平，可以通过模拟逼真的灾害实战背景，创造浓厚的火场气氛，启迪基层指挥员把技术练精，把战术练活。也可通过计算机模拟开展桌面推演，使基层指挥员在生动具体，复杂多变的现代化火场上，斗智斗勇，展开较量，以训练指挥员的临机处理能力和综合决策能力。

二要加强实战化训练。基层消防队伍的训练要强调"从难、从严、从实战需要出发"。基层指挥员结合中队担负的训练和作战任务，敢于组织中队进行近似实战的演练，敢于在环境生疏和人员密集、现场混乱、夜间、大风、缺水等复杂条件下进行全程、全员实施的综合性训练，使指挥员熟练掌握本级组织指挥的基本套路，不断提高实际指挥水平和处置各种问题的能力。要把练战术、练技术、练协同与练体能、练智能、练作风结合起来，在高强度下训练指挥队伍，在艰苦的条件下磨练自身，在高难度课目中提高组织指挥能力，在近似实战的环境中摔打自己的队伍。

三要多参加大规模演练。大规模演练是基层指挥员提高快速反应能力、组织指挥水平、处置各种情况本领的最佳时机。基层指挥员应多参加大规模演练活动，根据演练进程，检验中队的指挥协同、战术机动、力量部署、综合保障能力，通过多种途径适时给参演中队提供各种情况。锻炼和提高各基层指挥员的组织协调、应变和实际指挥能力。

5 加强战勤保障体系建设，是提升消防应急救援能力现代化的有利保证

战勤保障是影响消防队伍灭火救援工作水平的重要因素，因此，为了有效提升消防部队的战斗能力，使其更加顺利地完成灭火救援工作，那么就必须要创建科学、完善的战勤保障体系。当前，伴随社会经济的持续发展，也使得消防队伍所面临的应急救援工作日益增多，工作难度日益加大，并且会对消防部队在物资以及技术等诸多方面的保障提出更高要求。

5.1 加强立法与宣传工作

要加强教育与宣传，积极地向政府部门进行

汇报，使得国家尽可能地出台更多与战勤保障机制相关的法律法规，进而为战勤保障体系的建立提供法律保障。要使得各级政府、社会组织以及各个单位都能够充分地明确自身在灭火救援工作中所担负的后勤保障义务与责任。要努力增强全民的消防意识，使其树立较强的后勤保障意识，能够自觉地参与到后勤保障工作中，可以团结一致，共同进行抗灾救险，从而营造出一个良好的消防社会化的保障环境，从而为灭火救援工作的顺利开展提供有力的后勤保障。另外，要积极、主动地向政府部门进行请示汇报，使其投入更多的资金购置器材装备。还要出台一系列的相关政策，从而为此项建设工作提供有力的政策支持。

5.2 积极推进战勤保障一体化

要深入分析发生突发灾害事故的基本特点，然后从战勤保障的基本原则、具体步骤与方式方法等诸多方面出发，制定比较科学、完善的保障预案。要使得联动单位的相关责任人、保障途径以及出动方式等得到进一步的明确。要保证联动单位可以进行及时响应，快速进行集结，从而形成比较有力的支援。除此以外，还要充分遵循“练为战”的指导思想，加强对执勤训练保障的创新与改革。还要结合战勤保障的实际要求，制定科学、完善的方案，其中包括生活保障、物资调用以及器材供给等。通过实地演练增强保障联动意识，使得联勤保障水平得到有效的提升，进而能够在应急救援过程中，第一时间提供充足的救援以及抢险所需器材装备。

5.3 加强对战勤保障队伍建设

为了可以充分做好消防应急救援队伍的战勤保障体系建设工作，提升消防部队的应急救援能力，那么就必须要训练出一支专业能力较强、综合素养较高的战勤保障队伍。要制定科学、完善的人才培养机制，从而培养出更多优秀的人才。要增强战勤工作人员的政治思想觉悟，使其能够树立较强的服务意识，具备丰富的专业知识与专业能力，使其能够业务熟练，全面地掌握消防工作的各个环节，掌握装备器材的基本特点、性能与使用方法，更好地完成管理与保障工作。另外，要积极地做好对战勤保障专业技术骨干的培训，进而能够全面提升部队的保障服务水平，根据实际需求，加强对技术人员的培训，全面提升技术人员的技术水平与专业素养，更好地增强后勤保障能力，全面提升战勤保障队伍的整体水平。

5.4 建立健全的社会联勤网络

要充分遵循“打得赢，保得住”的发展目标，能够将自我保障以及社会联勤有机地结合起来，实现对社会资源的合理整合，实现对各种装备、物资以及人力资源的科学配置。要建立综合能力较强的的战勤保障机制，确保其具有先进技术、充足的物资，并且有着良好的联勤保障能力。

6 结束语

随着社会经济建设的不断发展，消防工作在人们心目中的地位越来越高，但是消防应急救援队伍能力现代化并不是一朝一夕就能办到的事情，新时期、新任务、新形势下的灭火战斗和应急救援，需要从多方面入手，因此我们除了要引进先进技术和消防设备外，还应努力提高管理人员的管理水平和指挥能力，创新工作思路，扩展眼界，科学培养专业人才，增强联动机制，提升应急处置能力，全面科学的推进消防事业发展。

参考文献

[1] 部队管理法规. 公安消防部队安全管理规定，2009.

[2] 朱如珂. 军事教育学[M]. 解放军出版社，1998.

[3] 李元奎. 新时期军事斗争准备与军校教育[M]. 湖潮出版社，2002.

[4] 孙景泽. 简析新形势下提高危险化学品事故应急救援能力的对策[J]. 智能城市，2017.

[5] 甘爱飞. 积极加强战勤保障体系建设　增强消防队伍应急救援能力[J]. 消防界(电子版)，2017.

[6] 王军. 论提高灭火救援组织指挥能力[J]. 武警学院学报，2010.

[7] 王康. 浅谈公安消防部队灭火救援工作在当前形势下面临的问题及对策，广州市番禺区公安消防大队，2003.

[8] 朱艾华. 当代中国军队的正规化训练[M]. 北京：国防大学出版社，1995.

浅析油气田应急救援队伍建设

崔成瑞

（中国石油长庆油田公司）

摘　要　随着我国社会经济水平的不断提升，石油天然气行业的发展也已经进入到了一个新的阶段，其发展规模不断扩大，石油天然气产业已经成为了现阶段我国经济支柱产业之一，并且未来还有广阔的发展空间。对于石油天然气企业来说，建立起完善的消防安全体系是非常重要的，这对企业今后的健康发展起到了促进作用。因此，油气田企业方面应该注重专职的消防队伍，从而使得灭火抢险救援工作的开展取得理想效果。当前伴随长庆油田建设的快速发展，给灭火救援的工作增加了难度、危险性。同时，这也给应急救援队伍的战斗能力提出了新的要求与标准。加强专职消防队应急救援能力迫在眉睫。在这一背景下，本文主要探讨了在专职消防队中出现的问题，并在此基础之上提出了队伍建设的有效途径。

关键词　应急救援队伍；问题分析；队伍建设

随着近年来国家、地方经济建设及长庆油田的不断发展，火灾次数频发，消防队员的应急救援工作迎来了更复杂、更艰难的挑战。因此，研究应急救援过程中存在的问题，并在此基础之上提出相应的对策，加强应急救援队伍建设，更好地保障消防员自身安全，维护社会稳定，本文对此展开了研究。

1　队伍现状

国家危险化学品应急救援长庆油田队隶属中国石油天然气集团公司长庆油田分公司。长庆油田生产区域横跨陕甘宁蒙晋 5 省（区），是目前我国油气当量最高的油气田，2020 年油气当量将突破 6000 万吨。伴随着油田的大发展，长庆油田专职消防队不断壮大。目前，消防支队下辖消防大队 8 个，中队及执勤点 50 个，消防指战员 1800 余名(其中消防业务外包中队 24 个，指战员 861 人)，消防战斗车辆 190 台。2014 年，经原国家安全监管总局批准，2017 年建成国家危险化学品应急救援长庆油田队，承担周边区域国家危化品事故应急救援，长庆油田及区域内中石油相关单位生产、生活区火灾扑救、抢险救援、高危作业现场监护、消防监督检查、社会火灾扑救、抢险救援等任务。长庆油田专职消防队建成 40 年以来，始终发扬“攻坚啃硬，拼搏进取”的长庆精神，秉承解放军精神延安精神，弘扬大庆精神铁人精神，在油田大发展的大熔炉里淬火，在黄土高原、荒原大漠无私奉献、履行职责，累计扑救企地火灾、抢险救援 3000 余场次。国家危险化学品应急救援长庆油田队建成后，在集团公司、国家安全生产应急救援中心的领导下，持续深入推进专职消防队专业化建设工作，不断加强队伍正规化建设和规范化管理，大力开展实战化训练，努力打造一流“消防铁军”。

2　油气田应急救援中存在的问题分析

2.1　综合应急救援能力较为薄弱

对于部分油气田企业来说，虽然已经建立起了专职消防队伍，消防队伍在实际展开工作的时候并没有发挥出理想效果，经常会出现应急救援能力无法满足现场消防工作开展实际需要的现象。随着现阶段我国危险品应急救援标准水平不断提升，在面临重大应急救援项目的时候，企业的专职消防队应该能够在第一时间开展工作任务，尤其在进行地震救援以及高层建筑灭火的时候，可以看出一部分专职消防队伍中的消防员往往工作能力存在不足的现象。

2.2　消防人员专业程度不高

油气田应急救援关系到每个救援人员的自身安全与企业的长治久安。然而，很多消防员往往由于对自身工作的认知不够，特别是一些基层的指挥员缺乏对指挥工作重要性的认识，导致训练的参与度积极度不高，由此导致其基础理论较为薄弱。由于专业理论知识的缺乏，在一些特大火灾与事故面前，由于该类事故不仅需要专业的消防理论知识，对化学，物理、气象学等的综合知识也提出了一定的要求。而在降低火灾对油气田产生的危害，进一步防止事故的扩大蔓延，降低对人身的伤害时，如果不能及时采取有效的措施分析火灾局势，采取针对性措施进行救援，往往会给油气田造成巨大的损失。特别是部分指挥员的实战较少，经验不足，仅靠浅层固有的基础理论作为支撑，很难取得良好的效果，此外，在面对一些重大火灾时，心理素质较差、畏难心理强、指挥混乱，也会扩大灾害事故的严重程度。而且部分消防员的文化水平不高，缺乏钻研、创新精神，由此导致整体的救援队伍素质较低，缺乏对自身职责清楚、明确的认知，缺乏一定的责任感、使命感。

2.3 相关救援器械不到位

装备、器械是救援队伍高效完成任务的重要保障。当前，在面对现代化生产工艺面前，由于一些新材料、新工艺的引用，导致火灾以及其他各种突发性事故的发生。而消防队员未能对专业的设备熟练掌握与应用，往往很难发挥出这些辅助器材的最大功效。加之对设备的管理不完善，如出现损坏未能及时修补等，导致遇到突发情况时，设备无法运行，火灾进一步扩大。

2.4 专业技术装备不足

当前，伴随科学技术的发展，一些较为专业化的新型设备与技术的研发使用，提升了救援工作效率。但是，由于油田企业在新兴设备的投入与使用上的重视程度较低，并没有及时更新设备，导致对一些较重大的灾害无法有效处理。救援人员在救援时还是采用以往的设备，他们对设备的认知不清，一旦抱有侥幸心理，会酿成更重大的事故。

2.5 外包监管责任制度没有得到有效落实

对于消防业务承包来说，其竞争意识并不强，自主管理能力也相对薄弱，在这样的背景之下，技术提升以及体能考核等等方面的水平往往与专业的消防队伍还存在和较为明显的差距。同时，油气田企业的社会化消防业务承包人员队伍的流动性也在逐渐增加，这也使得其很难长时间、持续性的提升自身专业技术水平。

3 应急救援队队伍建设的有效途径

3.1 指挥员：提升指挥能力

其一，指挥员必须要深刻认识到灭火救援组织理论知识的重要性。深刻学习，把握理解与应用专业的理论知识，为救援工作的开展奠定良好的基础。从这个角度来看，必须要加强对消防业务专业的理论学习与研究，分析当前各类频发的火灾事故，借鉴救援经验，总结失败经验，不断反思，以此提升救援人员的专业理论化程度，为实战能力的提升做铺垫。

其二，指挥人员必须要积极参加实战演练的相关培训，特别是在像油气田的重点单位中，必须要主动、积极参与，更好地了解油田企业中火灾频发的原因、特点、战术布局等，对这些内容全面把握。特别是在一些重大火灾与事故，积极参与相应的救援总结评估，总结并借鉴其中的优秀经验，丰富自身的专业知识理论，以此提升指挥的水平。

其三，良好的心理素质也是指挥员的必备素养。特别是在面对危险与惨烈的火灾现场时，往往由于情况较为恶劣，而指挥员又能处变不惊沉着冷静的对火灾形势进行有效地把控与处理，顾全大局。由此可见，指挥员必须要具备良好的心理素质。首先要加强自我心理调节，不管是在平时工作、生活，还是在火灾应急救援中，都要有良好的自我意识，加强自我心理调节；其次，也要聘请专业的心理学专家，对消防人员进行相应的心理素质培训，传授他们较为专业的心理调节技巧方法，培养他们良好的心理素质。

其四，及时、科学的决策是应急救援的前提与基础。因此，提高指挥员的科学决策能力是取胜的关键。指挥员必须要运用正确的决策方法，在紧张、惨烈的火灾面前，进行布局与调整，这就需要指挥员在平时要善于总结救援中的各种问题，不断进行反思，积累经验。

其五，在平时的演练中，加强技能培训。如组织相应的比赛、交流会等形式，邀请国内外的知名实战专家进行经验讲述，丰富指挥员的理论与实战经验，提高他们的学习能力与专业素养。

3.2 消防员：提高专业素养

其一，身体素质是基础。因此，我们必须要尽可能采取更多样化的方法与手段，加强对消防队员的身体素质锻炼，提高他们的身体素质，让他们适应高压与其他各种不良环境的能力。考虑到他们要在复杂、危险的火灾现场进行救援，这对他们的身体素质提出了较高的要求。因此，我们可以在平时安排足够的时间与场地进行体能训练。加强对消防人员力量、灵敏度、柔韧度、速度等的各方面能力的培养。

其二，提高技战术训练。必须要遵循贴近实战的原则，设置与救援现场较为一致的项目，模拟场景，进行各种综合性质的实战化训练、演练。结合实际情况，进行针对性更强的训练，帮助他们提高作战能力。

其三，站在客观角度来说，应急救援队伍在参加火灾救援的过程中，往往会面临一些勘测、排爆、清障等各种专业性、技术性较强的救援任务，而这仅靠一些常规的装备往往无法快速完成救援工作。为此，救援队伍应根据实际情况，购置多功能、智能化且技术含量较高的现代装备器械，确保救援工作高效顺利的完成。

其四，从长期的应急救援工作中，我们总结出，往往在事故现场，救援工作都具有一定的复杂性，艰难性，而仅靠救援队伍人员的自身力量往往很难完成。例如，在一些秩序维持、交通管制、物资的搬运等方面。从这个角度来看，建立高效、规范、体系化的油田救援组织体系，才能在灾害发生时，确保各部门各司其职、协同作战，共同完成救援任务。

3.3 强化消防队员风险辨识能力以及自身防护能力

对于专职的消防队伍车辆来说，无论是遇到火灾还是非火灾的时候，其都属于乘用车，并且车辆处于满载的状态，在这样的情况下，如果道路环境较为恶劣，如平整性较差，弯道过多等等都有可能对车辆的安全行驶产生较为严重的威胁，这也在很大程度上提升了交通系统管理的工作压力。因此，在展开交通安全管理工作的时候，应该格外仔细，对管理工作方面以及内容进行确定，从而保证每一位专职消防队员都对道路状况有清晰具体的了解，这也是强化专职消防人员自身风险辨识能力的关键。当消防人员风险辨识能力得到提升之后，其在展开自身防护工作的时候，往往更容易把握重点，也使得车辆行驶过程中的安全风险降到了最低。

3.4 提升油气田企业事故预防控制能力

在展开油气田企业事故预防工作的过程中，应该树立起消防队员“安全第一”的预防意识，使得其在展开本职工作的时候可以有效把握工作重点，这就需要对现有的安全防范管理水平进行提升，需要制定出完善的制度，要进一步提升消防队伍精细化管理水平，始终坚持制度管事、作风树人的基本思想理念，这样更加有利于对业务进行规范，这也使得长效机制的建设有了坚实基础。首先，在进行规章制度确定的时候，应该注意对工作标准流程进行确定，对以往的管理制度进行完善，通过这种方式可以更好的促进消防队伍建设。目前来看，消防队伍消防现场监护制度在实际落实应用的时候，应该将其作为促进消防队伍战斗力平衡发展的依据，也使得监护范围明显提升，并且可以实现对程序中重点环节的有效调动，使得消防作业现场监督工作的开展更加规范化。同时，要注意在现场设定消防空呼器，保证消防救援的实时性；其次，应该保证考核工作的严格性，从而有效推动重点工作落实。制定专业化的考核机制，开展执勤备战督导、业务承包考核等多项工作，通过这种方式可以实现对危险化学品风险源的深入检查，同时也使得其中存在的风险问题可以得到及时处理；最后，注意培育专职消防队无过硬的工作作风，要坚持军事化的管理模式，对日常生活秩序进行明确，并且打造标准化的现场，以此来保证消防救援工作的开展有严明的纪律对其进行支持，这样也可以有效激发专职消防队伍的活力，有利于提升队伍整体建设水平。

3.5 强化消防业务承包队伍管理

今后，应该注意进一步加强监管力度，提升监管内部动力。对于消防业务承包队伍来说，应该注意通过属地监管单位加入的方式来实现强化沟通，这样可以实现对自助管理的强化，同时也使得项目考核得到了优化，这是提升专职消防队伍综合素质的关键。随着现阶段我国油气田企业发展规模不断扩大，其对消防承包队伍的综合水平以及规模也有了较高的要求，今后还需要对管理模式进行深入探索，通过这种方式来进一步提升社会化消防业务承包队伍自身的战斗力。对业务承包队伍进行素质考核抽查工作的时候，应该将其抽查结果纳入到监管单位的消防目标责任制度中，从而使得后续的消防管理工作开展有切实依据。

3.6 提升专职消防队伍的应急响应以及处置能力

对于油气田企业的专职消防队伍来说，应该注意结合现阶段消防队的实际情况来对消防应援工作中的风险进行针对性治理，这就需要进一步提升消防队伍的应急响应以及处置能力，找到现阶段队伍建设以及工作中的短板，通过这种方式来进一步提高实战演练的效果。例如，在进行“双盲”演练的时候，应该注意进一步强化演练强度，要将提升消防指战员现场处置能力作为重点提升方向。同时，还要注意强化现场消防指挥员的战术培养，这就需要其对战术进行深入研究，要保证消防指战员对辖区内部的各类可燃物以及有毒有害物质进行确定，从而使得装备、技术人员以及水资源的配置与现场实际需求更为符合，这样才能使指挥员的战术布置更加有条不紊。

综上所述，油田专职消防队伍作为一支同火灾、事故斗争的专业队伍，其专业能力的提升与建设，关系到企业员工及周边人民群众的生命安全、国家经济的建设与社会的稳定。在新时期，我们要总结工作经验，不断提升自身的专业能力，更好地发挥应急救援的职能，保障人民生命安全，维护社会稳定，促进国家经济发展。

参考文献

[1] 孙伯春. 浅析以消防救援为基础组建国家综合应急救援队伍的迫切性[C]//2019 年应急管理国际研讨会.

[2] 刘华. 油田应急救援队伍建设与管理研究[J]. 精品，2020，000(009)：P. 290-290.

[3] YuGang，于钢. 关于建立油田应急救援队伍的思考与探索[C]//中国消防协会灭火救援技术专业委员会 2012 年度灭火与应急救援技术学术研讨会. 中国消防协会，2018.

油田专职消防队伍应急救援技能存在问题、短板的分析及对策

苏海锋　肖　勇

（中国石油长庆油田分公司）

摘　要　随着油田生产建设的快速发展，各种类型石油化工生产装置火灾、危险化学品事故处置、石油化工产品火灾等大量增多，不断出现一些新工艺、新技术、新材料和新能源，增加了灭火救援工作的复杂性、难度性和危险性，对于油田专职消防队伍有着巨大的考验，也对其应急救援技能提出了更高的要求。为此，根据油田专职消防队伍火灾扑救及应急抢险的救援工作实际，针对油田专职消防队伍应急救援技能存在的问题、短板和对策进行分析，从而提高油田专职消防队伍灭火及应急救援综合作战能力。

关键词　油田专职消防队伍；应急救援技能；问题短板对策

作为成建制的油田专职消防队伍不但是油田企业应急救援专业队伍，而且还是国家危化品应急救援队伍的主力军，如何提升油田专职消防队伍应急救援技能，更好地担负起油田企业和国家危化品应急救援赋予的神圣使命显得非常重要，本文将从油田专职消防队伍应急救援技能存在问题、短板的分析及对策进行分析。

1　制约油田专职消防队伍应急救援技能的问题与短板

1.1　灭火救援认识不到位，控火形势不容乐观，救援难度大

近年来，随着油田消防安全管理力度的加大，火灾发生的几率降低，部分消防员认识不够，觉得自己在消防队工作时间长，总认为油田消防安全管控的好，根本不会发生火灾事故。既是发生火灾，也有应急救援技能好、体能素质高的人冲在前，对灭火救援持有于己无关思想和侥幸心理。

1.2　基层指挥员的指挥水平及消防员的综合素质不高

一是基层少数指挥员，缺乏对指挥工作重要性认识，表现出自觉学习积极性不高，刻苦钻研精神不够，训练针对性不强，基础理论薄弱。二是指挥员综合知识缺乏，对于一些重特大火灾和特殊化学事故不仅需要消防理论知识，而且还需要各学科的综合知识，给灾害事故的科学合理处置带来影响。三是处置重特大火灾和特殊灾害事故指挥经验不足，处置各类火灾和灾害事故少，仅靠基础理论知识支撑现场指挥，导致处置效果不佳。四是处置各类火灾和灾害事故心理素质较差，心理压力大，畏难心理强，指挥思维混乱，盲目指挥，主攻方向和主攻时机不当，造成灾害事故的损失程度严重扩大。五是部分指挥员文化程度低，业务学习不精，缺乏钻研、创新精神。在实际火灾指挥中，我们大多数指挥员急于求成，死搬硬套，不讲究策略，不灵活应用战术，虽然火灾扑救任务完成，但从作战指挥和战术角度来说，只是取得了一半功效。

1.3　器材装备管理不到位，操作使用水平不高，维护保养不善

消防车辆和器材装备是构成灭火救援战斗力的重要因素，也是指战员保护自己、完成作战任务的武器。面对大量新工艺、新技术、新材料和新能源的运用引发的群死群伤恶性火灾及其他突发性事故，显得捉襟见肘，被动应付。多数基层中队未能掌握所配备的装备器材的灵活运用，主要表现在：一是保养不到位。满足于擦擦灰尘、刷刷漆，不按说明书进行维护保养，器材装备表面看起来依旧如新，实际上在使用性能方面大打折扣。二是检查、应用不到位。存在不熟练使用的问题，不知道性能、参数和使用范围，停留在一般认知上，未能发挥器材装备最大效能。

1.4　消防队员思想存在问题，导致消防队伍应急救援能力与火场实战仍有差距

纵观当前消防队伍的管理情况可以发现，很

多消防队员存在严重的攀比思想，因用工身份不同，造成了同工不同福利、同工不同待遇等问题出现。同岗位之间人员相互攀比，因此人员流失非常大，对队伍的稳定造成了不利影响。部分油田企业专职消防队伍的内部管理与军事化的管理标准相差甚远，消防人员身体素质下降，放松了对消防知识的学习，失去了学习技术的积极性，还有个别消防队员本着“当一天和尚撞一天钟”的思想，这些问题都对消防队产生了巨大的影响。所以消防队要保证在应对突发事件时，能够做出有效判断和快速反应，必须加强日常的消防业务训练与重点单(部)位消防演练。“练为战”喊了多年，但“重技能、轻理论，重技术、轻战术”等现象仍然存在，致使火灾救援现场战斗员器材操作不熟练，战斗员不能充分领会指挥员的战术意图，得不到全面正确的贯彻，火场指挥员与战斗员之间严重脱节，直接制约了消防队伍战斗力生成。就消防队伍目前的训练来看，大多都是围绕专业化建设和一些常规基础项目而开展的，存在重技能、重体能、重理论，轻实战应用、轻器材装备操作、轻实战演练。

1.5 油气火灾现场的复杂性和抢险救援场所的局限性，影响了消防队伍作战能力

长庆油田地缘广、大多地处于高原，山大沟深，常年干旱，风沙大，油气开采涉及陕、甘、宁、蒙、晋五省，从地域环境上已给油田灭火救援工作带来了难度，而且现场作战条件差，山大沟深，道路崎岖，一旦发生事故，处置难度相对比较大。如远距离赴外灭火，特别是雨雪天的条件下，灭火保障问题更加突出。油田火灾的发生具有不确定性，从生产实际和火灾隐患形成的角度来看，火险隐患随处可见，火灾随时可能发生。目前的执勤准备和救援训练、预案制定、战术应用和“六熟悉”，还不能完全灵活应对油田突发火灾事故。现又加上早期建立的站库距离消防队远，设备老化、油气混窜、隐患未整改等现状，一旦发生火灾，消防队难以快速到达，而错过最佳的初期火灾扑救，使小火酿成大灾。

2 提高油田专职消防队伍应急救援技能的对策

2.1 提高指挥员指挥水平和业务素质

各级指挥员是灭火及应急救援的领导者、决策者和指挥者，事关火灾和抢险救援事故处置的成败。我们主要从以下几方面做好指挥员的培训工作：

2.1.1 夯实灭火救援指挥理论根基

每个指挥员要充分认识灭火救援组织指挥理论知识的重要性，把学习理论知识作为成功灭火救援工作的基础和前提，要注重借鉴各类火灾扑救的成功经验，吸取失败的教训，丰富自己的实战经验。通过学习，准确掌握各种火灾、应急救援事故的特点，处置原则，战术要求，注意事项，力量调度等相关知识，并能灵活运用到每次灭火与应急救援事故处置中。

2.1.2 参与重点单位实战演练及战评

基层灭火指挥员要积极参与辖区重点单位平时开展的实战演练，熟悉和掌握重点单位基本概况、重点部位情况、火灾特性、单位消防力量状况、战斗力量部署、战术措施的注意事项，做到心中有数。特别是对一些典型火灾和特殊灾害事故，积极参与战评总结，在参与中积累经验，丰富知识，不断提高灭火救援指挥水平。

2.1.3 加强指挥员心理素质培养

面对各种不同的灾害场景和复杂局面，指挥员要做到沉着冷静、处险不惊，把握全局，控制和消除危害，达到最优化的灭火救援效果，就必须具备良好的心理素质。一是指挥员在平时工作、火灾扑救和应急救援中要有意识地加强自我心理调节能力的锻炼和培养。二是邀请知名心理专家对灭火指挥人员进行心理素质培训，授其提高心理素质的技巧和方法。

2.1.4 搭建指挥员灭火救援理论和实战调研交流平台，提高科学决策能力

组织基层灭火救援指挥员开展以设定作业、特殊火灾、特殊事故处置的战术研讨交流和送外到消防救援指挥学校进行学习，通过学习与交流成功经验，吸取失败的教训。科学的决策能力是成功扑救火灾和处置应急救援事故的前提。火场指挥员必须树立科学决策理念，不断加强决策理论和宏观调控能力的培养，正确运用好决策方法，努力提高灭火救援中的科学决策水平。消防队伍的指挥体系分为支队、大队、中队、班组四个层面，但具体实施中队指挥较多。对于中队级指挥员，这就要求一般的火灾能顺利扑救、有效处置、安全返回；典型火灾能够选准进攻部位，实施有效堵控，为增援力量创造有利条件。火灾扑救中，初战指挥非常重要，指挥员业务熟悉程

度、作战指挥方式、战斗命令、战术及个人整体素质等都决定着能否“打好仗”，决定着能否取得较好的灭火作战效果。

2.2 加强各项业务训练，提升消防队伍应急救援能力

要全面提高消防员的体能、技能，最根本的途径与方法是落实《中国石油专职消防队执勤战斗业务培训指南》，开展系统的消防教育和全面的训练工作，练就消防员过硬的灭火技术、战术本领，增强身体素质，提高火场上的心理适应能力。

2.2.1 身体素质训练

身体素质是人体在运动、劳动与生活中表现出来的力量、速度、灵敏及柔韧性等生理机能。消防员的各项身体素质必须采取多种训练方法和手段，能适应在复杂、危险的火场上进行灭火战斗的需要，为此在必须年度训练计划中，安排足够的时间大力开展以增强力量、提高速度、发挥耐力、增强灵敏度、提高柔韧性为目标的素质训练。

2.2.2 技术、战术训练

开展技术、战术训练首先要遵循“练为战”原则和“按作战方式训练，按训练方式作战”的理念。只有从实战出发，假设火场各种复杂情况，进行技术、战术训练，才能缩短操场与火场的距离。为此，必须正确认识训练的目的、意义，根据消防队各岗位人员的实际情况，因人、因时、因地制宜地开展训练活动。

2.3 加强消防技术装备训练，实现人与装备的最佳结合是提高队伍灭火救援作战能力的重要基础

消防队伍战斗力的生成，除车辆合理编组和改善消防车辆装备以外，最主要的手段和最基本的途径就是抓好现代化消防技术装备的学习与训练，不断提高消防员技能本领。一是对付典型火灾和特殊灾害事故，仅仅靠消防员的勇敢精神是不够的，必须配备现代化的器材装备，灭火救援才能夯实基础和保障。二是不仅要做到立足现有装备练兵和打仗，而且还要按照现代火灾的特点和装备器材发展变化和趋势，熟练掌握新装备的适用范围、机械性能、工作原理、使用方法、维护保养知识，这样才能在关键时刻保证灵活运用。三是加快装备技术训练单一型向装备技术训练复合型训练向实战模拟训练，缩短了操场训练与火场实战的距离。四是注重单兵、单车和抢险救援、特殊器材的训练，常态化熟悉现有器材装备的性能和使用方法，确保人人具有熟练操作器材装备的能力。五是强化“人与装备”的合成训练，俗话说“小火无战术、大火靠装备、打赢靠经验”，“人与装备与战术”的合成是战斗力生成的重要因素。这就要求我们在日常的训练中必须打好“装备与战术”训练这两张“牌”，才能在灭火救援战斗中发挥“得心应手、水到渠成”的作用。

2.4 大力开展科技练兵，提高灭火救援工作的效能

科技练兵是当前和今后消防队伍训练改革的主旋律，谁先掌握了科技谁就抢占了制胜的先机和法宝，用科学的办法革新练法、创新战法，方能立于不败之地。

一是逐渐改变原有的耗费时间、精力，一味追求速度的盲目训练，完善现行技术训练方法，将模式化训练转向实战化训练，增加应用性和适应性训练项目，熟练掌握新型技术装备，做到会用、敢用、善用，不断提高战斗员的实战能力。二是走出现行的占水源、摆车辆、铺水带、选阵地的老思路，着力开展实战化演练，充分发挥站库固定消防设施的作用，实现固定消防设施与移动消防装备的最佳结合。三是强化战备值班意识和战备制度的落实，严格落实“五个第一时间”，确保队伍出动率、人员在位率、器材装备完好率均达到 100% 的要求，做到队伍随时“拉得出、冲得上、打得赢”。四是强化辖区消防安全重点单(部)位“六熟悉”工作。与生产单位安全(技术)人员经常交流，熟悉掌握原油等介质的理化性质、储存方式、工艺流程和水源道路、灾害事故特点、处置措施和程序、生产装置使用及内部情况、常年主导气候特征及岗位志愿消防员救援力量在火灾发生时，做到善于运用工艺技术灭火法，从而达到“知己知彼，百战不殆”。

2.5 稳定消防员的思想，改变墨守成规的考核办法

首先，形成同工同福利、同工同待遇，同岗同筹的制度，按照总数的一定比例对优秀的消防员进行转化，以强化激励和引导；对于素质高、年龄大的消防员，无法满足一线战斗的需要，可以按照计划将其转到一线的生产岗位上，合理安排岗位，消除大龄消防员后顾之忧，为“适”龄

消防员提供一个看得见的政策支持；同时还要引导其树立科学的职业观，加强思想信念教育，强化对习总书记训词精神的学习，引导基层消防员忠诚油田消防事业，力争成为岗位标兵、行家里手，树立起献身消防事业的决心，逐步增强奉献意识和提高队伍战斗力。

其次，加大考核力度，每周、每月、每季定期考核、定期评比，考核结果实行“三挂钩”，即与中队班组年度争先创优挂钩、与参训人员绩效考核挂钩、与中队干部、班长业绩、任职相挂钩等，这样可以有效提高全员业务技能。考核办法影响训练内容，体现训练质量，科学合理的考评机制是检验各项工作完成情况和战斗力水平的标准。

其次，结合集团公司《专职消防队伍专业化建设考核标准》，把无用的项目大胆砍掉，把观赏性成分去掉，变革陈旧的考核办法，加大适应性训练、应用性训练、模拟训练、战术训练，减少考核的次数，增加抽查、督察的频次，确确实实让考核成为检验战斗力水平的标准。同时，借助油田公司出台的《职业技能鉴定实施细则》、《关于加快石油工匠培育的意见》等文件精神，鼓励消防指战员学知识、学技能，积极参与职业技能比武竞赛，夺金拿银，进行职业资格晋升，择优转聘，转换用工形式，提高福利待遇。

另外，每个月以一份灭火预案、抢险救援预案按为主，以平面图讲解、演示的形式，让消防人员熟悉灭火预案、抢险救援预案的内容、人员分工及职责，然后再以实地演练的方式进行训练，从而提升消防人员实际操作能力。以牢固树立“防范就是减灾、险情就是命令、火场就是战场”的消防工作理念，确保做到时刻“服从命令、听从指挥”。适时转变观念，调整工作思路，从而打造出一支管理一流、文化先进、业务精湛、机动灵活、反应快速，能打硬仗的专职消防队伍。

2.6 要把“准军事化管理”建设和“救援队伍”建设，提高处置事故能力和预防救援安全事故能力密切结合起来

从管理要战斗力，没有规矩不成方圆。“准军事化管理”的真正含义就是要把消防队伍建设成一支管理正规、训练有素、业务精通、服从指挥的队伍。一是加强应急救援理论学习，掌握各类灾害事故的特性，对症下药，不断提高处置灾害事故能力；针对不同类型的灾害事故，明确不同的处置方案，分类做好各类火灾的应急救援预案，二是针对油田火灾救援的复杂性和不稳定性，我们依靠综合救援队伍的力量，提高救援水平。这就要求我们与前线生产单位、后勤服务保障单位的综合应急救援体系，提高综合应急救援能力。同时，积极提高一线岗位志愿消防员对初期火灾的处置能力，有效控制火势蔓延、降低财产损失，为消防队伍到场实施救援战斗提供最有力的支持。三是加强油田工艺灭火措施和消防设施装备的使用。在实施救援过程中，充分利用油田站库固定、移动消防设施和装备，积极采取工艺灭火，尽量使用流量大、射程远的大口径水枪和移动炮、自摆炮等装备，尽可能减少消防员贴近着火源的作战时间，保证其人身安全。四是充分考虑救援加强灭火救援过程人员安全和自身防护，判断行动的安全性。进入危险性较大的事故现场，必须事先明确紧急撤退信号、路线和注意事项，减少人员进入，发现危险征兆和危及人员安全时，应果断撤离。在作战力量充沛、水源及灭火剂充足的情况下，现场需要长时间作战，可将作战人员划分为若干个作战梯队，定时轮换，相互替换，有效减轻救援一线人员长时间作战的负荷和劳动强度。

作为“准军事化”的油田专职消防队伍，应积极提高处置事故能力和预防救援安全事故能力，促进队伍的“准军事化管理”与“应急救援队伍”建设，丰富专职消防队正规化建设管理规范的实际内容和成果。

3 结束语

油田的发展需要一个可靠的消防安全环境，需要一支具有高素质的消防队伍保驾护航。为了使油田安全管理的整体效果得到提高，保证油田生产安全，油田企业应该充分认识到消防队伍的工作重要性。常年来，虽然我们一直致力于提升油田专职消防队伍应急救援技能存在问题、短板的分析，并将一些好的作法和措施运用到了队伍管理和灭火救援的方方面面，但火灾的发生和救援工作具有不确定性。为此，我们还需继续推进应对和处置各种复杂火灾的救援着手，切实强化应急救援技能准备和训练落实，有针对性的开展装备应用操作和演练提升训练，提高各类火灾的指挥能力和应急处置技能。

参 考 文 献

[1] 张学智. 略论油田企业消防安全应急预案的编制[J]. 科技研发, 2010年.
[2] 杜运会. 吉林油田公司消防队伍管理模式研究[D]. 吉林大学管理学院, 2010.
[3] 李磊. 消防应急救援功能现状及完善措施[J]. 湖北警官学院, 2013.
[4] 陈志斌、朱健. 灭火技能训练[M]. 江苏教育出版社, 2009, 8.
[5] 张青婵. 当前消防部队灭火救援工作存在问题及解决对策[J]. 武警学院, 2010.
[6] 石祥、邱华. 消防部队灭火救援安全现状分析及对策[J]. 中国安全科学学报, 2010, 5.

“智慧消防”的应用与管理

孙　坚

（中国石油兰州石化公司）

摘　要　本文通过对于消防的定义和发展切入题目，通过新兴的消防模式“智慧消防”的定义和发展特点展开研究，他与传统的消防模式相比，注重打通消防部门各系统间的信息孤岛、提升感知预警能力和应急指挥智慧能力，采用联合指挥和布置的方式统筹安排最佳的消防方案。然后针对近5年国内外关于“智慧消防”的研究成果进行了概括总结，得到目前研究存在的不足之处。再针对目前我国智慧消防发展的现状和问题，提出未来发展的方向。

关键词　智慧消防；物联网；大数据平台；科学指挥

1　核心定义界定

1.1　消防

在消防建立的初期，主要任务是扑灭火灾，经过社会的不断发展，其含义也在不断拓展，现代消防的含义为消除隐患，预防、解决包括火灾、洪灾、地震等人在工作、生活中遇到的自然灾害和人为灾害，以达到拯救人民生命及财产安全的目的。

1.2　智慧消防

智慧消防是一种新兴的消防模式，与传统的消防模式相比，注重打通消防部门各系统间的信息孤岛、提升感知预警能力和应急指挥智慧能力，采用联合指挥和布置的方式统筹安排最佳的消防方案。通过更早发现、更快处理，将火灾等其他灾害风险和影响降到最低。真正意义上的智慧消防绝不仅仅是消防设备数据联网到平台，通过运用物联网、云计算、AI、区块链等高新技术，实现环境感知、行为管理、流程把控、智能研判、科学指挥等目标。

2　研究背景

国内学者的研究着力于对我国目前智慧消防的发展现状并细化，并与美国、英国等先进国家进行比较，提出未来改进的方向。

例如《智慧消防技术的社会消防管理应用》一文中，张振球学者认为未来智慧消防技术可以建立起消防物联网，实现消防设施全天候自动监控，提高设施完好率的管理目标、建立城市消防远程监控系统，将建筑物内独立火灾自动报警系统联网。

例如《立足“智慧宜昌”　建设“智慧消防”》一文中提到，宜昌市按照“政府统一建设、单位免费使用、消防集中监管”的模式建设了城市消防物联网平台，对153家火灾高危单位的单位值班、消防设施设备运行情况进行24小时监控，监控发现的消防设施设备的故障信息，同步写入户籍化系统，重要的故障和报警等重要信息还会以短信形式的推送至责任区消防监督员、单位相关人员的手机上。并且采取三色预警。有了单位的内部管理信息。

例如《“智慧消防”　建造“智慧城市”》，一文中提出了以下几个建设策略：利用NFC数字识别技术，加强安全监督管理利用NFC数字识别技术。利用烟感与WIFI系统，实现对APP改造升级利用烟感与WIFI系统APP覆盖区高度重合的特点，对APP进行改造升级。利用二维码技术，加强岗位、单位的重点管理利用二维码技术，对重点的消防岗位以及单位进行人员、设施、应急预案等相关信息的编码工作。利用物联网技术，升级消防控制室管理。利用远程检测技术，加强对消防设施的管理。利用巡更棒巡检技术，加强对消防巡检工作。

国外的研究主要着眼于通过比较研究，对智慧消防的国际现状和交流进行评价，并开展新技术的探索与实验。例如《A Combined Intelligent Fire Detector with BP Networks [C]//Intelligent Control and Automation》一文中提到，美国智慧消防的发展得益于信息物理系统的应用与发展，在政府的大力支持下开展了初步的探索与研究，制定出综合了技术研究、标准化及商业应用的多角度智慧消防发展路线。但智慧消防涉及的技术广泛，综合性强，各领域发展水平参差不齐，现实技术与智慧消防需求之间仍存在大量空白，需通过标准化，相关技术的研究推动其发展与应用。

例如《Design and implementation of distributed intelligent fire monitor system based on CAN bus. Fire ence and Technology》一文中介绍了一种基于CAN总线的火灾监控系统的开发方案，包括系统总体设计和软硬件设计。该系统可集成多种传感器和操作设备，对信息传输的安全性、准确性和实时性提出更高的要求。基于该系统的硬件结构，可以方便地实现分布式智能火灾探测与控制。该系统能够满足大部分的监控需求，应用前景广阔。

3 智慧消防的应用与管理

目前智慧消防在我国的发展水平还比较低，其中尤其是消防系统的基础设置配备和管理水平还没有达到先进国家的水平。主要应用场景可以分为以下四个方面：

3.1 消防部门内部的大数据平台建设

消防部门内部的大数据平台的建设的主要目的在于通过实景监控搜集数据，通过物联网进行分析，在各个部门之间建立起信息网络，以信息传输——制定方案——规划部署——后续处理五大板块为主的过程处理发生的紧急情况，总局监测系统一旦监测到数据达到上限，立刻启动警报模式，并与下属部门进行核实。确认好下属部门目前的情况后，进行实际消防车、消防员的配备方案制定，同时有效利用周边资源生成备选方案，以防出现意外情况。在紧急情况解除以后，对后续伤残人员、损坏的财物进行统计、跟踪，做出汇报总结。

3.2 公共消防紧急情况互动反馈平台

公共消防紧急情况互动反馈平台致力于打造一个集学习相关知识——紧急情况通知——消防反馈等三个方面为主体内容的交互场所。普通民众可以在这里学习消防的相关基础知识，以便在遇到紧急情况时进行简单的自救处理。考虑到某些障碍人士和其他因意外无法拨打119电话进行正常交流的人士，线上APP有“一键报警”功能，通过输入个人所在地、电话、紧急情况等信息，即刻反馈到24小时在线的接线员平台。最后，在对该平台以及消防部门提供的服务有何意见和建议，也可以通过平台传输到上级终端，以便平台和消防部门更好的改进自身的工作。

为了避免过去产生的消防责任单位主体意识淡薄、消防设施技术要求高，专业性强、建筑消防设施日常管理养护不到位等问题，在智慧消防的管理过程中，采取了以下几个策略：

智能语音提示，在遇到紧急情况时，系统自动生成语音提示，避免因为慌乱而没有展开正确的处理措施，保证损害降到最低。

专业知识储备，能够抢占急救的先机，把握时间就是生命的原则。用高精密的仪器代替人工，由于消防监测情况复杂，传统情况下需要耗费非常多的人力和物力，而往往效率也不是很高，虽然运用仪器和数字系统的前期投入比较大，但是运用后期能很好的节省人力物力，高效的处理各种信息，快速的完成各种数据的分析。

3.3 消防训练管理精细化和系统化

智慧消防还可以运用于消防训练中，不同于过去通过人工模拟场景进行的消防训练，智慧消防致力于科技动态化模拟系统，用逼真的音效和烟雾、火焰等视听上的刺激给予消防员逼真的体验，在此基础上更换不同场景和救援条件，在反复的训练中考核消防员的临场反应能力和随机应变能力。在此基础上进行分类，设置合理预案，保证实际情况下救援达到一个最佳的水平。在模拟系统中输入每个消防员的个人信息，每次演习后，系统还可以根据各消防员的完成情况进行评分，得到每月、每季度、每年消防之星，以激发消防员的动机和自我发展意识。

3.4 实际救援中的智慧消防

智慧消防通过先进的科技打造一个信息平台，在各区、各市不同的层级消防部门之间建立联结网络，通过在城市重要道路遍布的摄像头和24小时在线的客服进行实时监测和接受紧急情况的汇报。一旦接受到紧急情况，大数据平台立即进行分析、锁定位置，通过实景摄像头判断当前紧急情况属于特别重大火灾、重大火灾、较大火灾、一般火灾其中的哪一种，并匹配最佳消防资源赶往事故现场，并考虑到前往过程中的最佳路线，辅助配备B方案。

值得注意的是，在构建智慧系统和反馈平台的相关过程中，要明确各级别部门的职责，保证系统质量，细化短期和长期发展目标，结合每个城市的具体情况，一步一个脚印，不盲目不拖延的建设智慧消防的各个环节，构建核心团队提前做好统筹规划，在合理改造的基础上避免对城市建设的大改大拆，保证资源损耗率处于一个较低的水平。

在这样的过程中，不仅很大程度上避免了人力、物力的浪费，更能把握住紧急情况中时间就是生命这一要点，通过高频率的数据推算得出最佳方案，将人员和财产的损失降到最低。

4 结论

我国在智慧消防上的进步空间还有很大，一方面，政府要加强对智慧消防领域和重视，保持支持政策和资金的投入能够推进技术的发展，另一方面，各级消防部门要明确自身职权，做好技术的实践与改进，给予民众最高效的防治隐患的服务，以技术为智，以态度为慧，才是真正的智慧消防。

本研究的主题为智慧消防的应用与管理，总体而言，本研究在知网、维普等期刊数据网站搜索，以“智慧消防、现状、应用管理”为关键词，查找近5年的核心期刊文献，获得有关国内外相关研究成果共87篇，总结了国内外专家对于智慧消防现状及其应用管理的相关研究文献，对文献进行了认真细致的筛选、梳理、归纳、总结和演绎等分析工作，为文章要论述的问题寻找理论的依据和支撑，最终为文章探讨如何在我国高效践行智慧消防体系，解决当前应用中存在的问题服务。有利于取长补短，促进我国消防专业化、信息化的发展。当前研究主要是以下三个方面进行：在物联网思维下进行智慧消防体系的构建、就各国的智慧消防发展情况进行现状分析、在建筑、电气行业研究智慧消防的应用。本文着力于展开了补充性研究，这就赋予了本文一定的理论价值。本研究能够补充相关内容，为今后更深层次的研究给予一定的参考，从实际上来说，能够激发学者结合我国的现实情况，帮助消防行业茁壮成长。

参 考 文 献

[1] 李栋，张云明. 智慧消防的发展与研究现状[J]. 软件工程与应用，2019，008(002)：52-57.

[2] 刘筱璐，王文青. 美国智慧消防发展现状概述[J]. 科技通报，2017(05)：232-235.

[3] 张振球. 智慧消防技术的社会消防管理应用[J]. 中国公共安全(学术版)，2014，000(003)：4-7.

[4] 桓宗圣. 智慧消防应用中多设备联动火灾报警系统[J]. 电脑知识与技术，2017(3).

[5] 傅永财. 探索大数据思维下的智慧消防[J]. 消防科学与技术，2016(12)：1758-1762.

[6] 丁宏军. 基于物联网技术的智慧消防建设[J]. 消防技术与产品信息，2017，000(005)：67-69.

[7] 张蕾. 基于物联网技术的智慧消防建设[J]. 消防界，2018，004(006)：97-98.

[8] 陈长坤，聂艳玲，赵望达.《智慧消防》实践教学基地建设内容及模式分析[J]. 教育现代化，2020，v.7(01)：97-98.

[9] 葛俭辉. 物联网技术在“智慧消防”建设中的应用初探[C]//消防科技与经济发展——2014年浙江省消防学术论文优秀奖论文集. 2015.

[10] 吴学政. 基于物联网技术的高校智慧消防管理系统建设探讨[J]. 科技通报，2017，33(010)：218-221.

[11] 林初良，胡宏强，蔡君钱，等. 智慧消防管控系统：，CN205391538U[P]. 2016.

[12] 李园园. 智慧消防系统监控分机软件的设计与实现[D]. 重庆邮电大学.

[13] 俞灵琦，魏路. 意静科技：智慧消防的跨界创新之路[J]. 华东科技，2017，371(01)：62-64.

[14] 张超，张现伟. 智慧消防系统在社会消防重点单位管理中的应用探讨[J]. 佳木斯教育学院学报，2018，000(010)：391-392.

[15] 颜国华，盛鹏飞，傅进，等. 基于泛在电力物联网的智慧消防管控系统[J]. 电气开关，2020，058(002)：99-103.

运用情景构建技术分析小概率高后果事件的风险，制定对策，提高重特大事故灾难应对能力

王　晨

（中国石油兰州石化公司）

摘　要　石油化工行业是国民经济的重要组成部分，其生产经营过程中存在泄漏、火灾、爆炸等风险，一旦发生事故将会造成人员伤亡、财产损失、环境污染乃至社会公众恐慌等严重后果，是我国安全生产风险防范与应急管理重点工作领域。完善安全生产责任，强化应急准备能力建设，实现管理重心下移、处置关口前移，突出有效预防和各环节的应急处置，成为当前及今后一个时期生产安全领域深化改革的工作主线。

关键词　情景构建；风险辨识；最大可信度事件；应急能力评估

情景构建技术通常被认为是由一定政府层面组织，高层参与应对的巨灾事故或危机事件。近年来，石油化工企业按照情景构建原理，总结出一套适用于企业安全生产事故应急管理的技术路线及一般情景设计的工具及方法，基于业务连续管理(BCM)和风险分析，研究由于各类突发事件可能引发的业务中断，确定最大不可接受事故事件，构建危机管理或需要紧急处置的情景，成功把情景构建技术应用于企业不同层级和场景的应急演练活动中。

1　什么是情景构建

情景构建是在充分的风险辨识基础上，针对将来可能发生“小概率高后果”事件(事故)进行科学的假设，并对这个假设情景通过以往案例借鉴、信息共享整合、科学模拟分析和系统动力学推演，合理推测出其发展过程和后果，总结出应对该情景的对策，借此发现自身应急体系的不足，有针对性提出预防措施和应急准备措施的过程。情景构建是“底线思维”在应急管理领域的实现与应用，“从最坏处准备，争取最好的结果”。

2　情景构建的内容

“一个理论基础、三大核心要素、三项工作”

一个理论基础：墨菲定律

墨菲法则基本含义：凡是有可能出错的事情必将出错，并且出的错误可能比预先想到的还要严重，也即后果的严重程度会超出事先常规的想象。在我们日常工作这个简单的道理常常被忽略，有好重特大事故发生时我们的应急处置慌乱无序，不知所措，造成不可接受的损失。很多事故事件都是那些发生概率不高，但后果是不可接受的重特大事件或事故，这就是“最大可信度事件(事故)”。

三大核心要素：情景、后果、任务

情景，就是通过风险辨识及评估得出可能发生的突发事件；

后果，就是由突发事件引发的，不希望看到的结果；

任务，就是通过采取各种措施控制或降低由情景引发的不利后果，失去控制在可接受的范围内。

三项工作：情景分析、任务梳理、能力评估

情景分析，也就是风险辨识及评估，把所有可能的突发意外情形找出来，分析其演化规律以及各种可能的后果。利用三维仿真模拟技术搭建数学模型以增加直观演示效果。

任务梳理：是利用各种应急处置、救援及响应措施，按照情景分析出的各种后果形成任务清单，然后再根据任务的轻重缓急进行排序，为制定应急行动计划和进行应急决策提供依据。通过任务梳理形成的任务清单其实就是最简单、实用、有针对性的应急处置预案。

能力评估：是开发和应用情景构建技术的主要目的。第一是评估现有的能力（包括自有和可以协调联动的能力）等，能否满足完成梳理出的应急任务需要，进而提出如何发挥好现有能力完成应急任务的建议；第二是通过评估发现，现有的能力不能满足完成应急任务的需要，或是随着风险接受水平和内外部环境条件的变化，面对未来需要进一步完善的应急能力，并提出提升应急能力的中长期计划，给出强化应急物资、队伍及技术等资源准备的建议具体见图1。

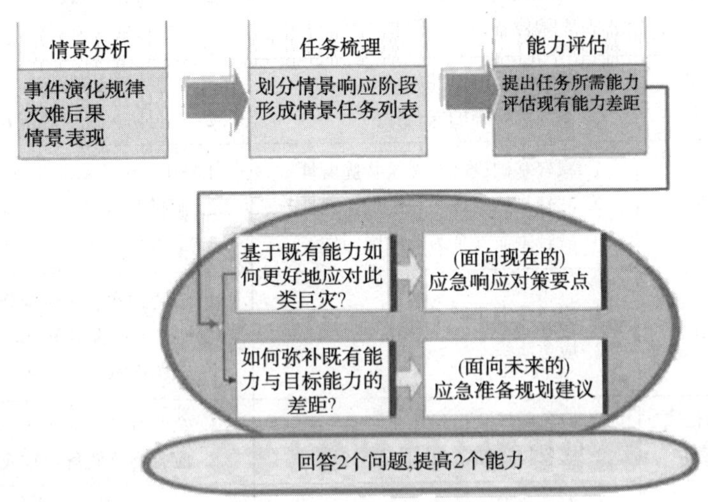

图1

3 情景构建技术在石油化工企业的应用

依据《石化行业重大突发事件情景构建技术指南》进行情景构建

前期准备：尽可能多收集本企业、行业的事故案例，进行充分的风险辨识及风险评估，依据业务影响评估（BIA）和业务连续性分析（BCM），事件树，确定最大可信度事故事件；

构建情景：将事故案例经分析，合理的组合成假设情景并进行后果分析，根据划分情景影响阶段形成情景任务列表，最终对其应急能力进行评估。

以某石油化工企业中间罐区为例，进行情景构建并对其应急准备能力评估。根据对该区域风险评估结论，该区域可能发生的、后果极其严重的事件，主要包括：液化石油气泄漏爆炸、各类中间产品储罐泄露着火爆炸、环境污染事件等。通过实地调研、听取专家及工作人员意见，选择液化石油气泄漏爆炸为本次实例验证的情景主题。

3.1 情景概要

以某石油化工企业中间罐区C4球罐，在C4传输作业过程中，球罐底部与管道连接处发生破裂，进而导致大量液化石油气泄漏，泄漏形成的混合蒸汽云团遇静火源后发生爆炸，引起大面积罐区火灾。

表1 情景简表

项　目	情　况
伤亡情况	4人死亡2人重伤
基础设施损坏	中间罐区部分储罐被毁
疏散人口	罐区周边装置职工及企业周边居民共800多人
环境污染	无
经济损失	6000万元
恢复期限	数月

预防与准备　监测预警　应急响应　恢复重建
情景事件应对过程
风险识别　风险防控　减轻系统脆弱性　事件监测与预警　情报信息融合和信息发布　事件现场管理与协调　生命抢救与保护　民众基本生活保障　现场危害因素消除　财产和环境保护　基础设施和建筑物恢复　公众援助和关怀　环境与自然资源恢复　社会经济恢复

图2　情景事件应对任务框架

3.2 基于情景构建技术的应急准备能力评估体系(表2)

表2 基于情景构建技术的应急准备能力评估体系

一级指标	二级指标	三级指标	对标情况
预防与准备	风险识别	1. 危险源识别与上报 2. 风险评估 3. 危险源备案	1. 辨识并上报 2. 评估到该项风险 3. 已备案
	风险防控	1. 运行安全的监控 2. 高风险设施的安全保护	1. 中控室DCS操控 2. 符合防火设计规范并运行正常
	减轻系统脆弱性	1. 减轻基础设施与建筑物脆弱性 2. 减轻自然资源与环境的脆弱性 3. 减轻生命安全与健康脆弱性	1. 80年代的基础设施，不足 2. 雨排及防控符合环保要求 3. 个人劳动保护及气防事故柜配备齐全
	应急预案与演练	1. 应急预案建设 2. 应急演练	1. 应急预案、应急操作卡有，但在应急状态下责权含糊，大灾害多单位联合应急的预案无 2. 演练次数符合要求，但质量不高
	应急救援队伍和应急物资	1. 应急救援队伍建设 2. 应急物资储备	1. 企业有专职消防队 2. 应急物资储备比较充值
	宣传教育	1. 专业培训 2. 公众宣教	从相关记录看培训和宣教较好
监测预警	事件监测与预警	1. 事故监测与报警 2. 区域预警机制	1. 报警不及时 2. 无
	情报信息融合和信息发布	1. 情报信息融合平台 2. 综合预警信息发布系统	无
应急响应	事件现场管理与协调	1. 现场人员的疏散与控制 2. 院前急救力量集结 3. 现场设置减伤分类站、救护点 4. 专业医院快速响应 5. 应急药品、器械的储备调运 6. 伤员救治	1. 现场人员的疏散与控制有专人负责 2. 院前急救力量集结，专职消防队有救护车同出，第一时间开展人员搜救 3. 无，直接上救护车 4. 120响应迅速 5. 应急药品、器械储备充分 6. 能够快速送往医院
	应急保障	1. 应急通道保障 2. 人员疏散转运保障 3. 公众生活物资保障 4. 应急物资运输保障 5. 应急通信保障 6. 救援队伍后勤保障 7. 电力应急保障 8. 消防泡沫及用水保障 9. 气象应急保障 10. 调度周边省市应急资源	1. 应急现场通信不畅，专职救援队伍和政府综合救援队伍无线对讲不能互通，形成不了统一的高效指挥 2. 现场救援车辆较多，消防用水不足
	现场危害因素消除	1. 专业救援队伍的快速到达 2. 危险化学品泄露处置 3. 现场灭火与防爆 4. 临近区域危险化学品设施保护 5. 消防污水及含油污水处置	基本满足
	财产和环境保护	1. 现场安全保卫与控制 2. 重点目标的保护 3. 环境应急响应与保护	基本满足

续表

一级指标	二级指标	三级指标	对标情况
恢复重建	基础设施和建筑物恢复	1. 交通恢复 2. 建筑物废墟、垃圾废物管理 3. 灾后重建	基本满足
	公众援助和关怀	1. 对遇难者经济赔偿 2. 受害者及其家属心理干预 3. 受伤人员的康复治疗	基本满足
	环境与自然资源恢复	1. 危险废物管理 2. 污染物清除 3. 环境指标检测	基本满足
	社会经济恢复	经济恢复	基本满足

表 3　消防泡沫及用水保障评估

三级指标	支线任务能力要素	目标能力	现实能力	评　价
消防泡沫及用水保障	消防泡沫储备	中间罐区，储存物料品种众多，主要用泡沫灭火剂，根据情景设定计算需泡沫 200 吨	专职救援队车载泡沫 80 吨，库存 100 吨，罐区有 2 个 15 吨泡沫储罐	满足使用
	消防用水	根据情景设定计算消防用水 4395m^3	企业现有 1 个 3000m^3 消防水池	不能满足使用
	补充措施	周边取水或远程供水措施	企业厂区北侧有一条市政消防管网(管径为 DN = 100mm、压力为 0. 28MPa、市政消防栓数量较少)，无法满足消防救援队伍扑救大型危险化学品的需求；企业厂区南侧 1. 3km 处设有 1 处消防车临时取水点，但取水点出入不便	不能满足使用

能力差距：该企业现有消防水池 1 个容量为 3000m^3，不能满足救援现场的需要，，由于市政消防供水管网管径和压力较低，可用消防栓数量较少，取水点消防车辆出入不便。在情景事故情况下，消防泡沫及用水保障达不到要求，这就找到了问题，需制定改进措施。

建议：企业适当扩大消防水储量，政府在适当位置增设 1 条管径为 300mm 以上的消防管网及一定数量的消防栓，并整改临时取水点周边的道路条件，保证事故状态下可以多渠道及时供水。

利用基于情景构建技术的应急准备能力评估方法，通过全要素的对比分析能够较客观地体现情景事件应急准备现实能力和目标能力之间的差距，从而提出针对问题的建议措施来提升目标企业应急准备能力。

4　结论

按照国家“建立健全重大决策社会稳定风险评估机制”的政策，结合《突发事件应对法》应对四类突发事件的要求，通过开展情景构建，我们可以掌握面向未来的应急管理与危机处置的主动权。在应对小概率大后果突发事件时，提前开展情景后果分析和应急能力准备，运用底线思维的方法，凡事从坏处准备，努力争取最好的结果，做到有备无患、遇事不慌，牢牢把握主动权。国有大型石油炼化企业，结合生产经营实际及可能的风险事件，开展重大突发事件情景构建，进行典型事故处置应急能力评估，有针对性地做好应急准备能力建设。

化工类灾害事故现场应急救援侦检技术智能化发展探讨

马 龙 程 鹏 李新川

（中国石油新疆油田分公司）

摘 要 针对化工事故现场环境复杂、波及范围广、救援难度大、扑救时间长等因素，开展现场侦检是化工火灾火情侦查的重要内容，是指战员作战安全的重要保障。在救援现场持续不间断采集信息，反馈现场侦查数据尤为重要。本文提出了利用消防无人化救援装备与区域监测系统，相互协同作战理念，形成全方位空地侦检一体化、事故区域实时监测，掌握灾情发展时态的科学信息化救援方式，提升应急指挥效率，降低救援人员伤亡事故发生率。

关键词 化工类火灾；侦检一体化；应急救援

1 概述

随着国内消防体制的不断完善和油气场站安全管理理念的不断增强，对消防灭火救援工作提出了更高的要求，不能仅停留在以往重点依靠人员进入灾害现场内部进行侦检方式方法上。为了降低灾害事故造成的救援人员生命财产安全损失，指挥员对灾情事态发展和通讯信息的掌握至关重要，能够为应急救援提供重要决策。消防应急救援人员是当代和平时期最危险的职业之一，当前国内救援队伍在面对化工类事故应急救援时，主要依靠消防员进入内部现场进行侦检，来获取重要信息，面对随时可能发生的突发性危险源，救援人员的人身安全受到极大的威胁。如2012年10月6日湖南怀化高速路槽罐车爆炸事故、2015年8月12日天津港瑞海公司危险品仓库特别重大火灾爆炸事故、2019年3月21日江苏响水天嘉宜化工厂爆炸事故等，建立“空中、地面、区域”全领域一体化侦检灭火救援作战理念能够有效保障救援人员的人身安全。

2 目前侦检手段

目前，国内外市场上便携式气体检测仪种类繁多，功能也比较全面，且体积不断缩小，基层多种传感器，主要用于化工类灾害事故救援现场侦检使用，需依靠消防人员携带4G单兵和便携式气体检测仪直接进入危险区域，配合单兵装备能够更好的完成进行侦检任务，但这种侦检方式作业过程安全系数较低；除此之外，救援现场诸多因素也会导致现场采集数据不完整，采集效率较低，数据采集无法形成全面检测，因此缺乏连续性。单兵侦检流程图，如图1所示。

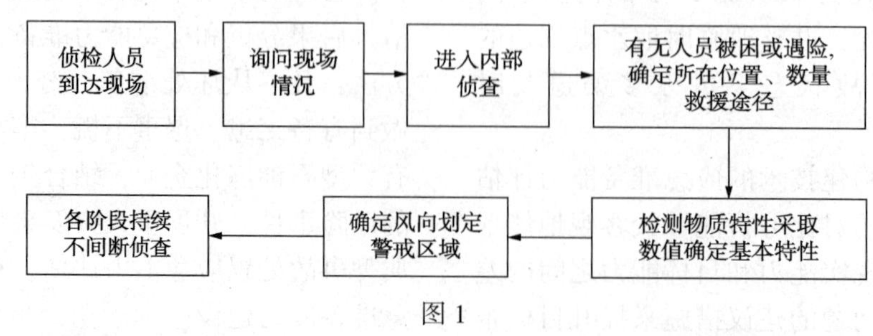

图1

3 侦检一体化系统组成

主要由消防无人机、消防灭火（防爆）机器人、应急快速部署监测控系统三部分组成。

3.1 消防无人机侦检

化工类灾害事故环境现场具有很多不确定性，在面对突然化工类事故（火灾、爆炸、泄漏等）场景下，仅凭救援人员现场询问、外部观察和经验难以确定现场实际情况，需要救援人员深入内部开展侦查搜救任务，而在化工类灾害事故现场，经常会因为各类炼化装置、油罐组等特殊环境因素情况，导致现场内部通讯受到干扰，往往无法得到有效的保障，而化工类灾害事故现场，通产伴随易燃、易爆、有毒、有害和腐蚀等危险因素，这就为救援工作埋下了严重的安全隐患。随着消防救援技术的不断发展，无人机代替救援人员进入内部侦检存在明显优势，一是无人机拥有灵活的操作控制性能，无视救援地形和上述危险环境，机动灵活，有效提升侦检效率。二是无人机可搭载红外热成像摄录像机、高空扩音、高空照明、无线数据传输系统、雷达定位系统、集成可燃气体探测仪和有毒有害气体检测仪等相应救援配件设备进入现场内进行初步观测侦查，第一时间将获取部分重点部位的清晰图像，确定火点位置、燃烧面积、火势蔓延情况、有无被困人员、周边毗邻情况，对易燃易爆、化学事故灾害现场的相关气体浓度进行远程检测，从而得到危险部位的关键数据，为现场救援提供重要信息，便于指挥员作出正确决策。三是能够有效防止人员伤亡，避免救援人员进入有毒有害场所中毒或突发性闪爆造成人员掩埋等危险环境，通过无人机现场侦检实时将现场图像回传，当发现有二次危险时，可快速发出高空扩音警报，像现场救援人员警示撤离，能有效减少人员伤亡和财产损失，保证救援人员的生命安全，协同地面救援人员开展救援工作提供保障。具体见图2。

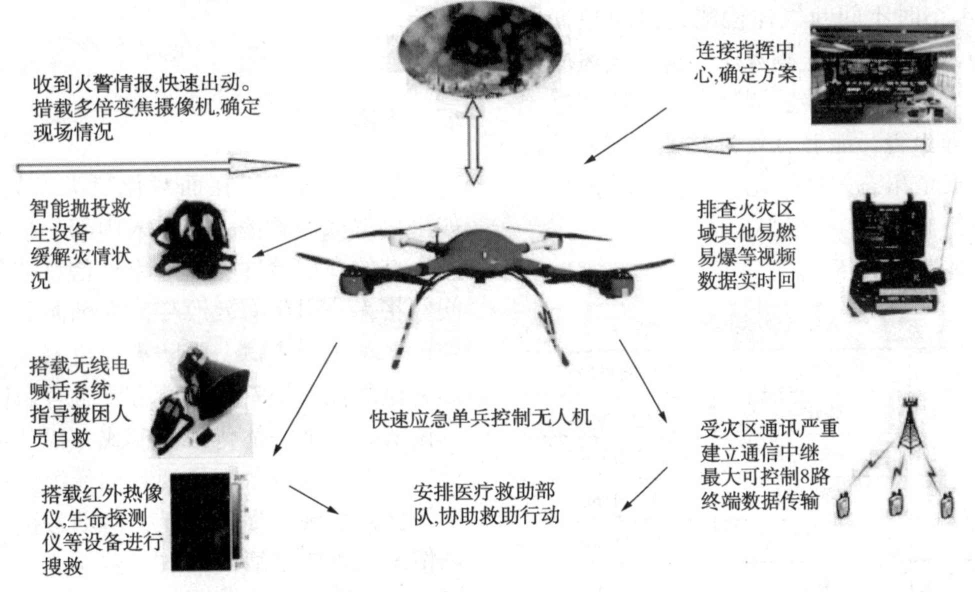

图2

3.2 消防灭火(防爆)机器人

消防灭火机器人用于扑灭火灾、进入危险场所定位救援、协助现场抢修人员进行应急救援等，主要用于化工类火灾的灭火救援或易燃易爆、有毒有害气体场所稀释洗消救援使用。在消防灭火机器人上搭载有气体浓度传感器、红外摄像机、消防水炮等救援设备。在石化区或油罐区存在大量的易燃易爆物质，现场一但有某种气体超过安全数值时后场的信息显示上会有报警提示或现场发生爆炸、坍塌等二次事故，对现场救援人员的人身安全和消防车等灭火装备安全构成严重威胁，同时，针对火灾扑救现场强热辐射的环境下，救援人员在长时间的救援任务对其体能的消耗是极大的考验，人员需要更替交换，夜间救援时，更是无法保障救援人员安全。消防灭火机器人能够有效减少现场救援人员数量，在水源充足的情况下，长时间、近距离对火点实施持续不间断的灭火剂释放，对着火部位进行冷却降温，防止火势蔓延，并通过摄像机获取现场情况，搭配红外仪，有效探测出是否完全将火源扑灭及冷却降温效果，有效减少救援人员的伤亡，高效，快速的完成救援任务。见图3。

3.3 快速应急部署监测控系统

该系统为无线气体检测系统，面对化工类灾害事故现场，专用于气体应急事故的迅速处置及突发事件的紧急处理。依靠无线通讯信息传输，可同时对可燃气体、氧气、一氧化碳、硫化氢等有毒有害气体进行检测。在应对大范围灾害事故

图 3

现场，无法实现人员全方位、大范围地域不间断侦检监测，可通过该系统所配备的检测仪器，在东西南北四个方位（最大 3 公里救援范围）定点划分检测区域，通过后台电脑软件管理，实现对危险区域 24 小时不间断气体检测，检测数据通过无限传输，实时掌握监测数据。遇天气风向变化，其中某方位检测仪器监测数据升高达到报警数值，将立即报警，能够有效为救援指挥人员第一时间提供灾情事态发展变化情况，为救援指挥提供技术支持。

检测气体类型见表 1。

表 1　检测气体类型

传感器	名　称	检测量度
H_2S	硫化氢	0~100ppm
CO	一氧化碳	0~2000ppm
SO_2	二氧化硫	0~20ppm
NH_3	氨气	0~100ppm
CL_2	氯气	0~10ppm
Q_2	氧气	0~25lcq%VOL
LEL	可燃气	0~100%LEL

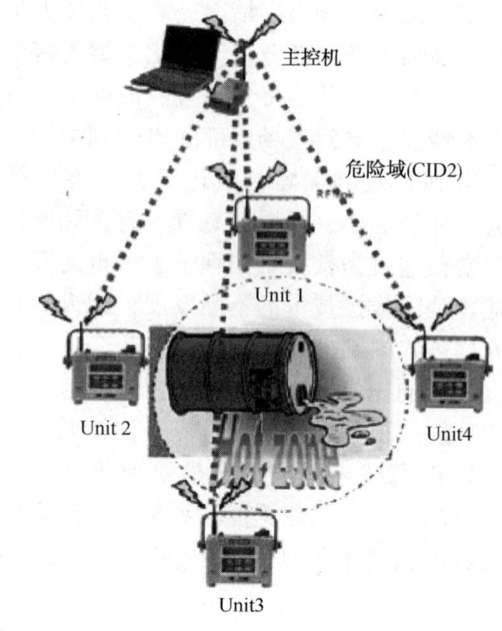

图 4

4　结语

当前救援队伍在面对化工类事故救援现场，如果仍然依靠救援人员进入内部侦检，其救援任务存在的高危险性、低效率、信息搜集不全面等问题将无法得到有效改变。在消防救援智能化的今天，利用无人机、消防灭火机器人、快速应急部署监测控系统三种侦检方式融合协同，形成全方位实施空地一体化侦检模式，代替部分救援人员，安全获取事故现场视频图像等数据，从多角度把握事故现场损失情况，协助救援人员了解现场情况，确定事故泄漏点、着火点、被困人员位置，减少直接进入现场救援人员数量，将有效减少救援人员的伤亡和为消防灭火救援智能化灭火救援提供技术保障。

基于GIS的应急资源数据库建设与应用探索

刘 林

（中国石油新疆油田公司）

摘 要 应急资源管理是应急救援工作很重要的组成部分，利用GIS有效将关系型数据重组，整合视频图像数据，增强了应急资源在GIS图形化的信息展示效果，数据信息的全方位组织、更有利于指挥决策人员对应急资源的掌控和调度，为应急事件态势发展和辅助决策提供了基础。本文围绕应急指挥对资源分类，构建展示直观、使用便捷的应用环境和GIS在应急资源在辅助决策中应用探索是本文研究的核心。

关键词 应急管理；GIS；数据库；辅助决策

1 引言

地理信息系统（GIS，Geographic Information System或Geo-Information system）是一门综合性学科，结合地理学与地图学以及遥感和计算机科学，已经广泛的应用在军事、农业、经济、环境、地图学、矿山等不同的领域，当前随着5G通信、人工智能、大数据、云计算、数据孪生、区块链等技术和数据采集技术的快速发展下，GIS与各种数据库、绘图、统计、影像处理等其他软件结合基础上有了更深入的发展，未来GIS将朝着专业化、智能化方向发展，将与人工智能、虚拟现实、大数据分析、移动终端应用充分结合。当前GIS的普适化应用积累了大量实践经验，为智慧城市、智能汽车、智慧应急等行业带来新的变化。下文将重点从GIS在应急救援资源管理、增强应急指挥调度，如何为应急处、置辅助决策提供全放位信息服务研究探索。

在应急管理和应急指挥调度中，对于应急资源信息的高效组织和利用是非常关键的一环，利用GIS将不同类型数据资源进行整合，实现应急管理和应急指挥调度“一张图”是当前主流方式，应急管理“战管结合”、“平战结合”是落脚点，利用GIS达到应急处置和响应的科学化、智能化目标，满足应急抢险救援在各类复杂环境下对信息数据的多重需要，以GIS为数据集成点是非常高效可行的实现方式。

2 应急资源数据应用面临的突出问题与对策

基于传统的关系型数据库在应急管理日常对信息的的存储、分析、统计、检索都能够满足应用需要，特别是对应急管理中相对静态的对象，如：人员、设备、物资、队伍、专家、应急预案、危化品信息等数据能实现高效管理，但是对无人机、自动化设备、消防机器人等新技术采集的视频、数据流、实时文件等动态数据的管理显得功能欠缺。不同格式的数据以不同方式进行存储和处理，甚至以个性化的方式展示和管理，给应急指挥调度这样综合性、对大量不同类型数据需要的应用带来诸多障碍。通过建立数据中台和通用数据接口，利用GIS的图形界面将GPS车辆定位数据、视频监控、无人机、智能设备以及工业自动化设备采集的动态数据整合集中展示，将大大提高数据的可用性，为应急管理和指挥调度提供了极大便利。

3 利用GIS对应急资源的管理

3.1 战时数据库与平时数据库的关系

应急资源数据按应用阶段可分为平时的静态管理数据与战时的动态应用数据。平时静态数据来源日常管理，是战时指挥调度的数据源；战时动态数据面向应急指挥调度、应急处置和辅助决策，是应急资源信息数据的综合应用。二者同为应急资源仓库，在应用场合、数据结构和表现方式上有差异。在数据库建设中分类顶层设计，建立统一的数据库建设标准。在平时以应急管理为核心，对应急值守、应急资源、应急力量、应急培训、应急演练、应急装备等相关工作管理为重心，在战时将静态数据与动态数据相结合，提供完整的应急资源基础信息数据、事件信息、现场实时数据、态势发展趋势、以及辅助决策等信息数据。利用GIS组织应急资源数据应用分类图见图1。

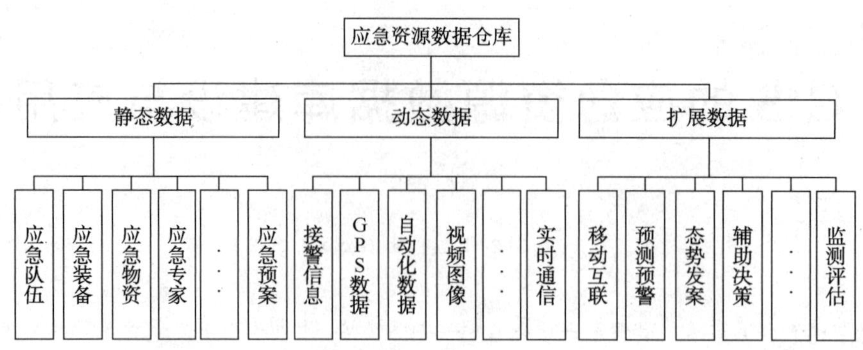

图 1　应急资源数据类型结构

3.2　数据应用与展示

GIS 作为应急资源数据的展示界面，在 GIS 自身具有的数据元素和数据操作的基础上构建应急资源数据管理图层，建立数据展示接口，以下重点对应急资源数据图层数据库在 GIS 中的应用场景做详细说明。GIS 在应急抢险救援中的数据关节作用在应急指挥中心最为凸现，如图 2 所示。

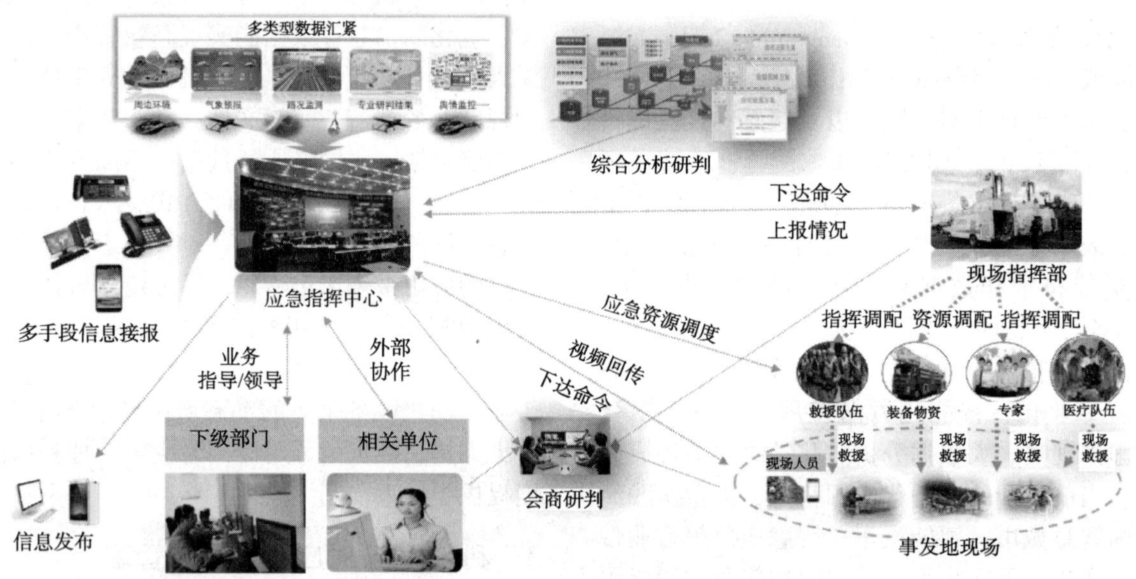

图 2　GIS 在应急指挥调度数据展示

3.2.1　应急资源静态数据

应急资源静态数据主要包括应急队伍、应急物资储备、应急专家、应急预案、重大危险源、重点要害单位、通信基站、消防水源等基础数据，在与传统的数据列表展示方式不同的是，要实现数据在 GIS 中应用，在建设这些数据库时需要增加经度、维度等字段，以实现数据信息与 GIS 坐标相对应，通过在 GIS 中建立用户图层，将应急资源数据分层管理，充分发挥 GIS 的空间方位展示的优势。如：用户可以选择应急物资储备图层，在地图中点击应急物资储备库位置，可以关联查询该应急物资储备库当前物资，包括各类物资数量、生产日期、消耗记录等信息。

3.2.2　动态数据

相对于应急资源基础数数据，应急指挥调度中的动态数据内容更为丰富，数据来源更为多样，通过对数据的类型和来源分析后，在 GIS 基础上建立不同类型的数据接口，实现不同数据源、不同数据类型的集中展示和应用。在应急指挥调度、应急处置中典型应用较多。例如：报警定位、自动绘制最佳路径、对讲机定位、查看卡口或重点部位视频监控等等都可通过 GIS 来作为数据展示最终节点。GPS 车辆定位与 GIS 的结合为应急指挥调度提供了可预测性，在抢险救援过程中可以对当前各类应急车辆的位置实时跟踪，监测车辆速度、路线等信息，更便于统筹资源装配、卸载。在动态数据中，将重大危险源视频监控数据、重点装置参数数据接入系统，设定关键数据报警阀值，作为常态化预警监测也是当前成熟的做法，这些关键场所或设备与 GIS 相结合，是安全生产管理可视化、智能化的重要实现方式。另外基于 5G 的物联网、无人机、机器人设备的投用，将以上数据源建立实时接口与 GIS 对接，在 GIS 中可查看设备实时参数、无人机实时视频或气象环境数据，为应急救援辅助决策提供依据。

3.2.3 扩展数据

应急资源的扩展数据包含卫星通信、移动终端等随机产生的数据，以及其他应急平台接入的数据、在应急处置中关键节点抓取的数据、辅助决策中的态势分析标绘、战斗意图和战斗决心标注数据。另外也包含辅助计算、模拟推演、评估分析等系统或数据关联应用，这些数据可以利用 GIS 进行图形化展示，实现阶段目标过程动态推算，将数据可视化展示。

4 基于 GIS 应急资源数据的扩展应用

4.1 与物联网数据对接

GIS 与物联网数据对接，从硬件传感器数据采集、利用网络进行数据交换，使用软件管理工具或统计分析工具，最终将数据可视化与 GIS 相结合来应用将是一个庞大的系统，但是可以实现的。典型的应用例如：地震救援生命探测器生产投用后，建立统一的数字标识，该设备的保养、维修、运行数据通过物联网入库，在急需设备情况下通过 GIS 搜寻该设备的数量、分布及位置，精准调度为现场处置提供信息支持，另外也可对所有该设备使用年限、性能状况进行统计，辅助制定设备更新更换批次计划。

4.2 与大数据分析关联

在应急抢险救援中，受到气象、水文、地质条件的影响较大，而这些都可通过常年累月的数据积累形成大数据，通过大数据分析得出某一地域、时间的气象地质状况，将这些知识以图形的方式在 GIS 中展示，结合应急基础资源管理来应用，对应急抢险救援将是有力的辅助。另外从应急抢险救援业务来看，通过在 GIS 中建立应急事故事件图层，当发生事故事件时，在 GIS 中以不同类型符号标注该事故事件位置，日积月累后将在 GIS 中形成庞大的事故事件散点分布图，通过大数据分析总结归纳事故事件发生规律，分布区域及类型，利用大数据分析结果指导规划，在应急队伍建设地点、人员数量、装备配备数量及类型极具科学指导意义。

4.3 与三维模拟、VR 仿真技术、远程控制系统合成应用

三维模拟与 VR 仿真是当前可视化技术重要应用方向之一，当前在应急抢险救援模拟演练中应用较多，将 GIS 与三维模拟、VR 相结合，将对应急辅助决策和训练培训具有重要意义。将遥感数据、三维模型数据与 GIS 相叠加，在开展应急救援模拟演练，这种模拟演练可以从事故事件的发生、预测、处置、恢复全过程的模拟训练。在无人驾驶技术、工业物联网充分发展的条件下，利用 GIS 和远程控制系统甚至可以远程操控智能机器人、应急车辆装备，实现应急救援智能化、自动化、无人化远程集群控制。

5 结束语

GIS 在应急管理与指挥调度中的使用，使得应急管理大量丰富的数据资源得以集中展示，为应急指挥调度能全方位、多维立体、全过程应用提供了技术职称。GIS 与人工智能、视频图像、大数据分析的深度结合，将促进应急抢险救援信息化、智能化、科学化、高效化的深入发展，在信息技术快速发展的大背景下，GIS 在应急抢险救援中的应用将会不断深化和扩展。

基于物联网技术+大数据"智能消防"建设的探索

张继新　刘　勇　王勇军　丁　晨

（中国石油新疆油田公司）

摘　要　从消防队伍的角度对"智慧消防"进行研究，核心在于"重安全、促管理、优资源、提效率"。通过物联网技术采集监测数据，运用大数据技术对各类消防安全数据进行融合分析、辅助决策，实现基于GIS的数据展示及应急调度指挥，利用物联网技术控制灭火救援设备，达到"动态数据可用、管理流程可溯、调度指挥可视、设备远程可控"的目标。探索了数据管理"一个库"、物联感知"一张网"、应用展示"一张图"的智能消防建设思路。

关键词　GIS；大数据；物联网技术；智能消防。

1　建设背景

消防队伍作为应急管理中的重要支撑力量，掌握大量的应急资源与高效的应急手段，消防信息化平台无疑是支持消防等应急管理各个工作组的重要基础，而统一化、智能化的"智能消防"平台不仅是国家信息化趋势，也是各项应急管理工作坚实支撑。

随着5G到来，超高速率，超低时延和超高密度的网络性能赋予了传统消防信息化建设新的使命——人工智能，其本质而言，是对人的思维的信息过程的模拟，也就是按照各级应急救援人员的思维对采集的关键信息进行分类、分析、判定进行功能模拟，拓展数据库智能搜索、视频会议、监控等关键技术，结合实际情况，以供各级人员优选出参考或最佳方案组织开展救援行动。

2　建设内容

2.1　整体建设方案

"智能消防"建设以消防队伍日常管理、接警出动、组织指挥、火灾扑救、应急救援的角度来建设，其主要实现了"预防为主、防消结合"，重点突出"企业主体责任"的行业管控目标，提高消防安全管理能力，优化整合消防资源，提升灭火救援效率。

该系统按照消防队伍的日常管理流程，该建设方案主要通过设施防火、消防装备及灭火救援三个模块进行建设(图1)。

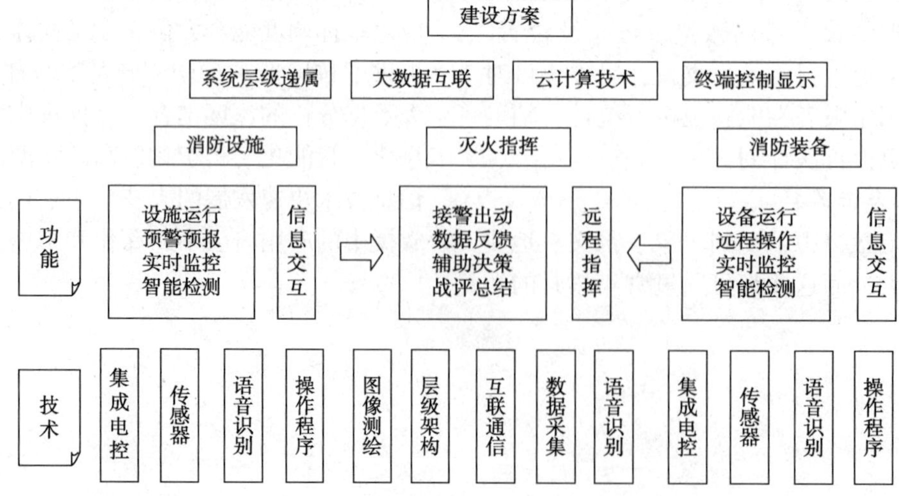

图1　"智能消防"整体建设方案

2.2 关键技术的运用

系统层级递属决定了各级救援人员决策和使用的维度，其涵盖了在日常消防管理中，管理人员对消防资源及设施数据信息的需求，在灭火救援行动中，各级消防指战员对灭火救援现场信息数据的掌握，通过数据库进行纵深互联，各模块开放底层协议，实现数据互联，经物联网技术进行感知现场条件，采集到的数据进经过云计算技术进行分类，运算，通过GIS技术，利用终端显示，并利用终端控制，进行组织指挥、灭火救援。

2.3 分项与关键技术

2.3.1 设施防火模块建设

在设施防火管理中，消防安全显得尤为重要，如何提升日常消防安全管理的有效措施，是建设该模块的核心。该模块主要利用传感器监测技术及物联网技术，通过烟感、热感、压力、流量、液位等传感器，同时获取水量利用情况及剩余量，截断阀情况，同时上传数据，根据现场消防设施现有开关及要求，集成物联网控制系统，通过采集关键条件数据，自动启动设施灭火系统。语音识别技术可自定义设置身份，实现主机唤醒命令，通过网络上传、计算，下达命令执行。

2.3.2 消防车辆装备模块建设

消防车辆装备作为灭火救援的主要力量，提高设备工作效率既是提高现场处置灾害的效率。通过测距、热感、气体探测、压力、流量、液位等传感器，按照设备不同的功能进行运用，通过采集现场数据，进行上传。根据设备不同的功能，集成物联网控制系统，计算获取水量利用情况及剩余量，同时上传数据。当达到设定值，采取相应的编程控制，同时具备定位功能。

该分项系统分为感知层，应用层，管理层。其中感知层利用载体实现感知监测，应用层用于设备操作面向操作人员，管理层获取实时数据面向指挥员，并加入语音识别技术，实现语音控制。

2.3.3 灭火救援模块建设

设施防火和消防车辆装备两个模块作为基础，灭火救援的关键是利用好两个基础，进行资源优化，提升灭火救援的安全和效率。该模块利用语音识别技术，对接警出动的各关键信息进行采集，通过GIS或图像测绘技术，将监测数据根据相关法律标准进行计算，展现出可视的图像，同时优化指挥救援递属架构，实现命令的下达及反馈。并利用5G优势，建设区域互联通信，优化通信通道单一、干扰大、信号弱等弊端。

3 预期效果

3.1 数据管理"一个库"

3.1.1 基础数据库

对人员、机构、设备等多种类型基础数据进行整合汇集，为大数据应用提供统一的、标准化的基础数据。并基于消防基础数据的业务性扩展数据库，主要存放不能由基础数据库承载的数据，如视频、图片等数据。

3.1.2 数据分析、共享交换库及其他库

根据不同的消防应用形成不同的数据分析专题，从基础数据库进行提取，也包含大数据应用的分析结果数据，同时可获取其他行业数据，也对外提供可以共享的消防数据，由基础数据库中提取。并要实现数据资产管理，还需建设规则库、索引库、汇聚库、日志库等其他一些相关数据库，

实现车辆装备、设施防火模块中各数据、标准及预案互联互通，形成所有数据"一个库"，利用规则进行分类管理，并按索引条件自动与现场灾害处置关联，提供有力的数据支撑，同时将物联网采集和控制的数据传输、汇聚、补充数据库，并可按照日志流程形成专题库，以供总结归档。

3.2 物联感知"一张网"

3.2.1 事前感知

智能消防物联网感知，通过Nb-lot无线传输运营商基站，将预警信息传递至消防管理部门，同时自动根据火情启动消防设施进行初期处置，消防管理部门可根据联动的视频资源及报警信息推送至消防队伍及相关部门、单位及人员。

3.2.2 事中感控

消防管理部门及消防队伍，根据推送的灾情信息及视频资源进行接警出动，通过物联感知设备采集现场数据，并可利用物联技术，远程、自动操纵设备进行灭火，同时将灭火车辆设备实时情况反馈至管理部门及人员。

3.2.3 事后研判

灾害处置完毕后，根据采集的数据、视频、图像等信息，按照数据产生的日志痕迹化警情记

录，为灾害事件、事故调查及隐患整改做研判支持。

3.3 应用展示“一张图”

通过信息技术与Gis结合，实现“一张图”灭火救援指挥，汇集消防安全监管各类数据，结合物联感控、大数据峰分析等，在地图上直观展示(图2)，为应急救援提供有力支撑。

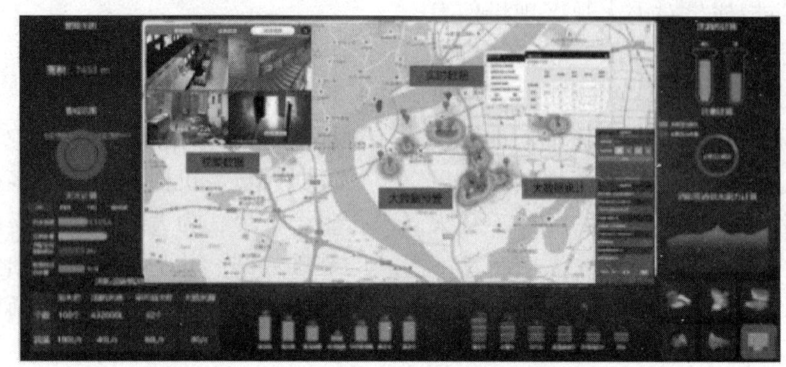

图2 信息技术与Gis结合，实现“一张图”灭火救援指挥

3.3.1 信息展示一张图

在基于GIS技术的地图上，将水域(水源)、陆地、天气、危化品存储、救援力量、消防物资等信息在地图上进行展示，基于GIS地图，整合视频监控，实时掌握救援现场的实际情况。

3.3.2 辅助决策一张图

通过物联网技术，根据现场情况，如油类储罐火灾、气体泄漏等灾害的重要决策数据进行实时监测，再利用信息技术，按照相关标准及法规建立相应的计算模型，通过采集的数据进行计算后，在地图上显示出来，为指挥人员提供更好的决策。

3.3.3 灭火指挥一张图

根据各级指挥人员的命令，如消防力量的调配，群众疏散及灭火救援行动开展，直观的在地图上展示，并建立区域通信，根据实际情况，传输命令的完成情况，以供指挥人员准确掌握灭火救援行动的实施情况。

3.3.4 远程施救一张图

通过物联网技术对消防车辆、设备进行远程操控，避免重大灾害事故人员意外伤亡，同时可以实时监测设备的运行状况，在地图上直观的展示，为资源的调配、整合提供支撑。

4 结束语

随着5G技术到来及物联网技术不断发展，不仅带来了科学技术、方法的变革，也带来了思维方式的变革。作为消防信息化工作者，一方面要注重对其作深入的理论研究，同时也要在消防信息化工作实践中开展应用探索，推进信息化建设、实现消防部队科技化、现代化建设。

参考文献

[1] 陈琪锋. 传感器在智慧消防物联网云平台中的应用与设计[J]. 电子技术与软件工程，2019(02)：84.

[3]储浩，王勇，王栋. NB-IoT技术在消防物联网中的应用[J]. 移动通信，2018，42(11)：84-90.

[4]陶玉灵，耿烜，孟丽. 基于窄带物联网的消防报警数据传输系统设计[J]. 电子世界，2018(21)：149-150.

[5]费芹，梅鹏，吴蒙. 智慧消防物联网系统的设计与应用[J]. 科技与创新，2018(18)：156-158.

[6]张义铎. 物联网技术在危险化学品仓库消防安全管理中的应用[J]. 消防技术与产品信息，2018，31(02)：26-27+49.

撬装式井口快速水力喷砂环切装置研制及试验

王一全　艾白布·阿不力米提　周汉鹏

（中国石油新疆油田分公司）

摘　要　研制了一种撬装式井口快速水力喷砂环切装置，装置采用撬装式设计，通过柴油机提供动力产生高速磨料射流，通过三个喷嘴旋转实现360°全方位切割，为后续地面清障和建立新井口奠定基础。通过水力参数计算优选喷嘴直径为4mm，使用该切割撬进行了地面切割试验，仅用6min即完成了5.5in套管短节本体切割作业，切割效率高且缝口平整，验证了切割撬整体结构和水力喷射参数的可靠性。研究成果可为油气田井喷抢险中井口装置快速切割提供一种新思路。

关键词　油气田；井喷抢险；井口切割；水力喷砂；撬装式

油气田开发是一项高风险、高投入的行业，虽然在“十二五”以来，国家在油气田开发领域大力贯彻HSE（健康、安全、环境）方针，使井喷失控、着火乃至爆炸的事件得到有效遏制，但是石油勘探开发的高危特性一直存在[1]。尤其是近年来，随着油气勘探技术持续快速发展，油气勘探表现出由中浅层向深层、由常规向非常规、由常温常压向高温高压发展的特点[2]。深层高压油气藏气勘探开发难度进一步增大，工艺技术进一步复杂，使得工程作业过程中未知的危险因素变得越来越多，潜在的发生井喷失控、井喷着火甚至爆炸的风险不断加大。当前，石油行业将油气井完整性作为一项重要的工作持续推进，其根本目的就是消除井控装备等因素的安全隐患，保障安全生产。

井喷是由于地层中的流体压力大于油井内压力而大量涌入井筒并从井口无控制地喷出的现场，主要可以分为井喷失控、井喷着火、爆炸等类型，恶性井喷可以产生严重的后果，对人员生命安全、生态环境、油气藏等造成不可挽回的损失[3]。尤其是油气井采油树井口连接关键部位套管头及套管短节的损坏，更易造成井口失控甚至井喷着火爆炸事故。目前三级井控应急救援已建立了较完整的一套井喷应急抢险技术和装备体系，其主要抢险流程为切割井口、拖拉清障和新井口建立，即先对井口泄漏点以下部位进行切割，切割对象一般为大四通本体或者下部套管，切割完成后采用大型地面清障设备将切割下来的部件搬离井口，为下部井口抢喷安装作业提供作业空间，最后再对装新的防喷器组，完成新井口的建立，最终实现下一步关井及压井作业，重新恢复至井控状态[4-6]。肖润德[7]等研制了水力喷砂带火切割装置，并在现场成功实施2口井的切割作业。牛文杰[8-9]等研制了34.5MPa套管头用井喷抢险装置和钻井作业井喷抢险装置，并成功进行了现场模拟实验；张武辇[10]等研制了一种外悬挂螺杆动力水下井口系统切割回收工具，并对重要作业参数进行匹配研究。

但是，针对油气井口装置切割领域仍以单喷嘴直线喷射为主，虽然实现了远程有效切割，但存在用液量大、切割效率低等局限性。针对井口装置环形切割装置的研究方面尚鲜有报道，环形切割较直线切割具有节能、高效及自动对中等显著优势，本文研制了一种撬装式井口快速水力喷砂环切装置，并成功开展了地面实战切割试验，可为我国陆上油气井灭火抢险技术及装备发展提供参考。

1　水力喷砂环切装置机构及原理

1.1　装置整体结构原理

撬装式井口快速水力喷砂环切装置基本结构简图如图1所示，主要由底座、混砂罐、柴油机、柱塞泵、控制柜及切割撬组成。其主要原理：混砂罐内按比例加有混砂液，作为喷砂切割的磨料，由柴油机为装置提供动力带动柱塞泵运行，柱塞泵与切割撬通过柔性金属软管连接，将含砂液（磨料）输送至切割撬。当现场发生井喷且有切割井口需求时，利用吊车将该撬装式设备整体吊装至井口区域，随后将切割撬推向井口，切割撬具有自动紧固及对中功能，对井口实现360°环形喷砂切割，高效地完后对井口切割作业，切割完成后将切割撬和井口上部切断部分一起吊离井口区域，为下一步抢装井口创造有利条件。该装置的最大特点就是对现场电力供应无特殊需求，整体采用柴油机提供输出动力，驱动液压马达和柱塞泵协调工作，液压管线及输液管线全部采用金属软管，耐高温性能进一步提升，对现场井喷失控的恶劣工况适应性强。

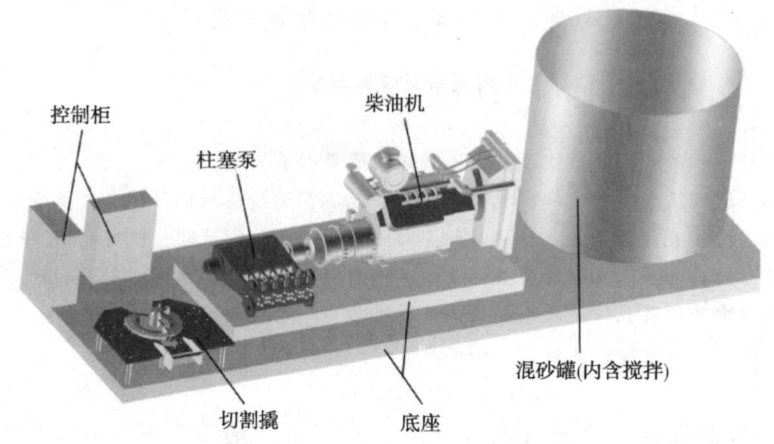

图1　撬装式井口快速水力喷砂环切装置主体结构

1.2　切割撬结构原理

该撬装装置的核心部件是切割撬，切割撬的三维模型如图2~图4所示，图2为切割撬三维模型示意图，图3为切割撬三维模型正视图，图4为切割撬三维模型仰视图，主要展示夹紧扶正模块结构。可见：切割撬主要由支腿、底板、液压马达、驱动齿轮、从动齿轮、喷砂管及夹紧扶正模块等组成。

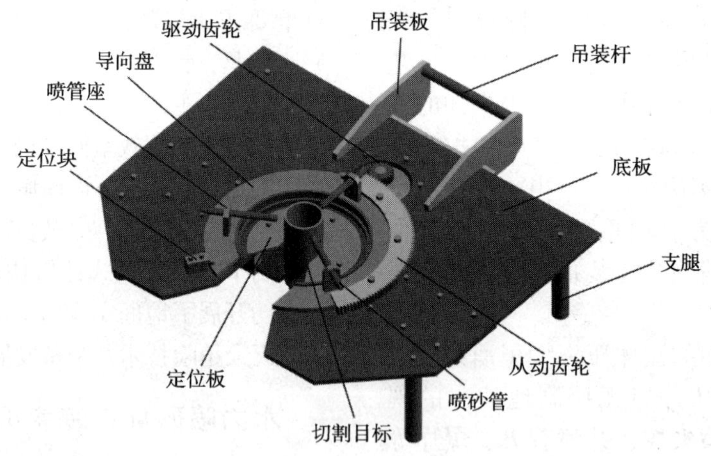

图2　切割撬三维模型示意图

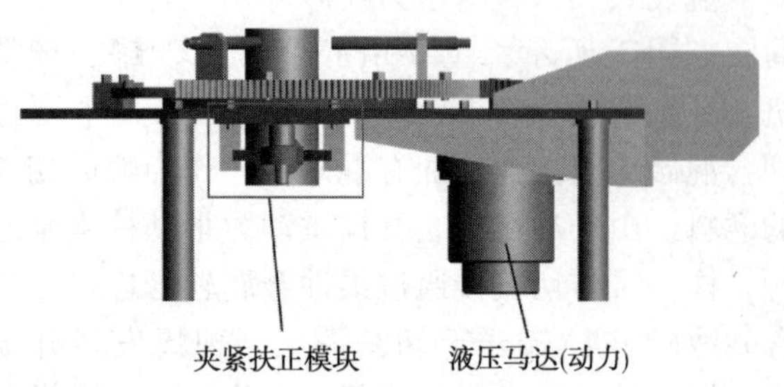

图3　切割撬三维模型正视图

切割撬原理简介：切割作业由柴油机提供磨料射流动力，由液压马达提供旋转动力，液压马达旋转带动驱动齿轮匀速转动，驱动齿轮进一步通过齿轮传动驱动从动齿轮转动，从动齿轮进一步带动3组喷砂管沿着导向盘做周期性旋转运动，在此过程中喷砂管持续产生高速磨料射流切割井口或套管，实现360°全方位快速切割。在水力切割装置左端切口处的上方，有一矩形的限位开关，是一红外线感应装置。当齿轮运动到任一极限位置时，与其相连的圆盘上的短圆柱状凸起都会经过限位开关，被其中的红外线感应装置感应到，这时主动轮运动停止，2s 后再向反方向继续转动，以此循环往复，直到油井表层套管被完全割断。

切割撬在环切装置下部设置有夹紧扶正模块（图 3），该模块的作用是使切割撬与切割对象保持高度对中状态，为精准快速切割提供保障。该模块由一对夹紧液缸和一对 V 型夹块组成，通过压缸的轴向推动使 V 型夹块紧紧环抱切割点下部本体，确保切割过程稳定性。

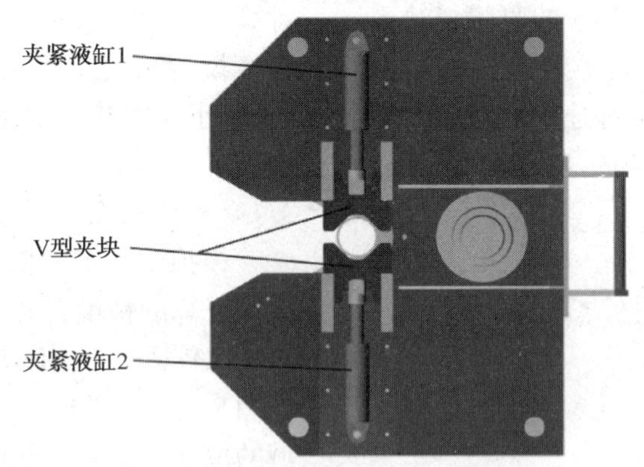

图 4　切割撬三维模型仰视图

2　喷砂切割水力参数计算

2.1　水力喷砂切割原理

水力喷砂切割作业是依靠高速磨料射流来切割对象的一种工艺，属磨料射流技术领域。本次设计的水力切割装置用于切割较厚的金属套管，又是用于分秒必争的抢险救援工作，为了提高切割效率，选择加砂切割方式，本套水力切割装置选择使用前混式磨料水射流系统。水力喷砂切割作业是以水和磨料的混合液作为能量载体，柱塞泵作用下使带砂流体到达喷嘴，液流的压头在喷嘴的作用下转换为动量，以高速射流射出并用最大的能量冲击目标物。这个时候动量在瞬间被转换成一种冲量，砂粒在强大的冲击力作用下犹如砂轮不断地切割目标物。三个喷嘴均布在同一平面，在齿轮和导向盘作用下可实现 360°切割目标物。由于射流加入磨料，大大提高切割效率，特别适于切割硬材料。其主要特点包括：在很长时间内可以把连续补充的能量集中在几个点上，不间断的连续切割目标物从而形成孔道，为下一步的顺利切割清扫道路。切割中几乎不会产生灰尘、不会污染环境，噪音很低、振动较小、没有气体产生。

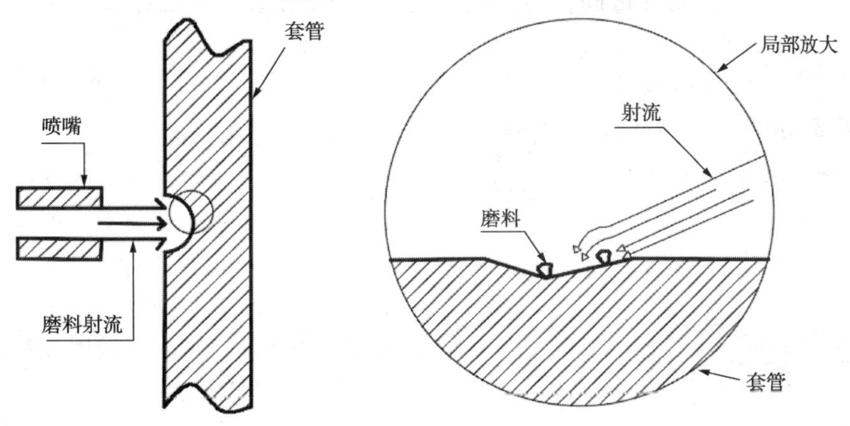

图 5　磨料切割示意图

2.2　水力参数优选

喷嘴的大小对水力喷砂切割效果起决定性作用，当喷嘴直径较小时，容易堵塞喷嘴；当喷嘴直径较大时，粒子产生的动能减小。为了达到较好的切割效果，决定对喷嘴大小进行水力参数优选，喷嘴直径的设计不仅要考虑切割深度和能耗，还要考虑射速和装置动力因此存在一个合理的范围区间。采用单因素法改变单一因素记录不同型号喷嘴与流量、射速、压力关系。施工中喷嘴射速要在120m/s以上，活塞泵最高排量可达0.5m³/min，分析图6可知，满足喷嘴射速在120m/s以上的是3×3、3×4、3×5的喷嘴，由于3×3喷嘴较小，与20~40目石英砂不匹配容易造成堵塞；3×5的喷嘴最高射速在141.5m/s，最高射速较小，因此优选3×4mm喷嘴。

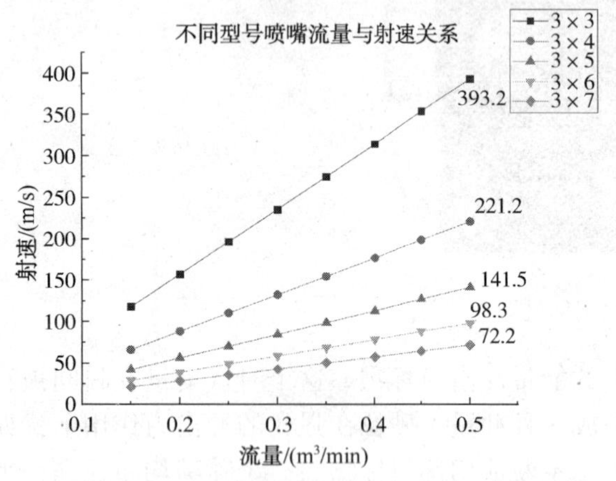

图6 不同型号喷嘴流量与射速曲线图

撬装式井口快速水力喷砂环切装置可提供的压力为20MPa，分析图7可知，在喷嘴压力为20MPa时，3×3喷嘴流量较小，施工中容易造成堵塞，当3×5、3×6、3×7喷嘴达到20MPa时，流量大于0.5m³/min，由于混砂罐容积为3m³，不能满足流量大于0.5m³/min施工要求；当喷嘴压力为20MPa时，3×4喷嘴流量在0.45m³/min，并且喷嘴压力在10-20MPa区间，对应的射速可满足喷砂切割作业要求。

因此，综上所述，优选喷砂切割喷嘴直径为3×4mm（喷嘴数量3，喷嘴直径4mm）。

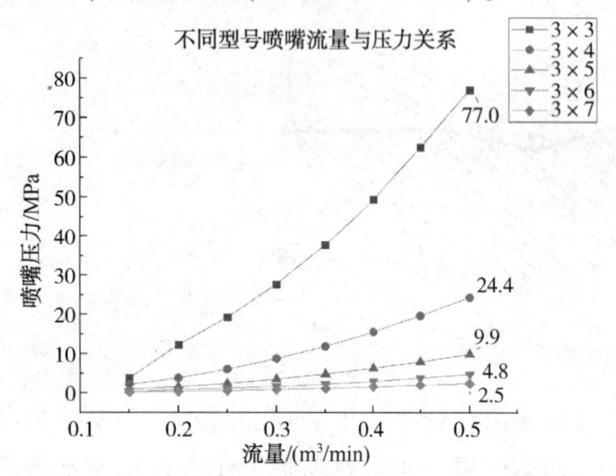

图7 不同型号喷嘴流量与压力曲线图

3 数值模拟研究

模拟采用商业流体计算软件进行，选择4mm单喷嘴进行模拟研究，边界条件如下：采用速度进口及压力出口设置，排量选择0.15m³/min，计算介质为清水混合20~40目石英砂，砂比7%。计算模型采用工程流场计算中k-ε模型，是具有适用范围广、精度合理、经济特点的紊流模型。

3.1 网格划分

模拟中由于网格密度及质量直接决定了数值模拟计算的精度，并且划分区域较为规则，所以采用比较适合于流体方面的结构化网格，网格划分如图8所示。结构化网格可以较为容易实现边界区域的拟合，最主要的是其网格的生成速度快、质量好，与实际的模型更为接近，对压力及速度变化较为激烈的区域进行适当加密，并进行了网格无关性验证，保证不同数量网格下计算模拟结果误差控制在5%以内，以确保计算结果的准确性。

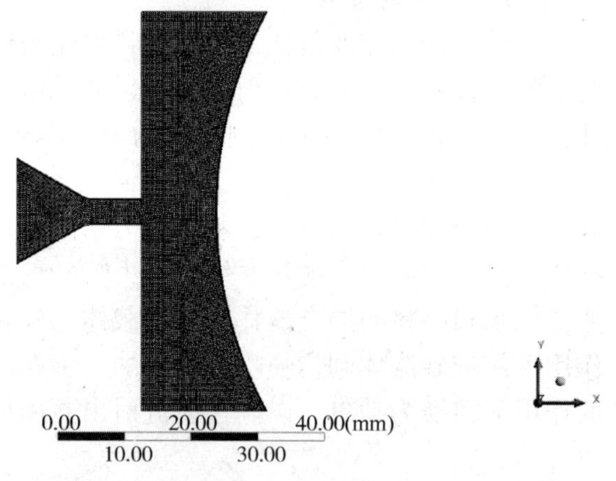

图8 网格划分图

3.2 模拟结果分析

模拟结果速度云图如图9所示，可见喷嘴处射速最高，磨料速度集中于射流核心区域，射速衰减缓慢，因此射流冲击力较强，切割能力高，在远离射流冲击范围的区域中，射速较小向周围延伸降低并且与核心区域射速相差较大，不会对周围管壁产生较大影响。

压力云图如图10所示，可明显观察到喷嘴能量转换过程，流体经过喷嘴将压能转化为动能形成高速射流，射流冲击射流壁面再次将动能转化为压能，在切割对象表面产生较大的冲击压力，同时磨料对表面进行快速切削。

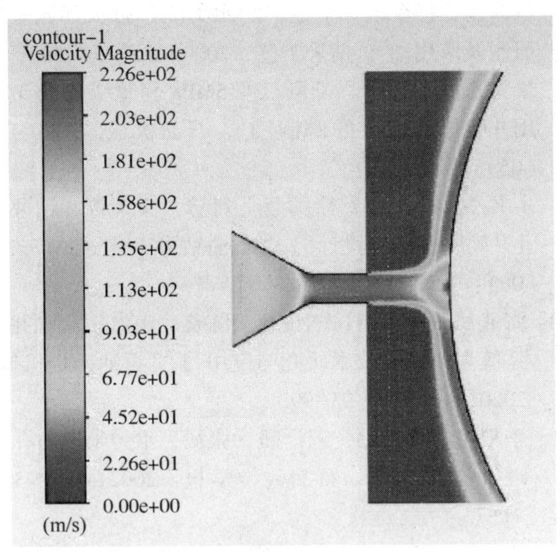

图 9　喷嘴射速分布云图

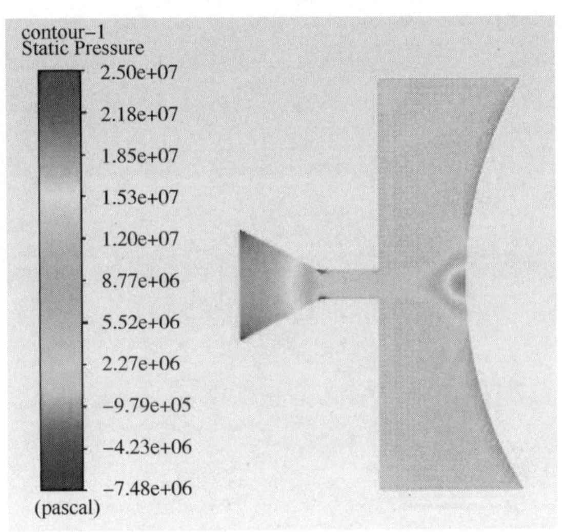

图 10　喷嘴压力分布云图

冲蚀速率云图如图 11 所示，可见喷嘴射流轴心对应壁面的冲蚀速率最高，且主要冲蚀区域集中于此，最大冲蚀速率达 1.64kg/(m^2·s)，说明喷嘴形成的磨料射流束具有高效的切割效率，可对切割对象进行快速喷砂切割。

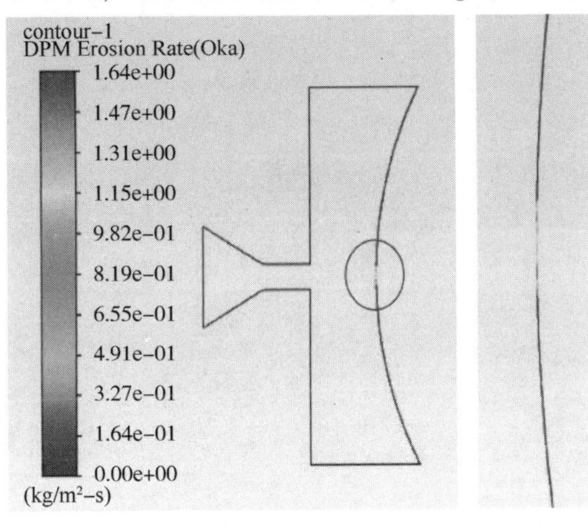

图 11　冲蚀速率云图

4　地面切割试验

基于喷嘴的参数优选，选取 3×4mm 喷嘴进行了地面切割试验，试验中选取的套管钢级 N80 壁厚 7.72mm，磨料为 20~40 目石英砂。将备好的磨料和液体按比例混合至混砂罐，将撬装式装置吊至切割管柱位置，并完成对中，控制柱塞泵将水力切割液输送至喷砂管实现 360°全方位快速切割。地面切割试验效果如图 12 所示。

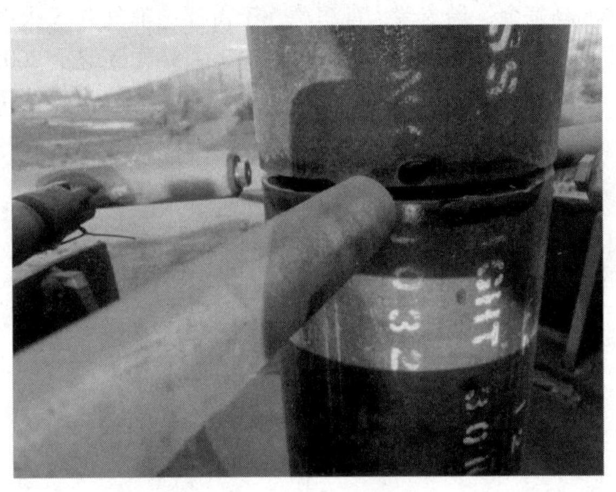

图 12　套管切割照片

试验仅用 6min 便完成了 5.5in 套管短节本体切割作业，割缝宽度约为 3mm 且断口平整，整个切割过程具有连续性，切割完成后套管无需额外修整，可直接开展下一步作业。切割过程不会产生有毒气体及灰尘等污染，此外完成切割作业后的磨料水经集水箱收集后，经过滤及脱泡等净化处理后可循环利用。

5　结论

（1）撬装式井口快速水力喷砂环切装置通过模块化撬装主体结构设计，功能完备，且使用方便；

（2）切割撬采用环形喷砂切割设计思路，通过齿轮传动带动喷嘴做圆周往复运动，实现切割对象的 360°环形切割；

（3）数值模拟和地面切割试验验证了该装置的切割性能和特点，可为后期油田抢险提供一定参考。

参 考 文 献

[1] 左振涛，王锋，张露．石油化工企业高危作业风险

管控措施[J]. 价值工程，2017，36(30)：79-81.
[2] 汪海阁，葛云华，石林. 深井超深井钻完井技术现状、挑战和“十三五”发展方向[J]. 天然气工业，2017，37(4)：1-8.
[3] 朱敬宇，陈国明，吕寒，等. 深水钻井井喷事故风险控制决策方法[J]. 中国安全科学学报，2020，30(2)：113-118.
[4] 谢华，刘金环，谢青，邢明. 井口套管头损坏井喷抢险配套技术[J]. 石油钻采工艺，2010，32(05)：107-109.
[5] 马宗金. 我国陆上油气井灭火抢险技术及装备现状[J]. 天然气工业，1997(06)：83-84.
[6] 马宗金，杨令瑞，肖润德，于占江. 油气井灭火全过程带火作业技术应用研究[J]. 钻采工艺，2001(01)：1-3.
[7] 肖润德，杨令瑞，李艳丰. 水力喷砂带火切割装置研制及应用[J]. 钻采工艺，2000(03)：57-59.
[8] 牛文杰，綦耀升，王刚. 34.5MPa 套管头完井工艺用井喷抢险装置的研制[J]. 石油机械，2010，38(05)：76-78.
[9] 牛文杰，郑士坡，徐国慧，刘赫，徐箐箐. 钻井作业井喷抢险装置设计[J]. 石油钻采工艺，2017，39(06)：707-712.
[10] 张武辇，贾银鸽，刘正礼，陈奖. 南海超深水井口系统切割回收技术研究与应用[J]. 石油矿场机械，2020，49(06)：93-99.
[11] 李根生，牛继磊，刘泽凯，张毅. 水力喷砂射孔机理实验研究[J]. 石油大学学报，2002(02)：31-34+7.

三维模拟演练在应急救援培训中的应用

赵 星 刘 林 刘 强

（中国石油新疆油田公司）

摘 要 三维模拟技术是应急救援培训的重要组成，利用三维模拟技术搭建应急抢险救援培训环境是当前流行做法，以下就三维模拟演练系统的功能、培训模式、实现流程、培训评估等方面进行论述，结合应急救援业务探索在单兵训练、班组许念、预案推演、器材装备训练方面的实践应用。

关键词 消防；无人机；油田消防；智能化

1 引言

传统的事故应急培训及应急演练往往只针对特定的灾害事故，以拟定的脚本和预案形式进行展开，其培训演练周期长，涉及范围广，成本高、模式固化，虽然能够起到一定效果但总体欠佳。在实际训练过程中或战斗人员在进行应急预案演练时，战斗人员动辄背负几公斤、十几公斤或几十公斤的消防炮、空气呼吸器等战斗装备，进行实际现场演练。在面对不同天气、不同环境的情况下，人员体能、战斗位置选择、防护装备使用不当的情况极易出现。一旦发生类似情况，演练现场的战斗人员将随时面临不确定的安全隐患。如来自高温天气中暑，雨雪天气滑跌隐患，人员站位错误形成车辆碰撞、磕绊跌倒，极易给消防队伍带来非战斗性减员。

随着数字化技术的迅猛发展，通过三维模拟演练的应用，演练人员可以对模拟现场内战斗人员、战斗车辆、器材装备及固定消防设施进行任意部署并分配战斗任务，布置完成后，演练结果可由评估系统给出的结果结合专家领导的意见进行演练评估，寻找演练问题，规避了大量可能出现的各类安全隐患。三维模拟演练以其独特的虚拟优势，在演练人员按预案要求进行模拟部署后，不但能够直观有效展示出其队伍作战效果，还不会给生产装置造成任何破坏，为厂区安全提供了保证。

利用三维模拟演练针对石油化工企业各种突发事件的应急处置流程，对相关人员进行应急救援模拟培训，从而使其掌握突发事件的处理流程、自身的职责及分工，从而实现三维模拟演练及应急救援培训的目的。三维数字化模拟推演的优势，以下就三维数字化模拟推演的原理和流程进行论述，应用方向进行探索。

2 三维模拟演练系统总体框架

三维模拟演练系统以基础数据库、模型库、各石油化工数据库为数据支撑，通过与数据库相互协作和信息交互，从而实现智能化演练与培训。三维模拟演练与培训系统总体框架，见图1。

2.1 演练功能

三维模拟演练系统主要针对危险化学品重要生产、储存及装卸油品场所单元环节，针对不同的演练对象和不同阶段、场景结合数字预案及案例，通过三维搭建的灾害场景，多方位协同参演，也可通过网络让各大中队协同作战。

三维模拟演练可按队伍实际岗位组成用户登录模式，学员在建立的场景同步登录后，可在现场指挥员下达作战命令后协同下属驾驶人员、战斗人员共同完成该场景的实际救援工作。如火情侦查、战斗展开、水带铺设等，指挥员下达作战指挥命令，战斗员及驾驶员在模拟救援现场按照指挥员的命令进行个人角色的灵活操作，指挥员、通讯员、驾驶员、战斗员可以任意沟通，现场车辆装备及固定灭火设施、工艺灭火设施不受限制任意操作。

2.1.1 数字预案的制定

数字预案其使命在于通过对传统文档应急预案结构化、要素化、程序化、规范化的拆分（图1），再结合属地应急管理的业务基础数据，整合形成具有体系化、逻辑化、自匹配型的智能数字化应急预案，通过对应急预案的结构化分析，提取组织架构、应急任务、触发条件、应急数据和辅助决策要件五类关键要素，可统一预案要素，规范编制过程，提高预案衔接性与关联度，并且明确各单位应急职责，为各级应急响应岗位与单位高效率、高标准、具有可操作性的智慧型应急救援处置预案应用模式，以提高应急响应速度、提高应急处置效率降低信息传递要素缺少，从而加强平时的应急岗位培训与三维模拟演练。

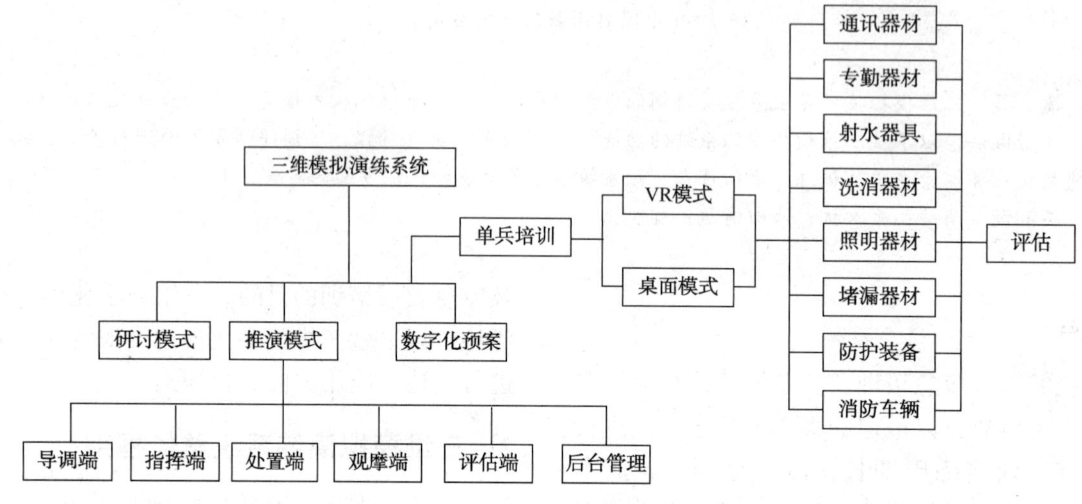

图1 消防三维模拟演练系统功能结构图

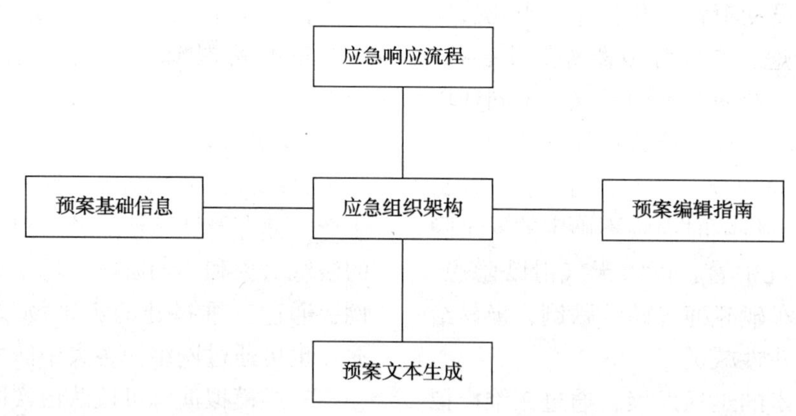

图1 数字化应急预案结构化分解

2.1.2 事故类型的模拟和预测分析

在数字预案制定之前，系统可以针对要模拟的事故场景进行模拟并且对事故所造成的影响进行预测分析，其中事故场景模拟是在三维条件下进行，通过变换事发地点、事件类型、事件参数等内容，模拟事件的发生发展过程，动态展现，叠加多媒体信息(音频、视频)，智能生成演练事故场景信息。

在事故影响预测分析过程中，利用事故灾害模型，通过在二、三维场景中进行模型分析(爆炸分析、火灾分析、危化品泄漏分析、有害气体分析)，能够对事故的持续事件、影响范围、影响目标、次生衍射事件、事件后果等今夕只能的预测和分析，生产分析数据，为制定数字预案提供分析依据。

2.1.3 事故模拟的干预控制

随着模拟演练的进行，模拟事故发展也逐渐展开，通过三维场景中设定灾害装置、位置，设定灾害类型，选定灾害模型，并输入模型参数，在场景中能够模拟并直观展现灾害的发生发展过程；同时演练过程中，可以通过改变风向、风速等环境因素，调整灾害的模拟过程，进而干预演练的执行。在执行任务时，需要掌握处置要点、生产的工艺流程，才能确保执行的合理性和正确性；用户执行某任务之前，点击三维场景中的的装置，便能够以图片或文字的方式呈现（如图2），便可掌握装置或设备的工艺流程、液位及储存介质，让学员更好利用这些信息进行灾害处置。

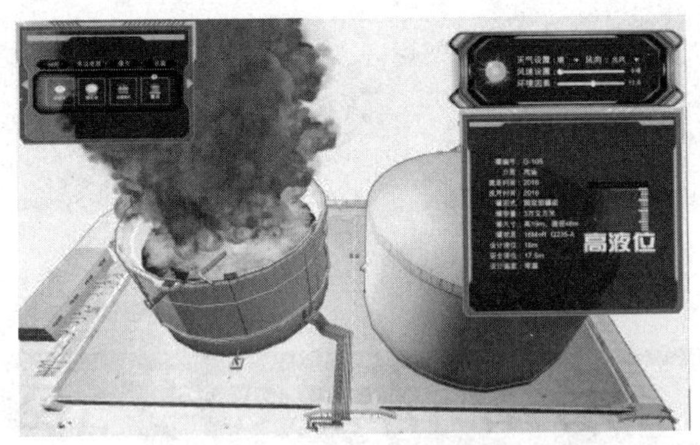

图2 三维模型与数据的叠加

2.2 演练流程

三维模拟演练主要可分为研讨模式演练和推演模式演练，主要工作流程为：

（1）研讨模式演练：方便各大队三三维场景里进行无联网模式进行演练，也可以根据制定的数字预案或自己通过后台编辑器，编辑各大中队想演练的灾害现场，利用本大中队的执勤力量进行三维模拟演练，可以让各大中队研讨灾情、排兵布阵、教学授课，演练结束后进行评估总结。

（2）推演模式演练：以数字预案为蓝本，以动态可视化的灾害情景为主线，以三维可视化的协同推演为环境，多层级多角色协同演练为手段，为应急指挥及处置人员提供应急预案的演练脚本数字化，让各大中队可以一人一角色，一人一职责，让各级人员了解自己在三维模拟演练中所扮演角色以及职责。

① 导调端：可通过设置天气环境、事故等参数，实现事故环境场景的多种变化，并通过在演练过程中，进行灾害、人员、物资的调配以及过程的干预。实现三维模拟演练内容随机变化，从而在精准控制演练的前提下，实现多样化，多变化的模拟演练。

② 指挥端：在三维模拟演练过程中，完成各类应急指挥角色的任务，应急指挥员可以进行事故周边情况查询，事故应急实施策略规划和制定应急指令发布，锻炼指挥员现场应变能力和处置能力。

③ 处置端：可分配各类参演的现场应急处置人员接角色，接收指挥端下达的各类应急指令，在模拟场景中，通过指挥端下达的作战指令完成各项处置任务，并向上级反馈执行结果。

④ 观摩端：为其他未能参加演练的学员提供一个观摩演练的通道，观摩管理人员可以根据演练导播和观摩者的需要从整体和局部追踪展示整个演练过程，使观摩人员对各参演单位的协同流程和各类具体演练任务进行清晰直观的了解。

⑤ 评估端：可以对各演练参与对象的每个具体指令动作和任务执行情况进行记录和回放，并根据评估指标和实际处置结果进行科学精准的对比分析，自动生成对每一个角色、每一个组织的评估记录和对比结果，根据此结果，评估专家可以对应急组织体系、处置协同过程及演练效果等方面进行更好更精准的评估。

2.3 演练评估

在三维模拟演练任务结束后，系统根据演练布局、战斗展开情况生成一份综合演练评估结果，用于评定模拟演练结果最终成功与失败。

在演练布局、人员站位、车辆展开完成后，系统根据装置灾害部位、事件发生时间、事件进展情况、车辆器材部署情况、灭火剂使用方式、灭火剂应用部位、灭火剂输出流量等情况结合灾害现场的泄漏着火物料理化性质、泄漏压力、物料数量进行综合评估，得出演练最终结果判定。

同时，在评估结果中，会结合布局情况指出、解释演练失败的错误点，对错误情况进行实际分析，形成立体演练电子评估报告，真正达到实战演练的目的与初衷。

3 培训与训练

作为石油化工企业专职消防队伍，对本辖区内化工装置生产工艺、化工物料理化性质必须要熟练掌握。同时队伍大部分实战经验也主要来自于厂区装置工艺流程学习和灭火作战预案的展开。但实地演练弊端在于，战斗人员对生产装置的工艺流程理解深浅不一，没有理论模型参考的讲述无法保证全员对厂区装置掌握程度是否达到要求，在应急救援时产生各种威胁及灾害无法进行有效控制，为实战救援埋下了诸多不确定因素。

三维模拟演练单兵培训系统是针对不同兵种、不同器材、不同知识技能、不同事件处置结合真实案例来进行培训，如：战斗员从救援开始进行信息采集，对防护装备的穿戴、水带的铺设、水带链接位置、泵浦的连接、器材应用、战斗过程、战斗结果进行全面记录。同时还可以结合指挥员的命令，来判断战斗员对命令完成情况、对器材使用熟悉情况、对战斗位置的选择、对装置区熟悉程度进行并多种方式考核评价评估。当驾驶员在进行车辆展开操作时，对车辆操作流程每一环节要进行分解操作并记录，可同时对各级人员操作能力进行考核评估，主要包括器材装备车辆操作规程、理论知识、使用场景、处置案例、重点装置工艺流程考核评价评估等。

培训模式主要采用三维场景，使用 VR 沉浸式真实体验各种器材装备车辆，让学员深刻理解如何使用，怎么使用，什么时候使用(图 3、图 4)，利用 VR 沉浸性真实性特点，模仿事故发生时的火灾、爆炸等特效全面刺激学员感官(图 5、图 6)，锻炼学员心理素质。理论知识主要采用 ppt、视频等学习方式进行，学员通过学习相关知识技能、演练记录等内容，再结合三维场景运用，达到技能和事件处置全流程的掌握。如果没有 VR 模式也可以选择桌面模式，虽然无法达到沉浸式体验，但是交互式的体验也能让学员达到培训目的。

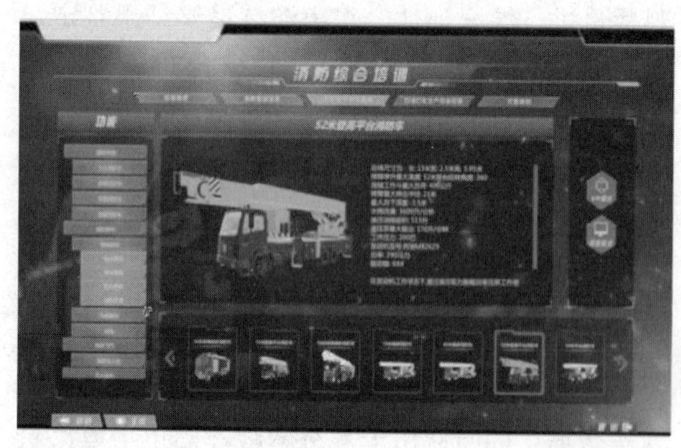

图 3　车辆模拟训练

3.1　协同作战

在常规装置区演练现场，战斗人员任职执行上级下达的命令，在指定战斗位置进行消防战斗。但是队伍与队伍、车辆与车辆之间任务互不了解。特别是前线战斗人员，不知道装置区整体

图 4　救援设备模拟训练

图 5　储罐区火灾模拟

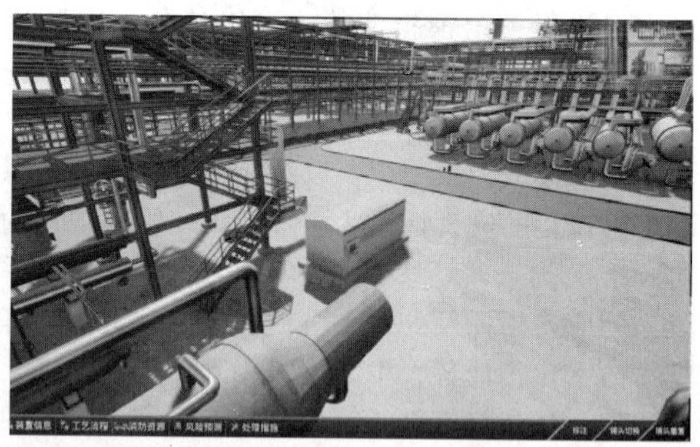

图 6　装置区模拟场景

作战部署情况，当需要协同作战时各岗位战斗人员易出现延迟、差错等情况，为队伍整体作战形成了断裂式瓶颈。

利用三维模拟演练系统，可在演练前提前进行装置区演练部署并明确各战斗车辆任务，各级战斗人员在系统内可明确看到现场消防设施应用、战斗车辆及人员所在距离，若出现突发应急状况，如：消火栓故障、协同作战配合等问题时能够快速找到增援力量，有效提升了协同作战能力(图 7)。

图 7　协同作战模拟推演

4　总结

三维模拟演练是指挥应急抢险救援培训的发展方向，可视化、立体化、极度接近现实的演练环境更有利于提升应急抢险救援各类人员的业务技能。三维模拟演练系统能将团队作战、工艺灭火、实战演练、生产工艺、器材装备培训等各项功能于一体，切实为现阶段应急抢险救援队伍科学练兵、科技兴兵提供了有力的保障。同时作为石油化工企业专职消防队伍，必须以练为战为基本出发点，以实战为依据，利用三维模拟演练广泛开展形式多样的战斗演练，尽可能多地开展理论与实际相结合，以模拟演练战斗为理论，以实地演练为实际，训练队伍的战术执行能力以及车辆器材装备的操作能力，逐步找出并完善队伍不足之处，全力打造石油化工专职消防钢铁队伍。

参考文献

[1] 庄新明．福建省突发公共事件应急救援体系的构建探析[J]．福建商业高等专科学校学报，2011，(4)：99-103

[2]詹姆斯·蔡格勒，宁丙文．美国危化品应急人员培训方法与防护标准[J]．劳动保护，2013，(9)：24-26

[3]廖启霞．危化品企业应急演练常见误区及对策分析[J]．广州化工．2015，(21)：232-234

[4]晓讷．大亚湾化工园区应急管理新路径[J]．现代职业安全，2015，(5)：34-37

[5]毕文婷．“8. 12”危化品救援处置[J]．劳动保护，2016，(5)：33-35

无人机在油田消防智能化中的应用探索

王佳伟　李　刚　田　军

（中国石油新疆油田公司）

摘　要　现代化的无人机对油田消防智能化进程带来了巨大变革和广阔的想象空间，为石油化工应急抢险救援插上了“双翼”。随着前沿技术理念逐步落地，与消防无人机相匹配的5G、大数据、物联网、云计算、人工智能、虚拟现实等技术和其所负载的各类应用模块越来越影响着消防处置结果。本文通过结合新疆油田应急抢险救援中心当前无人机使用实际，对油田消防智能化改革中无人机的应用进行了探索。

关键词　消防；无人机；油田消防；智能化

进入新时期，国家综合国力的增强为油田大发展带来蓬勃助力，油区内各类油气站库逐年增多，体量逐渐增大，由此引发的消防安全压力徒增已不容忽视。以往传统的消防应急救援手段面对上述环境变得捉襟见肘。在此背景下，无人机作为快速全方位提升油田整体消防安全水平的利器，在灭火救援、防火监督、信息通讯等方面具有极其广阔的应用前景。

1　无人机概述

作为无人驾驶飞行器(UAV)，其由于无需飞行员即可操作飞行的特性已被广泛部署于协助军事任务、环境、商业、休闲应用等各领域。例如包括监控建筑工地、勘测输油管线、检查民用建筑设施、农业作业、火灾扑救、应急救援、灾害评估、摄影及电影拍摄。在诸多应用中，无人机通常配备适当的热红外和视觉传感器，以有效捕捉目标和兴趣区域的实时视图与照片，这些图像存于无人机携带的硬件储存中或通过中继基站转输后上传至云储存。

无人机的种类通常基于他们的机翼配置来区分，如固定翼、旋翼和混合翼。与固定翼无人机不同，旋翼无人机成本较低，并且在起飞、着陆和悬停方面具有很大优势；然而与固定翼无人机相比，它们的续航能力和速度又相对有限。旋翼无人机使用旋转螺旋桨产生推力并控制上升下降，类似于直升机。目前在许多民用商业应用中广泛使用并参与监视检查活动的无人机绝大多数为带有两个或更多螺旋桨的多旋翼无人机，它们具有能够执行快速转弯、瞬时机动、路径规划简易和保持速度均衡的强大能力。

以下几类无人机的信号传播方式、目标探测方法与搭载模块对油田消防智能化作用重大：

（1）红外热成像仪(Thermal infrared cameras，TIC)。热成像的基本原理是基于感测目标物体发出的热辐射的概念。在一般定义中，所谓的热范围是包括波长在电磁波谱 10^{-7} 到 10^{-4} m 间隔内的辐射[1]。在这个较大范围中，热成像仪通常只是覆盖其中一小部分，具体取决于设备型号差异。热成像仪通常是单波段的，产生单色图像后经过一系列处理步骤再将原始数据转换为肉眼可见的伪彩色图像，以突出识别场景中的细节，增强视觉解释。

（2）深度学习方法(Deep Learning Methods，DLM)。配备GPS的无人机通过定位和分割航拍图像，经由深度神经网络架构进行低级和高级火灾特征提取与分类，并利用火灾动态纹理，减少由云、阳光反射和近色物体引起的误报。

（3）星载系统(Spaceborne Systems)。由于当前卫星在轨量大且发射成本降低，卫星配合无人机一体监测与通信传输正在变得普通化。星载系统根据轨道分类，最重要的类别包括：(a)地球静止轨道(GEO)，(b)低地球轨道(LEO)，(c)极地太阳同步轨道(SSO)。

（4）接触式充电技术(Contact charging technology)。接触式充电技术通过接触式充电板、充电极子、交流电电源转换器等组成部位为无人机进行接触充电。接触式充电技术相对无线充电技术，更加稳定可靠，可在不损失无人机载重能力的前提下最大限度的保障机体空气动力不受影响。新式接触式充电设备更是排除了充电对位、正负极的要求，提升了充电效率。

（5）边缘视频技术（Edge Video）。无人机的一个重要功能就是视频回馈，但是在云端分析大型在线视频流对于设备、信息传输链路、所处环境、使用成本等方面都提出了很高要求。而边缘视频技术通过将无人机拍摄到的影像视频分析任务放在边缘设备、边缘服务器中，减小了大量的视频数据传输、分析负担。其显著优点包括①数据传输开销低，②延迟低，③应用多样性。

（6）网页实时通信技术（Web Real-Time Communication，WebRTC）。WebRTC是基于HTML5和JavaScript脚本语言在非实时的Web环境中提供原生实时流媒体传输[2]。最常见的例如Alibaba公司的淘宝直播即是基于WebRTC实现的低延迟直播。

（7）倾斜摄影技术（Oblique photography）。倾斜摄影技术是将无人机上安装的摄像头轴，保持与垂直方向具有一定倾斜的指定角度，同时从一个垂直、四个侧视等不同角度采集影像（图1）。倾斜摄影所得到的影像可以揭示出更多的在摄影中被忽略的细节。倾斜摄影产生的密集点位对3D重建整体结构有很大的帮助，它更好地包含了物体侧面和底部等非表面部位的信息。

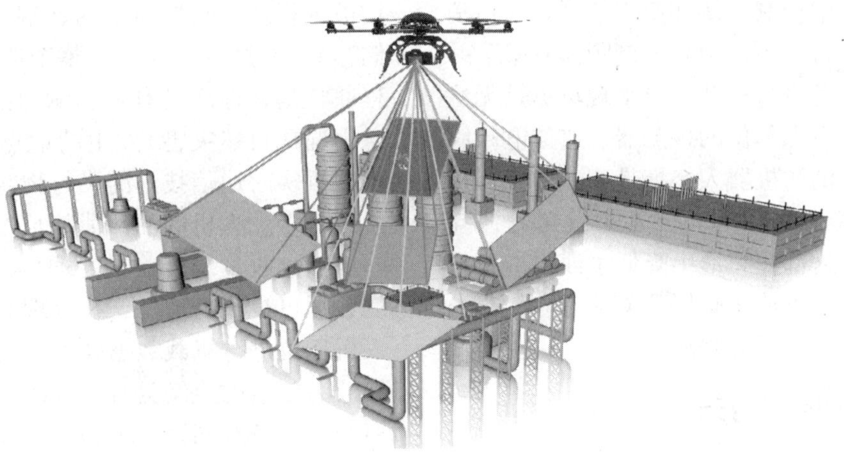

图1　无人机倾斜摄影测绘

2　无人机的应用重要性

尽管现今技术不断飞速发展，但火灾仍是尚未解决的关键问题。人员损失是与火灾相关的最重要方面，由于可能无法防止火灾发生，因此将其对人员损失的影响降至最低是当前灭火救援的重要要求之一。无人驾驶飞行器（UAV）可以处理危险和有风险的任务，而且其快速高效的性能使无人机能够用于良好的解决与火灾相关的问题，例如进入和探索火灾区域，寻找搜寻遇险人员。

随着5G技术、人工智能、物联网、大数据等前沿科技技术的迭代升级，无人机在油田消防各项工作中的智能化应用得到了强大的核心技术支撑。目前，新疆油田应急抢险救援中心消防支队采用了大疆RM500型无人机作为队伍主力机型，其4K/60fps视频拍摄、焦点跟随、2.4/5.8GHz双频通信、43km/h飞行速度与34分钟续航时间等功能特点有效提升了全队应急救援综合能力。但针对油田消防面对的场景复杂性来看，使用结构单一的消费型民用无人机并无法满足实际需求，包括操作部署不方便、功能缺失、无法群组、维护成本高等。因此，当前油田消防智能化建设过程中仍然存在大量的无人机功能缺口与需求痛点。

2.1　无人机的参与场景

（1）油田消防。油田火灾、泄露事故深入侦查与处置救援；安全排查与防火监督；辅助通讯。

（2）城市消防。包括工业建筑、高层和超高层民用建筑救援与测绘；危化品事故、有害环境下的救援等。

（3）森林消防。包括森林、草原防火巡护；山火救援；物资运输。

（4）自然灾害救援。洪水、地震、山体滑坡等自然灾害救援。

（5）事故人员搜救。山区搜救、水域搜救、坍塌搜救。

2.2　飞行物联网系统

目前油田消防队伍在工作中的各类单兵装

备、车辆器材、通讯系统、监控系统与油田消防重点单位的泡沫灭火系统、自动喷水灭火系统、火灾自动报警系统等均为单独架设。而无人机作为突破人工实地操作限制的绝佳设备，其与以上系统形成的物联网的深度融合带来了巨大的消防潜力。无人驾驶飞行器(UAV)作为平台，使物联网(IOT)设备能够在给定区域内工作，为联网调控和区域难以到达或高危险而无法进入等消防问题提供了解决方案。

2.3 远程集中控制

在当前油田消防队伍中，各类器材设备仍然无法做到远程集中控制。例如博克便携式遥控消防炮虽然可以进行遥控，但是控制距离有限，并且无法与其他设备进行联动，出水现场更是无法进行实时监控；重点单位的探测器、遥控电磁阀门与进入现场的消防机器人、携带装备的战斗班组等需要联调联动的设备人员无法做到监控互联、远程决策。这都在无形中降低了油田消防员对不断复杂化的油田消防救援环境的适应性，为应急救援成功带来了巨大挑战。

3 油田消防环境下的无人机应用

在油田消防应急抢险救援中，遏制火势蔓延、救出被困人员是消防队伍的第一要务。传统的应急救援方式效率低下，对事故的处置效果差，易造成额外的经济损失和人员伤亡。而无人机则可利用其小巧便携，操作灵敏的特点，替代救援人员深入事故现场，并利用搭载的各类模块(例如红外热成像仪将可见光画面与红外热成像画面融合)，同时接受其他现场数据，准确定位起火点和人员位置，辅助现场指挥员远程获取事故关键信息进行决策部署。这是一种高效的快速大范围探测事故现场，寻找起火点，及时抢救生命的关键实用工具。本文将简要提出以下几类无人机的应用要点。

3.1 基于无人机的物联网框架的应急救援

油田范围内的消防火灾扑救和生命救援工作往往需要面对极其复杂的综合环境。无人机和物联网的集成提供了飞行物联网系统(图2)，其中安装在无人机平台上的物联网设备所收集的数据均被远程传输到地面上的终端(例如到地面云端储存)。在这种情况下，整个应急救援的决策过程通常是在远离具有强影响力的事件(例如，紧急情况或自然灾害)发生的地点进行。这种混合了网页实时通信技术的飞行物联网系统极大的扩展了基于无人机的油田消防救援体系。从初级的图像信息收集、传输、处理(除将传至地面系统的数据可视化处理外，在合理的算力阈值内，无人机还可进行机载数据处理，包含简单的预处理和较为复杂的边缘处理)，到监控端与控制端分离的双设备双网络，再到集合多种物联网代理通信的传感器，利用无人机载体可将包含油田重点单位关键节点的探测器信号和实时图像结合边缘视频技术、网页实时通讯技术、人工智能技术、深度学习方法、5G技术等辅助手段形成油田消防物联网框架，以达到利用无人机来进行统筹控制、监控、远程决策的目的。

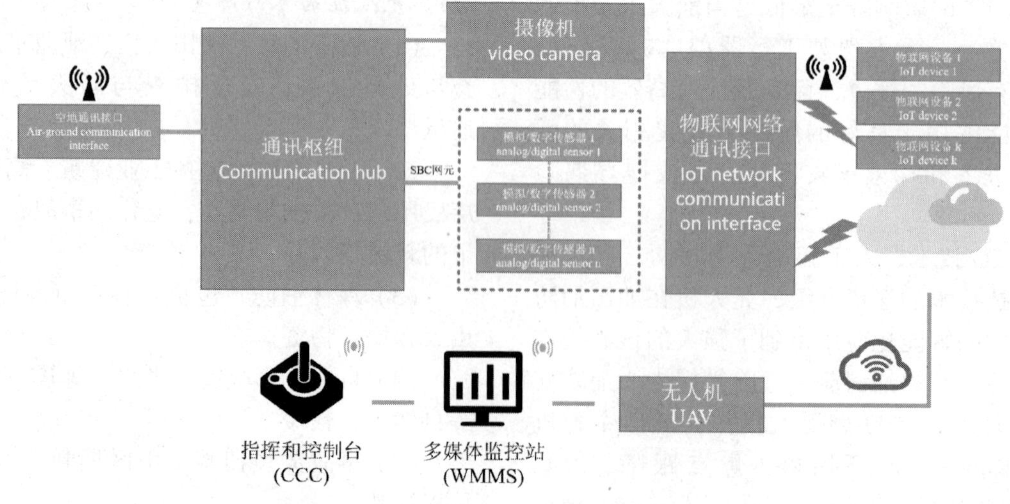

图2 飞行物联网系统

3.1.1　更加高效的小型火灾扑救

在大规模搜救行动或大型石油火灾中，油田消防队伍更倾向于选择使用大型无人机飞行平台，以便获取更高的画面清晰度和续航能力。然而在更加频繁发生的小型救援行动中，比如新疆油田应急抢险救援中心消防一大队所处的准东石油基地，其全年多发火灾事故绝大部分为住宅楼小型火灾。对于这类火灾，搭载可见光画面与热成像画面融合的热成像仪与机载干粉弹或气体灭火剂模块的无人机便可在第一时间锁定起火点，迅速将初期火灾扑灭在萌芽状态，从而缩短起火点搜索和扑救时间，使灭火过程更安全，更有效，最大限度避免人员伤亡。

3.1.2　更加智能的自主定位灭火

每天，燃烧的建筑物都威胁着居住者和试图拯救他们的应急救援人员的生命。快速而准确的行动至关重要。但对某些区域来说，应急救援人员可能无法进入或太过危险而不能进入，这时无人机就成为消防应急抢险救援的一个具有重要作用的补充项。但在此阶段，无人机大多是由飞手手动控制的，面对复杂火场环境尤其是事故易造成固有局部环境变化的油田火灾救援现场，容易出错，使灭火救援过程变得更加不稳定。

而基于飞行物联网系统和搭载了机载激光雷达测距模块与火灾辨识模块的无人机则可解决以上问题。通过基于无人机的物联网框架，参与灭火救援的无人机组成空中和地面两套自主消防系统。这些系统利用机载激光雷达、火灾感应器与机体范围内的重点单位的探测器一同形成环境信息反馈，以便在狭窄的、可能受全球导航卫星系统(GNSS)限制的环境中进行可靠定位，同时靠近障碍物进行机动。来自机载激光雷达和热成像仪的测量结果被融合后用以追踪火灾，而更加智能的自主定位则确保了灭火的成功，显著提高操作效率、应急救援成功率。

3.1.3　更加广阔的消防通信网

目前新疆油田应急抢险救援中心的指挥调度主要靠移动卫星通信系统、无线对讲系统、移动式视频监控系统等技术[3]。但由于中心各大队、中队所处执勤点较为分散，加之油田重点单位范围内多沙丘、陡坡、凹陷等地形，队伍之间的通信传输受到很大影响，常发生网络速率下降、信息传输卡顿或者中断等情况。使用无人机将改善现状。

搭载5G高空基站的无人机，通过5G网络能有效改善以往只有接近1km传输距离的数传电台的巨大局限性，提高指挥信号传输效率，增强户外通信质量和范围，削弱地形因素影响。同时，搭载5G高空基站的无人机不仅可以作为局部中央通信节点和中继，还可利用蜂群式无人机集群(图3)，使一台无人机进行侦察收集信息并接收地面站与指挥中心的反馈后，再将指令分发向火场内的多台灭火无人机、灭火坦克、灭火机器人等各类智能设备，形成高空广而大的实时智能消防指挥通信网(图4)，为应急抢险救援工作提供最强有力的保障。

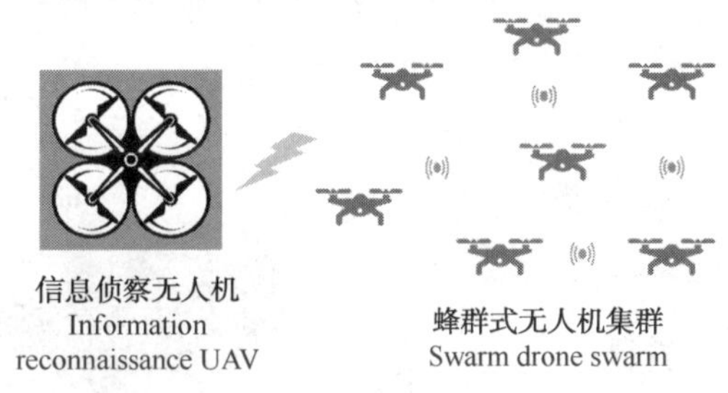

图3　蜂群式无人机集群

3.2　油田消防的三维图形化

无人机在油田消防队伍工作中的另一个重要应用点是三维远程应急救援和防火监督。目前新疆油田应急抢险救援中心的应急救援仍然主要依靠消防员组成侦检组进入火场进行侦检，而防火监督工作也主要依靠人工检查。这些方式都要求消防战斗员和防火技术员进入火灾现场与重点单位实地探查、逐一对照摸排问题点，处置效率低下，无法得到全局态势信息，易遗漏问题。而搭载和配备的各类先进技术的无人机则可以有效改善现状。

通过倾斜摄影技术，无人机可以对目标进行测绘与三维建模，为指挥员和防火技术人员展现出油田消防重点单位的三维实景立体图像。同时，还可结合飞行物联网系统与混合现实技术(Mix Reality，MR)，将油田生产重点单位配备的消防泡沫灭火系统、火灾自动报警系统等系统中各部分防火设施、传感器数据、消防档案、维护记录等时控信息与全景模型一同直观展示出来，真正做到远程全局实时影像与关键点详细信息的精确投射和终端远程控制，极大提高了处置检查效率。这与目前新疆油田应急抢险救援中心所使用的3D桌面推演系统以及谷歌地图、百度地图等各类民用地图中的单点环绕街景图等都有着巨大差别(图5)。

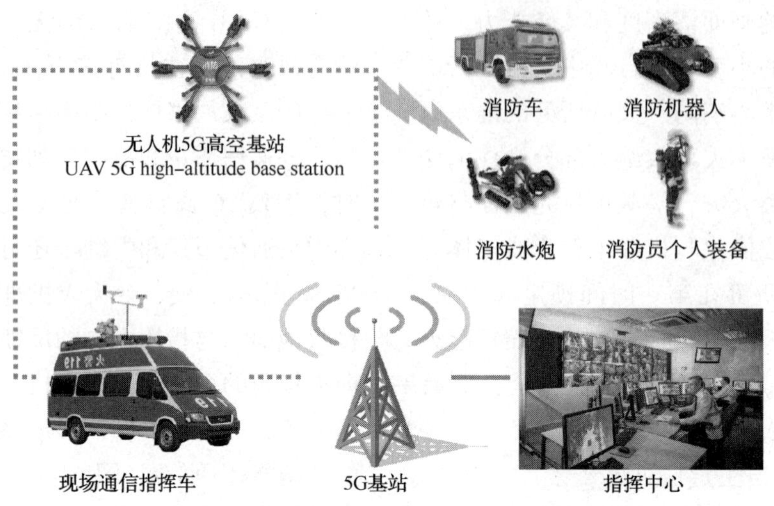

图4　搭载5G高空基站的无人机智能消防指挥通信网

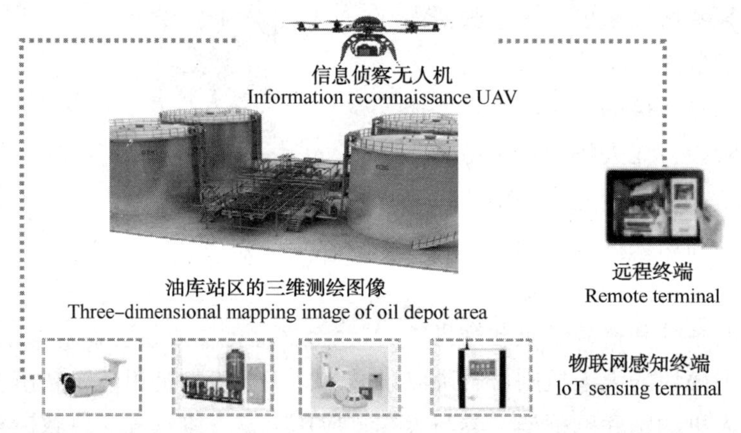

图5　油田消防的三维图形化

4　无人机在油田消防中的应用展望

开发可扩展且易于部署的无人机消防系统是一项具有挑战性的任务。如今，基于无人机的油田消防系统面临着不断升级变化的智慧油田和油田工业设施领域的挑战，以及对测量的高时空分辨率、高飞行智控化、物联网接入量、机体高载荷量、机体高续航性的深层次要求。

（1）油田消防智能化建设可以无人机平台为前线中心，在油田物联网发展中载入更多的信息来源，并将消防类别单独划分，形成消防-无人机-重点单位无线专网。提升动态警报、先期报警、早期灭火的优越性。

（2）拥抱新技术。积极拓展找寻无人机与新技术的结合点，包括基于粒子群优化(PSO)和遗传算法（GA)的无人机与消防车辆的动态三维定位通信；区块链的去中心化技术特点对本地消防策略产生的影响；深度学习技术对无人机获取的历史数据的深度学习所做出的例如提前分析报警、无人机高危险点巡逻等优化决策。达到油田企业与油田消防的节本降耗，降低用工率，提升安全性的目的，逐步实现油田消防智能化。

（3）在当前学党史、悟思想、办实事、开新局，推进国家应急救援队伍能力现代化，保障经济社会高质量发展的大背景下，智慧消防尤其是用好无人机这个消防“利器”尤为重要，我们必须做好大数据、云计算、人工智能和虚拟现实等技术与无人机的跨界融合，最终使其在油田消防工作中充分发挥作用。

参 考 文 献

[1] Sousa, M. J., Moutinho, A., & Almeida, M. (2020). Thermal Infrared Sensing for Near Real-Time Data-Driven Fire Detection and Monitoring Systems. Sensors (Basel, Switzerland), 20(23), 6803.

[2] Loreto, S., and Romano, S. P. Real-Time Communication with WebRTC: Peer-to-Peer in the Browser. " O'Reilly Media, Inc. ", 2014.

[3] 孙成江，刘林，陈智军．油田消防信息化实践与探索[J]．中国管理信息化，2014(4)：44-47.

消防 IP 同播基站远程电源管理系统的设计

李 阳 周 兢 张继忠

（中国石油新疆油田公司）

摘 要 新疆油田公司应急抢险救援中心消防 IP 同播基站具有分布范围广、跨度大的特点，为保障无线通讯畅通、不间断，就必须设计一套远程不间断电源管理系统。本文详细介绍了远程不间断电源管理系统的硬件组建和软件设计以及具体实施方案。

关键词 远程电源管理；自动 UPS 充放电

1 前言

在消防救援工作中，无线通讯具有非常重要的作用和意义。消防无线通讯要做到准确、迅速、不间断。要实现通讯不间断，对通信基站的电源管理就有了很高的要求，要在基站断电情况下继续保持工作，新疆油田公司应急抢险救援中心消防 IP 同播基站现普遍采用不间断电源（UPS）来实现。不间断电源通常由 UPS 主机和蓄电池组构成，根据《中华人民共和国电力行业标准（蓄电池）》和《民用铅酸蓄电池安全技术规范》，蓄电池在完成初充电后，以浮充的方式投入正常运行，长期浮充运行的蓄电池，极板表面将逐渐产生硫酸铅结晶体（一般称之为“硫化”），堵塞极板的微孔，阻碍电解液的渗透，从而增加了蓄电池的内电阻，降低了极板中活性物质的作用，使蓄电池容量大幅下降。周期性的充放电，可以使蓄电池得到活化，容量得到回复，使用寿命延长。但我单位基站分布范围广、跨度大，且多为无人值守站点，无法第一时间得知 UPS 工作状态，也无法对 UPS 蓄电池进行充放电，人力巡检耗时长，成本高，所以就突显了远程电源管理的必要性和重要性。

2 硬件组建

要实现远程电源管理，有两个具体实施方案。方案一是将现有 UPS 主机进行升级，采用可以远程管理的 UPS 主机；方案二是在现有基础上，在 UPS 接入市电的一端串入智能 PDU 设备，对 UPS 市电进行通断，从而对蓄电池组经行充放电和实时监控。综合硬件组建难易度和组建成本方面考虑，采用方案二进行硬件组建。

硬件组建如图 1 所示，智能 PDU 设备主电源接入市电，UPS 电源输入端接入 PDU 供电口，交换机和中转台电源接入 UPS 输出端。

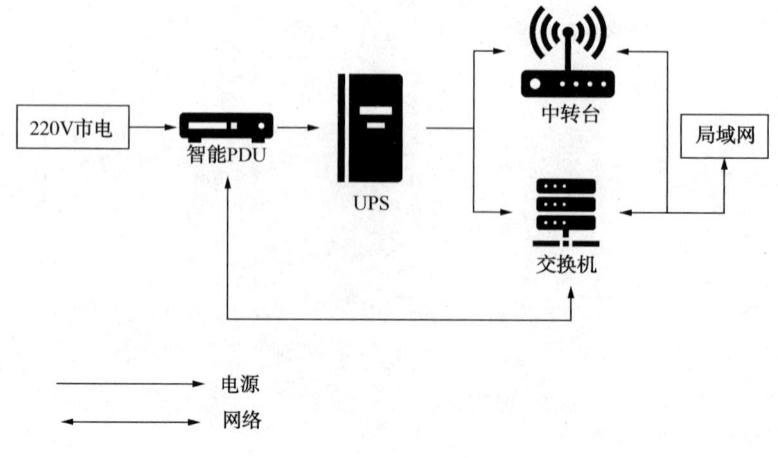

图 1

但在后期使用当中，当通过智能 PDU 设备断开 UPS 电源输入端，即蓄电池组处在放电状态，如果遇到网络中断故障，由于交换机电源接在 UPS 输出端口上，且网络故障时无法远程控制 UPS 充放电，一旦网络中断时间较长，蓄电池电池彻底耗尽，基站因没有电力供给而断开。当网络恢复时，由于智能 PDU 设备有记忆功能，此时 UPS 输入端还处在断开状态，即蓄电池组还处在放电状态，UPS 输出端没有电源输出，交换机无法工作，就无法控制智能 PDU 设备。此时整套系统就处在了一个死循环当中，如图 2 所示。

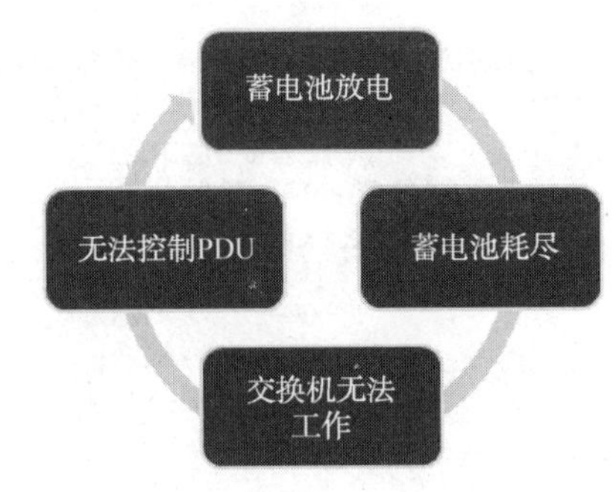

图 2

为了解决此问题，我们优化了硬件连接方法，将交换机电源直接接入到市电，如图 3 所示。这样在遭遇上述问题时，虽然也无法控制智能 PDU 设备，但是当网络恢复时，就可进行操作，避免了死循环。

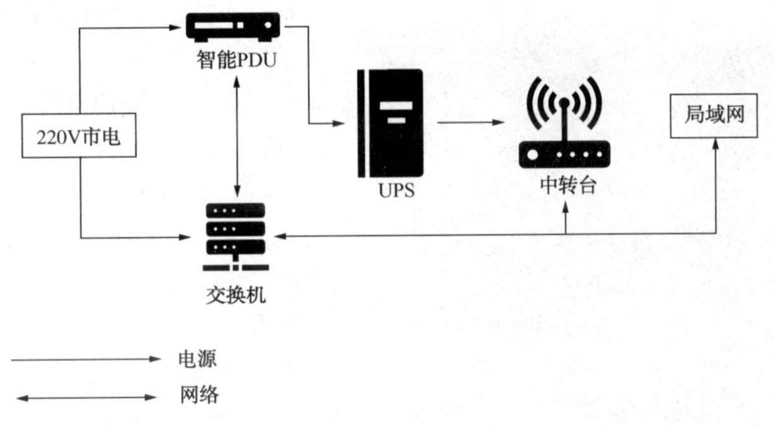

图 3

3 软件设计

硬件构建完成后，软件设计是重中之重，会直接影响到系统的使用。好的软件设计会提高整个系统运行的效率，其必须具有一个可操作的图形化界面、学习成本低、执行效率高、占用资源低等特点。

本系统中所采用的智能 PDU 设备厂商提供了几种控制方法，分别为图形化界面（图 4）、WEB 页面（图 5）、命令提示符（图 6）。

但其图形化界面对每个站点的状态不够突出、操作繁琐、不能批量化执行；WEB 页面无法直观的看见每个站点的状态，也无法经行批量操作；命令提示符学习成本高，没有直观的图形化界面，也无法批量操作。所以要结合智能 PDU 的硬件特点和具体使用需求，编写一套具有可操作的图形化界面、易操作、直观化的软件。

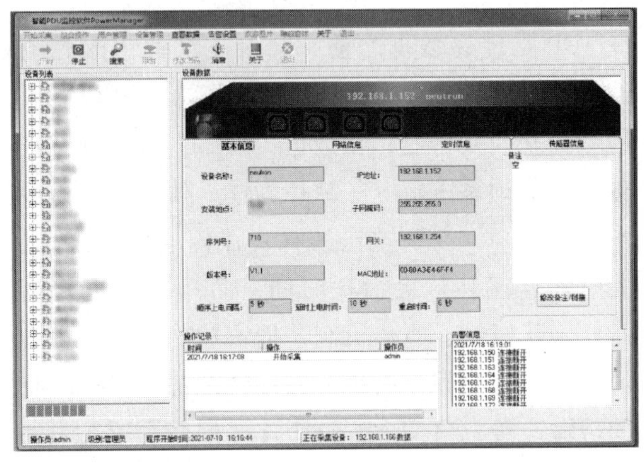

图 4

3.1 通信协议的选择

通过查阅说明书，得知此设备还可以采用 TCP 和 UDP 通信协议进行控制，两种通信协议的优缺点如下：

TCP：优点是可靠，稳定。TCP 的可靠体现

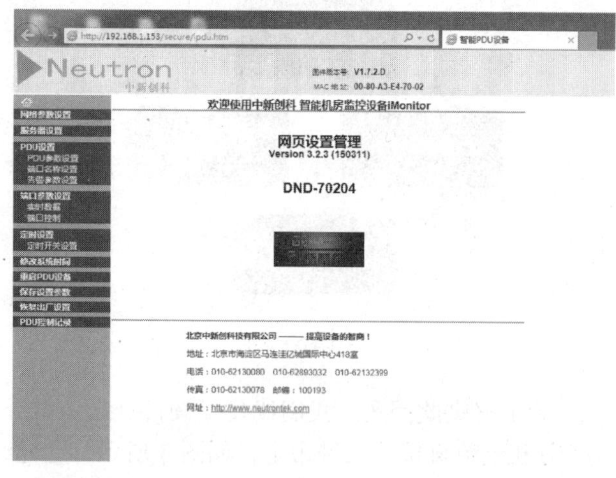

图 5

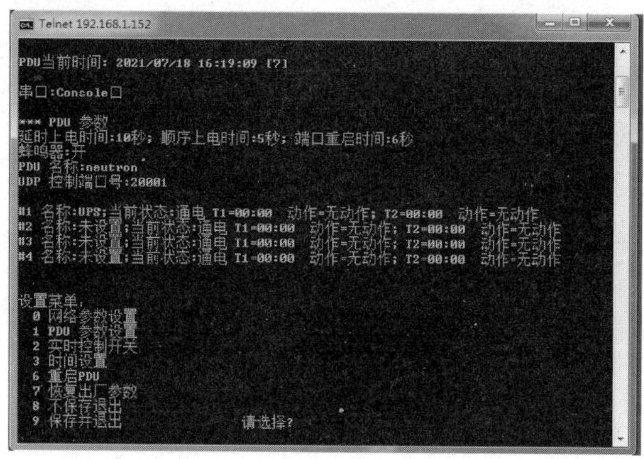

图 6

在 TCP 在传递数据之前，会有三次握手来建立连接，而且在数据传递时，有确认、窗口、重传、拥塞控制机制，在数据传完后，还会断开连接用来节约系统资源。缺点为慢，效率低，占用系统资源高，易被攻击。TCP 在传递数据之前，要先建连接，这会消耗时间，而且在数据传递时，确认机制、重传机制、拥塞控制机制等都会消耗大量的时间，而且要在每台设备上维护所有的传输连接，事实上，每个连接都会占用系统的 CPU、内存等硬件资源。而且，因为 TCP 有确认机制、三次握手机制，这些也导致 TCP 容易被人利用，实现 DOS、DDOS、CC 等攻击。

UDP：优点是快，比 TCP 稍安全。UDP 没有 TCP 的握手、确认、窗口、重传、拥塞控制等机制，UDP 是一个无状态的传输协议，所以它在传递数据时非常快。没有 TCP 的这些机制，UDP 较 TCP 被攻击者利用的漏洞就要少一些。但 UDP 也是无法避免攻击的，比如：UDP Flood 攻击…… UDP 的缺点为不可靠，不稳定 因为 UDP 没有 TCP 那些可靠的机制，在数据传递时，如果网络质量不好，就会很容易丢包。

基于上面的优缺点，那么 TCP、UDP 两种通信协议如何选择，当对网络通讯质量有要求的时候，比如：整个数据要准确无误的传递给对方，这往往用于一些要求可靠的应用，比如 HTTP、HTTPS、FTP 等传输文件的协议，POP、SMTP 等邮件传输的协议；当对网络通讯质量要求不高的时候，要求网络通讯速度能尽量的快，这时就可以使用 UDP。

结合本系统，要求通信速度快，而且发送、接收数据量小，每条命令均小于 12 字节，所以本系统采用 UDP 通信协议。

3.2 编程语言的选择

目前主流的编程语言主要有 Python、C/C++ C、Java、VisualBasic 等。这几种编程语言各有优缺点：

Python 简单易学，但是运行速度较慢，且在一些特殊情况下会出现不可重现的 BUG；C/C++C 可以被嵌入任何现代处理器中，几乎所有操作系统都支持 C/C++，跨平台性非常好，但学习难度大，且拥有大量极为复杂的功能交互方式，容易造成资源浪费；Java 是世界上使用范围最广的语言 Java，但占用大量内存，并且启动时间较长；VisualBasic 是一种可视化的面向对象的编程语言，以其编程简单、使用 VisualBasic 开发界面友好、操作方便的软件只需很短的时间。但在多线程，高级网络开发时 VisualBasic 具有明显劣势。

结合本系统特点，VisualBasic 语言的可视化界面、操作方便等特点都符合软件设计需求。

3.3 软件界面设计

软件设计界面如图 7，用鲜明的颜色对比反应出各个站点设备的联网状态，可直观的看见站点的 UPS 通断状态，每个站点只配置了一个 UPS 开关操作按钮，无需繁琐的操作就能实现 UPS 输入电源的通断，右侧可对所有设备批量进行一键开关控制 UPS 输入电源的通断，方便快捷。

3.4 主要代码编写

3.4.1 获取站点状态

本机向 PDU 设备发送数据，将返回数据存于变量“ret”中，如果变量“ret”中有具体数据，则说明设备网络通信正常，软件界面根据具体数据反应站点状态，并将 PDU 设备开关状态存入“站点 1InputBox. Text”中；如果没有具体数据，则说明设备网络通信故障，软件界面则直观反应站点断开。代码如下：

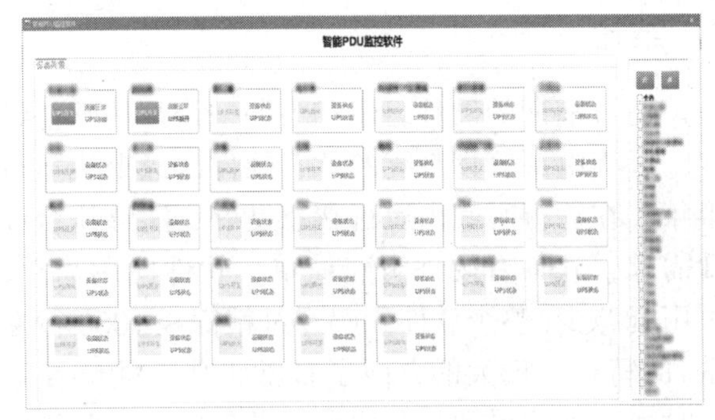

图 7

```
If UBound(ret) > -1 Then
    Form1. 站点 1Label1. Caption = "连接正常"
    Form1. 站点 1Container. BackColor="FFFFFF"
    Form1. 站点 1Label1. TextColor="D88E0A"
    Form1. 站点 1Button. Enabled=True
    If mid(ret(1), 4, 1) = 1 Then
        Form1. 站点 1Label2. Caption = "UPS 连接"
        Form1. 站点 1Label2. TextColor="D88E0A"
        Form1. 站点 1InputBox. Text="DWC00"
    Else
        Form1. 站点 1Label2. Caption = "UPS 断开"
        Form1. 站点 1Label2. TextColor="0000FF"
        Form1. 站点 1InputBox. Text="DWC01"
    End If
Else
    Form1. 站点 1Button. Enabled = false
    Form1. 站点 1Label1. Caption = "连接断开"
    Form1. 站点 1Label1. TextColor="808080"
    Form1. 站点 1Label2. TextColor="808080"
    Form1. 站点 1Label2. Caption = "UPS 状态未知"
    Form1. 站点 1Container. BackColor="C0C0C0"
End If
```

3.4.2 智能 PDU 设备通断

当用户点击 UPS 开关按钮时，根据前期获取的 PDU 设备开关状态，向站点 PDU 设备发送开或者关的命令，同时 UPS 开关状态变为灰色不可操作状态，防止短时间内多次操作造成设备损坏。

```
Event Form1. 站点 1Button. Click
        Form1. 站点 1Button. Enabled = false
        Call Lib. UDP 协议 . SendData("192. 168. 1. 157", 20001, Form1. 站点 1InputBox. Text)
        End Event
```

4 结论

通过前期的硬件组建和为期一个月的软件设计，远程电源管理系统的软、硬件已经上线运行半年，在运行时间内运行状态良好，能够符合设计需求，其具有硬件组建简单、软件使用简单、占用资源少(整个软件代码经过精简在1000行左右)的特点，极大的方便了日常工作，能够在第一时间直观的得到各个站点的设备信息，并且能够远程对各个站点的电源进行操作，较过去人为的对各站点巡检节省了时间和成本，同时也提高了UPS蓄电池组的使用寿命，延长了更换周期。

参考文献

[1] GB/T 32504—2016民用铅酸蓄电池安全技术规范.
[2] 窦晓波，吴在钧，胡敏强，等．UDP协议在变电站自动化通信系统中的实现[J]. 电力自动化设备，2003.
[3] 裴建国，张丽敏，郭松涛．同频同播系统及其在消防无线通信中的应用[J]. 武警学院学报，2010，026(002)：61-63.

原油储罐灭火冷却系统检测问题及对策

张正伟　郭亚冰　张　浩　马　磊

（中国石油新疆油田公司）

摘　要　原油储罐消防冷却水系统是灭火中要的消防设施，通过在罐壁顶部均匀布置洒水喷头，消防动力设备提供足够的供水强度，对罐壁全覆盖进行灭火冷却，降低储罐火灾热量传递速度，大大减缓火灾蔓延的危害，通过选取具体实例进行测试，发现按照规范设计的系统存在冷却水强度不足的问题，通过分析列出了产生问题的原因，并对规范设计提出了合理化建议，供石油行业安全管理者参考讨论。

关键词　油品储罐；冷却水系统；供水强度

1　引言

储罐消防冷却水系统有固定、半固定式，储罐发生火灾后，启动消防泵将冷却水通过消防管网送达罐顶，储罐顶部设置环形喷淋圈管，圈管均匀布置喷头，通过喷头喷洒水流，对着火罐和邻近罐罐壁进行冷却罐壁，控制着火罐火势、减少热辐射，保护邻近罐。固定式消防冷却水系统的组成由消防水泵、消防水池（罐）、消防管网及储罐冷却水喷淋圈管、喷头组成。半固定式消防冷却水系统站场设置消防给水管网和室外消火栓，火灾时由消防车或消防泵加压，通过水带和水枪喷水冷却的消防冷却水系统，见图1。

图1　储罐固定式消防冷却水系统

2　固定冷却水系统性能检测实施

固定式冷却水喷淋系统不论储罐形式，设置比较统一，可通过启动消防泵，将冷却水输送至罐壁表面进行冷却，选取对象要求：检测对象应为非收发油品储罐，环境温度应大于消防水结冰温度，以免造成管线冻堵。

步骤一：安装流量计，打开假设事故罐的喷淋以及相邻罐的受热面喷淋，在罐区选取位置观察冷却水喷淋的工作情况。

步骤二：启动消防泵，开始计时，记录最不利点冷却水喷淋圈管开始喷水时间，看是否满足规范要求的5min。

步骤三：根据现场冷却储罐的总表面积、消防泵流量等参数核算供给强度是否满足规范要求。

冷却范围：对于外浮顶罐来说，只需冷却着火罐罐壁表面积，对于地上固定顶油罐来说，需要冷却着火罐罐壁全部表面积及距着火罐罐壁1.5倍直径范围内的相邻地上油罐的一半受热面。

冷却强度：外浮顶罐为2.5L/m^2·min，固定顶罐着火罐2.5L/m^2·min，其邻近罐2.0L/m^2·min。

时间要求：消防泵启动后，5min内冷却水送达最不利点。

选取固定顶储罐4座5×10^{3}m^{3}罐区，单盘易熔内浮顶罐组，参数为：5×10^{3}m^{3}固定顶罐参数直径D=24m，罐壁高H=12m。

根据《石油天然气工程设计防火规范》冷却水供给强度要求为：外浮顶罐为2.5L/m^2·min，固定顶罐着火罐2.5L/m^2·min，其邻近罐2.0L/m^2·min。

具体见图2，表1。

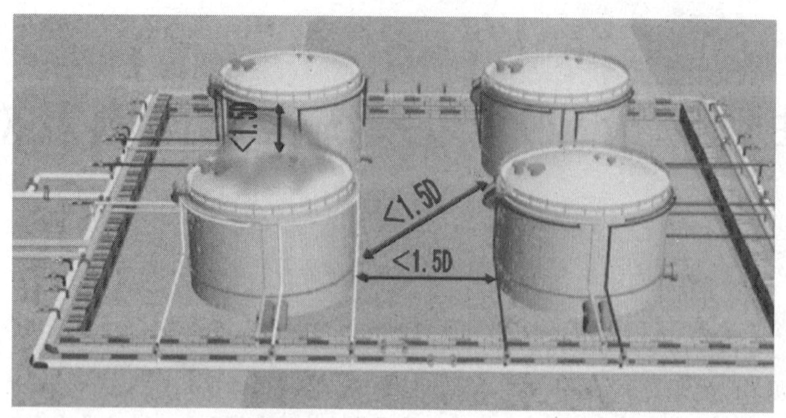

图 2　储罐冷却情况确定(4 座储罐都需要冷却)

表 1　测试数据记录表

测试编号	容积(m^3)	最不利点喷射时间	圈管环段	开启环段
1	5×10^3	3′ 51″	2	2
2	5×10^3	4′ 17″	2	1
3	5×10^3	3′ 55″	2	2
4	5×10^3	4′ 05″	2	1

存在问题:

1. 冷却水供给强度不足(实际开启喷淋圈管管段多，实际冷却的表面积变大)
2. 无法满足规范要求的供给强度(着火罐 2. 5L/m^2 · min，其邻近罐 2. 0L/m^2 · min)
3. 个别取水口打裂
4. 喷淋圈管出现堵塞现象，冷却表面出现空白点

在检测过程中，发现固定顶罐着火后，同时启动假设事故罐和邻近罐冷却水系统后，实际的供水强度达不到规范的要求，按照规范要求，《石油天然气工程设计防火规范》GB 50183 要求的固定顶罐着火罐 2. 5L/m^2 · min，其邻近罐 2. 0L/m^2 · min，具体图 3。

图 3　储罐固定消防冷却水系统现场测试

2　冷却水系统测试存在的问题

2. 1　消防冷却水系统供给度不足

储罐冷却水供给强度不符合工程实际。在设计过程中进行总用水量计算时，按照固定顶罐着火罐 2. 5L/m^2 · min，其邻近罐 2. 0L/m^2 · min 参数进行计算，未考虑到工程实际中无法达到着火罐和邻近罐冷却水供给强度为不同值的问题，着

火罐、邻近罐共用同一套消防系统，无法人为控制其流量，最后导致在设施设备选型上出现问题，在实际中无法提供满足要求的供给强度。

在设计过程中进行总用水量计算时，按照固定顶罐着火罐 2.5L/m^2 · min，其邻近罐 2.0L/m^2 · min参数进行计算，储罐实际冷却水供给强度应该小于 2.5L/m^2 · min，大于 2.0L/m^2 · min。

上述案例中，罐区为 4 座 5×10^{3}m^{3}单盘易熔内浮顶罐组，参数为：5×10^{3}m^{3}固定顶罐参数 直径 D=24m，罐壁高 H=12m。按照规范要求：着火罐冷却全表面，供给强度为 2.5L/m^2 · min，邻近罐冷却表面积的一半，供给强度为 2.0L/m^2 · min。

着火罐表面积为：

$$S_1=\pi D=3.14\times24=75.36\text{m}^2$$

着火罐供给强度为 R_1=2.5L/m^2 · min，需要冷却水流量为：

$$Q_1=S_1R_1=75.36\times2.5=188.4\ (\text{L/min})$$

三座邻近罐各需要冷却一半表面积：

$$S_2=1.5\ \pi D=1.5\times3.14\times24=113.04(\text{m}^2)$$

邻近罐供给强度为 R_2=2.0L/m^2 · min，需要冷却水流量为：

$$Q_2=S_2R_2=113.04\times2.0=226.08\ (\text{L/min})$$

总的冷却水流量为：

$$Q=Q_1+Q_2=188.4+226.08=414.48\ (\text{L/min})$$

4 座 5×10^{3}m^{3}罐区实际冷却水供给强度为：

$$R_2=\frac{Q}{S_1+S_2}=\frac{414.48}{75.36+113.04}=2.2(\text{L/m}^2\cdot\text{min})$$

小于规范要求的 2.5L/m^2 · min。

2.2 消防冷却水圈管设置问题

储罐消防冷却水系统喷淋圈管设置不合理。在储罐设计和施工阶段都遵循规范在储罐顶部设置了两个及以上环段，大部分都选择了两个环段，但是对于四罐布置在一个罐组内的情况，但是对于邻近罐来说只开启一半冷却水环段是无法满足对受热辐射面全部冷却的需求，如果开启邻近罐的全部喷淋，造成供给强度不足和延续灭火时间不足的问题，具体见图 4。

图 4　储罐冷却水圈管环段设置情况(左图为两环段 右图为四环段)

在设计过程中，计算一座储罐冷却水量时，只对邻近罐进行冷却一般进行水量计算，但是在工程实际中，如果环段为两环段，而且环段末端正对着火罐，那么邻近罐需要开启全喷淋才能满足规范规定的冷却要求。

3 理论分析

由于消防冷却水环管设置的不合理，导致实际的冷却面积加大，冷却水供给强度不满足规范要求。

上述案例中，罐区为 4 座 5×10^{3}m^{3}单盘易熔内浮顶罐组，其中有邻近罐需要开启全部喷淋才能冷却受热辐射面。参数为：5×10^{3}m^{3}固定顶罐参数 直径 D=24m，罐壁高 H =12m。按照规范要求：着火罐冷却全表面，供给强度为 2.5L/m^2 · min，邻近罐冷却表面积的一半，供给强度为 2.0L/m^2 · min。

(1) 在设计过程中进行总用水量计算时，按照固定顶罐着火罐 2.5L/m^2 · min，其邻近罐 2.0L/m^2 · min 参数进行计算，储罐实际冷却水供给强度应该小于 2.5L/m^2 · min，大于 2.0L/m^2 · min。

着火罐表面积为：

$S_1=\pi D=3.14\times 24=75.36\text{m}^2$

着火罐供给强度为 $R_1=2.5\text{L/m}^2\cdot\text{min}$，需要冷却水流量为：

$Q_1=S_1R_1=75.36\times 2.5=188.4$（L/min）

三座邻近罐各需要冷却一半表面积：

$S_2=1.5\ \pi D=1.5\times 3.14\times 24=113.04$（$\text{m}^2$）

邻近罐供给强度为 $R_2=2.0\text{L/m}^2\cdot\text{min}$，需要冷却水流量为：

$Q_2=S_2R_2=113.04\times 2.0=226.08$（L/min）

总的冷却水流量为：

$Q=Q_1+Q_2=188.4+226.08=414.48$（L/min）

（2）在喷淋圈管设置不合理的情况下，需要开启邻近罐全喷淋才能满足要求，根据上述案例，$5\times 10^3\ \text{m}^3$ 罐区实际需要冷却的邻近罐表面积为：

$S_3=2\ \pi D=2\times 3.14\times 24=150.72(\text{m}^2)$

$5\times 10^3\text{m}^3$ 罐区实际冷却水供给强度为：

$$R_2=\frac{Q}{S_1+S_3}=\frac{414.48}{75.36+150.72}=1.83(\text{L/m}^2\cdot\text{min})$$

着火罐和邻近罐的供给强度均达不到规范要求的 $2.5\text{L/m}^2\cdot\text{min}$。

4 对标准规范的建议和应对措施

（1）工程实际中，无法实现一套消防冷却水系统情况下，满足着火罐冷却水供给强度为 $2.5\text{L/m}^2\cdot\text{min}$，邻近罐供给强度为 $2.0\text{L/m}^2\cdot\text{min}$ 的要求，建议对 GB 50183《石油天然气工程设计防火规范》(以下简称 GB 50183)进行修订。

通过测试，发现 GB50183 中规定的着火罐冷却水供给强度为 $2.5\text{L/m}^2\cdot\text{min}$，其邻近罐供给强度为 $2.0\text{L/m}^2\cdot\text{min}$ 的要求，不满足工程实际要求，储罐发生火灾后，启动消防冷却水系统，由于同类型储罐的冷却水立管直径相同，通过环网向每个储罐分流是，分配的流量是均分的，所有需要冷却的储罐流量相同，供给强度相同，无法按照规范要求控制不同的流量和供给强度。然而，就工程设计阶段，是按照着火罐冷却水供给强度为 $2.5\text{L/m}^2\cdot\text{min}$，其邻近罐供给强度为 $2.0\text{L/m}^2\cdot\text{min}$ 的要求进行设计选型的，最终会导致选择的消防水泵流量偏小，实际的供给强度介于 $2.5\text{L/m}^2\cdot\text{min}$ 和 $2.0\text{L/m}^2\cdot\text{min}$ 之间，无法满足规范要求，具体见表 2。

表 2 消防冷却水系统供给强度表

油罐形式			供给范围	供给强度	
				Φ16mm 水枪	Φ19mm 水枪
移动、半固定式冷却	着火罐	固定顶罐	罐周全长	0.6L/s·m	0.8L/s·m
		浮顶罐	罐周全长	0.45L/s·m	0.6L/s·m
	相邻罐	不保温罐	罐周半长	0.35L/s·m	0.5L/s·m
		保温罐	罐周半长	0.6L/s·m	
固定式冷却	着火罐	固定顶罐	罐壁表面	$2.5\text{L/m}^2\cdot\text{min}$	
		浮顶罐	罐壁表面	$2.5\text{L/m}^2\cdot\text{min}$	
	相邻罐		罐壁表面积的 1/2	$2.0\text{L/m}^2\cdot\text{min}$	

建议在规范规定储罐消防冷却水系统选择时，着火罐和其邻近罐选用相同数值的供给强度，在满足设计规范要求的同时，也符合工程实际。

（2）GB 50183 中对储罐消防冷却水系统喷淋圈管应该设置几个环段的问题上，还不够完善，建议进行修订。

现行规范 GB 50183 中对储罐消防冷却水系统喷淋圈管应该设置几个环段的问题上，要求两个及两个环段，因为每一个环段都要有独立的立管从环网连接出来，送至罐顶，为了节省投资，设计部门往往只选择两个环段，这种设计满足规范要求，从本次抽样测试来看选择测试的 4 座容积为 $5\times 10^3\ \text{m}^3$ 的储罐，喷淋圈管环段均为两个环段。

但是在着火罐冷却要求里面，GB 50183 要求储罐间距在着火罐直径 1.5 倍范围内的，均需要进行冷却，着火罐需要冷却全部表面，邻近罐只需冷却靠近着火罐的一半表面，然而通过检测来看，作为邻近罐的3号罐却打开了全喷淋，主要原因是3号罐的两段喷淋圈管末端断开处正对1号着火罐，只有开启全喷淋才能够满足冷却受辐射热的一半罐壁的要求，这样就造成总的冷却表面积增加1/2的罐壁表面积，造成冷却水供给强度不足，尤其是火势到发展阶段，如果冷却强度不够，会造成火势扩大或者其他次生灾害。

建议在储罐喷淋圈管设计的时候，一个罐组只有两座储罐时，可以考虑设置两个环段，只要任一储罐的环段末端没有正对其邻近罐，就满足设计要求好工程实际要求，然而，我们更加常见的是每个罐组有4座以上的储罐，这种情况下还选用两个环段，就必然造成总的冷却面不符合规范要求，供水强度无法达到设计值的要求。

参考文献

[1] 聂世全，王伟峰，范继义．油库固定消防设施存在的问题及改进措施[J]. 油气储运，2005，24(03)：55-57.

[2] 方婉珍．关于油罐固定消防冷却系统的设计[J]. 化工给排水设计，1994(04)：40-41.

[3] 石中玉，孟甜．大型浮顶原油储罐消防系统的设计与运行管理[J]. 油气田地面工程，2009，28(05)：40.

[4] 王景懿，张铁刚，李文隆，韩红琪．大型油品储罐消防系统设计[J]. 工业用水与废水，2009，40(04)：91-93.

国家应急救援队伍专业化应急与社会化服务融合机制的研究

李　军

（国家管网集团东部原油储运有限公司）

摘　要　本文通过对国家油气管道应急救援徐州队的建设过程、职责范围、运行情况等方面的介绍，指出了当前运行中存在的主要问题，提出了相应的解决措施。同时结合自身实际，对徐州队建立专业化应急与社会化服务两项机制进行了详细论述，并就两项职能怎样进行有效融合、如何充分发挥效能，提出了建设性意见和建议。

关键词　应急救援；专业化；社会化；服务；融合机制

1　引言

随着国家对油气能源的需求日益加大，油气管道作为能源系统的“动脉血管”，其重要作用日趋凸显。对于因自然灾害、人为破坏等因素引发的油气管道重特大安全事故，怎样进行应急处置、如何开展专业救援，都是当前亟待研究和解决的重大课题。

2016年，国家安全生产应急救援指挥中心和中国安全生产科学研究院，联合编制了国家危险化学品及油气管道应急救援基地建设方案，明确了国家油气管道应急救援基地的整体规划和建设目标，见表1。

表1　国家油气管道应急救援基地建设规划表

基地名称	功能设置	依托单位	拟设地点
东北基地	陆上应急	中国石油管道局东北应急抢险中心	沈阳
华北基地	陆上应急	中石油管道应急抢险中心	廊坊
华东基地	陆上应急	中石化管道储运有限公司	徐州
东南基地	海上应急	中海油深水油气应急救援基地	珠海
西北基地	陆上应急	乌鲁木齐管道应急救援基地	乌鲁木齐
西南基地	陆上应急	昆明管道应急救援基地	昆明
渤海基地	海上应急	中国海油塘沽应急救援基地	天津
南海基地	海上应急	中国海油深水油气应急救援基地	珠海

按照规划，华东基地依托总部设置在徐州的中石化管道储运有限公司（以下简称管道公司），以该公司的抢维修中心为基础，建设国家油气管道应急救援徐州队（以下简称徐州队）。其职责是承担周边服务区域内及中石化特别重大、复杂油气管道事故救援任务，在作战半径1200公里以内，能够携带重型装备24小时内、携带轻型装备12小时内到达事故现场，开展应急救援工作。

2　徐州队建设及运行情况

2.1　装备设施配置

按照要求，徐州队的装备是以应对重特大油气管道事故、企业和地方投资困难、使用率低的总体原则进行配置。通过国家下达的两期专项资金，徐州队先后配备了55项138台套的应急专用救援装备。这些装备均具有大型化、特殊化、专业化等特点；主要包括快速机动类、专业抢修类、安全防护类、通信指挥类、后勤保障类等类别；主要针对徐州队所处华东地区的环境特征，如山地密布、水系发达、管道运行环境复杂且人口密集等。

自2016年9月起，经过可研编报、设计选型、公开招标等环节，历经两年多时间，这些装备已陆续配置到位。在此期间，徐州队全面介入装备配置的全过程，按照“到货一台、培训一台、掌握一台”的整体要求，提升了人机融合能力，使得装备的战斗力快速形成。

在配套设施建设方面，徐州队结合自身实际，先后新建应急保障中心、装备厂房、维修厂房等设施，总建筑面积达1.06万平方米，至2019年底全部建成。配套设施建设与装备配置保持了步调一致，为徐州队的正式运行奠定了基础。

2.2 人员机构设置

徐州队依托管道公司建立，人员构成主要来自该公司的专业抢维修队伍，机构设置对应公司的抢维修体系，见图1。

该体系以徐州抢维修中心为核心，根据业务侧重分类设置20个抢维修队；按照专业分工设立天津、武汉等10个抢维修联动区域；业务范围覆盖公司在役运行的7000余公里管线、近百个输油站库；专业涵盖外管道、输油设备、消防设施、电气仪表等领域。抢维修中心以建设中石化一流的专业抢维修队伍为目标，通过多年的运行完善，形成了反应迅速、保障有力的应急抢维修网络，为徐州队的有效运行提供了有力支撑。

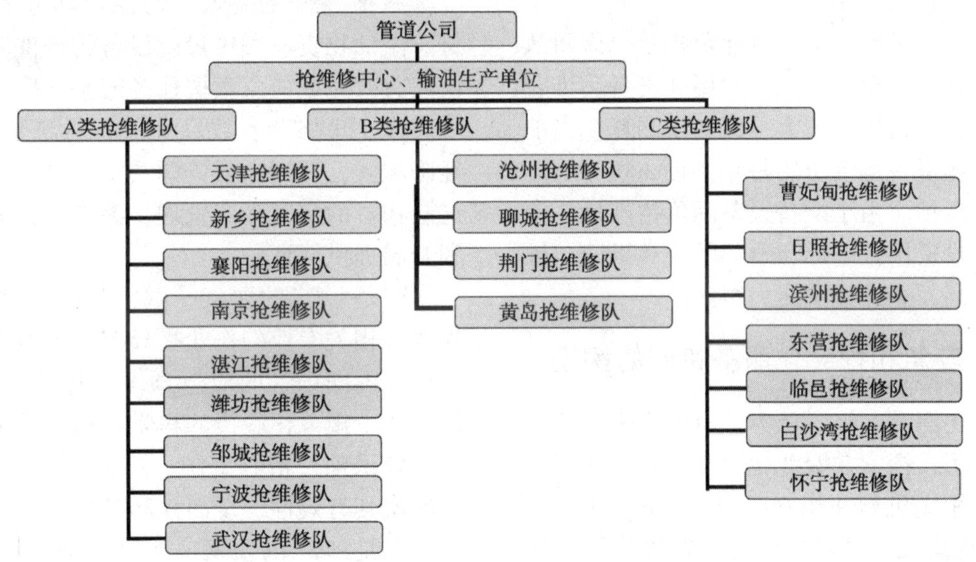

图1　管道公司抢维修体系

2019年11月26日，国家安全生产应急救援中心为徐州队授牌，标志着徐州队正式投入运行。

2.3 运行经验和存在问题

2.3.1 运行经验

通过近几年的实践，徐州队在队伍建设、运行管理方面取得了一定成效、总结了一些经验，主要包括：

一是强化队伍的思想建设。作为一支需要“危难时刻显身手”的国字号队伍，徐州队从筹建伊始，就提出建设政治过硬、技术过硬、作风过硬等“三过硬”队伍的标准。通过与江苏省军分区、徐州市消防支队开展交流合作，在队伍中组建应急民兵连，开展半军事化管理和准军事化训练，使队伍的思想作风得到锤炼。

二是优化队伍的体系建设。徐州队秉承“打有准备之仗、打有把握之仗”的工作宗旨，在2019年初就建立了QHSSE管理体系，23名队员获得内审员资格。通过定期开展内部审查，来持续改进和完善体系，提升了体系管理意识，促进了管理标准化和规范化。

三是深化队伍的技能建设。徐州队坚持“巩固一块、补强一块、拓展一块”的工作思路，即巩固原油管线抢修专业优势、补强成品油、天然气管线抢修专业短板、拓展相关危化品抢险领域，以实现队伍综合技能的提升。为此，在多次的实战演练中，团队的凝聚力和战斗力得到充分体现，收效显著。

2.3.2　存在问题

由于运行时间短，可供借鉴的经验少，徐州队还存在一些问题，主要包括：

一是队伍综合实力不强、软硬件发展不均衡。作为一支以原油管道抢修技术为基础成立的队伍，徐州队在天然气、成品油管道的抢修技能方面，还存在薄弱环节，队伍的综合业务技能还有待提升。同时，现有人员在层次结构、专业分布、技能水平等软件方面，与新配置的各类高精尖装备等硬件方面，在人机深度融合、完整性管理、核心技术掌握等方面，距离全面履行自身职责的要求还有较大差距。

二是整体运维费用高、企业负担重。徐州队的日常运维费用主要包括人工费用和设备运维费用，其中后者所占比例较大。经初步测算，当前徐州队的整体设备运维费用每年接近3000万元，全部由企业承担。由于配备设备的价格高昂、使用频次少、投资回报率低，每年的资产折旧、维修等费用很高，企业经济压力很大。

3　专业化应急和社会化服务机制的探索

针对上述问题，笔者认为，对于徐州队这类专业应急队伍，探索在专业化应急和社会化服务两方面建立相应机制并相互融合，形成“两条腿走路”的运营模式，是解决问题、促进队伍良性发展的有效方式。

3.1　专业化应急机制

具备专业化技能，实行专业化管理，实现专业化应急，是国家级应急救援队伍的基本职责，也是关键时刻队伍能够拉的出、冲的上、打得赢的首要前提。

3.1.1　专业化应急的主要内容

在建设运行过程中，徐州队提出了强化“人、机、料、法、环”五要素管理，建立适合自身行业特点和专业性质的专业化应急机制。

一是“人”的要素。人是队伍的核心，是队伍战斗力、执行力、发展力的决定因素。结合应急救援队伍的性质和特点，对于人的管理，需要贯彻习总书记对国家综合性消防救援队伍授旗时的训词精神，在思想作风、专业水平、综合素养方面下功夫，按照“对党忠诚、纪律严明、赴汤蹈火、竭诚为民”的标准，建设一支专业化应急救援的“铁军”。

二是“机”的要素。“工欲善其事，必先利其器”，强大适用的各类设备机具，是降低作业风险、提升救援效率的重要支撑。国家应急救援队伍面对的是重特大事故的应急处置任务，面临着责任大、风险高、任务重、环境条件苛刻等不利因素。徐州队目前列装的边坡雷达、探测无人机、侦检机器人、水陆两栖作业车等装备，具有综合能力强、科技含量高、适应范围广的特点。但是，装备到位不等于战斗力形成。新配装备的数字化程度高、模块功能组件多、操控维护复杂，对使用者和管理者提出了很高要求，需要在今后的工作中不断加强。

三是“料”的要素。对徐州队来说，各类管材、溢油物资、关键设施设备的备件等物料，是快速有效完成应急救援任务的基本保障。由于其种类多、规格杂、数量大，前期需要科学选型、经济配置，后期需要资源共享、灵活投放，实现这些物资的实时动态管理，为应急救援任务的顺利开展提供保证。

四是“法”的要素。国家的法律法规和规程规范，相关专业的作业指导书、各类设备的操作规程、不同场景的应急预案，这些“法”是标准化应急、规范化救援的科学依据和技术保障，需要准确识别、精心编制、定期演练、评估完善，以保证其有效性、全面性和可操作性。

五是“环”的要素。明晰的职责范围权限的确定、顺畅的应急指挥系统的建立、完善的队伍管理体系的运行、全面的应急重点对象的梳理、有效的社会协作资源的整合，是“环”这一要素解决的主要问题。

3.1.2　专业化应急机制的建立标准

针对上述分析，对于专业化应急机制的建立标准，徐州队进行了探索：

人员方面，我们将队伍全员按照指挥、管理、技术、操作划分层级，在技术和岗位层再按照专业和工种进行细分。各层级人员对照各自的岗位要求，明晰自身的职责，通过定期开展考核，来检查人员的履职情况，并持续改进。

装备方面，我们搭建应急救援装备信息管理系统，将所有装备划分了功能类别、明确了责任部门、完善了基础信息。采用二维码技术，给每台设备制作了“身份证”和“履历表”，为装备的全寿命周期管理奠定了基础。

物料方面，我们编制发布了应急物资储备目录，并定期完善；建立了上百个品种、近千项规格、数千台套的应急物资储备库，储备应急物资总价值3000余万元；采用数据库技术，实现了应急物资库的实时更新和资源共享，为队伍“打有准备之仗”创造了有利条件。

法规方面，一是针对职责内容，建立法律法规文件清单，识别出相关法律法规、制度规范类文件200余项，确保了运行管理的依法合规；二是针对作业内容，编制发布了53项作业指导书和38项设备操作规程，实现了各项作业的规范标准；三是积极开展重大科研项目攻关工作，承担了多项等中石化集团公司级的科研项目，先后获得国家发明专利10余项，为队伍的可持续发展提供了助力。

“环”的方面，徐州队借助长期从事企业抢维修积累的经验，为国家队的建设提供思路和方法，包括：建立并运行QHSSE体系，厘清职责、理顺流程、落实责任；作为国家队的试点，编制发布《油气管道救援徐州队应急预案》，为应急指挥管理、抢险救援等机制的建立提供借鉴；对业务范围内的重点对象建立高后果区信息库，制订“一点一案”；结合工作实践，建立社会协作应急资源库等。

3.2 社会化服务机制

建立社会化服务机制，在日常备战状态下，积极开展社会化服务工作，也是国家应急救援队伍的重要职责之一。

3.2.1 社会化服务的主要内容

一是安全培训、专业巡查协助服务。针对救援队伍职责范围内的地方重点企业，对其从业人员进行相关的安全培训，提升员工安全意识和技能；对其生产过程开展专业巡查，协助企业查找安全隐患和薄弱环节，提供解决建议，提升企业的安全管理水平。

二是建章立制、体系建设支持服务。借助救援队伍长期积累的制度优势，在法律法规识别、规程规范梳理、企业制度优化方面，为地方企业提供咨询服务，指导其建设和完善相关体系，为企业的依法合规经营、标准规范生产提供支持。

三是预案编制、演练指导服务。发挥救援队伍的专业优势，针对地方企业自身特点，协助其编制专项应急预案，指导其开展定期演练，提升其应急处置能力和应急管理水平。

四是技术协作、装备支援服务。发挥救援队伍自身技装备优势，针对地方企业在的个性化需求，提供技术协助和装备支持，解决企业生产难题，助力企业良性发展。

五是专业维护、抢修委托服务。按照救援队伍“重维急抢，以维降抢”的工作理念，为地方企业提供定期专业维护和突发故障抢修服务。帮助企业重视日常维护，建立预防性维修的理念，使企业的生产经营与整体管理水平相互促进、共同提高。

3.2.2 开展社会化服务的难点与对策

由于涉及多方关系，开展社会化服务必然存在多种难点问题，主要包括：

一是法律法规制度的依据问题。2018年，国家应急管理部正式成立，各行业的国家应急救援队伍开始陆续组建，由于时间较短，因此适用的专项法律法规相对不够健全，而应急救援队伍开展社会化服务所能依据的相关制度更是缺乏。

三是地方企业经营理念的问题。开展社会化服务，会收取一定的费用，虽然使企业增加一些成本，从而产生一些顾虑。但是，随着国家对企业安全生产的要求越来越严、对安全事故的追责力度越来越大，地方企业对自身体系建设、制度完善等方面也存在较大的需求。如何在效益和安全二者之间找到一个平衡点，取决于企业的经营理念和对安全问题的重视程度。

三是地方政府支持力度的问题。在政府、救援队伍和地方企业三方关系中，地方政府是连接体，发挥着“粘合剂”的作用。只有地方政府高度重视，协调各方关系，理顺各方职责，解决企业后顾之忧，才能使社会化服务工作步入正轨，而目前这些工作还存在欠缺。

针对上述难点，一方面需要针对应急救援队伍，从国家层面出台政策和法规，确立其法律地位，界定其职责范围，明确其运行模式、对外服务方式和服务取费标准；另一方面，需要应急救援队伍提高技能、打造品牌、加强宣传，与地方重点企业开展沟通交流，加深相互了解；此外，需要应急救援队伍提高服务意识，主动与政府相关部门对接；发挥自身优势，配合地方政府开展各类安全活动，充分展示自身能力，获得地方政府的认可和信任。

3.3 两种机制融合的作用与探索

3.3.1 两种机制融合的作用

建立专业化应急机制，是应急救援队伍立足强基之本；而建立社会化服务机制，则是其发展壮大之道。两种机制相互融合，可相辅相成、相互促进。

一是提升演练备战效果。应急救援队伍具有“养兵千日，用兵一时”的作业特点，平时的练兵备战是常态，真正的实战则相对很少。相对于真正的救援实战，无论是实际的场景，还是多变的环境，特别是应急人员的心理承受能力，练兵备战和应急演练都无法逼真呈现，相应的效果可能会大打折扣。通过开展社会化服务，应急救援队伍可以多接触实际场景、常面临复杂环境，使专业化应急能力得到真正检验。

二是丰富应急救援案例。应急救援队伍实战技能的提高，经验积累必不可少。开展社会化服务，应急救援队伍通过了解地方企业的生产特点和安全重点，建立相应的基础信息库和专项预案库，可以摸清周边现状、夯实自身基础；通过开展多场景、多行业服务，建立作业案例库，可以丰富作业经验、实现持续提升。

三是形成协作配合格局。开展社会化服务，通过相互了解和磨合，可以逐步形成地方政府指挥主导、救援队伍因地制宜、地方企业积极参与的三方协作格局。通过交流总结和持续完善，形成组织机构明确、职责范围明晰、运行高效顺畅的三方合作体系，从根源上降低重特大安全生产事故的发生概率。

3.3.2 两种机制融合的探索

徐州队通过实施一系列的有效举措，在机制融合方面取得了一定效果，主要包括：

2019 年 4 月，接受本地政府指令，出动人员装备，成功处置了汽油罐车在人员密集区发生泄漏的突发事件。队伍的响应速度、处置能力得到了政府主管部门的高度认可。

2019 年 11 月，在徐州队的成立大会上，徐州市常务副市长受邀出席仪式，并为徐州队负责人授旗，地方主要媒体对此进行了报道，提升了队伍的知名度。

2020 年 5 月，江苏省应急管理厅向徐州队拨付专项培训、演练经费 100 万元，对其运营管理给予了充分肯定，示范效应显著。

2020 年 6 月，山东省应急管理厅发函，邀请徐州队参加了国家防总组织的综合性演练，提高了队伍在周边地域的影响力。

上述工作有力促进了徐州队与各级地方政府的相互了解，为后续的社会化服务机制的建立和运行，奠定了良好基础。

下一步，徐州队将在以下方面开展工作：一是申请相关专项政策保障，降低队伍的运行成本。如针对应急救援装备固定资产折旧、车辆通行等费用的减免；针对救援队伍运行管理、装备维修保养费用的拨付；针对提升应急救援科技水平的相关科研基金的设立等。

二是继续加强与地方政府的深入沟通，以取得其更大的支持。在社会化服务的职责划分、实施方式、取费标准等方面取得共识、建立制度规范；探讨建设城市外围综合演练场的可行性，为开展常态化三方联合演练活动提供适宜的场所，密切三方的合作关系。

三是逐步开展与地方重点企业的对接工作。通过政府搭台，进行双方接洽。了解具体需求，掌握详细信息，制定专题方案，有的放矢的推进社会化服务机制的建立和实施。

4 结语

习近平总书记指出，应急管理是国家治理体系和治理能力的重要组成部分，承担防范化解重大安全风险、及时应对处置各类灾害事故的重要职责，担负保护人民群众生命财产安全和维护社会稳定的重要使命。

作为一个新生事物，国家应急救援队伍在发展过程中，必然会面临这样那样的问题。针对这些问题，各个队伍只有因地制宜、不断摸索，结合实际制定对策，才能担负起重要职责、履行好重要使命。

国家应急救援基地建设标准化、规范化实践

钱志凡

（国家管网集团东部原油储运有限公司）

摘 要 本文立足于国家应急救援基地建设实践，对基地建设标准化、规范化进行了探讨，并对国家油气管道应急救援徐州队成立以来的具体实践进行了介绍。

关键词 应急救援；标准化；规范化

黄岛11.22事故、天津8.12事故发生后，国家高度重视生产安全和应急救援工作，先后设置了百余支国家综合应急救援基地，与消防武警、森林火警专业力量及企业应急力量、社会应急力量共同构成了我国的立体应急救援格局。国家基地建成后，如何高效、规范开展应急救援，如何尽快形成实战能力，是摆在基地面前的一项十分迫切的任务。充分借鉴企业及消防专业队伍多年形成的标准化、规范化训练、指挥、战斗及装备管理经验，在国家基地开展标准化、规范化建设，是提高应急救援体系和能力现代化的重要措施之一。

1 消防专业队伍标准建化设情况

公安消防部队多年来严格的军事化管理形成了许多标准和规范，如《公安消防部队官兵行为规范》对部队官兵的日常行为进行了规范；《消防训练基地建设标准》对基地建设涉及的建筑物、训练场地、训练设备进行了规范；《公安消防部队抢险救援勤务规程》对公安消防部队依法参加火灾以外的其他灾害事故抢险救援的各项勤务活动进行了规定，包括参加以抢救人员生命为主的危险化学品泄漏、道路交通事故、地震及其次生灾害、建筑坍塌、重大安全生产事故、空难、爆炸及恐怖事件和群众遇险事件的救援工作，配合处置水旱灾害、气象灾害、地质灾害、森林、草原火灾等自然灾害，矿山、水上事故，重大环境污染、核与辐射事故和突发公共卫生事件等；《公安消防部队执勤战斗条令》对部队执勤战斗进行了规范，包括公安消防部队为完成火灾扑救、应急救援任务以及重大活动现场消防勤务而实施的准备与行动等；《公安消防部队作战训练安全要则》对作战训练安全工作做了规范，包括公安消防部队实施火灾扑救、应急救援、重大活动现场消防勤务和开展业务训练中的安全工作。除此以外全国各级公安、消防部队还有许多非常好的做法值得国家基地借鉴和学习。

2 国家基地标准化、规范化建设的探讨

为了提高国家基地的标准化、规范化水平，充分借鉴公安消防部队及企业应急救援好的做法，可以从以下方面进行标准化、规范化实践。

2.1 营地及装备建设标准化

由于国家基地多数是依托企业现有资源建设的，存在建设标准不统一、装备配备不统一等问题。有必要对现有的基地进行评估，形成统一的场地、装备、建筑物、训练场地及设施配备标准，包括企业标识、设备编号、应急物资统一代码、通讯信息的频段等，这对应急救援指挥调度、提高应急救援效率有极大的帮助。

长输管道点多线长，不同于其他基地，一般都在沿线布置多个抢险队，根据承担的任务轻重、人员、装备构成情况，分成三-四类。因此，有必要的这些不同类别的队，对其建设规模、规划布局、建筑设施、装备配备、训练设施及场地、人员工种等各个方面逐步标准化，便于救援指挥、训练安排、装备配备等工作，效率高、投资省。

2.2 训练标准化

针对应急救援的特殊性，如对体能的要求、心里素质的要求、救援技术的要求、设备操作的要求，建立统一的训练及评估标准，借此提高训练的科学性、充分性。包括训练科目、训练器材、训练达标考核、训练的评估等，形成标准

化，有效提高训练的科学性、针对性、有效性。

2.3 应急救援技术方案标准化

综合救援的特点是情景多样化，为了提高救援的及时性和科学性，需要提前准备好各种场景下的应急救援技术方案，并加强演练不断改进，才能确保战时的临危不乱。应急救援技术方案是国家队应急预案的重要内容之一，作为救援专业队伍，应当在搜集国内外特发事故的救援案例的基础上，总结救援的经验和教训，制定应急救援技术预案，并借助现代化信息通信手段，第一时间提供给救援现场作为制定技术方案参考。

2.4 管理体系标准化

ISO9000标准得到了全世界的广泛认同，是规范企业管理最有效的手段。国家队应当引入体系管理的理念，使工作程序化，作业规范化。管理体系包括质量管理、党建管理、HSSE管理等各方面。特别是质量管理，是目前应急救援的短板。国家基地不同于专业救援，是带有服务性质的应急救援，应当注重服务质量和作业质量。目前应急救援作业往往重视险情的排除、忽视作业技术质量的控制，特别是抢险类技术标准还很匮乏，就油气管道应急救援来讲，可供参照的标准有限，受运行管道的限制，质量检验手段存在局限性，传统的质量检验手段不能实施，如射线探伤、水压试验等等，使得抢修后不能达到新建压力管道的建设标准要求。

2.5 教育培训标准化

国家队的救援响应水平、设备操作水平、安全质量管理水平、现场作业水平等离不开教育培训。应当针对管理团队和作业团队制定标准的培训科目和培训计划，开展好新入职员工培训、转岗员工培训和再培训工作。对电焊、起重等特殊工种还要做好取证培训。培训的科目、教材、师资、多媒体辅助、培训的考核及评估等等。通过培训标准化工作，可以有效提高培训质量，防止过度或培训不足，真真达到提高应急能力的目的。

2.6 应急响应规范化

应急响应直接关系到救援的时效性，对应急救援的启动，应急响应的程序、人员、装备、物资的准备，技术方案的制定，信息的传递、设备人员的投送等环节，应当通过制定国家队预案进行规范，并进行经常性演练，特别是特殊时段的演练，如节假日、恶劣天气、夜间、疫情响应期间等。国家安全生产应急救援中心组织开展了国家队预案的编制试点，从而形成企业预案、救援队预案、政府预案三个系列。目前，救援基地由于依托企业的特性，救援队预案还是一个薄弱环节，许多还停留在企业预案的框架中，对救援队预案还缺乏深入的研究，还没有形成系统的导则、评估标准。

2.7 侦检检测规范化

对于危化行业的应急救援，侦检检测尤为重要。侦检装备日常维护(如电池的充电)、战时的携带数量及种类，侦检作业的安全展开，现场危险程度科学评判的规范化，所有这些对后续救援工作的开展有着极其重要的作用。侦检小组应第一时间出发，其个人防护、携带设备、交通车辆配备应制定标准，确保能第一时间准确提供事故现场三维立体图、有害及有毒气体分布情况、风险分析及潜在的危险源辨识等，为应急指挥部提供规范的事故现场侦检报告。

2.8 作业现场规范化

救援作业现场应根据侦检报告、救援的装备及事故的部位进行科学布置，现场的特殊作业，如起重、用火、用电、支护应严格执行安全标准规范。由于作业现场的无序、不规范，在救援作业中形成此生灾害的案例很多，我们应当高度重视作业现场各各环节的规范化管理工作。比如警戒区的设置、检测点的确定、设备的布局、指挥系统的布置等等，在总结多年现场抢险作业的基础上，形成作业现场布置规范，提高作业的效率、防止次生灾害的发生。

2.9 HSSE管理规范化

HEES管理经过多年的发展，无论是国家还是企业都已经形成了非常好的制度和标准。危化行业应急救援的HSSE管理，无疑是最重要的内容之一。国家队需要做的是将国家及企业的许多成形做法引入到应急救援中来，如应急救援预案的编制、演练的评估、救援风险的辨识、危险源的评估、可燃气体及有毒气体的检测等，所有这些有着和企业的不同，需要我们做认真细致的工作。多年来，大型石化行业形成了一套行之有效的安全管理标准、规范，如HSSE管理体系等。由于抢险作业现场HSSE管理的不规范，使我们应急救援付出了惨痛的代价，有的甚至是重复发生，需要引起高度重视。

2.10 救援取费规范化

由于国家队应急救援不同于消防部队，需要有偿服务，也不同于建设施工，可以实行招投标制度。目前，国家队应急救援的取费标准还没有统一规定，者不利于应急救援的健康发展。应急抢险取费可以借鉴工程建设项目预算定额，确定合理的费率和利润，明确审批的程序，使取费合理规范，既可以消除事故企业的顾虑，也可以调动救援企业的积极性。

3 国家油气管道应急救援徐州队标准化、规范化建设实践

国家应急救援徐州队自成立以来，按照国家安全生产应急救援指挥中心和上级部门的要求，对队伍训练、装备配备、救援实战中的标准化、规范化进行了积极探索，初步取得了一些经验。

健全组织、明确职责，使标准化工作落实到部门、落实到岗位。国家油气管道应急救援徐州队依托的是中国石化管道储运有限公司下属的抢维修中心，负责辖区长输油气管道突发事故的应急救援和日常输油设施的捡维护工作。中心长期以来形成了标准化管理的良好氛围，中心明确由技术部门负责标准化工作，负责搜集国家法律、法规、标准、规范和上级管理制度，定时组织风险识别，通过体系管理将识别到的规定贯彻到技术方案、操作规程、作业指导书或岗位职责中去。

积极推进重大科研项目和抢维修技术标准研究。中心高度重视抢维修技术的研发和应用工作，每年都要承担多项抢维修科研课题，成立了压力管道、SCADA、消防自控等六大实验室，专门对应急抢维的技术难题进行攻关。承担了中国石化《油气输送管道突发地质灾害现场抢险技术研究》项目，为国内多种介质油气管道复杂地质环境下的抢险作业提供技术支持；研究大口径海底原油管道应急抢险系列技术，攻克了深海、高流速、大管径原油海底管道的抢修技术难题。积极开展站场、外管道抢维修技术方案研究，开展抢险技术方案体系研究工作，为开展相关维抢修业务提供有力的技术方案、工法支持。

强化体系运行管理。中心用体系管理的理念，落实责任、明确程序、规范管理和作业。通过强化风险管控，落实 HSSE 主体责任，加强基层站队、班组和岗位的 HSSE 建设，建立了基地应急值班、应急响应流程、技能培训、应急演练等管理制度。基地成立后组织力量编制了 36 项《国家油气管道应急救援设备安全操作规程》，作为试点单位编制发布了《油气管道救援徐州队应急预案》。基地实行应急队伍军事化管理，中心救援队被编组到军分区民兵应急营，接受军事化管理。中心组织了 20 多人的内审团队，通过精心策划组织体系的内审和管理评审，持续改进管理水平。每年安排教育培训计划对标准、规范的进行学习研讨交流。中心包括安全、质量、党建、实验室 CNAS 认可、“三基管理”等管理工作都统一纳入体系管理中，形成一整套完整的管理制度、岗位职责、操作规程、作业技术方案、应急预案、作业指导书等，通过大力推进体系标准化管理，推动中心的软实力上台阶。

4 结语

徐州队通过标准化、规范化建设实践，在装备配备标准化、人才队伍训练标准化，体系管理标准化、抢修技术、作业标准化等方面进行了积极探索实践，取得了初步成果，为打造国家油气管道应急救援基地奠定基础。提炼并形成了“再急拉得出，再险冲得上，再难打得赢”的企业精神、“打有准备之仗，打有把握之仗”的工作理念、“重维急抢、自主维修”的工作模式、“完成好任务，保证好安全，展示好形象，总结好经验”的工作要求等囊括十个方面的特色企业文化。

陆上油气管道应急救援队伍装备配置探讨

沈 平 陈雪华 高 旭

（国家管网集团东部原油储运有限公司）

摘 要 近年来，油气管道面临着越来越复杂的环境，造成事故频发。国家针对重大、特大油气管道事故支持建立国家油气管道应急救援基地，配置大型、特殊、高精尖、企业和地方无力担负的应急专用救援装备。“徐州队”用近三年的时间，完成基地的建设。本文结合徐州队的建设经验，根据服务区域及业务特点，按照功能模块从快速机动、侦检、应急抢险、通信指挥、辅助等方面对装备的配置标准进行探讨，旨在推动油气管道应急救援队伍朝着标准化、规范化及专业化的方向发展。

关键词 陆上油气管道；油气管道应急救援；应急救援队伍；应急救援装备

近年来，我国油气管网不断构建完善，随着城镇化速度加快，大量前期敷设的油气管道逐渐被占压，成为穿越人口密集区域的管道，地面占压管道与道路线缆等其他设施交叉，杂散电流干扰等问题形成了巨大安全隐患，城市建设与地下管网安全的矛盾日益突出。同时，由于近年来地质灾害频发，也对管线的安全运行带来了巨大的挑战。如深圳“12. 20”山体滑坡造成管线被冲断、湖北恩施“7. 20”山体滑坡导致天然气管线爆炸、通江“10. 12”造成天然气管线泄漏等。

2016年国家安全监管总局发布的<安监总厅应急函[2016]194号>文件中对油气管道应急救援基地建设项目提出了建设目标和工作要求，旨在“将应急救援基地建设成装备精良、设施完备、反应迅速、技术精湛、训练有素、能打硬仗的国家级专业应急救援基地”[1]。经过3年左右的时间，国家油气管道应急救援徐州队（后文简称为“徐州队”）已经基本建设完成，并于2019年11月正式挂牌运营。本文结合徐州队的建设经验，就陆上油气管道应急救援装备配置标准进行探讨，旨在推动管道应急救援朝着标准化、规范化及专业化的方向发展，也为国家油气管道应急救援基地的建设提供参考和借鉴。

1 陆上油气管道应急救援现状分析

2016年，国家支持建立第一批国家油气管道应急救援基地，位于廊坊、徐州、珠海，后又支持建设第二批救援基地，分别位于昆明、沈阳、新疆，如图1所示。在此之前，国内的油气管道的维修力量主要依靠分布在以中石油、中石

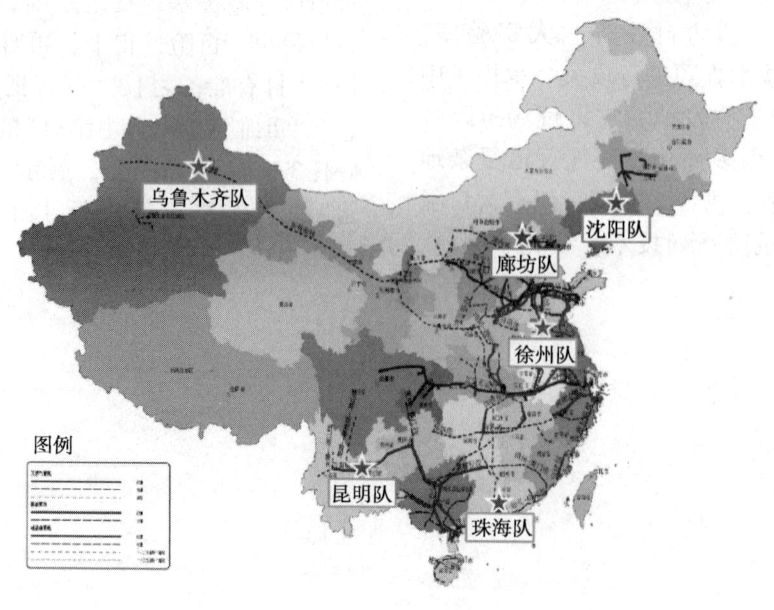

图1 国家油气管道应急救援队伍分布

化、中海油为代表的企业专职管道抢险救援队伍，地方省市管网公司目前尚未建立专职管道抢修队伍，主要依托就近的中石油、中石化的抢维修力量和社会上的消防等应急救援力量，区域内的应急救援力量无法达到联动和统一指挥调度。

下面将以中国石化管道储运有限公司下设的抢维修中心（徐州队依托单位）为例，分析我国陆上油气管道应急救援装备情况。在国家油气管道应急救援（徐州队）基地建设前，管道储运有限公司抢维修中心所拥有的主要装备以辅助类装备为主，应急抢险类装备仅占 25.1%，详细情况如图 2 所示，其中应急抢险类装备的配置情况如表 1 所示。

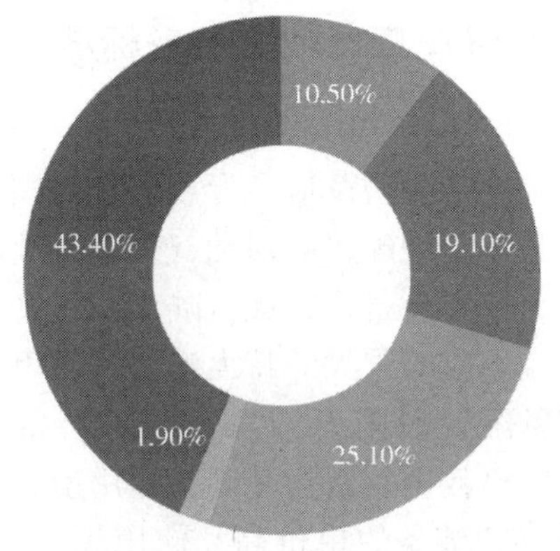

图 2　国家基地建设前管道储运有限公司各模块装备占比

表 1　国家基地建设前管道储运有限公司拥有的主要抢险类装备

序号	类别	装备名称	主要技术参数	装备数量
1	堵漏装备	盘式封堵器	DN159～DN914	10 套
		折叠式封堵器		1 套
		站场应急处置集成撬	含应急堵漏设备在内共计 41 项设备	1 套
		站库应急堵漏装备	磁压堵漏器	1 套
2	抽油、排水装备	防爆螺杆抽油泵	$20m^3/h$（2 台）、$30m^3/h$（4 台）、$250m^3/h$（2 台）	8 台
		气动隔膜泵	$32m^3/h$	2 台
		液压渣浆泵	$180m^3/h$	5 台
		自行履带式排水泵	$1000m^3/h$	1 台
		大功率负压抽吸装置	$100m^3/h$	1 台
3	开孔、封堵、断管装备	手动开孔机	开孔规格 DN50，最大承压 6.4MPa	4 套
		带压开孔器	开孔规格 3/4″-1″、3/4″-2″	1 套
		手持式等离子切割机	最大切割壁厚 16mm	5 套
		手动旋转式切管机	切管范围 DN159-DN914	2 套
		钻铣切管机	切管范围 DN457-DN914	4 套
		液压爬管机	切管范围 DN500-DN800	4 套
		液压爬管切割机	切管范围 DN152-DN1829	6 套
4	焊接装备	逆变直流弧焊接	最大焊接电流 400A	12 台
		自发电电焊机	最大焊接电流 190A（10 台）、220A（4 台）	14 台

由表 1 及图 2 可以看出，在国家油气管道应急救援（徐州）基地建设前，管道储运有限公司所配置应急救援类装备主要是以处置中、大型事故为主，基本可以处置其所辖管道的突发应急事件和设备维护保养，但无法处置重大、特大型事故，不具备大型油气管道泄漏、火灾爆炸事故现场应急抢险和处置的能力，也无法实现对周边（华东）区域实现全覆盖应急救援。

2 陆上油气管道应急救援装备标准

安监总厅应急函[2016]194号文件中明确提出：利用安全生产预防及应急专项资金为国家油气管道应急救援基地配置应对油气管道事故的大型、特殊、高精尖装备。因此，陆上油气管道应急救援装备应以应对重大、特大油气管道事故得为目标；装备配置原则为："高精尖"装备为核心，常规型应急救援装备为基础，通用型装备为辅助；"高精尖"装备的单价高、使用频次不高、应急处置能力强，采用国拨资金的方式配置；常规型应急救援装备可以实现一般的应急救援工作，采用企业自筹的方式配置；通用性的普遍性较高，需要时可采用依托社会的方式解决。

徐州队根据服务区域及业务特点，按照功能模块[2]针对快速机动、侦检、应急抢险、通信指挥、辅助等方面，兼顾平原、山地、水网等各种不同作业环境，配套新增和更新管道应急救援所需的装备，整体配置情况如图2-1所示，其中，应急抢险模块无论是数量占比还会资金投入都排在首位。下面将结合徐州队的建设经验，按照功能模块对装备的配置标准进行探讨。

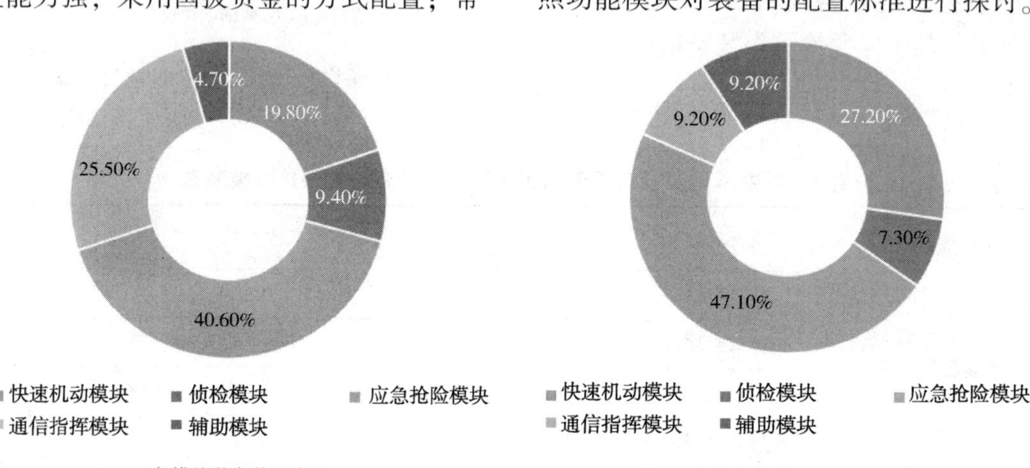

图3 徐州队装备整体配置情况

2.1 快速机动模块

国家油气管道应急救援基地的作战半径为1200km以内，应具备接到指令后24小时内携带重型装备、12小时内携带轻型装备到达服务区域内事故现场参加应急救援和抢维修作业。快速机动类装备的配置标准也以此为依据进行配置。徐州队在原有的快速机动类设备基础上更侧重于大型设备运输和二次进场设备进行配置，比重分别33.3%和38.1%。

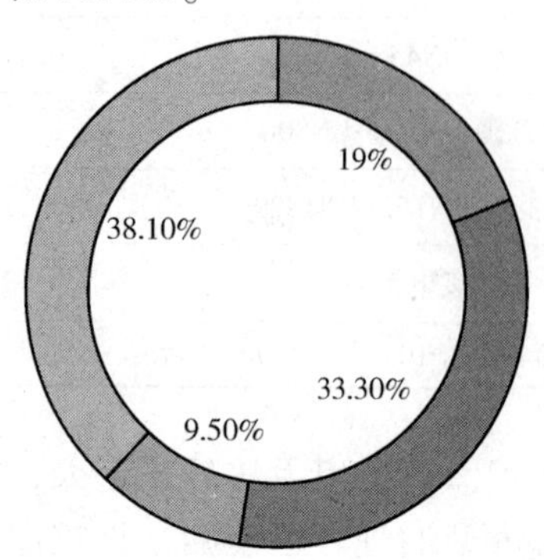

图4 快速机动模块装备配置占比

2.1.1 运兵

运兵装备主要包括人员运送车和设备运输车。按照国家应急救援指挥中心有关要求，应急救援队伍接到应急指令后要迅速响应，赶赴现场展开应急救援工作。抢险人员运送车作为专门运输救援人员的车辆，相较于设备运输车辆，会更早到达现场，因此，抢险人员运送车除了可以运送人员外，还应具备装载便携式侦检、个体防护及急救等器材，确保抢险救援人员到达现场后可以第一时间开展相关救援工作。针对重、特大事故所配置的装备目前正趋于专业化、集成化发展，会有较多大型设备，因此，设备运输车应具备足够的装载和牵引能力，同时为了确保其机动性，应选择越野型设备运输专用车。

2.1.2 二次进场

救援装备按照功能模块向集成化方向发展，对进场道路具有很高的要求，事故现场往往不具备大型集成类设备进场的条件，需要临时修筑进场道路。为了更有利于应急救援工作的开展，按照华东地区的区域特点，针对山地、沼泽、水网等地区进行考虑，配置履带式全地形抢险车、轻型水陆两栖牵引车等二次进场装备；针对油库事故，为了便于装备快速越过防火堤，需要配置大型车辆快速越障桥；为了能够应对不同地区、地形情况下的装备装卸、转运、牵引，需要配置全地形起重机、全地形多功能重载型伸缩臂叉装车、全地形旋转型伸缩臂起重叉装车等。

2.2 侦检模块

2.2.1 侦检及监测

通过侦检装备对事故现场、泄露的油气进行全方位的侦查检测，可有效减少或避免救援人员贸然进行危险油气环境带来的伤害；监测装备可以对现场环境进行持续监测，以应对突发作业环境变化带来的二次伤亡。因此，侦检及监测装备在油气管道事故救援中的应用是十分必要。

侦检及监测装备配置应注重油气环境浓度、气象信息和现场图像采集等方面，具备易燃易爆、有毒有害等危险物质监测、报警功能，可以实现应急处置辅助决策、现场持续预警，提高应急救援队伍现场评估、指挥人员的决策指挥能力[3]。

2.2.2 安全防护

安全防护装备配置注重提高应急抢险人员的个人防护。应急救援现场的环境复杂，应当依据工种和作业类别的不同，配置不同的安全防护用品，以确保个人防护的规范化和科学性。针对火灾的现场救援，配置纳米防火阻燃涂层和新型材料复合工艺的避火服、隔热服；针对有毒有害气体的应急救援应配置防化服、正压式空气呼吸器、防毒面具等，还应具备危险气体浓度预警、生命体征实时监测、作战位置移动定位等装备；针对水上作业应配置救生衣、救生圈等。

2.3 应急抢险模块

应急抢险模块是整个应急救援体系中的核心模块。按照徐州队现在的服务区域的特点，主要涉及堵漏、抽油排水、开挖和支护、开孔封堵及断管、换管和焊接等5大类型。重、特大油气管道事故的应急救援往往会涉及多种抢修设备，为充分发挥应急救援的效能，满足区域应急救援的需要，应急抢险模块主要配置重型、中型、轻型多功能抢险车，同时对抽油、排水、开挖、断管等抢险配置针对性的装备。

2.3.1 堵漏

堵漏作为管道应急抢修的前期处置措施，在

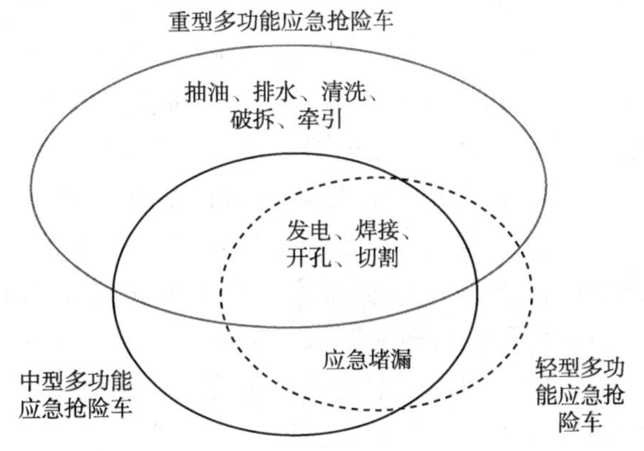

图5 多功能应急抢险装备

油气管线发生泄漏后，可以迅速的解决泄露源，减少介质的泄漏量，降低因泄漏导致事故扩大的可能性。由于油气管道泄漏原因的多样性、管道的压力状态、作业条件复杂，综合考虑这些因素，需要配置多种类型的堵漏工具，如表2所示，以确保可以处置服务区域内各种情况的泄漏。

表2 堵漏类装备

序号	装备名称	性能、参数
1	链条式管道堵漏器	适用于压力为2.0MPa以内，温度为-60℃～150℃
2	木楔堵漏工具	适用于压力0.1MPa～0.8MPa，温度为-50℃～120℃的介质泄漏，由圆锥形、方楔形和棱台形木楔组成
3	磁压式堵漏工具	适用压力不大于1.8MPa，温度：≤80℃，适用管道范围：159mm～914mm
4	强磁橡胶堵漏块和板	适用压力≤1.5MPa；温度≤80℃。
5	组合式磁力橡胶堵漏板	适用压力：≤1.0MPa；管道、罐体外径Φ≥1200mm；工作温度：≤80℃
6	柔性施压快速堵漏工具	压力范围：0～20MPa，温度-195～850℃，封堵直径8mm-2500mm，适用于各类介质，法兰、直管、根部及罐体等部位各种形状泄漏点快速堵漏

2.3.2 抽油、排水、置换

抽油排水类装备的配置主要是针对泄漏油品

的回收、管内油气的紧急置换、汛期抗洪排水等方面。抽油装备要针对不同的油品性质配置不同的收油机(泵)，对于水面溢油回收时，还需要配置水上收油机、收油船；现场应急抢险时，为了确保作业安全，需要对管道内的油气进行置换、吹扫，因此，需要配置空压机、制氮设备；汛期往往会涉及应急排水，设备的排量要求较大，对扬程也有较大要求。抽油、排水、置换类装备主要考虑的因素是其作业效能和安全性，使现场可以快速的具备应急抢修的条件。

2.3.3 开挖、支护

作业坑开挖和支护是确保管道应急抢修顺利开展的一个重要环节，由于现场油气浓度超标、管道与光缆同沟敷设，普通的机械开挖存在一定的安全隐患，因此，需要配置水动力开挖装备、负压开挖装备。涉及深基坑和滑坡、泥石流等导致地基不稳的环境下作业时，需对作业坑进行支护，防止作业坑坍塌，造成抢险人员伤亡，因此，需要配置液压支护装备。

2.3.4 开孔、封堵、断管

油气管道发生重大、特大事故会对管道本体造成较大损伤，经过应急抢修的前期处置后，需要根据管体的实际受损情况采取相应的抢修措施，而处置措施多会包括开孔、封堵、断管等环节。因此，应急抢修模块需要针对这三个处置环节配置相应的装备。

表3 开孔、封堵、断管装备

序号	装备名称	性能、参数
1	带压开孔机(小型电动)	半自动开孔机，开孔范围 DN32~70，最大压力 10MPa，开孔行程 530mm
2	大口径封堵设备	用于直径 864mm、914mm 的油气管道应急封堵抢修作业，最大承压≥6Mpa
3	分瓣式切管机	液压动力站、液压管路及适配切割 DN300~1200mm 管径范围的分瓣式旋转切割坡口机构成，切割与坡口加工可同时进行。
4	液压爬管机	切割与坡口同时进行，切割管径范围为 DN150-DN1500；配置不低于 11KW 电动液压动力站。
5	手动旋转式切管机	适用于狭小空间内手动冷切割管道，切管覆盖范围 Φ159~720。
6	分瓣式切管机	由液压动力站、液压管路及适配切割 DN300~DN1200mm 管径范围的分瓣式旋转切割坡口机构成，可进行切割与坡口加工。WZ20180930-2211-11626
7	高压水射流	用于混凝土、沥青、管线快速切割破除。装机原装进口，最高压力不低于 140MPa，最大流量不小于 80L/min，前置式加砂系统。配套手持式水枪、支架式水力切割系统、加砂水力切割金属系统。
8	等离子切割机	最大穿孔切割厚度 10mm，最大切断切割厚度 16mm
9	手动气割工具	30 型，包括 2 个减压器，2 个回火器，两根气管，一把 30 型割炬，卡扣 4 个。
10	原装进口油锯	汽油动力，功率 2.4kW。

2.3.5 换管、焊接

换管是管道永久性修复的重要处置措施，需要断管和焊接作业配合。断管装备将表；换管作业涉及管材吊装，这类设备可以依托社会，对于特殊地形的吊装设备可使用全地形旋转型伸缩臂起重叉装车、全地形多功能重载型伸缩臂叉装车等装备。管道的焊接设备考虑管线的材质、焊接工艺等参数进行配置。

2.4 通信指挥模块

要做到迅即响应、快速到位、精确救援，需要在统一的应急指挥下得以实施[4]。应急通信指挥模块通过大数据系统实现现场及远程对应急救援力量的统一指挥联动，具调度指挥、信息处理、技术指导、监控、应急辅助决策等功能，对应急救援工作的开展发挥重要作用。考虑日常的强兵应急管理平台具备视频会议、队伍信息资源管理、应急值守和应急 演练管理功能，具有应急辅助决策、桌面事故推演、模拟救灾 演练和数字化应急处置培训等功能，同时具备与国家安全生产应急救援指挥中心联通功能。

2.5 辅助模块

2.5.1 照明、供电

油气管道应急救援工作需要充分考虑现场的供电及夜间的照明情况，保障应急抢险工作的顺利进行，应具备足够的覆盖范围且机动灵活，因此可以考虑配置轻型移动照明车、防爆移动工作灯、移动电源车等装备。对于应急救援现场及周边不具备供电系统的情况应配置发电机，其性能应确保可以提供现场所有设备的供电情况。

2.5.2 后勤保障

应急抢险工作具有一个处置周期，现场需要具备会议、餐食、修整的临时场所，因此，需要配置后勤应急保障模块。后勤保障模块应能够提供50人以上应急救援队伍的事散现场食宿。牵引式拓展方仓结构，具备小型会议、个体防护用品储备等功能。

2.5.3 应急物资

突发事件应急物资具有储存必要性、品种有限性、数量不定性、物资时效性等特点[5]。油气管道体系所涉及的应急主要包括旁通管道类、溢油控制类、防汛抗洪类、应急抢修类。

表4 应急物资

序号	应急物资类别	物资名称
1	旁通管道类	快装钢制管道、快装聚氨酯管道及其配套的连接件等
2	溢油控制类	围油栏、吸油毡、储罐等
3	防汛抗洪类	橡皮艇、打桩机、船挂机、脚手架及配件、钢丝绳石笼等
4	应急抢修类	引流卡具、套袖、封头等

2.5.4 其他辅助装备

其他辅助类装备主要是应急抢修过程中相关的辅助装备，主要包括正负压排烟消防车、快速防爆除锈机、3PE防腐层剥离机、液压螺母破切器等。

3 结论

国家油气管道应急救援基地的装备配置应以重大、特大油气管道事故为目标，配置重特大事故的大型、特殊、高精尖、企业和地方无力担负的应急专用救援装备为主的原则，根据服务区域、业务特点，按照管道应急救援的各类需求，兼顾平原、山地、水网等各种不同作业环境，配套管道应急救援所需的装备。

本文结合徐州队的建设经验，按照功能模块的针对快速机动、侦检、应急抢险、通信指挥、辅助等5个核心模块，14个子模块，对装备的配置标准进行探讨。在依托单位以处置中、大型维抢修装备及技术力量的技术上，结合服务区域的特点，有针对性的进行配置以应对油气管道所面临着越来越复杂的环境和潜在风险，实现事故应急的区域联动、统一调动，推动油气管道应急救援队伍朝着标准化、规范化及专业化的方向发展。

参 考 文 献

[1] 国家安全监管总局办公厅. 国家安全监督总局办公厅关于申报2016年安全生产预防及应急专项资金国家危险化学品和油气管道应急救援基地建设项目有关事项的通知[R[. 安监总厅应急函，2016(194).

[2] 徐爱慧. 我国突发事件紧急救援队伍分类分级研究[D[. 中国地震局地壳应力研究所，2018.

[3] 朱易峰，蔡喜洋. 无人机在危化品事故应急救援的应用研究[J[. 当代化工研究，2018(09)：103-104.

[4] 于新宇，周翔，林菁. 基于模块化的专业应急救援基地建设研究初探[J[. 安全与健康，2019(12)：30-32.

[5] 池宏，祁明亮，计雷等. 城市突发公共事件应急管理体系研究[J[. 中国安防，2005(4S)：42-51.

国家应急救援队伍综合应急救援能力提升策略与方法探讨

王志强

（国家管网集团东部原油储运有限公司）

摘　要　通过对目前的背景分析，阐述提升国家应急救援队伍综合应急救援能力的必要性和紧迫性；对目前国家应急救援队伍综合应急救援能力存在的不足和需要提升的工作进行了分析，并针对存在的不足制定提升策略和方法；最后对国家应急救援队伍的发展前景进行了展望。

关键词　国家；应急救援队伍；综合；应急救援能力；提升

1　引言

中共中央政治局2019年11月29日就我国应急管理体系和能力建设进行第十九次集体学习。中共中央总书记习近平在主持学习时强调，应急管理是国家治理体系和治理能力的重要组成部分，承担防范化解重大安全风险、及时应对处置各类灾害事故的重要职责，担负保护人民群众生命财产安全和维护社会稳定的重要使命。要发挥我国应急管理体系的特色和优势，借鉴国外应急管理有益做法，积极推进我国应急管理体系和能力现代化。我国是世界上自然灾害最为严重的国家之一，灾害种类多，分布地域广，发生频率高，造成损失重，这是一个基本国情。同时，我国各类事故隐患和安全风险交织叠加、易发多发，影响公共安全的因素日益增多。加强应急管理体系和能力建设，既是一项紧迫任务，又是一项长期任务。习近平强调，要加强应急救援队伍建设，建设一支专常兼备、反应灵敏、作风过硬、本领高强的应急救援队伍。

2　国家应急救援队伍应急救援能力现状分析

近年来，在党中央、国务院的坚强领导下，国家应急管理部紧紧依靠相关部委、各级地方政府以及国有大中型企事业单位，全力开展了国家级安全生产应急救援队伍建设，建设了一批装备精良、技术精湛、训练有素、能打硬仗，关键时刻“拉得动、动得快、打得赢”、“国内领先、国际一流”的国家级应急救援队伍，显著提升我国事故灾难的应急救援能力。

但我们也要清醒的认识到与发达国家相比我国的应急救援体系相比，我国的应急救援体系建设还显得有些粗制大叶，不精细，特别是在一些应急救援工作中，依旧暴露出诸多问题，表现在应急救援力量分散，管理薄弱，应急反应迟缓应急装备数量不足和落后，救援能力差，应急法制基础不健全等方面。因此如何提升国家应急救援队伍的综合救援能力就是一个已经摆在我们面前亟待解决的问题。

国家应急救援队伍在应急救援能力方面存在的不足和需要加强方面主要表现在：

（1）应急指挥系统不畅通、内资源配置不合理应急指挥信息系统是应急救援力量体系建设中重要的基础保障，是保证预警、报警、警报、指挥、调度、决策等活动的信息传递快速、顺畅、准确以及信息资源共享的关键口，在应急救援指挥机构和指挥中心，均已建立了各自的应急指挥平台，但却难以实现信息共享，客观上造成联动响应滞后、指挥小力等情况，在人力资源、技术资源、装备资源的多头投入、重复建设、资源浪费，难以对应急救援资源进行科学、介理的统筹安排，造成现有应急力量和资源却得不到 充分利用，资源高度闲置。因此如何形成统一指挥、功能齐全、反应灵敏、运转高效的应急救援指挥系统已成为新时期下厄待解决的一个难题。

（2）应急救援装备配备不足。应急救援需要的特种器材装备类型多样，技术要求高，购置价格昂贵，由于受经费、专业等方面的限制，不能按照需要配齐救援装备，只能配备一些常用应急装备和个人防护装备，特别是一些特种，高精尖处置装备缺乏，即使配备的高端装备数量有限，当遇到一些特殊事故，特种装备缺乏，难以现场快速机动能力、后勤保障能力，影响抢险救援效率。

(3) 应急救援专家队伍建设还需加强。应急救援队伍建成后，初期难免存在组织指挥人员知识结构单一、专业技术水平不高等问题，未有效形成应急救援专家队伍，特别是一些平时难以遇到的救援行动如水灾、地震、特殊化工物资泄漏等，就难以形成快速有效的后台技术支持和帮助，影响应急救援工作的安全高效处置。

(4) 国家应急救援队伍人员的整体技能水平还需进一步提升。由于国家应急救援队伍整体规划建设起步较晚，救援人才队伍整体上专业基础薄弱、救援技术偏低，在加之平时训练少，没有形成系统、科学的救援技术理论和方法，在一些应急救援现场总会出现一些队员手忙脚乱的情况，甚至有时会束手无策，一筹莫展[1]，人员的技能水平不能满足现场救援的需求，影响了事故救援的效能。

(5) 国家应急救援队伍的应急后勤保障能力亟待加强。

作为国家应急救援队伍担负着处置国家重特大事故的职责，应急救援任务现场存在着复杂、急变、严酷的特点，而应急后勤保障能力，承担着恢复、再生和提高应急队伍作战能力的重任，这就要求应急后勤保障方面必须具备快速反应能力和综合保障能力[2]。从目前整体的后勤保障能力建设来看，在快速反应能力和综合保障能力方面还不能完全满足特重大事故应急救援处置的需要，还需要进一步加强。

3 国家应急救援队伍应急救援能力提升策略

加强应急救援队伍能力建设，提高防范处置重大事故灾害的能力，既是当前一项紧迫的工作，也是一项需要付出长期努力的艰巨任务。应急救援是防范事故的重要手段，是保障人民群众生命财产安全的最后一道防线，为筑牢这道防线，必须加强应急救援队伍建设，全面提高应急能力和水平，以此保障广大人民群众和职工的安全与健康。因此全面提高国家级救援队伍能力建设要从指挥协调能力、装备能力、侦测能力、事故处置能力、后勤保障能力、培训演练能力、社会资源统筹调集能力等方面进行提升。

3.1 国家应急救援队伍应急指挥体系完善

应急救援指挥体系是针对自然灾害、事故灾难、公共卫生、社会安全等突发公共事件的抢险救援活动实施组织领导的一个科学、有效、运转良好的组织系统。应急指挥系统的建立和完善提升是应急救援队伍综合应急救援能力的根本保障。

应急指挥体系通常包括组织体制、运行机制、法制基础、保障系统四个方面。它们是衡量指挥体系整体功能的重要指标，直接影响着系统的正常运行，具有不可替代的作用。应急指挥体系是否能高效发挥作用，是与这四个环节密不可分的，任何一部分的 缺失都会影响体系的高效运行。这就犹如围成木桶的木板，水桶的容量是由最短的那块板来决定的。

而国家应急救援队伍应急指挥体系重点是应急保障系统，即通常所描述的应急指挥系统的建设和应用，近年来国家发布了一系列相关规范及要求。并把应急指挥系统做了明确的分类定义：应急指挥场所系统、基础支撑系统与综合应用系统等。针对应急的本质特点，应急指挥系统需要具备如下能力：早期各类信息汇集、分析能力；快速反应能力；水平信息整合和共享能力；足够的信息汇集和指挥通讯能力；系统具有冗余性和可靠性设计。

因此国家应急救援队伍的应急指挥系统应具备应急采集与通讯和应急传输网络功能，与国家安全生产应急救援指挥中心联通功能，具备视频会议功能；具有队伍信息资源管理、应急值守和应急演练管理功能。具有应急辅助决策、桌面事故推演、模拟救灾演练和数字化应急处置培训功能。实现在应急指挥中采用高清的视频和语音对讲，就能够将故障现场的视频互联互通到指挥中心，能够清晰准确的判断险情，辅助做出更好的应急决策；可以远程对多个发生状况的视频同时查看并切换到会议系统，同时，可以邀请多个领导、专家参与到应急指挥中来；通过应急指挥，可有效实施应急预案、资源共享、事件上报、协调处置、事故灾害评估和应急演练等；通过应急管理辅助系统实现对各类应急资源的管理，实现各类信息的快速报送，利用应急指挥系统实现各种决策和调度。

3.2 应急装备能力提升

按照国家应急救援队伍装备配制以应对重特大事故的大型、特殊、高精尖、企业和地方投资困难、使用率低的应急专用救援装备为主的总体原则，根据服务区域、业务特点，结合抢维修中心现有装备配制情况，以提升整体装备实力为目标，补充和完善先进、实用的油气管道应急救援装备，满足国家级应急救援基地功能定位的装备需求。

3.2.1 加应急救援装备发展规划，提高装备配置的配套性和适用性

应急救援防装备是抢险救援工作的制胜武器，新形势下的特重大事故的抢险救援工作没有现代化装备几近危艰。针对各类抢险救援的实际，合理配置应急救援队伍的装备尤为重要。油气管道应急救援基地装备功能要求能够覆盖中石化原油、成品油、天然气等三大板块油气储运设施，以及覆盖华东地区能源通道，适应各种地形地貌和严苛自然环境条件的国家级油气管道应急救援基地装备的配置标准。

以国家油气管道华东(徐州)基地为例，根据服务区域、业务特点，在多次到同行业其它应急救援基地和装备生产企业进行调研的基础上，选择适用于油气管道快速救援为主要特点，主要配备了针对特殊地形进场类设备，大型油气控制设备，无火花快速破拆、开挖设备，特殊环境吊装设备，排水、抽油、应急堵漏、动力照明等大型专业抢修类装备，以及油气监测、特殊安全防护等安全环保类设备，远程应急指挥、运兵车、后勤保障车等后勤保障类装备等。

3.2.2 加强人员应急装备操作能力提升，增强应急救援能力

为加快推进国家应急救援队伍装备的人机融合，提高应急装备的实战能力。应急救援队伍装备就要在装备的接收和验收、调试和培训、使用管理等方面进行规范化管理，要成立装备验收小组，制定国家应急救援装备的验收流程和装备调试、培训规范；建立健全基地装备的使用、维护、修理等相关管理制度，编制各类应急装备安全操作规程。

结合装备的到货情况，及时组织开展设备理论、实操培训，设备到货后供货厂商负责两次设备培训，第一次为设备交货后的理论与实操培训，培训课时以用户了解设备原理、掌握设备操作及安全规程、独立完成简单维保为准，第2次为设备首次投用，以现场指导操作培训为主。

组织编制年度设备培训计划，按计划组织各设备使用单位操作人员进行基地设备理论、实操培训，逐步使员工达到懂性能、懂原理、懂结构、懂用途，会操作、会保养、会排除故障的要求。

建立健全应急装备的使用、维护、修理等相关管理制度，及时完善设备管理、维护保养、特种设备、仪表设备检定、运行巡检记录管理台帐；编写应急装备的安全操作规程，并以此为基础，进行不断地完善，增强设备安全操作规程的适用性和可操作性。

狠抓应急救援装备操作队伍建设，加强岗位练兵，从基本技能、基本操作练起，通过模拟推演、实战训练等方式，实现人与设备的有机融合。坚持以“清洁、润滑、调整、紧固、防腐”为主的“十字作业法”，实行例行保养和定期保养制，严格按规定的检查点、润滑点对设备进行巡检、润滑及日常维保，确保设备时刻处于完好状态。加强与厂商之间的联系，开展多种方式的设备技术交流，吃准摸透装备的核心功能、性能参数、极端实战条件等相关因素，全方位锤炼装备的作战能力，全方位提升操作人员的实操能力。

3.3 应急救援人员能力及素质提升策略

3.3.1 应急指挥员能力提升

应急指挥最重要的是体现在紧急情况下，运用正确的指挥而充分发挥有限的应急力量控制事态发展，体现出应急指挥在突发情况下减少损失、保护生命财产安全的作用，因此必须整体提升应急救援队指挥员的指挥和管理能力。

指挥员可参加国家和企业的各类应急救援专项培训，拓宽理论知识结构，丰富知识储备，提升理论水平。

在理论学习培训的基础上通过应急演练提升实战指挥能力，在复杂的现场指挥员要根据上级指示、现场情况，结合本救援队的现状，既要指挥本队开设行动基地，展开搜救行动，还要对整个救援现场进行管理，涉及救援队员、装备、紧急避险等多项管理内容，这样即锻炼了救援队伍的意志，提升了救援队伍的救援能力，也能有效的提升应急指挥员的指挥能力。

通过平时指挥应急救援行动，各小组指挥员

不但要组织好本组实施救援作业，还要合理安排人员的休息、轮换，保证队员有充沛的精力连续实施救援作业；更要关注本组人员的位置，特别是休息的人数、位置，一旦紧急避险，确保每名救援队员撤离安全地域。所以对各级指挥员是一种考验，也是一种锻炼，也更好地提升能力。

3.3.2 队伍整体能力的提升

加强救援人才队伍培养，提高科学施救本领。应急救援现场复杂多变，任务艰巨，对应急救援队伍提出更高的要求，提高救援队伍的素质是完成应急救援任务的必然要求。

提升应急救援技能。救援技能是完成救援任务的基础，也是镇心之宝。现阶段救援队员的技能层次较低，教员要详细分析各种救援技术的原理，结合现地进行实装实操作业，使救援队员晓之以理，记之于心，勤于动手。通过理论剖析，人、装、现地结合训练，全面提升救援队伍的救援技能，更好地完成救援任务。

提高救援指挥管理能力。救援行动的顺利展开离不开现场高效的指挥管理，从救援队最高指挥员到行动小组指挥员，都是如此。在组织学习的基础上，重点讲解现地管理的内容、方法，并适时设想情况，让应急救援人员先进行室内作业，尔后分组到现地作业，通过实景训练，提高其应急救援能力。

强化心理素质。灾害救援现场，惨状险境随处可见，救援队员要有良好的心理承受能力和无私奉献、敢挑重担的心理状态。要根据现场的现状及救援需要，设计训练内容，如果条件允许，可协调当地的医院、医疗机构等单位，让救援人员现场观看需要包扎救治的重伤者，面对面接触尸体，从而达到提高救援队伍的心理素质的目的。

3.4 加强应急救援专家队伍建设

应急救援队伍建成后，初期难免存在组织指挥人员知识结构单一、专业技术水平不高等问题，特别是应急救援任务涉及多种专业，成立专家组，建立数据库，开展预案制作和战法研究，探索应急救援的科学性和有效性，发挥专家组会商、研判与辅助作用，为应急救援提供支撑。

3.5 应急救援后勤保障能力的提升

特重大事故应急救援复杂、急变、严酷的特点，要求应急后勤保障必须具备快速反应能力和综合保障能力。装备保障作为综合保障能力的重要组 成部分，承担着恢复、再生和提高应急救援队伍作战能力的重任。而未来应急救援任务，要求准备时间少，救援强度大，装备的高消耗性愈加凸显，对装备保障的依赖越来越大，因此必须建立起适应特重大应急救援任务需要的应急后勤保障力量体系，形成能快速、有效地实施应急保障的体系[3]。

(1) 抓好应急救援保障预案落实，确保应急响应速度。首先要对应急救援后勤保障工作做深入调查研究，有针对性地制定后勤保障预案。应急救援工作各地区有各地区的特点，后勤保障工作必须立足本地区的实际，针对在本地区可能出现或者发生的重大事件需要的救援物资保障为前提作出相应的准备。必须全面地开展调查研究，明确分工，制定保障预案，才能做到临场不乱，有的放矢。后勤保障预案是后勤保障工作的重要组成部分，是完成处置应急突发事件后勤保障任务的基本依据。后勤保障单位应根据本级可能担负的保障任务、对象和条件，制定后勤保障预案，并适时根据变化的情况，及时修订、完善、演练保障预案。

(2) 抓好物资管理，确保发挥效用。应急保障物资通常是作预备用，有时一年不用，甚至几年都不用，但是，物资中有相当一部分是时间限制的，战斗员使用的饮食物品过期后就不能食用等等。因此，对保障物品的管理使用必须制定相应的制度，定期和不定期地进行检查保养，发现快到期的尽快调整使用，有变质或者过期的要及时予以更换，保持应急物资随时处于齐全、完整、有效的备用状态。

(3) 抓好人员落实，确保组织健全。从近年来的实践看，后勤保障的高效、快速、准确，很大程度上依赖于后勤指挥机构运转的高效率，指挥机构的高效运转取决于应急保障队伍人员的落实。因此，后勤保障单位都应建立后勤应急保障组织，做到人员分工明确，职责清楚，一旦需要，能够立即展开工作。

(4) 抓好应急经费物资储备落实，确保量足、质优。落实应急经费、应急物资储备要把一切为了应急救援，一切为了保障任务完成作为出发点和落脚点。要按照品种齐全、数量充足、质量可靠、携运行方便的原则落实各类物资的储备，确保在任何情况下后勤保障都不间断。

4 结束语

国家应急救援队伍担负着及时应对处置各类灾害事故的重要职责，担负保护人民群众生命财产安全和维护社会稳定的重要使命，应急救援队伍能力建设任重道远。按照习近平总书记的要求，要在抓紧补短板、强弱项，提高各类灾害事故救援能力的同时，要加强队伍指挥机制建设，大力培养应急管理人才，加强应急管理学科建设。要强化应急管理装备技术支撑，优化整合各类科技资源，推进应急管理科技自主创新，依靠科技提高应急管理的科学化、专业化、智能化、精细化水平。要加大先进适用装备的配备力度，加强关键技术研发，提高突发事件响应和处置能力。

参 考 文 献

[1] 孙震. 浅谈应急救援能力建设存在的问题与对策，应急管理，2014，14(12)：41-42.
[2] 邵大帅、高惠中、杨金柱. 提高实战型后勤保障能力的对策与思考. 军事物流.2017.04：127-128.
[3] 孙磊，浅析陆军后勤保障能力提升[J]. 世界家苑·学术，2018，01.

油气管道应急救援基地应急救援能力评估机制研究

吴云林　曹　明

（国家管网集团东部原油储运有限公司）

摘　要　在分析影响油气管道应急救援能力因素的基础上，运用层次分析法提出了国家油气管道应急救援基地应急能力评估指标体系和分析方法（检查表法），设置了一、二、三级指标，并对各指标建立了评估方法，每个指标均赋予了量化值，设定了评估结果分级。将评估方法应用于油气管道应急救援基地进行评估，结果表明方法科学、合理，客观地反映应急救援能力状况，指明了存在的不足，为今后基地应救援能力评价提供思路和依据，也为油气救援基地了解现有应急能力和不足，明确后续的改进重点指明了方向。

关键词　管道；应急救援；能力；评估；研究

1　导语

石油天然气在我国能源消费结构中占据主要地位，其输送方式主要以管道运输为主。由于管输介质具有易燃、易爆、有毒有害的特性，其线路长，压力高，落差大，途经山地、沟壑、平原、沼泽，穿（跨）越海洋、河流、公路、铁路、人口密集区及自然保护区等复杂地形。在输送过程中，其固有风险、第三方破坏、地质灾害、气象灾害和其它各种不安全因素都可能导致油气泄漏、火灾爆炸、设备毁损、污染环境的事故，甚至造成人身伤亡，是公认的高危行业。安全、快速、高效的应急救援能够最大限度地避免或减轻事故带来的影响，因此油气管道应急救援基地的应急救援体系和能力建设就显得尤为重要，国家已经高度重视应急救援体系和能力建设，近几年投入了大批资金建设了一批油气管道应急救援基地，目前大多数处于收尾验收阶段。对这些已建成的油气管道应急救援基的应急救援体系和能力如何衡量，是否满足服务范围内的油气企业在突发事故时的救援需要，还有待探讨。国家和相关企业在应急处置能力评估方面进行了大量探索，有的是基于情景构建技术的应急准备能力评估方法，有的是政府层面在应对突发公共事件（化工园区、消防、燃气、疫情、中毒、地震等）时的应急准备能力评估，石油石化企业应急能力评估体系是在借鉴国内外相关行业，结合企业应急管理现状和经营特点的基础上构建的［1］。针对油气管道应急救援基地应急救援能力评估，目前还是空白，本文将从以下几方面建立油气管道应急救援基地的应急救援能力评估思路和依据，尽量客观反映其应急救援能力状况。

2　影响应急救援能力的因素

应急救援主要分应急准备、应急响应与救援和事后恢复三阶段，其中前两阶段属于应急救援队伍的主要职责，是衡量一支应急救援队伍救援能力与水平高低的重要阶段，其影响因素很多，但归根到底离不开人、物、环、管四个方面因素，本文重点以前两个阶段进行探讨。

2.1　人的因素

人的因素是体现一支应急救援队伍救援能力最重要的决定性因素。本文所提到的人主要是指救援队伍中的救援参与者，包括救援人员、指挥决策人员、外部技术支持专家和后勤保障人员，这些人员是救援过程的中坚力量，他们能力的高低直接影响救援效果。在准备阶段，要求对救援人员进行必要的技能培训、演练、装备的实训、现场指挥和监管能力培训等，其熟练程度对应急响应与救援阶段产生极大影响。只有各岗位人员在准备阶段尽职尽责，在应急响应与救援阶段，救援人员才能做到快速响应，决策者能够冷静应对、临危不乱，对事故做出正确的研判、制定科学合理的救援方案，救援人员也才能按预案和救援方案有条不紊进行，避免盲目救援，在遇到复杂工况或危险环境时，也能做到有序救援和自救互救，避免事故扩大或二次事故伤害，同时也能熟练利用现有装备，达到安全、快速、科学、高效的救援质量。

2.2 物的因素

这里的物主要是指在应急救援过程中所使用的各种救援装备、设备、设施和应急物资总和，其中救援装备、设备包括车辆、侦检、监测、检测、通信、照明、安全防护、避险和救援机械设备、设施等；应急物资包括现场救援所需的拦截、围油、收油、清理等物资，也包括为现场应急救援提供的药品、食品、饮用水等生活保障物资。在应急救援阶段，先进、齐全、安全、可靠、良好的装备设备和应急物资的及时保供是确保安全、高效、快速实施事故救援的有效物质基础，同时也是确保现场救援安全的可靠保障。因此，应急救援装备、设备、物资的日常管理就显得尤为重要，必须在应急准备阶段做到定期检查和维护保养，确保在应急响应和救援阶段做到一拉就响，为快速控制事故发展赢得先机。

2.3 环境因素

环境因素包括救援现场的作业环境以及救援所需的外部环境条件，科学、合理、安全、有序的救援环境为安全救援起到关键性作用。油气管道事故多发且具有不确定性，有山区、水网、河流、湖泊、隧道、铁路、公路、人口密集区、城市地下管网密布区等工况条件，受地质灾害、第三方施工破坏和管道腐蚀等多种因素影响发生事故，现场含有大量的油气和有毒有害气体，上述工况环境严重影响救援速度和效率，同时对救援人员安全构成严重威胁。

基于上述环境因素影响，在应急准备阶段，必须根据管道运行风险进行分析，制定各种复杂工况条件下的应急技术处置专项预案，并强化日常演练。在应急响应与救援阶段，救援人员要对现场进行侦检监测，摸清现场各种环境参数，为指挥决策人员快速制定可行且有效的风险管控和处置措施，为救援人员提供安全的救援环境，以避免因环境因素影响救援效率，甚至发生二次事故。因此，排除不合理的环境因素(含事故现场外部环境因素)对确定事故原因、制定科学的应急救援方案、安全高效的救援等起到关键性的作用[2]。

2.4 管理因素

管理因素体现在应急救援队伍应急管理体系建设全过程，包含应急队伍建设和管理、制度建设、人员管理、救援设备设施管理、应急培训管理、应急技术管理、日常岗位练兵管理、应急预案与演练管理、应急值班管理、应急响应管理、风险管理、救援过程管理、应急物资管理、内外部应急资源管理、应急现场安全管理、交通安全管理、应急信息管理、应急指挥系统管理、后勤保障管理等诸方面，是应急救援能力现代化建设的重要体现。

在应急准备阶段，要建立日常的应急培训、练兵、预案、演练、值班、指挥与协调管理机制，设立专门的应急救援机构，以便在突发事故时能够高效、有序开展接警、人员、装备与物资的快速准备。在应急救援阶段，应急指挥能够及时研判事态发展，制定科学、合理的救援方案，快速有效的组织、调配应急资源，安全、有序地开展应急救援工作，为快速救援、恢复生产争取时间。

3 应急救援能力评估指标和体系构建

3.1 设计思路

针对不同国家、不同事故类型，其应急救援所需资源各不相同，但离不开人、财、物、管等几个方面，与上面探讨的影响应急救援能力的因素类似，因此应急救援能力评估体系也将围绕这四个方面进行展开，既要体现应急救援系统化、过程程序化的应急能力现代化，又要确保先进性、合规性及可操作性；评估指标各要素设计上应层次清析，结构严谨，评估细则明确，相互之间具有内在逻辑联系的有机整体，通过评估并进行持续改进的体系。

3.2 评估指标与方法设置

指标体系是描述和评估某种事物的可量度参数的集合。择有效的评估指标，构建一套科学、合理 、完整、适用的油气管道应急救援能力评估指标体系，是正确评估油气管道应急救援能力建设的前提和基础，指标体系的设置是否科学合理，直接关系到评估的准确度和可信度。围绕上述设计思路，本文结合油气管道输送企业特点，按照指标确定的通用原则，即科学性、可操作性、相对完备性、相对独立性及针对性建立油气管道应急救援能力的评估指标体系。通过分析应急管理流程和特点，采用检查表法，构建评估体系的各项指标。评估体系指标分三级构建，主要包括适用的应急法规与制度、应急组织、应急队伍建设、应急培训、风险评估与控制、应急预案、应急演练、应急资源保障和应急响应、应急指挥、应急处置、现场安全管控等一级指标，在一级指标的基础上分层级构建二级指标(以一级指标应急队伍建设为例，其二级指标可分化为应急队伍管理、外部协作队伍管理、应急联动管理等)和三级指标(以应急队伍管理为例，其三级指标可分化为人员结构配备、人员技能培训管理、人员日常训练管理、装备配备、装备日常管理、应急值班管理、人员考核管理等)，并赋予一定量化分值来进行评估，在三级指标建立后，给出了详细的评估要求和方法，即检查表法，如表1所示。运用检查表，采用百分制，通过查阅、询问、验证等方法得出分值及评估结果分级，以便客观、准确反映应急救援队伍应急能力现状和管理绩效，明确后续的改进重点和方向，评估指标和方法每年可根据评估反馈情况进行适当调整，具体见表1。

表1　应急救援能力评估体系量化评估表

一级指标	二级指标	三级指标	评估要求	评估方法	分值
1. 应急法规与制度	1.1 应急法规	应急专业法规、标准的识别与获取	略	略	0.2
		应急专业法规的宣贯			0.5
	1.2 应急制度	建立应急管理制度			1.0
		应急管理制度考核			0.2
	…	…			
2. 应急组织	2.1 领导机构	应急指挥中心组成及职责			0.2
		现场指挥部组成及职责			0.2
	2.2 执行机构	执行部门及职责			0.2
	2.3 应急专业组	应急专业组组成及职责			0.2
	2.4 专家组	专家组成及职责			0.2
	2.5 救援队伍	应急队伍组成及职责			0.2
	…	…			…
3. 应急值班	3.1 应急值班机构	机构设置			0.2
		分层级值班人员配置与素质			0.2
	3.2 应急值班管理	建立值班管理制度			0.2
		领导带班			0.2
		值班记录			0.2
		值班考核			0.2
	…	…			…
4. 应急指挥	4.1 应急指挥中心	配置大屏幕综合显示和视频会议等硬件			1.0
		配备应急指挥平台等系统			2.0
	4.2 应急指挥平台	应急信息互联互通功能			1.0
		远程应急指挥与会商功能			0.2
		应急资源查询与调度功能			0.2
		配置辅助决策信息与软件			0.2
		数据与信息更新			0.2
	…	…			…

续表

一级指标	二级指标	三级指标	评估要求	评估方法	分值
5. 风险评估与控制	5. 1 风险评估	建立风险评估制度			0. 2
		风险评估小组组成			0. 2
		风险评估及记录			1. 0
		风险清单			0. 5
	5. 2 风险控制	风险告知及记录			0. 2
		风险过程管控及记录			2. 0
		隐患排查与治理记录			0. 5
	…	…			…
6. 应急响应	6. 1 应急值班接警与处置	警情处置流程			0. 2
		警情处置记录			0. 2
		处置期间信息记录			0. 2
	6. 2 应急指挥中心接警与处置	召集会议与警情会商分析			0. 2
		初步处置方案			0. 5
		响应分级与升级			0. 2
		启动预案			0. 2
		组织分工			0. 2
		应急资源调配			0. 5
		成立现场指挥领导小组			0. 2
		信息收集与传递			0. 2
	6. 3 应急队伍接警与处置	警情处置记录			0. 2
		人员集结时间			0. 2
		物资装车清单与时间			0. 2
		先期侦检人员出发时间			0. 2
		装备和物资出发时间			0. 2
		信息收集与上报			0. 2
	…	…			…
7. 应急处置	7. 1 现场侦检勘查	侦检装备			0. 5
		现场侦检勘查记录			0. 2
	7. 2 技术处置	制定符合现场工况环境的技术处置方案			5
		技术专家支持方案			0. 5
	7. 3 现场安全管控措施	现场风险识别与分析记录			2. 0
		现场管控措施检查与确认记录			0. 2
	7. 4 应急装备物资就位	救援装备合理布设方案			0. 2
		救援物资合理布设方案			0. 2
	7. 5 后勤保障	现场通信联调联通方案			1. 0
		物资运输保障方案			0. 2

续表

一级指标	二级指标	三级指标	评估要求	评估方法	分值
7. 应急处置	7.5 后勤保障	现场物资倒运措施			0.5
		食宿保障方案			0.2
	7.6 现场外部资源调配	现场应急物资调配情况			0.5
		现场应急装备调配情况			0.5
		协作队伍调配情况			0.5
	7.7 救援质量保证	各项作业指导书			4
		各项设备操作规程			4
		焊接质量检验工器具及记录			0.5
		现场所用材料验证及记录			0.5
	7.8 变更管理	人员、设备、工艺、环境和方案等变更风险识别及记录			0.4
		变更审批及记录			0.2
	…	…			…
8. 应急培训管理	6.1 培训管理	应急培训计划、对象与内容			0.2
		应急培训执行与考核			2.0
	6.2 培训效果	关键岗位人员知识与技能提升验证			2.0
	…	…			…
9. 应急队伍管理	9.1 应急队伍管理	人员工种配备与救援能力符合性			2.0
		人员训练计划、内容及实施、考核记录			3.0
		队伍装备配备清单			0.2
		队伍装备训练计划、内容及实施、考核记录			3.0
		自救互救培训、实操内容及记录			0.2
	9.2 外协队伍管理	人员工种配备清单			0.5
		队伍装备配备清单			0.5
		队伍应急救援业绩审查			0.2
		队伍应急范围和能力考核			2.0
	9.3 应急联动管理	区域应急联防机制建立情况			0.2
		联合演练情况及记录			2.0
		应急救援联动情况及记录			1.0
	…	…			…
10. 应急装备与物资管理	10.1 应急装备	应急装备配置清单			0.2
		应急装备管理制度、操作规程			1.0
		应急装备能力及覆盖范围			5.0
		应急装备管理与维护记录			2.0
		装备参与应急救援使用记录			1.0

续表

一级指标	二级指标	三级指标	评估要求	评估方法	分值
10. 应急装备与物资管理	10.2 应急物资	应急物资配置清单			0.2
		应急物资管理制度			1.0
		应急物资覆盖范围			2.0
		应急物资管理与维护记录			1.0
		应急物资使用和补充记录			0.2
	…	…			…
11. 救援预案体系	11.1 救援预案编制	应急预案编制组			0.2
		风险评估与控制			0.5
		应急资源调查			0.3
	11.2 救援预案内容	救援预案分类和分级			0.2
		救援过程关键要素			1.0
		应急预案附件			3.0
		与相关应急预案的衔接			0.2
	11.3 救援预案评审、发布与备案	内部和外部评审			0.2
		应急预案正式发布			0.2
		政府备案			0.2
	11.4 救援预案修订	应急预案评估			0.2
		应急预案修订			0.2
	11.5 专项预案编制	编制各种专项处置预案			5.0
	11.6 处置方案编制	各种复杂工况环境下的现场处置方案			5.0
		特殊地段、环境“一点一案”			4.0
	11.7 预案培训	培训计划			0.2
		培训实施及记录			0.6
	…	…			…
12. 应急演练	12.1 演练规划	应急演练计划或方案			0.2
	12.2 演练实施	内部应急演练开展情况			5.0
		联合应急演练开展情况			1.0
	12.3 应急演练评估	评估报告			0.2
		演练发现问题跟踪与整改			0.2
	…	…			…
总分					100

3.3 评估结果分级

评估人员要按照应急能力评估体系列出的评估要求及评估方法，客观评估应急救援基地的队伍管理、应急装备、应急物资、应急值班、应急处置、应急演练等实际情况符合性。本文以二级要素(应急队伍管理)为例，其评估要求和估方法详见表2。

表 2　评估要求及评估方法(应急队伍管理为例)

二级要素	三级要素	评估要求	评估方法	分值
9.1 应急队伍管理	人员工种配备与救援能力符合性。	1. 建立详细的焊接、管道安装、电工等工种和队长、安全等管理人数和持证信息清单。 2. 规定主要工种具有高级技师和队伍参加大型抢险经历。	1. 主要工种电气焊、管道安装工、电工和管理人员必须接受培训并取得合格证，每缺一人扣 0.2 分，直到 0 分。 2. 焊工具有高级技师人数不少于 4 人、持有两种以上焊接项目证书的人数不少于 6 人，每少一人扣 0.2 分。 3. 救援队伍至少参加过 5 次大型抢险救援，每少一次扣 0.2 分	2.0
	…	…	…	…

评估人员对评估表中的每一项打分，得到评估总分值，根据评级系统的分级表将得分情况进行综合评判，客观地给出量化评审结果，得出救援基地当前的的应急救援能力水平和应急管理绩效，并提出后续改进的重点和方向建议。

评分结果分为 8 个等级，如表 3 所示。

3.4　评估问题整改

被评估队伍要对评估报告所列问题进行归类分级，按严重程度不同，可分为一级(红色)、二级(橙色)、三级(黄色)和四级(蓝色)，如表 4 所示。管理层要以问题为导向，分析根源，并制定有效的整改措施，以提升队伍管理水平。

表 3　评估结果分级

评级等级	等级状态	对应得分
八级	卓越	≥95
七级	优秀	(不含 95)95~85
六级	良好	(不含 85)85~75
五级	提高	(不含 75)75~65
四级	合格	(不含 65)65~55
三级	基础	(不含 55)55~45
二级	初级	(不含 45)45~30
一级	起步	< 30

表 4　问题整改难度分级[1]

级别	代表颜色	分类依据
一级	红色	1. 不符合法规要求或相关监管部门可以依法进行处罚。 2. 问题会给现场带来重大的应急管理或处置隐患。
二级	橙色	1. 不符合技术规范、标准或上级企业管理文件要求。 2. 问题会给现场带来较大的应急管理或处置隐患。
三级	黄色	1. 不符合推荐性指南或属地上级公司管理要求。 2. 问题会给现场带来一定的应急管理或处置隐患。
四级	蓝色	1. 与国际或国内同行业良好作业实践有差距。 2. 通过改进能够提升现场应急管理或处置能力。

按问题等级及整改难易程度可将问题分为四类，落实整改责任，见表 5。

表 5

整改级别	难易程度	整改措施	整改期限	整改责任人
立即整改	容易整改，无需耗费大规模的人力物力，只需采取一般管理措施，一周之内能够完成。			
限期整改	整改相对简单，需要耗费一定的人力物力，采取管理措施，辅以工程技术措施，一月之内能够完成。			
制定整改计划	整改有一定难度，需要消耗较大的人力物力，采取管理和工程技术措施，半年或一年之内能够完成。			
讨论是否整改	整改较为困难或整改必要性需要商榷，短期内无法达成有效的整改方案。			

4 应急能力评估要点

利用应急能力评估体系开展油气管道应急救援基地的应急能力评估，具体步骤和要点如下：

(1)由国家或地方应急管理相关机构或部门派出代表组成应急能力评估小组，油气管道应急救援基地也可由各专业组成的应急能力评估小组，按评估方法进行自评估。

(2)评估小组采取集体讨论方式，逐条交流评估方法的理解与认识，达成共识。

(3)评估小组成员按评估方法分别逐条进行评分。

(4)对各成员评分结果进行汇总平均，确定最终分值。

(5)评估小组讨论，提出报告应列问题和建议措施，确定评估结论。

(6)编写评估报告。

评估过程中，评估成员的专业能力对评估结果存在较大差异，同时评估指标和方法设置尽可能要具有普遍性和实用性，要根据基地应急管理现代化水平的不断提高，持续动态更新评估要求和评估方法，需要在后续的应用中不断进行完善，持续改进。

5 应急救援队伍存在的问题

5.1 应急队伍管理方面存在的问题

应急救援培训内容未以应急救援案例为主要培训内容，缺乏针对性；对应急救援知识的掌握程度未进行跟踪验证，影响考核效果；队伍缺少实战经验，比如缺乏成品油和天然气管道应急救援经验；人员能力也参差不齐，不熟悉应急流程、对应急装备和设备使用方法不熟悉，大部分装备没有经过实战检验等。

5.2 应急预案及演练方面存在的问题

各单位都编制了应急预案，以综合预案为主，没有根据油气管道所存在的事故特征，编制各种专项应急技术处置方案和一点一案，有的只有单一的原油管道应急处置技术方案，因业务管辖范围限制，缺少针对成品油和天然气方面的技术处置方案。虽然各单位都不同程度开展了综合演练、专项演练和现场处置方案的演练，大部分单位应急演练方案编制较为简单，与实际应对事故处置能力还有差距，有的以培代练，大多以桌面演练为主，缺乏实战演练。演练结束的后评估和改进措施很少实施实施，甚至没有实施，达不到持续改进目的。

5.3 应急物资管理方面存在的问题

各企业均配备有应急物资，但应急物资的完备性和实用性程度不一，未按照企业危险源辨识结果，对可能发生的事故类型和应急需要来配备，且入厂质量检验机制未建立或不到位，甚至出现假冒伪劣的情况。应急物资未或很少开展日常检查，反映在应急物资存放不符合规定，维护、保养未落实责任，部分应急物资过期未处理或过期仍使用。

6 提升应急救援能力的措施与建议

(1) 急要要提升应急救援物资、装备和人员在原油、成品油和天然气领域的应急救援能力培训，缺什么补什么。

(2) 急管理部门要将应急救援培训和演练的针对性、实用性和应急物资的完备性纳入监管范围。

(3) 家、地方和基地所属企业要分别各负其责，明确提升应急救援能力所需的人员、物资、装备和资金投入。

(4) 家、地方和基地所属企业应制定具体的应急救援职责、任务目标和考核标准，确保所需人员、物资、装备和资金投入到位的同时，对评估结果不合格的基地提出责任要求，并纳入绩效考核，从政府和企业两方面共同落实应急队伍提升应急能力的责任。

7 结语

(1) 为客观地反应油气管道应急救援基地的应急救援能力水平。本文根据油气管道行业特点，借鉴了石油石化行业良好作业实践，有针对性的构建了油气管道应急救援基地应急能力评估体系，通过评估标准和方法设置、评估体系和结果分级、评估问题整改分类形成一整套评估流程和方法，覆盖了应急救援基地管理要点。

(2) 重基地应急能力的完整性以及持续提升的效果。通过评估，分析存在问题，提出建议措施，落实问题整改，进一步促进整体评估过程闭环提升。

(3) 够有效督促和指导油气基地自身应急管

理合规且持续提升应急救援能力。通过救援能力评估对指导油气管道应急救援基地有针对性强化应急救援能力具有一定的参考价值，在评估实践中要进一步优化评估标准体系，不断完善评分标准，为将来对应急救援能力的评估进行标准化管理铺垫道路。

参 考 文 献

[1] 杨棕景，藏泉龙等．石油企业应急准备能力评估体系研究与实践．标准建设，2019，8：9~11.

[2] 商振，张虹．煤矿应急救援能力评估指标体系构建研究．华北科技学院学报，2016，13(2)：45~50.

[3] 朱桂明，程凌，高健等．石化企业应急救援能力评估研究．中国安全生产科学技术，2010，6(2)：82~87.

[4] 时训先，钟茂华，付学华等．重大事故应急预案评审技术研究[J]．中国安全生产科学技术，2009，5(1)：135~139.

[5] 王宇航，樊晶光，缴瑰，等．建立我国安全生产应急救援标准体 系的初步构想[J]．中国安全生产科学技术，2006，2(3)：55 ~ 59.

[6] 赵永华，袁纪武，朱先俊，等．石化企业应急能力评估方法与应用．安全健康和环境，2019，19(4)：51~ 55.

[7] 夏晨曦，韩辉．某省域内企业应急救援能力实证研究及对策建议．化工进展，2017，36(1)：521~524.

信息技术在石油库智慧消防综合平台建设中的应用探讨

李晓鹏　周生霞　李　艳

（国家管网集团东部原油储运有限公司）

摘　要　针对某大型石化企业石油库消防管理现状，利用物联网、人工智能、移动互联网等信息技术开发智慧消防综合管理平台。首先介绍了信息技术工作机理及功用，其次结合石油库消防安全实际情况，提出了智慧消防平台设计思路和设计方案，同时对平台运行过程中可能存在的难点问题进行了分析研判，最后对智慧消防平台的实施进行分析总结，为石油库智慧消防综合平台建设提供参考。

关键词　智慧消防；信息技术；应急通信；石油库

某大型石化企业为原油储运企业，管理多座原油储备库，工作环境易燃易爆，火灾防范任务艰巨，为消防重点单位。随着大型油库的不断建设，油库消防系统逐渐发展成为较完整的以预防为主的消防体系，同时安全形势的严峻性也对油库消防的运行提出了更高的要求。为贯彻“预防为主、防消结合”的消防方针，石油库配备了完善的消防系统和相关的固定设施。消防系统是集检测系统、通讯系统、声光传感、PLC 总线控制系统为一体的自动化控制系统，通过与火灾自动报警系统的耦合集成应用，为油库的生产运行提供安全保障。

随着互联网、人工智能等新兴技术的发展，“智慧消防”的概念应运而生。2017 年 10 月 10 日，公安部消防局发布了《关于全面推进“智慧消防”建设的指导意见》。意见中提出建设“智慧消防”的工作目标及重点任务，并且明确工作目标。要求综合运用物联网、云计算、大数据、移动互联网等新兴信息技术，加快推进“智慧消防”建设，全面促进信息化与消防业务工作的深度融合，实现由“传统消防”向“现代消防”的转变。智慧消防是在火灾报警系统中综合应用物联网、人工智能、移动互联网、大数据等信息技术，提升火灾报警系统的分析决策能力。通过建设统一的智慧消防管理平台提升消防安全精细化管理能力、消防安全防控能力，应急事件处置能力。本文以该企业某石油库为例探讨信息技术在石油库智慧消防综合平台建设中的应用。

1　信息技术的概念

信息技术是以物联网、云计算、大数据、人工智能等为代表的新兴信息技术，它既是信息技术的纵向升级，也是信息技术的横向渗透融合，具有多维感知、万物互联，海量计算，智能决策，秒速传递等优点。

1.1　物联网

物联网指的是利用传感器技术，将物体与网络按约定的协议相连接，物体通过信息传播媒介进行信息交换和通信，以实现智能化识别、定位、跟踪、监管等功能。系统通过接入物联网感知模块和其它第三方物联网监测平台，对物联感知设备进行管理。同时，物联感知设备全面发挥物联网技术“感、传、知、用”等特点，对设施设备、环境状态等进行智能化感知，实现数据实时连续监测，并可对环境隐患状态快速分析并进行预警[1]。物联网智能监控涵盖物联设备的信息采集、隐患智能排查、事故自动上报、实时预警、报警等功能。智能物联终端设备对各类消防安全设施进行 24 小时不间断监控，当终端设备检测到环境异常时或设备本身失联故障异常时及时发送消息通过短信、APP 等手段将异常信息推送至相关人员，方便迅速准确的进行应急处置或设备维修。相关管理人员可以随时查看故障处理状态，可监督、追溯故障处理情况并通过 WEB、APP、短信等方式发送给相关负责人，系统记录备案。

1.2 人工智能

人工智能即通过计算机程序计算模拟、延伸、扩展人的智能的技术。由于人工智能技术的研究范畴大、时间跨度大，其与消防工作的结合点研究比较多。如将 AOP 软件应用于消防接处警系统设计出基于 MAS 联动型消防接处警系统结构模型[2]；将人工神经网络应用重大火灾隐患认定工作和消防竣工验收工作[3]；建立消防专家辅助系统，实现消防智能问答、辅助消防决策、智能分析等工作[4]。

1.3 移动互联网

移动互联网集合了移动随时随地和互联网开放共享的优势，利用移动终端，实现了便捷、及时、准确的信息通信。正因为移动互联自身的这些优势，利用移动互联网创建的各种共享平台应用于工作和生活的多个领域，人们利用互联网理念探索开发各种方便、实用的小软件潜移默化的改变着人们的生活。

1.4 大数据分析

大数据指的是无法在可承受的时间范围内用常规软件工具进行捕捉、管理和处理的大规模、大容量数据集合。大数据不仅仅包括结构化数据，也包括音频、图像等非结构化数据，具有数据存储、分析、计算、管理等功能[5]。

大数据分析是将系统中零散的数据信息进行汇总分析，通过不同的维度，不同的方式将数据可视化，利用趋势图反应某事件的变化情况，利用饼、柱状图展示事件的分布情况，后续会将这些数据进行加工、建模等操作，可以预测事件发生的概率，减少消防事故的发生。智慧消防平台大数据分析包括消防资源统计分析、救援力量统计分析、物联设备故障统计分析、物联设备报警预警统计分析、火灾事故统计分析。

1.5 应急通信

传统的移动通信技术及互联网由于覆盖范围广，用户众多，设备容量限制的原因一旦发生突发事件很容易造成网络堵塞瘫痪，影响紧急救援的时效性，因此人们迫切希望开发出可靠性高、即时性强、移动性好、抗毁行强的应急通信系统，综合利用各种移动通信资源，保障紧急救援的速度和效率。随着应急通信技术的发展，传统的通信方式逐渐发展为采用无人机、应急车、智能终端等技术的综合性运营平台，更好地实现应急通信语音、视频等信息的发送的接收，实现快速的救援指挥和数据分析决策。

移动智能终端应急通信系统相比较传统的通信方法增加的 GPS 定位功能、视频拍摄功能等将现场情况发送给救援指挥中心，指挥人员综合各种信息能够做出准确的判断，及时的指挥现场人员救援。基于移动智能终端的呼叫中心应急通信功能包括通过智能终端 App 上报报警信息、现场拍摄、语音或短信发送功能、智能分析报警[7]。通过移动互联网开发出的上述新功能极大地提高了应急通信的发展速度，广泛应用于智慧消防的通信网络。

2 智慧消防平台设计

2.1 平台设计思路

根据火灾报警的相关法律法规和规范，按照自上而下，统一规划，确保系统满足用户各个阶段的建设需要，同时避免信息孤岛带来的高成本、低效率、难维护。采用先进的体系架构及对多元信息融合、信息智能挖掘、智能分析决策等多种先进技术进行有效融合，保证技术、产品选型具有先进性和前瞻性，能够适应未来应用需求及技术发展变化的需要。同时，尽可能兼顾产品和技术的成熟性，增强信息基础设施及应用系统的整体稳定性。通过服务开放、接口开放和数据开放，可根据授权按需为其他业务系统提供资源共享服务。随着技术发展和需求变化，系统功能可不断拓展和在线升级，满足可持续发展的要求。

本平台依据石油库的实际情况，采用“人防+物防+智防”的手段实现对石油库的消防安全管理。人防：通过构建油库安全隐患排查的标准化流程，消除安全隐患。同时，为油库职工、单位、消防安全工作人员等提供安全教育培训，提高安全意识和救援能力。物防：采用先进的物联网传感设备实时探测，全面感知油库的消防安全状况。当发生设备报警或者设备故障时，将通过 web、移动 APP 等方式通知相关人员组织灭火救援工作或对设备进行维修处理，消除安全隐患，提高消防事故和故障隐患的响应速度。智防：基于智能安全风险评估模型，通过大数据、云计算、边缘计算、人工智能等科技手段，对采集的数据进行实时分析、智能研判，实时呈现油库的安全隐患及预警报警信息。

2.2 总体设计方案

2.2.1 软硬件配置

智慧消防平台软硬件配置包含基本的服务器、存储器、操作系统、用户传输终端、物联检测装置，通信传输装置等，如表1所示。

表1 智慧消防平台软硬件配置

序号	类别	规格/配置
1	应用服务器和存储服务器	处理器12核，内存32GB，硬盘4TB
2	数据库服务器	处理器12核，内存32GB，硬盘2TB
3	服务器操作系统	Linux系统，数据库服务器上安装Mysql 5.6以上版本
4	用户传输终端	Android系统
5	物联检测装置	电气系统、水系统、风系统采集装置和传感器
6	物联传输装置	物联网、互联网、运营商网络及通讯设施

2.2.2 系统架构

系统总体架构如图1所示，包含物联感知层、网络层、计算存储、数据层、应用支撑层、应用层和用户层。

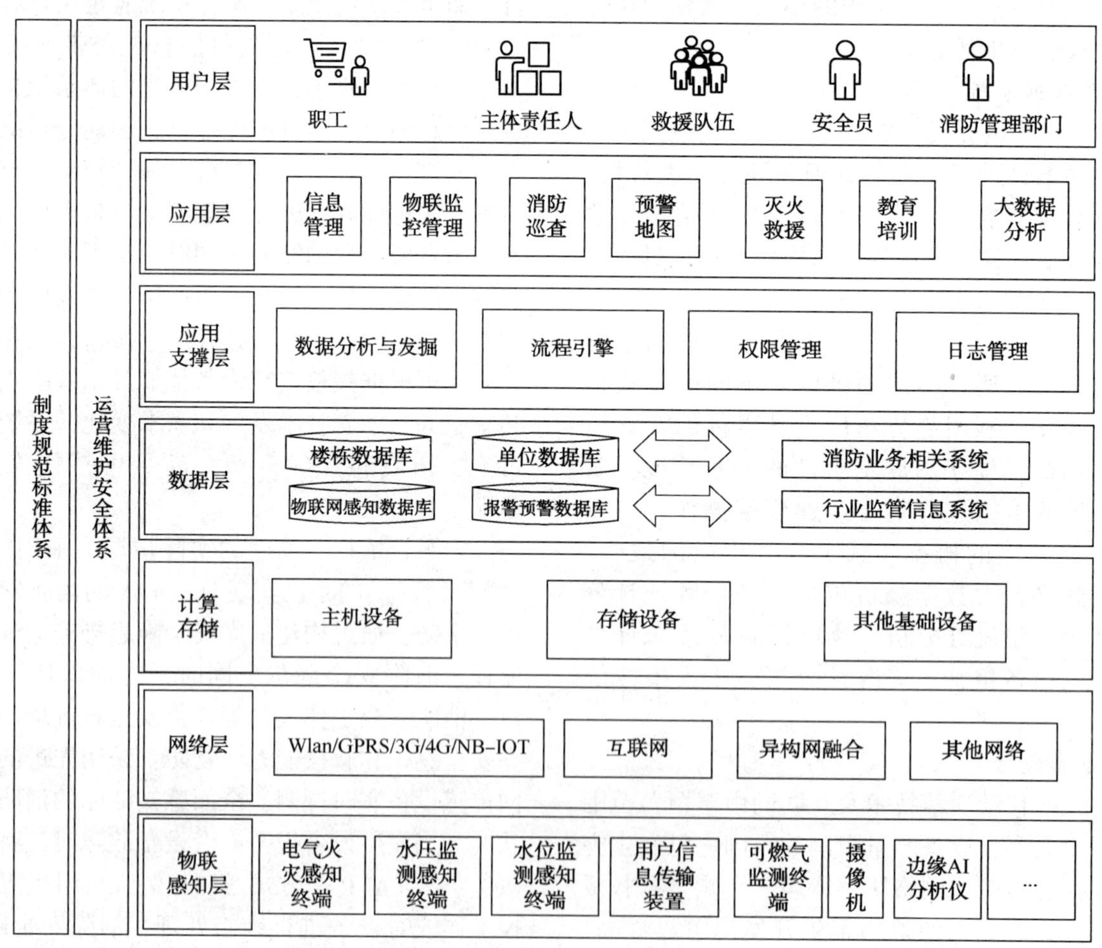

图1 智慧消防平台总体架构

物联感知层包含电气火灾感知终端、消防水压感知终端、消防水位感知终端、可燃气监测终端、摄像机、边缘AI分析仪、消防泵远程控制等物联设备。网络层包含了GPRS/3G/4G/NB-

IOT(窄带物联网)运营商网、互联网等网络。计算存储主要包含了主机设备、存储设备等。数据层包含了物联网感知数据库、报警预警数据库等，并提供接口可将监测的实时数据与其他信息化管理系统对接。应用支撑层包含应用系统的各种应用支撑：数据分析与挖掘、流程引擎、权限管理、日志管理等。应用层具体分为信息管理、物联监控管理、消防巡查、预警地图、灭火救援、教育培训、大数据分析七个子系统。用户层包含主体责任人、消防救援队伍、安全员、消防管理部门。

2.2.3　系统网络拓扑

该平台系统采用分层分布式系统网络结构进行设计，即现场设备层、网络通讯层和站控管理层，详细拓扑结构如图 2 所示。

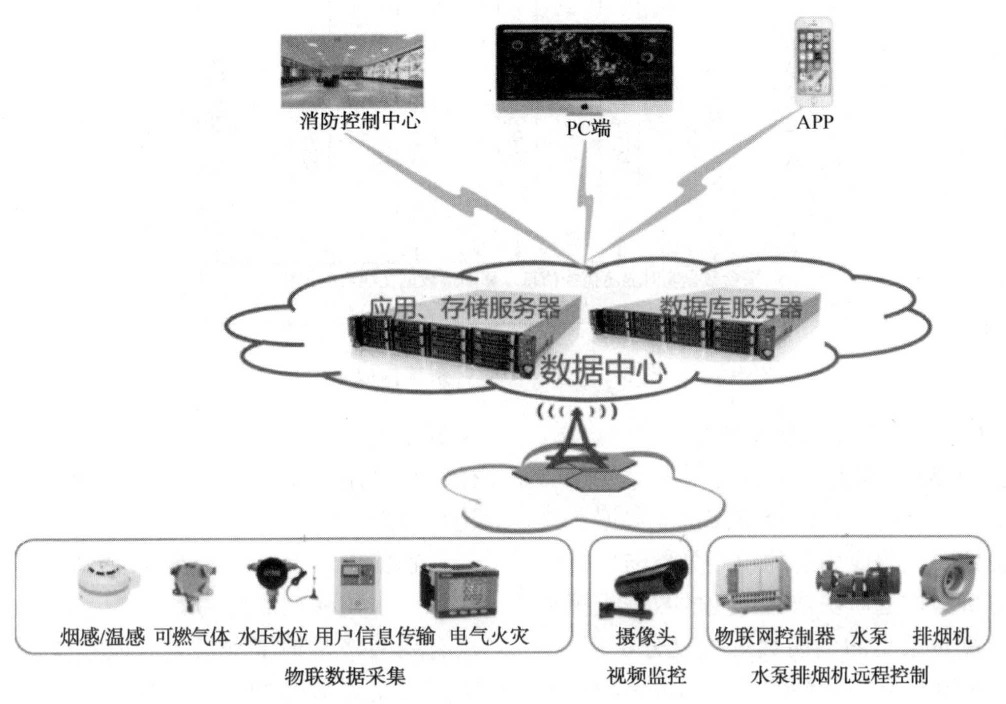

图 2　智慧消防平台网络拓扑

2.2.4　平台应用系统构成

该智慧消防平台在应用层可实现用户及管理人员的在线监控和管理，其应用系统包含 7 大子系统，分别为信息管理子系统、物联监控管理子系统、消防巡查子系统、预警地图子系统、灭火救援子系统、教育培训子系统和大数据分析子系统，如图 3 所示。

（1）信息管理子系统

通过对建筑物、场所单位、消防资源、救援队伍、消防设备等方面的信息管理，建立消防管理信息台账，实现对油库消防各项消防信息的全面掌控。

（2）物联监控管理子系统

通过对物联网设备的接入，实现对物联感知设备的远程监控管理，对消防设施设备和消防运行环境的智能感知，当出现消防运行状态异常或设备故障时，通过报警预警通知相关消防工作人员及时处理。

（3）消防巡查子系统

构建油库统一管理、信息协同的消防巡查工作平台，提供巡查项管理、巡查计划管理、巡查任务和巡查报表等工作模块。

（4）预警地图子系统

基于石油库消防运行基础数据，实现消防可视化综合管理，满足信息展示、查询等功能。

（5）灭火救援子系统

通过物联智能感知设备、手机 APP、人工电话实现火灾等消防事故信息的实时上报，系统实时获取灾害现场图像，掌握灾情动态及发展态势，实时追踪作战对象的地理位置、概况、消防设施和消防预案，以及周边道路、水源、重大危险源等信息，为分析研判作战对象提供立体式支撑，促进火灾救援灭早灭小。

(6)·教育培训子系统

为石油库消防工作人员、职工提供消防安全知识学习平台，提高消防安全意识和逃生灭火救援能力，系统为职工建立消防安全培训档案信息，详细记录油库单位的培训情况。

(7) 大数据分析子系统

将油库消防运行数据信息进行汇聚、分析，并通过不同维度和方式，将数据可视化，对历史运行状态进行归纳、总结，为油库的精细化管理和科学决策提供支撑。

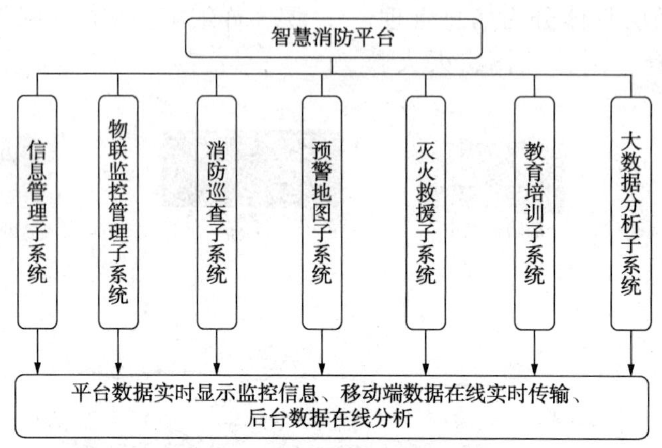

图 3　智慧消防平台系统构成

2.3　平台建设重难点问题分析研判

2.3.1　数据准确性问题

智慧消防平台的运行依赖于海量的数据。提高数据准确性要完善应用层的数据分析与挖掘模块，数据分析与挖掘模块依靠专业的数据挖掘技术和逻辑运算对采集的消防数据经过分析运算，将彼此缺乏准确性和关联性的数据筛选整理后再流转至管理人员，为管理人员提供直接的研判依据，可以有效地解决由于数据源自身原因造成的信息可靠性低的问题[6]。

2.3.2　平台运营服务问题

智慧消防平台融合物联网、移动互联、人工智能等多种信息技术，采用的软硬件涉及多个厂商品牌，各品牌之间接口、协议兼容性、技术升级关系到平台长期运营的平稳性。在实际运营过程中，随着新技术发展，前端消防产品会不断升级，导致平台软件亦需要升级。同时随着用户对系统功能的不断要求或是政策变化，需要系统功能随之升级改造，不断完善。因此平台设计时就要把系统功能可不断拓展和在线升级作为重点考量，选择技术成熟、先进性、前瞻性的产品，并建立一支具备高技术专业水平的服务团队。

2.3.3　平台的应急通信问题

本平台网络传输采用“分区”的设计理念，主要分为用户网络区和物联传输区。用户网络区主要是油库消防管理部门、消防控制室、消防工作人员等用户使用，可使用现有的网络传输进行稍加改造。

物联传输区主要是物联感知设备的网络传输，由于物联感知终端部署环境复杂，监测点采用有线网络传输工程量大、成本高、操作复杂，本方案主要采用 NB-IoT 方式。

3　智慧消防平台实施分析

该平台采用“人防+物防+智防”的手段对石油库消防运行情况统一监控管理。油库办公区和生产区的重点场所部署的智能物联监控终端实时监测油库消防运行环境。智能消防物联感知包含水压、水位、独立烟感、电气火灾，可燃气安全监控、消防泵远程控制等多种感知设备，并可关联火灾报警系统。监测数据实时传输至智慧消防平台数据中心。当终端设备检测到烟雾、火焰、温度等异常运行环境时或设备本身失联故障异常时同时将异常信息推送至相关人员，方便迅速准确的进行应急处置或设备维修。智慧消防平台的大数据处理模块对传输来的数据分析处理，发现异常数据时通过短信、语音、视频等形式将报警信息发送至管理人员和巡检人员，平台运行见图 4。

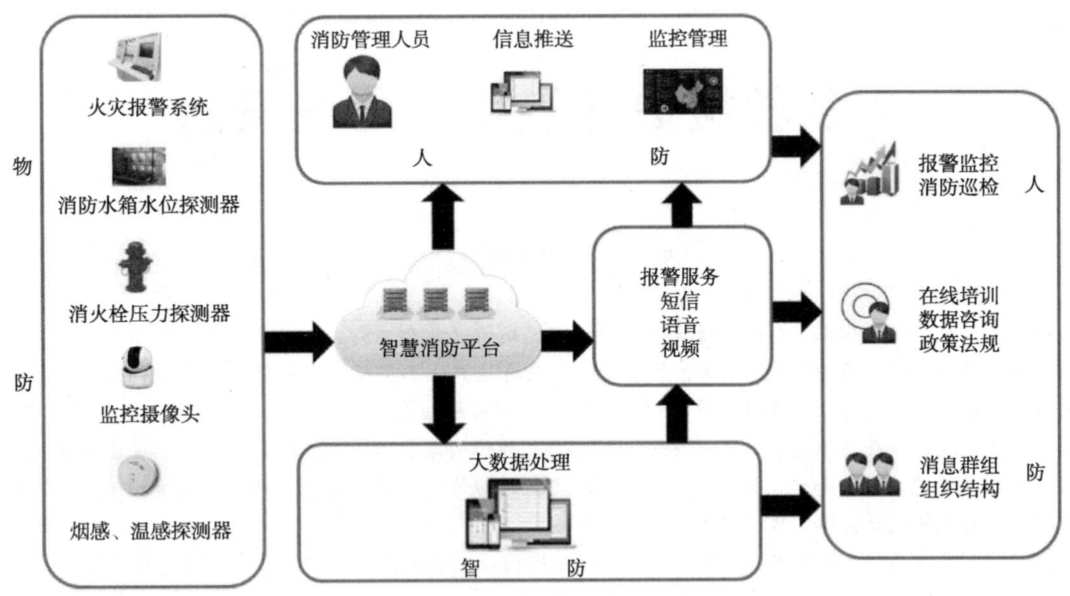

图 4　智慧消防平台运行实施图

4　结论

该石化企业建设的“智慧消防”平台通过采用有效的信息化技术手段和物联监控技术，有效地监管石油库消防安全运行状态，通过全面排查安全隐患，并及时有效处置隐患，进行闭环管理，并建立人、地、物、事、组织应急救援能力、教育培训能力，科学发展油库监管和执行能力，提升油库的消防管理执行能力和决策水平，能有效控制该石油库消防事故安全风险，保障消防安全。

在消防安全监管成本层面，通过采用信息化手段进行安全防控，能够有效降低油库的人力监管成本，通过智能物联网监测，减少消防巡查和运维工作人员的工作量和时间。所以，石油库智慧消防项目的建设运行可以大大减少消防安全监管上的人力成本。

参　考　文　献

[1] 胡剑飞，丁宁．物联网技术在智慧消防中的应用研究[J]．电子世界，2019，02.

[2] 彭桥．人工智能技术在消防接处警系统中的应用研究[J]．自动化与仪器仪表，2018，07.

[3] 游静兰，吴甦．人工智能技术在消防监督工作中的探析[J]．电子世界，2017，18.

[4] 胡镇海．人工智能技术在消防工作中的应用[J]．今日消防，2020，02.

[5] 朱玉立，任义延，高甲子等．浅谈大数据时代下的数据中心运维管理[J]．信息系统工程，2015，11.

[6] 姜立平，姜爽，陈云．“智慧消防”平台建设分析[J]．现代职业安全，2018，11.

[7] 刘子轶．移动智能终端在应急通信系统中的应用[J]．电脑知识与技术，2015，21.

应急救援信息模块化建设设想

魏松阳　肖　波　刘劲勇

（中国石化河南油田分公司）

摘　要　应急救援队伍，在抢险救援行动中具有现场情况复杂，突发情况多等特点，信息畅通，通信及时，关乎救援现场全局的命令下达和组织实施。如果有这么一套系统，能够保障快速启动预案，根据预设任务、实际灾情信息自动发送到相关责任部门，其指挥员或应急队员，保证救援工作迅速、有序展开。根据现场情况在二维或三维地图上显示火点(事故点)与周边的地理环境与资源分布状况，并能够支持车载PDA和便携单兵接收命令和任务的子系统将现场状况实时回传到指挥中心，为指挥员调度提供支持，将整个参战单元模块化组合，协同作战完成抢险救援任务。

关键词　无线通信；救援现场；模块化；点对点连接；有效实施

1　引言

近年来，原消防部队转变为应急救援队伍，职能不断的完善，救援的范围也越来越广，不再局限于灭火救援，现场处置的环境及突发情况的多变性都需要现场信息的及时有效传达和后方指挥任务和命令的接收，应急救援队伍如何处理各类救援现场实现信息通畅，指挥接收立体化，将成为未来信息通讯建设发展方向，也将为提高应急救援队伍的救援能力保障引领到新的高度。

应急救援队一线指挥员现场处置时，主要的通信联络方式还是手持台、车载台、基地台灯，依托于消防常规网进行无线组网。实际使用中存在现场通信不通畅，信息掌握不准确立体化的现象，给指挥员决策指挥带来一定困难。我认为应对现有的通讯联络方式进行一次革命，前瞻性的设想改进，使之适应应急救援现场的需要，多困难环境下完成救援任务，成为我们现下可以大胆设想，开发相关技术支持而努力实现的课题。

本文通过对应急救援现场，采用何种通信方式和设备确保现场信息的及时获取，对各参战力量作战情况的全面掌握，进行更好的协同作战，各项命令的准确传达和实施进行大胆设想阐述，最主要的是有相关技术的支持和开发，保障信息模块化的实现。

2　模块化信息系统的组成

2.1　模块化信息系统的定义

（1）系统组成。

该系统由：语音联络系统、救援现场标绘系统、预案管理系统、预案启动确认(指挥端)子系统、灾情预案分析子系统、指挥中心中转系统、单兵接收系统。

（2）实现功能。

这套系统将实现实时灾情跟踪标绘，前方指挥部、指挥中心、上级部门同步跟踪；灾情扑救工作任务单自动分布式打印，明确工作任务、资质架构、人员安排；灾情救援工作电话多路并行拨打，节省组织调度时间，实现早出动；各救援小组根据电话及工作任务单，自动各司其职、分工协作、快速到位，为“早扑灭”的应急指挥奠定基础；单兵对抢险救援设备的有效控制及接收命令和现场真实情况的反馈，从而有效完成多复杂环境救援任务。

2.2　各功能设想的要求

要求此信息模块系统能够在灾情预警后，根据处置流程，自动执行相关预案，实现灾情跟踪标绘，以灾情标绘为基准，结合现场灾害级别、预报扑灭时间和重大危险源距离等，实现应急处置预案的数字化、流程化执行。在预警监控系统实现“早发现”后的，灾情应急处置预案系统旨在实现抢险救援行动的“早出动”。根据预案，系统拨打各预案执行人员电话，告知该执行人员在本预案中的行动内容，实现快速队伍集合，通知工作任务，上级管理者、负责队伍，重点角色自动打印出警任务单。指挥中转系统根据预案，通知应急车辆，应急队员工作位置及内容快速、自动地把预案涉及的队伍各就各位、各司其职，并根据组织架构供现场指挥员调度下达命令实施救援。

2.2.1 语音联络系统

根据预案内容自动，将文字描述信息合成语音并拨打给相关组织机构，通过 IVR 模块实现与组织机构进行交互，并记录组织机构响应的结果。此功能以现有设备功能实现与应急队现有数字对讲或队员接收终端系统对接。

2.2.2 救援现场标绘系统

侦察人员通过便携的移动设备标绘。火灾现场：灾情面积、火线、蔓延方向。泄漏现场：泄漏面积、蔓延方向等并实时发送回中心；根据火场或泄漏现场变化情况动态修改过火或蔓延面积、火线、蔓延方向等并实时把变化情况发回中心。根据观察情况输入火场或泄漏现场的风向、风力等实时气象信息并且发回中心。

2.2.3 预案管理系统

应急预案由指挥部、成员单位职责组成。根据受害面积和伤亡人数，事故灾情分为一般、较大、重大和特别重大。根据受灾区域内的资源信息划分不同的预案分类。实现组织机构管理、预案制定、预案审核、预案演练、预案模型管理、预案分类管理、预案等级管理等功能。

2.2.4 预案启动确认(指挥端)子系统

灾情情况预览、预案预览、预案确认启动等组成。

(1) 火场情况预览：根据火场标绘信息在地图上动态标绘火场信息，实时显示观察组发回的风力、风向等实时气象信息。

(2) 预案预览：火情分析预案匹配子系统提取出相关预案后推送给本子系统，可以点击预案查看预案简介。

(3) 预案启动确认：根据火场实际情况和提供预案可以选择最优的预案确认启动，确认启动后将触发语音群呼子系统，根据既定的预案通过语音通知相应的组织机构。

2.2.5 灾情预案分析子系统

防火资源管理、现场情况预览、周边资源分析、预案模型估算及方案匹配、救援队伍工具分析及分配规划、预案提取确认、救援队伍分配规划标绘输出、预案执行情况查看等组成。

(1) 防火资源管理：实现取水点、车辆调头处、停车场、进入路线、停机坪、扬水点、泵站点、待命点、学校、村庄、危险物、名胜古迹、风景点、珍贵植物、珍贵动物等信息的采集、维护。

(2) 灾场情况预览：根据现场标绘信息在地图上动态标绘现场信息，实时显示观察组发回的风力、风向等实时气象信息。系统根据受灾区域、火线、蔓延方向结合周边资源分析触发模型估算方案匹配，自动分析定义当前火警等级。

(3) 周边资源分析：根据现场的过火区域、火线、蔓延方向和设定的周边半径通过空间分析检索出周边资源，自动显示，为预案模型估算方案匹配提供依据，周边资源情况有效确定分类信息。

(4) 预案模型估算方案匹配：系统结合周边资源和预案模型，通过匹配选优算法查找出最优的预案。系统自动弹出预案预览功能，用户可以预览。

(5) 救援队伍工具分析及分配规划：系统根据现场周边资源情况形成初步救援预案，如上山道路径、取水点、力量分组、分路径、工具选优等方案，并在地图上标绘；系统提供人工调整的功能，操作者可以根据情况对初步扑火预案进行人工调优，进行细节上的调整、优化。

(6) 救援队伍分配规划标绘输出：提供截屏打印输出地图部署情况，分发现场各队指挥人员。

(7) 预案执行情况查看：实现预案各个组织机构电话语音应答情况的查看，整体预案的执行进度、每个组织机构应当情况和内容结果。

(8) 预案提取确认：操作员模式(指挥员不在现场)可以通过发送指挥员功能把系统自动选优提供的预案发送给指挥端，由指挥员确认启动预案，领导指挥模式(指挥员在现场)可以直接通过启动按钮启动预案。

2.2.6 指挥中心中转系统

实现各子系统数据的接收、分发、记录，起到通讯调度服务功能。

(1) 传输子系统：实现系统数据的接收、分发起到通讯调度服务功能。

(2) 数据管理：对规定的数据进行记录、存入数据库最为历史查询依据。

2.2.7 单兵接收系统。

单兵配备的系统主要是利用头盔上设置的拾音摄像头对现场情况的反馈和点对点接收命令，还实现对自己使用的车辆和器材装备进行有效操控。

3 当前实现此系统的难点

应急管理部，作为新部门，以安监局为主体成立，感知系统局限在与安全生产监管相关的危化行业、矿业、烟火爆竹等行业，自身建设有针对部分危险源的监控系统，大量接入企业自建系统。新部门成立后，将国家安全生产监督管理总局的职责，国务院办公厅的应急管理职责，公安部的消防管理职责，民政部的救灾职责，国土资源部的地质灾害防治、水利部的水旱灾害防治、农业部的草原防火、国家林业局的森林防火相关职责，中国地震局的震灾应急救援职责以及国家防汛抗旱总指挥部、国家减灾委员会、国务院抗震救灾指挥部、国家森林防火指挥部的职责整合，新部门职责更广，原部门对其他行业不熟悉，针对其他行业的应急事件处置流程及处置方式不熟悉。

当前建立此系统需要一个强大的技术团队，涉及的面比较广，设想归设想，要想建立的全面还存在以下困难。

(1) 缺少统一监管平台，对各个监管行业的应急事件进行监管，数据整合困难大；

(2) 缺少风险推演及研判平台，无法对突发事件的影响程度及影响范围进行评估，对事件缺少定级手段；

(3) 风险感知系统建设匮乏，对危险源的感知系统建设需加强；

(4) 各项技术的整合存在壁垒，未来要走优势资源共享互利道路。

4 该系统的建设思路

要实现应急救援信息模块化建设，就要通过建设应急管理风险研判平台及感知网络的全域覆盖，初步形成较为完备的应急管理信息化体系，基本建成覆盖重点风险领域的感知网络、实现对区域风险的研判及应急感知立体化监测，全面覆盖各类业务并在突发事件的事前、事发、事中、事后阶段发挥关键支撑作用，确保管理局能够具备风险分析、监测预警、大数据分析、辅助决策、综合调度、事故演化分析、仿真培训等能力，并形成具备行业指导和引领作用的应急能力建设技术方案。

4.1 全域风险研判及等级体系建设

全域集约化、多样化发展在带来极大繁荣的同时也伴随着风险因素的多源化、复杂化，基于城市区域风险预判，并结合基于定性、定量的事故情景构建分析手段，实现对包括自然环境类、基础设施运行类、公共安全类、以及城市社会类风险的综合性评估，做到风险层层分类、标准化定级，建立统筹全域的城市风险等级体系，促进城市应急工作向更为综合性、针对性和关联性方向发展。风险研判平台，以自然灾害、安全生产事故、综合防范事件等应急事件的事前、事发、事中、事后的全过程管理为主线，对事故发生后预期后果进行研判，其基于对过往发生事故研究和现有理论分析，并针对特定场所及外部因素，如场地特征和气象条件等，形成的各种预测。基于城市区域特点，构建事故情景，预先分析事故，诸如工业爆炸、森林火灾、地震等危险因素，所可能造成的后果，对事前预防及事后应急的工作开展极为重要，事故情景构建链接了决策层、指挥层、实施层及参与层，实现了对纵向层面的交互沟通与包容理解，是应对突发事件维持社会稳定的重要保障之一。

4.2 应急感知网络覆盖体系建设

基于智能传感、射频识别、视频图像、激光雷达、航空遥感等感知技术，依托天地一体化应急通信网络、公共通信网络和低功耗广域网，面向生产安全监测预警、自然灾害监测预警、城市安全监测预警和应急处置现场实时动态监测等应用需求，构建的敏感区域、重大危险源区域等，覆盖应急管理的感知数据采集体系，为应急管理大数据分析应用提供数据来源。

5 实现此系统不是空谈

目前，我国科技的发展已不是我们能想象的，随着信息技术与网络技术的不断革新与突破，现代无线通信技术在我国得到了持续不断的可观发展。在现代的网络平台上，通信技术本身的发展也在不断推动计算机网络的发展，使现代网络越来越朝着开放、安全、与知识性相统一的方向发展，而光纤通信技术更是成为了现代通信技术的关键组成部分之一，并且在我国得到了迅速的发展。从当前的现代通信技术发展情况而言，我国现代通信技术已经逐步向无线通讯技术这一大方向发展，而且据有关数据分析其总体的发展前景仍然是十分乐观的。今天在这里的设想也许已经有单位或部门在研究发展，像咱们前面设想的模块化信息系统通过云数据和云计算就可以实现，再结合现在已实现的单兵作战系统完全可以实现功能指向化。

5.1 当前通信系统的发展现状

（1）沿高速率、高频段方向发展，技术在不断革新突破，水平日益提高。随着多媒体业务的不断拓展，客户对无线通信技术的通信速率和质量的要求越来越高，而高速率和高频段的通信技术又是多媒体业务正常开展的技术保证，当前，无线通信技术领域正在沿着高速高频的方向发展，未来十几年来，高速无线数据业务将日趋成熟。

（2）无线通信系统趋于融合：

① 各系统内的不同使用标准开始求同存异，趋于融合；

② 各系统间通过磨合不断趋于融合，不断完善；

③ 无线通信系统与网络之间趋于融合。

（3）4G 技术不断成熟，蓝牙、wifi 技术也占领了越来越多的市场，在人们的生产生活和各行各业中占据了越来越重的地位。

（4）系统设计开始以用户需求为核心依据。一般来说，客户的消费需求对生产的发展具有重要的引导作用。在今后，无线通信领域在系统的设计过程中，将越来越重视客户需求的实现和提高服务质量，这对多领域系统的支撑都有很大的好处。

5.2 怎么依托现在蓬勃发展的通信系统技术

（1）把握住通信技术成熟的无线领域的巨大历史机遇。目前随着 4G、Bluetooth、WIFI、ZIGBEE 等技术的成熟，很多发达国家期望通过这些先进技术搭建更大的业务平台，从而实现利润的新来源。我国应学习欧美的发展模式，并借鉴有用的经验，少走一些弯路，提前培养新兴移动市场。应致力于缩小我国无线通信技术与其他发达国家的技术差别，致力于无线通信技术的技术革新和突破。

（2）抓准时机，投入足够人力、物力，大力发展超宽带无线接入技术。超宽带是一种时域通信手段，这种技术比普通宽带技术的科技含量较高，具有高速率、开支少、低能耗的特点有较强的抗干扰性。

（3）对无线通信技术的发展应秉着一种理性的态度，并且要有科学的把握。无线通信技术目前在全球领域内发展火热，呈现高速度的发展趋势，但以发展的眼光看问题，我们要从全局的观点把握，既做到充分发挥整个技术性，又防止出现不必要的资源竞争和浪费，应理性看待，抓准时机。

（4）传播速度和传播质量的双重满足。随着市场的不断拓展和多媒体业务的快速发展，客户对无线通信数据的传播速度和质量的要求日益提高，这就要求这一行业不断完善技术，以高科技的技术搭配低成本的投入使用，提高通信数据速率和频段，提供质量较高的通信服务是未来无线通信领域发展的一个非常重要的步骤。

（5）将无线通信网络各种不同的技术手段混合投入使用来解决用户地域之间分布和应用不平衡的矛盾以及不同技术优势和不足共存的矛盾。通信技术的发展受到各种各样的因素的影响。地区间的科学技术的差异和用户地域分布的不平衡等多重因素共同作用于不同地区的通信技术差异。因而必须致力于减少地区间的技术差异，实现为不同顾客提供相同质量的服务。总而言之，综合运用各种手段来减小地区间的差异是未来无线通信技术发展的重中之重。

（6）我国相关技术管理部门和研究院校要积极开发新的无线通信技术，把握各种无线通信技术的互补性，提供足够的物质和技术资源，继续支持和保障未来无线通信技术热点在国际发展前沿，这样有助于进行资源配置，对未来的市场拓展做出良好的策略规划。近几十年以来，我国已在无线通信领域取得较大的技术突破，呈现良好的发展趋势。

6 总结

科学技术是第一生产力，无线通信领域是众多科技行业中的关键领域，也是目前人们应用的最为广泛的信息技术之一，信息技术的发展为无线通信的发展提供了机遇，本文开始设想的信息模块化建设和未来无线通信技术发展，有着相得益彰的技术支持，无线通信技术作为现代通信的一个关键领域，终将参与到我国各行各业，现代科技市场对网络的多元化服务需求日益增长，也会使无线通信系统和各种系统的共存共生共发展。

油品管道泄漏初期响应与处置研究

王明波　侯　浩　贾永海　刘　涛

（国家管网集团西南管道有限责任公司）

摘　要　输油管道一旦发生泄漏，不仅造成资源浪费和环境污染，甚至发生火灾爆炸事故。管道油品泄漏后，采取各种措施做好初期的应急救援处置，能够确保安全、快速、有效地处置泄漏事故，最大程度地减少各类损失和社会影响，避免恶性事故的发生。本文在分析了管道泄漏的主要成因、泄漏的危害的基础上。提出一套高效的应急响应流程，详细介绍了应急响应过程中每步的具体操作内容，具体到需要携带工器具、需要控制的风险点、需要沟通的地方部门。并总结出了泄漏初期应急救援处置的“早、抢、控、准”四条原则。文中提出的应急响应方法有助于输油管道油品泄漏初期控制。

关键词　山地管道；油品泄漏；应急救援

1　引言

长输管道是石油运输以及销售的重要方式，但是在管道运行中，由于地震、地质变迁、季节变化、雷雨风暴等自然因素和选材不当、结构不合理、焊缝缺陷、施工质量差、腐蚀穿孔、第三方破坏、打孔盗油等人为因素的作用下，可发生泄漏油品的事故[1]。管道泄漏后，采取各种措施做好初期的应急处置，能够确保安全、快速、有效地处置泄漏事故，最大程度地减少各类损失和社会影响，避免恶性事故的发生，见图1。

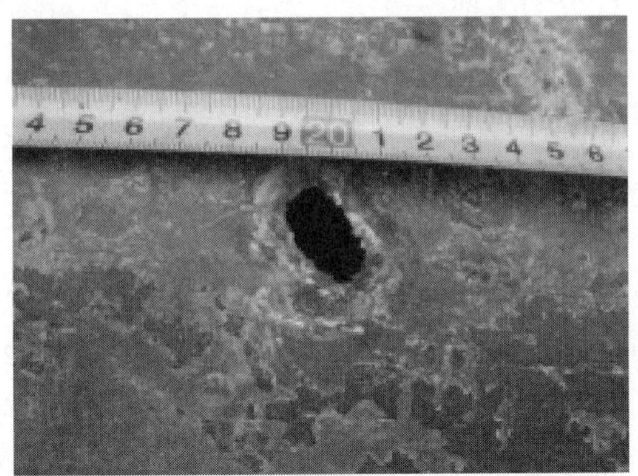

腐蚀穿孔

打孔盗油

自然灾害

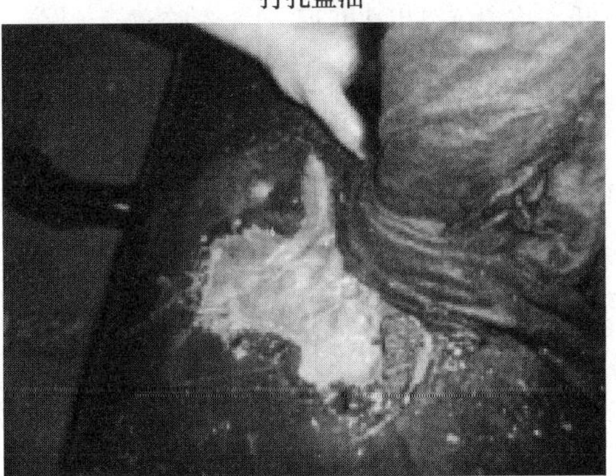

第三方破坏

图1　输油管道常见几种泄漏事故

兰成渝分公司所辖管道分布西南地区，以秦巴山区、四川盆地、川渝丘陵为主要地形地貌，管道途经区域多为丘陵、水系发达地区。分公司所辖管道穿越河流较多，管道共穿越河流 142 处。其中大中型河流 50 处，小型河流 92 处，鱼塘 19 个，穿越水源敏感区 10 多处，交通不发达。新《环境保护法》的实施让公司安全环保压力陡增，特别是河流穿越处管道保护工作迎来巨大挑战。

2　油品泄漏事故原因及其危害

油品泄漏可能造成的大规模环境破坏，已越来越受人们的关注。结合分公司历次抢险总结和文献资料分析历年泄漏事故造成的原因有以下几点：一是由于巨大利益的诱惑，打孔盗油层出不穷；二是由于地质及自然灾害，导致管道破损；三是由于管道沿线周边城市建设发展快速，出现新建工程对地域管道铺设了解不祥，造成施工中对管道产生破坏；四是由于违规操作等造成管道水击、管道开裂；五是由于管道老化，未及时检修，管道破裂，油品泄漏[2-4]。

油品泄漏可能会造成土壤及水体的污染，危害分析如下：

一是土壤污染：油品进入土壤，改变了土壤有机质的组成和结构，低浓度的矿物油促进微生物生长，高浓度抑制微生物生长。同时还会影响土壤的酸碱度，对土壤中的各种酶有不同的影响。种植在这样的土地上的农作物，会使其发芽出苗率降低，各生育期限推迟，贪青晚熟，结实率下降，抗倒伏、抗病虫害的能力降低等，在其物体和果实中聚集大量的强致癌物质多环芳烃，并使品质变劣，同时会引起种子的基因突变，对食用它的人、畜危害极大。并且会在植物体中长时间积累，轻度污染的情况下，会在植物体中残留 1-2 年。

二是水体污染：据测算，在正常流速情况下（$u=0.82\text{m/s}$），在发生溢油事故 5 小时后，油膜影响范围达 15km，对周边河流及沿岸生态环境造成较严重的污染。油品会导致水体以及底泥的物理、化学性质或生物群落组成发生变化，使得水体的使用价值大大降低，甚至危害到人的健康。

三是人员伤亡：成品油、原油都为易燃易爆的液体，一旦泄漏至密闭空间，极易引起火灾爆炸事故，严重的将造成群死群伤事故。如 11.22 青岛市经济技术开发区的中石化东黄输油管道在泄漏抢修中发生爆炸，造成大量人员伤亡和财产损失。

四是应急抢险困难：分公司所辖区域主要为山地管道区域，山地管道发生油品泄漏后不易回收、拦截。而且分公司所辖管道道路不通畅，遇到突发事件时人员、机具、设备难以到达现场，造成山地管道抢险困难。

五是增加了企业成本：管道泄漏后的管道抢修、油品损失、经济赔偿等，增加了企业较大的成本费用。

3　应急响应过程

在应急业务总体流程维度中，可以将应急过程分为事前、事中、事后三个阶段。在突发事件发生前，主要做好平时的应急预防工作，应急准备工作；当突发事件发生后，以及处置过程中，主要做好信息接报、事件研判、信息上报、预案启动、讨论制定处置方案、协调指挥调度工作；在突发事件处置完成后，及时做好灾后重建恢复工作和应急能力评估工作[5]，具体见图 2、图 3。

根据应急响应流程发现报告，接警预警，现场核实，初期控制的相应工作。其中初期控制主要分为以下几点。

（1）先期处置。主要目的是快速到达现场，实施早期控制。先期到达人员对报警信息进行有效核实，确认属于管道泄漏，初步确定漏点范围，对危险区域实施警戒、禁火、疏散人群和监控，实施早期控制，为应急指挥提供正确信息。

（2）携带物品。携带 PCM/DM，可燃气体浓度测试仪、警戒带，木塞，榔头，防渗布，铁锹，干粉灭火器，沙袋，相机，防爆手机，手电、干粉灭火器，应急处置预案，劳保用品等，分公司将这些应急物品统一制作了应急抢险箱，提高了突发事件出警时间。分公司将这些工具制作成了应急集装箱，发生突发事件时员工能最快　　的携带应急抢险箱赶赴现场。如图4所示。

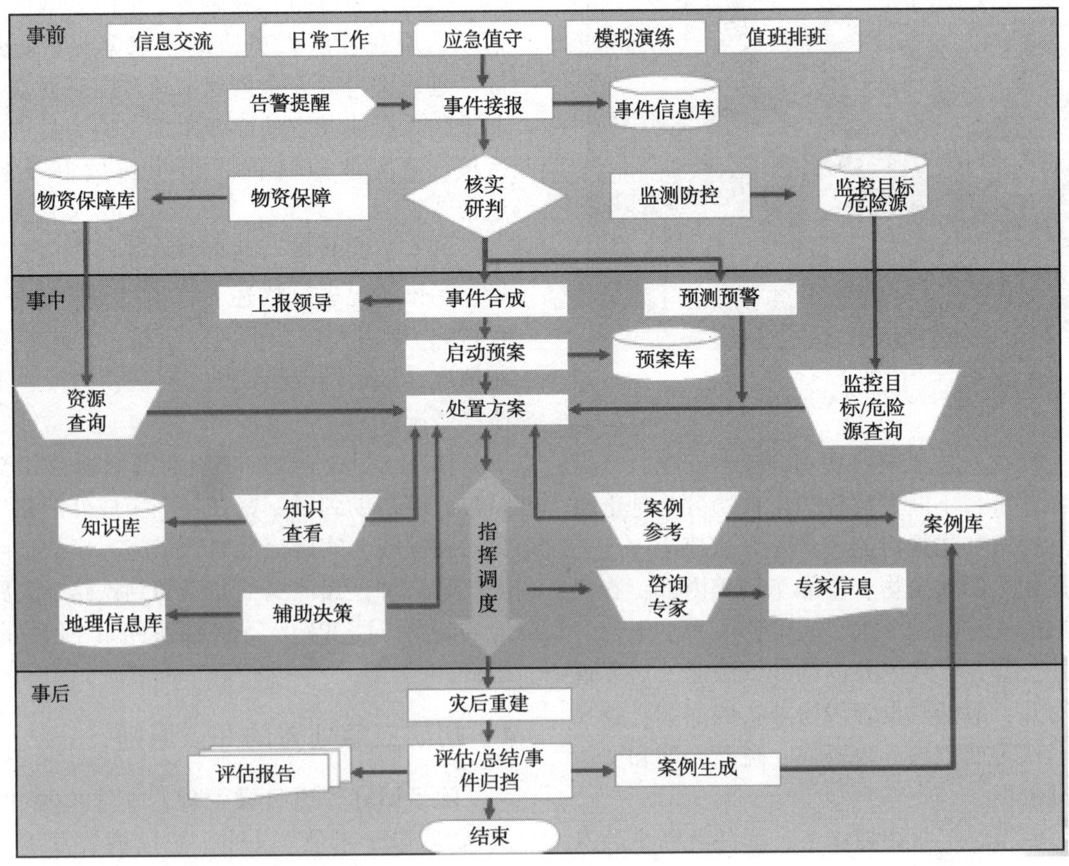

图2　应急响应相关工作

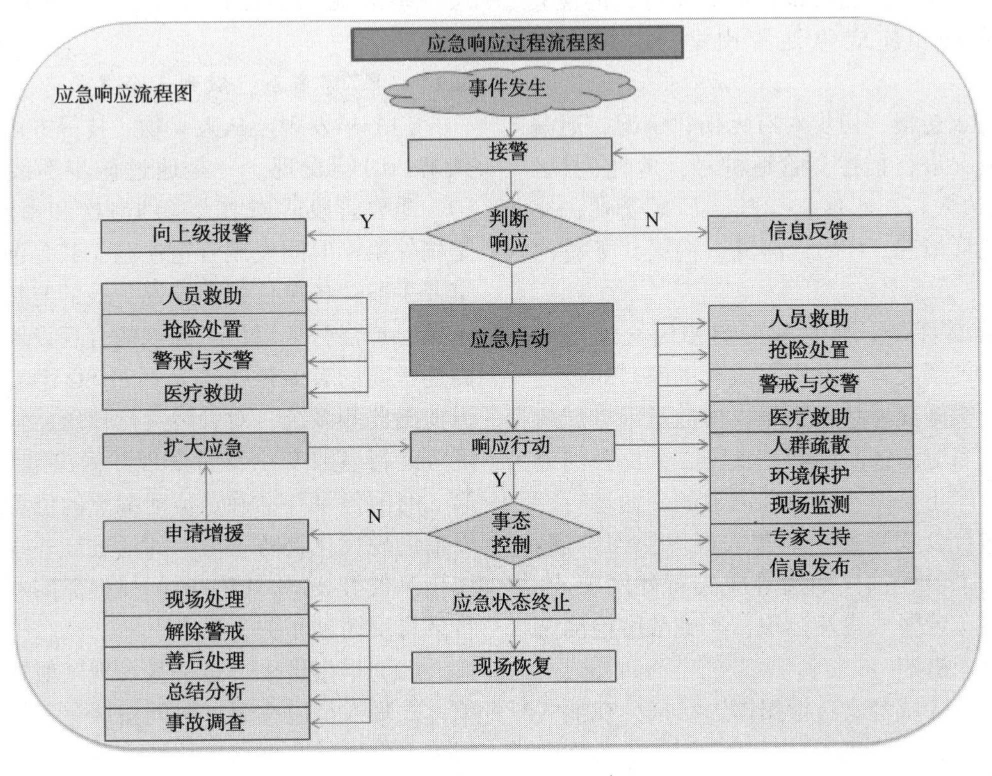

图3　应急响应流程图

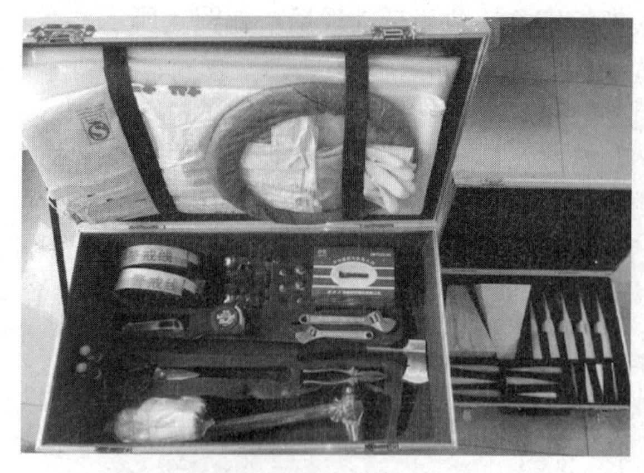

图4 应急抢险箱

(3)探边。核实勘察现场，进行安全、环保风险初步评价，不断进行探边。探边分为地上探边、地下探边和沟渠河流、沟井管道探边。地上探边包括相关的建筑物、停靠车辆等内部；查找相关区域内的上水、下水、暖气、电力、电信等全部阀井、窨井，检测井内的油气浓度，对发现有油气的井，应沿敷设管线向外扩展探测，查找边界。确认警戒范围，为警戒、疏散人群和交通管制提供依据。

(4)汇报。汇报调控中心，紧急关断事故点两端阀室/站场阀门，隔离事故段管道。同时汇报当地政府、应急、公安、消防、管道保护、环保、安监、卫生、交通等部门取得支持，汇报上级机关，启动相应应急处置预案，进行专家会诊。

(5)完成初报。初步对有无伤亡情况，泄漏量、污染情况进行描述，管道桩号，地址(县区乡村)，周边人口，小区，学校，厂矿企业，交通情况，地形情况，GPS，河流，沟渠，下游河流等情况。

(6)交通管制。当泄漏影响公用交通道路时，应协助到场交警在外围警戒外的路口布设交通封锁线，实施交通禁入措施。事故危险区域应严禁火种，当泄漏油品威胁到铁路、公路及河道的运行时，停止公路、铁路和河道的交通运行。

(7)联合公安警戒、疏散人群。外围警戒：根据探边结果，无油气的边界应实行外围警戒。外围警戒应布置警戒线及标识、实施浓度检测监控、采取禁入措施。

(8)危险区域警戒：根据探边结果，在油气浓度达到爆炸下限20%的边界和抢险施工范围应实行危险区域警戒。危险区域警戒应布置警戒线及警示标识、实施油气浓度检测监控、风向监控、入口设置静电释放装置。危险警戒区域内应请派出所或社区人员协助采取禁火、防爆、疏散、进入许可等安全措施。疏散围观群众，禁止非抢险人员或其它地面或水面交通工具进入危险区域。情况危急时首先组织疏散群众到安全地带[6]。

(9)消防救援。初步对有无伤亡情况，泄漏量、污染情况进行描述，管道桩号，地址(县区乡村)，周边人口，小区，学校，厂矿企业，交通情况，地形情况，GPS，河流，沟渠，下游河流等情况。

(10)消医疗救护．当泄漏影响公用交通道路时，应协助到场交警在外围警戒外的路口布设交通封锁线，实施交通禁入措施。事故危险区域应严禁火种，当泄漏油品威胁到铁路、公路及河道的运行时，停止公路、铁路和河道的交通运行。

4 初期应急处置的几点原则

除了做好管道日常管理，加强检测和维护，做到“防患于未然”以外，一旦事故发生，管道泄漏的应急初期处置，关键在于各级抢维修部门各负其责，应尽一切努力做好初期应急处置，将恶性事故扼杀于摇篮之中，“亡羊补牢为时未晚”[7-9]。

4.1 “早”字当头，做到三个早

(1)早发现。从人、物、技等方面着手，做到第一时间发现。一是通过徒步巡线、错时巡护、重要管段适当增大巡线频次和密度等手段，是确保第一时间发现管道泄漏尤其是油品渗漏的重要手段；各单位应严格巡护线的监督、检查和考核，加强管道巡护必经点的合理设置，切实提高巡护线的有效性。二是通过SCADA系统和管道泄漏监测系统，对管线突然掉压、输量明显下降等运行参数变化及时发现并做出准确的研判，第一时间停泵并准确定位泄漏点的位置。三是可以借助现代化物防手段，如通过红外线、可燃气体检测仪等技术，第一时间捕捉泄漏现象并及时将讯息反馈到相关人员[10-11]。

(2)早报告。一是一旦发现疑似管道泄漏现象，发现人员应在第一时间按照应急管理程序向相关人员报告。根据事故性质逐级上报。报告内容应包括发现时间、详细位置、泄漏量、周边情

况及存在的风险、现场已采取的措施等。二是加强管道巡护工的技能培训，使其掌握巡线的基本知识和突发事件的报告程序，做到第一时间准确全面地发现和报告管道泄漏现场情况。三是加强管道三桩一牌等附属设施的维护，使周边群众能够在第一时间将泄漏事故通知到管道所属单位。

（3）早启动。根据管道泄漏量和存在的风险，第一时间启动相应级别的应急预案。相关责任单位和部门按照应急预案职责划分各司其职、各负其责，迅速进入“迎战”状态。如果油品泄漏量较大或者现场存在较大的安全风险，还应在第一时间向当地相关政府部门报告。

4.2 “抢”字当先，做到两个抢

（1）抢时间。输油管道事故处置尤其是初期处置，要树立“与时间赛跑”的观念，做到第一时间到达事故现场，第一时间疏散警戒，第一时间采取措施控制泄漏量[12]。输油管道泄漏，往往是巡线人员或者周边群众发现并报告，管理单位接到报告后，应该尽快赶到现场才能进行专业化处置。另外，如果预判抢修需要大型机械，应迅速联系挖掘机等大型施工机械到达现场待命。

（2）抢空间。专业人员到达现场后，应尽快掌握风向、天气变化等自然条件和周边环境、地形等地理条件，按照应急指挥部的现场应急方案合理布置围油栏、吸油毡，办理相关手续后迅速开挖集油坑、作业坑。

以时间保空间，以空间换时间，两者相辅相成。处置现场应做到分秒必争，快速制止油品泄漏及扩散，力求将环境污染、经济损失、社会影响和抢修成本降到最低。

4.3 “控”为根本，做到三个控

（1）控制疏散和警戒。一是管道泄漏现场应设置隔离区和警戒线，疏散无关人员和围观群众，严禁除应急指挥人员和抢修作业人员外的所有无关人员进入警戒区域。二是严格控制火种和非防爆设备，严禁打火机、非防爆通讯工具、非防爆抢修工器具进入警戒区域。三是除消防车及应急抢修车外，严禁一切无关车辆进入警戒区域。同时，进入警戒区域的相关车辆应安装防火帽。

（2）控制油品泄漏。根据泄漏处的周边环境，对农田等平坦地段采取集油坑、抽油泵、吸油毡等措施，对河流湖泊等水体采取围油栏、吸油毡、喷洒消油剂等措施，对市政管网、明沟暗渠等密闭或半密闭空间采取围堵、清理、充消防泡沫覆盖油面等措施，彻底控制油品的泄漏和扩散。

（3）控制舆情发布。输油管道突发事故时，现场人员较多较杂，这就要求事故的相关信息由授权的指定部门统一对外发布，保证相关消息发布的准确性，以免误传和讹传，造成不必要的损失，甚至影响现场的抢修进度。

为实现管道泄漏时的现场有效控制，日常还应注重加强区域性抢维修应急能力建设，建立准确全面的外部依托资源数据库，保障突发事故时应急资源的及时供给。

4.4 “准”为保障，做到三个准

（1）准确进行风险识别。夯实基础管理，对管道沿线的地势、河流流向、暗渠走向等做到统计全面、准确并可以随时查阅分析；对管道泄漏处的风向、天气变化等现场自然条件及时掌握。根据油品泄漏量结合上述自然、地理条件，进行准确、全面的风险识别和分析，才能避免事故的扩大和次生灾害的发生。

（2）准确判断现场情况。在到达现场后，应在第一时间准确指出管道的位置和埋深，并对泄漏的原因和位置作出初步判断，才能为下一步的抢修工作提供科学依据。

（3）准确采取处置方法和应对措施。加强应急预案的编制和实战演练，切实提高基层单位对事故的初期处置水平和现场指挥的能力，持续改进安全环保应急预案和现场处置方案。为做好以上工作，还应加强应急处置人才培养，可以建立管道泄漏应急处置专家库，为现场应急处置提供强有力的技术支撑，保证事故现场处置措施的科学性和有效性。

除此之外，还应加强可视化的建设和应用，强化现场信息的收集和传递，为上一级应急中心和专业人员提供真实、全面的现场信息，以便做出科学的指挥和决策。

参 考 文 献

[1] 李大全，姚安林．成品油管道泄漏扩散规律分析[J]．油气储，2006，(08)：18-24+61+13-14.

[2] 赵振国；石油输送管道泄漏应急处置思考[J]．中国石油和化工标准与质量；2014 年 2 期．

[3] 许培林．澜沧江跨越天然气管道孔口向下泄漏扩散规律研究[D]．西南石油大学，2015.

[4] 郑彬、李鑫；石油长输管道泄漏风险分析及应对研究[J]. 中国石油和化工标准与质量；2013 年 01 期.
[5] 李大全. 成品油管道泄漏扩散分析及危害后果评价[D]. 西南石油学院，2005.
[6] 杜永军，时婷婷，郭凤. 基于 RFID 输油管道泄漏检测技术的研究与探讨[J]. 科学技术与工程，2010(9).
[7] 潘涵. 成品油管道遭遇泄漏的危害分析[J]. 化工管理，2015，(14).
[8] 隋溪，韩冬. 输油管道泄漏检测技术综述[J]. 内蒙古石油化工，2009(20).
[9] 雷超. 泄漏检测系统在输油管道中的应用[J]. 科技资讯，2010(20).
[10] 周勇，张洁，何燕皓. 输油管道泄漏检测技术研究[J]. 内蒙古石油化工，2011(3).
[11] 杨筱蘅. 油气管道安全工程[M]. 北京：中国石化出版社，2010 年 6 月.
[12] 翁俊. 风险评价技术在成品油管道站场工程中的应用[J]. 石油化工安全环保技术，2012，28(6)：21-23.

论智能消防头盔的研发与应用

杨　浩

（陕西延长中煤榆林能源化工有限公司）

摘　要　目前，在消防灭火应急救援现场存在通信不畅，已经成为消防应急救援的主要问题。消防员在灭火应急救援过程中，对人员安全保护与器材装备的升级改造越来越引起社会关注。传统消防头盔还停留在防护与功能层面，他的弊端逐步映射入消防救援前线工作者的视线中，对传统头盔的智能化改造迫在眉睫。本文以互联网技术与5G通信技术为核心，设计了智能视频防爆头盔和数模一体无线防爆通讯头盔。改变了现有消防头盔的诸多弊端，更好的为灭火应急救援工作提供安全保障。

关键词　消防头盔；无线通讯；蓝牙；传感器

1　绪论

1.1　研究背景及意义

消防安全事业的重要性不言而喻，在维护社会稳定、保证人民安全中起重要作用，由于消防事业的特殊性、危险性，和平年代消防人员是牺牲最多的群体，因此保证消防员生命安全和提高消防应急救援效率成为社会关注的热点。随着互联网技术、5G通信技术的快速发展，把传统消防头盔通过互联网无线信息化科技洗礼升级更新，对消防员人身安全及提高工作效率尤为重要。所以智能消防头盔的研究应用，对消防员的生命安全与抢险救援有着极其重要的意义。

1.1.1　传统头盔

传统消防头盔由盔壳、面罩、披肩等部分组成，研究还停留在外部材料保护与功能方面改造与升级，仅属于功能防护型，关注点为保护头部免受外部火灾环境的影响。

1.1.2　智能消防头盔的定义

在各类消防应急救援事故中发现了现有头盔的弊端，如果消防员在厚重的消防装备下没有外部传感器，将由于对外部环境的紧急信息没有及时了解处于危险中，所以加快消防头盔智能化的进程是目前消防科技的关键。

智能消防头盔不仅拥有传统头盔的性能特点，还同时具有通信功能、检测功能、实时传感功能等重要功能的新型消防头盔。智能头盔是将现代信息领域与传统功能性消防头盔产品结合到一起的产物。

1.2　国内发展现状

研发应用智能消防头盔将大大改进了传统头盔的不足与隐患，可以准确感知火场情况并传递给指挥部。

1.2.1　国外相关研究现状

2004年法国佳雷F1研制成功、同时梅思安开发F2头盔，但作为美国产品，基于欧美人员面部特征设计制造，并不完全适合亚洲人脸特征标准。欧、美等国也研制出智能化头盔，集摄像、通讯、照明等多功能为一体的头盔应用于消防领域，但外国对高新技术出口管制，目前国内少有类似产品销售。

1.2.2　国内相关研究现状

国内消防头盔厂商对生产研发还在物理保护层面，还在研究如何提高消防员的抗击打能力、防火能力，很少研究公司将技术指标放在无线通讯及智能报警功能上。

本文研究应用的智能消防头盔采用新技术为消防人员开发设计的双向通讯系统。该系统安装在头盔两侧（右侧为头骨振动式送话器，左侧为听筒）。该系统具有PTT（按键通话）和VOX（声音驱动通话）两种功能。

1.3　研究目标及主要内容

现消防头盔的发展阶段仍然停留在功能头盔层面，对消防头盔的开发利用程度比较低。基于消防灭火应急救援工作刻不容缓的，所以如何提高消防头盔安全有效性是值得研究者们共同探讨。灭火应急救援现场环境千变万化，改进消防头盔的安全性、稳定性、准确性也是关键条件之一。本文主要研究以下内容：

1. 智能防爆视频头盔：该头盔在欧美主流消防头盔的基础上，集成微控制器系统，包括外部有传感器、4G/5G公网、无线通信模块、头盔声光示警模块、电源模块、定位模块等。在突发事故后，救援人员也可根据系统所提供的数据，迅速了解有关人员的位置情况，及时采取相应的救援措施，提高应急救援工作的效率。

2. 数模一体无线防爆通讯头盔：采用无线语音通信技术，将短距离无线通讯技术应用于头盔中，代替传统头盔与对讲机媒介的线缆连接，摆脱传统头盔互相通讯时的线缆纠缠，融入消防员呼救器实时检测消防员生命特征，及时发出无线语音求救信息，通知后方指挥中心组织营救，通知周边最近消防救援人员进行救援。

2 功能设计系统建设方案

2.1 系统图

智能防爆视频头盔的安全生产综合管控系统由综合管理平台、核心服务器、前端接入系统组成。

2.2 系统部署方案

2.2.1 综合管理中心部署

综合管理中心部署管理坐席，实现接听报警，进行人员的安排、调度，实现人员的位置显示、处置过程中的沟通协调、指挥调度、现场的视频回传功能，实现人员扁平化通信和可视化指挥。

2.2.2 机房部署

机房部署综合管理服务器、存储管理服务器，来实现前端设备的融合通信和应急指挥。

2.3 前端设备部署

2.3.1 智能防爆视频头盔、无线通讯头盔

智能防爆视频头盔、无线通讯头盔解决了前端作业人员在日常作业的同时实现现场情况的实时上报、与同事/领导高效沟通的重要问题，真正意义上的解放双手。

2.3.2 智能手机 APP

智能手机 APP 软件可以安装在各管理人员的 Android 智能手机上，实现管理人员通过移动终端、智能手机等设备对现场移动人员进行远程监管，实时随时随地接收现场音视频、位置信息、远程呼救信息等功能，同时亦可实现将现场的实时情况及时上报上级指挥中心，实现移动办公功能。

2.3.3 蓝牙 beacon 信标

监管人员可提前预设每个蓝牙 beacon 信标的安全警示语，当作业人员靠近该危险区域时，自动播报安全警示语。

2.3.4 高度伴侣

高度定位伴侣具备 GPS+北斗定位芯片、高度定位芯片、无线通信模块，应用时高度定位伴侣与智能防爆视频头盔配对使用，可实现对人员当前的高度进行定位，对登高作业现场进行安全管控。

2.4 网络传输

前端智能设备(如智能防爆视频头盔、移动终端等)支持 WIFI 和 4G 网络。

3 功能介绍

3.1 智能防爆视频头盔

3.1.1 视频拍录功能

智能防爆视频头盔可在不影响现场作业人员正常工作的情况下对作业现场进行拍录，实时采集现场音视频图像数据，真正实现解放作业人员双手，同步记录作业现场。同时现场采集的音视频、图像数据可通过 4G/WIFI 实时回传至后台管理中心。在处置突发事件过程中，可把重要监控图像推送到指挥中心和处置人员的智能手机进行显示，方便各级领导和相关人员及时了解现场情况，汇总各方面管理人员的意见，做出正确的判断各决策。

3.1.2 视频远程回传

智能防爆视频头盔本地拍录的音视频数据可通过 WIFI/4G 实时回传至后台管理中心。若现场网络情况较差，移动人员利用智能防爆视频头盔拍录的现场音视频图像可存储在安全帽本地。

3.1.3 位置信息回传

智能防爆视频头盔具备 GPS+北斗芯片、高度定位芯片、蓝牙芯片，可实现移动人员水平+高度位置信息的实时回传。

3.1.4 人体体征检测

智能防爆视频头盔具备人体体征检测芯片，可实时检测佩戴人员当前的脑电波数据，并回传至指挥中心。

3.1.5 智能语音宣贯

智能防爆视频头盔可实现语音自动播报功能。安全帽的开机播报，系统信息下发的语音播报，电子围栏触发播报，蓝牙 beacon 信标触发播报

3.1.6 SOS 一键报警

智能防爆视频头盔具备 SOS 一键报警功能。佩戴智能防爆视频头盔的前端作业人员遇到紧急突发问题时可直接按下 SOS 键，管理中心可快

速获取现场报警信息，通过进一步与现场进行音视频通信，可第一时间掌握前方实际情况，并对其进行紧急救援。

3.1.7 语音对讲通信

前端现场作业人员可通过智能防爆视频头盔与管理中心人员进行实时语音通信，包括语音通话和组内对讲，管理中心可以直接有效的了解施工作业现场的信息及动态情况，同时指挥中心调度台可分别对系统中各终端的语音通话和组内对讲进行统一调度，统一管控。

3.2 数模一体无线通讯头盔（含无线语音呼救器功能）

3.2.1 执行标准

符合 GA 44—2015《消防头盔》标准要求和应急管理部消防救援局统型 20 式消防头盔款式标识统型标准要求。

3.2.2 产品说明

该数模一体无线通讯头盔增加通讯模块、电源模块、头骨震动模块，生命体征检测模块，实现头盔智能化，解放消防救援人员双手，提高救援效率。欧式两侧配重，右侧内部设置快速切换频道快捷键，方便右手操作，设置指示灯、音量、开关机按键并带语音播报功能；通讯装置为 DMR 数字标准，含头骨震动式通讯装置，防水、防冲击、防静电、耐热、耐摔、抗干扰，声音清晰连贯不间断。头盔采用超轻耐高温航空复合材料，坚硬度增加，耐冲击、耐热、耐穿透、耐燃烧等特性，表面耐高温 1000℃；地上通讯距离无障碍 5－10 公里，地下大于 200 米，电池 2800mAh；国家级防爆认证，防爆标志：ExicIICT4Gc；频段 350～390MHz，400～470MHz。防水级别 IP67。

3.2.3 产品特点

采用 DMR 数字标准，TDMA 双时隙及动/静态加密，4FSK 调制解调、AMBE+2 语音处理等领先技术，搭配全新升级的声码器，具有通话距离更远，语音质量更好，通信保密更强的功能，支持数字和模拟两种通信模式，满足不同通信需求。

3.2.4 占用信道自动提醒解除

防止通话中过久占用某个信道，避免不慎占用信道现象

3.2.5 低电压语音报警

开启时语音播报电量，20%以下电量提醒及时充电

3.2.6 自动省电功能

未接收到信号且无操作时，头盔将进入自动省电模式，降低耗电量，从而延长电池的使用时间

3.2.7 自动降噪功能

去除吵杂的环境噪声，保证通话质量

3.2.8 电气线路防爆

采用自恢复性熔断器进行保护，故障时可有效切断电路，防爆电池，聚合物电池增加保护板，具有过充电保护、限流保护和短路保护，聚合物电池端子采用焊接方式，无机械触点，可有效避免强烈震动造成电池松动产生电火花的危险。

3.2.9 无线语音呼救器功能

当消防员作业时遇突发状况，静止不动 90 秒，头盔自动发起语音呼救，播报内容为“ID 号+呼救”，单次播报重复 2 遍，播报间隔 30 秒；重新运动后自动退出语音呼救模式。倒地、长时间静止、等方式触发报警，提升消防人员作业安全；语音报警：报警时，以语音形式发送至同组对讲机；人身安全：支持静止报警、倒地报警等报警功能，以声音形式报警；数模兼容：产品支持数字、模拟两种制式。

4 系统软件功能介绍

4.1 视频功能

4.1.1 视频回传功能

系统可实现与通讯录内成员一对一视频通话或一对多视频通话。实现指挥中心人员在远程查看各终端采集现场音视频图像的同时，与现场人员进行语音通话。现场作业人员遇到疑难问题时，现场管理人员依然不能有效解决的，可由管理人员利用智能防爆视频头盔将问题现场视频回传至指挥中心，由指挥中心管理人员、专家等进行远程可视协助。

4.1.2 视频分发功能

调度人员可将前端回传的视频图像分发至相关领导和处置人员的智能手机、pad、移动终端上进行显示，方便各级领导和相关人员及时了解现场情况，做出正确的判断各决策。

4.1.3 存储功能

调度人员可对前端回传的视频图像进行本地录像、图像抓拍，并存储在本地，便于日后查证追溯。

4.2 人员位置管理

4.2.1 人员定位管理

4.2.1.1 室外水平定位

前端作业人员佩戴的智能防爆视频头盔具备

GPS/北斗定位模块，可实现人员位置信息远程回传。

4.2.1.2　室内水平定位

因室内作业场所无法利用GPS、北斗进行准确定位，我们采用的蓝牙beacon定位模式对室内作业人员进行实时定位并回传。

4.2.2　人员轨迹查询

前端作业人员通过智能防爆视频头盔、移动终端等智能设备可实现位置信息的实时回传。

4.2.3　人员登高管理

智能防爆视频头盔配合登高伴侣，可测量人员距水平地面的实际距离，实现人员高度管理。

4.2.3　人员生命体征监测

部分施工现场偏远分散，环境复杂，人员长时间作业，危险系数过高，监管人员无法时时刻刻确认作业人员当前是否状态良好。

4.3　集群对讲功能

系统支持集群对讲功能。可实现指挥调度台与各终端用户进行集群对讲通话。

4.3.1　功能特点

4.3.1.1　灵活分组

调度台灵活分组：调度台可以根据现场用户情况，灵活地将用户终端快速建立分组发起会话。后台服务器灵活分组：在服务器端可以根据终端用户现场情况，任意将终端用户进行快速分组。

4.3.1.2　一键呼叫

在无线覆盖范围内，对讲终端只需按PTT即可发起对讲，组内成员均可听到其讲话内容，支持多对讲组，用户可选择加入不同的调度组，支持动态重组，调度台可随时将用户加入或从一个组中删除，增强调度的灵活性，支持多级别对讲。

4.3.1.3　终端显示对讲组

在终端对讲组界面可以看到终端登录SIP号所在的所有对讲组。终端用户只要加入需要会话的对讲组即可进行对讲。

4.4　对讲功能

4.4.1　PPT申请

调度员点击对讲按钮，此时调度台作为一个对讲终端申请到话权，调度员通过调度台上的麦克发起会话，发言完成后，调度员再次点击对讲按钮，调度员释放话权。

4.4.2　切换对讲组

调度台切换到对讲模式中，点击某一对讲组，点击其他对讲组名称，此时就自动切换到该对讲组；

4.4.3　结束对讲

对讲组内各成员均结束发言后，并释放话权后，系统自动结束该对讲通话。

4.4.5　用户优先级

管理员可以根据终端用户的工作情况配置不同的用户等级，并在服务器上启动高优先级用户强插低优先级用户功能，在任何时候、任何情况下，高优先级的用户（领导）随时获取话权，发起集群对讲。

4.5　语音通话功能

系统调度台支持与各终端用户之间进行一对一通话或一对多语音通话，可实现后台管理人员与前端作业人员之间实时通讯的需求。

4.5.1　系统可支持如下语音通话功能：

单呼、调度台发起呼叫、终端发起呼叫。

4.5.2　调度台一对多语音呼叫

调度台支持同时与多个用户进行一对多语音通话。调度台与每一个用户的语音通话均独立进行。

4.5.3　增加通话路数

调度台在与其他用户进行一对一或一对多语音通话的同时，可随时拨打其他用户，并与其进行语音通话。

4.5.4　挂断当前对话

调度台和各终端用户均支持挂断当前语音通话。调度台在同时与多个用户进行一对多语音通话时，任意通话双方均可任挂掉当前语音通话。

4.5.5　录音

系统具备语音通话录音功能，可通过后台进行设置。

4.5.6　消息一键发送

系统支持消息发送功能，支持单发和群发，还可建立短消息模板，实现消息的快速选择、一键发送。

4.6　无声侦护远程监督

系统调度台可远程开启各终端用户的视频监控摄像头，调取其现场音视频图像对其进行远程侦护。

4.7　采集数据集中管理

前端作业人员可利用智能防爆视频头盔、移动终端等智能设备进行前端音视频、图片、位置信息等数据的采集，并将采集的数据远程回传至指挥中心。

4.8　受控区域闯入预警

厂区内部存在各类受控区域，为防止安全事

故发生，普通作业员工禁止靠近。但免不了会有临时员工误入，为避免出现普通作业人员误入受控区域，系统可绘制电子围栏或部署蓝牙 beacon 的方式，对现场作业人员进行智能报警提醒。

4.9 电子围栏报警管理

系统支持在电子地图上绘制电子围栏，依据人员位置信息，实现人员进入报警功能。佩戴智能防爆视频头盔的前端作业人员进入电子围栏，安全帽立即告警，并播放语音文件。

蓝牙 beacon 接近报警：在室内区域或 GPS/北斗信号较弱的环境下，可在各危险区域部署蓝牙 beacon 设备，佩戴智能防爆视频头盔的作业人员靠近该危险区域时，自动触发报警，提醒相关人员安全作业或尽快远离该区域。

4.10 发起广播紧急通知

系统支持广播功能。该操作只能由调度台发起。可以现场进行语音广播，也可以播放事先录制好的语音文件。

4.11 远程管理可视指挥

系统可实时接收智能防爆视频头盔回传的作业现场的各种音视频、图像等数据，实现适合指挥中心应急指挥的可视化指挥决策系统，既可以在重大突发事件指挥处置时调看现场图像，实施可视化指挥、点对点调度，也可以在日常工作中对现场作业人员的工作实现远程监督。

5 设备参数

5.1 综合管理服务器

系统采用 IP 架构，运用先进数字通信技术，实现视频调度、集群对讲、语音调度、即时消息、GIS 地图等多媒体调度功能，为行业用户提供一体化的多媒体集群调度解决方案。

5.1.1 存储管理服务器

存储管理服务器同时支持语音、图片和视频的存储功能，硬件平台选用工业级服务器设备，通过 IP 网络实现本地/远程、有线/无线音视频终端的录音录像，并支持灵活的录制文件的检索、播放、调用、删除、转存等文件管理功能。

5.1.2 综合管理中心设备

综合管理中心配备管理终端含有高性能专业主机，一台 27 寸高清显示屏，专业的通讯套件(降噪声卡、鹅颈麦克风、音箱)，轻松实现一体化音视频指挥调度。

5.1.3 管理端软件

系统软件具有语音通话、视频通话、组内对讲、设备远程控制、信息发送、广播、GIS 位置信息显示等功能；指挥调度台可对各终端用户回传的视频图像进行本地操作，如左转、右转、分发管理、本地录像、本地拍照、关闭麦克、停止发送、挂断等等。

5.2 前端设备

5.2.1 智能防爆视频头盔

智能防爆视频头盔实现将现场情况实时反馈到远端，颠覆传统生产过程的管理模式，用互联网，物联网信息化技术实现安全生产管理的创新模式，真正意义上解放双手。现场实现图像采集、语音对讲、无线传输、人员定位、智能手机 APP、蓝牙 beacon 信标、登高伴侣等功能。通过应急指挥调度平台系统，解决了现场作业的“最后一公里”问题，实现了对离散和移动人员的管理。

5.2.2 数模一体防爆通讯头盔(含无线语音呼救功能)

头盔外壳采用航空复合材料一体热压成型无缝隙无外加装置，坚如磐石，重量减轻 60%，抗拉强度在 3500 兆帕以上，抗拉弹性模量为 230 到 430G 帕亦高于钢，耐高温性能强；面罩采用德国 PES 材料，重量轻、耐冲击、耐热、有自熄性，左右两侧均可配置手电，左侧手电照向前方；右侧手电照向后方，可为后方人员指引方向。

6 结束语

有的消防头盔可以实现通过对讲机媒介实现实时通话，但通过对讲机进行实际通话时需要手持对讲机上 PTT 按键，消防员的双手得不到解放，而且不能示警正处于危险之中的消防员。

为解决上述问题，所以研发了基于智能防爆视频头盔、无线通讯头盔，用于应急救援现场、作业现场的视频采集、人员考勤、定位、轨迹管理、智能语音播报、安全预警、音视频通讯等功能于一体。不仅可以减轻消防员所佩戴的线缆装备，作业人员佩戴智能防爆视频头盔、无线通讯头盔，可与指挥中心进行音视频通讯，并实时回传作业现场实况给指挥中心，有效协助作业人员及时规避安全隐患。在发生突发事故后，消防救援人员也可根据系统所提供的数据，迅速了解有关情况，及时采取相应救援措施，提高消防应急救援工作的效率，更好的保证了消防员的生命安全。智能消防头盔多功能的实现，将为消防应急救援提供强有力安全保障。

化工灭火救援专业队建设及装备应用研究

陈志昂

（江苏省消防救援总队）

摘　要　近年来，石油化工火灾事故呈高发、多发趋势，既给当前石油化工火灾防控敲响了警钟，也给消防救援队伍灭火救援工作带来了极大挑战。如何适应当前严峻的形势任务，立足现有人员和装备，进行科学编成、优化组合，建立化工灭火救援专业队建设标准，很大程度上影响灭火救援成功率和核心战斗力提升。

关键词　石油化工；战斗编成；实战运用

为适应日益严峻的化工火灾形势，有效提升队伍处置石油化工事故的专业能力，尤其是继“4·6”古雷腾龙芳烃、“7·16”石大科技、“3·21”响水生态化工园、“5·31”仓州鼎睿石化等爆炸火灾事故发生后，去年消防救援局提出在南京、大连、宁波等石化集中区建立国家级石油化工事故处置专业队伍。按照规定要求，基于全省石化产业特点，立足警情、队情实际，统筹推进石油化工专业编队建设，积极开展专业队作战编成探索与研究。

1　开展石油化工事故处置战斗编成的重要性和必要性

（1）解决火场作战指挥无序问题的必然要求。近年来，石油化工火灾事故频发，队伍在处置中往往调集大量的车辆、装备和药剂，传统的人海车海战术，已经难以适应大型灾害实战需要，必须针对各种灾害类型建立不同的战斗编成。加之，石油化工灾害规律特点和处置技战术不同于城市其他火灾，相应的专业装备配备和战斗编成必须有所差异、有所侧重。

（2）适应当前灭火救援形势发展的客观需要。随着精细化工、盐化工、磷化工等新型化工和沿江、沿海化工仓储企业的集聚发展，以及低温 LNG 接收站、加油加气合建站等新能源新技术的持续涌现，必然伴随着致灾风险的提高与增加，而与之相应的灭火救援准备、技战术及作战编成也要紧跟行业发展，超前谋划和研究。

（3）提升石化处置科学专业水平的根本途径。科学合理的战斗编成，可以优化人与装备的组合，规范作战指挥程序，降低战斗展开的盲目性、随意性，催生队伍战斗力成倍提升。实战处置中，通过编成固化作战套路，发挥人装结合最佳效能，能弥补指挥能力短板和经验不足，有效提升队伍整体作战能力。

（4）发挥现代高新装备实战效能的现实选择。当前，消防装备建设参照《城市消防站建设标准》，主要用于扑救建筑火灾，难以有效适应石油化工火灾特点和技战术需要。加强化工专业编队建设，必须针对化工事故处置需求，综合考虑类型、数量、性能等因素，加强各类车辆、装备、药剂的配备、统型和优化。

2　针对最大最难最复杂对象的灭火救援理论计算和技战术及装备应用（表 1）

表 1　江苏省境内最大最难最复杂目标对象一览表

对象	储罐结构	体量/m^3	存储介质	高度/m	直径/m	所属单位
最大外浮顶罐	钢制双盘	15 万 m^3	原油	23m	95m	中石化仪征分输站
最大内浮顶罐	钢制单盘	5 万 m^3	对二甲苯	19m	60m	无锡三房巷国际储运
	钢制单盘	5 万 m^3	甲醇	19m	60m	连云港荣泰仓储公司
最大液化烃罐	半冷冻	6000m^3	丁二烯	19m	19m	南通千红石化港储公司
	全压力	6000m^3	二甲醚	19m	19m	张家港新能能源公司
	全冷冻	3 万 m^3	丙烷	25m	20m	张家港东华能源公司

续表

对象	储罐结构	体量/m^3	存储介质	高度/m	直径/m	所属单位
最大 LNG 低温罐	全容罐	20 万 m^3	液化天然气（LNG）	35m	内罐：80；外罐：82（内壁）、83.6（外壁）	中石油江苏 LNG 接收站
对象	装置（釜或塔）名称	生产能力	原料	成品	高度（m）	所属单位
最大综合加工能力企业		超 1500 万吨/年	原油	汽、煤、柴等成品油和液化烃等		中石化金陵、扬子公司
单套生产能力最大装置	常减压装置	800 万吨/年	原油	石脑油、汽油、煤油和常压渣油		中石化金陵、扬子公司
最高化工装置框架	常压框架		侧线油品		45m	中海油泰州公司
最高化工反应釜或塔	丙烯精馏塔		丙烯		105m	中石化扬子公司

灾情一：最大外浮顶罐-15 万 m^{3}外浮顶罐发生全液面火灾

1. 应用计算

按照用水用液计算方法，可得出泡沫混合液流量 1889.2L/s，冷却用水流量 569.9L/s，灭火与冷却用水总流量 2345.7L/s，泡沫原液量按照 30 分钟计算约 204 吨、按照 2 小时计算约 816.1 吨。

2. 技战术及装备应用

（1）技战术应用

火灾初期阶段：外浮顶罐初期火灾主要呈密封圈点式或圈带式燃烧，油气挥发少，温度不高，按照防控设计理念，是最佳的灭火阶段。灭火战术分为三个步骤：第一，优先利用固定泡沫灭火系统，壁挂式或升降式产生器出泡沫覆盖灭火；第二，移动力量利用半固定泡沫灭火系统，直供泡沫混合液覆盖灭火；第三，固定或半固定泡沫系统故障，2 小时内果断登罐，铺设水带或利用泡沫竖管出泡沫覆盖灭火。

发展蔓延阶段：外浮顶罐灾情发展出现卡盘、沉盘，导致发生全液面火灾，是火灾难以扑救阶段。灭火战术主要采取“三车一套”组合战术，前方利用大流量、远射程车载炮、高喷臂架炮释放泡沫覆盖灭火，后方辅以大吨位供液车、远程供水系统进行供液、供水。

（2）车辆编配

从最难最复杂的全液面灾情考虑，根据相应的技战术和理论计算，主战车辆可编配如下：灭火用 10000L/min 重型泡沫车至少 12 辆，或 100L/s 泡沫车和高喷车至少 19 辆，或 400L/s 超重型泡沫车至少 3 辆；冷却用 10000L/min 重型水罐车至少 4 辆，或 100L/s 水罐车至少 6 辆；供水用 400L/s 远程供水泵组至少 6 套。

灾情二：最大外浮顶罐-15 万 m^{3}外浮顶罐发生全液面火灾+防火堤池火

1. 应用计算

按照用水用液计算方法，可得出泡沫混合液流量 4853.3L/s，冷却用水流量 5132L/s，泡沫原液量按照 30 分钟约 524 吨、按照 2 小时约 2097 吨。

2. 技战术及装备应用

（1）技战术应用

防火提池火的灭火战术为根据防火堤面积，从上风向均匀设置大流量移动泡沫炮、泡沫勾管和泡沫管枪，向罐壁和防火堤壁喷射，利用撞击反作力和泡沫流动性进行覆盖灭火，并辅以沙袋分隔压缩燃烧范围。

（2）车辆编配

从最难最复杂的全液面+防火堤池火灾情考虑，根据相应的技战术和理论计算，主战车辆可编配如下：灭火用 10000L/min 重型泡沫车至少 29 辆，随车配备足量的泡沫勾管、移动泡沫炮和泡沫管枪；冷却用 10000L/min 重型水罐车至少 4 辆，或 100L/s 水罐车至少 6 辆；供水用

400L/s 远程供水泵组至少 13 套。

灾情三：最大内浮顶罐-5 万 m^3 内浮顶罐发生全液面火灾

1. 应用计算

按照用水用液计算方法，可得出泡沫混合液流量 753.6L/s，冷却用水流量 463.5L/s，灭火与冷却总流量 1171.9L/s，泡沫原液量按照 30 分钟约 81.4 吨，按照 2 小时约 325.6 吨

2. 技战术及装备应用

（1）技战术应用

火灾初期阶段：灾情形式为罐盖撕裂起火，灭火方法主要有三种：一是利用固定氮封系统或干粉车应急注氮，进行窒息灭火；二是利用固定或半固定泡沫灭火系统向罐内注入泡沫，通过泡沫产生器覆盖灭火；三是利用高喷车臂架炮，在罐盖撕裂处沿顺风方向向罐内壁注入泡沫，进行覆盖灭火。

发展蔓延阶段：内浮顶罐出现浮盘卷边、扭曲、倾斜或下沉，导致发生全液面火灾，是火灾难以控制扑救阶段。灭火战术主要采取"三车一套"组合战术，前方利用大流量、远射程车载炮、高喷臂架炮释放泡沫覆盖灭火，后方辅以大吨位供液车、远程供水系统进行供液、供水。

（2）车辆编配

从最难最复杂的全液面灾情考虑，根据相应的技战术和理论计算，主战车辆可编配如下：灭火用 10000L/min 泡沫车至少 5 辆，100L/s 泡沫车至少 8 辆，400L/s 超重型泡沫车至少 2 辆；冷却用消防车数量：10000L/min 水罐车至少 3 辆，100L/s 水罐车至少 5 辆；400L/s 远程供水泵组至少 3 套。

灾情四：最大全压力球罐-6000m^3 全压力球罐发生泄漏燃烧事故

1. 应用计算

按照用水用液计算方法，可得出冷却用水量 793.5L/s，火场驱散稀释用水量 166L/s

2. 技战术及装备应用

（1）技战术应用

火灾爆炸事故处置：液化烃球罐发生泄漏起火，燃烧爆炸瞬息万变，通过利用固定、半固定或移动水炮加强对着火罐、邻近罐强水冷却，并针对不同的灾情形式，合理选择放空排险、控制燃烧、水流切封、干粉灭火等技战术手段。

泄漏事故处置：针对现场不同灾情，针对性采取关阀断料、稀释驱散、堵漏封口、注水排险、倒灌输转等技战术方法，加强警戒，禁绝火源，防止发生二次爆炸燃烧。

（2）车辆编配

从最难最复杂的泄漏燃烧灾情考虑，根据相应的技战术和理论计算，主战车辆可编配如下：水罐（泡沫）车数量：10000L/min 水罐（泡沫）车至少 5 辆，100L/s 泡沫车至少 8 辆；400L/s 远程供水泵组至少 2 套。

灾情五：最大 LNG 低温罐-20 万 m^3LNG 全容罐发生泄漏燃烧事故

1. 应用计算

按照用水用液计算方法，可得出高倍数泡沫混合液量 24L/s，高倍数泡沫量约 1.3 吨

2. 技战术及装备应用

（1）技战术应用

当 LNG 接收站罐区、装卸区、码头等的管线、阀门发生 LNG 液相泄漏，沿导流沟流至集液池内，处置中应利用高倍数泡沫进行覆盖，控制液化天然气挥发速度，降低燃烧辐射热，为关阀断料、警戒禁火、人员疏散等创造条件。发生 LNG 气相泄漏，应加大外围警戒、禁绝火源，第一时间关阀断料，上风方向进入加强稀释驱散，严禁利用移动炮或水枪直接喷射泄漏蒸汽云或气相云团。

（2）装备应用

从最难最复杂的泄漏燃烧灾情考虑，根据相应的技战术和理论计算，主战车辆可编配如下：高倍数泡沫消防车 1 辆、泡沫-干粉-水联用车 1 辆、18 米高喷车 2 辆，随车携带一定数量的高倍数泡沫液和高倍数泡沫发生器，既能处置 LNG 液相泄漏和小范围 LNG 火灾，也可应对码头船舶机舱火灾和厂区建筑火灾。

3 石油化工专业队战斗编成及装备配备应用

3.1 战斗编成

结合江苏石油化工产业特点，立足最大、最难、最不利灾情处置需要，根据不同灾情条件下的技战术应用和理论计算，提出石化处置专业编队的车辆编成，并划分 4 个作战单元。

表 2　石油化工事故处置专业编队战斗编成

作战单元	车辆类型	数量	关键参数
灭火喷射类	18 米高喷车	6 辆	泵流量不低于 10000L/min
	40-50 米高喷车	8 辆	泵流量不低于 10000L/min
	60-70 米高喷车	2 辆	泵流量不低于 10000L/min
	16 吨泡沫水罐车	10 辆	泵流量不低于 100L/s
	20 吨泡沫水罐车	6 辆	泵流量不低于 10000L/min
	水-干粉-泡沫联用车	2 辆	载液配备宜 4 吨干粉、3 吨水、3 吨泡沫
	高倍泡沫消防车	1 辆	
	化学消防车	1 辆	具备侦检、堵漏、洗消等功能
供水供液类	轻型供水泵组	3 套	供水能力不低于 200L/s、 供水水带 1-2 公里
	重型供水泵组	2 套	供水能力不低于 350L/s、 供水水带 3-4 公里
	重型泡沫输转车	3 辆	载液不少于 25 吨
抢险救援及工艺处置类	抢险救援车	1 辆	具备车载照明功能
	氮气灭火车	1 辆	
战勤保障类	移动供气车	1 辆	供气量不低于 1500L/min
	油料补给车	1 辆	
	装备运输车	1 辆	携带备用空气呼吸器、个人 防护服、水带、移动炮等。
	餐饮车	1 辆	
	宿营车	1 辆	
合计	4 个作战单元、51 辆消防车		

3.2　选型配备

为确保车辆整体性能可靠，车辆底盘、泵浦选用成熟的进口产品，并适当配置少量进口整车。

1. 举高类消防车

（1）推荐配备举高喷射消防车，不推荐配备登高平台消防车和云梯消防车。石化火灾形式多为爆炸和燃烧，作战时间较长，涉及到救援的方面相对较少。登高和云梯消防车主要用于救援，车载水、泡沫量较少且泵流量、臂架炮流量也较小，不推荐针对石化火灾进行配备。

（2）针对当前石化装置联合立体布局的情况，适应高大的塔、釜、罐和框架等火灾处置需要，高喷车配置应满足高、中、低搭配，其中18 米高喷车用于扑救及冷却框架火灾，40-70 米高喷车用于应对较高的装置平台、釜、塔、罐火灾，尤其是漫流冷却内浮顶罐效果较好。

（3）主要性能参数：18 米高喷车载液配比宜为 10 吨水、10 吨泡沫，40-50 米高喷车、60-70 米高喷车载液体配比宜为 3 吨水、3 吨泡沫，并具备较强的水平跨距能力。所有高喷车泵流量不低于 10000L/min。

（4）应设应急操作系统，当电控系统失效，能通过应急液压操作收卸伸展臂，便于阵地调整。底盘应带自保系统，发生流淌火时防止热辐射对车辆的损害，同时在液化烃泄漏等有爆炸风险的现场能起到稀释的作用。

2. 泡沫消防车

（1）车载泡沫与水推荐比例为 1∶1。如，16t 泡沫消防车，车载 8t 泡沫、8t 水。从多次实战情况看，供液难度要大于供水难度，增加车载泡沫量能提高持续供泡沫时间，有利于初期进行泡沫覆盖灭火，也利于较大火场的长时间作战。

（2）泡沫比例混合系统推荐负压式全自动比例混合器。负压式泡沫比例混合系统在长时间作战时能一边吸液一边出泡沫，推荐配备。

（3）泵、车载炮流量推荐 100L/s 以上，并配备一定数量 166L/s 的，提高单位时间单位面积的灭火强度。

（4）底盘应带自保系统，发生流淌火时防止热辐射对车辆的损害，同时在液化烃泄漏等有爆炸风险的现场能起到稀释的作用。

3. 干粉消防车

宜配备水-干粉-泡沫联用消防车，载液配比为 4 吨水、3 吨干粉、3 吨泡沫。建议在氮气瓶组总进气口加装减压阀，配备软管、相应的注氮接口，用于对受火势影响的管线、储罐进行惰化保护，外接氮气对着火储罐进行窒息灭火。

4. 重型供液车

带全自动比例混合器，既能远距离供泡沫原液，也能供泡沫混合液，减少供液线路，降低泡沫输转和混合时间，提高泡沫灭火效率。载液量不低于 25t。

5. 药剂储备

（1）移动车载泡沫推荐使用 6% 的泡沫液，具有良好的抗烧性、延展性和流动性，灭火效果好。

（2）车载泡沫量要满足进攻半小时的量。估算方法：如一个编队有 3 门车载炮，流量为 100L/s，泡沫比例 6% 型。总混合液流量为 300L/s，泡沫液总流量为 300×6% = 18L/s，则总的车载量应为 18×30×60 = 32. 4T。

（3）辖区企业有低温液化气体的，如 LNG、乙烯、丙烯等物料的企业要有针对性配备高倍数泡沫液。

（4）所有泡沫药剂统一类型、比例和倍数。经过优化组合，专业队总泡沫配备量达 400 吨，其中车载泡沫 300 吨（含供液车），常备泡沫 100 吨；水成膜泡沫 320 吨、抗溶性泡沫 50 吨，高倍数泡沫 30 吨。

5. 个人防护装备

针对石化火灾的特点，加强配备防腐、防毒、防爆、防寒、防同位素辐射、防辐射热等防护服。

6. 其他

（1）针对防火堤池火处置需要，需配备泡沫勾管，且不少于 20 支。

（2）针对低温液化烃或 LNG 泄漏事故，应配备一定数量高倍数泡沫和高倍数泡沫发生器，推荐水轮驱动、叶片防爆。

4 石油化工战斗编成在实战中的灵活应用

石油化工处置专业编队，坚持以区域编配、就近编配和快速集结为原则，立足江苏境内最大、最难、最复杂灾情处置需要，依托现有执勤力量组建而成。要充分发挥专业编队的作用，必须加强实战应用，强化编成训练，规范管理要求，建立“建、用、训、管”四位一体的保障机制。

一是加强实战应用。坚持“按灾情任务编组、按响应等级调度、按作战编成行动”的要求，专业编队平时按建制分散执勤、战时按单元统一调度，建立完善快速高效的指挥调度和应急响应机制。凡全省范围发生较大以上化工火灾、以及接受部消防局跨省增援命令，石油化工专业队均按照编成迅速出动。到达现场后，按要求在指定位置集结，根据灾情实际调集针对性力量进入处置，切实做到专业精干、科学高效。

二是注重训练养成。强化编成训练是实战中发挥编队作用的基本前提，必须保持平时训练展开形式与战时战斗展开模式相一致。要科学制定计划，从单兵、班组、单元、编队等不同层面设置科目，规范训练内容和标准，反复开展战术编成拉动演练。通过训练演练，查找编成中存在的问题和不足，进一步明确职责、规范程序，强化官兵战术养成和执行力，提升专业编队的协同配合和整体作战能力。

三是规范管理要求。要根据编队中各单元、各编组、各车辆的战斗任务，对人员按特点进行科学编组，对车辆按性能进行合理编配，对器材按功能进行优化调整，做到定人、定车、定岗、定任务，实现车辆按编队出动、人员按岗位遂行、战斗按程序展开。同时，还要根据人员和装备的变化适时修改完善战术编成，确保现有警力资源最大限度的得到优化使用。